普通高等教育农业部"十二五"规划教材
全国高等农林院校"十二五"规划教材

名特水产动物养殖学

第 二 版

王卫民　温海深　主编

中国农业出版社

内 容 简 介

本教材依据编者多年从事名特水产动物养殖的科研、生产实践和教学等过程中所积累的经验与取得的成果，并在广泛搜集和整理国内外相关文献资料的基础上，较系统地介绍了我国主要名特水产动物的生物学特性、人工繁殖、苗种培育、成体饲养及病害防治等内容。在着重介绍应用技术的同时，又注意加强基本理论与基本知识的传授，力求融理论、技术、实践为一体，全面反映当今国内外名特水产动物养殖业的发展水平以及研究的新成果与新技术。本书可以作为高等院校水产养殖专业或相近专业的教材，也可以作为水产科技工作者和水产养殖者的参考书籍。

第二版编审人员名单

主　编　王卫民（华中农业大学）
　　　　　温海深（中国海洋大学）
副主编　李明云（宁波大学）
　　　　　何绪刚（华中农业大学）
参　编（按姓名笔画排序）
　　　　　丁　君（大连海洋大学）
　　　　　王志勇（集美大学）
　　　　　王晓清（湖南农业大学）
　　　　　江　辉（湖南农业大学）
　　　　　牟幸江（上海海洋大学）
　　　　　杨代勤（长江大学）
　　　　　吴常文（浙江海洋大学）
　　　　　邹记兴（华南农业大学）
　　　　　陈国华（海南大学）
　　　　　周秋白（江西农业大学）
　　　　　郑永华（西南大学）
主　审　曹克驹（华中农业大学）

第一版编审人员名单

主　编　曹克驹（华中农业大学）
副主编　李明云（宁波大学）
　　　　　刘楚吾（湛江海洋大学）
参　编（按姓氏笔划为序）
　　　　　万　全（安徽农业大学）
　　　　　王卫民（华中农业大学）
　　　　　王晓清（湖南农业大学）
　　　　　田传远（中国海洋大学）
　　　　　刘文生（华南农业大学）
　　　　　杨代勤（湖北农学院）
　　　　　周秋白（西南农业大学）
　　　　　郑永华（西南农业大学）
　　　　　温海深（中国海洋大学）
主　审　李钟杰（中国科学院水生生物研究所）

第二版前言

《名特水产动物养殖学》(第一版)于2004年正式出版,到目前为止已经过6次印刷,受到了广大师生和众多水产工作者的欢迎。十多年来,名特水产动物养殖发展迅速,新的养殖品种和种类、新技术、新成果层出不穷。为了满足广大师生和水产工作者对名特水产动物养殖新知识与新技术的需求,我们在第一版的基础上组织有关专家进行了修订,删除一些目前养殖较少的名特种类,加入了部分市场前景较好的种类,并添加了近些年研发的名特养殖新技术和新成果。

第二版沿用第一版教材的编写风格,分三篇编写。参编人员的具体分工为:王卫民编写前言,绪论,第二篇的第七章、第九章,第三篇的第三章;丁君编写第一篇的第一章第一节、第三章、第五章;李明云编写第一篇的第一章第二节和第三节、第二章第一节,第二篇的第十一章、第十三章、第十九章;王晓清编写第一篇的第二章第二节、第四章;周秋白编写第一篇的第二章第三节,第二篇的第三章,第三篇的第四章;吴常文编写第一篇的第六章;郑永华编写第二篇的第一章、第四章、第八章、第十章;温海深编写第二篇的第二章、第十六章;杨代勤编写第二篇的第五章、第十二章;何绪刚编写第二篇的第六章;邹记兴编写第二篇的第十四章、第十八章;陈国华编写第二篇的第十五章;王志勇编写第二篇的第十七章;牟幸江编写第二篇的第二十章;江辉编写第三篇的第一章、第二章。

《名特水产动物养殖学》(第一版)出版10余年来,收到了一些读者的反馈意见,这次修订也充分吸收了读者的意见进行了相应修改,但限于时间仓促和编者的学识水平,书中难免有不妥之处,敬请读者批评指正。

编 者
2015年8月

第一版前言

名特水产动物多以野生为主，营养丰富，鲜美可口，为人民所喜食，有些还具有强身健体或重要的药用功能，具有较高的经济价值与出口换汇率。随着人民生活水平的提高和我国对外贸易的发展，国内外对名特水产品的需求量日益递增。近年来，名特水产动物的开发利用已引起社会的广泛重视，并已形成一个重要的产业。名特水产动物养殖学是适应这种形势的发展而建立的一门新兴的应用性技术学科，也是高等农业院校水产养殖专业的一门专业课。

本教材依据编者多年从事名特水产养殖的科研、生产实践和教学过程中所掌握的经验与所取得的成果，在广泛搜集整理和参考国内外有关文献资料的基础上编写而成。本书从养殖原理出发，比较系统地介绍我国主要名特水产动物的养殖技术，包括养殖对象的生物学特性、人工繁殖、苗种培育、成体饲养及疾病防治等内容。在着重介绍应用技术的同时，又注意加强基本理论与基本知识的传授。力求融理论、技术、实践为一体，全面反映当今国内外名特水产动物养殖业的发展水平以及研究的新成果与新技术。

本教材分三篇编写。参编人员的具体分工为：曹克驹编写前言，绪论之一、二，第二篇的第二章、第十九章，第三篇的第三章；李明云编写绪论之三，第一篇的第二章，第二篇的第四章、第十四章；刘楚吾编写第二篇的第十八章，第三篇的第一章、第二章；万全编写第一篇的第一章，第二篇的第二十章；王卫民编写第二篇的第十章第一节，第十二章；王晓清编写第一篇的第三章、第四章；田传远编写第一篇的第五章；刘文生编写第二篇的第五章、第十六章、第十七章；郑永华编写第二篇的第一章、第七章、第十一章、第十三章；杨代勤编写第二篇的第八章、第十五章；周秋白编写第三篇的第四章；温海深编写第二篇的第三章、第六章、第九章、第十章的第二节。

名特水产动物养殖学作为一门学科的形式出现在我国尚属首次，因此，该学科的科学定位、研究内容等诸多方面都需要进一步探索。另外，由于涉及的养殖品种相当广泛（本教材以淡水养殖品种为主），对某些品种尚缺乏深入研

第一版前言

究，完全成熟的技术资料不多，且收集的资料难免有些局限性，其内容还有待今后进一步努力充实提高。

限于编写者的学识水平，书中难免有不妥与错误之处，敬请读者批评指正。

编 者

2003 年 12 月

目 录

第二版前言
第一版前言

绪论 ·· 1
  一、名特水产动物与名特水产动物养殖学 ·· 1
  二、发展名特水产养殖业的意义 ·· 1
  三、名特水产动物养殖业的发展历程 ·· 2
  四、我国名特水产养殖业的现状与发展趋势 ·· 3

第一篇　名特无脊椎动物养殖

第一章　蟹类养殖 ·· 8
第一节　中华绒螯蟹 ·· 8
  一、生物学特性 ·· 8
  二、人工繁殖与育苗 ··· 10
  三、仔蟹与蟹种培育 ··· 17
  四、成蟹养殖 ··· 19
  五、病害防治 ··· 22
第二节　梭子蟹 ··· 24
  一、生物学特性 ··· 24
  二、仔蟹与蟹种培育 ··· 25
  三、成蟹养殖 ··· 28
第三节　锯缘青蟹 ··· 33
  一、生物学特性 ··· 33
  二、仔蟹与蟹种培育 ··· 34
  三、成蟹养殖 ··· 37
  四、病害防治 ··· 39

第二章　虾类养殖 ·· 40
第一节　南美白对虾 ·· 40
  一、生物学特性 ··· 40
  二、苗种培育 ··· 41
  三、成虾养殖 ··· 43
  四、南美白对虾常见养殖方式 ·· 48
第二节　克氏原螯虾 ·· 49

一、生物学特性 …………………………………………………… 49
　　　二、人工繁殖 ……………………………………………………… 50
　　　三、成虾养殖 ……………………………………………………… 51
　　第三节　日本沼虾 …………………………………………………… 54
　　　一、生物学特性 …………………………………………………… 55
　　　二、人工繁殖 ……………………………………………………… 57
　　　三、成虾养殖 ……………………………………………………… 60
第三章　贝类养殖 ………………………………………………………… 65
　第一节　扇贝 …………………………………………………………… 65
　第二节　鲍 ……………………………………………………………… 71
第四章　河蚌育珠 ………………………………………………………… 81
　第一节　育珠蚌的生物学特性 ………………………………………… 81
　　　一、育珠蚌的种类与分布 ………………………………………… 81
　　　二、河蚌的形态结构 ……………………………………………… 83
　　　三、育珠蚌的生活习性 …………………………………………… 84
　　　四、食性与生长 …………………………………………………… 84
　　　五、生殖习性 ……………………………………………………… 85
　第二节　育珠蚌的人工繁殖 …………………………………………… 85
　　　一、三角帆蚌的人工繁殖 ………………………………………… 85
　　　二、合浦珠母贝的人工繁殖 ……………………………………… 88
　第三节　育珠手术作业 ………………………………………………… 89
　　　一、手术季节 ……………………………………………………… 89
　　　二、手术工具 ……………………………………………………… 89
　　　三、手术蚌的选择 ………………………………………………… 90
　　　四、无核珍珠的手术操作 ………………………………………… 91
　　　五、有核珍珠的手术操作 ………………………………………… 93
　　　六、象形珍珠插植技术 …………………………………………… 94
　　　七、其他珍珠的手术 ……………………………………………… 95
　　　八、海水大型珍珠的培育 ………………………………………… 96
　第四节　育珠蚌的饲养 ………………………………………………… 97
　　　一、淡水育珠蚌的饲养 …………………………………………… 97
　　　二、海水育珠蚌的饲养 …………………………………………… 100
　第五节　珍珠的采收和处理 …………………………………………… 101
第五章　海参、海胆养殖 ………………………………………………… 103
　第一节　海参养殖 ……………………………………………………… 103
　　　一、生物学特性 …………………………………………………… 103
　　　二、人工繁殖和苗种培育 ………………………………………… 107
　　　三、刺参增养殖技术 ……………………………………………… 108
　　　四、病害防治 ……………………………………………………… 109

第二节　海胆养殖 ………………………………………………………………… 111
第六章　头足类养殖 ………………………………………………………………… 118
　　第一节　曼氏无针乌贼 ……………………………………………………………… 118
　　　　一、生物学特性 …………………………………………………………………… 118
　　　　二、苗种培育 ……………………………………………………………………… 120
　　　　三、人工养殖 ……………………………………………………………………… 121
　　第二节　长蛸 ………………………………………………………………………… 123
　　　　一、生物学特性 …………………………………………………………………… 124
　　　　二、苗种培育 ……………………………………………………………………… 125
　　　　三、人工养殖 ……………………………………………………………………… 126

第二篇　特种鱼类养殖

第一章　鲟类养殖 …………………………………………………………………… 130
　　第一节　匙吻鲟 ……………………………………………………………………… 130
　　　　一、生物学特性 …………………………………………………………………… 130
　　　　二、人工繁殖 ……………………………………………………………………… 131
　　　　三、苗种培育 ……………………………………………………………………… 132
　　　　四、成鱼养殖 ……………………………………………………………………… 134
　　第二节　杂交鲟 ……………………………………………………………………… 135
　　　　一、生物学特性 …………………………………………………………………… 135
　　　　二、人工繁殖 ……………………………………………………………………… 136
　　　　三、苗种培育 ……………………………………………………………………… 137
　　　　四、成鱼养殖 ……………………………………………………………………… 138
　　　　五、病害防治 ……………………………………………………………………… 140
第二章　虹鳟养殖 …………………………………………………………………… 142
　　　　一、生物学特性 …………………………………………………………………… 142
　　　　二、人工繁殖 ……………………………………………………………………… 144
　　　　三、苗种培育 ……………………………………………………………………… 147
　　　　四、成鱼养殖 ……………………………………………………………………… 149
　　　　五、病害防治 ……………………………………………………………………… 152
第三章　鳗鲡养殖 …………………………………………………………………… 155
　　　　一、生物学特性 …………………………………………………………………… 155
　　　　二、白仔鳗苗的采捕和暂养 ……………………………………………………… 157
　　　　三、鳗种培育 ……………………………………………………………………… 158
　　　　四、成鳗养殖 ……………………………………………………………………… 162
　　　　五、病害防治 ……………………………………………………………………… 165
第四章　胭脂鱼养殖 ………………………………………………………………… 168
　　　　一、生物学特性 …………………………………………………………………… 168
　　　　二、人工繁殖 ……………………………………………………………………… 168

三、苗种培育 …………………………………………………………… 170
　　四、成鱼养殖 …………………………………………………………… 170
　　五、病害防治 …………………………………………………………… 171
　　六、增殖放流 …………………………………………………………… 171

第五章　泥鳅养殖 ………………………………………………………… 173
　　一、生物学特性 ………………………………………………………… 173
　　二、繁殖及苗种培育 …………………………………………………… 174
　　三、成鳅养殖 …………………………………………………………… 177
　　四、病害防治 …………………………………………………………… 178
　　五、捕捞与运输 ………………………………………………………… 180

第六章　鳜、鲌类养殖 …………………………………………………… 182
　第一节　鳜的养殖 ………………………………………………………… 182
　　一、生物学特性 ………………………………………………………… 182
　　二、人工繁殖 …………………………………………………………… 183
　　三、苗种培育 …………………………………………………………… 184
　　四、成鱼养殖 …………………………………………………………… 185
　　五、病害防治 …………………………………………………………… 187
　第二节　鲌的养殖 ………………………………………………………… 187
　　一、生物学特性 ………………………………………………………… 187
　　二、人工繁殖 …………………………………………………………… 189
　　三、苗种培育 …………………………………………………………… 190
　　四、成鱼养殖 …………………………………………………………… 192
　　五、病害防治 …………………………………………………………… 193

第七章　大口鲇与鲇养殖 ………………………………………………… 195
　第一节　大口鲇的养殖 …………………………………………………… 195
　　一、生物学特性 ………………………………………………………… 195
　　二、人工繁殖 …………………………………………………………… 196
　　三、苗种培育 …………………………………………………………… 199
　　四、成鱼养殖 …………………………………………………………… 200
　第二节　鲇的养殖 ………………………………………………………… 201
　　一、生物学特性 ………………………………………………………… 201
　　二、人工繁殖 …………………………………………………………… 202
　　三、苗种培育 …………………………………………………………… 203
　　四、成鱼养殖 …………………………………………………………… 204

第八章　斑点叉尾鮰养殖 ………………………………………………… 205
　　一、生物学特性 ………………………………………………………… 205
　　二、人工繁殖 …………………………………………………………… 205
　　三、苗种培育 …………………………………………………………… 208
　　四、成鱼养殖 …………………………………………………………… 209

五、病害防治 210
第九章　黄颡鱼养殖 211
　　一、生物学特性 211
　　二、人工繁殖 212
　　三、苗种培育 214
　　四、成鱼养殖 215
　　五、全雄黄颡鱼 216
第十章　长吻鮠养殖 218
　　一、生物学特性 218
　　二、人工繁殖 219
　　三、苗种培育 220
　　四、成鱼养殖 221
第十一章　鲻、梭鱼养殖 223
　　一、生物学特性 223
　　二、人工繁殖 224
　　三、自然苗的采捕与培育 225
　　四、成鱼养殖 227
第十二章　黄鳝养殖 230
　　一、生物学特性 230
　　二、人工繁殖与苗种培育 232
　　三、成鳝养殖 233
　　四、病害防治 235
　　五、黄鳝的捕捞、越冬与运输 237
第十三章　鲈类养殖 240
　第一节　花鲈 240
　　一、生物学特性 240
　　二、人工繁殖 241
　　三、苗种培育 242
　　四、成鱼养殖 244
　　五、病害防治 245
　第二节　加州鲈 246
　　一、生物学特性 246
　　二、人工繁殖 247
　　三、苗种培育 248
　　四、成鱼养殖 249
　　五、病害防治 250
　第三节　尖吻鲈 250
　　一、生物学特性 250
　　二、人工繁殖 251

三、苗种培育 …………………………………………………………………… 252
　　四、成鱼养殖 …………………………………………………………………… 252
　　五、病害防治 …………………………………………………………………… 253
第十四章　鳜的养殖 254
　　一、生物学特性 ………………………………………………………………… 254
　　二、人工繁殖 …………………………………………………………………… 255
　　三、苗种培育 …………………………………………………………………… 257
　　四、成鱼养殖 …………………………………………………………………… 258
　　五、病害防治 …………………………………………………………………… 260
　　六、暂养与运输 ………………………………………………………………… 262
第十五章　石斑鱼养殖 264
　　一、生物学特性 ………………………………………………………………… 264
　　二、人工繁殖 …………………………………………………………………… 266
　　三、苗种培育 …………………………………………………………………… 272
　　四、成鱼养殖 …………………………………………………………………… 280
　　五、病害防治 …………………………………………………………………… 282
第十六章　鲆鲽类养殖 286
　第一节　大菱鲆养殖 286
　第二节　牙鲆养殖 292
　第三节　半滑舌鳎养殖 296
　　一、生物学特性 ………………………………………………………………… 296
　　二、人工繁殖 …………………………………………………………………… 299
　　三、胚后发育与苗种培育 ……………………………………………………… 301
　　四、成鱼养殖 …………………………………………………………………… 304
　　五、病害防治 …………………………………………………………………… 306
第十七章　大黄鱼养殖 309
　　一、生物学特性 ………………………………………………………………… 309
　　二、人工繁殖 …………………………………………………………………… 310
　　三、苗种培育 …………………………………………………………………… 312
　　四、成鱼养殖 …………………………………………………………………… 314
　　五、病害防治 …………………………………………………………………… 318
第十八章　鳗类养殖 321
　　一、生物学特性 ………………………………………………………………… 321
　　二、人工繁殖 …………………………………………………………………… 322
　　三、苗种培育 …………………………………………………………………… 325
　　四、成鱼养殖 …………………………………………………………………… 327
　　五、病害防治 …………………………………………………………………… 328
　　六、暂养与运输 ………………………………………………………………… 330

第十九章　香鱼与光唇鱼的养殖 ... 331
第一节　香鱼 ... 331
  一、生物学特性 ... 331
  二、人工繁殖 ... 332
  三、苗种培育 ... 333
  四、成鱼养殖 ... 333
第二节　光唇鱼 ... 334
  一、生物学特性 ... 334
  二、人工繁殖与苗种培育 ... 335
  三、成鱼养殖 ... 336

第二十章　罗非鱼类养殖 ... 338
第一节　尼罗罗非鱼 ... 338
  一、生物学特性 ... 338
  二、苗种繁殖 ... 339
  三、苗种培育 ... 342
  四、成鱼养殖 ... 343
第二节　奥尼罗非鱼 ... 346
  一、生物学特性 ... 346
  二、苗种繁殖 ... 346

第三篇　名特两栖与爬行动物养殖

第一章　牛蛙与棘胸蛙养殖 ... 350
第一节　牛蛙 ... 350
  一、生物学特性 ... 350
  二、人工繁殖 ... 351
  三、蝌蚪培育 ... 353
  四、幼蛙培育 ... 353
  五、成蛙饲养 ... 355
  六、病害防治 ... 356
第二节　棘胸蛙 ... 357
  一、生物学特性 ... 357
  二、人工繁殖 ... 358
  三、蝌蚪培育 ... 360
  四、幼蛙培育 ... 361
  五、成蛙饲养 ... 362
  六、越冬保种 ... 363

第二章　大鲵养殖 ... 365
  一、生物学特性 ... 365
  二、养殖池的修建 ... 366

三、人工繁殖 …………………………………………………………………… 366

　　四、人工养殖 …………………………………………………………………… 367

　　五、病害防治 …………………………………………………………………… 369

　　六、暂养与运输 ………………………………………………………………… 369

第三章　中华鳖的养殖 ……………………………………………………………… 370

　　一、生物学特性 ………………………………………………………………… 370

　　二、人工繁殖 …………………………………………………………………… 372

　　三、稚、幼鳖培育 ……………………………………………………………… 376

　　四、成鳖养殖 …………………………………………………………………… 378

第四章　龟的养殖 …………………………………………………………………… 381

　　一、生物学特性 ………………………………………………………………… 381

　　二、亲龟的选择与培育 ………………………………………………………… 384

　　三、龟卵人工孵化 ……………………………………………………………… 385

　　四、稚、幼龟池的建造 ………………………………………………………… 388

　　五、养殖方式和放养密度 ……………………………………………………… 388

　　六、稚、幼龟的饲养管理 ……………………………………………………… 388

　　七、成龟养殖 …………………………………………………………………… 389

　　八、池的条件与建造 …………………………………………………………… 390

　　九、放养 ………………………………………………………………………… 390

　　十、日常管理 …………………………………………………………………… 390

　　十一、病害防治 ………………………………………………………………… 391

参考文献 ……………………………………………………………………………… 394

绪 论

一、名特水产动物与名特水产动物养殖学

名特水产动物是水产类动物中的特殊类群，历来以野生为主。所谓特殊，一般来说这类水产动物有一定的养殖难度，养殖量不十分大，养殖历史较短，同时它们是以味道鲜美，食用营养价值较高，具有保健或药用功能，经济价值较高为特点的，水生或陆生两栖动物。名特水产动物是一个相对概念，今天的名特水产动物明天有可能变成一般的水产养殖动物，而一种处于野生未被人工养殖的水产动物，经过人工驯养成功也可以成为名特水产动物。

名特水产动物的养殖一般要求有特定的养殖水域环境、特殊的养殖技术与工程设施。它所包括的种类或品种因地域不同、时间的变化、科学技术的发展会有所不同。目前，我国对野生品种通过驯化、遗传育种、生物工程技术等方法，开发了大量新的养殖对象。主要土著品种有中华绒螯蟹、青虾、克氏原螯虾、鳗鲡、鳜、斑鳜、乌鳢、河鲀、黄鳝、长吻鮠、黄颡鱼、泥鳅、中华鳖、乌龟、翘嘴红鲌、大口鲇、鳡、点带石斑鱼、鞍带石斑鱼、斜带石斑鱼、鲆鲽类等；还有从国外引进的品种，如南美白对虾、日本对虾、罗氏沼虾、加州鲈、斑点叉尾鮰、罗非鱼、虹鳟、大西洋鲑、施氏鲟、俄罗斯鲟、西伯利亚鲟、匙吻鲟、革胡子鲇、牛蛙、美国青蛙等；此外还有一些国家保护物种，如扬子鳄、大鲵、胭脂鱼等。因地制宜选择最优的养殖品种，是水产养殖业获得高产高效的有效保证之一。

名特水产动物养殖学是在名特水产养殖业的发展中逐渐兴起的一门新兴的应用性学科。主要内容包括名特无脊椎动物、名特鱼类和名特两栖、爬行动物等生物的生物学特性、人工繁殖、苗种培育、成体饲养管理技术及病害防治等，其目的是保护和科学开发利用名特水产动物资源，增加单位面积名特水产品产量和经济效益，为人类提供优质的动物蛋白质食品。该学科除了具有一定的系统性和理论性外，还具有很强的实践性。

二、发展名特水产养殖业的意义

（一）改善国民的食品结构，提高人民的生活质量

水产品是人们理想的食品，是我国国民膳食结构调整中需要增加消费的主要食品之一。在水产食品中，过去以传统的鲢、鳙、草鱼、青鱼为主，品种较为单一。随着我国水产品总产量的迅速增加，人民吃鱼难的问题得到了有效缓解。特别是近些年来，由于经济的快速发展和城市化步伐的推进，人民生活水平迅速提高，人们的生产方式、生活方式和消费习惯也发生了较大的改变。人们对水产品消费由"数量型"向"质量型"转变，从要求有鱼吃，发展到追求优质水产品，既要求美味可口，也要求水产品多样化，不再满足于仅仅食用传统的大宗水产养殖品种，而是将目光转向了肉质更细嫩、味道更鲜美、营养价值更高，食用和药膳并兼的名特优水产品。此外，奇货可居的心理也使得消费者对以往市场较为少见的新奇水产品更为青睐，因此名特水产养殖品种逐渐走入了寻常百姓的餐桌。然而由于生态环境恶化和酷渔滥捕等原因，野生名特水产动物资源衰退严重，供求矛盾逐渐凸显。日益增长的市场

需求和逐渐衰退的野生资源的矛盾，极大地推动了我国名特水产动物养殖业的发展。同时，日渐膨大的对外出口需求，更加速了生产规模的扩大。名特水产动物肉质鲜美，营养价值普遍高于常规水产养殖品种，这与其肌肉中蛋白质含量较高、氨基酸种类丰富、矿物质和微量元素含量丰富是分不开的。因此发展名特水产动物养殖对改善国民传统的水产品消费结构，提高全民族的营养与健康水平，实现健康长寿有积极作用。

（二）优化农村产业结构，促进水产养殖业提质增效

渔业是农业中效益较高的产业，为农村劳动力转移创造了大量就业和增收机会。传统的水产养殖品种主要是"四大家鱼"，近年来，由于水产养殖业的快速发展，养殖产量的迅速提升，水产加工产业发展缓慢等因素，常规水产品种的养殖逐渐呈现产品过剩、市场饱和的现象，销售渠道萎缩，由20世纪80年代大中城市消费者"吃鱼难"演变成渔民"卖鱼难"。此外，水产养殖业是一个劳动力密集型的产业，劳动力成本的增加和农业原料价格的整体上涨都大大提高了水产养殖的成本，使得常规水产品缺乏市场竞争力，渔民增收能力逐步下降。在常规水产品价格持续低迷的同时，某些名特水产动物养殖品种在市场上则供不应求，以其居高不下的市场价格、丰厚的养殖回报以及广阔的发展前景，极大地刺激了当前特种水产养殖业的快速发展，呈现良好的发展势头，养殖名特水产品种的效益比养殖大宗水产品种要高出3~5倍甚至更多。为了适应市场的需求，优化水产养殖业的产业结构，转变渔民增收方式，各地渔业部门逐渐将开发名特水产动物新品种、提高养殖比重、发展综合养殖作为当地渔民增收、水产养殖业提质增效的主要途径之一。发展名特水产动物养殖业对振兴农村经济，促进我国渔业结构调整，带动渔民持续增收，促进渔区经济社会持续、快速、健康发展，具有十分重要的现实意义。

（三）增强出口创汇能力，促进我国对外贸易发展

作为世界水产养殖第一大国，我国的水产养殖产量占全球产量的70%。其中，名特水产品是我国外贸出口的重要商品之一，特别是中华绒螯蟹、虾类、贝类、鳗鲡、黄鳝、鳜、鳖、龟、珍珠等名特水产品，近年来向我国要求进口的国家越来越多。如中华绒螯蟹是我国对日本出口的重要水产品。有些品种在国际市场上成为紧俏高价的产品，出口潜力很大，换汇率高。名特水产养殖产品占出口水产品的比重越来越大，一些优势品种所占份额明显，仅六大品种（对虾、鳗、罗非鱼、大黄鱼、贝类、中华绒螯蟹）就占一般贸易出口的60%左右。目前，我国水产养殖产品贸易出口总量及出口额已位居世界前列。品种繁多、部分品种产量首屈一指，是我国名特水产养殖业的一大特色，名特水产品目前已成为我国水产养殖业出口创汇的主要力量。因此，大力发展名特水产动物养殖，对我国参与国际市场竞争与出口创汇，促进对外贸易事业的发展具有重要意义。

三、名特水产动物养殖业的发展历程

我国名特水产养殖是随着国家改革开放的步伐而发展起来的。20世纪60年代我国开始研究和开发名特水产动物的人工养殖，到80年代初名特水产养殖业呈现蓬勃发展的趋势，给广大养殖者带来了非常可观的经济效益。我国名特水产养殖业大规模兴起的标志是鳗鲡的成功养殖。鳗鲡养殖经过了1979—1985年的试验阶段、1986—1989年的推广阶段和1990年后的快速发展阶段，在我国获得了巨大的成功。1996年我国成为世界上最大的养鳗国，鳗鲡养殖业成为我国水产养殖业中唯一一个产值超百亿元的产业。鳗鲡养殖的成功迅速带动

了其他名贵水产动物，如鳖、河鲀、中华绒螯蟹、育珠蚌和牛蛙等种类养殖业的发展。随着名特水产养殖业的发展和市场供求的调整，我国名特水产养殖经历了较大的变化过程，原来在名特水产养殖中占很大比重的鳗鲡和鳖等种类的养殖大幅滑坡，越来越多的其他名贵水产动物成为养殖热点。这些品种以淡水为主，主要包括鱼类、虾蟹贝类、两栖类、爬行类等几十种水生动物。

目前我国名特水产养殖业已逐步由发展阶段走向成熟阶段，技术水平不断提高，主要养殖对象已达到一定的规模，市场供求矛盾趋缓，价格下降。价格的下降，给名特水产养殖业的发展带来了较大的压力。近年来一些稀少的国家一、二级重点保护野生动物等长线养殖对象引起了人们的重视，如鲟、大鲵和胭脂鱼等。养殖对象的扩展，为名特水产动物的养殖注入了新的活力。虽然随着经济的快速发展，我国近年来名特水产养殖有了长足的发展，但由于名特水产养殖品种具有比传统的大宗养殖品种养殖历史较短、养殖成本较高、养殖技术不够成熟、养殖风险较大等特点，其养殖规模和产量均较大宗养殖品种要小很多。巨大的市场需求量往往使得这些上市商品供不应求，价格自然也就居高不下了，养殖效益大大高于大宗水产养殖品种，具有较大的市场潜力。

四、我国名特水产养殖业的现状与发展趋势

（一）生物技术在名特水产动物养殖业的应用

现代生物技术的应用为水产养殖业的发展带来了革命性的变化，从水产动物遗传多样性、种质资源、新品种培育、免疫预防、疾病诊断等各个方面无一不渗透现代生物技术的应用。

1. 在种质改良和育种中的应用 养殖要发展，种业必优先。优质的种苗对水产品养殖产量的提高和品质的改善起着十分重要的作用。近年来，中外科学家运用多倍体育种、雌核发育、转基因以及分子遗传标记等技术在名特水产养殖动物的选育方面开展了大量的研究，并取得了理想的进展和明显的经济效益。如目前已运用多倍体育种技术分别在栉孔扇贝、牡蛎、鲍、中国对虾、珠母贝等多种动物中开展了品种改良研究，其中，牡蛎三倍体培育已达生产规模，与二倍体相比，产量增长15%以上。还通过雌核发育技术成功选育出全雌虹鳟、牙鲆和全雄黄颡鱼等，并应用到实际生产中，获得了良好的经济效益。将生长激素基因、抗病基因及其调控序列一起导入受体的胚胎或受精卵中，并使其表达的"全鱼"元件组成的转基因鱼的构建已在牙鲆、真鲷等品种中构建成功，养殖结果表明，转基因鱼在生长速度和抗病能力上已显示出优势。此外，分子辅助育种已成为有效的育种工具，在进行选择育种工作中采用分子辅助育种技术，育种速度可提高约11%。

2. 在病害检测和防治中的应用 DNA探针技术近年来在对虾病毒病的检测中备受青睐。美国科学家针对传染性皮下和造血组织坏死病毒（IHH-NV）研制的点杂交核酸探针已经商业化生产。中国科研人员针对对虾造血组织坏死杆状病毒研制的核酸探针，并将其用于检测受造血组织坏死杆状病毒感染的对虾，取得了满意的结果。单克隆抗体技术能对养殖对虾的发病情况提前20~40 d做出预报，同时可以与其他免疫技术相结合，如放射免疫分析技术、酶联免疫检测技术、间接荧光抗体技术等，进而做到对疾病的检测更加准确、迅速。荧光定量PCR技术、PCR-ELISA技术等，现均已应用于水产动物疾病的诊断中，并已显示出巨大的发展潜力和广阔的应用前景。

现代生物技术在病害防治方面的应用,已研制成功并进入试验阶段的是免疫刺激剂的研究与开发,这是一种能诱导和刺激水产养殖动物自身的非特异性免疫系统与各种病原做斗争,通过增强自身的免疫能力,达到预防和减轻疾病的目的的物质。已研制出来的几种非特异性免疫刺激剂在南美白对虾和斑节对虾的抗病试验中均取得了理想的效果。

(二) 名特水产动物养殖业发展的制约因素

1. 品种引进管理混乱 据不完全统计,目前我国共从国外引进水产养殖良种140余种,其中鱼类占70%以上。在已引进的140多个种类中,仅20%左右已推广应用于养殖生产中,并产生了较好的经济和社会效益,其余品种均无疾而终。近年来,我国引种工作进展较快,在生产中发挥了较好的作用,但也存在一些问题。第一,对于国外种质资源引进的管理不够重视,引种及引种后的管理渠道不够规范,往往由各地根据各自了解的情况自行联系和引进,导致很多品种的重复引进。多次引种现象主要是因为引种后的保种及种质提纯复壮工作不到位,致使种类引进后种质退化或引种量少,不足以满足生产需求,不得不再次引进。第二,引种过程中的动物检疫工作没有完全发挥作用,导致部分原产地特有的病原体被携带入境。第三,引种存在较大的盲目性,缺乏必要的信息研究机构,对所引进种类的生物学特性、适应性、养殖生产与研究等资料掌握不充分,导致种类引进后达不到预期的效果。此外,由于管理不严及对外来物种入侵的危害程度认识不够,由此引起的对土著水生生物构成的生态威胁、基因污染等问题对环境造成了较严重的影响,如食人鱼(食人鲳)、福寿螺等品种,下一个灾难种类可能是所谓的"台湾泥鳅"。

2. 苗种供应成为短板 种质问题是制约我国名特水产动物养殖发展的瓶颈之一,主要表现在引种混乱或退化,以及苗种规模化繁育尚存在诸多技术难点,难以形成批量生产。

名特水产动物的种苗培育生产体系不健全,结构、布局不合理,原种场和良种场数量很少,且规模小、水平低、难以满足全国良种的批量供应,致使全国名特水产动物良种种质退化严重。其次,由于引种混乱,管理不规范,可提供的优良人工品种较少。尽管引进的品种有140余种,但经过人工改良且实际应用的品种仅占30%。此外,缺乏对名特水产动物种苗质量的有效监督。名特水产动物种质标准制订工作进展缓慢,目前,国家公布的名特水产动物种质标准少之又少,极大地影响了名特水产动物种质质量监督检验工作的正常开展。名特水产动物种苗作为商品在市场中销售缺乏严格的质量标准,缺少生产管理制度、生产许可证制度等管理法规。

3. 渔业资源持续紧缩 淡水渔业的发展正加速朝着高度集约化、高度安全化、高度生态化方向发展。然而,我国淡水水产产业仍然比较传统,以消耗自然资源为主的生产方式和以增加养殖面积提高产量的问题仍然严重,产业集聚度低、国际竞争力弱、专业化分工不明确,尤其是近年来一些地区出现了盲目发展和片面追求产量的倾向,导致病害损失加大、环境破坏加剧、产品质量下降、效益提升乏力、出口贸易受挫等一系列严峻问题。尽管工业化、城镇化发展拉动了水产品消费,但大量涉水工程挤占渔业水域滩涂资源,破坏水生生物栖息环境,工业废弃物和生活排污也严重威胁渔业生态安全,渔业资源衰退的趋势没有从根本上得到遏制,水域环境恶化的状况尚未从根本上得到缓解。资源环境的刚性约束将更加突出,成为现代渔业发展的瓶颈制约。

4. 病害频繁发生 随着名特水产动物养殖技术和生产规模的不断发展,病害成为制约名特水产动物养殖的瓶颈之一。在养殖生产过程中如果不注重名特水产动物病害的防治,常常会由于发生病害而造成名特水产动物的大批死亡，带来的损失也是极为惨重的。常常表现在研究严重滞后于生产，新的、危害严重的疾病给养殖业造成了较大的危害，如对虾病毒性疾病的暴发，使广大对虾养殖者蒙受了巨大损失，许多与养虾配套的加工、冷冻企业也因此被迫停产或转产，使我国对虾生产跌入低谷。中华绒螯蟹的颤抖病早期在江苏被发现后，相继在上海、浙江、安徽、江西等地出现，并呈现逐年加剧趋势，部分地区发病率高达90%以上，死亡率达70%，发病严重的水体甚至导致绝产，损失相当惨重。我国较为集中的研究和防治名特水产病害始于20世纪80年代末，发展至今虽取得了一定的成绩，但还不能完全满足名特水产养殖的需求。

5. 水产品加工业发展滞后 我国的名特水产经济动物的产品加工相对落后，国内市场和出口国外的产品多以鲜活鱼或冷冻产品为主，其中鲜销占70%以上，呈现产量大、加工量小、产品附加值低的现状。一方面产品附加值低，绝大部分集中在冷冻、初加工等低端加工产品，缺少功能食品的开发、生物活性物质的提取、药物的研制等更深层次潜在价值的发掘，在国际市场上，我国名特水产养殖业很多时候仅仅充当了一个"养殖基地"的角色，只能以数量与竞争对手抗衡。另一方面，鲜销或冷冻销售方式单一，一旦碰到市场竞争、贸易壁垒、食品安全问题等突发性事件时，规避风险能力低，商品鱼大量过剩，价格大幅下跌，市场稳定性差。如2007年以来我国的斑点叉尾鮰出口美国多次遭受到美国食品药品监督管理局（FDA）设限的影响，从而导致出口量锐减，2008—2009年出口量回升后又受越南鮰价格优势的影响，进入持续低迷状态。由于产品研发能力不足，加工技术和设备落后，全产业链生产过程中食品安全和品牌意识淡薄等问题，我国的名特水产品在国际市场上难以形成竞争优势。

（三）名特水产养殖业的发展趋势

从人类的需求和养殖的经济效益来看，名特水产养殖业具有较大的发展潜力。结合养殖现状，我国名特水产养殖应朝以下方向努力。

1. 建立保种、扩种和良种繁育体系，提高品种质量 当前首要的工作就是要健全和完善名特水产动物种苗体系的建设，加快原良种场及保种基地的建设，重新制定更具法律效力的名特水产动物种苗管理条例等相关法律，建立、健全名特水产动物种苗生产企业注册登记制度，加强名特水产动物种苗进出境的检疫和管理工作，制定名特水产动物种苗质量标准，确保名特水产动物养殖生产单位的利益，建立和完善名特水产动物种苗管理和质量监督体系，加强种苗行政管理。

2. 增加科技投入，促进规模化生产 增加科技投入，进一步加强苗种繁育、病害防治、健康养殖、营养与饲料配方、产品深加工等方面的研究，提高养殖的成功率与效益。如利用转基因技术大幅提高名特水产动物的生长速度和抗病能力；将高通量测序技术应用到育种工作中来，加快良种选育的速度；在继续重视生长性和抗病性的同时，将消费者追求的安全性和优良品质作为苗种培育的发展目标；把高科技运用到养殖设施的开发中来，将名特水产动物养殖特别是海水养殖往深水化、大型化方向发展，进一步提升养殖产业的技术升级；加大水产品加工工艺的研发力度，实现产品供应形式和功能多样化和综合利用高效化等。促进养殖生产合理化、效率化，进一步提升养殖组织化的程度，不断加快生产、加工、流通和销售的一体化进程，科技将成为名特水产动物养殖生产和经营发展的动力。

加强技术的普及，提高名特水产养殖业整体的技术素质与管理水平，保护养殖生态环境，合理使用药物，提高养殖对象的品质，为人类提供高品质的产品，使我国名特水产养殖业长久不衰地发展下去。

3. 正确引导和宣传，避免盲从　由于名特水产养殖业的特殊性，因而要充分掌握本地区乃至全国的水产市场需求和相关信息，进行综合分析，认清形势，谨慎投资。同时渔业相关部门也应给予名特水产养殖企业主体以正确的宣传和引导，避免过分夸大经济动物的养殖效益，出现一哄而上、一哄而下的局面，导致生产、销售出现较大波动，稳定性差。

根据现阶段的发展水平，引进新技术，改良种质，开发新品种，加强病害防疫，加快发展水产品加工业，是未来我国名特水产动物养殖业的发展趋势。名特水产动物养殖业是一个年轻的学科和产业，虽然名特水产品要实现大众化消费，还需要经历一个漫长的发展过程，但随着我国农业产业结构调整，尤其是水产养殖品种结构调整和出口量的增加，名特水产动物养殖业仍将具有非常广阔的发展前景。

思考题

1. 什么是名特水产动物？试举例说明。
2. 发展名特水产动物养殖业对我国整个水产养殖的作用是什么？
3. 制约我国名特水产动物养殖业的因素有哪些？如何才能使名特水产养殖业持续、稳定和健康地发展？

第一篇
名特无脊椎动物养殖

第一章 蟹类养殖

第一节 中华绒螯蟹

我国有深厚的蟹文化底蕴,很早就有"天下第一个吃螃蟹"的传说,鲁迅先生也曾赞道:"第一次吃螃蟹的人是很可佩服的,不是勇士谁敢去吃它呢?"天下自第一个人吃过螃蟹后,中华绒螯蟹就成了家喻户晓的人间美食、水产珍品,古代的很多文人墨客也留下不少诗词及有关中华绒螯蟹的记载。中华绒螯蟹营养丰富,味道独特,有"中华绒螯蟹上席百味淡"之说。

中华绒螯蟹养殖从最初的天然捕捞、人工放养到目前的集约化养殖,从江南发展到全国(西北少数地区除外),已形成了以太湖、阳澄湖、洪泽湖、巢湖、鄱阳湖、洞庭湖、梁子湖等大中型湖泊为基地,长江、辽河、闽江为产业带的区域化、集约化、规模化的中华绒螯蟹养殖格局。据中国渔业年鉴统计,2012年全国中华绒螯蟹产量71.4万t,其中养殖大省江苏省32.6万t,其次是湖北省11.5万t,安徽省以10.5万t列第三。由于养殖效益好,中华绒螯蟹养殖业成为渔民致富的有效途径之一。

一、生物学特性

(一) 分类地位与分布

中华绒螯蟹(*Eriocheir Sinensis*),俗称河蟹、毛蟹、大闸蟹,在分类上隶属节肢动物门,甲壳纲,软甲亚纲,十足目(Decapoda),方蟹科(Grapsidae),绒螯蟹属(*Eriocheir*)。

中华绒螯蟹在我国分布广泛,北至朝鲜半岛,南至福建闽江,东至鸭绿江口,西至湖北省荆州市均有分布;我国长江、辽河水系和浙江省温州与瓯江一带是其主要分布区。中华绒螯蟹原本是东亚的土著生物,但由于人为的因素,自20世纪初已移居欧洲,之后又入侵到北美,并在莱茵河河口地区和旧金山形成了较大群体。

(二) 形态特征

头胸甲呈圆方形,后半部宽于前半部;胃区有6个对称的突起;额宽,分4齿,前侧缘具4个锐齿,末齿最小,引入一隆线,斜行于鳃区外侧。螯足,雄比雌大,掌节内外均密生绒毛,绒螯蟹由此得名;步足,以最后3对较为扁平,腕节与前节的背缘各具刚毛。腹部雌圆雄尖(图1-1-1)。

(三) 生活习性

河蟹喜欢栖息在江河、湖泊水底、岸边,以

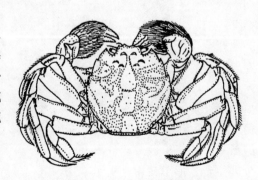

图1-1-1 中华绒螯蟹

打洞穴生活，洞深 20～80 cm，洞与地面成 10°左右的斜角。潜居洞穴里、石缝间或水草丛中。白天蛰伏洞中，夜晚出来活动觅食。生长快，适应性强。对 pH 的要求以偏碱性为好，一般 7.5～8.5。适宜的生长水温 15～30 ℃。对水中溶氧量一般要求在 3 mg/L 以上即可。河蟹还具攀援的习性，所以在人工养殖时，养殖池需有防逃设施，以防逃逸。

(四) 食性

河蟹食性广，是杂食性动物，偏重于动物性。喜欢吃死鱼虾，腐败的动物尸体、螺、蚌、水蚯蚓、昆虫及其幼虫等动物性饲料，也摄食浮萍、丝状藻类、水花生、水葫芦、蔬菜、禾苗、谷类等。河蟹的忍饥能力也很强，在缺食情况下，十天半月不进食也不会饿死。当温度在 10 ℃以上时，摄食强度大，胃中往往呈半饱满和饱满状态。水温在 10 ℃以下时，代谢功能减弱，越冬时蛰伏洞穴中，不吃食。

(五) 生长

河蟹的生长过程是伴随着幼体蜕皮、仔幼蟹或成蟹蜕壳进行的，幼体每蜕一次皮就变态一次，也就分为一期。从大眼幼体蜕皮变为Ⅰ期仔蟹始，此后每蜕一次壳它的体长、体重均做一次飞跃式的增加，从每只大眼幼体 6～7 mg 的体重逐渐增至 250 g 的大蟹，至少需要蜕壳数十次，而每蜕一次壳都是在度过一次生存大关。

(六) 繁殖习性

河蟹交配产卵的盛期集中在每年的 12 月至翌年的 3 月上中旬，海水盐度的刺激及必要的温度是河蟹交配产卵的必备条件，温度、盐度分别以 8～12 ℃和 15～25 最为适宜。性腺成熟的河蟹一经接触海水环境，就会出现交配现象（虽然在淡水有时也会交配，但不能产卵）。河蟹系硬壳交配，并有多次重复交配的习性。交配前先互相抱对，短则几分钟，长可数天，视性腺成熟度而异。接着，便开始交配，雄蟹将一对交接器的末端紧紧地贴附在雌蟹的雌孔上，将精子贮存于雌性的两个纳精囊内。河蟹交配历时几分钟至 1 h 不等。完成交配后，雌蟹在水温 10 ℃左右的条件下，经 7～16 h 后即开始产卵。并黏附于腹部刚毛上，这种腹部携卵的雌蟹，通常称为抱卵蟹。

雌蟹可多次抱卵。一只体重 150～200 g 的雌蟹，第一次产卵时的怀卵量一般在 40 万～60 万粒，甚至能高达 90 万粒左右，但同一只河蟹在第二、三次产卵时，抱卵数量将呈明显递减。抱卵量按每克卵 1.8 万粒计算。河蟹的受精卵黏附在雌蟹腹部附肢的刚毛上完成孵化过程，其胚胎发育需要经历卵裂→原肠期→眼色素形成期→心跳期→孵化前期→孵化等时期，自抱卵至孵出溞状幼体视水温不同约需 1 个月时间。受精卵的颜色也由刚产出时的紫色或赤豆沙色逐渐变淡，直到卵群变成淡灰色、光亮透明，胚胎心跳达每分钟 200 次左右时，幼体破膜而出，完成孵化过程。由于河蟹受精卵的整个胚胎发育过程受到母体的良好保护，因而孵化率很高，常可达 90%以上。

从受精卵破膜而出（孵化）的幼体呈水蚤状，为Ⅰ期溞状幼体，体长 1.6～1.8 mm，体重 0.13 mg 左右，在水中营浮游生活，其经过 5 次蜕皮成为大眼幼体（megalopa），俗称蟹苗（图 1-1-2）。此时，幼体体长已增至 5.0～5.5 mm，体重约 5.0 mg，并逐渐由咸淡水向淡水过渡，再经 1 次蜕皮即成为Ⅰ期仔蟹，形态似成体，并开始底栖生活。此后，河蟹的个体生长、形态变化、生殖器官发育以及断肢再生等生命体征，均将与蜕壳相伴。在正常情况下，河蟹一生将蜕壳（蜕皮）18 次。

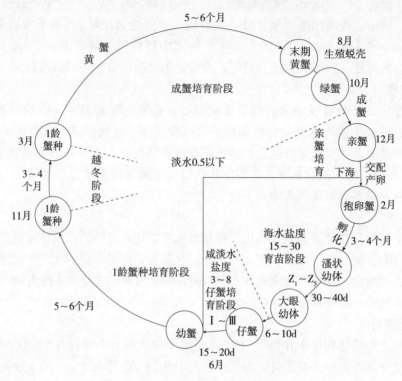

图1-1-2 中华绒螯蟹的生活史
（王武，2007）

二、人工繁殖与育苗

由于天然蟹苗资源越来越少，根本无法满足生产的需要，1996年以来，全国几大天然蟹苗产地的蟹苗产量不足1 000 kg，最大的长江蟹苗产地也难超过500 kg。因此，中华绒螯蟹人工繁殖势在必行。我国于20世纪70年代末在世界上首先获得中华绒螯蟹人工育苗技术的成功，并在各地迅速推广。到1994年前后，全国有中华绒螯蟹育苗场近千家，育苗水体约20万 m^3，苗产量4万～5万 kg。根据中国渔业年鉴统计，2014年全国蟹苗产量估计为9.4万 kg。

目前各地采用的中华绒螯蟹育苗方式主要有3种：天然海水工厂化育苗、人工半咸水育苗和天然海水土池育苗。

（一）天然海水工厂化育苗

天然海水工厂化育苗经多年的实践，技术水平已经有了很大的提高，因利用天然海水，成本较低，地处沿海，能充分利用天然饵料，具有单产高、规模大的特点，每立方米水体可产苗0.3～0.5 kg。

1. 天然海水育苗场的选址与建设

（1）场址的选择。应选择无污染的地点建场；要有丰富的海、淡水资源，海水盐度在15～30均可，在大潮汛时每天都能取到海水。淡水资源可来自清洁的地表水或地下深井水；交通便利，便于物资运输、蟹苗销售；电力供应稳定。

(2) 供水系统。供水系统包括淡水和海水两大部分,每一部分都能独立供水。

海水系统:包括提水、储水、过滤、输水管道等。提水的机械为水泵,一般要求功率大一点,以在 30 h 灌满储水池为宜。二、三级提水可选用潜水泵。

储水池要两口以上,一般用室外的土池,储水量为育苗水体的 10～15 倍,一般 1 000 m³ 的育苗水体要配备 1.0～1.5 hm² 面积的储水池;沉淀池可用土池或水泥池,容水量为育苗水体的 3～5 倍。进水用筛绢过滤,目的是进一步沉淀;高位配水池和预热池可合二为一,以自流供水,并加盖,具备加温功能,容水量为育苗总水体的 30%～50%。

输水管道应选用无毒的工程塑料阀门,也可用尼龙或塑料阀门。管道直径在 5～15 cm,根据不同的输水级别选用。管子应无毒、耐压、易于连接。

淡水系统:一般用打深井,配备水泥池,储水量为育苗水体的 50%。如用地表水,也要建储水池,储水量为育苗水体的 5～7 倍。

(3) 加温系统。包括锅炉、送热管道和散热管。一般每 1 000 m³ 水体的育苗场房配备 1 t 锅炉一台。主管道直径 50～60 mm,各池中分管道 25～30 mm。分管道铺设在池底,距池底 15～20 cm,要求将水温加热到 22～25 ℃即可。在卤虫孵化池要求加温到 25～30 ℃。为节约能源,也可采用余热和其他方式。

(4) 充气系统。包括鼓风机、输气管、泡气管、气泡石。鼓风机一般选用罗茨鼓风机,风压为 3 500～5 000 mm 水柱,需购置 2 台。送气量为育苗总水面的 1%～3%。输气管道可用镀锌管、耐压尼龙管和塑料管,主气管 10 cm,支气管道 2.5～3.0 cm,通过支气管道送到池边,再用塑料软管连接气泡石散在水中充气,以保证水中有充足的溶解氧。气泡石的配备数量为每立方米 2 个,均匀分布在池底。

(5) 自备发电机组。由于在中华绒螯蟹育苗期间不能断电,为保障育苗的成功,需配备备用发电机组,一般配备功率 20～50 kW。

(6) 饵料培育系统。包括卤虫卵的孵化,单胞藻、轮虫、桡足类等天然饵料的培养,卤虫卵的冷藏设施。卤虫卵的孵化需要专门的孵化设备,多采用水泥结构圆锥形孵化池,每个容积 5～15 m³,也可用玻璃钢孵化器或长方形小水泥池。为保证饵料供应,孵化池面积约占育苗水体的 25%。藻类培育池在室内用水泥池进行,先进行接种培养,再扩大培养。轮虫、枝角类、桡足类可在室外用土池培养。

(7) 育苗系统。育苗池要建在厂房内,厂房坐北朝南,利于保温,砖墙结构,适当留有窗户,水泥抹面,屋顶采用钢架玻璃钢瓦结构。每个池子面积 20～30 m²,水深 1.5～2.0 m。池底要向出水口倾斜 2°～4°,以利于排水,并安装排水阀门。排水口外侧为排水通道,又兼作集苗池,为便于集苗,要求比育苗池底低 40～50 cm。

(8) 分析观察室。配备显微镜、解剖镜、分析天平、粗天平等简易分析仪器设备。

2. 亲蟹的选留与培育

(1) 亲蟹的选择和运输。要选择长江中华绒螯蟹,不从疾病发生区选。要选性成熟、壳色青绿、四肢齐全、体质健壮的中华绒螯蟹。雌蟹规格 100～120 g,雄蟹规格 100～150 g,♀:♂=(2～3):1。为保证蟹苗质量,有的单位将雌、雄蟹异地选购。选购时间在 10 月下旬至 11 月上旬。

亲蟹的运输要小心,将亲蟹平放入湿蒲包或 40 目聚乙烯网布袋中扎牢,一般运输成活率高。

(2) 亲蟹的暂养。

①暂养方式。

室外土池暂养：将选购的亲蟹放养在池塘内，池塘面积一般为 1 000～2 000 m²，水深 1.0～1.5 m，放养密度为每 667 m² 1 500～2 000 只。雌、雄蟹必须分开饲养。放养前要提前清除过多的淤泥，每 667 m² 用生石灰 75～100 kg 清塘。池塘四周要有防逃墙，并防止敌害进入。

室内水泥池饲养：我国的北方地区，由于气候比较寒冷，可在室内水泥池饲养，先用高锰酸钾或漂白粉对池子进行消毒，在池底设瓦片等隐蔽物，水深保持 70～100 cm，溶氧量在 5.5 mg/L 以上。放养密度 10～15 只/m²。开始不加温，温度 4～8 ℃，中期和后期温度可保持在 10～13 ℃。

笼养：是将亲蟹放在竹笼中饲养，竹笼腰直径 60 cm，高 40 cm，每个笼可放蟹 10～15 只，笼子吊在水中。

②饲养管理。以上几种饲养方式中要求相似，投喂的饵料有咸带鱼、小杂鱼、蛤肉、螺肉、蚌肉、玉米、小麦、山芋等，水温在 10 ℃左右，投饵率为 2%～3%，水温高时适量增加，动物性饲料占 30%～45%。

注意水质管理，应保持水质清新，土池培育每周加水 2～3 次。水泥池培育需每天加水换水，每 2～3 d 排污一次，每次加水 15～30 cm。

③人工促熟。为提高亲蟹的交配率、抱卵率、产卵率，在交配前需要对亲蟹进行强化培育，促进性腺的进一步发育，除做好饲养管理外，常有以下两种方法。

淡水暂养后半咸水促熟：指先将雌、雄亲蟹分别养在淡水中，在交配前加入少量的海水，给予一定的盐度刺激，一般盐度在 0.8～1.5，水温控制在 10～22 ℃，几天后再继续交配，能取得较好效果。如果准备提前搞"早繁"苗，此过程应相应提前。

直接咸水促熟：有些沿海的蟹苗场将 10 月上中旬选购的亲蟹直接放入海水池中，让中华绒螯蟹在池中暂养并自然交配，等水温降到 7～8 ℃时，将雄蟹捕出，留下抱卵蟹待用。此种方法常在没有淡水或缺乏淡水的地方使用。此法适合早繁。

3. 人工交配产卵（促产）与孵化

(1) 交配产卵。交配池要求面积 1 000～2 000 m²，水深 1.5 m，土质底，要有防逃墙，在池底可用砖瓦搭建蟹巢，为亲蟹提供隐蔽场所，以减少雄蟹间的相互打斗。在交配前也要进行清塘。交配的时间应根据生产计划安排的出苗时间而定，如"早苗""正常苗"和"晚苗"，一般安排在 12 月至翌年 3 月间都可。将经培育后的亲蟹按雌雄比（2～3）∶1 的比例放入交配池中，水深要求 0.8～1.0 m，盐度 16～30，放养密度 5～8 只/m²，交配水温 6～13 ℃。在海水的刺激下，雌、雄蟹很快进行交配，通常 5～8 d 就可以完成。10 d 后就可以排干池水剔除雄蟹和未抱卵的蟹，进入下一步的抱卵蟹培育。

(2) 抱卵蟹培育与受精卵孵化。雌蟹交配后，将受精卵产在自身腹脐的附肢上开始胚胎发育，直到溞状幼体出膜。抱卵蟹不仅对怀抱的胚胎起到防止敌害吞食的作用，而且还时常撑起步足，腹部不断地扇动，使每个胚胎四周形成水流，以改善胚胎的水环境，提供呼吸所需的溶氧量。由于胚胎的不断发育，抱卵蟹对营养物质和环境条件的要求都比较高。培育好抱卵蟹是育苗的重要环节之一。

抱卵蟹的培育有室外土池培育和室内加温培育。

①室外土池培育。池塘条件和亲蟹培育相似,放养前要清塘,待药性消失后放养,密度为 2~4 只/m²。水深 1.5~1.8 m,北方地区池水应适当加深。在饲养中应适当增加饵料的投喂,以保证营养供应,如投饵严重不足,抱卵蟹会用大螯钳撕腹部的卵充饥。另外要保持水质的清新和充足的溶解氧,要经常换水,每次加原池塘水的 1/3~2/3。在室外低温条件下培育抱卵蟹可延迟溞状幼体的出膜期,可使胚胎发育长达 4~5 个月。

②室内控温培育。为适应多批次育苗、早育苗的需要,将抱卵蟹移入温室逐步加温培育,使其能在计划日期出苗。多用室内水泥池进行,也有用大棚土池培育。放养密度为 8~15 只/m²,在室内培育应注意以下几方面。

筑人工蟹巢,光线不要过强,适当遮光;逐渐升温,抱卵蟹刚入池时,一般室外水温在 8~12 ℃,移入室内时先要在自然温度下暂养 2~3 d,等适应新环境后再开始升温,升温幅度为每天 0.5~1.0 ℃,最后水温保持在 16~18 ℃,水温过高则容易引起胚胎畸形。

蟹进温室升温后要做到间断或不间断送气,保证水中溶氧量在 5.5 mg/L 以上。

注意投喂新鲜的动物性饵料,为保证营养全面,应注意饵料的多样性,每天早、晚各投喂一次,投饵率 1.5%~3.0%,要定点投喂,以便清除残饵。

饲养期间要保持清新的水质和充足的溶解氧,要求每天换水一次,每次换水 50%~80%,2~3 d 清底一次,清除死蟹和残饵。换水时水温要一致。

4. 幼体培育

(1) 溞状幼体的布苗。抱卵蟹在良好的环境条件下,水温维持在 20~22 ℃,18~25 d 可出膜。随胚胎发育逐步成熟,卵粒变得透明,出现眼点,心脏开始跳动,进入原溞状幼体阶段,当心跳达 150~170 次/min,1 d 内就可排幼,应将抱卵蟹移入育苗池内。

①育苗池的准备。先要对育苗池进行彻底的消毒,可用高锰酸钾或漂白粉进行。然后加入经过滤的海水,加热池水和抱卵蟹培育池一致。

施肥培育天然饵料生物。溞状幼体的天然饵料生物主要有单胞藻、轮虫和卤虫,在水质比较瘦的地区,需施肥培养藻类和轮虫,方法是施尿素或硝酸钾 0.2~0.4 mg/L、磷酸二氢钾 0.5 mg/L。也可将在其他饵料池培养的单胞藻补入。单胞藻密度达 15 万~20 万个/L。

②布幼的方法。一般采用挂笼排幼法,笼子用竹子或塑料制成,每个笼放抱卵蟹 10~20 只,或按每平方米 2~3 只蟹计算。要求同一池中的抱卵蟹发育同步、排幼同步,应在同一天完成,避免"几代同堂"的情况出现,造成自相残杀,影响成活率。抱卵蟹布苗前用制霉菌素药浴。

③布幼密度。布幼密度各地差别较大,依水质条件、饵料基础、技术水平不同而不同,但密度不超过 40 万只/m³,密度大时水质变化大,管理要求高,稍有疏忽就可能出问题。密度小,容易管理,可提高成活率,也能获得较高的产量。所以一般厂家多将密度控制在 15 万~25 万只/m³。在生产上,有的厂家为提高育苗池的利用率,采用倒推式阶段育苗法,要求大眼幼体密度 5 万~8 万只/m³,Z_3、Z_4 密度达 10 万~15 万只/m³,Z_1、Z_2 达 40 万~60 万只/m³。

(2) 溞状幼体的培育。溞状幼体的培育是指幼体孵化破膜(Z_1)到大眼幼体(M)出池的阶段,在水温 20~22 ℃时,需要 18~22 d。溞状幼体培育是育苗最关键的阶段。

①投饵。溞状幼体期间的饵料是多种多样的,天然藻类饵料有小球藻、褐指藻、舟形藻、新月藻、扁藻等,其中主要是三角褐指藻。天然动物性饵料有轮虫、沙蚕幼体、丰年虫

无节幼体等。一般认为轮虫营养丰富，个体大小适中，是良好的开口饵料；丰年虫幼体是不可缺少的活饵料。随着育苗的发展，为弥补饵料不足，很多代用饵料用于生产，有微囊饲料，还有豆浆、蛋黄、蛋羹、白蛤肉浆、鱼糜浆等。但代用饵料容易坏水，只能作为辅助性饵料。各期溞状幼体的投饵特点如下。

第Ⅰ期溞状幼体：刚出膜时营养主要靠卵黄提供，随后也可摄食单胞藻、轮虫和丰年虫灯笼幼体，有人在第Ⅰ期溞状幼体孵出 3 h 就发现可检查到摄食幼体，4 h 就能捕食丰年虫灯笼幼体。所以及时补充可口的开口饵料，对提高 Z_1 到 Z_2 的变态率起到重要的作用。目前常用的有天然的单胞藻、轮虫、丰年虫灯笼幼体、光合细菌。代用饵料有蛋黄、螺旋藻粉、豆浆等。从 Z_1 到 Z_2 的变态时间为 60~75 h，如动物性饵料不足，会延长变态时间。投喂次数为每 4~6 h 投 1 次，如是清水育苗，每 3~4 h 投 1 次。

第Ⅱ期溞状幼体：对饵料的要求基本和 Z_1 相似，但投喂量要适当增加。

第Ⅲ期溞状幼体：饵料要以丰年虫幼体和轮虫为主，辅以投喂蛋黄和螺旋藻粉，每 3~4 h 投喂 1 次。

第Ⅳ期溞状幼体：应以动物性饵料为主，可摄食较大的丰年虫、小型的桡足类、枝角类和鱼糜等。

第Ⅴ期溞状幼体：要累积营养为顺利变态成大眼幼体做准备。要求投喂足够的动物性饲料，如大个体丰年虫、桡足类和枝角类。也可投些代用饵料。

大眼幼体：以投活体的丰年虫、桡足类、枝角类为好，也可使用代用饵料，但注意少量多次，以免败坏水质。

②水质管理。水质控制是育苗的重要环节。不同发育阶段对水质管理的要求也不同，多采用分阶段管理法。

换水：幼体处在第Ⅰ、Ⅱ期时，由于布苗时间短，残留的饵料少，幼体的排泄物也少，只要每天加一点水，逐步抬高水位，在Ⅲ期前达到最高水位即可。

幼体发育到Ⅲ期时，排出的粪便、蜕的皮、残饵都在水中大量积累，为保持水质处在良好的状态，每天换水 1/4。

幼体到Ⅳ、Ⅴ期时，应加大换水量，Ⅳ期时每天换水 1/3~1/2，每天换水 1~2 次。Ⅴ期换水量加大到 50%~100%。

大眼幼体阶段每天换水 2~3 次，换水量加大到 100%~200%。

对换进育苗池的水要进行预处理。由于换水量大，所换的水在温度、盐度、pH 上都要和原池中参数相近，以避免环境条件波动较大而影响成活率。

如换水和吸污仍然不能解决问题，就必须进行"倒池"。所谓倒池是指将一个池中苗移入另一池中，使水质条件得到根本改善。

吸污：Ⅲ期以后，各种残留物已经大量积累，大部分沉在池底，加上池中水温维持在 20 ℃以上，残留物容易在池底腐烂发臭，则需要进行虹吸排污。

充气：氧气的充足供应是育苗的必要条件。池中幼体、活体动物饵料、残饵、蜕的皮及死亡个体、排泄物等需要耗氧。育苗过程中要求最低溶氧量不低于 4 mg/L。

③温度、盐度控制。育苗的进程和温度密切相关。在适宜的水温范围内，温度高，发育时间短，温度低，会延长出池时间。一般在水温 20~25 ℃时育苗时间为 13~15 d 可出大眼幼体，水温 25~27 ℃时，需要 11~13 d，但温度高，时间短，蟹苗质量差，被称为"高温

苗"。一般将温度控制在25 ℃以下。育苗期日温度的变化幅度控制在1～2 ℃。

幼体对盐度的适应范围很广,在盐度8～33均能变态发育,在人工育苗中一般控制在18～25,在海水来源困难的地区可从18的盐度逐步降到10～14,不能骤降。

④防病。虽然中华绒螯蟹育苗技术在不断进步,但育苗中遇到的病害越来越多,有的甚至造成很大的损失,大量用药的情况十分普遍。随着绿色养殖概念的提出,大量用药或违禁药品的使用都是不允许的,必须改善育苗的生态环境,注重管理,以防病为主,消除病原,合理用药。

做好育苗池和操作工具的消毒工作,消毒药品可用高锰酸钾、漂白粉、强氯精等。杜绝从发病严重地区选择亲蟹。在抱卵蟹进入育苗池布幼前可用0.01%的新洁尔灭药浴15～20 min或其他药品消毒。布幼的密度要合理,密度高会带来一系列问题,造成育苗生态环境恶化,加重病害发生。对所投喂的饵料要求新鲜优质,对孵化的丰年虫等活饵料要做好清洗消毒工作,防止带入病原。重视维护育苗水体良好的生态环境,及时换水,也可使用光合细菌、沸石粉或其他水质改良剂。尝试使用臭氧等。对症下药,合理用药,平时要注意观察幼体活动情况,发现病害及时治疗。不要长期使用一种药品,可选择几种交替使用。也可使用一些中草药。

⑤淡化出苗。淡化是大眼幼体出池前必须做的重要工作。操作和淡化时间对仔幼蟹培育的成活率影响很大,淡化的时间为4～5 d,一般在Z_5期90%以上已经变态为大眼幼体后开始,起初淡化时每天盐度降1～2,中间每天降3～4,后期每天降1～2。如育苗池水温和室外水温有差距,也应该逐步降温以和外界相一致,直到完全能适应室外淡水生活。

(二) 人工半咸水育苗

内陆地区为进行中华绒螯蟹人工繁殖,选用某些化学原料,配制成一定盐度的人工海水,模拟中华绒螯蟹繁殖的生态条件进行繁殖,以安徽省中华绒螯蟹人工半咸水育苗技术为代表。所产蟹苗的适应能力强,亲蟹来源正宗,养蟹户较为信任。但由于用化学原料配制海水,成本加大,配水数量有限,不可能像海水育苗那样换水,对水质管理的要求也高,单产一般为0.1～0.2 kg/m³,规模设计在产苗150～250 kg。

1. 场址的选择 要求淡水水源条件良好,水量充足,水质符合国家《渔业水质标准》(GB 11607—1989)。电力供应稳定,交通方便,土壤保水性好,靠近养殖区的地方,一般建在湖泊、水库边。

2. 蟹苗场的主要设施 主要设施大部分和天然海水育苗场相似,可参照海水育苗场,但也有所差别。

(1) 人工半咸水的配制和净化回收系统。由于是人工配制半咸水,要建原料仓库、化盐池、配水池、净化池和储水池。储水池要有储水3 000～5 000 t的能力。净化池要配备增氧机等曝气处理装置,还可进行化学处理。

(2) 育苗系统。和天然海水育苗系统相似,为流水式水泥池,但由于不能随意丢弃配制的半咸水,在池底设计有滤水拦苗设施,池水可以经阀门放入集水池,在厂房内还设计有一高位水箱,有机械将集水池中水提入水箱进行厂房内小循环。

(3) 分析观察室。除常规的仪器外,尚需具备水质分析的仪器。

3. 人工半咸水的配制 对长江口中华绒螯蟹天然产卵场的调查分析显示,中华绒螯蟹繁殖需要的水是半咸水。中华绒螯蟹繁殖中,盐度在10～27都能正常育苗,以10～16情况较多。赵乃刚（1980）就几种主要元素对中华绒螯蟹幼体发育的影响进行了研究，为优化配方提供依据。

（1）人工半咸水的配方。一般选用海盐、氯化镁、硫酸镁、氯化钙、氯化钾、三氯化铁等，以满足中华绒螯蟹幼体发育的钙、镁需要量。安徽省大致的配比为海盐 1.0%～1.5%、氯化镁 0.2%～0.4%、硫酸镁 0.2%～0.4%、氯化钙 0.4%～0.6%、氯化钾 0.4%～0.6%。育苗盐度一般在 1.4～1.8。

（2）配制方法。对淡水水源的主要水化学指标进行分析，做到心中有数。采购好化学原料备用。确定配水量，计算出各种原料的用量，要校正原料的百分含量、所含结晶水量。将原料逐一进行溶解，搅拌，沉淀，使其均匀混合后备用。配好的水经放置后，呈淡蓝色。应对其主要指标进行分析核对。pH 为 8.0～8.5，Ca：Mg＝1：3，如 pH 过高，可加盐酸调节，pH 过低加生石灰。

对重金属含量较高的地区，需加乙二胺四乙酸（EDTA）0.5 mg/L 进行屏蔽。在育苗时加入 0.04 mg/L 的 KI。为保证育苗中 pH 的稳定，可在水中添加 KH_2PO_4 和 K_2HPO_4 缓冲系统。

因配的水不像天然海水含有天然藻类，为提供天然开口藻类，保持水质的稳定，应重视水质培育工作。可在配好的水中加营养盐类，加氮 3～5 mg/L（相当于加碳铵 30 g/m³），加磷 0.5～1.0 mg/L。

4. 半咸水中华绒螯蟹育苗工艺 半咸水育苗工艺和天然海水育苗有很多相同点，但因地理环境、气候、人工配水等不同也有差异。

一般在 10 月下旬开始选购亲蟹。亲蟹的培育均在室外土池进行，交配时间多在 1 月，交配后 15～20 d 检查抱卵情况。安徽省在自然条件下，排苗多在 4 月中旬至 4 月下旬，如要提早排苗，需要适时加温；排苗的密度要低于天然海水育苗，一般为 10 万～25 万只/m³。

投饵方面在早、中期多投喂卤虫，且多使用罐装卤虫，孵化率高，造成的污染要少于孵化率低的卤虫；因配水有限，换水量低于天然海水育苗，一般每天早、晚都要分析，特别是 $NO_2^- - N$ 对幼体毒性大，一般控制在 0.5 mg/L 以下，而 $NH_4^+ - N$ 一般在 10 mg/L 以下。在 Z_1 到 Z_2 阶段一般不换水。Z_3 开始换水，每天约换水 1/4。Z_4 换水约 1/2。Z_5 换水 3/4。M 期换水 4/5～5/5。同时在育苗中强调使用光合细菌和其他水质净化及改良剂。在病害防治方面，因布苗的密度较低，病害相对不太严重，用药量也不多。

（三）天然海水土池育苗

该技术最近几年在沿海发展很快，在海边开挖池塘，利用天然海水进行人工育苗，育苗密度稀，自然环境好，发展潜力大，育出的苗质量好，养殖成活率高，一般育苗可达每 667 m² 产 10～13 kg，被养殖户称为"生态苗"。

1. 池塘条件 在无污染、水源方便的地方建池，池形以长方形为好，面积 300～667 m²，不宜过大，水深 1.2～1.7 m，最好有水泥板护坡。设有进、排水口，加过滤网，特别是排水口设计成喇叭形底孔排水，出水断面用 80 目和 40 目的筛绢拦好，防止幼体逃脱。

2. 池塘消毒及培养饵料生物 幼体放养半个月前进行池塘清整，除去过多的淤泥，每 667 m² 用生石灰 75～100 kg 均匀泼洒消毒。入池的海水需经 120 目以上的筛绢过滤，对重金属含量较高的海水，加 EDTA 2～5 mg/L 进行处理。然后施肥培育天然藻类，每天一次，待水色呈茶色后减少用量。

3. 布幼　抱卵蟹的培育参照工厂化育苗部分。幼体的布苗密度应根据池塘水质条件和技术管理水平而定，一般每 667 m² 幼体的密度在 1 000 万～1 500 万个为宜，从生产上看，每 667 m² 投放抱卵蟹 60～80 只为好。要求采用挂笼法同步布苗。

4. 投饵　土池生态育苗法主要以培养池中的天然饵料，如气候条件不佳、饵料缺乏的情况下，应采取人工投饵，可全池泼洒豆浆，结合投喂螺旋藻粉，每天每 667 m² 用黄豆 1.0～1.5 kg。如不培养水质，参照工厂化育苗投喂，Z_1、Z_2 期每天每 667 m² 投蛋黄 2～4 只、螺旋藻粉 60～100 g，每天投 4～6 次，后期投丰年虫，每天需干丰年虫卵 300～500 g，并可辅助鱼浆等。

5. 水质管理　水质管理是一项重要工作，一般在 Z_1～Z_3 阶段以加水为主，只少量排水或不排。Z_3 后逐步加大排水换水力度，每天换水 1/3～2/3，Z_5 期每天换水 2 次，每次换水 1/2。为保证水中有充足的溶解氧，预防"泛池"，需在池中安装一台水车式增氧机，如密度大可考虑送气。pH 应为 7.5～8.5，温度 19～24 ℃，盐度 18～30。

6. 防病　应重视搞好生态环境，树立生态育苗的观念，调控好水质，杜绝带入病原，做好池塘消毒，亲蟹消毒，预防为主，尽可能做到不发病，少用药。一旦发病，可参照工厂化育苗进行治疗。

7. 淡化出苗　原理和工厂化育苗相同，如淡水来源方便，可在原来的池中逐步加入淡水，此法安全可靠。如淡水资源不足，可将大眼幼体捞出在一准备好的池中进行。

近几年，塑料大棚常温育苗在沿海和内陆都有发展，成本低，对不良气候抵御能力增强的特点，在育苗中获得了较好的结果。

三、仔蟹与蟹种培育

（一）仔蟹培育技术

仔蟹培育指将蟹苗经 1 个月左右的时间，培育成第Ⅳ期至第Ⅴ期仔蟹（幼蟹），再投放到大水面养成蟹或移入其他水体继续培育幼蟹。

1. 塑料大棚培育仔蟹　由于工厂化温室提早育苗，自然界的温度还很低，不能在室外放养，大棚培育法应运而生。也有的地方借此提早培育蟹种，当年养成蟹上市。

培育池用水泥池和土池均可，地点选择背风向阳处，池形为长方形，面积以利于搭建大棚为易。在池中要架设充气管道，配备充气机。大棚一般利用斜坡搭建成斜形，可使用钢结构或毛竹结构，后者造价低。两头需开出气窗。上盖薄膜。建好后提前 10～15 d 清塘，在池中放水生植物备用。

蟹苗的放养，要求大棚内水温达 15 ℃ 以上时放苗，如打算培育 20 d 后分养，密度为 1 000～1 200 只/m²，如中途分养，密度为 2 000～2 600 只/m²。

饵料投喂一般前 10 d，以投喂鱼糜、蒸蛋为主，可适当投一些豆浆，每天投喂 5～8 次，白天喂 2～3 次，晚上 4～5 次，日投饵率为 100%～200%。后 10 d 投喂鱼糜或专用颗粒饲料，每天投 3～4 次，15 d 后饲料可以更粗一些，可喂一些豆饼粉、豆渣等，投饵率降低到 10%～20%。

要求保持水质清新，在苗入池后使用光合细菌，水总溶氧量达 5.5 mg/L 以上。前 1～2 d 加水，水位在 50～70 cm；变态后加大换水量，每天换 1 次，换水 1/3；5 d 后，每天换水 1～3 次，每次 1/3；10 d 后换水量还应增加。换水时水温差在 3 ℃ 以内。每天要开机充气

4次,每次1 h,但在蜕壳高峰时气量不能太大,以免影响蜕壳。水温控制在20 ℃以下,如气温下降时,上面加盖保温物;如气候较好,每天中午都开门窗透气。在大棚中养殖时间虽不长,但也应防病,每2~3 d泼洒一次生石灰,每3~4 d视情况用一次土霉素,用量0.5~1.0 mg/L。

仔幼蟹达到培育目的后,或室外温度已经适宜放养时出池,一般成活率可达20%~40%。捕捞的方法有灯光诱捕法、水流刺激法、水草附着法、抄网插捕法、放水张捕法等。

2. 土池培育仔蟹 土池面积几百到几千平方米,水深0.7~0.8 m,水源条件好。提前15~20 d进行常规消毒。在蟹苗投放的前5~7 d每667 m²施有机肥150~200 kg培养天然饵料。每667 m²放养蟹苗1.5~2.0 kg,条件好的可适当增加。

饲养管理:要肥水下塘,及时投喂人工饲料,前期以投喂黄豆、豆渣为主,投饵率为30%~50%。1周后可增加动物性饲料和饼类,混合制成糊状投喂,前期泼洒,后期定点,每天两次,总投饵率15%~20%,以傍晚一次为主,占总量的60%~70%。蟹苗下池时,水深50~60 cm,每3~5 d加水一次,每次加15~20 cm水深。

3. 网箱培育仔蟹 选用聚乙烯网布或尼龙筛绢,网箱规格为4 m×2 m×1 m或自定规格,封闭式,上用拉链闭合。毛竹框架。网箱设置在湖泊、水库、大池塘中均可,上边要露出水面20~30 cm。箱内放水花生、水葫芦等水生植物。蟹苗投放密度各地差别很大,一般在4 000~6 000只/m²。饵料投喂可参照大棚法和土池培育法。

(二)幼蟹培育技术

幼蟹培育主要指将蟹苗培育成规格更大的1龄蟹种,即"扣蟹"。大多为100~400只/kg,培育时间长达3~5个月。

1. 池塘幼蟹培育

(1)养蟹池塘要求。面积700~7 000 m²,池深1.0~1.5 m,底质为硬质的土为好,不能漏水,淤泥10 cm,进、排水配套,进、排水口要设置防逃网,池塘四周要有防逃设施。

(2)放养前准备。2月放干池水,晒干塘底,修整塘埂,清除过多的淤泥。3月底之前,灌水5~10 cm,每667 m²用生石灰50~75 kg消毒。4月中旬开始种植水草,如苦草、轮叶黑藻、水花生等。放养蟹苗前7~10 d,一般在4月20~25日加注新水10 cm,每667 m²施过磷酸钙2.0~2.5 kg,如是新塘,另加施尿素0.5 kg或熟粪2~3担。放苗的前一天,加注新水,加入量占50%~70%,水深30 cm左右即可。

(3)蟹苗投放。人工繁殖的苗要充分淡化,5日龄以上,体壮,活力好,规格为每千克14万~16万只。培育扣蟹的放养密度一般每667 m²放1.0~2.5 kg。

(4)饲养管理。

大眼幼体阶段:依靠天然饵料、人工豆浆、鱼粉、鱼肉浆,每天3~4次,全池泼洒,日投喂量按苗体重的1~2倍计算。

仔蟹阶段:动物性饲料和植物性饲料按1:1投喂,主要有豆腐渣、鱼粉、血粉、面粉等,投喂时用网布过滤成细颗粒,加水呈糊状投喂,投饵率100%。

幼蟹阶段:仔蟹养1个月后,规格达到4 000只/kg,生活力增强,气温高,投喂应调整,减少动物性饲料,以植物性饲料为主,动物性饲料占20%~30%,再大一点可不投动物性饲料,以豆渣、小麦、水草为主。

后期阶段:到10月,应加强投喂,再投鱼、蚌、螺等动物性饲料准备过冬,做成颗粒状沿塘四周投喂。

(5) 水质管理。蟹苗下塘时,水要求有一定的肥度,每周加水一次;仔蟹到幼蟹阶段时,6月开始水温升高,应逐步加深水位,7月水深达1.5 m,以后每5~10 d加水一次。注意防止缺氧。高温季节,藻类大量繁殖,要大换水,早换水。

(6) 幼蟹的起捕。尚无较好的办法,利用水流张捕,反复进行;用虾推网夜间在水草上反复推捕;干塘捕捉;挖洞捕捉。

2. 稻田蟹种培育　在20世纪80年代末,很多农民把连片的稻田加以改造养殖蟹种。由于稻田的水源方便,水质条件好,底质肥度适宜,蟹种的培育效果较好,在江苏、安徽、浙江、辽宁等地都发展很快,目前是蟹种来源的主要养殖方式。

(1) 养蟹稻田的改造稻。田面积一般300~3 000 m^2,要求水源充足,不旱不涝。对选定的田块进行改造,形状以长方形为好,在田中开3~5条宽1~2 m、深0.5~0.6 m的沟。同时垒几条0.2~0.5 m的埂,以便加水时在整个田块形成水流。要求田埂高0.6~0.7 m,平地水位达20 cm即可。进、排水口用双层40目筛绢过滤。配备水泵。

(2) 放养前准备。放养前半个月用生石灰等消毒,放入水草,水草覆盖率20%以上。水深在20~30 cm,有的地方还用肥培育水质。

(3) 蟹苗放养。蟹苗的放养密度各地差异较大,以密度控制规格,一般每667 m^{2}放养0.5~1.0 kg,高的为1.5~2.0 kg,最高的达3.0~3.5 kg,但30~50 d必须分养。

(4) 投喂饵料。从大眼幼体到Ⅲ期仔蟹是培育投饵的关键时期。大眼幼体刚下塘时,投鱼糜,投喂前用40目筛绢过滤,也可投配合饲料等。投饵率100%~200%,发现蜕皮时减少投饵。在Ⅰ期仔蟹阶段,仍需要投喂鱼糜等高蛋白饲料,投饵率有所下降。Ⅱ期仔蟹投喂饲料中鱼糜的比例降一些,增加一些植物性饲料,自身也可以吃点嫩叶。Ⅲ期以后不再投喂鱼糜,改食植物性饲料,只定期投部分鲜活动物性饵料。有的在天然饵料丰富的情况下则少投饵,甚至很多天投一次。进入秋季应增加投饵,以备越冬。

(5) 水质管理。管水是一项很重要的工作,适时保持流水是关键,流水和死水成活率相差很大。当见到Ⅰ期仔蟹后,每天早、晚都要根据池水消耗情况冲水,使池水流动。Ⅱ期仔蟹后加大水草覆盖率,每周提高水位6~8 cm,直至最高水位。以后继续加大水草覆盖率,维持在50%左右。

四、成蟹养殖

成蟹养殖是指将蟹种养到食用规格的中华绒螯蟹上市。饲养形式有池塘养蟹(包括单养、鱼蟹混养)、湖泊养蟹、河沟养蟹(包括湖泊网围养蟹、湖泊蟹种放流)和稻田养蟹等。

(一) 池塘成蟹单养

池塘成蟹单养经多年的探索,技术在不断进步和成熟,每667 m^{2}产量可达150~200 kg。

1. 蟹池要求与准备　选择水源方便、无污染、底质较硬的地方建池,老鱼池则必须清除过多的淤泥。蟹池面积一般350~1 000 m^2,埂宽3~5 m,坡比大一些,池中有浅滩,有深水区,深水区水深1.2~1.5 m即可。因成蟹有很强的攀爬能力,必须建好防逃墙,各地的防逃墙的种类很多,一般高度0.5~0.7 m,主要有砖水泥结构、水泥板、钙塑板、镀锌板、玻璃钢瓦、石棉瓦等。

放养前用生石灰清塘,有条件的栽种水草,如水花生、水葫芦、金鱼藻、轮叶黑藻等,注水后备用。

2. 蟹种放养 放养时间一般在11月至翌年3月。蟹种规格150~400只/kg,每667 m²放养量为800~1 200只。中华绒螯蟹属于底栖动物,有蜕壳的习性,放养密度不能太高。

3. 饲料投喂 主要投螺蛳、河蚌肉、小杂鱼、蚯蚓等动物性饲料,植物性饲料有小麦、稻谷、玉米、山芋、南瓜等。每天投喂两次,动物性饲料占30%。上午一次,傍晚一次,投饵率3%~10%,傍晚投喂量占全天的60%~70%。方式为定点投喂在浅水区,以利于观察吃食情况和清除残饵。在养殖后期适当增加植物性饲料和水草的比例。最近几年中华绒螯蟹配合饲料的使用增多,并加入蜕壳素以利于中华绒螯蟹的生长。

4. 水质管理 中华绒螯蟹需要清新的水质和较高的溶解氧,在管理上尽可能创造良好的生长环境。春季水位可浅一些,以利于升温,定期加水,一般10 d左右加一次。夏季水位要加满,达最高水位,换水的量和次数都应增加,要求每周一次,每次换水量1/3~1/2,有条件的地方能保持微流水更好。秋季水温虽有所下降,但中华绒螯蟹的个体增大,投饵、耗氧、排泄都增加,水质仍然需要加强管理。

在天气闷热、阴雨等情况下更应该注意水质的变化,防止缺氧,必要时加水或开增氧机。在加水和换水时对进、出水要进行过滤。为保持水质稳定,可在蟹池中放入适量的滤食性鱼类,如鲢、鳙等。可定期使用生石灰,每半个月每667 m²池塘用量1~15 kg,既可调节水质,提高pH,又可增加水中钙的浓度。

5. 防止敌害 主要有老鼠、水鸟、蛇、水蜈蚣等,特别是老鼠,应在蟹池外设置防鼠网,在池内进行人工捕杀。

6. 成蟹捕捞 池塘养殖的长江蟹10月中旬开始捕捞,到11月气温降低时已基本结束。如养殖的是辽蟹,则9月开始捕捞,而瓯江蟹在11月后。捕捞的方法有:①徒手捕捉。一般在晚上利用中华绒螯蟹上岸的习性,拎铁桶用电筒捕捉,有时一晚上能捕数十千克。②放水张捕。在出水口设置张网,利用中华绒螯蟹降河的习性捕捞。③干塘捕捉。在最后阶段采取的方法。捕捉后仍然捕不尽,再灌入水,开春后仍能捕到蟹。

(二)池塘鱼蟹混养

为提高蟹池的生产效率,20世纪80年代末开始进行鱼蟹混养,其混养的模式也多样,产量也差别很大。现介绍几种供参考。

1. 以蟹为主混养肥水鱼 此模式主要以中华绒螯蟹生产为主,要求每667 m²产中华绒螯蟹50~100 kg,鱼产量100~150 kg。主要投放鲢、鳙等,配少量的鲫和团头鲂。技术管理上仍以蟹为主。

2. 蟹和鳜混养 利用中华绒螯蟹和鳜对水质要求都高的特性,在成蟹塘进行混养鳜。试验表明,鳜不会对蟹构成危害,反而清除了蟹池中的小杂鱼,起到了互惠互利的作用,从而增产增收。一般每667 m²可产成蟹100 kg左右,另增产鳜7~20 kg。

在养成蟹的池塘中混养鳜,中华绒螯蟹的放养按常规进行,鳜的放养时间在5月中下旬到6月上旬进行。

如以养殖鳜商品鱼为目的,一般每667 m²放养规格3.3 cm以上的鳜鱼种15~30尾,如以培育大规格鳜鱼种为目的,密度可大一些,为每667 m² 50~70尾。如能在放养时配套放一些夏花饵料鱼,放养密度也可能增加。管理措施主要按中华绒螯蟹的要求进行管理,但由于鳜对一般的药品比较敏感,在防治病害时应慎重。

3. 以银鲫为主混养蟹 为浙江一些地区的养殖模式,要求单产银鲫500~100 kg,产蟹20~30 kg。在放养和管理上主要参照银鲫的技术模式。

(三)湖泊围网养蟹

在湖泊中发展围网养蟹,分片开发,便于管理,是开发大湖的有效模式。由于可将池塘养蟹技术在围网中部分应用,如投喂等,单产水平要高于放流,每667 m²可达50~100 kg。

1. 围网养蟹区的选择 选择水域开阔、水质良好、湖底平坦、底质为黏土或硬泥、水草丰富、底栖饵料多的地点为网址区,水深1.5~2.5 m为宜。在下网前反复清捕凶猛性鱼类,如乌鳢、鲇等。

2. 围网设置 下网的时间要在天气不太冷的时候进行,以便下水检查。一般围网面积在10 hm²左右。形状圆形、方形均可,一般为双层结构,内层要求较高,内、外层间距2~3 m。每隔3~5 m打一木桩或毛竹桩用于固定围网。

内围网:常用聚乙烯密眼网或目大0.5 cm的网,装上、下纲,围网下纲每隔1.5~2.0 m打一地锚,垂直插入泥中10~15 cm。同时下纲连接敷网向围内延伸1.5 m,以防止中华绒螯蟹打洞越过网墙而逃走,敷网一端连接石龙,石龙用网片制成,内装鹅卵石,每米重2~3 kg。上纲加装1 m宽的防逃网,围网高出水面1.5 m。

外围网:目大1.0~1.5 cm,也要装上、下纲。主要功能是作为中华绒螯蟹防逃的第二道防线,同时,防止船只闯入损坏围网。内、外围网之间要设置检查网具。

3. 蟹种放养 蟹种以3月水温在10℃左右放养最好。放养的蟹种选择长江蟹,规格200~400只/kg,不投饵养殖,放养密度为每公顷600~900只;投饵养殖,放养密度可增加。适当的搭配些鲢、鳙、鲫。还可在6月套养豆蟹,为第二年培育蟹种。

4. 饵料投喂 参照池塘养蟹,由于湖区螺蛳和小杂鱼资源丰富,投饵货源充足。

5. 日常管理 早、晚要巡查,观察中华绒螯蟹的活动情况,做好防偷防逃工作,其中防逃是主要工作之一,要经常检查内、外网间是否有蟹逃出,网有无破损,必要时需进行水下勘察。

6. 适时捕捞 参照大水面捕捞方式,应提早捕出暂养,通常在9月下旬开始捕捞,成蟹放入暂养池暂养,以方便出售。

(四)湖泊蟹种人工放流

中华绒螯蟹的人工放流,是指将蟹苗或蟹种投放到湖泊、河沟等水域,一般不投饵或少量投饵,年底捕捞。出产的中华绒螯蟹个体大,品质好,单产可达每667 m² 4~6 kg。每投放1 kg蟹苗可产成蟹500~2 000 kg。每投放1 kg幼蟹可产成蟹5~15 kg。

1. 水域的选择 中华绒螯蟹对各类水域有较大的适应性,湖泊、河沟、浅水型水库都可,但适合放流的水域应具备3个条件:①水质清新,无污染,溶解氧高,pH为7.0~7.5;②水深不要过深,有大量的浅滩,出水口少一些,以便于管理,面积小的100~200 hm²,大的几千公顷,几万公顷都可;③水草丰盛,水草覆盖率40%以上,螺蛳、虾类、蚌类等饵料资源丰富。

2. 蟹苗、仔蟹、幼蟹质量 选择优良的苗种是放流成功的重要一环。20世纪60~70年代湖泊、河沟放流蟹苗,80年代改为放养仔蟹,近年来还放养1龄蟹种,均有明显效果。

蟹苗从长江口采购天然蟹苗直接投放,要求蟹苗呈黄褐色,规格16万只/kg。人工繁殖的蟹苗，要求充分淡化，6日龄以上的大眼幼体。

幼蟹要求规格200~500只/kg，活力好，四肢全。不放性成熟蟹。性早熟中华绒螯蟹可从腹脐的发育程度、附性征是否明显或解剖性腺3个方面加以鉴别。

3. 合理的放养密度和规格

蟹苗：周期为两年，放流时间为6月，一般湖泊每667 m² 放200~400只。回捕率3%~10%。

扣蟹：周期为1年，当年放养，当年收获。放养规格200~600只/kg，放养时间12月至翌年3月。放养密度为每667 m² 40~60只，回捕率40%~70%。

仔蟹：周期1~2年，放流时间7~8月，也有早繁殖的蟹苗5月培育成的仔蟹，规格6 000~10 000只/kg，放养密度为每667 m² 120~300只。

4. 管理 主要为防逃和防偷。投放后要在进水口设置防逃网，下雨发水时勤检查。7月后，气温升高，个体长大，注意防偷。

5. 捕捞 西风响，蟹脚痒。长江蟹10月上中旬开始洄游，11月达到高峰，形成蟹汛，捕捞产量高而集中。但辽宁蟹、温州蟹有明显的区别，应根据具体情况分别对待。捕捞工具如下。

蟹簖：为最好的捕捞工具，为定置性渔具，拦捕区域大，劳动强度低，中华绒螯蟹四肢完整，产最高。

地笼：渔具容易制作，成本低，机动灵活，对中华绒螯蟹的损伤较小。

丝网：可以捕捞，但容易弄掉步足，网也容易毁坏，产量也较低。

张网：放水张捕，对于可以放水形成水流的养殖水域，不失为良好的捕捞方法。利用灯光诱捕。

五、病害防治

在中华绒螯蟹的培育和养成过程中，细菌、病毒及原生动物等均能引发病害，对中华绒螯蟹养殖危害严重。常见病害和防治方法如下。

（一）颤抖病

病因：由病毒感染引起。

病症：典型的症状为步足颤抖、环爪、爪尖着地、腹部离开地面甚至蟹体倒立。病蟹反应迟钝，行动缓慢，螯足的握力减弱，蜕壳困难，吃食减少以至不吃食；鳃排列不整齐、呈浅棕色或黑色，肝胰脏呈淡黄色。

防治：连续泼洒2次双链季铵盐络合碘，每次用量0.3 mg/L，每100 kg饲料中加2.5 kg板蓝根和150 g氟苯尼考口服。间隔数天后，全池泼洒硝化细菌0.3 mg/L。

（二）腹水病

病因：是由嗜水气单胞菌、拟态弧菌和副溶血弧菌等感染引起的危害很大的疾病。

病症：早期没有明显症状，严重时病蟹行动迟缓，多数爬至岸边或水草上，不吃食，轻压腹部，病蟹口吐黄水；打开背甲有大量腹水，肝发生严重病变、坏死、萎缩，呈淡黄色或灰白色；鳃丝缺损，呈灰褐色或黑色；折断步足时有大量水流出；肠内没有食物，有大量淡黄色黏液。

防治：用0.004%的固体二氧化氯全池泼洒，连用3 d。

（三）细菌性烂鳃病

病因：由细菌感染引起的鳃发炎、溃烂的疾病。

病症：疾病早期没有明显症状。严重时中华绒螯蟹反应迟钝，吃食减少或不吃食，爬在浅水处或水草上，有的上岸。鳃丝肿胀，呈灰白色，变脆，严重时鳃丝尖端溃烂脱落。

防治：连续用 15～20 mg/L 的生石灰溶液泼洒 1～2 次，每天 1 次；取大黄（干品）20 g，用 0.3% 氨水浸泡 12 h 后全池泼洒，使池水药物浓度达到 2～3 mg/L。

（四）水霉病

病因：中华绒螯蟹体表受伤后，水霉侵入引起的疾病。

病症：疾病早期没有明显症状。疾病严重时，可见病体行动缓慢、反应迟钝，体表有大量灰白色棉毛物，诊断时应与纤毛虫病区分。

防治：用 3%～5% 食盐水浸洗病蟹 5～10 min，并用 5% 碘酊涂抹患处。或用 10% 二溴海因泼洒，每 667 m² 用量为 200 g。或用中药提取物水霉净 50 mg/L 的药液，在水温 10～15 ℃ 时浸洗 20 min，或全池泼洒 1～3 次，每次使池水达到 0.15 mg/L 的浓度。

（五）固着类纤毛虫病

病因：是由聚缩虫、累枝虫、钟虫、单缩虫等固着类纤毛虫寄生引起的疾病。

病症：固着类纤毛虫少量固着时，外表没有明显症状。当大量固着时，中华绒螯蟹体表有许多绒毛状物，反应迟钝，行动缓慢，不能蜕皮；将病蟹提起时，附肢吊垂，螯足不夹人；手摸体表和附肢有油腻感。

防治：用 12% 甲醛溶液按 5～10 mg/L 剂量全池泼洒；用硫酸铜和硫酸亚铁（5∶2）合剂，以 0.7 mg/L 全池泼洒；用 0.5～1.0 mg/L 新洁尔灭与 5～10 mg/L 高锰酸钾合剂浸洗病蟹；用 0.2%～0.5% 甲醛溶液浸浴病蟹 1～2 h。

（六）甲壳附肢溃疡病

病因：细菌感染引起。

病症：病蟹腹部及附肢腐烂，肛门红肿，甲壳被侵蚀成洞，可见肌肉，摄食量下降，最终无法蜕壳而死亡。

防治：全池泼洒溴氯海因 0.3 mg/L，3 d 后再泼洒 1 次；全池泼洒生石灰 15～20 mg/L，连用 2～3 次。

（七）肝坏死

病因：细菌感染，饵料霉变和底质污染并发引起。肝呈灰白色，有的呈黄色，有的呈深黄色，一般伴有烂鳃。

防治：定期在饲料中拌入食盐和大蒜素，用量为饲料量的 1.0%～1.5%，以及添加富含维生素 C 和维生素 E 的复合多维，连喂 5～7 d。

（八）肠炎病

病因：细菌感染引起。

病症：发病初期体色发白，病蟹摄食减少，肠道发炎无粪便，有黄色黏液流出，有时肝、肾、鳃也会发生病变，有时表现出胃溃疡且口吐黄水。

防治：全池泼洒二溴海因 0.2 mg/L，同时每 100 kg 饲料中添加多菌灵［N-（2-苯骈咪唑基）氨基甲酸甲酯］500 g，连续投喂 3～5 d 为一个疗程。

第二节 梭子蟹

一、生物学特性

（一）分类地位与分布

三疣梭子蟹（*Portunus trituberculatus*）俗称江蟹、白蟹或蝤，隶属于十足目，短尾类，梭子蟹属。是人们喜食的大型蟹类，以前其自然资源十分丰富，我国四海皆有分布，但多产于渤海、黄海与东海。

（二）形态特征

头胸甲呈梭形，稍隆起，表面散有细小颗粒，胃区、鳃区各具1对横行的颗粒隆线。在中胃区有1个、心区有2个疣状突，三疣梭子蟹由此而得名。额具2锐齿，眼窝背缘有2条裂缝。前侧缘连眼窝齿在内共有9齿，末齿最为长大，向两侧刺出。螯足壮大，长节棱柱形，其前缘具4枚锐棘；腕节内、外末缘各有1锐刺，后侧面具颗粒隆线；掌节雄性较长大；两指较细长，内缘具钝齿。前3对步足的前节、指节均较扁平，边缘多毛；第四步足为游泳足，长、腕节短而宽，掌、指节扁平如桨，各节边缘多毛。雄性腹部窄三角形，雌性未成熟时等腰三角形，长、宽比约为1.75∶1；交配后逐渐呈半圆形，长、宽比约为1.25∶1。个体背面颜色与栖息环境相适应，栖息于沙底的颜色较浅，潜伏于海藻间的颜色较深；腹面灰白色（图1-1-3）。

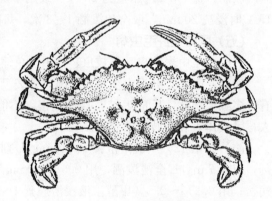

图1-1-3 三疣梭子蟹

（三）生活习性

喜栖息于浅海近岸的泥、泥沙或沙质底中，喜沙质和沙泥质。梭子蟹能爬善游，在海底用3对步足缓慢爬行，也能用末对步足掘沙潜伏，身体与底面呈15°～45°角，只露眼和触角，或隐藏于岩礁石缝中躲避敌害。在水中依靠末对步足划动游泳，动作敏捷。具昼伏夜出习性，夜间有明显的趋光性，并随着季节、年龄和性别不同而有所差异。

三疣梭子蟹一般生活水温为12～32℃，生长最适水温为20～27℃；在水温14℃左右，摄食量开始下降，在水温下降至10℃时，基本停食、潜入沙泥底越冬；水温下降至2℃时呈麻醉状，水温继续下降0℃左右，即可被冻死。盐度适应范围为10～35，生长最适盐度为20～35，繁殖最适盐度为16～26，梭子蟹耐低氧能力较强，当水温为20℃、14℃、7℃时，梭子蟹溶氧量窒息点分别为0.56 mg/L、0.53 mg/L、0.38 mg/L；蜕壳时的耗氧量为日常生长所需耗氧量的5倍以上。

（四）食性

梭子蟹是一种杂食偏肉食性的蟹类，喜食底栖生物，如瓣鳃类、端足类、十足类和多毛类等，也摄食鱼类、动物尸体和水藻的嫩芽。养殖情况下，前期杂食性，摄食浮游与底栖动物外，也摄食张网渔获物或配合饲料；中、后期肉食性，基本上以张网渔获物或配合饲料为主。其摄食强度与水温密切相关，一般7～9月高温期摄食强度高，10月后次之。昼夜比较，以傍晚、夜间与清晨摄食量高。

（五）生长

梭子蟹身体的增大是伴随蜕壳而进行的，每蜕1次壳称为1期。梭子蟹从Ⅰ期幼蟹至性成熟，自然条件下需经17~18次蜕壳；人工养殖雄蟹需蜕壳8~10次，成熟个体重55.5~176.5 g；雌蟹需蜕壳9~10次，成熟个体重83.0~276.9 g。交配后的雌蟹当年不再蜕壳，翌年产卵繁殖后继续蜕壳生长。一般寿命为2年，很少超过3年。雌蟹有越过第三个年头再进行产卵者，而雄蟹在第二年交配后即基本死亡。

（六）繁殖习性

自然海区的三疣梭子蟹一般雌蟹甲壳长13 cm，体重约230 g可达到性成熟，人工养殖蟹雌性甲壳长达12 cm时即可交配。交配季节随地区和个体的年龄不同而有所差异。在东海，10月至11月下旬水温为21 ℃左右，是当年成熟蟹的交配盛期。在黄海、渤海，4、5月到初冬，凡是成熟的两性均可交配。

交配后的雌蟹性腺发育迅速，一般在11月初离开沿海近岸前卵巢已充满整个头胸甲（俗称红膏）。三疣梭子蟹第一次产卵孵化后，自然状况下会进行第二次产卵，此间无需再次交配，第二次产卵前卵巢发育时间约为1个月。梭子蟹产卵时间各地不一，东海区一般4~6月，渤海区一般5月开始。卵排出后，并不先附着于生殖孔附近的腹部附肢刚毛，而是被送至靠近腹部末端的腹肢内肢刚毛处附着，抱于亲蟹腹肢上的胚胎发育过程分为卵裂前期、卵裂、囊胚期、原肠期、卵内无节幼体期和卵内溞状幼体期；在水温19~24.5 ℃、盐度28.5~31.0下，胚胎发育所需时间为15~20 d；在水温12.0~19.8 ℃、盐度20.0~25.0，胚胎发育所需时间约为28 d。抱卵蟹卵内溞状幼体开始蠕动，心跳达每分钟180次以上时，幼体便可孵化出膜。孵化出膜的幼体为第Ⅰ期溞状幼体（Z_1）。溞状幼体共分4期，在水温22~25 ℃时，Z_1经过10~12 d发育变成大眼幼体（M），M经过5~6 d的发育，变态成Ⅰ期仔蟹（C_1）。

二、仔蟹与蟹种培育

（一）室内水泥池苗种生产

1. 亲蟹选择与运输 亲蟹常直接选择自然海区抱卵蟹，有时也选用未抱卵自然蟹或养殖蟹。亲蟹选择标准：蟹体无病无伤、附肢齐全、活力良好、对刺激反应灵敏、体色正常、体表洁净、体重300 g以上；若选用抱卵蟹，要求其腹部卵块坚实紧收，卵块的轮廓、形状完整无缺损，胚体发育早期颜色为淡黄或橘黄色，色彩鲜明，抱卵量多。体色呈深紫色、第一对步足细长的紫壳蟹不宜作为亲蟹，因为该蟹产出的苗种生长特慢，影响养殖产量。

亲蟹选好后，用橡皮筋绑住其大螯，防止争斗和受伤。若短途运输，干运、水运皆可采用；若长途运输，常采用带水充氧运输方法。干运法即在纸箱或木箱底部铺一层木屑或湿毛巾，放一层亲蟹，然后再铺一层木屑或湿毛巾，这样相间放置并包装；或在厚尼龙袋中放置亲蟹后充氧扎紧（不盛水，只保湿），用车或船运输。带水充氧运输法即用木桶、帆布桶等容器，盛一部分海水，放一定量亲蟹，途中用充气泵增氧。

2. 亲蟹培育与孵化 若选用未抱卵蟹作为亲蟹，一般在12月水温降至约8 ℃时，将亲蟹移入室内越冬。越冬池须铺沙约15 cm，铺沙面积占池底的3/5；靠排水口处留空用于投饵、换水和清残。越冬室要用黑布遮光。入池前，将其浸泡在浓度为0.05%~0.07%的甲醛溶液中 5 min，杀灭体表有害生物；入池时，要注意越冬池内外的水温差。越冬时，放养密度控制在 2～3 只/m^2，水温控制在 12 ℃左右，充气。

根据育苗生产要求，确定亲蟹促熟时间。一般每天升温幅度为 0.5～1.0 ℃，逐步升温至 20 ℃后，采用恒温培育，使亲蟹陆续抱卵。亲蟹促熟过程中，盐度要求在正常范围内；每天注意水质变化，至少隔天换水 1 次；定期清除沙层中的粪便和投饵区残饵。升温时适当充气，保证水体溶解氧充足。亲蟹抱卵后，将其挑出，另池培育。

培育密度以 2 只/m^2 为宜，排干水挑选亲蟹时可用杂草等隔离物将亲蟹隔离。

若直接采用抱卵蟹作为亲蟹，入池前同样要消毒处理。入池培育时，先在原水温条件下稳定 1～2 d，然后逐步升温至 21 ℃或 22 ℃后稳定，注意水温每天升幅不超过 1 ℃。培育密度一般 2 只/m^2，池水溶氧量不低于 4 mg/L，光照度控制在 500 lx 以下，投喂薄壳贝类与活沙蚕，日投喂量为亲蟹体重的 5%～10%，并根据次日的残饵量调整投饵量；换水时清除残饵与死蟹，每隔 10～15 d 洗沙或倒池 1 次。每天观察卵色变化。

肉眼观察到卵色呈黑褐色时，需每天镜检膜内幼体的心跳次数。当卵内溞状幼体心跳达每分钟 180 次左右、卵内幼体额刺基部出现紫红色斑点时，就要准备布幼。

3. 布幼与选优 布幼前，将池子用漂白粉严格消毒，充气石每平方米不少于 1 个，并摆放均匀。池中水温调至 22～23 ℃，接单胞藻（小硅藻、三角褐指藻等）5 万～10 万个/mL。布幼宜采用吊笼法，控制溞状幼体密度为每立方米水体 10 万～15 万只。

选幼是保持水质与底质清洁的措施之一。对原池培育的，布幼结束后，停气 5 min，用虹吸管将池底的污物与沉底不活泼的幼体吸出即可。对专池孵化的，停气，让大部分质量好、活力强的幼体聚于上层，再用相应工具将其移入育苗池培育；也可利用 Z_1 的强趋光性，采用灯诱法集幼。

4. 溞状幼体与大眼幼体培育 在整个培育阶段盐度应维持在 20～30，pH 维持在 7.5～8.6，水温一般控制在 22～27 ℃，最高水温不宜超过 28 ℃，否则，易导致幼体生长速度加快，但成活率降低；水温也不宜低于 20 ℃，否则会造成蜕皮困难，成活率下降。控制充气量和日加换水量，一般 Z_1 微波、加水 10～20 cm，Z_2 微波、换水 10～20 cm，Z_3 翻腾、换水 30～40 cm，Z_4 翻腾、换水 40～50 cm，M 翻腾、换水 50～100 cm。

在大眼幼体期，可根据池底残饵和污物情况决定是否倒池；若需倒池，宜选择在溞状幼体全部变态成大眼幼体后的翌日，以避免对正处于变态期的幼体造成伤害；倒池可用虹吸、网捞与排水集幼等方法。大眼幼体期后换水，宜边排边加，防止幼体与仔蟹干露网上造成损失。

各期幼体的参考日投饵量见表 1-1-1，并根据残饵情况适当调整。大卤虫、冷冻桡足类和代用饵料要少量多次，尽量减少残饵。白天投饵量占日投饵量的 70%，晚间占 30%；而幼体发育到大眼幼体后则相反。

适宜的培育密度是育苗的成功因素之一。若 M 期密度高于每立方米水体 6 万尾，C_1 期密度高于水体 3 万尾/m^3 时，应分池培育。为了给幼体提供更好的栖息环境，增加幼体捕食机会，防止互相残杀，提高成活率，在 M 期幼体变态的第三天，宜将准备好的网片挂于育苗池中。网片数量根据 M 期幼体密度而定，附着密度控制在单侧 100 只/m^2 以下。注意网片固定即可，不需要着底，以避免底膜泛起而败坏水质。另外，需加大充气量。

表1-1-1 三疣梭子蟹苗种培育各期的饵料品种与参考投喂量

饵料品种	Z_1	Z_2	Z_3	Z_4	M	C
小球藻（万个/mL）	10~20	15~20	适量	适量		
轮虫（个/mL）	7~10	7~10	7~10			
代用饵料（$\times 10^6$）	2~6	4~6	4~6	4~6		
卤虫幼体（个/d）		5	10	20		
桡足类幼体（个/d）			5~10	10~15	20~30	
卤虫成体（按幼体重量）					150%~200%	200%
低值贝类或颗粒饵料（按仔蟹体重）						100%~300%

5. 出苗与运输 根据目前养殖者的接受程度，出苗规格定于C_1期以后比较适宜，至少在仔蟹变态完成后的第二天。为避免大卤虫等饵料混入仔蟹中影响称量和运输成活率，仔蟹出池前2~3 h应停食。

出池时，应先将附苗网片上的仔蟹抖于大盆内，动作要轻，尽量抖净。然后适当调小充气量，用适宜网目的大抄网在上层捞取仔蟹放置于盛水的大盆内，充气，准备称量。注意盆中仔蟹不要积压太多。经抄网反复捞取，可捞取70%~80%仔蟹。抄网捞苗较困难后，开始用换水网箱排水，水位较低后可拔塞开阀排水，将底部苗用集苗箱接出。称量一般用重量法。

蟹苗一般用尼龙袋带水充氧运输，袋中放少许海草，利于仔蟹攀爬，防止结团残杀。每袋可放仔蟹50~100 g，视天气、运输距离、苗种大小适当增减。气温较高时，选择夜间运输，做好降温措施。短距离运输也可干法运输，要注意保湿避免淋雨。

（二）室外土池苗种培育

室外土池苗种培育优点是投资较小，操作简便，生产成本低，苗种个体大，适宜土池养殖；主要缺点是受天气等自然因素影响较大。

1. 土池设施与设备 育苗池塘呈方形，圆角，面积300~600 m²，水深1.5~2.0 m，池底为泥沙质、硬底，池沟略向排水口倾斜，整片池塘呈非字形排列，各池设有独立的进、排水设施，边坡比1∶2。由于梭子蟹幼体喜集群、喜顶风逆流、喜靠边角，在培育池中常会有大部分幼体集中于上风端，若风大则往往在下风端，为了防止幼体过于集中，造成局部缺饵、缺氧而大量死亡，土池的面积不能太大。蓄水池蓄水量为总育苗水体的1/3以上。育苗前可将育苗池兼作种蟹暂养池，配供电与供氧设备。卤虫孵化池一般为砖砌水泥池，每口以2~4 m³为宜，圆角、漏斗型底。用塑料薄膜保温，配备充气设施。每667 m²育苗池需配卤虫孵化池1.5~2.0 m³。

2. 清塘与消毒 在生产前20 d或1个月进行，先用泥浆泵清除塘底污泥，再夯实、整修，保持内坡面平整，新塘要进水试漏。然后用1 500~2 250 kg/hm²的生石灰全池泼洒，再用8~10 kg漂白粉干撒塘壁、池底。

3. 亲蟹选择与培育 一般直接采用春季自然抱卵蟹，选择标准、运输方法同室内水泥池育苗。按每667 m²育苗池配备8~10只亲蟹。亲蟹培育一般于土池中吊笼暂养，每笼1只亲蟹，要求投喂蛏子等活体贝类，保持水质清新，水温、盐度、pH、溶氧量等指标处于正常范围内,且保持稳定。

4. 进水与布幼 育苗池进水时用 80~120 目的尼龙筛绢袋双层过滤。第一次进水时间选择在清塘后的 8~10 d 或幼体出膜前 3~5 d,进水深度 0.8~1.0 m;进水后再用浓度 50~60 mg/kg 的漂白粉消毒,以杀死水中敌害生物。采用每公顷 30~45 kg 豆浆(干豆计)发塘。

采用怀卵蟹集中孵幼的方法进行布幼并定时检查,即将怀卵蟹经 20 mg/L 新洁尔灭浸泡 40 min 或用 15 mg/L 高锰酸钾溶液浸泡 20~40 min 后,集中放养于同一培育池孵幼,每池放怀卵蟹 10~15 只,当 Z_1 期幼体放养密度达每立方米水体 2 万~4 万只时,随即将亲蟹移至另一池布幼。

5. 幼体培育 当 Z_1 期幼体孵出时,加注新鲜海水 3~5 cm,待大批幼体孵出,并达到计划布幼数量时,即可开始投饵。Z_1 期食谱极为广泛,饵料大小只要与口器相符,幼体皆能摄食。该阶段一般投喂活体轮虫、豆浆、藻粉、虾片或蛋黄等,日投喂豆浆 15.0~22.5 kg/hm^2(以干黄豆计)、藻粉(或虾片)3.0~4.5 kg/hm^2,蛋黄每公顷 150~225 个,日投饵 3~4 次;活体轮虫按育苗池中的数量加以补充,一般每天清晨补充 1 次。Z_2 期后,直接投喂丰年虫无节幼体,一般日投喂量为 15.0~22.5 kg/hm^2(以干卵计),并分 3~4 次投喂;辅以蛋黄、虾片等代用饵料。Z_3 期至大眼幼体,丰年虫投喂量增至 30.0~37.5 kg/hm^2,日投喂次数 5~6 次,另外,加投大卤虫 30~45 kg/hm^2,适量补充代用饵料(每天 1~2 mg/L)。Ⅰ 期仔蟹可全部采用冰鲜卤虫。若能适时培育土池中基础生物饵料,效果更佳,但要做到适时、适口、适量。梭子蟹幼体在蜕皮变态期间,对水质理化因素变化及有毒物质含量的耐受性明显下降,幼体的死亡通常发生在快要蜕皮或正在蜕皮以及刚刚完成蜕皮过程的个体。因而,水质调控是土池育苗的一个重要措施。Z_1~Z_2 期幼体以加水为主,每天 1 次,每次 5~10 cm;Z_3 期后开始对培育池进行水体交换,每池换水量 10~20 cm,为使池水内幼体、饵料,上、下水层溶解氧,水温等分布均匀,各池配备增氧机 1 台,电机功率 0.75 kW,每天开机 4~6 次,每次 0.5~1.0 h。整个幼体培育期间水温和盐度自然变化范围分别为 20~25 ℃ 和 18~25,pH 范围为 8.5~9.0,溶氧量 5 mg/L 以上,氨氮 0.035 mg/L。

生物防治是今后病害防治的必由之路,在育苗池中投放一定量的光合细菌,使其在育苗池中形成优势群落,分解有机废物,降低水中的氨、硫化氢等有害物质的浓度,保持水质清洁;同时促进有益微生物生长,利用生物颉颃作用,抵制病原生物的生长繁殖,利用光合细菌在水中繁殖时释放出的抗病性酵素防止蟹苗患病。

每天检查幼体的生长发育情况,勤开增氧机,防止幼苗搁浅、集群和局部缺氧。防止漏水、漏苗,捕捉弹涂鱼、青蛙等敌害生物。冷空气来临时适当加高水位,防止温差变化过大。

6. 出苗与运输 出苗一般在晚上进行,采用灯诱方法。出苗规格、计数与运输等同室内水泥池育苗。

三、成蟹养殖

三疣梭子蟹规模化养殖始于 1990 年,养殖方式主要有:围塘养殖、浅海筏式吊笼育肥暂养、室内或室外水泥池(有些用土池)铺沙商品蟹活体暂养。

(一) 围塘养殖

围塘养殖是指从Ⅰ期仔蟹养成至成体商品蟹出售的全过程（包括中间培育）。

1. 蟹塘要求 池塘可大可小，水深约1.5 m。无论是单养或混养，最好用网布将池塘分隔成多个区域，围栏应高出水面50 cm左右，便于养殖或育肥暂养不同规格的蟹苗、蟹种或雌雄个体，减少残杀。池底较硬，或局部铺沙10 cm左右，高度与滩面平；也可在池底设置隐蔽设施，如坛、管、瓦片、草把、旧网（下端绑石块，上端穿绳固定，前、后间距5 m，左、右为1 m），以及插竹或树枝等；也可在养殖池中种植适量海草，提供良好栖息环境，防止和减少互相残杀，种草面积应少于20%。池水能排干，便于收获，梭子蟹无钻洞和外逃能力，只要在进、排水闸门内、外用围网拦住即可。

2. 清塘除害 放养前7~10 d，彻底清污，提倡用浓度为0.03%~0.05%的生石灰消毒，也可用0.003%~0.005%的漂白粉或0.0015%~0.0020%的茶饼。已混养其他品种的塘，应在混养品种放养前做好清塘工作。

3. 培养基础饵料 放苗前半个月，用60目的筛绢过滤进水，施肥培育基础生物饵料。施肥方法多采用吊袋法，肥料最好选择2种（化肥、粪肥）以上，使水色呈黄绿色或黄褐色。有条件的可向塘内移入活体低值贝类及其他底栖生物让其自然繁殖，为蟹提供优质天然饵料的同时又能清洁底质。肥水后，可在塘滩面适当放养花蛤、缢蛏、泥蚶、青蛤等双壳类苗种，放养密度酌情而定。

4. 放养季节 放苗时间各地因水温差异而有所不同。浙江地区目前放养时间有3种：①4月下旬至5月上旬放人工苗，8月起捕出售（重200~250 g）；②6月下旬至7月上旬初放苗，年底起捕，目的是避开高温期大量投饵导致水质与底质败坏，从而避免引发病害或大量死亡；③5月中下旬放苗，年底起捕。

5. 蟹苗来源 一为海区自然苗，二是人工培育苗。自然苗又可分为近岸滩涂苗与近海海区苗。一般从5月下旬起潮间带滩涂上可见到幼蟹，旺发时间为6~8月。10 m深沿岸、滩涂、河口和港湾等有幼蟹出现时，可用张网、拖虾网及蟹笼等作业捕捞。8月后海区可捕到较大规格的瘦蟹（半成品蟹），可作为育肥暂养的苗源。在捕捞与运输时，应注意防止挤压受损伤与干露时间太长而造成成活率低下。自然蟹苗规格大于50 g以上，需绑蟹足后再运输，注意防止蟹苗打架受伤与叠压内伤。

自然苗应选择肢体完整、壳硬、活力强、健康且规格统一的蟹苗，尤其是兼游泳和掌握方向作用的末对步足一定要齐全。刚捕获的幼蟹活力强，好斗，宜用橡皮筋绑住。梭子蟹因生活环境不同有青壳、黄壳、花壳、紫壳4种，养殖生产宜选择青壳苗。蟹苗运输可用筐或箱装运，也可用中华绒螯蟹蟹苗箱。运输途中要避风，避光，尽量缩短时间，到达养殖塘后，及时取出放入虾塘浅水处，健壮的蟹苗反应灵敏，很快潜入深水区，而行动缓慢，对外界刺激反应迟钝者应挑出。

人工蟹苗又可分为室内水泥池苗与室外土池苗。无论哪一期蟹苗，都以壳变硬时出苗为佳。宜选择同一批育出的苗，个体健壮、生活能力强、爬行迅速、反应灵敏、无病害、躯体与附肢完整无损。出苗时除尽杂质，保证运输成活率。室内苗与土池苗相比稍有差异，前者个体小、喜攀登，后者个体大、喜泥底、不善攀登。

6. 中间培育（仔蟹期培育） 刚出厂的人工苗和规格较小的早期自然蟹苗宜进行中间培育，以增强对环境的抵抗力，提高成活率。一般在养殖池北岸向阳避风处用密网斜拉成一字形或 V 形暂养区进行培育，面积 500~1 500 m²，池深 0.8~1.0 m，池底无淤泥，可用斜插网片等作为隐蔽物，配充气设备，并设 2~3 个饵料台。仔蟹放养密度为每平方米 30~60 只，按体重的 100%~200%投喂经绞碎的鲜活饲料，日投喂 3~4 次；保持水温 18~22 ℃，盐度 21 以上，透明度 30~40 cm，溶氧量大于 5 mg/L。这样，经 10~15 d 培育至幼蟹期（C_5~C_7），便可计数拔网转入大塘养殖。一般中间培育成活率为 70%~90%。

7. 放养密度 根据苗体大小、放养季节、饵料情况和蟹池水质条件等合理安排。过密易发生残杀，过稀则影响效益。一般为小苗（仔蟹期，甲壳长 2~3 cm）3.75 万~4.5 万只/hm²，中苗（幼蟹期，甲壳长为 6~9 cm）以 2.25 万~3.00 万只/hm² 为宜，育肥蟹（成蟹期，甲壳长为 10~13 cm）1.2 万~1.5 万只/hm²。养殖过程中，待雄蟹生长至重量 100 g 以上时，视机会陆续起捕出售。交配季节，控制雌雄比为 4∶1，以保证雌蟹不缺配、不漏配、红膏率高。

8. 水环境要求与调控 水质的优劣直接影响着蟹的摄食与健康状况，影响蜕壳周期与成活率。养殖过程中要求水温 17~30 ℃，最适为 20~27 ℃；盐度为 16~34，最适为 20 以上；pH 为 7.6~8.6；溶解氧大于 5 mg/L；氨氮不高于 0.5 mg/L；硫化氢不高于 0.1 mg/L；透明度为 30~40 cm，水位为 1.0~1.5 m。

养殖环境的条件还关系到成品品质。盐度大于 20、沙质底（或泥沙质）、平均水深 1.5 m 以上养殖区，成品梭子蟹体色好看，附肢干净，较接近天然蟹，商品价值较高。盐度低于 13、泥质底、水深平均 1 m 左右养殖区的成品蟹，体色鲜艳度较差，附肢较脏，腹部发黄，商品价值较低。

在高温、强冷空气时，通过换水及加高水位来控制水温。盐度宜高不宜低，台风或大雨时，及时排去上层淡水，保持盐度 15 以上。养殖一段时间后，池中 pH 一般会变低，应定期（半个月一次）加少量生石灰或沸石粉来调节，并确保适量投饵。水色应与当地优势藻颜色相同为宜，水色过浓，可通过换水、加水或加少量漂白粉来调节；水色过淡，可通过施肥来培养；若浒苔过多，先除浒苔，再加高水位，后肥水；若不除浒苔直接施肥，浒苔越长越多，水色越来越清。混养塘由于贝类过多而造成水清，可通过减少贝类搭配密度、换水或投些豆浆来调控。底质可用生石灰（15~20 d，投 113~150 kg/hm²）、沸石粉（15~20 d，10~20 mg/L）或投活性菌（10~15 d，首次多，以后减半）来维护。

在养殖过程中，水中溶解氧大部分被底泥消耗，小部分被梭子蟹和其他动物消耗，故养殖塘常常出现池水上下溶解氧不均现象，即氧跃层，一般分界层在离水面 0.8~1.0 m 处，常引起底部缺氧。缺氧会影响梭子蟹正常蜕壳，严重的会引起死亡，因而溶解氧调控尤为重要。

养殖生产中对于缺氧的判断，可根据以下现象与数据来确定：①水浑不浑。水浑有两种情况：其一是缺氧蟹不安而爬动；其二是缺饵蟹觅食而爬动。②水色浓不浓。水色太浓则晚间藻类呼吸作用时常引起缺氧。③虾、蟹有无上爬、呈"浮头"现象，若有表明水中已缺氧。④蟹有无死亡现象，若有表明缺氧严重，一般虾、蟹窒息点低会先死，鱼晚死。⑤直接用溶解氧仪或试剂盒测定。

若发现池中有缺氧现象，必须马上采取措施，常见的方法有：开启增氧机（要正确使用增氧机，注意放置地点、数量、开机时间及长短）、加沸石粉或粒粒氧等增氧剂，若无增氧设备与化学增氧剂，可用水泵冲水、划船等机械增氧应急。注意在缺氧时不宜投其他非增氧药物（如茶籽饼、杀纤毛虫药），若要投药物、使用水质与底质稳定剂必须在不缺氧的晴天上午进行，药物使用后，及时换水。

富氧养殖技术是水产健康养殖的重要方式。目前水体充氧效果较好的一种方式是养殖塘底充式增氧技术，它能消除池塘的温跃层、氧跃层、海水密度跃层，补充池塘底部氧气，达到调控良好的养殖水环境、促进梭子蟹增产的目的。底充式增氧设备选择罗茨鼓风机，每公顷水面配备 1.5 kW 功率，在水深 1.6～2.0 m 的情况下，2.2 kW 功率的可供 800 个小孔出气，3 kW 功率的风机可供 1 200 个孔出气；管道可用 PVC 管，呈非字形或单侧排列，主管道直径 50 mm，充气管道直径 16 mm，管道间距一般为 15 m，气孔间距为 4 m，主管道与充气管有阀门控制，调节气量。

水位根据不同情况调节，一般水温过高或过低、天气恶劣、浒苔过多、水色过浓或过清等均应提高水位。换水与池内外水质有很大关系，池外水质好，池内水质差，宜多换；池外水质好，池内水质好，则少换或不换；池外水质差，池内水质好，或池内、外水质均差，则不换，宜增氧和培养水质。

9. 饵料种类与投喂 饵料种类常用的有低值贝类、小杂鱼虾、配饵等。据研究，以投贝肉效果最好，生长最快，投小虾类效果次之，投杂鱼生长效果最差；但饵料系数以小杂鱼最小，仅为 7，兰蛤为 25～30，贻贝为 40。大的饵料要切碎，因梭子蟹有拖拉与撕食习性，若投大块（条）饵料，蟹拖饵至深水处，残饵污染栖息地，且易缺氧。仔蟹期饵料早期以卤虫成体为主，后期以蓝蛤、鱼糜为主，日饵料量基本保持仔蟹总重的 100%，白天占 30%，晚上占 70%，分 3～4 次均匀投入池中。幼蟹期饵料以蓝蛤、小杂鱼、贝类肉为主，日饵料量为在池幼蟹总重为 70%～80%，早上投 20%，晚上投 80%。成蟹期饵料种类与幼蟹相同，日饵料量为在池成蟹总重的 30%～50%，并根据天气、水质、残饵、密度、生理情况等做适当调整。7～10 月的适温期（20～27 ℃），梭子蟹食欲旺盛，生长快，应多投、足投；11～12 月，水温降低，投饵量宜减少；高于 35 ℃ 或低于 14 ℃ 少投；8 ℃ 以下不投。大潮汛蜕壳前后可适当增加投饵量，大批蜕壳时少投。水质差时少投，天气异常时少投或不投。

配合饲料营养全面，配方科学，水中稳定性好，根据蟹的不同生长阶段制成相应的粒径，适口性好，是今后发展的方向。投喂配合饲料前应先驯食，先停喂鲜饵，间隔几天不喂任何饵料，待蟹将池中食物全部吃光、处于饥饿状态、在池底四处寻找食物、搅得池水变得混浊时，即可转换饲料。此时将鲜杂鱼冲洗干净，绞烂，掺上配合饲料，搅拌均匀，用绞肉机挤压成条状，切成适当长度，放置晾干 10～15 min，充分黏合后投喂。第一天鲜鱼与配饵比为 5∶1，第二天为 3∶2，第三天为 1∶3，第四天即可完全转投配合饲料。

梭子蟹开始交配后，应投富含蛋白质、不饱和脂肪酸的优质饵料（如福寿螺、沙蚕等），以达到雌蟹体肥膏满的目的。

10. 防残杀 蜕壳期间与交配期存在残杀现象。防残方法：①开沟，投隐蔽物；②应尽量投足饵料；③控制透明度 30～40 cm；④控制放养密度；⑤放规格整齐的苗；⑥保持高水位；⑦控制水质，尽量使其蜕壳整齐；有条件的可及时将蜕壳后的软壳蟹移入另外池中养殖，壳硬后再移入原池。

11. 日常管理 每天早、中、晚各巡池一次，观察内容：①水质情况；②摄食与活动是否正常；③是否有病害发生，防病采用水质调节与营养、免疫力调节为主；④养殖设施是否需要维修；⑤定期测量水温、盐度、pH 与溶氧量等理化指标；⑥定期进行生长测量，测量其甲长、甲宽和体重,检查增长情况以衡量养殖效果。

12. 病害防治 坚持"预防为主,防治结合,综合治理"原则。主要预防措施有:彻底清淤消毒,放养优质种苗,适当混养贝类,使用增氧措施,保持良好水质,投喂优质饵料,定期用生石灰、二氧化氯或漂白粉等进行水体消毒,高温期在饵料中加中草药、大蒜头等进行预防。必要时进行药物治疗。

13. 收捕 科学的收捕才能取得好的经济效益。养殖中期,应先捕部分雄蟹,保持交配期雌雄比为4∶1;雌蟹留塘续养分批起捕。交配后宜雌雄分养,雄性育肥后出售;雌蟹自交配后性腺发育,一般在50 d后体肥膏好,体重在250 g以上,再视价格情况,大量起捕。起捕方法常见的有:①笼捕法。采用长方形与闸门相当的竹笼,待涨潮纳水时,白蟹溯水而捕。②流捕法。用流刺网流捕。③耙捕法。蟹耙由6根30 cm长的铁丝扎在木柄上做成,利用浅水时下塘耙蟹,将蟹挑起放入桶内即可。④网捕法。在闸门中固定网笼袋,利用退潮放水,使梭子蟹进笼收捕。⑤钓捕法。利用延绳钓挂上肉质较硬的小鱼而钓获。⑥拖捕法。水位最低时,可将铁耙放在塘底慢慢移动,当遇到蟹体立即挑起。⑦抄捕法。使用小抄网,将蟹抄捞入筐。

梭子蟹起捕后,用橡皮筋绑好,移入暂养池暂养待售。

(二)浅海网笼育肥(或育膏)养殖

1. 环境与设施要求 ①海区以潮流、风浪适中的港湾为宜,要求水深10～20 m,流速少于50 cm/s,底质沙泥质或沙质,以利打桩,水质较清晰,周围无污染源。②延绳式吊挂蟹笼养殖设施,与延绳式养牡蛎相同,一般延绳长60～100 m,直径2～3 cm,两头用桩缆固定于海底。延绳上每隔5 m左右设一塑料浮子,延绳两端用大泡沫浮子,延绳行距5 m左右。蟹笼吊挂在延绳上,每串可叠放3～5只笼,每串相距约1 m。串与串可并联,也可相隔一定距离。渔排式吊挂蟹笼养殖设施,与海水网箱设施相同,主要由木板、浮子组成,以桩缆固定于海底。每组渔排可由几十个至上百个网筐组成,渔排上可设管理房。每个网筐可挂800～1 000只笼,每串叠放8～10只笼。渔排式操作管理方便,逐步淘汰了延绳式。③蟹笼规格(直径×高)目前有3种,分别为30 cm×15 cm、35 cm×15 cm、40 cm×15 cm,材料为塑料,笼上有盖与投饵窗。有的蟹笼中间一隔为二,可增加放养数量。

2. 蟹种收购与放养 从8月底开始收购自然海区蟹种,以笼捕蟹质量较佳,规格为10～20只/kg,75～100 g的蟹种养殖生长较快,经济效益较好。每笼放1只。

3. 养殖管理措施 ①主要是投饵,还有观察蟹的活动情况,加固防逃、防偷。投饵在8～10月每天1次,11月后每2 d或数天1次,水温降至8 ℃时不投喂饵料。饵料主要为鲜活鱼、小虾。投饵宜在平潮或停潮时。②养殖笼清洗。由于养殖笼垂挂于海区中,极易附着各种生物及泥浆,通常气温高时每10～15 d清洗1次,气温低时可20～30 d清洗1次。发现空笼,及时补放蟹种。③定期检查养殖笼是否牢固,有无破损。风浪大时,在底笼加沙袋压笼。

(三)商品蟹活体暂养

该方式始于20世纪90年代初期,主要分布于福建、浙江一带沿海。商品蟹活体暂养是指从10月下旬起,收购从渔场捕获(不购拖网蟹,购笼捕蟹或流网蟹)或养殖场的已交配雌性商品蟹,此时蟹膏已较丰满,利用小型土池、水泥池、浅海网笼等暂养一段时间,一般暂养时间为10～90 d,根据市场行情、季节差价或地区差价再起捕出售的过程。

1. 设施要求 暂养池有室内池与露天池两种。后者因造价低，空间范围大，利于观察而广泛应用。一般建在海塘内侧背风处，有良好的进、排水渠道，基础牢固；每个蟹池面积为 5 m×20 m 或 10 m×40 m，高 70～80 cm，池底斜度为 5%；进水管在高处，出水管在低处；一般铺沙 10～20 cm。若干口池连成一片。

2. 暂养技术要点 ①消毒：在暂养前半个月应对沙和池底用生石灰、漂白粉消毒。②收购：以笼捕海区蟹较好，要求逐只验收，蟹体清洁、含膏丰满、健壮、活泼、肢体完整、无机械损伤。蟹体离水运输时间不宜过长，一次收购数量过大的，要用活水舱运输，遇南风天收购会大大降低成活率。③放养密度：以 4～5 kg/m² 为宜。④管理措施：由于水温低，不投饵。勤换水，水流要缓，日换水量前期为 2 倍，随气温降低可逐渐减少，宜在早上排水、傍晚加满水，水位在 50 cm 以上。水温低于 8 ℃时，要做好防冻工作。及时清除死蟹，以免影响水质。

第三节 锯缘青蟹

一、生物学特性

（一）分类地位和分布

锯缘青蟹（*Scylla serrate*），简称青蟹，浙南地区称蝤蛑，广东称膏蟹，台湾、福建称红鲟，菲律宾称泥蟹。锯缘青蟹属于蝤蛑科，广泛分布于温带、亚热带和热带的海域，栖息在岛屿周围和港湾岩缝及浅海、滩涂、红树林沼泽地、围垦区、河口的泥滩等。

青蟹肉质尤其是卵巢味道鲜美，含有丰富的蛋白质及微量元素，对身体有很好的滋补作用，是驰名中外的海珍品。此外青蟹还具有很好的药用价值，可利水消肿，治疗产后腹痛、乳汁不足、小儿疝气，有健身滋补功效。从蟹壳中提取的甲壳素还可用于塑料、印染等工业，壳粉可做饲料添加剂。

（二）形态特征

由于它的头胸甲呈青色，前侧缘具 9 个侧缘齿并且呈锯齿状，因此被称为锯缘青蟹。其头胸甲略呈椭圆形，表面光滑，中央稍隆起，胃区与心区之间有明显的 H 形凹痕；额分 4 齿，前侧缘具 9 齿，等大；螯足强壮，左右对称，指节内缘有强大钝齿；末对步足指节扁平，呈桨状，适于游泳。雄蟹腹部三角形，雌蟹呈圆形。青蟹的外形如图 1-1-4 所示。

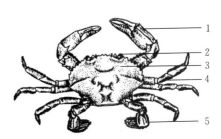

图 1-1-4 锯缘青蟹
1. 螯足 2. 眼 3. 背甲
4. 步足 5. 游泳足

（三）栖息习性

青蟹喜生活在潮间带泥滩或泥沙底的滩涂上，喜停留在滩涂水洼之处，牡蛎栖息较多的蛏田、蚶田附近，以及对虾塘进、排水沟里等地方比较密集。它白天多穴居，夜间四处觅食；夏天活动频繁，低潮水浅时多潜伏泥底以避暑热，在水温高于 35 ℃，有时可见成群青蟹用步足支撑起躯体离开温度高的滩面乘凉；冬季活动减少，当气温低于 5 ℃时青蟹在低潮线附近掘穴越冬。青蟹的耐干能力较强，离水后只要鳃腔内存有少量水分，鳃丝湿润，便可存活数天或 10 d 以上。青蟹的适盐较广，最适宜的盐度为 13.7～26.9。

(四) 食性与生长

青蟹的食性很杂,以动物性食物为主,嗜食腐肉,偶食嫩草茎叶。青蟹的生长是不连续的,只有在蜕壳时才能生长,断肢也只有蜕壳后再生。每次蜕壳,体长增 0.3~1.0 cm,体宽增 0.4~1.2 cm。在水流畅通的地方,每次蜕壳需 10~15 min,碰到惊扰则蜕壳时间延长,甚至蜕不出壳而死亡。刚蜕壳的青蟹,体躯柔软,大量吸收水分,个体增大,无游泳能力,横卧水底,2~3 h 后开始恢复正常状态,6~7 h 后甲壳逐渐变硬,3~4 d 才完全硬化。大的青蟹体重达 2 kg 以上。

(五) 繁殖习性

青蟹的繁殖季节较长。广东每年 2~4 月和 8~9 月为繁殖期,其中 2~3 月为繁殖盛期;浙江 4~10 月为繁殖期,其中 9 月为繁殖盛期;台湾几乎全年繁殖。一般体宽 8 cm、体重 150 g 的青蟹便性成熟,具有交配能力。交配在性成熟的雌蟹蜕壳后新壳尚未变硬时进行。交配后的雌蟹,卵子逐渐发育成熟,成熟后卵子经过输卵管进入纳精囊与精子结合受精,然后从生殖孔排出,附在腹肢的刚毛上。产卵量随个体大小而异,一般为 80 万~450 万粒。受精卵孵化成溞状幼体,便脱离母体在水中营浮游生活,经过 5 次蜕壳,变态成大眼幼体,在岸边水草丛中生活,再经一次蜕壳,成为幼蟹。

二、仔蟹与蟹种培育

目前养殖的青蟹苗种来源主要有海区天然苗与工厂化人工培育苗两类。海区天然苗包括大眼幼体和天然幼蟹。工厂化人工培育青蟹苗,其育苗设施与对虾育苗相似,可以利用对虾育苗场育苗。

(一) 捕捞自然海区大眼幼体

1. 捕捞大眼幼体 捕捞大眼幼体,称为捕捞青蟹蟹苗。

(1) 蟹苗捕捞。青蟹产卵于盐度较高海区,孵化后的幼体变态成大眼幼体后逐渐移向河口和内湾盐度稍低的环境中栖息,此时即是苗汛季节。浙江沿海在 4~11 月均可捕到天然蟹苗,其旺季是 5~6 月和 8~9 月。蟹苗捕捞方法大多采用定置网、推辑网和手抄网 3 种。各地根据潮流、风浪的具体情况因地制宜选用。

(2) 蟹苗鉴别。在捕捞的自然蟹苗中,常有其他短尾类包括蟹类的大眼幼体混杂,需要鉴别和剔除。

(3) 幼蟹的培育。幼蟹培育是指将天然海区捕捞或人工培育的蟹苗,强化培育成幼蟹的过程。经培育的幼蟹,个体增大,抵抗力增强,养殖成活率较高。

2. 捕捞天然幼蟹 天然幼蟹个体大小不一,要求捕捞幼蟹体质健壮,附肢完整,未受机械损伤和附着物少的青蟹,浙江沿海幼蟹集中苗发期在 6~7 月中旬(又称夏蟹、梅蟹)和 9 月中旬至 10 月上、中旬(称秋蟹),夏蟹可在当年直接养成商品规格,秋蟹要经过越冬后才能养成商品规格。青蟹捕后的露空时间要短,特别是夏季闷热高温的情况下更不宜露空,一般气温在 28 ℃ 以上时,不超过 0.5 d,25 ℃ 以下时不要超过 2 d,从捕获到放养时间越短越好,过长会引起死亡。

3. 青蟹种苗质量鉴别与挑选 在当地海区自捕自养的蟹苗,因环境条件基本一致,露空时间短,一般成活率高,如经长途运输的种蟹,须经严格选择,淘汰病残蟹后方可放养,种苗挑选与鉴别的方法有如下几种。

（1）选择体质健壮的种蟹。健壮青蟹苗的甲壳呈青绿色，十足齐全，躯体完整无损伤，感官反应灵敏，活动能力强，不易捕抓；游泳足和螯足不能缺少和伤残，步足缺少不能超过3个，如果步足断了一节或受伤，可把剩余的足肢在基节与座节之间的关节处折断，新的附肢会在短时间内再生出来，若不折除，残肢会流掉大量体液而造成死亡。凡甲壳、腹部和附肢有异色（如深蓝色、红棕色、铁锈色等）多为受刺、钩、晒伤的蟹苗，质量差，不宜选用。

（2）无病。辨别病蟹可从步足基部肌肉的色泽来判断，其肉色呈蔚蓝色，肢体关节的肌肉不下陷，具有弹性者为健康苗，如肌肉呈黄红色或具白色斑点，肢体关节间肌肉下陷，无弹性，则不适宜用于养殖。

（3）剔除蟹奴。有少数蟹苗的腹节内侧基部寄生1个及多个蟹奴，蟹奴呈卵圆形，体质软以吸取青蟹体内营养维持生活，影响被寄生的青蟹正常生长和发育，故选择时应及时将蟹奴剔除。

（4）蟹苗运输。幼蟹运输工具一般为硬箩筐或木箱。在底部铺一层湿草，摆上一层蟹，再覆盖一层湿草，使幼蟹不致碰伤。不要重叠太多，最后盖上硬框纱窗布，便于途中淋海水，提高运输成活率。

（二）锯缘青蟹的人工育苗
1. 亲蟹的选择与培育
（1）亲蟹的来源。可采捕天然海区、鱼塭或港养、池塘人工养殖的亲蟹。由于各地水温不同，蟹成熟繁殖时间也不同，海南岛常年可以成熟。广东沿海常年可见到卵巢饱满的青蟹，除冬季外，全年均可见抱卵的雌蟹，尤其3～4月和6～9月是繁殖盛季。福建厦门3～10月是繁殖季节。在台湾终年可产卵，但抱卵蟹仍是在3～8月较常见。广西沿海繁殖期是3～10月。浙江、上海沿海的多在5～10月。青蟹一年内成熟，交配后卵巢迅速发育。

（2）亲蟹的选择。亲蟹最好选择天然海区或鱼塭的抱卵蟹或膏蟹。后者要交配过，卵巢已达锯齿缘；个体要大（300 g/只以上）、蟹体健壮、活动能力强。附肢完整无损伤；体表上无寄生物或寄生虫；腹节刚毛要齐全，便于黏附卵子。卵巢的检查方法是在光下观察甲壳无透明区，腹节上方与甲壳交界处、肛门处均附有卵粒。

（3）亲蟹的培育。是指将较成熟或已抱卵的亲蟹培育到抱卵直至孵化的过程。亲蟹培育池分水泥池或土池。水泥池可用对虾育苗池，底部铺一些沙，并用砖石等建成蟹屋以供亲蟹匿居，必要时在池顶搭遮光设施。土池的壁为石或混凝土砌成，底质为沙泥或石砾，淤泥或腐殖质一定要少。池底向闸门的倾斜度较大，便于排、灌水，并可露空设滩。可采用涨落潮换水。放养量宜少不宜多，水泥池一般2只/m²以下，密度大，易"打架"，使附肢脱落或受伤。若采捕池养的，入池前用高锰酸钾或福尔马林消毒。投喂的饵料要多样化，低值小贝类、昆虫、小杂鱼、虾、蟹等。每天傍晚投饵，投喂量以次日晨略有少量剩余为宜。亲蟹培育中盐度25～32为宜。盐度低于22，雌蟹卵巢受到抑制。水温26～31℃为宜，水温低于20℃摄食量减少，卵巢发育很慢。在水泥池中培育不断充气，保持水中氧气充足。每天及时清除残饵，并彻底换水，排干后干露1 h左右能刺激亲蟹早产卵，减少死亡率。每天仔细检查亲蟹的状态，发现有抱卵蟹要及时捞入池中培养。在土池时间长，卵囊易附着脏物影响胚胎发育。

2. 抱卵与孵化 经过严格选择的雌蟹，必要时可切除眼柄，促使其提早产卵。水温 25～32 ℃，雌蟹 4～12 d 产卵。亲蟹产卵多数在夜间，宜保持安静环境。白天或傍晚产卵是异常的，卵子无法附于腹节刚毛上，或者附着量很少，无培育价值。产卵后的雌蟹体质弱，饲养时要注意各种因素，否则会引起死亡。抱卵后的蟹入池前用过滤海水轻轻冲洗卵囊，并用 0.01% 高锰酸钾溶液消毒 2 min。抱卵蟹的培育方法同"亲蟹的培育"部分。雌蟹的怀卵量因地而异，一般 150～1 500 g 体重的个体怀卵量为 150 万～300 万粒。

抱卵后的蟹要常观察胚胎的颜色变化，以做好孵化准备。刚产的卵径为 0.23 mm。卵囊的颜色变化过程为：橙黄——浅黄——浅灰——灰色——棕黑——黑或灰黑。灰黑说明胚胎即将孵化。其发育速度与水温关系密切，25 ℃ 左右产卵后 19 d 左右孵出。水温 30～32 ℃，10～12 d 便能孵出。当胚胎内的幼体心跳次数超过 100 次/min 时，要移入孵化池，待其自然孵化出幼体。正常情况下多在 05:00～08:00 孵化，尤其是 06:00～07:00 孵化更为常见。刚孵出的溞状幼体，游动活泼，在水的上中层，趋光性强，可利用这一特点收集强壮幼体进行培育。

3. 幼体培育 青蟹育苗设施与对虾育苗相似，可利用对虾育苗场育苗。其育苗过程与三疣梭子蟹育苗等基本类似，但也有不同之处。

（1）选幼。为了减少污染，通常孵化与育苗分池进行。幼体趋光性强，若无充气情况下，集群于水的表层和上层。可利用这一点用塑料勺或围底筛绢将表层和上层幼体收集，放入育苗池培育。溞状幼体 I 期入池的密度为 2 万～5 万尾/m^3。

（2）饵料。刚孵出的 I 期溞状幼体即要摄食。适口的饵料是育苗的关键。当前育苗在溞状幼体 I、溞状幼体 II 期的死亡率高可能与开口饵料有关，早期饵料可用单胞藻、轮虫、双壳类的卵或担轮幼虫、藤壶的无节幼体以及蛋黄、对虾微囊颗粒饵料。中、后期可用卤虫无节幼体、桡足类；渐过渡以肉糜为主。日投饵量要根据实际情况决定，每只幼体在各期主要饵料的日平均投喂量可参考表 1-1-2。

表 1-1-2 每只幼体在各期主要饵料日平均投喂量

饵料种类	幼体期						
	Z_I	Z_{II}	Z_{III}	Z_{IV}	Z_V	M	C
扁藻（万个）	3	5	7	2	0	0	0
轮虫（尾）	30	45	60	40	0	0	0
卤虫（尾）	0	0	20	35	50	5	0
牡蛎肉、虾肉（占幼体重，%）	0	0	0	0	0	250	350

（3）水温。适宜水温为 25～32 ℃，30 ℃ 左右幼体发育更快。水温降至 22 ℃ 幼体发育慢，20 ℃ 可引起死亡。

（4）水质。盐度适宜范围是 23～35，最适是 27～32。pH 在 7.8～8.6 为宜。保持水质清洁，要注意换水量，前期少换，后期多换，并采用吸底，必要时要倒池。充气量可随幼体发育逐渐增加。

（5）光线。育苗中光线适当暗些，避免直射光。

（6）附着物。在幼体发育进入大眼幼体后，在育苗池中设置附着物，减少互残提高成活率。

（三）幼蟹培育

大眼幼体培育至仔蟹Ⅰ期、Ⅱ期放养 3 000～3 500 只/m²；Ⅰ期、Ⅱ期仔蟹培育至Ⅴ、Ⅵ期蟹种放养 450～600 只/m²。

幼蟹营底栖生活。外形和食性与成体相同，可以捕食小粒块状的贝、虾、蟹肉，每天投 2～3 次。管理方法同大眼幼体，此时适当降低盐度至 15～20，能促蜕皮加快生长。中间培育，饵料充足，水质良好，生长迅速，培育 10 d 平均壳宽可达 13 mm，平均体重 5 g/只。

三、成蟹养殖

（一）场地选择与清塘

1. 场地的选择　选择内湾泥质或泥沙质的潮间带中潮区最为适宜。要求风浪小，潮差大，退潮后水深在 0.8～1.5 m，以免小潮时蟹池不能注入新鲜海水而使水质变坏，导致青蟹大量死亡。海区盐度要求在 26～35，pH 以 7.5～9.0 为宜。海水相对密度以 1.010～1.015 最为适宜。附近应能方便地引入淡水，这样可以随时调节海水密度，以免影响青蟹的正常呼吸与摄食。蟹池的选择还应远离每天排放大量污水的工厂，可以避免因环境污染而导致青蟹大批死亡。

2. 清塘消毒　青蟹的养成，可以一年两季。第一季为 4～6 月，第二季 8～10 月，以 8～10 月为盛期。投苗前一个月排干池水后清淤除杂，晒池 15 d 左右，期间每 667 m² 施 25～50 kg 生石灰浸泡。投苗前换水 2 次，当池水 pH 稳定在 7.8～8.6 时才能投放蟹苗。

（二）锯缘青蟹的苗种放养

1. 放养规格及时间　夏苗放养一般在 5～6 月，规格为 15～50 g（平均 25 g），经 3～4 个月养殖后，当年能达商品蟹规格；秋苗放养一般在 9～10 月，规格在 10～20 g，越冬养殖至翌年 5～6 月，可达商品规格。如越冬放养数量不足，可在第二年 3～4 月再补养 50～100 g 蟹种。育肥养殖，一般 9～10 月收 150 g 以上并已交配的瘦蟹，养殖 30～40 d 可达膏蟹。

2. 放养密度

（1）海区苗放养。4～5 月放养 50～100 g/只的越冬蟹，每 667 m² 放苗 200～500 只为宜，如规格偏小可适当增加放苗密度，约两个月可以轮捕。此时正是夏苗苗发季节，可以放养小规格夏苗，每 667 m² 放养苗种数量为 1 000～1 500 只为宜。育肥养殖放养时间在 8～10 月，放养密度视环境条件可掌握在每 667 m² 500 只左右为宜。

（2）人工苗放养。以放养Ⅴ、Ⅵ期蟹种进行养殖，精养池 10 000～12 000 只/hm²，混养和轮养池 2 250～5 500 只/hm²。

（三）锯缘青蟹的饲养管理

1. 投喂饲料　青蟹各生长发育阶段的投喂量，应根据水温、水质、天气、季节和潮汐等环境因子，并结合蟹的摄食、生长和活动情况，合理制订。在大潮或涨潮时，青蟹摄食量大，而在小潮或退潮时摄食量较少。大潮换水后，水质好，摄食增强，投喂量与平时相比可增加 1 倍；若遇多雨天、池水混浊或天气闷热，食量就下降，这时要适当减少投喂量；青蟹 15 ℃ 以上摄食旺盛，25～30 ℃ 摄食更旺，15 ℃ 以下，30 ℃ 以上，摄食明显减少。天气寒冷，水温下降至 10 ℃ 左右，青蟹活动少或不活动，觅食少或不觅食，要注意少投或不投饲。

一般而言，日投饲量（以动物肉鲜重计）可根据青蟹的甲壳宽与体重的关系掌握：甲壳宽 4～5 cm 的，日投饵量约占体重的 30%；5～6 cm 的，占体重的 20%；7～8 cm 的，约占体重的 15%；9～10 cm 的，占体重的 10%～12%；11 cm 以上的，占体重的 5%～8%。

青蟹的食性很杂，以动物性食物为主。食物组成中以软体动物和小型甲壳动物为主，胃含物中经常出现双壳类的壳缘、铰合部残片，腹足类的厣、残缺的螺轴，方蟹类的残肢和头胸甲碎片。青蟹也常以滩涂蠕虫为食，也食小鱼、小虾，有时在胃中也会发现植物的茎叶碎片。人工养殖的青蟹，对饵料无严格的选择，小杂鱼、虾、小型贝类（蓝蛤、寻氏肌蛤、河蚬、蛳螺等）、豆饼、花生饼均可为食，青蟹有同类互相残杀的习性，常捕食刚蜕壳的软壳蟹。

2. 水质管理 为使青蟹生长好，须保持足够的水量和良好水质，为此要勤换水和控制水位。水要澄清，温差、盐差不宜过大。冬季有阳光时退潮后池水应保持 30 cm 深左右，涨潮时水深应在 1 m 左右。寒潮时要提高水位，夏天水深 1.5～2.0 m。应保持足够的水量和良好的水质，每 3 d 应换水一次。换水时间宜在早、晚进行，不宜选在炎热的中午，避免过大温差。另外还要保证池水清新，溶解氧充足。

3. 日常检查 蟹池日常管理，主要是巡塘检查，观察青蟹活动吃食情况，有无残剩饵料，有无死蟹、病蟹情况发生，有无敌害，是否有青蟹逃逸迹象。看池塘水质的肥瘦及混浊度，要及时检查防逃设施的完好程度和防逃效果，如有上述情况出现，必须立即采取措施。

（四）混养

近年来，青蟹单养类型已不多见，特别是在潮间带围养青蟹则是多品种混养，混养类型比较复杂，其基本原理是通过适当混养其他经济种类，能起净化底质，形成和保持池内适宜的生物结构，创造一个宜于青蟹与混养品种共同生活和生长的生态环境，目前混养品种有鱼、虾、贝、藻 10 余种。

1. 混样品种

（1）与虾类混养。如中国对虾、长毛对虾、斑节对虾、日本对虾、刀额新对虾和池内自繁的脊尾白虾等品种。虾苗的放养规格要求经暂养后的 3 cm 以上苗，放苗量一般在每 667 m² 1 000～2 000 尾，生长速度比在潮上带虾池快，水温适宜时，放苗 1 个月后便可开始起捕。

（2）与鱼类混养。主要品种有鲻、梭鱼类、黑鲷、弹涂鱼等，池内凝聚的有机物质为这些鱼类的优良饵料，一般放苗量在每 667 m² 20～500 尾。

（3）与贝类混养。主要是混养一些底栖性贝类，如缢蛏、泥蚶、毛蚶、菲律宾蛤子、青蛤等；以混养缢蛏为例，放苗滩涂面积以掌握在池塘面积的 20% 以下为宜，养贝涂面每年要轮休，选择平坦的中央滩面经深翻、平整后即可放苗，667 m² 涂面放苗量在 30～50 kg 为宜。

（4）与藻类混养。台湾的青蟹与江蓠（台湾称龙须菜）混养比较普遍。混养适量的藻类，不仅能吸收消耗水体大量的溶解有机质，增加水体的溶解氧，还有利于池内青蟹与其他经济动物的生长。

2. 注意事项 ①混养的密度不宜过高，品种不宜过多，应以养殖青蟹为主，日常管理方法也按养殖青蟹的方法进行，如混养其他品种过杂和密度过高，则易导致喧宾夺主影响青蟹生长。②选择混养品种时要根据池塘条件，特别是看池底质类型是否符合混养品种的栖息要求，如跨年度养殖品种则不可取，特别是鱼类，一般不能在围养池内越冬。由于移养的伤亡很大，混养品种最好是能通过提高放苗规格，在低温来临前能够起捕为宜。

四、病害防治

青蟹养成阶段发病率最高的3种疾病为：纤毛虫及丝状藻附着综合征、蜕壳不遂病和黄斑病。

1. 纤毛虫及丝状藻附着综合征 该病一般会发生在青蟹幼体期，也可能发生于养成期。此病具病程长、累积死亡率高等特点。病蟹症状发病初期，体表长有黄绿色及棕色毛状物，活动迟缓，对外来刺激反应迟钝，手摸体表有滑腻感。

此病主要发生在水质不洁、含有机质多的水域中，经常保持水质清洁是最有效的防治方法。宜经常向池中注入经消毒处理的清洁水，及时捞出池中残饵，定期对池塘用氯制剂消毒，定期重点监测氨氮、pH等指标，发现超标，立即换水，全池泼洒100~150 mg/L的沸石粉，或10~20 mg/L的水体改良剂。对发病的池塘可用硫酸锌、硫酸铜、硫酸亚铁（按8∶5∶2比例）三合剂混合泼洒，浓度为1.2~1.5 mg/L。

2. 蜕壳不遂病 青蟹发生蜕壳不遂病，是整个青蟹养成期中危害最严重的病例之一。该病的主要症状为头胸甲后缘与腹部的交界处虽已出现裂口，但不能蜕去旧壳，从而导致蟹的死亡。该病主要由水环境突变，病菌感染引发所致。该病一般多发生于秋季，第一次寒潮初来时，大量体重在150 g左右的青蟹容易感染弧菌，在未收捕继续留养的过程中逐渐恶化死亡。病蟹体液白浊，基节的肌肉呈乳白色（健康蟹呈蔚蓝色），折断步足会溢流出白色黏液，通常称"白芒病"。发病池塘极易重复感染，死亡率可达30%~80%，对养殖生产影响特别严重。

防治该病，须保持良好的水质，养殖过程中要防外源污染及外源病菌感染。发病前半个月用浓度25 mg/L生石灰或浓度2 mg/L漂白粉每隔7 d交替消毒，杀灭水体中的病原菌，又可刺激部分适龄青蟹提前蜕壳，使蜕壳期分散。发病的池塘可用浓度0.3 mg/L二氯海因或浓度0.8 mg/L溴氯海因进行全塘水体消毒，连用2~3 d。

3. 黄斑病 黄斑病也是青蟹养殖中常见的一种疾病，在锯缘青蟹螯足基部和背甲上出现黄色斑点，或在螯足基部分泌出一种黄色黏液，螯足的活动能力减退，进而失去活动和摄食能力，不久即死亡。剖开甲壳检查，在其鳃部可见像辣椒籽般大小的褐色异物。发病时间，多在水温偏高和雨水较多的季节。此病可能是由于投喂变质饵料及池水盐度骤降所致。

防治方法：定期消毒和泼洒枯草杆菌等生物制剂保持良好的水体环境和底质。投喂经消毒过的新鲜饵料。及时捞除病、死蟹以防疾病蔓延。疾病发生后用双链季铵盐络合碘全池均匀泼洒，其泼洒浓度为0.4 mg/L，同时结合内服药饵进行治疗。

思考题

1. 简述中华绒螯蟹仔蟹与扣蟹培育技术。
2. 简述中华绒螯蟹养殖过程与方法。
3. 简述三疣梭子蟹的育苗方法及其各种育苗方法的优缺点。
4. 简述三疣梭子蟹的养殖方法及其各种养殖方法的优缺点。
5. 简述锯缘青蟹生态习性及养殖的意义。
6. 简述影响锯缘青蟹养成期成长率和成活率的因素。

第二章 虾类养殖

第一节 南美白对虾

南美白对虾原产于秘鲁、墨西哥、厄瓜多尔等地,是世界养殖产量最高的三大优良虾种之一。国外从 20 世纪 70 年代起将其选为重要养殖品种,形成了产业化生产。我国大陆于 1988 年开始实验性引进,1994 年取得小批量人工育苗成功。1998 年起,广东、广西及海南等地沿海引进种虾与虾苗,开始规模化养殖。由于养殖效益显著,规模不断扩大。2001 年以后,南美白对虾成为我国对虾养殖的主导品种,除沿海地区养殖外,云南、重庆、江西、湖南及湖北等地也进行了淡化养殖。

南美白对虾作为世界性的养殖对象,具有下列显著优点:体大壳薄,肉质鲜美,出肉率高;抗病、抗逆能力较强,离水存活的时间长;对饲料蛋白质含量要求较低,生长快、养殖周期短;繁殖时间长,长年可进行苗种生产;不仅适应海水及半咸水养殖,同时也适于淡水养殖。2003 年,南美白对虾被全国水产原种和良种审定委员会确定为适宜在我国养殖推广的引进种。

一、生物学特性

(一)形态特征

南美白对虾学名为凡纳对虾(*Penaeus vannamei*)(图 1-2-1),是广温广盐性热带虾类,又称白肢虾、白对虾。该虾原产于美洲太平洋沿岸水域,主要分布于秘鲁北部至墨西哥湾沿岸,以厄瓜多尔沿岸分布最为集中。南美白对虾分类上属节肢动物门,甲壳纲,十足目,游泳亚目,对虾科,对虾属,开放型对虾亚属(*Litopenaeus*)。外形酷似中国对虾,成体最长可达 24 cm,甲壳较薄,正常体色为浅青灰色,无斑纹,步足常呈白垩状。额角尖端的长度不超出第一触角柄的第二节,其齿式为 5~9/2~4;头胸甲较短,与腹部的比例约为 1∶3;额角侧沟短,到胃上

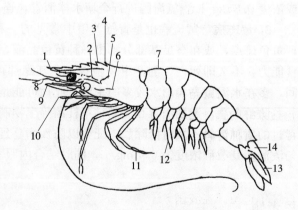

图 1-2-1 南美白对虾
1. 额角 2. 眼后脊 3. 额角侧脊 4. 胃上刺 5. 肝刺
6. 肝脊 7. 腹节 8. 第一触角 9. 触角鳞片 10. 第三颚肢
11. 胸肢 12. 腹肢 13. 尾肢 14. 尾柄

刺下方即消失;头胸甲具肝刺和鳃角刺,肝刺明显;第一触角具双鞭,内鞭较外鞭纤细,长度大致相等,但皆短小(约为第一触角柄长度的 1/3);第一至三对步足的上肢十分发达,第四至五对步足无上肢,第五对步足具雏形外肢;腹部第四至六节具背脊;尾节具中央沟,

但不具缘侧刺。雌性成虾不具纳精囊，为开放型外生殖器。

（二）生活习性

南美白对虾自然栖息于水深 1~72 m、水温 25~32 ℃、盐度 2~34 的海区。幼虾多生活在离岸较近的海域，至成虾时离开浅水区到离岸较远、水深 70 m 左右、水温 26~28 ℃、盐度 34 的较深海区生活，并在那里成熟、交配、产卵、孵化出幼体。等幼体长至与成虾形态一样的仔虾后，开始向河口、港湾等浅水海域游动并定居，经过几个月生长，至成虾时再回到深水海域生活。

（三）食性

南美白对虾属杂食性种，在自然海区，夜间活动频繁，白天则相对安静，甚至将身体腹部或全身潜藏在泥沙中，也不主动搜寻进食。在人工养殖条件下，白天仍会摄食投喂的饲料。对动物性饲料的需求并不十分严格，只要饲料成分中蛋白质的比例占 20% 以上，即可正常生长，因此可以利用植物性原料来代替价格比较昂贵的动物性原料，以节省饲料成本。过高蛋白质的食物对提高生长速度及养殖产量非但没有帮助，反而有负面效果。南美白对虾对饲料的消化效率较高，正常生长情况下，投饵量只占其体重的 5%（湿重）；但在繁殖期间，特别是卵巢发育中、后期，摄食量会明显增大，通常为正常生长期的两倍。

（四）蜕壳与生长

南美白对虾与所有甲壳动物一样，生长要经过多次蜕壳。幼苗阶段，水温在 28 ℃ 时每 30~40 h 蜕壳一次，数小时内新壳变硬；成虾阶段则每 20 d 左右蜕壳一次，1~2 d 变硬。雌虾成熟需要 12 周以上，平均寿命可以超过 32 个月。

（五）繁殖特点

由于南美白对虾为开放性纳精囊，其繁殖特点是雌、雄亲虾性腺发育成熟后才交配，完成交配后数小时即产卵受精，产卵时间一般在 21:00 至翌日 03:00，经烫切眼柄法处理后的亲虾产卵后 3~5 d 性腺能再次成熟，再行交配、产卵，产卵次数可达 15~20 次，但连续产卵 3~4 次后要蜕壳一次。

二、苗种培育

南美白对虾苗种生产技术已较成熟，能按计划进行大批量生产。人工育苗主要技术环节包括亲虾的选择与培育、促熟与交配、产卵与孵化、幼体培育、虾苗淡化等。各环节相辅相成，只有抓好各个环节的工作，才能保证育苗的顺利进行。

（一）亲虾的选择与培育

由于南美白对虾是引进种，我国自然海区中没有分布，因此繁殖所需的亲虾一般从养殖群体中选留。在我国，南美白对虾育苗期一般从 3 月开始，亲虾在室内培育池养殖的时间较长。亲虾应选择体表光滑无寄生虫、大小均匀、无病无伤、健壮、体重达 50 g 以上者。淘汰身体疲软、体色异常、黑鳃烂鳃和身粘异物以及有外伤的个体。有条件的育苗单位，应由检疫部门检疫不带特定病原的健康虾（即 SPF 亲虾）作为后备亲虾，这是培育高质量健康虾苗的基础。

亲虾的培育在室内培育池中进行，最好雌雄分池培育，培育密度为 5~10 尾/m²。培育用水为经过沙滤的洁净海水，控制水温为 26~28 ℃、盐度为 27~32、pH 为 7.8~8.3，充气条件下饲养。光照周期为 12 h∶12 h（亮∶暗）或自然光照，光照度为 500~2 000 lx。亲虾培育期间，投喂营养价值高的活沙蚕、鲜牡蛎、鲜鱿鱼等优质饲料，以促进性腺发育，日投饵量为虾体重的10%左右，以下次投饵前有极少量剩余为度。每天换水吸污，日换水量1/4～1/2。

（二）亲虾的促熟与交配

为了达到批量繁育虾苗的目的，常需切除雌虾一侧的眼柄，促进性腺发育成熟。亲虾在室内培育一段时间适应培育池内环境条件后，即可进行夹烫法单侧眼柄切除手术，术后亲虾放回原池培育。一般情况下，雌虾术后3～5 d卵巢开始快速发育，7～10 d性腺即可发育成熟。每天注意观察雌虾性腺发育情况及有无蜕皮等。通常切除眼柄后可延长蜕皮间隔时间，20～30 d蜕皮1次。雄虾体长达14 cm后精荚即可成熟并能与雌虾进行交配。但雌虾只有在性腺发育成熟后才容易接受交配，并接纳精荚。因此，每天应将性腺已发育成熟的雌虾在中午之前挑出，同时选择2～3倍于雌虾数的雄虾一并放入产卵池中让其自然交配。南美白对虾交配多在下午日落前后。交配时，雄虾排出精荚黏附在雌虾胸部第四至五对步足之间，交配后数小时，雌虾开始产卵，精荚同时释放精子，精卵在水中完成受精作用。

为防止已经交配过的亲虾移动时造成精荚丢失，可同时将交配池作为产卵池，避免移动亲虾。培育用水使用洁净的过滤海水，池水深1 m左右，往池水中添加2～10 mg/L的EDTA螯合重金属离子。交配需在光照条件下进行，可用40～60 W的日光灯照明。

在亲虾自然交配率较低的情况下，可考虑精荚人工移植。选取体型较大、第五步足基部乳白色精荚饱满的雄虾，以拇指和食指轻轻捏第五步足基部，精荚即可被挤出，注意精荚不要与海水接触。取雌虾，用纸巾轻轻擦干第四至五对步足之间的腹部（即开放型纳精囊位置），然后用镊子夹精荚黏附在纳精囊位置上，再小心将雌虾放入产卵池待产。为防止精荚脱落，产卵池内充气量要小，并保持安静。

（三）产卵与孵化

交配过的雌虾一般在前半夜产卵，一次产卵量10万～20万粒。亲虾在繁殖季节培育条件适宜的情况下，可多次交配产卵。产后亲虾卵巢再次成熟的间隔时间为3～5 d。因此，雌虾产后应小心将其捞出，并继续营养强化培育，促使其再次交配、产卵。

翌日黎明用80目筛绢网箱收集受精卵，先经40目筛绢网框滤除残饵、粪便等杂物后，用过滤消毒海水洗卵，然后放入孵化池孵化。孵化用水为过滤海水，池水中加入2～10 mg/L的EDTA，微充气条件下孵化，经12～14 h，即可孵出无节幼体。利用幼体的趋光性进行选优，移入育苗池培育。

（四）幼体培育

南美白对虾幼体变态发育经历无节幼体、潘状幼体、糠虾幼体和仔虾等阶段。幼体培育用水为过滤海水，育苗期间除了保持育苗水环境基本稳定外，应尤其注意盐度、温度的相对稳定。可使用有益微生物制剂调控水质，使育苗池水具有良好的自净能力。根据幼体发育的不同阶段，投喂不同种类的饵料。常用的饵料有单胞藻（角毛藻、骨条藻、金藻、扁藻）、轮虫、卤虫无节幼体及成体、贝肉糜及微型配合饵料等。当无节幼体变态为潘状幼体时，及时投喂单胞藻等开口饵料，随幼体发育逐步增加投喂量并更换饵料种类。投喂量根据幼体密度及摄食情况而定，日投喂次数一般为6～8次。

1. 无节幼体　无节幼体培育的密度以10万～15万个/m³为宜，池水位0.8～1.0 m，水温28～30 ℃，盐度25～35，微充气条件下培育32～35 h发育至潘状幼体。

2. 溞状幼体 溞状幼体培育的水温为 29~31 ℃，盐度 25~35，微沸腾状充气；以单胞藻为主要饵料，若单胞藻不足，可投喂微型配合饵料；溞状幼体Ⅲ期起可加投轮虫。每天添加适量新水，到溞状幼体Ⅲ期时加满池水。此期时长 4~5 d。

3. 糠虾幼体 糠虾幼体培育的水温为 30~31 ℃，盐度 20~35，沸腾状充气；投喂轮虫、卤虫无节幼体、微型配合饵料等。日换水 20%~30%。此期时长 4~5 d。

4. 仔虾 仔虾培育的水温为 31~32 ℃，沸腾状充气；投以卤虫无节幼体及成体、贝肉糜及微型配合饵料等。日换水 30%~50%。仔虾第五天后逐渐附壁或底栖。仔虾体长达 1.0 cm 时可出苗。出苗前 2 d 开始逐渐降低水温。

（五）虾苗淡化

仔虾第五天开始进入底栖、附壁生活，此时可开始淡化。开始几天，每天降低盐度 3~5，当盐度降至 5 以下时，每天降低盐度 1，每下降一个梯度需稳定 1~2 d，直到和养殖池的盐度一致。虾苗的淡化培育期间要保证饵料的数量与质量，适当增加换水量，保持池水水质良好。

三、成虾养殖

（一）池塘条件

养殖池塘应建在水源水质好、泥沙或沙泥底质的地方，面积 1 hm² 以内，水深 1.5 m 以上，进、排水分开，配备增氧设施。有条件的，池底可设中央排水口，池堤用水泥护坡或塑料薄膜铺坡、铺底。有条件的养殖单位，可在池上搭建塑料大棚进行大棚养殖，有利于生态环境的稳定。南美白对虾养殖要求较低盐度，养殖池塘最好建在半咸水的内湾或河口地区以及淡水水源丰富、能调节盐度的地区，以便按生产需要调节适宜的盐度，促进南美白对虾的生长。

（二）放养前的准备

1. 池塘的清整 一是要清淤，对老塘或鱼塘改造的虾塘必须排干水，利用人工或机械将淤泥移出池外，对低位池塘而言，淤泥不能超过 10 cm，对高位池或中间有排污系统的，应彻底清除。淤泥过厚，在养殖过程中化学需氧量和生物需氧量太高，易使虾缺氧"浮头"。二是要晒池，封闭闸门，暴晒池底，最好在暴晒过程中对池底进行翻耕。

2. 药物消毒 放苗前 20 d，进水 10~20 cm，用药物对池塘进行消毒。常用消毒药物及使用量如下。①生石灰：每 667 m² 池面积用 75~120 kg，水化后全池泼洒；②漂白粉（有效氯 25%~32%）：用量 50~70 mg/L；③二氧化氯：用量 0.3~0.5 mg/L；④茶籽饼：用量 10~15 mg/L。每次只使用一种消毒剂，间隔一定时间后可使用另一种消毒剂。

3. 基础饵料的培养 培养基础饵料是充分利用虾塘的自然生产力，降低养虾成本的有效途径之一。基础饵料生物具有繁殖快、培养方法简易可行和营养效果明显的优点，因此基础饵料的培养成为养殖过程中不可缺少的生产环节。

放苗前 7~10 d，排干池水后进新水，进水口用 60~80 目筛绢网过滤，进水后水深 30~40 cm，施肥培养基础饵料，每次施肥量为：每 667 m² 池面积施氮肥（尿素等）3 kg，磷肥（过磷酸钙等）0.5 kg。每隔几天施追肥一次，使水色保持黄绿色或黄褐色，并逐步加水至 70~80 cm，水的透明度控制在 30~40 cm。定期进水引入饵料生物，使对虾摄食的饵料生物多样化。虾塘内施肥要少而勤，做到"三不施"，即水色浓不施，阴雨天不施，中午、晚上不施。

(三) 虾苗的选择与放养

1. 虾苗选购 优质虾苗的标准是：大小均匀，附肢完整，体长1 cm以上；游泳活泼，弹跳有力，逆流能力强，附壁现象明显；体表清洁，光滑透明，肌肉不混浊，全身无病灶；在仔虾Ⅵ期及Ⅹ期分别进行观察，若第二次观察虾苗的整体规格有明显增长，说明其摄食旺盛，生长正常。淡水地区的养殖用苗，需在育苗厂进行7~10 d的淡化，出厂时确保池水盐度与养殖池塘的盐度相同。

提倡用科学检测技术选择优质虾苗，可取若干尾虾苗送专业部门进行流行病病毒的快速检验，也可购买诊断试剂盒自行检测，选择呈阴性（即不带病毒）的虾苗进行养殖。

2. 虾苗放养 一般水温稳定在20 ℃以上的5月下旬以后为放养季节，水温23 ℃以上更为适宜。

放养密度，条件较好的池塘，每667 m² 放养1 cm规格的虾苗4万~5万尾；一般土池每667 m² 放养2万~3万尾；高位精养池，每667 m² 放养6万~10万尾。

虾苗的运输宜在上午、傍晚或夜间进行，一般采用尼龙袋加水充氧，装在泡沫箱内运输。放苗前应将苗袋直接放入池中漂浮20 min，然后解开袋口，将虾苗缓缓放入池中，应避免在中午太阳暴晒时或雨天放苗，放苗位置宜在虾塘的上风头，不宜选择浅水处或闸门附近。

放苗后应留出100尾虾苗置于池塘的一个小网箱里暂养1周，计算其成活率，并以此作为饲料投喂量计算和是否补苗的依据。

(四) 养殖过程中水环境控制

"养虾先养水，水好即虾好"。调控水质就是要控制好池水的水色、透明度、pH、溶解氧、氨氮、亚硝酸盐等的含量。

养殖水质要求保持黄绿色或褐黄色；透明度要求前期30~40 cm，后期40~50 cm；pH为7.8~8.6，最适值为8.2~8.6；溶解氧保持在4 mg/L以上；氨氮0.6 mg/L以下，亚硝态氮0.02 mg/L以下。

水质调控主要技术措施有以下几方面。

1. 养殖水的处理及添换水 养殖用水必须经过60目筛网过滤。海水池塘养殖时，最好设海水沉淀池，海水经沉淀及50~80 mg/L漂白粉消毒，2 d后即可使用。淡水池塘养殖时，进水后需调节好池水盐度。一般虾苗放养后3 d可以开始加水，有淡水水源的海水养殖池塘最好添加淡水或沉淀消毒后的海水。养殖前期，以添加水为主，以后随着虾的逐渐长大，视水质情况适量换水。养殖中期，可少量换水，主要维持水质的稳定。养殖后期，每天或隔天换水一次，换水量10%~20%，以确保水质新鲜。每隔半月用二溴海因0.2~0.3 mg/L（或溴氯海因0.5 mg/L）或10~15 mg/L生石灰全池泼洒消毒，两者交替使用。南美白对虾生长过程中需要水体有一定含量的氯化物，因此，淡水池塘养殖南美白对虾时要尽量控制换水量，及时添补换水流失的钙、镁离子。

2. 调控好池水水色 理想的水色是黄绿色或茶褐色、清爽亮泽，这是由单细胞绿藻或硅藻为主形成的水色，单细胞绿藻对维持池水环境平衡起重要作用。

水色培养的方法是在池中按比例施放氮肥和磷肥或复合肥。养殖前期，水色要稍浓些，瘦水池塘早期可施放有机肥，施追肥的间隔时间及施肥量视池中水色、透明度、pH等情况灵活掌握。养殖中、后期，随着残饵及虾的排泄物增多，一般水色会变深，此时应适量换水或施用一定量的生石灰来调控水质；也可施放有益微生物（如光合细菌、EM菌等）降解水体中的有机物、残饵，减少有机耗氧，稳定pH，稳定池塘水质；同时可施放沸石粉（每667 m² 用20~30 kg，每月1~2次），以吸附池底氨氮、硫化氢等，减少pH和藻相的波动，有效改善底质和水质。

3. 调控好池水pH及溶氧量 南美白对虾适宜的pH为7.8~8.6，但在养殖的中后期会出现pH为9的峰值。因此，在养殖过程中应控制pH，不宜过高，否则会增加氨氮的毒性，抑制对虾的生长。

养虾池塘要配备增氧机，一般每1 500 m² 池面积配1台增氧机。养殖前期，视水质状况可采取间歇性中午开机1~2 h；养殖中期，开始时一般在晴天中午开机2 h，黎明开机2~4 h，以后逐渐延长开机时间，特别是高温季节和夏秋之交冷、热空气交替变化频繁的季节，最易发生缺氧"浮头"和"泛塘"，每天开机时间宜在15 h以上，必要时24 h连续开机，以保证池水溶氧量维持在5 mg/L、池塘底层溶氧量在3 mg/L以上。最好购买水质快速测定仪，随时监控池水的pH、溶氧量、氨氮等变化。

采用增氧机或池底充氧管道科学充氧，对改善水质有很大作用。对虾对溶氧量的要求较高，应保持在4 mg/L以上。根据天气、时间、密度及水质情况而定。一般原则：前期少开，后期多开；白天少开，晚上多开；晴天少开，阴雨天多开。但特别注意的是晴天12:00~15:00这段时间一定要开，以免产生水体温度分层和池底负氧现象。

(五) 饲料及投饲管理

1. 饲料的选择 养殖前期，池内基础饵料丰富时，可以先不投喂，随着基础饵料的消耗，逐渐投喂一些蛋白质含量高的优质饲料，如无病原体的鲜活饲料、自制的幼虾饲料和一些饲料公司专业加工的配合饲料；中、后期则选用相应蛋白质含量的专用配合饲料，有条件的也可根据配方自制配合饲料鲜投，间隔投喂添加有维生素C、免疫多糖、中草药等的饲料。

2. 投饲量及投饲方法 投饲量要根据虾的个体大小与数量、健康状况、生长情况、天气变化、水环境状况、池内饵料生物和竞争生物的数量、残饵数量等因素灵活掌握。通常情况下，虾的饱胃率达到80%即可。

低密度养殖情况下，虾苗放养后10~15 d 内以摄食池中基础饵料为主，可以不投或少投饲料；而高密度养殖情况下（包括中间暂养）则宜在放苗后第二天开始投饲。投饲量可按虾体重计算，3 cm规格的幼虾，日投饲量为虾总重的8%，以后逐渐减少，虾长至10 cm以后，日投饲量降为虾体重的2%~3%。放养虾苗15 d 后，在池四周池底设置几个1 m²、边高10~15 cm的检查网（即食台），定时检查网内饲料剩余情况，确定次日同一餐次的投饲量。一般虾体长5 cm前投饵后以2 h吃完为宜，体长5~8 cm的1.5 h吃完为宜，体长9 cm以后以1 h吃完为宜。

幼苗期投饲应全池均匀泼洒，体长3 cm以后应沿池四周离池壁2 m处均匀撒投，日投饲2~4次。总结生产实践的投饲经验如下：傍晚后和清晨前多喂，烈日条件下少喂；投饵1.5 h后，空胃率高（超过30%）的适当增加投喂量；水温低于15 ℃或高于32 ℃时少投喂；天气晴好时多投喂，大风暴雨、寒流侵袭（降温5 ℃以上）时少喂或不喂；对虾大量蜕壳的当天少喂，蜕壳1 d 后多喂；池内竞争生物多时适当多喂；水质良好时多喂，水质变劣时少喂；池内生物饲料充足时可适当少喂。

(六) 养成期虾病防治

南美白对虾养殖期常见的疾病主要有以下几种。

1. 病毒病 南美白对虾养殖生产中危害最严重的病毒病有白斑病和红体病两种，为暴发性疾病，传播快、死亡率高，一旦发生，难以控制。

(1) 白斑病。病原杆状病毒（WSSV）感染引起。

病症：病虾表现为活力下降，体色正常或变成红、微红或黑褐色，头胸甲与肌肉分离、易剥开，甲壳上有白色圆点，严重者白点连成白斑，鳃发黄，肝胰腺肿大、颜色变淡、糜烂。发病虾几天内大批死亡，大的虾比小的虾死亡快。

发病规律：天气闷热、连续阴雨或暴雨，虾池中浮游生物大量死亡，池水变清及底质恶化均易发生此病，发病适宜温度为 24～28 ℃。

防治：养虾池在放养虾苗前必须彻底清淤消毒，放养的虾苗必须为健康虾苗，对养殖用水进行过滤、消毒；养殖过程中，每隔 10～15 d 交替使用生石灰（10～15 mg/L）和二溴海因（0.2～0.3 mg/L）等进行池水消毒，泼洒沸石粉（每 667 m^2 用量 20～30 kg）和有益微生物；同时，定期在饲料中添加维生素 C（0.2%～0.3%）、复合维生素（0.2%）、免疫多糖（0.1%～0.2%）和鱼油（1%～2%）等营养性添加剂，发病后，及时捞取病虾，并用二溴海因（0.3 mg/L）、活性碘（0.2 mg/L）等对水体进行消毒。

(2) 红体病。病原由桃拉病毒（TSV）感染引起。

病症：红须、红尾、体色变成茶红色，虾体消瘦，甲壳变软，在水面缓慢游动，肠胃空，活力差，幸存者甲壳上有不规则的黑斑。发病后的病程短，从发现病虾到拒食仅 5～7 d，10 d 之后转入慢性死亡阶段。此病持续 10～15 d，死亡率高，传染性强。小虾死亡率高于大虾。

发病时间：一般在养殖后 30～60 d，发病虾以规格 6～9 cm 居多；当养虾池底质老化，氨氮及亚硝酸盐过高，遇气温剧变后的 1～2 d 内，尤其是水温升至 28 ℃后，易发生此病。得病虾死亡率在 40%～60%。

防治：参考白斑病的防治措施。

2. 细菌性疾病 主要由弧菌或气单胞杆菌感染所致。

病症：病虾体不完整，出现断丝、烂尾、瞎眼、黄鳃、黑鳃、红腿、褐斑和肠炎等症状。犯病虾一般在池浅水处或池边缓慢独游，厌食、空胃，肌肉白浊，生产上根据其病症定名。其中红腿病危害最大，死亡率高达 90%。

发病时间：养殖中、后期和高温季节易发生此病。养殖密度高、有机质丰富及盐度低的水域易发生烂眼病。

防治：每隔 10～15 d 泼洒二溴海因（0.2～0.3 mg/L）、生石灰（10～15 mg/L）预防一次，或投放一定量的光合细菌预防弧菌病的发生。可用二溴海因（0.3 mg/L）治疗，每 1～2 d 泼洒一次，连用 3～4 d；同时投喂含新诺明或氟苯尼考等环保类抗生素的药饵。

3. 寄生虫病 病原为固着类纤毛虫、柱轮虫等。

病症：表现为黑鳃，附肢、眼、体表全身均呈灰褐色的绒毛状，离群独游，蜕壳困难，易引起继发性感染而死亡。有机物污染严重和饲料质量差、对虾营养不良时易发生此病。

防治：一是适量换水，合理投饲，防止水质过肥；二是增氧，保持池水溶解氧充足；三是用蜕壳素或茶籽饼（10～15 mg/L）促蜕壳，蜕壳后换水；四是用 10～20 mg/L 沸石粉全池泼洒，改善池水环境。

固着类纤毛虫病的治疗可用工业用硫酸锌（1～2 mg/L）全池泼洒一次，次日用溴氯海因（0.3 mg/L）消毒，间隔 10 d 后再重复泼洒一次工业用硫酸锌（1 mg/L）。柱轮虫病可先用苦楝等复合中草药杀虫剂（0.2 mg/L）杀灭，24 h 后全池泼洒二溴海因消毒剂（0.2 mg/L），再过 48 h 后泼洒枯草芽孢杆菌制剂（0.5 mg/L）。

（七）养成期灾害性天气的应急处理

养殖过程中因台风、暴雨等恶劣天气的影响，池水温度、pH、盐度和溶解氧等因子发生剧变，会引起藻类大量死亡，病原菌集中池底，胁迫南美白对虾产生应激反应、诱发急性感染，进而引起虾大量死亡。对此，应采取相应的预防对策，降低灾害性天气的危害程度。主要对策首先要在台风、暴雨来临前，尽量加高养虾池水位，避免大风搅浑池水。第二是暴雨后应及时排出虾池表层淡水，开增氧机混合上、下水层并增氧；pH 偏低时，可洒生石灰水；若发现藻类大量死亡，应立即添加新鲜海水并进行施肥培水。第三是将高浓度的光合细菌或芽孢杆菌喷洒在沸石粉或沙上撒入池中、沉于池底，可改善池底部生态环境。第四是选择二溴海因、活性碘等对浮游植物杀伤力小的消毒剂进行消毒，但要注意不能与有益菌同时使用。

（八）收获与加工

1. 收获 南美白对虾经过 75～95 d 养殖，平均体重达 50～60 尾/kg 时便可以收获。收获的方法有锥形网排水收虾法、虾笼收虾法、电拖网收虾法等。一般先在闸门处安装锥形网放水收虾，待水位降到 50～80 cm，再用电拖网收获，在虾拖网的底网前装置电线，拖拽时同时放电，使虾受刺激跳出、入网口中而被捕获。面积较大的虾池，用锥形网放水收虾效率高、效果好，经过几次反复进、排水收捕，可将池中基本收净。

淡水池塘中养殖的南美白对虾，由于其壳较薄。最好在起捕前 10～15 d 开始逐渐增加池水的盐度，咸化一段时间后使虾的壳增厚，壳色变鲜亮，肉味变鲜美，从而提高活虾运输成活率与市场售价。

2. 活虾运输 一般采用桶或水槽盛装海水、装虾、充气、用卡车运输。例如：载重量 4 t 卡车可放长 90 cm、宽 60 cm、深 100 cm 的虾桶 8 个，虾桶可用合成木板制成，顶面加盖；每个虾桶可装 8～10 个长方形虾筛，虾筛高 10 cm 左右，长、宽与虾桶的规格相符，筛框的四壁为木板，上、下底为直径 0.5～1.0 cm 网目的网片。每辆活虾运输车需配备充气机 2 台，每个虾桶放 2～3 个散气石，充气增氧。装虾时，每个虾筛可装活虾 10～15 kg，每辆 4 t 卡车一次可运活虾 500～800 kg。一般运输 10 h 余，成活率达 90% 以上。注意装运活虾的海水要清新，盐度与养殖池相同或高出 2～3。若加冰适当降温，可获得更好的运输效果。

3. 保鲜与加工 南美白对虾肉质鲜美，成虾甲壳薄，加工出肉率高达 67%，可加工成各种冻全虾、去头冻虾、冻虾仁等冻品，也可加工成各类熟品，提高产品附加值。为确保南美白对虾加工产品质量，起捕后就要用冰水浸泡，装运时防止堆叠，并保持低温。今后，要在巩固现有冻虾及虾仁加工的同时，积极开展南美白对虾罐头产品，即水产品等精深加工技术的研发，切实提高产品质量，满足不同消费层次的需求，充分提高加工产品的附加值和出口创汇能力，实现南美白对虾养殖业增效和渔民增收。

四、南美白对虾常见养殖方式

按照水域特点与养殖模式,南美白对虾常见养殖方式可分为海水池塘精养、循环水生态养殖、虾贝(蟹、鱼)混养、咸淡水养殖、淡水养殖、塑料大棚水泥池养殖等几种类型。

(一)海水池塘精养

池塘面积一般在 0.5 hm² 以内,水深在 2 m 以上,池底建成锅底形。采用大口径 PVC 管取代闸门进、排水,池底中央设排污口,通埋在池底的 PVC 排污管。另外,需配套建设沉淀池和配备增氧机,养殖用水经沉淀池沉淀、处理后使用,每 667 m² 池面积配 1.5 kW 增氧机 1 台,开机时能使池水环流,使残饵、排泄物等集中在中央排污口附近,通过定时开排污阀排出池外。有条件的,可在用水泥板护坡池壁四周或在池底和池壁上铺设黑塑料薄膜。这种养殖模式适于沿海高潮位地区,清塘排污方便、彻底,有利于水质管理和病害防治,且养殖密度大、产量高、效益好。

(二)循环水生态养殖

建立对虾养殖池、贝藻净化池、蓄水池等循环养殖系统,既利用贝类能净化水质的特点,又达到了在对虾养殖过程中尽可能少从自然海域中取水以阻断病原的要求。在养殖过程中,对虾养殖池排出的水放入贝藻净化池,经贝藻、微生物净化池,使水体中亚硝酸盐、硝酸盐、化学耗氧量(COD)、氨氮、磷酸盐等含量下降后,再放入对虾养殖池,因蒸发减少的海水则从蓄水池补充。日循环水量,养殖前期为 10%～20%,中期为 20%～30%,后期为 40%。同时,结合以强力增氧、微生物制剂使用、增强对虾体质为主的防病措施等配套技术,能确保对虾稳产、高产,增加缢蛏等贝类副产品的产出,提高经济效益,还能做到一茬对虾只在对虾起捕时才向外排放一次污水,基本上实现养殖废水零排放,有利于环境保护。这种养殖模式属循环水生态养殖模式,与高位池养殖模式比较,投资要省得多。

(三)咸淡水养殖

沿海咸淡水地区,自然海区盐度在 8～15,适宜南美白对虾养殖。养殖池塘放养虾苗时,一般一次性灌满取自海区的水,养殖过程中只少量添换取自海区的水或淡水,适当投放光合细菌等生物制剂,并严格控制投饲量。一般每 667 m² 池面积放养虾苗 20 万～50 万尾、产量 300～600 kg。浙江省平湖、海盐、海宁等地沿海为典型的咸淡水地区,历来是南美白对虾养殖的高产区。

(四)淡水养殖

通海口地区的江水盐度一般在 0.5～3.0,以江水为水源的池塘可放养淡化以后的南美白对虾苗;一些内陆的纯淡水地区通过在池塘内设置暂养区,逐渐淡化虾苗后也可养殖。一般每 667 m² 池面积放养虾苗 4 万～5 万尾,条件好的池塘放养 8 万～10 万尾。在放养虾苗 20～30 d 后可少量搭养鲢、鳙。养殖过程中采取的主要技术措施与海水池塘精养方式基本相同。

(五)塑料大棚水泥池养殖

建造覆有塑料薄膜的塑钢大棚,棚内建造面积 1 000～1 500 m²、水深 2 m 以上的水泥池,池底铺设充气管,用鼓风机充气增氧,配套建造用于水质消毒处理的蓄水池。并通过开启门窗调节棚内温度,其他技术措施同海水池塘精养模式。塑料大棚养殖单茬虾苗的放养量为:每 667 m² 池面积放养虾苗 10 万～15 万尾,能产虾 1 000～2 000 kg。利用塑料大棚的保温性能,年开展 2～3 茬的南美白对虾高密度精养,并通过合理安排放养时间、密度,使对虾能在5～6月上市，淡季和1～2月的春节期间也能保证有鲜活对虾的供应。

第二节　克氏原螯虾

克氏原螯虾（*Procambarus clarkii*），俗称小龙虾，又名龙头虾、虾魁等。隶属于节肢动物门，甲壳纲，软甲亚纲，十足目，螯虾科。克氏原螯虾原产美国南部和墨西哥北部，1929年由日本传到我国江苏省。它适应性强、生长快、个体大，已成为常见的淡水经济虾类，如今已广泛分布于湖南、江苏、湖北、江西等长江中下游地区。克氏原螯虾以其肉味鲜美、营养丰富、价格低廉并适于多种方法烹调等特点备受欢迎，另外其虾壳也得到了充分利用，成为提取甲壳素、几丁质等的重要工业原料。

一、生物学特性

（一）形态特征

克氏原螯虾体型粗壮（图1-2-2），呈粗圆筒状。幼虾颜色较浅，成虾颜色较深。虾体分头胸和腹两部分，头胸甲发达，坚厚多棘，背腹稍平扁。头部有5对附肢：前2对为发达的触角。胸部有8对附肢：前3对为颚足，与头部的后3对附肢形成口器；后5对为步足，具爬行和捕食的功能，前3对步足呈螯状，以第一对特别发达，用来御敌，后2对步足呈爪状。腹部较短，有6对附肢：前5对为游泳足不发达；最后一对为尾肢，与尾节合成发达的尾扇；其头胸部较粗大，外壳坚硬，腹部短小；体长一般在20～40 cm，重50～70 g。

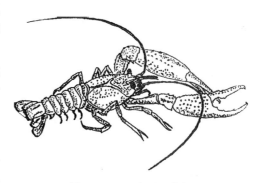

图1-2-2　克氏原螯虾

（二）生活习性

克氏原螯虾的适应能力很强，对水质要求不严。一般淡水水体如江河、湖泊、池塘、水渠、水田、沼泽地等均能生存，且有很强的耐污能力。

1. 溶氧量　能耐低氧，当水中溶氧量为1.0～3.0 mg/L时，可正常生长，当溶氧量降至1.0 mg/L以下时活动减弱，低于0.5 mg/L时可造成其大量死亡；在水体缺氧的环境下，它不但可以爬上岸来，而且可以借助水中的漂浮植物或水草将身侧卧于水面，利用身体一侧的鳃呼吸以维持生存。

2. 氨氮　一般情况下，在氨氮为2.0～5.0 mg/L时，其生长无明显影响，但氨氮过高会使其生长受到抑制，甚至造成大量死亡。这种情况多发生于夏季，当水中大量有机物腐烂时会偶尔发生。

3. 水温　克氏原螯虾能忍受温幅-15～40 ℃，在我国大部分地区都能自然越冬。生长的适宜水温是20～32 ℃。摄食的最适水温为25～30 ℃，水温低于10 ℃或超过35 ℃摄食量明显减少。水温在8 ℃以下时，进入越冬期，停止摄食。

4. 栖息　克氏原螯虾一般在水边的近岸掘穴，洞穴位于池塘水面以上20 cm左右，大多数洞穴深度在50～80 cm，内有少量积水，以保持湿度。洞口一般以泥帽封住，以减少水分散失。

克氏原螯虾喜阴怕光,光线强烈时,克氏原螯虾沉入水底或躲藏于洞穴中,光线微弱或黑暗时开始活动。因此在塘边栽种水花生和黑麦草,并在水面上放养适量水葫芦、水花生,有利于克氏原螯虾摄食、蜕皮、繁殖等,且减少其相互残杀。克氏原螯虾有掘穴习性,特别是繁殖季节喜欢在底质有机质缺乏的沙质土打洞,而在水质较肥、有机质丰富、底层淤泥较多或硬质土打洞较少,此外在夏季的夜晚或暴雨过后,它有攀爬上岸的习惯。可越过堤坝,进入其他水体。

5. 食性 克氏原螯虾喜在水底摄食并多在夜间进行。稚虾以轮虫、枝角类、桡足类及水生昆虫幼体为食,成虾为杂食性。天然水域的个体,动物性食物约占20%,植物性食物占80%。它可以摄食有机碎屑、藻类,特别喜食水葫芦、苦草、浮萍、马来眼子菜等多汁水草,另外,大型浮游动物、水蚯蚓及各种动物的尸体以及人工投喂的各种植物性、动物性饲料也是其喜爱的食物。克氏原螯虾生性好斗,在饲料不足或争夺栖息地时出现恃强凌弱、大虾吃小虾的现象,正蜕皮或刚蜕皮的软壳虾最易被残食;具有较强的耐饥饿能力,一般能耐饿3~5 d,秋冬季节一般20~30 d不进食也不会饿死。克氏原螯虾雄虾的寿命一般为20个月,雌虾的寿命为24个月。

6. 生长 克氏原螯虾通过一次次蜕壳增大身体,在幼虾脱离母体到性腺发育成熟之前,几乎每月都要蜕壳,每一次蜕皮后其生长速度明显加快,一般发育至成虾需有4次以上的蜕皮过程。蜕壳前,硬壳之下的软壳已形成,蜕壳后的克氏原螯虾需3~5 d软壳才能硬化。在蜕去旧壳的过程中,龙虾的鳃、胃、后肠也一一脱旧更新。

虾体未成熟前,通过蜕壳保持较快的生长速度。在水温高的夏季,营养充足时,蜕壳一次体型可增大5%~8%。成熟后的雄虾仍然保持较快的生长率,而雌虾由于消耗大量能量用于产卵、抱卵孵化而生长较慢。在温度适宜(20~30 ℃)、饵料充足的条件下,经60~90 d饲养即可上市。螯虾抗病力强,在生长过程中一般不发病,成活率高。

二、人工繁殖

(一) 亲虾雌雄鉴别

克氏原螯虾雌雄异体,具有较显著的第二性征。雄虾第一、第二腹足演变为白色、钙质的管状交接器,而雌虾第一腹足退化,第二腹足羽状。其次,雄虾螯足粗大,螯足两端外侧有一明亮的红色疣状突起,而雌虾螯足比较小,疣状突起不明显;第三,雄虾的生殖孔开口在第五对胸足的基部;雌虾的生殖孔开口在第三对胸足的基部。

(二) 亲虾投放

亲虾选择附肢健全、健康无病、活动力强的大个体亲虾;雌性要求卵巢发育正常丰满,雄虾要求纳精囊饱满,能看到其内乳白色的精荚。

每年3~5月是投放亲虾的最佳季节。新开池塘每667 m² 放养亲虾10~20 kg,雌、雄亲虾放养比例为(1~2):1;同时投放50~100尾鲢、鳙来调控水质。亲虾投放前用3%~4%食盐水或15~20 mg/L聚维酮碘浸泡10~15 min。放养时将种虾圈养在池塘一角,等水草长至15 cm时再放出。亲虾放养后,为促进亲虾交配和掘穴,要逐渐排干池水,要求在2~4周内排干,这样大部分亲虾可以交配入洞。

(三) 亲虾培育

饵料要求直接投喂绞碎的米糠、豆饼、麸皮、杂鱼、螺蚌肉、蚕蛹、蚯蚓、屠宰场下脚料或配合饲料等，保持饲料蛋白质含量在25%左右，可以促进亲虾性腺发育。

投饵量：3月为亲虾体重的2%~3%，4月为4%~5%，5~9月为6%~8%，10月以后再减为体重的2%~3%。每天早、晚各投喂1次，以傍晚投喂为主，占日投喂量的70%；冬季每3 d投喂1次。每10~15 d换水1次，每次换水1/3。

(四) 产卵与孵化

克氏原螯虾产卵方式为一次性产卵，产出的卵黏附于腹足的刚毛上，抱卵量200~500粒。抱卵虾经常将腹部贴近洞内积水，以保持卵处于湿润状态。受精卵在雌虾腹部孵化为稚虾，适宜孵化温度在22~28 ℃时，孵化时间需40~70 d，雌虾抱卵期间，第一对步足常伸入卵板之间清除杂质和坏死卵，游泳足经常摆动以带动水流，使卵获得充足的氧。

(五) 幼苗培育

受精卵在母体保护下完成孵化过程。水温较高时经30 d左右即可孵化，但低温条件下，孵化期可长达4~5个月。稚虾一旦离开母体，就能主动摄食，独立生活，当发现繁殖池中有大量稚虾出现时，应及时采苗，进行虾苗培育，此时稚虾的平均体长为0.8 cm，经过15 d的培育后，体长达2.4~3.0 cm，即可进行成虾养殖生产。

三、成虾养殖

人工养殖克氏原螯虾具有较多优势：市场广阔、苗种易解决、适应性强、对水质要求不严、饵料容易解决。目前养殖克氏原螯虾主要是利用湖泊、荡滩、河沟、废旧池塘、沼泽地及低产稻田等水面，下面主要以池塘和大水面养殖克氏原螯虾来进行阐述。

(一) 池塘养殖

1. 虾池准备 克氏原螯虾养殖池塘建造要求地势平缓，塘底以黏性土质为佳。池塘坡比为1:3，水深30~100 cm。水源无污染，pH为7.5~8.5，水体总碱度不低于50 mg/L，透明度为30~40 cm，要经常加注新水，定期泼洒生石灰溶液，调节水质，防止病害发生及蜕壳不遂等。为保证有足够的地方供亲虾掘穴，同时也为进、排水方便，面积比较大的水域可在池中间构筑多道池埂。这样，在养殖密度较高时，通过一个注水口即可使整个池水处于微循环状态。

池埂四周应设置内壁光滑的防逃墙、防逃网或防逃板，防逃墙、防逃网或防逃板应高出池埂0.5 m。

每667 m² 用生石灰150 kg或漂白粉15 kg全池遍洒，并每667 m² 施有机肥300 kg，10 d后即可投放亲虾。

池内应种植水草。轮叶黑藻、伊乐藻等可采取栽插法，株行距为20 cm×40 cm；苦草等可采用播种法，每667 m² 用草籽50~100 g；移植喜旱莲子草等植物，使其覆盖池塘面积2/3左右。虾池还应放养一定数量的河蚌、螺蛳等。

2. 放苗 幼虾要求体质健壮、附肢齐全、无伤无病、活动力强，一次放足。虾苗经3%~4%的食盐水浸浴消毒5 min，然后沿池边缓缓放入池中。若是从外地购运回的虾苗，离水时间长以致有些虾出现昏迷现象时，应将幼虾放在水盆中暂养20 min再放养。为避免暴晒，放养时应选择在晴天的清晨或傍晚进行，放养密度为7.5~9.0 尾/m²，同一池塘放养的虾苗规格要求整齐一致。鱼虾混养则以鲢、鳙为主，适当搭配草鱼、鲂、鲫等，切忌混进凶猛肉食性鱼类，也不可与鲤、罗非鱼、青鱼混养。

3. 饲养及日常管理 人工饲养时可投喂经腐熟的畜禽粪便（以牛粪为佳）、玉米秸秆、优质牧草、米糠、麸皮、螺蛳、野杂鱼虾、动物血液、畜禽下脚料、瓜皮、蔬菜下脚料等。投喂饵料坚持每天上午、下午各投喂1次，以下午为主，占全天投喂量的70%；此外，饲料投喂须注意天气晴好时多投，高温闷热、连续阴雨天或水质过浓则少投；大批虾蜕壳时少投，蜕壳后多投。坚持每天巡塘，并做好管理记录，发现问题及时处理。适时追肥，虾苗放养1周后，每667 m² 施腐熟的畜禽粪50～60 kg，养殖中、后期每隔半月每亩施发酵好的粪肥15～20 kg，保持池水呈豆绿色或茶褐色，透明度在35 cm左右。经常注换新水，定期对水体进行消毒和改良，间隔15 d每667 m² 用生石灰10～15 kg兑水全池泼洒1次，每月每立方米水体用漂白粉0.5～0.6 g兑水全池泼洒，在养殖中、后期每月每立方米水体用光合细菌5～6 g、底质改良剂40～60 g兑水全池泼洒，以保持良好水环境。

4. 成虾捕捞 经过3～5个月的饲养，成虾规格达到35 g以上时，即可捕捞上市。克氏原螯虾可用虾笼、地笼网、手抄网、虾罾等工具捕捉，也可用钓竿钓捕或用拉网拉捕，再干池捕捉，一般多采用地笼捕捞，捕大留小，轮捕轮放，达不到上市规格的留池继续饲养。11月，水温低于15 ℃螯虾钻入洞中冬眠，这时就较难捕获，一直要持续到翌年的3月，水温回升到15 ℃以上，螯虾苏醒后，爬出洞穴摄食时，方可捕捞。需要注意的是，克氏原螯虾在捕捞前，池塘和稻田的防病治病要慎用药物，否则影响克氏原螯虾回捕率，药物的残留也会影响商品虾的质量，导致市场销售障碍，影响养殖效益。

5. 冬季暂养 为获取更好的效益，可进行成虾冬季暂养。暂养池以水泥池为宜，单个面积20～60 m²，池深0.8～1.2 m，灌水0.6～1.0 m，以长方形为好，宽度不超过6 m，以便于搭塑料大棚。池底应铺垫20～30 cm厚的腐殖泥，池中悬挂网片，放置水花生等水草，池上搭塑料大棚，大棚薄膜上盖草席，增加保温性能。10月，从笼捕的成虾中挑选个大体壮、无病无伤、生命力强的放入暂养池，暂养量不超过15 kg/m²。暂养期间应加强管理，棚内温度以3～8 ℃为宜，低于3 ℃，部分体弱虾开始死亡；高于10 ℃，螯虾大量附着在水花生和网片上，此时应开动增氧泵。暂养期间，应陆续出售以降低暂养密度，降低风险。

（二）大水面养殖克氏原螯虾

该养殖模式适用于浅水湖泊、草型湖泊、沼泽、湿地及季节性沟渠等面积较大的水体。大水面是克氏原螯虾喜欢的纯天然环境，在大水面中克氏原螯虾主要以摄食天然水草、野生小鱼虾等饵料为主，人工对虾的生产干扰较少，所以生长的螯虾个体大、体色亮、肉质丰满，是无公害的有机食品。

大水面养殖克氏原螯虾主要是通过放养亲虾进行增养殖，放养时间为3～4月进购虾种或8～10月投放种虾，每667 m² 放养量为20 kg，雌雄比例（1～2）：1，开捕时间是第二年的5～6月，捕捞方式采用地笼、虾笼捕捞，捕大留小，每667 m² 产量可达100 kg左右；在水位较深、水草资源较好的滩涂可采用鱼虾混养，特别要注意的是虾苗放养前一定要彻底清除乌鳢、鲇。

进行螯虾的大水面增殖工作主要注意以下几方面内容：水体内水草数量一定要多，水草面积要占到水体面积的50%以上，在水草数量不足时要补充水草。不需要投喂，但要适度投放一些非肉食性鱼类以及蚌等，以维持水体的生态平衡。加强日常管理，防盗、防敌害生物。注意水文变化，及时预防旱涝灾害，以免造成不必要的损失。

（三）疾病防治

1. 疾病的诊断方法 克氏原螯虾比中华绒螯蟹、青虾等水产品抗病能力强，但是人工养殖条件下，其病害防治也不可掉以轻心。已患病的螯虾，体质明显瘦弱，体色变黑，活动缓慢或乱窜不安，或群集成一团，出现这种现象可能是由于寄生虫的侵袭或水中含有毒物造成的。体质检查：取来病虾或刚死不久的螯虾按顺序从头胸甲、腹部、尾部及螯足、步足、附肢等仔细检查。病虾体色是否变黑，肛门是否红肿、突出，附肢是否腐烂，头胸甲是否与腹部脱裂等。

2. 主要预防措施 在生产中若想很有效地达到预防的效果，应本着"防重于治、防治相结合"的原则，贯彻"全面预防、积极治疗"的方针。目前常用的预防措施和方法有以下几点。

①购买虾苗时，宜选择虾体强壮、受伤较轻的虾苗。在投放前可用食盐水1‰～2‰的浓度浸洗虾体1～10 min。并要彻底清洗消毒，每667 m^2 可用生石灰15～20 kg溶水后全池泼洒。

②在细菌性虾病流行季节前和流行季节期间，定期用漂白粉遍撒使池水浓度达到1 mg/L，每半月1次，有预防虾病的效果。

③彻底清池消毒，对池塘进行清淤消毒，清除过多的腐殖质，在平均水深为15 cm时，每667 m^2 用生石灰100 kg；平均水深为1 m时，每667 m^2 用生石灰150 kg左右；若是新修的水泥池则需进行盛满清水浸泡1周的"去碱"处理。

④工具消毒，对已用过的工具要经常放在阳光下暴晒，或使用前用生石灰或300 mg/L高锰酸钾溶液浸泡消毒5～10 min。

⑤食场消毒，及时清除掉水中的残饵，以免在池内腐烂变质，污染水质，并定期用20 mg/L的漂白粉泼洒食场进行消毒。

⑥种植水草，可以净化水质，增加水体的溶解氧，减少病害，也可提供蜕壳、交配、产卵和孵化的场所。常见水草有水花生、轮叶黑藻、苦草等，覆盖面积少于水域面积的2/3。

⑦加强饲养管理，投饵要做到定时、定点、定质、定量，勤换水，保持水质清新。

3. 常见疾病防治

（1）黑鳃病。水质污染严重，虾鳃受多种弧菌、真菌大量繁殖感染所致，另外，饲料中缺乏维生素C也会引起黑鳃病。鳃逐步变为褐色或淡褐色，直至变黑、萎缩，病虾往往行动迟缓，伏在岸边不动，最后因呼吸困难而死。

防治：对虾苗放养前彻底用生石灰消毒，经常加注新水，保持水质新鲜。放养密度不宜过大，清除虾池内的残饵、污物。定期给水体消毒，每次每667 m^2 用生石灰5～6 kg。用3‰～5‰的食盐水浸洗病虾2～3次，每次3～5 min。用0.3 mg/L强氯精全池泼洒。每千克饲料用1 g土霉素拌匀，每天1次，连喂3 d。

（2）烂鳃病。由多种弧菌、真菌大量侵入引起，致病菌附着在病虾上并大量繁殖，阻塞鳃部的血液流通，妨碍呼吸，严重时鳃丝发黑、霉烂，引起病虾死亡。

防治：经常清除虾池中的残饵、污物，避免水质污染，保持良好的水体环境。漂白粉全池遍洒，浓度为2～3 g/m^3。病虾用3～5 mg/L的高锰酸钾药浴4 h。用茶籽饼全池遍洒，浓度为12～15 g/m^3，促使克氏原螯虾蜕壳，蜕壳后换掉原池水的2/3。

(3) 出血病。是由气单胞菌引起的败血病。此病来势凶猛，发病率高。病虾体表布满了大小不一的出血斑点，特别是附肢和腹部较为明显，肛门红肿，螯虾一旦染上出血病，不久就会死亡。

防治：发病季节，若发现病虾要及时隔离，并消毒虾池水体，水深 1 m 的池子，每 667 m² 水面可以用 25～30 kg 生石灰兑水全池泼洒，每月泼洒 1 次。患病的螯虾，外用药以每 667 m² 水体取 750 g 烟叶温水浸泡 5～8 h 后全池泼洒。内服以每千克饲料用 1.25～1.50 g 盐酸环丙沙星原料药拌饵投喂，连喂 5 d。

(4) 水霉病。该病的病原为水霉菌。螯虾在捕捞、运输或过池搬运时容易感染此病菌。螯虾发生断肢、烂尾病等未治愈者，由于抗病力和活力明显下降易感染水霉菌导致该病发生。水质恶化，虾池中氨氮、亚硝酸盐或有机物质含量超标严重，螯虾体质虚弱也易感染该病菌。初期症状不太明显，当症状明显时，菌丝已侵入表皮肌肉，向外长出棉絮状的菌丝，在体表形成肉眼可见的"白毛"。病虾消瘦乏力，活动焦躁，摄食量降低，严重者导致死亡。

防治：在捕捞、搬运过程中，要仔细小心，避免虾体损伤，黏附淤泥，每立方米水体用 500 g 食盐和 500 g 碳酸氢钠合剂全池遍洒，预防水霉病效果较好。发病后用 1‰～2‰ 食盐水进行较长时间浸洗病虾，效果较好。同时，每 100 kg 饲料用克霉唑 50 g 制成药饵连喂 5～7 d，疗效更佳。

(5) 聚缩虫病。该病是由聚缩虫寄生于虾体甲壳上而引起的，症状为虾体表污物较多，摄食和活动能力逐渐减弱，重者在黎明前死亡。

防治：生产季节，每 3～5 d 向池中加注新水 1 次，或每 667 m² 水体用 20～30 kg 生石灰溶液全池泼洒来调节水质。发病期间，用浓度为 1～2 mg/L 的新洁尔灭和 10～20 mg/L 高锰酸钾的混合液浸洗病虾。

(6) 软壳病。虾体缺钙。另外，光照不足、pH 长期偏低、池底淤泥过厚、虾苗密度过大、长期投喂单一饲料或蜕壳后钙、磷转化困难，致使虾体长期不能利用钙、磷等因素所致。虾体变软且薄，体色不红或灰暗，活动力差，觅食不旺盛，生长速度变缓，身体各部位协调能力差。

防治：用生石灰彻底清塘，放苗后每月用 20～25 mg/L 的生石灰水全池泼洒。池内水草面积不超过池塘面积的 75%。投饲多样化，适当增加含钙饵料。饲料内添加 0.3%～0.5% 的蜕壳素，连续投喂 5～7 d。全池泼洒改良活化素，使用复合芽孢杆菌，促进有益藻体的生长，并调节水体的酸碱度。

(7) "泛池"。主要是由于池水溶解氧不足而引起的。若虾种放养过密，投饵或施肥过量造成水质过浓，夏、秋闷热季节或雷雨天气，浮游生物繁盛季节等都易造成"泛池"现象。螯虾在缺氧时，烦躁不安，到处乱窜，有时成群爬到岸边草丛处不动，有时还爬上岸。

防治：冬闲季节要及早清除池底过多的淤泥；使用已发酵的有机肥，控制水质过浓；控制虾种放养过密；常注新水，保持池水清爽。

第三节 日本沼虾

日本沼虾（*Macrobrachium nipponense*），俗称青虾，又名河虾、柴虾、沼虾、大头虾、大青虾，隶属长臂虾科，沼虾属，仅产于我国和日本，是我国经济价值很高的淡水虾类之一。它生长快,个体大,繁殖快,适应性强,广泛分布于我国南北各地的江、河、湖泊中,也常出现在低盐度的河口或咸淡水水域。青虾肉质细嫩、鲜美,营养丰富,虾肉中含蛋白质16.4%、脂肪1.3%,还有钙、磷、铁和其他微量元素及维生素等。除鲜食外,可加工成虾仁、虾酱、冰虾仁等商品,是深受广大群众喜爱的特色水产品,颇受国内外消费者欢迎。

我国青虾的养殖,始于20世纪50年代末,单产一直徘徊不前,一般每667 m²在60～70 kg。随着自然资源减少,市场价格与日俱增,2013年市场价格高达80～140元/kg。目前,如苏州市青虾养殖的最高产量已达每667 m² 275 kg。青虾养殖投入少,成本低,且一年可养两茬,日益受到增养殖业者的重视,是一个很有发展前景的淡水虾养殖品种。

一、生物学特性

(一) 形态特征

青虾(图1-2-3)体型粗短,虾体的全部和附肢均覆盖有一层坚硬几丁质的甲壳(称为外骨骼)。外骨骼可内陷成为固着肌肉的内突,这些内突还具有支持内部器官的作用。外骨骼向外突起变为棘、刺和刚毛等,具有感觉和保护的功用。因此外骨骼具有保护内脏、固着肌肉、支持和保护身体免受外界环境损害的作用。生活时的青虾,其身体青灰色,具棕色的斑纹,故称青虾,通体半透明,能窥见里面的各种器官。

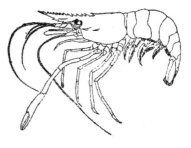

图1-2-3 青 虾

青虾体躯分为前、后两部分,前为头胸部,后为腹部,共由20节构成,除去尾节外,每节皆具有1对附肢。头胸部的甲壳是一个不分节的整体,称头胸甲,由头部和胸部愈合而成,头胸部较粗大,头胸甲前端中央有一剑状突起的额角,也称为额剑。额角较平直,上缘具12～15个锯齿,下缘仅2～4个锯齿。额角基部的两侧有带柄的复眼1对。头部5节,胸部8节,共有13节。腹部如竹节往后逐渐变小,为腹甲覆盖,腹甲保持分节状态,各节腹甲间有柔软的几丁质膜相连,可使身体弯曲。第二腹甲的前后缘覆盖在第一和第三腹甲上,借此青虾可与对虾明显区分。腹部由7节组成。前6节的形状基本相似,最后1节为尖形的尾节。头部有5对附肢:分别特化为第一、二对触角,为嗅觉和触觉器官;大颚、第一、二小颚,组成口器。胸部的附肢:前3对为颚足,为摄取食物、帮助游泳的辅助器官;后5对为步足,为捕食及爬行的器官。步足前2对钳形,后3对爪形,第二对步足非常粗大,其长度超过体长的2倍以上,且强壮有力,可用来捕食、攻击和防御敌害。腹部由7节组成,有附肢6对。除第六腹节和尾节外每一节均有1对游泳肢,为主要游泳器官,其形状大致相同。第六腹节的附肢演化为强大的尾扇,起着维持平衡、升降以及后退的作用。

雌、雄差别在于雄性第二对步足特别强大,其长度为体长的1.2～1.7倍;雌虾在第三步足的基节内侧有雌性生殖孔,在雄虾第五对步足的基节的基部内侧有雄性生殖孔,上有似盖状的薄膜;雄性第二腹肢的内肢具雄性附肢,雌性无。

(二) 栖息习性

青虾广泛分布于我国南北各地,喜生活在江河、湖泊、池沼、沟渠等各淡水流域沿岸浅水区或水草丛生的缓流中,也常出现于低盐度的河口。刚孵出的仔虾在水中没有游泳能力,这时各部分器官还未发育完全,头朝下、尾向上,倒悬浮游在水中或水面下,喜弱光和群集。孵出后 4~5 d 开始第一次蜕皮;经多次蜕皮后的虾苗各器官逐步健全,体长 2 cm 左右时转入底栖生活。一般喜栖居在软泥湖底、水草繁茂、水流缓、水深在 1~2 m 的地方,白天常潜伏在泥底或水草丛中,夜晚集中岸边摄食,并在水底、水草及其他物体上攀爬。青虾喜欢清新水质,要求溶氧量保持在 5 mg/L 以上,溶氧量低于 2.5 mg/L 时,青虾停止摄食,溶氧量在 1 mg/L,则容易因缺氧"浮头"而死亡。青虾按栖居的环境不同,分为清水虾(体色青黑)和混水虾(体色青黄)。

(三) 食性

青虾食性很广,是一种杂食性的动物,喜食螺、蚌肉、蚯蚓、小杂鱼等。其主要食物是植物碎片和有机碎屑,其次为水生昆虫、水生寡毛类、鱼虾和浮游动物。不同生长阶段的主要食物也有所差异,幼虾阶段以浮游生物为食,主要吃一些小型水生昆虫或者藻类,成虾阶段则以水生植物的腐败落叶、丝状藻类、植物碎片以及水生昆虫和动物的尸体为食。在人工养殖条件下,青虾善食各种鱼饲料,如米糠、麸皮、豆饼等。在食料缺乏时,青虾往往出现互相残食现象。青虾的食物组成具有明显的季节性变化;摄食强度存在明显的周年变化。

(四) 生长与蜕壳

青虾是广温性动物,只要水温不低于 0 ℃均可正常生活,对突然降温的适应性很强。14 ℃以上开始摄食,最适生长水温为 25~30 ℃。青虾是我国淡水虾类中个体较大的一种,5~6 月孵出的虾苗平均体长仅 0.23 cm 左右,孵出后 4~5 d 开始第一次蜕皮,经多次蜕皮后体长 2 cm 左右,经 50 d 左右的生长,体长一般可达 2.5~3.0 cm,重约 1 g。再经 6~7 次蜕皮后发育成成体,到第二年 5~6 月的繁殖季节,一般雄体长达 6.5~8.0 cm,雌体长 4~6 cm。

体长 2.6 cm、体重 0.7 g 之前,雌虾生长快于雄虾,此后由于部分雌体开始成熟抱卵,与雄虾相比,生长趋于缓慢,以后各月龄雄虾的生长都快于雌虾。平均体长大于 6.5 cm 的个体几乎都由雄虾组成。

5~6 月孵出的虾苗,显示了跨年度生长的周期性,当年雄虾在 10 月底最大个体长达 6.2 cm,体重达 5.6 g,一般平均体长为 4~5 cm,体重 3~5 g;雌虾长 3.4~3.6 cm,重 3~5 g。进入越冬期 12 月至翌年 2 月几乎停止生长。第二年春天,水温回升,青虾又迅速生长。满一周年的青虾体长达 6~7 cm,体重 6~7 g,少数雄虾最大可达 9.4 cm,体重 12 g。第二年的 7 月上旬即开始死亡,8 月成批老死,至 10 月后全部死光。雄虾的寿命比雌虾短。

青虾在太湖里生长比较快,同样 5 月产卵孵出的 0.23 cm 左右仔虾,2 个月后,体长可达 3 cm,体重约 1 g。此时即可达到性成熟,再继续生长到 10 月,体长已达 4.0~5.0 cm(体重 2.5~4.5 g)的上市规格。已报道的青虾体长可达 9.3 cm,其最大的雄性个体重量达 10.5 g。一般 6、7 月孵出的幼虾,当年可长到 400~800 只/kg;一年以上可达到 200~400 只/kg。最大的雄虾可长到 160 只/kg。青虾的生长发育靠蜕皮来完成,一生要蜕 13~15 次皮,其生命周期一般为 14~18 个月。

(五) 繁殖习性

青虾稚虾经 2~4 个月生长发育就能性成熟并产卵。太湖青虾性成熟的最小个体体长为 2.4 cm,体重为 0.48 g,其怀卵量最低为 245 粒。青虾怀卵量最高可达 5 115 粒,一般为 1 200~2 500 粒。经越冬的雌虾一般每次可怀卵 2 000 粒左右。青虾的交配时间和对虾不同,它没有特殊的纳精囊。因此，交配多在产卵前 7~28 h 内进行。青虾的雌虾在交配前必须先行蜕皮，蜕皮后的雌虾，常侧卧水底，活动能力弱，雄虾就伺机进行交配，雄虾将精荚射出，黏附在雌虾第四、五步足基部。精荚为灰白色半透明的胶状体。雌、雄虾交配后约 24 h 即行产卵，产卵过程一般都在夜间进行，产出的卵被抱于雌虾的腹肢上，刚产出的卵呈青绿色，经过数天后由青色逐渐转为黄褐色，接近孵化出仔虾的卵则转为灰黄色，在显微镜下可见到溞状幼体。青虾卵的孵化与水温、溶解氧、水质及亲虾的饲养管理关系极大。水温在 19.5~24.5 ℃ 的情况下，卵的孵化需经 22~23 d，而水温在 23~26 ℃ 的情况下，仅需 17~18 d。

受精卵孵化成仔虾后亲虾还可继续怀卵繁殖，一般一个月左右产卵一次，雌虾每次产卵之前，需蜕皮、交配一次。7月中下旬开始进入新老世代交替期，前一年的越冬虾不断死亡。

珠江下游流域的青虾繁殖期为3月初至11月底；长江中下游流域的青虾为4月中旬至10月上旬。当年虾 2~3 个月后，体长可长到 4.5 cm，并达到性成熟，繁殖期为秋季（7月中旬至9月中旬，水温 31~23 ℃）；青虾越冬期间卵巢停止发育，经越冬的虾主要繁殖期为春、夏季（4月中旬~7月中旬，水温 20.5~31.0 ℃）。生产上 4~5 月繁殖的稚虾，称"春虾"；7~8月，称"秋虾"。春、秋两季至少生活着两个不同的抱卵虾群体，前者可能是以越冬虾为主，后者可能是前者的后代，也即当年虾为主。

二、人工繁殖

（一）亲虾选择与运输

亲虾的来源主要有两种：一是从天然水体中捕获的野生抱卵虾作为亲虾，使其自然产卵孵出幼体，再培育成小虾进行养殖；另一种是在自然水体直接捕获小虾养成亲虾。选择抱卵亲虾要求肥满健壮、体色纯正、无病无伤，雄虾体长 6.5 cm 以上，雌虾 5 cm 以上。如选择太湖亲虾，要求规格达到 100 尾/kg；选择一般亲虾，应要求雌虾达到 200~500 尾/kg，雄虾达 140~240 尾/kg。长江出产的野生青虾活动力强，生活在泥沙含量大的江水中，体色呈淡土黄色。甲壳薄而透明、坚固，内部器官清晰可见。湖泊等大水面及内河水草茂盛、水色清淡而无污染区域，出产的野生青虾体色比长江虾深，大多呈现淡青色。一般雌、雄亲虾的比例为 (2~4):1，另外还要求异地选择亲虾，以防止近亲繁殖，种质退化。

亲虾运输：青虾耗氧率高，不耐低溶解氧，繁殖期亲虾的耗氧量较平常为大，所以，尽量就近收集亲虾，亲虾运输时首先应避免缺氧，其次要注意水质、温度稳定，更不能用冰水降温。长途运输时以选择未抱卵虾为佳，因抱卵虾临近孵化的卵极易从母体上脱落而影响生产效率。亲虾运输宜选择在 4~5 月前，水温低于 18~25 ℃ 时进行。一般采用双层尼龙袋充氧运输。尼龙袋（规格 40 cm×80 cm）袋内 1/5 容积盛水和虾，在气温 25 ℃ 左右，运输时间不超过 12 h，抱卵虾的运输密度为 0.5 kg/袋，最好空腹。运输成活率一般可达 95% 以上。由于亲虾具有锋利的额角，容易将尼龙袋戳破，因此，在运输前可用小塑料套管将额角套住或剪去额角，以保证运输的顺利进行。此外，青虾运输时还要考虑季节、水温和气候等条件，在气温较高时运输可考虑在早、晚进行，同时在运输过程中不仅要保持水温的相对恒定，而且放养水温和运输水温的温差不宜超过 2 ℃。另外，也可以用采用水箱+网格箱+增氧泵的带水运输法，水箱内套放 0.90 m×0.15 m×0.10 m 垒叠式网格箱 5 层，网格箱浸没水中，每只网格箱内放入种虾 10 kg。运输时间约 4 h，运输成活率 94%以上。木桶或帆布桶等容器运输，每 100 kg 水可装运亲虾 2.5 kg；如果距离近、气温低，也可用竹篮等干法运输，先在竹篮内垫上一层新鲜水草，装一层虾，上面再盖一层水草，在途中定期洒水，此法运输成本低。

(二) 土池培育虾苗方法

1. 准备工作　池塘面积 667～3 335 m² 为宜，水深 1.5 m 左右；池底平坦，土质以壤土为好；池坡坡比 1:(2.5～3.0)，池埂不漏水，保水保肥性能好；有良好而充足的水源，且灌、排水系分开。

育苗池清整消毒如下。

①挖除过多淤泥。一般将池底淤泥厚度控制在 20 cm 左右，将池底整平，同时整修好池埂和排水口，堵塞、修补池埂漏洞和裂缝，清除池岸杂草。

②抱卵虾下塘前，排干池水，使池底在阳光下暴晒 10 d 以上，以池底硬而不裂为度。在放抱卵虾前 7～10 d，每 667 m² 用生石灰 100～150 kg 兑水后全池泼洒，次日用铁耙将沉底的石灰块搅拌均匀消毒。

③池塘一端设置进水口，另一端设置出水口，进、出水口安装双层 60 目筛绢网布，以防止虾苗外逃和敌害生物进入。

④肥水虾池加水深 50 cm 左右，每 667 m² 施腐熟畜禽粪 300 kg 和光合细菌 1.5 kg 做基肥，用以培育小型天然饵料生物。不断加注新水使池水深度达到 1 m 左右，透明度控制在 25～30 cm。

⑤栽种水草。池塘消毒后，移栽伊乐藻，丛距横 2 m、竖 3 m，为种虾营造良好的隐蔽、栖息、蜕壳和交配环境。为了捕捞拉网方便，也可不栽种水草，在池中铺设一些供虾攀缘栖息的隐蔽物，如扎成捆的干马尾松树枝、杨树须根、网片等，但不能用易败坏水质的材料。

2. 亲虾放养　根据虾苗放养时间确定育苗时间，清塘池水药性消失后，加水至 1 m 深，一般掌握在 4 月中下旬～6 月初放抱卵虾，华南地区提早到 3 月底。一般每 667 m² 可放养抱卵虾或性腺发育良好的雌虾 1 000～1 500 尾，雄虾 500～800 尾。放养总体重控制在每 667 m² 10 kg 左右为宜，任其在池中交配、产卵、孵化，并直接在池中培育仔虾。放虾时在池塘的浅水区放置一张苇席，把收集来的亲虾放在上面。体质健壮的青虾会迅速潜入池中，一些受伤的青虾将留在苇席上，可及时取出食用。青虾放入池塘后，青虾从交配到虾苗孵化出需 1 个月左右。当水温达到 14 ℃ 以上时，就应投喂颗粒饲料、豆饼、麦麸及杂鱼、螺蚬等饲料，如缺乏饲料会引起亲虾互相残食。每天早上加注新水，坚持天天巡查亲虾吃食情况，观察亲虾活动及受精卵发育情况。一般抱卵虾入池后 10 d 左右开始孵出幼体，时间长短与天气好坏、水温高低有关。虾苗孵出后，将淹没在水中的树枝或杨树须根等轻轻在提到水面，然后用三角抄网伸到下面，抖动树枝等附着物，亲虾会掉进三角抄网中，每天捕两次，陆续将池中的亲虾捕出。因为亲虾留在池中会繁殖第二批虾苗，这样会造成仔虾规格大小不等。

3. 培育方法

(1) 培育肥水。为使青虾幼体一开食即能吃到足够适口的食物，定期取样查青虾的蜕皮、产卵情况，如大部分雌虾已抱卵，待受精卵颜色从橘黄色变成灰褐色并出现黑色眼点时，表明即将孵化。这时应向池中施放有机肥，培养轮虫、枝角类、桡足类等浮游动物，供虾苗摄食。每 667 m² 可施经充分发酵腐熟的畜禽粪 100 kg，将肥料盛放在废饲料袋中，用绳固定使其漂浮在水中,以便逐渐释放肥效。每 667 m² 池塘再施用 0.5 kg 微生态制剂,以调节水质。在整个育苗阶段,还要根据池水肥度及时追肥。虾苗孵化出溞状幼体后每隔 4～5 d 施追肥一次,每次每 667 m² 施发酵腐熟畜禽粪 150 kg 左右,每施一次肥,加一次水,促进浮游动物持续繁殖,保持池水透明度 30 cm 左右,保证青虾幼体有充足的天然饵料生物供应。如发现池水中有青泥苔或池水较瘦时,每 667 m² 水面可追施碳铵、过磷酸钙各 4 kg。

(2) 投喂饲料。青虾幼体主要摄食浮游动物。除施肥外,青虾幼体孵出 3 d 后即开始投喂黄豆浆,每天上、下午各投一次,全池泼洒,开始时每天每 667 m² 用黄豆 0.5 kg,以后逐渐增加到 1 kg;一般幼体在孵出后 20 d 左右开始变态,孵化后 3 周左右,当仔虾完成变态,转为底栖生活,食性变为杂食性后,逐步增投麦粉、豆饼糊、鱼糜等饵料或破碎颗粒饲料,植物性饲料与动物性饲料以 3∶1 的比例配制投喂。最后全部投喂幼虾配合饲料,日投喂量为虾体重的 6%～8%,投喂时间为 08:00～09:00 和 17:00～18:00,分别投喂日投喂量的 1/3 和 2/3,饲料逐渐投在沿岸浅水区,一般培育 1.5～2.0 cm 的虾苗每 1 万尾需饲料 2 kg。

(3) 水质管理。虾苗繁育期的水质管理主要是确保有丰富的饵料生物和充足的溶氧量。要求池水透明度 30～40 cm,溶氧量 5 mg/L 以上,一般每 3～5 d 加水一次,每次加水量为 5～10 cm,水质不过肥,可 1 周注水 10 cm 左右,控制氨氮在 0.02 mg/L 以下,每天凌晨开启增氧机增氧至日出,保持水体溶氧量在 5 mg/L 以上。并每隔 10 d 左右,每 667 m² 用生石灰 5～8 kg 兑水后全池泼洒,以调节水质,维持 pH 在 7～8,并预防疾病。如果培养得好,667 m² 水面可培养出 50 万尾左右虾苗,好的可达 100 多万尾虾苗。

(4) 出池溞状幼体。经 1 周的强化培育,体长已达 5 mm 左右,经过 15～30 d 的培育,仔虾体长可达 10 mm 左右,此时即可起捕分养到养成池去。一般经过 30～45 d 的培育,仔虾体长达 1.5 cm～2.0 cm 时出池,转入成虾养殖或销售。有时为了缩短上市时间,虾苗要长到体长 2～3 cm,3 000 只/kg 时再分塘饲养,但虾苗体长达 2 cm 以上之后,就喜欢在池底爬行觅食,此时用拉网的方式很难一次捕完。虾苗出池也可采取 5～7 d 拉网一次的方法多次捕捞,该法优势明显:①通过拉网搅换水可以保持水质良好,促进天然饵料生物繁殖,降低病害发生概率;②降低育苗池虾苗密度,避免大小相残;③虾苗规格整齐,出苗率高。

虾苗起捕时,事先要清除池塘四周杂草、漂浮物,降低水位,并避开蜕壳期,用网抄捕后放入事先准备好的暂养网箱中待售。全过程坚持带水操作,以免伤害虾苗。

4. 虾苗运输 虾苗短途运输可用船或汽车将虾苗装入帆布桶或塑料鱼桶中运输,同时需要配备增氧设施。桶内水深保持 40～50 cm,桶底面积 0.5 m²,装苗量为 4 万～5 万尾,以早晨或傍晚运输,3～6 h 内到达为佳。白天运输要避免水温过高和阳光直射。长途运输以尼龙袋充氧装运较安全,且简单易行,同时尼龙袋充氧装运密度大,运输成活率高,搬运方便,是目前较为理想的运苗方式。方法是在水温 24 ℃ 以下、体积为 20～25 L 的尼龙袋内注入 1/3 空间的清新水体,可装运体长 1.2～1.5 cm 的虾苗 6 000～8 000 尾,而具体装苗量应根据水温、虾苗大小及运输时间长短等确定。虾苗运到目的地后,将尼龙袋从纸箱中取出,放入养虾水域中漂浮约 15 min,观察袋内虾苗状况和袋内外水温差异,待袋内外水温基本平衡后再将袋口打开,向袋内慢慢倒入养虾池的池水,若虾苗活动增强即可将其放入池中。不可未经处理就匆匆将虾苗倒入池内,因为袋内氧气和二氧化碳的浓度高,虾苗在袋内呈半麻痹状态,直接倒入池内,虾苗易沉入水底的低氧水层,影响成活率。

(三) 网箱育苗

目前常用的网箱育苗方法：一是用 12 目的聚乙烯网箱育苗，每只网箱面积 1～2 m²，高 0.8～1.2 m，每平方米放养抱卵虾 0.75～1.25 kg。也可根据需要适当放大或减少容积做孵化箱。网箱直接安放在育苗池塘中，网箱中放养待产卵繁殖的亲虾，亲虾在孵化箱中抱卵孵化出溞状幼体，孵出的幼体穿越网目进入池中，孵化完成后，亲虾可随网箱一起取出，幼体留在池中按上述方法培育。整个操作比亲虾直接放在育苗池中方便，虾苗出池更整齐。二是用一只大型的育苗箱，箱内又配置 1～2 只小型的孵化箱。亲虾在孵化箱中抱卵孵化出溞状幼体，孵出的幼虾穿过网目进入育苗箱，虾苗在育苗箱中培育成幼虾后出箱。具体方法如下。

(1) 池塘的选择。选一面积 3 335～6 670 m² 的池塘，塘内可适当投放鲢、鳙鱼种，每 667 m² 放 5 000～8 000 尾。要求水深 1.5 m 左右，池底平坦，进、出水方便，塘的消毒与施肥方法同池塘育苗池。

(2) 网箱的结构与放置。育苗箱由聚乙烯网片缝合而成，网目为 200 目，规格可采用 10.0 m×6.0 m×1.4 m，敞口式，育苗箱框架固定在靠近进水口 5 m 的池塘中，网箱露出水面约 0.4 cm，离池底约 0.5 cm。然后将 1～2 只孵化箱放入育苗箱内，使箱体撑开，并露出水面 5 cm，呈封闭式。孵化箱网目为 12 目，规格可采用 2.0 m×1.0 m×0.7 m。

(3) 亲虾放养与孵化。将越冬抱卵亲虾（受精卵出现复眼时）放养孵化网箱中，每只箱放抱卵虾 3.5 kg（700～1 000 尾），在箱中 6～7 d 即开始孵化，虾苗随时穿过孵化箱进入育苗箱。待虾苗全部孵化完毕即取出孵化箱。

(4) 虾苗培育。虾苗各阶段均为浮游性，喜趋弱光，但忌直射日光及强光。培育幼体时的光照度以 1 000～3 000 lx 为宜。光线太强时，应设置遮阳设备，使光照度降低至 3 000 lx 以下；但注意光线太暗，光照度在 500 lx 以下有碍于摄食。幼体变态发育（约培育 15 d）后不再忌讳强光，如有遮阳设备可拆除，以利早日适应养成池的强烈光照。在培育过程中，当幼体的运动方式与成虾相同时，即腹部向下，朝向前方游泳，遇警时急速曲躯而利用弹力向后跳跃；栖息时静止于箱壁或箱底，应在饲育箱中悬挂细密的网片，以提供较多栖息场所。这样既可减少互相残食，又可减少体力消耗，有助成长。每天向培育箱中泼洒黄豆浆、生物饵料等，培育 15 d 后，可适当投喂麦麸、菜饼和配合饲料等人工饲料。培育约 25 d，即能从溞状幼体长成到 1 cm 左右的幼虾，可分箱进入成虾饲养阶段。

(四) 水泥池培育虾苗

为室内水泥池高密度育苗。采用流水或充气结合定期换水维持虾苗良好的生长环境。是一种比较现代化的育苗方式，能大量提供苗种，但人工控制程度高，成本高，具体可参照对虾、南美白对虾等海水虾工厂化育苗技术。

三、成虾养殖

青虾对养殖环境条件要求不高，可以在池塘、稻田、水库或者湖泊中饲养，一般水深 1.0～1.5 m、沙泥底的池塘最适宜作为青虾的养殖池，但池塘应靠近水源，以便及时排、灌水。青虾的养成方式多种多样，目前有池塘主养、鱼虾混养、网箱养殖，还有稻田养殖青虾等几种方法，主养又有单季养殖、双季养殖、轮养等多种形式，养殖户通常因地制宜，自由选择。

大水面养殖的青虾体色较淡，略深于野生虾，外观与大水面的野生虾区别不是十分明显。小水面养殖的青虾体色较深，如果养殖水的水质较肥，或有青苔附着在虾体，不仅体色特别深或异常，活体异味也特别浓，一般略有泥土味或青草味。水煮后壳色暗淡，有异味，甚至不可食用。另外，如果养殖池塘的土壤成分不一样，则养殖方法必须有所改变。例如浙江海宁县的土壤含有盐碱成分，而浙江嘉善县陶庄镇汾湖村的土壤是黏土，嘉善县汾湖村照搬海宁县的养虾经验，结果造成养殖的青虾大面积死亡，损失惨重。

（一）池塘养殖

1. 虾塘清整与放苗 对池塘进行基础设施改造，改善养殖条件，可有效防治虾病，提高产量和出池规格，方法同亲虾培育。

青虾性成熟的迟早与放养密度关系密切，放养密度越大，性成熟越早。此外，青虾养殖密度大，饲料投喂得多，水质难以保证，养出的虾个体小，从而影响产品的质量。必须保证适宜的放养密度，以提高商品虾的规格。单养：通常每667 m^2 放体长1.5～2.5 cm的幼虾3万～5万尾。混养：以吃食性鱼类为主的，每667 m^2 放青虾2万～3万尾；以肥水鱼为主的，每667 m^2 放青虾1.0万～1.5万尾。

池塘单养常常采用"幼虾越冬春收"模式、"春养夏收"模式和"夏养秋收"模式，虾种放养分冬、春、夏3季进行。

"幼虾越冬春收"模式：利用"夏养秋收"模式，8～9月出现一批自行孵出的小虾苗，到11～12月，这批虾苗一般可长成体长2～3 cm，规格为2 000～3 000尾/kg，尚未达到商品虾规格的幼虾。这批幼虾可以采用"幼虾越冬春收"模式，自11～12月起陆续集中放养，一般667 m^2 放幼虾3万～5万尾，即每667 m^2 放养量20～40 kg。到翌年1～2月即春节前后，通过捕大留小的方式，除少量作为4～5月繁殖亲本外，陆续将长成的青虾捕捞上市。采用"幼虾越冬春收"模式，在幼虾整个越冬期间，必须坚持投饲，坚持定期巡塘。选用优质饲料，上午以动物性饲料为主，下午以颗粒饲料为主。

"春养夏收"模式：采用"春养"方式，必须在池塘施肥10 d后，在2月20日左右放养活动敏捷、附肢齐全的虾苗。采用"幼虾越冬春收"模式捕大留小余下的虾苗，虾苗规格为体长3 cm左右，规格为1 600～1 800尾/kg，放养量为每667 m^2 1万～3万尾（每667 m^2 6～8 kg）。采用该模式时，虾种放养的密度不宜过大，以保证5月开始能养成上市。经过80 d以上的饲养，在5～7月根据池虾的规格，采取捕大留小的方式，陆续将青虾起捕上市。

"夏养秋收"模式：采用"夏养"方式，应在7月15日左右放养虾苗。苗种规格为体长1.5～2.0 cm，放养密度为每667 m^2 6万～8万尾。放苗10～15 d后可适当套养团头鲂鱼种或者鳙鱼种，以控制青虾秋繁。经过80 d以上的饲养，在9～11月采取轮捕疏养、捕大留小的措施，及时将达到商品规格的虾捕捞上市，以降低池塘的载虾量，促进其他虾的生长，捕大留小余下的虾苗，供"幼虾越冬春收"模式使用。

2. 合理投喂饲料 饲料必须新鲜、不变质、无污染、无毒，营养成分能满足青虾生长发育的需要。青虾食量不大，但生长速度快，饲料报酬率很高。青虾食谱广，以植物性饵料为主，比较爱吃的有米糠、麸皮、豆饼、酒糟等，但应适当搭配粉碎的动物性饲料。受水温的影响，青虾的摄食强度存在明显的季节变化，水温降至8 ℃以下时则停止摄食，潜入深水区越冬。当水温升到8 ℃以上时开始摄食。

在水草充足的前提下，每 667 m² 每天投饲 2~4 kg，投 2 次，早少晚多，多点分散，定时投喂。投喂饲料要适量，生长旺季每天投喂 4 次，使饱胃率达到 70% 以上，这样既可提高饲料的利用率，又可减少水质污染。

3. 日常管理　青虾喜欢在水草丛生的泥底池塘中栖息，水草在青虾的生长过程中起着关键作用，直接影响青虾的成活率和产量。如可供青虾栖息、蜕壳和隐蔽；水草的光合作用可增加水中溶氧量；能净化水质，防止水质恶化。青虾池注水后，应随即设置隐蔽物或栽植水草，水草可以沉水植物为主，适当种植伊乐藻、枯草（苦草）等。虾池沿岸四周必须有水草带，通常以轮叶黑藻为主，深水处种聚草，浅水处种植苦草。水草量不要太多，"春养"青虾时，水草的覆盖面积一般占虾池水面的 10% 左右，间距 1~2 m；"秋养"青虾时，水草的覆盖面积占水面的 20% 左右。

青虾对水质的要求较高，对低溶氧量非常敏感，其窒息点比鱼要高。放养前要清塘消毒，养殖水体的底部淤泥要少。整个养殖期内，水质管理的核心是保持较高的溶氧量，要始终抓住增氧环节，使 pH 保持在 7~8，水体溶氧量在 5 mg/L 以上。养殖池以能保持常年微流水为最好，否则要配备足够功率（每 667 m² 1 kW）的增氧设备，保证池水溶解氧丰富。其次应保持适宜的水体肥度，水体不宜太肥，也不宜太瘦。适时注、排水，使用微生物制剂调节水质，将透明度控制在 30~40 cm。根据季节和气温调节控制水位。青虾比较喜欢水浅的环境，除了越冬时应保持较深水层外，生长季节一般应控制水深在 1 m 左右。池塘水位的确定原则为春、秋浅（60~80 cm），夏、冬深（1.5 m）。

例如，2008 年浙江上虞市裕厦镇开展了青虾池塘双茬优质高效健康养殖。其成功经验如下：第一茬，在 2 月底放养规格为 2 500 尾/kg 左右、体长 2.5~3.0 cm 的青虾苗种，每 667 m² 放养 12 kg，约 3 万尾，一次放足。10 d 后，在池塘中适量搭养滤食性鱼类，每 667 m² 搭养大规格鳙鱼种 20 尾、鲢 40 尾。4 月开始选捕，7 月干塘起捕结束。第二茬，在 8 月进行苗种放养，投放规格为 3 000~4 000 尾/kg、体长 1.5~2.0 cm 的青虾苗种，每 667 m² 放养 13 kg，约 4.55 万尾。放苗 15 d 后，每 667 m² 套养鲢、鳙夏花鱼种 240 尾。可从 9 月上旬开始选捕，到 10 月干塘起捕结束。一般每半个月选捕一次，有条件的可缩短捕捞间隔时间。

4. 收获　根据青虾成熟周期短，虾塘中不断有小虾繁殖出来，以及生长中个体差异大的特点，通常采取一次放足、多次轮捕、捕大留小的技术措施。该措施的优点，一是能减少塘内虾的密度，有利于存塘虾的生长，有利于青虾规格和产量的提高；二是均衡上市，价格高，效益好。

青虾的捕捞方法较多，可因地制宜加以选择。主要方法：一是用虾笼诱捕，每 667 m² 设置虾笼 2~4 只；二是用虾罾在晚间诱捕；三是用手抄网在水生植物和人工虾巢下抄捕；四是用地曳网在浅水处拉捕；五是傍晚在排水口安装袖网，开闸放水捕虾；六是干塘捕捞。

（二）稻田养殖

稻田养虾是在"以稻为主，以虾为辅"的原则下，充分利用稻田所提供的水、肥、饵等条件，达到"稻田养虾虾养稻，粮食增产虾丰收"的目的。养虾的稻田设施比较简单，养虾风险少，投资比较少。一般只要稻田选择恰当，管理合理，每 667 m² 稻田可获得 20~30 kg 的成虾，可使稻田的年均利润每 667 m² 增加 1 000 元左右。由于稻田养殖青虾具有成本低、收益高、周期短、投资少等优点,因此这种养殖方式已为广大农民所接受。

1. 稻田改造与放苗稻田改造技术

①选好田块,开好虾沟、虾溜。养殖青虾的稻田要求水质清新、水位稳定,为此要选择靠近水源、排水较方便、土质好、不漏水的田块。田块先翻整耙平。在稻田四周离田埂 1.5~2.0 m 处开挖环沟,环沟宽 0.6~0.8 m,深 0.5 m,其挖出的泥土将周围田埂加宽垫高。一般田埂宽 0.5 m,高 0.6 m。并根据田块大小,在田中开挖十字形或井字形的虾沟,规格同前。在田边开挖 8~10 m^2 的虾溜,虾溜呈长方形,深 1 m,与虾沟相通,通常沟、溜面积占稻田面积的 10%~15%,沟、溜宜在插秧前开挖好。虾溜是在养虾稻田的田边或中央挖成方形或圆形的深洼,以供鱼类在夏季高温、浅灌、烤田或施放农药时躲避栖居。虾沟是纵横于稻田,连接虾溜的小沟,其作用与虾溜相同。

②栽好水稻,适时放种。选耐力强、不易倒伏、抗病力强的高产单季稻品种,最好采用免耕直播法或抛秧法,尽量减少稻田内坑窝数量。插秧后 1 周(或在稻苗三叶期后),清除沟、溜内的浮泥,进行虾苗放养。每 667 m^2 放养体长为 0.7~1.0 cm 的虾苗 1.0 万~1.5 万尾,选择阴天或晴天早晨放养,放养时应分点投放,使整个水域都有虾苗分布,以避免虾苗过分集中引起缺氧或缺乏饵料,影响成活率。

2. 投饵施肥 放养后开始可投粉状饵料,用水浸泡搅拌成糊状,投在虾沟或虾溜中,以后改用颗粒饵料或麸皮、碎麦粒等饵料投喂,并适当投些螺蛳、贝肉、鱼肉等动物性饵料,每天投喂 2 次,08:00 投日饵量的 1/3,18:00 投余下的 2/3。日投饵量为虾体总重量的 2%~4%。并根据季节、天气、水温和青虾吃食情况,合理调整。

3. 日常管理 在稻田田间管理上首先一定要坚持定期换水,使虾沟内的水质保持清新,特别是夏、秋高温季节更应勤换水,即使在水稻搁田时也要保持虾沟内水位稳定和清新,为青虾生长提供良好的生态环境。其次应尽可能避免使用农药。如果要用,应选用高效低毒农药,并注意使用方法,减少对青虾的危害。最后要注意清除敌害。蛙、蛇、水老鼠都会捕食青虾,要采取有效方法及时消灭,特别是要防止鸭子进入养虾稻田。

(三)捕捞收获

青虾性成熟早,繁殖能力强,而且雌虾可以多次产卵,青虾养殖具有生长快、周期较短等特点,从放苗到成虾起捕上市,一般只需要 3~4 个月。同时,青虾寿命短,例如,5~6 月孵出的仔虾长至翌年 7、8 月完成繁殖后即相继死亡。因此,养成的商品虾要及时捕捞出售,防止"挤塘压库",影响生产和效益。自然中青虾丰产于春、秋两季,麦收和中秋时节的青虾最为香脆,个大肉多,晶莹剔透,是最佳捕捞季节。过了春季,青虾数量减少,且皮硬肉少。

人工养殖尽管放养同一规格的虾苗,但由于青虾之间食饵竞争能力的差异,人工投饵不均匀,以及雌、雄虾个体间的生长差异,都会导致个体大小差异显著。但这也为青虾的轮捕上市创造了良好条件。在密养的池塘中,根据青虾的生长情况,从 9 月开始即可进行分期捕捞,捕大留小,将达到上市规格的 4 cm 成虾起捕上市。捕出一部分成虾,使留塘幼虾继续生长。

捕捞方法有虾笼诱捕、虾罾在夜间扳捕、用赶虾网在水草丛中赶捕、在池中设置虾窝、白天用抄虾网抄捕、大网围捕。11 月后,青虾已停止生长,这时可排水彻底捕捞,先排去部分池水,使水位降至 0.8 m 左右,用大网捕几次,把大部分鱼虾捕起,然后将池水排干,捉净余下的鱼虾。3 cm以下的青虾可另行放养,养到翌年6月起捕出售,或作为产卵亲虾。

思考题

1. 南美白对虾属于哪一种纳精囊类型?与其他对虾有何不同点?
2. 简述南美白对虾的工厂化育苗及淡化养殖技术。
3. 简述克氏原螯虾的繁殖习性与特点、种苗生产技术与养成技术。
4. 简述池塘养殖青虾的关键技术。
5. 稻田养虾要注意哪些问题?

第三章 贝类养殖

第一节 扇 贝

(一) 主要种类分布及外形特征

扇贝属于软体动物门，瓣鳃纲，翼形亚纲，珍珠贝目，扇贝科。扇贝科的种类全部海产，分布范围较广。

我国沿海自然分布的扇贝种类有40余种，最常见的重要经济种类有4种，即栉孔扇贝、华贵栉孔扇贝、海湾扇贝和虾夷扇贝。其中，前两种为我国的固有种，后两种分别引自美国和日本，海湾扇贝为暖水种，虾夷扇贝为低温种。各种类的外形特征介绍如下。

1. 栉孔扇贝（*Chlamys farreri*） 贝壳呈扇形，壳高略大于壳长。成体壳高 8~10 cm。壳色大多为橙红色或紫褐色。两壳基本等大，但左、右壳的肋纹及壳耳的形状等不同。前耳大，长度约为后耳的2倍。右壳前耳呈长方形，后耳和左壳的前耳都是三角形。右壳前耳的腹侧有足丝孔，足丝孔腹沿生有小形栉状齿 6~10 枚，足丝发达。左壳放射肋发达，肋纹有大小之分，其中主肋约10条（8~13条），肋上生有棘状突起；其余的肋略细小，棘状突起不明显；右壳放射肋约30条，主、次肋肋纹差别不明显，棘状突起不明显。见图 1-3-1。

2. 华贵栉孔扇贝（*Chlamys nobilis*） 贝壳扇形，外形与栉孔扇贝比较相似，但壳形略圆，壳高与壳长基本相等。成体壳高约 10 cm。壳色以紫褐色与黄褐色居多。放射肋粗大，约23条，肋沟宽略小于肋纹宽。右壳前耳腹侧有足丝孔，足丝孔具栉状齿数枚，足丝发达。

3. 海湾扇贝（*Argopecten irradians*） 壳中等大，近圆形。成体壳长约 6.3 cm，高约 6.2 cm。壳形较凸，两壳基本等大，左壳两耳略等，右壳前耳小于后耳。具有足丝孔，足丝不发达。壳色多为褐色或黄褐色，有深色斑纹，两壳色泽深浅不等，右壳略浅于左壳。放射肋肋纹较圆滑，肋宽大于肋沟宽，两壳放射肋数均为 17~18 条。

4. 虾夷扇贝（*Patinopecten yessoensis*） 贝壳大型，壳形略圆，前、后壳耳大小基本相等。左、右两壳不等，左壳稍平，紫褐色，比右壳略小，肋宽小于肋沟宽；右壳较凸，壳色黄白，肋宽大于肋沟宽。右壳前耳下有浅足丝孔，足丝不发达。两壳放射肋数均为 20~25 条。

(二) 外部形态及内部构造

1. 外部形态 扇贝属双壳贝类，有两枚贝壳，习惯上称其左壳和右壳，贝壳呈扇形或圆形，壳高略大于壳长或基本相等。壳表面有放射肋或放射线，生长纹明显。铰合部较直，壳顶位于中央，较尖，略偏向前，两侧分别生有前壳耳和后壳耳，前、后壳耳形状不同、大小不等。

2. 内部构造 扇贝的外套膜有两叶，包被于内脏团、足和鳃之外，属简单型。扇贝的外套膜分3层：外层较薄，为生壳突起，贴近贝壳内面，白色，无触手，主要功能是分泌贝壳；中层较厚，为感觉突起，具有触手和外套眼，主要功能是感受外界刺激；内层最发达，为缘膜突起，肌肉纤维较多，伸展收缩较快，主要功能是控制水流进出大小和快慢。

图1-3-1　虾夷扇贝（左）与栉孔扇贝（右）

扇贝为滤食性动物，消化系统比较简单，主要由唇瓣、口唇、口、食道、胃、肠、直肠、肛门和消化腺等部分组成。

扇贝的肌肉系统主要包括闭壳肌、足伸缩肌、外套膜肌。其中后闭壳肌最发达，主要是控制贝壳闭合。

扇贝的呼吸系统主要是鳃，鳃为新月形，左右各1个，每个鳃分成内、外两瓣，每一鳃瓣有许多垂直于鳃轴的鳃丝组成。除鳃以外，外套膜也有呼吸功能。

扇贝的循环系统由心脏、血管和血窦三部分组成，为开管式循环系统。

扇贝的生殖腺位于闭壳肌腹面前方的腹嵴内，在繁殖季节，雄性生殖腺成熟时为乳白色，雌性生殖腺成熟时为橘红色或粉红色。成熟精、卵经裂孔排入肾脏，再通过左、右肾孔（也称泄殖孔）排出体外，雌、雄生殖腺不成熟时均为淡黄色，雌雄不易区分。

海湾扇贝雌、雄性腺置于同一性腺体内，位于腹嵴。精巢位于腹嵴外周缘，成熟时为乳白色。卵巢位于精巢内侧，成熟时为橘红色或粉红色。通常性腺体表面有一层黑膜。随着性腺逐渐成熟，黑膜逐渐消失。

（三）生活生长及对环境的适应性

扇贝生长速度跟其年龄、季节及海区环境有很大关系，不同个体之间差异也较大。当年人工培育的栉孔扇贝一般可长至壳高3cm左右，第二年可达壳高5～6cm。海湾扇贝生长速度较快，从壳高0.5cm的苗种养至5cm的商品贝需6～7个月，在高温期，其壳高月增长约1cm。华贵栉孔扇贝满1龄时，可生长至壳高7.4cm。虾夷扇贝从受精卵开始到生长至壳高11～12cm，最短时间为1年零7个月。对于同种个体而言，幼龄个体生长较快，老龄个体生长较慢。一般来说，第一年生长最快，第二年次之，以后生长越来越慢。影响扇贝生长的主要因素是水温和饵料。水温是扇贝新陈代谢的重要条件，在适温范围内贝壳生长快；饵料是扇贝发育的物质基础，在饵料生物多、营养丰富的海区和季节，扇贝生长也快。

扇贝种类不同，其对温度和盐度的适应范围也不尽相同：栉孔扇贝在-2～35℃范围都能生存，适温范围为15～25℃；华贵栉孔扇贝在8～32℃条件下均能正常生活，适温范围为20～25℃；海湾扇贝的耐温范围为-1～31℃，适温范围为8～28℃；虾夷扇贝的适温范围为5～23℃。海湾扇贝对盐度的适应范围较广，在盐度16～43范围都能生存，适宜盐度范围为 21～35。其他种类都为高盐种，栉孔扇贝的适盐范围为 23～34，华贵栉孔扇贝为 23.6～31.4，虾夷扇贝为 24～40。对同一种扇贝而言，稚贝对低盐度的适应能力较弱，后随年龄增长，对盐度变化的耐受力变强。

扇贝为滤食性贝类，食料较杂，主要摄食海水中细小的浮游植物、浮游动物、细菌及有机碎屑等。其中浮游植物以硅藻为主，鞭毛藻及其他杂藻为次；浮游动物中有桡足类、无脊椎动物的卵子及浮游幼虫等。扇贝的摄食受季节及海区的影响而存在着季节和地域变化。

（四）繁殖生物学

1. 性别与性比 扇贝一般为雌雄异体，如栉孔扇贝、华贵栉孔扇贝及虾夷扇贝等；少数为雌雄同体，如海湾扇贝。雌雄异体种类，外观上难以区分雌雄，在繁殖季节里，可通过性腺颜色来辨别其性别，如栉孔扇贝雌体卵巢呈橘红色，雄体精巢呈乳白色；雌雄同体的种类性成熟时，两性性腺也表现出不同的颜色，如海湾扇贝卵巢为褐红色，精巢为乳白色。

雌雄异体的种类，幼龄贝雌雄性比相差较大，一般雄多雌少；老龄个体中，雌雄性比较接近，有时雌性个体比例略大。

2. 性成熟年龄 扇贝的性成熟年龄因种而异。虾夷扇贝的性成熟年龄为 2 龄，华贵栉孔扇贝和海湾扇贝 5～6 个月便可达到性成熟。栉孔扇贝一般 1 年达性成熟。

3. 繁殖季节 各种扇贝的繁殖季节有所不同，但大多集中在生物学春（水温上升的季节）和生物学秋（水温下降的季节）进行繁殖（表 1 - 3 - 1）。

表 1 - 3 - 1　几种主要扇贝的繁殖季节

（徐应馥，2006）

种类	繁殖季节	水温	地点
栉孔扇贝	5 月初至 6 月中旬、8 月中旬至 10 月初 7 月中旬至 5 月中旬	16.0～22.0 ℃	山东 辽宁
华贵栉孔扇贝	4～6 月	20.0～30.0 ℃	广东
虾夷扇贝	4 月初至 5 月中旬 3 月下旬至 4 月下旬	8.0～8.5 ℃	日本北海道 日本陆奥湾
海湾扇贝	5 月下旬至 6 月、9～10 月	20.0～30.0 ℃	山东

4. 性腺指数 性腺指数是指性腺干重与软体部干重的百分比。性腺指数的高低在一定程度上反映了扇贝性腺的发育情况。如栉孔扇贝性成熟时，性腺指数在 15% 以上，性腺指数由高变低则表明扇贝已排放精卵。

5. 繁殖方式 扇贝为体外受精，体外发育的种类。亲贝将精卵排入水中，在水中受精发育。通常雄性扇贝对外界刺激反应灵敏，所以排精常常先于产卵。海水中的精子也能诱导雌贝产卵。

6. 产卵量 扇贝为多次产卵。第一次产卵或排精后，经过一段时间的发育，可继续产卵或排精，能够如此反复多次，但以第一次产卵最多。据报道，虾夷扇贝一次产卵可达 1 000 万～3 000 万粒，海湾扇贝产卵量在 100 万粒左右。

7. 胚胎和幼虫发生 各种扇贝的胚胎和幼虫发生基本相似。栉孔扇贝卵径为 65～

72 μm。在18~20 ℃条件下，受精后15~20 min出现第一极体，21 h后孵化为担轮幼虫，24~36 h即可发育为D形幼虫开始摄食；5~6 d后，壳长一般达到125~135 μm，进入壳顶幼虫早期，12~13 d后，壳长达到170~180 μm，为匍匐幼虫期，幼虫出现眼点，足丝腺具有分泌足丝的能力，一旦遇到合适的附着基便可分泌足丝附着，变态为稚贝。

虾夷扇贝的卵径约为55 μm。在12~16 ℃条件下，受精后1 h左右出现第一极体，34 h发育为担轮幼虫，约60 h发育为面盘幼虫，经20 d左右发育至匍匐幼虫，4~5 d后幼虫附着变态。

华贵栉孔扇贝卵径约65 μm。在26.0~29.5 ℃条件下，受精卵经过22 h发育至D形幼虫期，经14 d左右时间可附着变态，贝壳大小达到230 μm×190 μm左右。

海湾扇贝在水温23 ℃条件下，受精卵需20~22 h发育至D形幼虫期，经10 d左右可附着变态。

(五) 扇贝的人工育苗

1. 亲贝的选择与培养

(1) 亲贝选择。选择标准：个体健壮，软体部肥满，发育良好，繁殖季节性腺丰满；外壳完整，无损伤，无附着物或附着物少；虾夷扇贝亲贝应挑选2龄以上的健康贝，栉孔扇贝应挑选2龄左右的健康贝，海湾扇贝则挑选养殖成活率高的健康贝。

(2) 亲贝促熟培育。

培养密度：亲贝促熟时的密度应根据亲贝种类、个体大小、培育水温、养殖方法等具体情况而灵活控制。一般海湾扇贝亲贝的适宜培养密度为100~150 个/m³，栉孔扇贝为80~100 个/m³，虾夷扇贝为20~30 个/m³。

培育水温：升温期间每天升温0.5~1.0 ℃，根据升温的幅度和亲贝的活力变化中间可停留（恒温）1~2次，每次2~3 d。栉孔扇贝的促熟培育水温为15~17 ℃，虾夷扇贝的促熟培育水温为5~8 ℃，海湾扇贝的促熟培育水温为22~23 ℃。在临近产卵时温差应保持在±0.3 ℃以内。

投喂饵料：可用三角褐指藻、新月菱形藻、等鞭金藻、小球藻、塔胞藻和扁藻等。日投喂量$2.5×10^5$~$3.0×10^5$ 个/mL，分10~12次投喂。

其他管理措施：每天全量换水1~2次，结合换水彻底清除池底的污物。连续微量充气，以保证水质的稳定，溶解氧保持在4 mg/L以上。

2. 采卵与孵化

(1) 采卵方法。常温育苗时大多依靠亲贝自然排放精卵，自然排放的精卵一般都成熟好，孵化率高。也可采取阴干、流水、升温等刺激方法诱导亲贝产卵。

(2) 授精。对于雌、雄亲贝分别放置的，产卵结束后，要立即加入适量精液进行授精。

(3) 受精卵孵化。扇贝的卵为沉性，为防止受精卵沉底堆积而影响孵化效果，每隔30~40 min用搅耙将水搅动一次，直至发育到担轮幼虫期为止。

(4) 选育。幼体发育至面盘幼虫时，应及时进行选育，选取健壮幼体，淘汰劣质幼体。

3. 幼虫培育

(1) 培育密度。因扇贝的种类即幼虫大小而异，海湾扇贝的幼虫培育适宜密度为10~15 个/mL，栉孔扇贝大多为8~10 个/mL，虾夷扇贝则为8~12 个/mL。

(2) 培育水温。海湾扇贝幼虫的培育水温为22~24 ℃，栉孔扇贝为18~20 ℃，虾夷扇贝则为 15 ℃左右。

（3）投饵。自 D 形幼虫期应开始进行投饵。投喂的饵料种类可为等鞭金藻、新月菱形藻、三角褐指藻、小球藻、塔胞藻和扁藻等，前期以投喂体积较小的金藻类为主，后期可加喂扁藻等个体较大的藻类，并且随幼虫的生长，个体大的藻类投喂比例可逐步增大；几种藻类混合投喂的效果要优于单一投喂。日投喂量 D 形幼虫初期为 $1.0\times10^4\sim1.5\times10^4$ 个/mL，壳顶期为 $1.5\times10^4\sim5.0\times10^4$ 个/mL，分 3～6 次投喂。投喂量要根据培育密度和幼体摄食情况及时进行调整。

（4）其他管理措施。

换水：每天换水 2 次，每次 1/3～2/3。每 5～7 d 倒池 1 次。

光照：暗光有利于幼体的均匀分布，一般控制在 500 lx 以下。

药物的使用：当海水中重金属含量较高时，可加入 2～3 g/m^3 的 EDTA 进行络合。

4. 附着基的选择、处理与投放

（1）附着基及其处理。扇贝育苗最常用的附着基有棕帘和聚乙烯网片。棕帘在使用前需先经淡水浸泡→碱水煮沸→0.1%～0.5%氢氧化钠海水浸泡 1～2 d→反复捶打等工序，以彻底清除棕绳中的有害物质以及油污、碎屑、杂质等。聚乙烯网片使用前也要经 0.1%～0.5%的氢氧化钠海水浸泡 24 h 等方法处理，以除去污物，此外，还应进行"磨毛"处理，以提高附苗率。

（2）附着基的投放时机。附着基的最佳投放时间应在幼虫出现眼点的比例达到 30%时。一般应配合倒池先把底帘铺好，投底帘的第二天再下浮动采苗帘。

（3）附着基的投放量。附着基投放量应根据幼虫的培育密度而定，网片采苗时用量为 2.0～2.5 kg/m^3；棕帘采苗时 30～50 片/m^3。投帘后应加大换水量和投饵量。附苗结束后也可采用流水方式进行换水。

5. 稚贝中间育成

（1）器材及装苗量。稚贝中间育成器材一般多使用网袋，网袋大小为 30 cm×50 cm 或 50 cm×70 cm，分一级网袋和二级网袋两种，一级网袋是用 40～60 目的聚乙烯筛网缝制，二级网袋是用 20 目的聚乙烯纱网缝制。每个网袋内最好加放 20 g 左右的挤塑网衣作为支撑。一级网袋每袋可培育稚贝 $2.0\times10^4\sim5.0\times10^4$ 个，二级网袋每袋可培育稚贝 $2.0\times10^3\sim3.0\times10^3$ 个。稚贝壳高生长到 0.8～1.0 cm 就可以作为贝苗出售或转入三级培育。

（2）稚贝出池规格及时间。当稚贝的平均壳高生长到 500～600 μm 时，应出池转入海上或虾池中进行中间育成。稚贝出池前要先进行 2～3 d 的提高光强与降温处理，使其培育水温逐渐接近海区（或池塘）的自然水温，光照基本上恢复为自然光照，以更好地适应新的育成环境，提高育成率。稚贝的出池时间最好选择天气好、风浪小的早晨或傍晚进行。

（3）培育方法。出池装袋后的稚贝，每 10 袋用吊绳串联成一串。结扎时每两袋为一组，反方向同系在一个绳结内，绳结结扎在距袋口约 10 cm 位置，将袋口同时扎牢。吊绳长根据培育水层而定，一般 3～5 m，网袋集中结扎在吊绳的下部，组间距 20～30 cm，下端加挂坠石，上端系于中间育成用浮筏上，吊间距 1 m 左右。稚贝下海后前 10 d 一般不再移动苗袋，以防脱落，以后每隔 10～15 d 洗刷网袋一次，大风浪过后要及时清洗浮泥。一级育成的稚贝，经一个月左右的培育，壳高生长至 2～3 mm，应适时换网袋分苗并转入二级育成。二级育成的网袋垂挂与培育管理方法基本与一级育成相同。

6. 扇贝的增殖 扇贝的底播增殖指将壳长 2~4 cm 的大型贝苗播撒到环境条件适宜的海底,经 1~2 年的自然生长,待其生长到商品规格后再进行回捕的一种资源增殖方式。由于虾夷扇贝的移动性小,只要底质适宜底播后一般不迁移,底播增殖效果良好。影响扇贝底播增殖效果的因素较多,其中以增殖场的环境条件和贝苗的质量最为重要。

(1) 增殖场的选择。环境优良的增殖场应具备以下条件:水质优良,潮流畅通,水深在 10~40 cm,海区受风浪影响小;水温适宜,高、低温季节的极限水温不会对底播贝的存活与生长造成重大影响;海底的底质为沙砾含量较高的粗沙底或者岩礁、砾石底;海区饵料生物丰富,可为扇贝的生长发育提供充足食物。

(2) 贝苗规格与增殖效果。底播贝苗的规格和质量是影响底播增殖效果的最主要因素之一。由于人工育苗及贝苗运输技术的进步,大多数底播贝苗的质量和活力是可以保证的。因此,种苗的规格被认为是影响扇贝底播增殖效果的主要因素。贝苗的规格太小,自我保护能力较差,底播后更容易受敌害生物的伤害,加上小规格贝苗对新环境的适应能力远不及大苗,底播后死亡率大多比较高。目前国内虾夷扇贝底播增殖用苗的规格要求不小于 3 cm。

(3) 底播方法。①底播时间。底播季节一般都选在水温适宜、扇贝摄食旺盛、生命力强的春、秋两季,以小潮汛期的平潮弱流底播效果最好,底播后贝苗恢复快、受敌害生物危害轻、成活率高。②底播密度。贝苗的底播根据海区的饵料丰度、底质情况,以及底播区的原有资源量适当掌握,一般可控制在 6~10 个/m^2,底播密度不宜过大。③撒播方法。如有条件,苗种底播时最好由潜水员在底播区海底进行撒播,可减少贝苗在下沉过程中的流失及敌害生物的侵袭,使贝苗在适宜的底质上生活。目前,生产中大多采用船上撒播的方法。

7. 扇贝筏式养殖

(1) 海区选择。扇贝筏式养殖海区应选择水流通畅、水质清新、无污染的海区,海区最大流速应在 1 m/s 以内,海区水温高于 23 ℃应少于 30 d/年,饵料要丰富,底质以泥沙底最好,水深 15~30 m。

(2) 物质准备。养殖用橛子应在 1.5 m 以上,橛腿用聚乙烯大缆,筏架可用聚乙烯缆。网笼规格应在 2 cm 以上网目,层数以 15 层和 20 层为主,盘径 34 cm。

(3) 养成管理。每年 3 月进行一次倒笼分苗,将大规格苗种按每层 13~15 个,分进网目 3~4 cm 的养成笼,每笼加 2.0~2.5 kg 坠石,挂入养殖区。虾夷扇贝筏式养殖水层控制在 5~6 m,夏季可适当降低水层,以减少贻贝、牡蛎的附着。水温升至 22 ℃以后要尽量避免海上操作,以免受到高温刺激造成大量死亡。进入 10 月以后进行第二次倒笼,把虾夷扇贝按每层 10~11 个装入新养殖笼。原笼处理掉贻贝、牡蛎、杂藻后可重新使用。随着负荷的增加,要及时添加浮力,防止沉笼。注意吊绳的绞缠和脱落现象,及时调整吊绳状态。要及时清除网笼上的贻贝、牡蛎、藻类等附着杂质,保持网笼内外水流畅通。第二年 6 月以后,水温升至 15 ℃以上收获。

8. 扇贝病害及其防治

(1) 扇贝幼体面盘解体症。扇贝育苗期最主要的疾病是面盘解体症,该病主要发生在扇贝的 D 形幼虫期。症状为面盘的纤毛细胞全部脱落或部分脱落,致使幼虫失去浮游能力,沉底而很快死亡。面盘解体症的发病原因比较复杂,至今尚无明确的定论。从死亡幼体中分离出多种病原菌,如鳗弧菌(*Vibrio anguillarum*)等,回接感染试验 42 h 死亡率超过 90%。抗生素等药物治疗或预防效果一般都不理想。

(2) 才女虫病。

病原:凿贝才女虫(*Polydora ciliata*)。

病症:才女虫对扇贝一般不会直接致死,但能妨碍生长。当才女虫的管道穿通扇贝壳的内表面时,扇贝受到刺激,就加速珍珠层的分泌,企图封闭管口,防止虫体侵入。这样虫体不断地向内钻,扇贝就不断地分泌珍珠层,在壳内表面就不断地形成弯弯曲曲隆起于壳面的管道。由于管道的形成,使贝壳受损,特别使闭壳肌周围的壳变得脆弱,在养殖操作过程中容易破裂。

防治:①摸清才女虫在当地的附着期,扇贝放流时应避开附着期,放流的地点应尽量避开才女虫喜欢生活的多泥和沙泥质海区。②适时洗刷贝壳外面的沉泥和杂藻,使才女虫无法附着和造管。

(3) 扇贝豆蟹病。

病原:豆蟹(*Pinnotheres*)。

病症:豆蟹寄生在扇贝的外套腔中,能夺取食物,妨碍摄食,对扇贝的鳃有一定损伤,并使触须发生溃疡,使扇贝身体瘦弱。

防治:①查明当地海区豆蟹的繁殖季节,当观察到出现幼蟹后,立即在扇贝养殖架上悬挂敌百虫药袋,药量、挂袋数量视养殖密度和幼蟹数量而定。②在豆蟹的生殖季节开始以前就将扇贝收获,使豆蟹没有繁殖的机会,可以降低感染率或消灭豆蟹。

(4) 栉孔扇贝的球形病毒病。

病原:球形病毒。

病症:患病扇贝的贝壳开闭缓慢无力,对外界刺激反应迟钝。外套腔中有大量黏液,并积有少量淤泥,消化腺轻微肿胀,肾易剥离,外套膜向壳顶部收缩,外套眼失去光泽。患病严重的扇贝鳃丝轻度糜烂,肠道空或半空,足丝脱落,失去固着作用。

防治:目前尚无有效的治疗方法,只能采取预防为主。

(5) 海湾扇贝飘浮弧菌病。

病原:飘浮弧菌(*Vibrio natriegen*)。

病症:患病亲贝肠道及肾肿胀,生殖腺及外套膜萎缩,壳内面变黑。

治疗:用新霉素、磺胺药、美洛西林及多黏菌素等抗菌药物进行治疗。

第二节 鲍

(一) 分类地位、主要种类与特征

鲍属于软体动物门,腹足纲,前鳃亚纲,原始腹足目,鲍科,鲍属。我国沿海自然分布的鲍有 8 种,分别为皱纹盘鲍、杂色鲍、九孔鲍、耳鲍、羊鲍、多变鲍、平鲍和格鲍。其中,经济价值较高的种类有皱纹盘鲍、杂色鲍和九孔鲍。其外形特征如下。

皱纹盘鲍(*Haliotis discus hannai*):皱纹盘鲍(图 1-3-2)体螺层大,螺层 3 层,缝合线浅,螺旋部极小,贝壳大而坚厚。壳边缘有一排突起,末端有 3~5 个开孔,起泄殖与呼吸功能,成为呼水孔。壳面深绿褐色,具有许多不规则隆起的皱纹,生长纹明显。

杂色鲍（*Haliotis diversicolor*）：杂色鲍贝壳具有不甚规则的螺旋肋纹和稠密的生长线，生长线形成极为明显的裂壁。贝壳绿褐色，壳顶磨损部显露粉红色。贝壳卵圆形，壳顶部钝，稍低于体螺层的高度，成体多被腐蚀，露出珍珠光泽。靠体螺层边缘有6~9个呼水孔。

九孔鲍（*Haliotis diversicolor supertexte*）：外部特征与杂色鲍十分相似，只是壳面上的肋纹与杂色鲍相比，不够明显，且壳背的呼吸孔为6~9个。

图1-3-2 皱纹盘鲍

（二）外部形态和内部构造

1. 外部形态 有一片耳状扁平的石灰质外壳从背部覆盖整个软体部。软体部分为头、足、外套膜及内脏共4部分。足非常发达呈扁平状，占身体的绝大部分。

2. 内部构造 鲍的消化道较长，为其体长的3倍多。消化系统主要由口区、食道、嗉囊、胃盲囊、胃、消化腺、肠及肛门等部分组成。鲍的主要呼吸器官是鳃，位于外套膜中，心脏之前，1对，而且左鳃比右鳃略大。鲍的心脏位于围心腔中，被透明的围心腔壁所包围。具左、右心耳各1个和1个梨形的心室，心室被直肠所贯穿。

鲍具左、右1对肾，左肾小，右肾大，肾的中央背面靠近右侧壳肌左后方处有一缝形裂孔，为生殖产物排入肾腔的孔道。生殖产物也由右肾孔排出至呼吸腔，经壳孔排出体外，故右肾也同时用为生殖孔。

鲍是雌雄异体，且无两性显著的表观特征，无交接器也无其他的附属腺体。在繁殖季节，生殖产物充满整个生殖腔，该腔位于体背部，包盖于整个的胃、嗉囊及消化腺的表面，延展到右侧壳肌的左缘。成熟的精卵直接排入右肾腔经右肾孔至呼吸腔，从呼水孔排出体外。

鲍的神经系统不发达，也不集中，经过扭转，神经节延长、扁平。

（三）栖息环境、生活习性、摄食方式及生长

1. 栖息环境 鲍的栖息场所多在海藻茂盛、水质清新、水流畅通的岩礁裂缝、石棚穴洞等处，以不易被阳光直射和背风、背流的阴暗处为佳。鲍的栖息场所可分为岩洞型、棚壁型、礁上型、裂缝型、石下型5种。如皱纹盘鲍往往集中栖息在岩礁裂缝、岩洞以及背光的礁石侧壁等处；盘鲍以岩洞型居多；杂色鲍则以石下型居多。

2. 生活习性 鲍具有昼伏夜出的活动特点，主要以夜间活动为主。鲍的活动受光照、水温和食物种类等环境因子的影响非常显著，鲍的摄食量、消化率、运动距离和速度、呼吸强度等在夜间显著高于白天。

鲍匍匐生活，靠其宽大的足部在岩礁、石缝中爬行运动，并能吸附在岩石之上。鲍会随

着水温高低而上下移动,具有明显的季节性移动,冬、春季水温最低时向深水移动,初夏水温回升后便逐渐向浅水移动。盛夏表层水温最高时,又向深处移动。秋末冬初水温有所下降时,又移向浅处。鲍在生活环境较好的条件下,移动性不大,幼鲍和老鲍定居性更强。

3. 摄食习性 鲍在幼体时便可摄食底栖硅藻,从上足分化幼体开始,摄食量逐渐增大。稚鲍除了摄食底栖硅藻外,还摄食小型底栖生物、有机碎屑,以及藻类的配子体和孢子体。鲍出现第一呼水孔以后,摄食量明显增加。1 cm 以上的稚鲍,可以摄食柔嫩的海藻叶片。

成鲍为杂食性动物,食物以褐藻中的海带、裙带菜、鹅掌菜、羊栖菜、马尾藻等为主,也摄食石莼、浒苔、礁膜等绿藻类,以及石花菜、紫菜、江蓠、海萝等红藻类,另外,一些成鲍还能摄食硅藻、大叶藻,以及桡足类、有孔虫类、水螅虫类等小型动物。

稚鲍和成鲍还可摄食人工配合饲料,鲍的人工配合饲料主要由海藻粉(海带粉或裙带菜粉)、鱼粉(或其他动植物蛋白源)、添加剂(褐藻酸钠、维生素类等)、防腐剂(山梨醇、碘化钾等)、黏合剂、诱食剂等成分按照一定比例配制加工而成。

鲍的舐食性为利用齿舌舐食藻类,边匍匐爬行边咀嚼食物,食物可贮藏在食道囊和嗉囊中。鲍的摄食活动有明显的昼夜变化,鲍的摄食活动主要在夜间进行,据报道,皱纹盘鲍的摄食率从黄昏到日落逐渐加快,其累加摄食量从日落到半夜呈直线上升趋势。

4. 生长 鲍的生长与发育阶段和绝大多数贝类一样,鲍幼龄时生长速度较快,随年龄增长、生长速度逐渐减慢,表现出明显的阶段性。从附着在岩礁上的匍匐幼体到商品鲍,需要 2~4 年。皱纹盘鲍幼体的生长,从初期匍匐幼体阶段发育到围口壳幼体阶段需 3 d 左右;从围口壳阶段发育到上足分化幼体需 10 d 左右;上足分化后的幼体到出现呼水孔的稚鲍,个体增长逐渐加快,平均日增长 60 μm 以上。

在人工饲育条件下,皱纹盘鲍前期稚鲍平均日增长为 50~60 μm。当年 5 月初采苗至 6 月中旬剥离时,稚鲍壳长可达 3~5 mm。剥离后的后期稚鲍,平均日增长约为 100 μm,经 4 个多月的生长,至 11 月,成鲍一般壳长可达 12~15 mm,大者可达 18 mm。

鲍的生长与水温的关系密切。不同种类鲍对环境水温的要求不同,每种鲍都有与其相对一致的生长适温范围。皱纹盘鲍的生长水温为 10~25 ℃,最适生长水温为 18~22 ℃;杂色鲍的生长适温为 20~27 ℃;九孔鲍在水温 18~28 ℃时可正常生长。

饵料的种类和丰度是影响鲍生长的重要因素,裙带菜、孔石莼、海带等都是成鲍较好的食物和饵料来源。

鲍的生理活动具有明显的昼夜周期性,鲍摄食等活动主要是在夜间或者黑暗状态下进行,缩短光照时间对鲍的生长起促进作用。

(四)生殖习性

1. 生殖腺发育特征 鲍雌雄异体,生殖腺位于角状消化腺的表面,发育成熟的生殖腺雌鲍呈浓绿色,雄鲍呈乳黄或乳白色。根据鲍生殖腺的发育特征,可将雌鲍、雄鲍的生殖腺发育分为休止期、恢复期、生长期、成熟期、排放后期。

鲍各发育期的出现时间,随鲍的种类以及分布海区的不同而异。大连海区皱纹盘鲍生殖腺各发育期的出现时间分别为:休止期在 10 月上旬至翌年 1 月;恢复期在 2~4 月;生长期雌鲍在 5 月上旬至 7 月中旬,雄鲍在 5~6 月;成熟期雌鲍在 7 月下旬至 8 月中旬,雄鲍在 7 月初至 8 月中旬;排放后期在 8 月下旬至 9 月。

2. 有效积温与生殖腺发育的关系 皱纹盘鲍的生物学零度为 7.6 ℃。皱纹盘鲍的有效积温达到 1 000 ℃时，生殖腺已发育得很好，此时，雄鲍经诱导，接近 100%的个体可排精；当有效积温达到 1 200 ℃时，排精量可达到最高峰。雌鲍对积温的要求较高，需要达到 1 500 ℃时，诱导产卵效果才会较好。在有效积温 500~1 500 ℃，雌鲍的产卵量随积温的增加而增加。

大连海区产皱纹盘鲍，生殖腺发育比日本海区所要求的积温偏低（假定其生物学零度也为 7.6 ℃）。当有效积温在 500~1 000 ℃，亲鲍排放率及产卵量都随有效积温的增加而增加；当有效积温超过 1 100 ℃后，雌鲍和雄鲍的排放率接近 100%。

3. 繁殖时间 鲍的繁殖季节因海域及种类而异，而且持续时间也不相同。繁殖季节与水温有着密切的关系。生活在周年温差变化较大海区的种类，繁殖期多集中在 1~2 个月内，大多数鲍属于此种类型，如皱纹盘鲍、杂色鲍，以及盘鲍、大鲍等。对于生活在周年温差变化较小的种类，则繁殖期相对较长，一年内的大部分时间都可达到性成熟，但有较为集中的繁殖季节，如生活在热带海域的耳鲍、平鲍、多变鲍等都属这一类型。对于前一种类型，即使是同一个种，如处在不同海域，受不同水温的影响，繁殖季节也会有很大的差别（表 1-3-2）。

表 1-3-2 3 种主要鲍的繁殖季节

种类	繁殖季节	水温	地点
皱纹盘鲍	7 月中旬至 8 月上旬	20~23 ℃	山东长岛、辽宁大连
	6 月中旬至 7 月中旬	17~20 ℃	青岛海域
杂色鲍	5~6 月	23~28 ℃	福建
九孔鲍	10~11 月	22~24 ℃	我国台湾

4. 鲍的产卵量 壳长约 6 cm 的皱纹盘鲍产卵量为 80 万粒；壳长 8 cm 以上的个体产卵量可达 120 万粒，皱纹盘鲍最大产卵量可达 200 万~300 万粒。

鲍的种类不同，其产卵量也有一定差异，壳长 6 cm 的九孔鲍产卵量约为 60 万粒，壳长 12~15 cm 的盘鲍产卵量可达 600 万~1 000 万粒。较大个体的红鲍产卵量可达 1 000 万~2 000 万粒。

（五）鲍个体发育

鲍的生活史从受精卵开始，经历初期发育阶段、担轮幼虫、面盘幼虫、匍匐幼体、围口壳幼体、上足分化幼体等阶段，发育为稚鲍。稚鲍再进一步生长为幼鲍、成鲍。以皱纹盘鲍为例，阐述鲍的个体发育。

1. 鲍的受精 生殖腺发育成熟的雄鲍和雌鲍，分别将精子和卵子排放到海水中，精、卵在海水中受精，形成受精卵。

2. 初期发育阶段 受精后 40~50 min，进入 2 细胞期；受精后约 80 min，进入 4 细胞期；受精后约 2 h，进入 8 细胞期；约 2 h 40 min，进入 16 细胞期。经过连续分裂，约 3 h 15 min 形成桑葚胚胎；受精后约 6 h，进入原肠期，此时胚体略呈椭圆形，植物极的四大分裂球被小分裂球外包，原口形成。

3. 担轮幼虫 受精后 7 h 30 min，皱纹盘鲍胚体长约 220 μm、宽约 180 μm，在较大一端长出纤毛环，顶端一束细长的纤毛称为顶纤毛，纤毛逐渐加长并且摆动力也随之加强，成为担轮幼虫。由于纤毛环与顶毛不断摆动与冲击,在受精后 11~12 h 幼虫冲破卵膜孵化而出,此后,担轮幼虫就直接在水中游泳活动。担轮幼虫趋光性强,健康的幼虫在水的中上层浮游。

4. 面盘幼虫 受精后约 15 h,在纤毛环的中间头部位置凹下形成面盘。在原口的相反位置,身体后背部的壳腺分泌出薄而透明的幼虫壳,成为初期的面盘幼虫,此时长约 240 μm、宽约 200 μm。26~28 h 后,一对眼点、大的足部与厣已经形成,壳也全部形成,此时若幼虫收缩面盘,软体部已可全部藏入壳内,壳口被厣所覆盖。其后,头部触角长出并逐渐伸长,并在足的两侧分化出上足触角。

5. 匍匐幼体 受精后 55~60 h,浮游的面盘幼虫将开始进入底栖匍匐生活,匍匐幼体期带有 24 个纤毛细胞的面盘脱落。

6. 围口壳幼体 受精卵经过约 6 d 的发育,幼虫壳长约 300 μm、宽约 220 μm。壳口成喇叭状向外扩张,壳口的边缘加厚,称围口壳幼体。此后,随着围口壳的进一步伸展,壳口逐渐增大并趋向扁平发展。幼体吻发达,频繁地向左右伸缩活动,舐食附着基面上的单细胞海藻等食物。此时头部的触角增多,眼柄开始出现。位于身体后部的心脏跳动已明显可见。

7. 上足分化幼体 受精卵经过约 19 d 的发育,贝壳增厚,表面具有明显的肋状壳纹。幼虫壳长达 0.7 mm、宽约 0.6 mm,上足触角开始分化,足部发达,在基面上具有较强的吸附能力。

8. 稚鲍 受精后约 1 个月,当壳长达到 2 mm 时,在壳的左前方出现了第一个呼水孔,此时已初步完成变态期,接近成体形态,称为稚鲍。皱纹盘鲍稚鲍出现第三或第四呼水孔后,当新的呼水孔继续长出时,后面的呼水孔就被封闭。其他种类稚鲍呼水孔开口也和成体保持相同数目。

(六)健康养殖

1. 种鲍的培育

种鲍室设计:种鲍室需具备保温、控光、防盗等功能,靠近孵化室、采卵室和种苗培育室,各室之间应有宽敞方便通道便于种鲍、受精卵、幼虫移动操作。室内全黑暗设计,操作光照度一般不高于 300~500 lx。种鲍室基本设施需要安装过滤系统、高位水箱、充气设施、室外监视系统。

种鲍挑选:种鲍选取 3~4 龄、体长为 8.5~9.5 cm、体重为 100~130 g 为宜。应选择软体部柔软、肥满度高、活力强、无损伤、皱纹清楚、外套膜无色素脱落的鲍作为种鲍。

种鲍饵料:种鲍饵料原则上投喂营养丰富、当地生产的新鲜藻类。在北方地区主要投喂新鲜的海带、裙带菜,南方地区主要投喂新鲜的海带、紫菜、龙须菜、江蓠等。新鲜饵料匮乏时可投喂盐渍、冷冻海带或裙带菜及干海带等,也可投喂配合饵料。

培育水温:种鲍进入培育车间后,饲育水温应调整到与采捕现场水温一致,稳定 2~3 d 后开始升温,升温速度以 0.5~1.0 ℃/d 梯度升至设定的促熟培育温度较为适宜。每次换水前后的水温差控制在 ±0.5 ℃ 范围内,尤其是培育后期性腺接近成熟时。

目前生产上皱纹盘鲍种鲍的促熟培育大多以 20 ℃ 水温来进行恒温培育。在生产过程中可根据培育条件、饵料状况、种鲍状态和性腺发育程度在 (20±1)℃ 范围内适当调整。根据皱纹盘鲍的有效积温,20 ℃ 条件下恒温培育 80 d 后,超过半数以上的种鲍能够诱导产卵。

刚产卵后的种鲍在20℃条件下恒温培育40 d后，能再次产卵。

培育时间：促熟时间是决定种鲍性成熟的关键。性腺成熟度与促熟的有效积温相关，一般情况下掌握有效积温在800～1 000℃比较合适。实践证明，在20℃水温条件下，有效促熟时间控制在65～85 d即可，考虑到水温在20℃前的暂养和升温阶段，实际促熟培育时间应掌握在80～100 d为宜。

分选雌雄：水温20℃条件下经过30～40 d恒温培育，种鲍生殖腺覆盖面增大，雌雄区别明显，且诱导率极低，不易排放性产物，为分选雌雄的最佳时机。雌雄比例按10∶1选留，分池培育。

培育密度：以饲育8.5～9.5 cm的皱纹盘鲍为例，饲育密度控制在50～100个/m³，种鲍分选雌雄后，密度控制在60个/m³左右培育为宜。

2. 诱导产卵和排精

阴干刺激：在室温21～22℃条件下，提前1 h将成熟的亲鲍挑出，将亲鲍体表水分甩干，腹面向上放置在铺有潮湿纱布的平面上，然后再用潮湿纱布盖住足面，在阴凉通风处阴干40～80 min。通常雄鲍比雌鲍要推迟30 min阴干，因为雌鲍耐刺激的能力强于雄鲍，为保证生殖细胞同步产出，可将刺激时间错开。

紫外线照射海水刺激：用经紫外线照射过的海水，刺激亲鲍产卵和排精。具体方法是向照射槽内加入高于种鲍促熟水温3～5℃的新鲜海水，每槽放置经防水处理的30 W、波长253.7 nm的紫外线灯管若干支，灯管放置深度为20 cm，进行水中照射，照射剂量控制在600～800（MW·h）/L［照射剂量=杀菌灯功率（MW）×照射时间（h）/照射水量（L）］。

3. 人工授精 将容器内的精液混匀后，取5 mL，加2滴1%碘液，然后用血细胞记数板记数。授精时加入精子的量以每个卵子周围$1.0×10^3$个精子，即水中精子密度为$2.0×10^5$万～$3.0×10^5$万个/mL为宜。生产上常在显微镜下检查每个卵子周围有7～10个精子即可。精卵产出后最好在1 h内完成授精，否则精子的活力会迅速下降。

用虹吸的方法将产卵槽中的卵吸到内有260目筛绢网箱的水槽中，将精液以$3.0×10^5$个/mL的密度加到有卵槽中，边加边搅拌，1～2 min完成授精。

待精、卵结合受精后，向水槽网箱内加入新鲜海水，按40～50粒/mL的密度将受精卵分放到孵化槽内，加入20℃新鲜海水至水槽上沿以下3～5 cm，待受精卵下沉后，将孵化槽倾斜，倒掉槽内2/3～3/4的海水（注意不要将受精卵倒出），然后向槽中加入新鲜海水，40～60 min后再进行一次洗卵，如此反复操作9～10次，直至幼虫上浮。

4. 孵化和浮游幼虫培育 水温20℃，受精后约10 h后，皱纹盘鲍胚胎开始在卵膜中转动，13 h后孵出。进入担轮幼虫期，营浮游生活，此时应进行选育。

健康和发育正常的幼虫趋光性强，上浮较早，而不健康或畸形的个体上浮晚或根本不上浮。选育即是用虹吸的方法将上层幼虫吸到筛绢网上浓缩、收集，继续培养。由于幼虫发育速度有差异，所以孵化的幼虫要经过2～3次选育。从受精后13 h开始，每1 h选育1次，选育结束时最好吸取少量底部幼虫检查是否正常，若有较多正常个体，还应再选育1次。当底部幼虫多数发育不正常时，可结束选育，弃掉劣质幼虫。一般担轮幼虫培育密度控制在15～20个/mL为宜。初期面盘幼虫的培育密度控制在15个/mL，后期面盘幼虫控制在10个/mL。

5. 附着与变态 受精后约 60 h 左右（20 ℃水温），幼虫发育至后期面盘幼虫，眼点和厣出现，这时即可将幼虫投到培育池中。方法是首先将附着基及培育池清洗干净，并在培育池中摆放好附着基，并加入 20~21 ℃过滤海水至附着基上边缘 10~15 cm，然后将浮游幼虫用筛网浓缩后进行定量，按照 $1.2×10^4$~$1.6×10^4$ 个/框（每平方米附着基 3 500~4 500 个）的密度将幼虫均匀倒入培育池。当 90% 以上幼虫附着后即可流水培育，此过程一般为 2~3 d。

6. 前期培育 前期培育是为了保证底栖硅藻与底栖幼虫的同步生长，使得幼虫能够平稳顺利过渡到稚鲍。幼虫附着后在硅藻板上生活 30~33 d 即完成变态过程，进入稚鲍期，此时壳长可达到 20~22 mm。如果底栖硅藻能够满足鲍苗生长，那么稚鲍会继续在硅藻板上生长 10~20 d，壳长达到 40 mm。当鲍幼虫在硅藻板上生活 40 d 左右，成为稚鲍。硅藻板上生长的硅藻已不能满足其饵料需要，须将其剥离并转移到平面饲育板上。目前剥离稚鲍的方法较多，常采用的有大蒜汁、酒精、米酒、米醋麻醉法和高盐海水麻醉法。

7. 幼鲍前期饲育 幼鲍饲育是将鲍苗转移到平面饲育板（砖、瓦）上，投喂人工配合饲料、流水饲养的过程。该阶段持续 100~120 d，剥离后的幼鲍可生长到 10 mm 以上。

饵料投喂：每天投喂 1 次，一般在下午天黑前鲍苗未爬出来时投喂。投饵量前期为 10 g/m²，随着稚鲍生长，逐渐增加到 30 g/m²，此时要随时观察稚鲍摄食情况，增加或减少用量，以每天清晨观察前天残饵略有剩余为准，残饵多应减量，反之加量。

清池：每天早上须清除残饵，在后期流水饲育中，由于水温较高，并且使用配合饲料水质容易败坏，造成鲍苗死亡，所以清池是幼鲍前期饲育中的重要环节。

鲍苗的筛选：先选择孔径为 4~10 mm 的无毒塑料筛子，将尚处麻醉状态的鲍苗剥离后，从大孔筛依次通过到小孔筛，选择出大小相近的鲍苗，按要求密度投到池中培育。

8. 剥离 北方在 10 月末至 11 月初，南方在 3 月末，对经过 5~6 个月培育的幼鲍进行剥离，进入养成阶段。

剥离方法类似稚鲍剥离，但由于附着基不同，如砖、瓦片等质地较硬，表面粗糙，剥离时更应小心。剥离前需停饵 1~2 d，以免运输过程中代谢物过多，造成污染，降低幼鲍成活率。剥离常采用的麻醉剂有酒精、米醋、米酒、大蒜汁和高浓度盐水等，常用较安全的方法是采用大蒜汁剥离，具体做法是：将大蒜挤压成汁，配成 2%~4% 的蒜汁海水溶液，将蒜液倒入压力喷壶中，附着基提出水面，用喷壶喷洒蒜汁到附着基上鲍苗集中的地方，待苗剧烈抽动时，用海绵、毛刷将其剥离到预先准备好的 20~40 目的网箱中。网箱应放在流水、充气的水池中，尽快解除蒜汁对鲍苗的刺激。对剥离不下来的个体，应再次用蒜汁喷洒处理，直到顺利剥离。

9. 工厂化养殖

（1）养殖池。水泥池规格为 10.0 m×0.9 m，池高 0.4~0.5 m，长渠形。养殖池一端设进水管，另一端设溢水管。

（2）饲养网箱。一般使用网孔为 1 cm 的聚乙烯网制成有效面积 0.6 m² 左右的吊笼，圆形或者方形，高度 30 cm 左右。依照养殖池的深度及水流情况，选择采用 1~3 层吊笼叠加的方式进行养殖。

（3）波纹板。由玻璃钢波纹板制成。一般长 5 cm，宽 45 cm 左右，使每个网箱可以放 2 块。中间育成波纹板的波纹要适当减小，板上需要打上若干直径 2 cm 的空洞，作为鲍上下出入用。

(4) 供水系统。每年5月上旬到11月下旬采用常温供水,11月下旬到翌年5月上旬采用升温供水。海水的过滤、升温等都与一般的贝类育苗车间相似。为了节省能量降低成本,在冬季升温供水时,可以采用净化处理系统,封闭循环供水。

(5) 放养密度。中间育成的幼鲍壳长 1.4~2.7 cm,放养密度以每箱600只为宜。因中间育成鲍的个体差异较大,最好在放养时进行大小筛分,使个体大小相同的鲍同笼养殖。壳长 2.5~4.0 cm 的鲍以每箱 200~250 只为宜。至鲍生长到 7 cm 以上时,可以每箱放养 100 只左右。

(6) 投饵。一般 2 cm 以下的幼鲍全部可投喂人工配合饵料,并辅助以人工培养的底栖硅藻。每天投饵量占鲍体重的 2%~5%。投饵时间一般在 16:00~18:00,第二天早上要及时清理残饵。养殖中要根据个体大小和水温情况,调节饵料投喂量。

(7) 日常管理。应坚持经常巡视检查,注意观察水色、水质等,间隔一段时间,要观察鲍的活力及生长情况。同时,还需保持养殖池的清洁和安静,及时清除池中残饵和污物,创造良好的养殖环境。

10. 底播增殖

(1) 海区选择。水深 3~5 m,以岩礁或卵石密布、褐藻丰富的海区为宜,底层水温周年低于 25.5 ℃,溶解氧饱和度终年在 85% 以上,盐度 30 左右,水中敌害生物少,无污染。

(2) 底播鲍苗。鲍苗种规格以 2.0~2.5 cm 为宜,春季播苗在 5 月中旬最适,秋季应在 10 月中旬至月底播完苗种。2.0~2.5 cm 的个体,以 10 只/m² 的播放密度为宜。播放苗种时,以水下播为佳,通过潜水员在水下将鲍苗与波纹板一起放到水下,1 d 后再把波纹板取回。

(3) 海上管理。鲍底播增殖管理简便,投工少、省力。比筏式养殖更为安全。管理的主要任务是清除敌害生物,可用潜水员在水下捕捉,也可以用诱捕器来捕捉海星类敌害。

(七) 鲍的敌病害及防治

在鲍的培育和养成过程中,敌害生物通过残食、寄生和饵料竞争等方式影响鲍的生长,甚至造成死亡。但更为严重的是由细菌、病毒及原生动物等引起的鲍的病害,对养鲍业危害尤为严重。

1. 敌害生物 如鱼类中的石鲷、海蟹、海鲫等,甲壳类中的日本蟳、龙虾等,还有海星、章鱼、鱿、红螺等。尤其是在底播增殖过程中,它们的危害更大。如在投放鲍苗前,由潜水员清理鲍苗投放区的敌害生物可减少敌害生物对鲍苗的残食。

2. 寄生生物 有些生物寄生在鲍体内,如寄居蟹,还有些生物寄生在外壳上营固着生活,如才女虫、苔藓虫、内刺盘管虫、藤壶、海鞘等。寄生生物附着在鲍壳上,影响鲍活动,堵塞呼吸孔,影响鲍呼吸与代谢物排出,造成鲍缺氧死亡。这些附着生物的大量死亡还会败坏水质。目前尚没有根本解决的办法。一般养殖单位采取倒笼的方法,减少附着生物。

3. 饵料竞争性生物 主要是食性与鲍接近的种类,如以大型藻类为食的海胆、螺,因此底播增殖时要考虑海底容量。最好清理一下增殖区与鲍食性相似的种类。

4. 常见细菌性疾病

(1) 脓包病。脓包病病原是河流弧菌,有报道坎氏弧菌($V. campbellii$)也能引起脓包病。患脓包病的鲍腹足上有多个微隆起的白色脓包,在夏季持续高温时,脓包会破裂,流出大量白色脓汁，并留下 2~5 mm 的深孔，足面肌肉呈现不同程度的溃烂。发病初期，鲍附着力和运动能力减弱，食欲减退；后期基本不摄食，并很快出现死亡。该病通常在 7~8 月发病，水温 20 ℃以上，皱纹盘鲍的成鲍和幼鲍均可感染脓包病。水温越高，鲍患病的概率越大，死亡率可高达 50%~60%。水温低于 16 ℃，病情会有所好转，足受到外伤的鲍较容易得病，通常剥离后 15~20 d 是发病高峰期。使用 6.25 mg/L 复方新诺明药浴 3 h，每天 1 次，连续 3 d 为一疗程，隔 3~5 d 再进行一个疗程。另外，剥离等操作要尽量减少足部外伤。

（2）皱纹盘鲍幼鲍溃烂病。病原是荧光假单胞菌，体长 0.5~2.5 cm 的皱纹盘鲍幼鲍易患此病。此病可常年发生，患病稚鲍足部肌肉溃烂，运动缓慢，附着力减弱，不摄食至死亡。可用卡那霉素等药物进行预防和治疗。

（3）肌肉萎缩症。病原是副溶血弧菌。患病高峰期为每年的 4~8 月水温上升期，当水温超过 23 ℃时，发病率明显增高。该病主要危害体长在 1.5 cm 左右的鲍苗，死亡率可达 50%左右，危害比较大。患病稚鲍摄食减少，附着力和移动性减弱，腹足肌细胞坏死，形成瘤状物，外套膜等组织出现赤褐色化缺损，病鲍死后干瘪，无糜烂现象。用土霉素、四环素等药物防治可能有效。

（4）暴发性细菌病（又称破腹病）。病原是溶藻弧菌、副溶血弧菌。该病病情传播速度快，病程短，为杂色鲍工厂化养殖危害较严重的一种疾病，主要在 3~6 月和 8~10 月发病，死亡率达 50%~90%。患病鲍外套膜向内收缩，与鲍壳连接处变为褐色，鲍体分泌大量黏液，池内水面泡沫明显增多。病鲍消化腺、胃肿胀，足部肌肉腐烂失去吸附力，触角不收缩，停止摄食以至死亡。庆大霉素、卡那霉素、复方新诺明等对该病有一定治疗效果。

5. 常见病毒病

（1）裂壳病。病原是球状病毒。患病鲍活力减弱，摄食差，软体部消瘦。壳变薄、色淡，壳孔相连串，壳外缘向外翻卷，足瘦，色黄，并失去韧性，表面有大量黏液状物质。生长速度极缓慢，被称为"老头苗"。严重的也会死亡。裂壳病传播途径为水平传播，多发生于皱纹盘鲍幼鲍期，感染 1~3 个月内可达 50%的死亡率。裂壳病目前尚无有效的治疗方法，应以预防为主，增强体质，改善生长环境。

（2）杂色鲍球状病毒病。病原是球状病毒。发病初期，池水变混浊，气泡增多，死鲍足肌收缩，贝壳向上，足肌贴于池底或筐框。杂色鲍球状病毒病感染杂色鲍的鲍苗、稚鲍、成鲍，仅流行于水温低于 24 ℃的冬、春季节。该病水平传播，潜伏期短，发病急，病程短，死亡率几乎达 100%。感染该病难以治疗，应以预防为主，建立严格的隔离消毒制度，使用砂滤水，定期进行水体消毒。

6. 原生动物引发的疾病 主要是纤毛虫、帕金虫等。国内报道的仅为纤毛虫病。纤毛虫大多寄生于稚鲍的消化道、外套膜、血窦和组织间隙内。患病稚鲍不摄食，行动缓慢，不久即死亡。感染率达 60%，死亡率近 100%。一般药物处理无效，应从水环境着手，减少污染，并用物理和化学方法处理水，以防治该病。

7. 其他原因引起的疾病

气泡病：如海水中溶解氧过饱和，鲍消化道内会发现许多小气泡，小气泡可融合成几个较大的气泡，致使病鲍内脏肿胀，吸附力下降，摄食剧减，严重时大批死亡。一旦发病，应停止投喂配合饲料，改投海藻，并大量换水。如发病严重时，可将幼鲍捞出，用针刺破气泡放出气体，然后移入新鲜海水中。

碎壳症：长期使用循环水，加上投喂钙量不足的合成饲料，鲍会出现碎壳症，表现为壳薄易碎，以致露出软体部。在饵料中施加氯化钙等钙剂，可防治该病。

低温致害：水温低于 0 ℃时，可导致鲍大量死亡，因此，选择养殖海区时要考虑周年水温变化；潮间带池塘养殖可考虑加大与外海水的交换量；浮筏养殖应选择水深 20 m 处，吊绳 10~12 m，一旦低温到来，可将吊绳下放到最深处。

思考题

1. 简述扇贝的繁殖特性。
2. 简述扇贝幼虫培育要点。
3. 简述扇贝筏式养殖技术。
4. 简述鲍的生态习性。
5. 简述鲍的工厂化养殖技术。

第四章 河蚌育珠

珍珠是一种绚丽多彩、晶莹夺目、稀有而名贵的装饰品,自古以来,人们视它为珍宝,把它加工精制而成各种项链、摆件、领带等饰物,畅销国内外市场,尤其是高档珍珠饰物价值稳定,供不应求。珍珠还是一种名贵的中药材,具有清热解毒、安神定惊、明目止痛、收敛生肌的功效,有"眼科圣药"的美称。珍珠还能增进生理机能,促进新陈代谢,延缓身体衰老。此外,珍珠还可配制各种各样的化妆品,如珍珠霜、珍珠膏等。

人工育珠在我国有着悠久的历史。宋代庞元英在《文昌杂录》中叙述了"养珠法",明代利用褶纹冠蚌培育出了举世闻名的"佛像珍珠"。20世纪60年代,许多珍珠研究专家开始对珍珠养殖基础理论及实际操作技术各方面进行了研究,取得了可喜的成就。1964年后,全国各地相继开展了淡水珍珠的养殖,形成了规模生产。1972年开始出口淡水珍珠,至20世纪80年代中期,我国珍珠产量跃居世界首位,成为世界珍珠输出量最大的国家。

我国水域资源广阔,育珠蚌种类较多,资源十分丰富,发展育珠的条件十分优越。且育珠技术容易掌握,设备简单,成本低,收益大,是一项很有发展前途的特种水产养殖业。如果能够合理控制生产规模,调整产品结构,注重提高珍珠质量与开发高档次的特种珍珠,加强珍珠加工产品的开发与利用,进一步拓宽出口渠道,珍珠养殖就能持续健康发展。

第一节 育珠蚌的生物学特性

一、育珠蚌的种类与分布

所谓育珠蚌,即是用于培育珍珠生产的蚌,包括育珠生产中制作小片的小片蚌和插植小片后培育珍珠的珠母蚌。

(一)淡水育珠蚌的主要种类与分布

自然界河蚌种类繁多,中国有淡水蚌200余种,一般淡水河蚌都能形成珍珠,但用于育珠生产的只有10余种。目前,国内外生产上用得最广的是三角帆蚌、褶纹冠蚌、池蝶蚌和珠母珍珠蚌。我国育珠生产主要用前两种,日本、俄罗斯则主要用后两种。河蚌在分类学上隶属软体动物门,瓣鳃纲,真瓣鳃目,蚌科。

1. 三角帆蚌(*Hyriopsis cumingii*) 又称三角蚌、翼蚌、帆蚌,中国特有种。壳大而扁平,壳质坚厚,壳后背缘向上扩展成三角形帆状翼(图1-4-1),壳面黄褐色,壳内面珍珠质呈乳白色、紫色或混合色,光泽美丽。喜栖于大、中型湖泊及水清流急、泥沙底质的河流中,我国安徽、江苏、浙江、湖南、湖北等省为主要产区。三角帆蚌所产珍珠质量最佳,珠质细腻光滑,色泽鲜艳,形状较圆,且移植手术操作简便。

图1-4-1 三角帆蚌

2. 褶纹冠蚌（*Gristaria plicata*） 又名鸡冠蚌、湖蚌、绵蚌等。贝壳略呈不等边三角形，壳质较厚，后背缘伸展成鸡冠状，壳面多为黄褐色、黑褐色，壳内面珍珠层呈乳白色。喜栖于泥沙底、水质较肥的池塘、湖泊、沟渠等静水水域中，比三角帆蚌分布更广泛。褶纹冠蚌育珠的质量比三角帆蚌差，但成珠快，产量高，所产珍珠乳白色、红色或粉红色。植片部位的壳间距大，便于有核珠和象形珠的生产。

3. 池蝶蚌（*Hyriopsis schle*） 又称许氏帆蚌，与三角帆蚌同属，外部形态相似。性成熟比三角帆蚌慢1~2年。是日本主要淡水育珠蚌，我国已引种繁殖，具有较强的珠质分泌能力，为育珠优良品种。

4. 珠母珍珠蚌（*Margaritiana dahurica*） 又名蛤蜊，贝壳长椭圆形，壳质坚厚，膨大，壳面深褐色或近黑色，壳内面珍珠层白色。生活于低温寒冷的江河及小溪中，主要分布于黑龙江和吉林等省。

5. 背瘤丽蚌（*Lamprotula leai*） 又称珠蚌，壳椭圆形，长为高的1.5倍，壳厚而坚实，壳面粗糙具瘤状结，黑褐色，壳内面乳白色，有珍珠光泽，产珠质量高。同时贝壳也是制作珠核的材料。多产于流动水域，分布于华东、中南等区域。

6. 猪耳丽蚌（*Lamprotula rochechouarti*） 壳大，近三角形，似猪耳。壳质坚厚，两侧不等，腹缘后端有一凹陷。壳面黑褐色，有瘤状节，壳内面乳白色。可制作珠核或用作育珠蚌。多生于流水环境，分布于华东、中南等区域。

（二）海水育珠蚌的主要种类与分布

我国目前进行海水珍珠养殖的育珠蚌主要为珠母贝隶属于软体动物门，瓣鳃纲，翼形亚纲，珍珠贝目，珍珠贝科，主要有以下几种（图1-4-2）。

1. 合浦珠母贝（*Pinctada martensii*） 又名马氏珠母贝，左、右两壳不完全相等，左壳稍突起，右壳较平，壳顶向前方，自壳顶向前后平伸，有两耳状突起，前小后大，全壳略呈斜方形，壳面有覆瓦状排列的鳞形薄片，淡黄褐色，内面有强烈珍珠光，足丝粗而韧，附着生活在水质澄清有珊瑚礁或多沙砾的浅海底。合浦珠母贝分布在我国广东、广西、海南、台湾沿海地带，日本、菲律宾、越南、缅甸等均有分布。贝壳高约8 cm，宽约3 cm，施术方便，受核率高，育成的珍珠质地好，是现今育珠的主要母贝。

2. 大珠母贝（*Pinctada maxima*） 又名白螺珍珠贝、白碟贝。贝壳大型而坚厚，呈蝶状，左壳稍隆起，右壳较扁平，前耳稍突起，后耳突消失成圆钝状。壳面呈棕褐色，壳顶鳞片层紧密，壳后缘鳞片层游离状明显，壳内面具珍珠光泽，珍珠层为银白色，较厚。边缘稍呈黄色或黄褐色，铰合部厚，贝壳内面中央稍后处有一明显的闭壳肌痕。大珠母贝分布于我国的海南岛、西沙群岛、雷州半岛沿岸海域，在澳大利亚沿岸、西太平洋沿岸的东南亚国家近岸也有分布。成贝壳高一般为25 cm左右，最大的壳长可达32 cm，体重4~5 kg，是培育大型珍珠的母贝。

3. 长耳珠母贝（*Pinctada chemnitzi*） 体型近似合浦珠母贝，较扁，俗称扁贝。后耳显著，壳面呈棕褐色，壳内面珍珠层多呈黄色。长耳珍珠贝在我国福建的东山岛至广东、海南以及广西的珍珠港等地资源丰富。成贝扁平，软体部肌肉纤维多，不便于施术，多用于生产药用无核珍珠，育成的珍珠多为黄色系统。

4. 企鹅珍珠贝［*Pteria* (*Magnavicula*) *penguin*］ 贝壳呈斜方形，后耳突出成翼状，左壳从壳的顶部向后腹缘隆起。壳面呈黑色，被细绒毛。壳内面珍珠层银白色，具彩虹光泽。分布于我国台湾、广东、海南和广西沿海，以及日本九州的南部、琉球群岛和菲律宾等地。个体硕大，仅次于大珠母贝，成体企鹅珍珠贝可达 25 cm，可培育大型附壳珠和正圆珠。

5. 珠母贝（黑蝶贝）（*Pinctada margaritifera*） 贝壳体型似大珠母贝，较小。壳面的鳞片呈瓦状排列，暗绿色或黑褐色，夹杂白色斑点或者放射带。壳内面珍珠层光泽强，银白色，周缘暗绿色或者银灰色。分布于我国台湾西南、广东、海南和广西等地。国外则分布于日本、马达加斯加、印度尼西亚和澳大利亚等。成贝个体较大，仅次于大珠母贝，最大者可达 25 cm。可培育大型附壳珠和正圆珠。

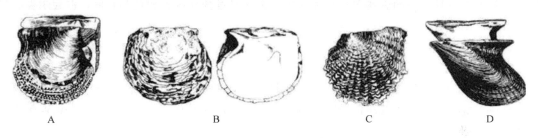

图 1-4-2 主要种类的珍珠贝
A. 合浦珠母贝 B. 大珠母贝 C. 珠母贝 D. 企鹅珍珠贝
（王如才，2008）

二、河蚌的形态结构

1. 贝壳 一般左右对称，在背部相连形成铰合部。背部有一个较突出部分，称壳顶。壳较钝圆的一端称前端，较尖削的一端称后端，与背部相对应的下方称腹部，其壳质较薄的边缘称腹缘。壳面有以壳顶为中心、与腹缘平行、呈同心环排列的生长线，还有以壳顶为起点，向腹缘伸出的许多放射排列的肋和沟。区别左、右壳时，将壳顶向上，前端向外，后端向观察者，则位于左侧者为左壳，右侧者为右壳。从壳顶至腹缘之间距离为壳高，壳前端与后端之间距离为壳长，左、右两壳的最大宽度为壳宽。

蚌壳内面光滑，有珍珠光泽，一般呈白色，也有粉红色、紫色等。壳内可见与腹缘平行的外套膜肌痕（或称外套痕），壳前端有 3 个肌痕，最大的为前闭壳肌痕，在背部后前方的为缩足肌痕，在腹部的为伸足肌痕；壳后端 2 个肌痕中，大的为后闭壳肌痕，较小的为后缩足肌痕。

2. 外套膜 河蚌的外套膜紧贴于贝壳的珍珠层，由环走肌附着于贝壳上，在背部与内脏团相连。外套膜与内脏团之间的空隙称外套腔。左、右两侧外套膜在后端联合形成进水管（腹方）和出水管（背方）。

外套膜背突及外套肌痕以内部分很薄，近乎透明，称中央膜，具有辅助呼吸机能；在外套膜腹方边缘为一条棕色的色素线，称外套缘；位于外套肌痕以外，外套缘以内部分的外套膜比较厚实，称边缘膜，制备细胞小片的外表皮主要取自边缘膜。

外套膜组织结构可分 3 层：靠内脏团的表皮由单层扁平上皮细胞组成，称内表皮；靠壳侧的表皮由单层柱状上皮细胞组成，称外表皮；中间层由结缔组织及少数肌纤维组成。只有外表皮细胞才有分泌珍珠质的功能。外套缘具有 3 个皱褶：靠外壳的外褶称"生壳突起"，分泌角质和棱柱质，所分泌的角质素形成黄色的角质膜将外褶包封于贝壳上，这种结构保证了外表皮细胞分泌的珍珠质不至于流失；中褶具有感觉细胞，对外界刺激感觉灵敏，故称"感觉突起"；内褶肌纤维较多，称"缘膜突起"。

3. 内脏团 蚌的内脏团主要由斧足、肌肉、消化、呼吸、循环、生殖、排泄、神经等系统组成。足位于内脏团的腹方，肌肉质，斧状，故称"斧足"。主要功能是挖掘淤泥潜伏身体，缓慢移行。

口位于蚌体前端，前闭壳肌的后下方，由背、腹两片唇瓣组合而成简单的横裂状开口，唇瓣上密生纤毛，具感觉和摄取食物的作用。食道很短，胃宽大，四周有褐绿色的消化腺——肝。肠细长，在内脏团腹方经三次盘曲后，以直肠穿过围心腔及心室，在后闭壳肌的后方开口于出水管附近。

河蚌的鳃，位于内脏团的两侧，每侧的鳃由内、外两片组成，内侧的称内鳃瓣；外侧的称外鳃瓣。每片鳃瓣又可分内、外鳃小瓣。鳃小瓣由许多鳃丝组成，鳃丝表面密生纤毛，内布血管，水流经鳃丝进行气体交换，完成呼吸作用。此外，由于鳃上纤毛的摆动，促使水流形成，辅助摄食。繁殖期间，受精卵在外鳃瓣上发育，故外鳃瓣又有"育儿囊"之称。

河蚌一般雌雄异体，一对生殖腺位于斧足上方、肠管周围，多在内脏团的表层部。性成熟时，雄蚌的精巢呈乳白色，雌蚌卵巢呈淡黄色。

三、育珠蚌的生活习性

河蚌是水生底栖动物，常年栖息于江河、湖泊、池塘等水体的底泥中，营埋栖生活。冬季蚌的整个躯体潜埋在泥沙中，仅露出壳的后端部进行呼吸和摄食，夏季则大部分露出泥沙外。依靠斧足运动，活动范围狭小。

不同种蚌对环境的要求不同，褶纹冠蚌和背角无齿蚌喜栖息于水流缓慢或静水水域中；三角帆蚌、丽蚌、池蝶蚌则喜欢生活在水质清澈、水流较急、底质较硬的泥沙底水域中。

海水珠母贝科的种类均分布于热带和亚热带海洋中，常年利用足丝附着在岩礁、珊瑚、沙或者沙泥以及石砾的混合物上生活。纯泥质底的海区，因缺乏附着基地，难以生存。以合浦珠母贝为例，垂直分布一般自低潮区附近至水深 20 m 处。在风浪较大、地质不够稳定的海区，多栖息于深水区；反之，在风浪较小、地质较为稳定的海区，则多栖息于浅水区。合浦珠母贝的活动有明显的周期性，据观察，足丝的分泌和活动多在夜间进行。

四、食性与生长

育珠蚌属兼性营养，既可滤食，又可通过体表渗透吸取水体中的营养元素，它没有捕食器官，不能主动摄食，只能依靠鳃和唇瓣表面上的纤毛摆动形成水流，使食物进入口内，达到滤食目的。蚌的食物主要是水中的微小生物和有机碎屑，如单细胞藻类、小型浮游动物和植物碎片等，且以浮游植物为主。

蚌的生长缓慢，适宜生长水温范围为 10～30 ℃，最适水温 24～28 ℃，水温达 36 ℃时，蚌会处于昏迷状态。达到性成熟的蚌，生长更慢，贝壳的长度和高度生长是有限的，但贝壳的厚度相对来说是无限的，蚌的年龄越大，其壳越厚。淡水蚌的寿命一般为 10～20 年。

五、生殖习性

河蚌因种类不同其性成熟的时间也不相同,三角帆蚌一般为4～5龄,褶纹冠蚌一般3～4龄。河蚌的怀卵量为20万～30万粒,以5～6龄的雌蚌繁殖力最强。三角帆蚌的产卵季节为5～7月,以5月下旬至6月中旬为旺季,适宜水温为18～30 ℃,以20～28 ℃最适宜,繁殖季节内可排卵8次左右。褶纹冠蚌一年繁殖两季,即3月下旬至4月底、10月至12月上旬,每季可排卵2～3次,适宜水温15～20 ℃。背角无齿蚌几乎全年可以繁殖。

进入繁殖季节,雌蚌的成熟卵通过生殖孔排入鳃上腔,再到鳃腔中。雄蚌排精于体外,雌蚌借助鳃纤毛的定向摆动形成水流,使精子随呼吸水流进入雌蚌的外套腔内,在鳃腔中与成熟的卵子相遇结合。受精卵附在外鳃瓣的鳃丝间隔中发育,直至形成钩介幼虫(图1-4-3)。钩介幼虫发育成熟后很快破膜而出,被排入水中,遇到鱼类就用其足丝和钩附着在鱼体体表,营寄生生活。鱼体则分泌黏液,将其包住,形成白色包囊。最后发育成的稚蚌破包囊而出,离开鱼体,转营独立底栖生活。

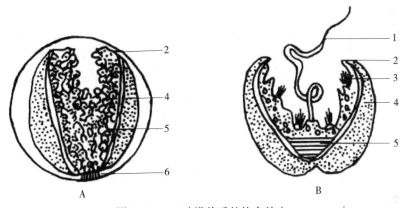

图1-4-3 破膜前后的钩介幼虫
A. 趋近破膜前期的钩介幼虫 B. 破膜脱出的钩介幼虫
1.临时足丝 2.钩 3.感觉毛 4.介壳 5.闭壳肌 6.纤毛
(王殿坤,1992)

海水蚌以合浦珠母贝为例,当年出生的合浦珠母贝至翌年繁殖期时已经具有繁殖能力,即未满1周龄的珠母贝已经达到性成熟。合浦珠母贝是雌雄异体,但具有性转变现象。性变现象常见于幼龄的个体,3～4龄的母贝性别相对稳定。合浦珠母贝的繁殖季节一般在5～10月,水温回升较早的年份4月下旬也可进入繁殖期。水温在22 ℃左右便开始产卵,水温达到25 ℃以上则进入繁殖盛期。

第二节 育珠蚌的人工繁殖

我国在20世纪60年代蚌的采集还处于天然采苗阶段,直到1965年人工育苗才取得成功,至此育珠蚌的人工育苗得以推广。下面以三角帆蚌和合浦珠母贝为例介绍其人工育苗技术。

一、三角帆蚌的人工繁殖

因目前国内淡水珠生产中,三角帆蚌使用最广泛,在此只介绍该种蚌的人工繁殖技术。

(一) 亲蚌选择

1. 雌雄鉴别 雌、雄亲蚌外观上难以区别。与雄蚌相比，雌蚌的个体较大，两壳稍膨突，后端较钝圆。可靠的鉴别方法是用开壳器打开蚌壳，比较其性腺和外鳃瓣的形态：雌蚌鳃丝细狭，排列紧密，沟纹不明显，100～120条，性成熟时性腺呈淡黄色，用针刺后有颗粒状卵流出；雄蚌的鳃丝宽大，排列稀疏，沟纹明显，50～60条，性腺呈乳白色，针刺后有白色浆液流出。已经鉴别的雌、雄蚌，应在壳上做出标注。

2. 选择标准 选择的亲蚌年龄为5～7龄，壳长大于15 cm，壳厚大于5 mm，两壳间距大于5 cm。闭壳敏捷，喷水有力，壳色正常，蚌体健壮，珍珠层色泽艳丽，生长线较稀疏的为好，雌雄合适比例为1:1。

引种亲蚌时必须经过严格检疫，确认无病毒性传染源的蚌种方可引进。刚引进的亲蚌，应隔离饲养观察。为避免近亲繁殖，不可从同一水域采捕蚌种或在同一批人工繁殖的子代中选留亲蚌。

(二) 亲蚌培育

1. 培育池 亲蚌培育池面积以1 500～3 000 m²、水深1.5～2.0 m为宜，有微流水条件最好，如果是封闭性水体，应定期补充或更换新水。

2. 放养 亲蚌培育工作，应从先年的秋季开始，挑选亲蚌，标记雌雄，按1:1的比例配组，雌雄相间成行吊养于水面50 cm左右深处，只间距10～15 cm，行间距2 m以上，放养密度为1.50万～2.25万只/hm²。为提高受精率，在具缓流水域中，雄蚌宜吊养在上流方位，在静水水域中培育时，宜成片集中培育。

此外，为提高水体利用率，可在培育池内混养鱼类4 500～7 500尾/hm²。混养鱼种类以草鱼、团头鲂等植食性鱼类为主，占总放养量的70%以上，鲢、鳙等滤食性鱼类只占放养量的20%～30%，其中以鳙为主，鲢与蚌的食性相同，应适当少放。

3. 饲养管理 亲蚌入池前，按常规用生石灰彻底清塘消毒，施足基肥，培肥水质。培育期间，应根据季节、水色不定期地进行施肥，注入新水，保持水质肥活嫩爽，水色以黄褐色为佳，透明度30 cm左右较好。6～9月每月泼洒一次生石灰，用量为30 g/m³，这样既增加水体中的钙质，调节酸碱度，又能预防蚌病。

(三) 钩介幼虫的人工采集

1. 宿主鱼的选择 钩介幼虫（或称钩蚴）能寄生在所有鱼的鳍和鳃上，本身对宿主鱼并无选择性，但人工采集钩介幼虫时，为了提高采苗率和稚蚌变态率，应从宿主鱼的生活习性、食性和适应能力等因素加以考虑。目前普遍采用黄颡鱼，因为黄颡鱼具有性情温和、耐低氧、适应性强等特点，同时，幼体较易附着且寄生数量多。鳙性情温和，较易饲养，也常用作采蚴。草鱼种易被钩蚴寄生，但被寄生的草鱼成活率较低。麦穗鱼采蚴效果也较理想。

采蚴鱼的规格不定，通常以体长10 cm左右为宜。要求体质健壮、鳍条完整。宿主鱼选用前要加强饲养管理，增强体质，进行2～3次拉网锻炼后，移入暂养箱中使其能适应密集低氧环境。根据需要还可用7 g/m³的硫酸铜溶液浸洗鱼体，清除鱼体体表寄生虫。

2. 采苗季节与成熟蚴的鉴别 繁殖季节亲蚌开始自然产卵受精，受精卵需经过35～50 d发育，只有当钩蚴发育成熟并破膜而出，才能利用其足丝和钩刺附着鱼体，因此，在人工采苗前，必须对钩蚴的成熟度进行较准确的鉴定。三角帆蚌的繁殖是分批成熟、分批产卵和排蚴的，5~6月首批排放的钩蚴在水中存活时间长，寄生能力强，在宿主鱼体上变态发育速度快，成活率高。因此最适采苗季节是5~6月，水温25℃左右。

3. 采蚴方法 人工采蚴之前，先要确定采苗鱼的数量，以黄颡鱼为例，每生产100万只小蚌，一般需选择50~100 g规格的黄颡鱼50~60 kg，黄颡鱼可重复使用。实验表明每只蚌每次排放钩蚴量10万~20万只，但寄生率只1%~5%，因此每只蚌每次需采苗50尾左右。

采苗方法主要有静水采苗、微流水采苗和剖蚌采苗等。

(1) 静水采苗。将钩蚴达到成熟的雌蚌置于阳光下暴晒15~20 min后，放入盆（或水泥池）中，每盆2~3个，加清水淹过河蚌3~5 cm深，雌蚌遇水后很快释放白色絮状物（钩蚴）。15~20 min后取出雌蚌放入采苗鱼，不断搅动水体，以增加钩蚴与采苗鱼的接触机会，提高采苗率。采苗10~15 min后，捕起采苗鱼，检查鱼鳃和鳍条上附着的小白点，估计寄生数量，一般以黄颡鱼每尾500~800只、鳙鱼种每尾300~400只较适宜。此时应捞出采苗鱼放入蚌苗池中饲养，另换一批采苗鱼继续采集，直到水体钩蚴密度不足30只/mL。

(2) 微流水采苗。需建筑面积为2~4 m²、深30~50 cm的采苗培育池，按每平方米3~5只雌蚌，每只蚌搭配10~20尾采苗鱼。控制水流量，2~3 d后可完成采苗工作。此法采苗附着的钩蚴成熟好，成活率高，但部分钩蚴会随水流失。

(3) 剖蚌采苗。按静水采苗法操作，只是把成熟雌蚌的孕育鳃瓣切取下来，放入盆中撕碎，再放入采苗鱼采苗。采苗注意事项：①采苗应及时，钩蚴的活力随时间增长而减弱，钩蚴在排出母体后4 h活力最强，12 h后具强活力的钩蚴苗为70%~80%，24 h后仅为50%；②采苗鱼一次放养密度不宜过大，过多的采苗鱼分泌大量黏液，会降低钩蚴的寄生率；③宿主鱼的寄生数量一定要适量，否则会因负担过重而造成死亡；④三角帆蚌有多次产卵的特性，因此，一次采苗以后，仍可将其吊到原配组饲养池中，便于再次繁殖、再次采苗。

三角帆蚌排放钩蚴的次数与水温的关系密切，当水温20~30℃时，钩蚴的排放周期为7~20 d。

4. 宿主鱼的饲养 宿主鱼被寄生一定数量的钩蚴后，要立即转入专门的饲养池进行饲养。每一池中应投放同批宿主鱼，使稚蚌发育脱落一致。暂养密度一般为40~60尾/m²。池上方需搭设遮阳棚，池中可投放少量水浮莲，为宿主鱼提供隐蔽场所。可不投饵或适量泼洒豆浆，保持不间断微流水，加强饲养管理，经常检查池的进、出水口，防止敌害混入和宿主鱼外逃。

钩蚴的寄生时间依水温高低而有所不同，20℃左右时，为10~15 d；28℃时，为5~7 d。在饲养宿主鱼的过程中，要注意观察钩蚴变态发育情况，以便掌握脱苗时间。钩蚴变态完毕时，包囊膜变薄且透明，在放大镜或解剖镜下可看到稚蚌双壳的启闭和斧足的伸缩运动。稚蚌从鱼体上脱落后，鱼体上的包囊消失，此时需将鱼从池中捕出。

(四) 稚、幼蚌培育

1. 育苗池条件 育苗池应建造在水源充足、向阳通风的地方，砖混结构，大小2~3 m²，池深40~50 cm，若干池并排建造，每口池有相对设置的进、排水口，进水由塑料管打孔喷水入池，池底略向排水口倾斜。池上方要搭设遮阳棚，防止阳光暴晒。除此以外，还应配套建造贮水池、沉淀池，并按贮水池、育苗池、沉淀池由高到低梯级建造，使用水泵将沉淀池水抽提到贮水池，以循环利用水源。

2. 稚蚌培育 钩蚴从宿主鱼身上破囊脱落下来后的幼体，称为稚蚌，壳长仅 0.5～1.0 mm，以水中单细胞藻类、轮虫、原生动物等为食。放养密度为 1 万～2 万只/m^2。水源最宜引用池塘内含丰富饵料生物的肥水，保持微流水，掌握好水的流量与流速，使水质清新、溶解氧充足。

稚蚌经过一个月培育，壳长可达到 0.8 cm 左右，此时需要调整密度，适当加投人工饲料，平均每平方米水体用花生麸或菜籽麸 50 g，拌以干黏土粉一起撒放。再经过一个月的培育，当壳长达到 2～3 cm 时，则进入幼蚌培育期。

3. 幼蚌培育 幼蚌饲养方式有池塘笼养、池塘底养、网箱饲养，也可利用农田培育。

笼养是目前较普遍采用的方法。网笼一般用直径 30～40 cm、高 15 cm 左右、孔径 0.5～2.0 cm 的塑料圆筛盘，外套大小相匹配的聚乙烯网（网目 0.8～2.0 cm），并用编织防雨布衬底制成。笼底铺设与蚌体高度相当厚的营养土。营养土主要是由发酵后的畜禽粪和菜地土各半，经暴晒后拌匀研成的细粉。最初每笼放养 400～600 只，以后严格实施分级饲养。

底养也称地播养殖，可选择沟渠、池塘或农田，培育池面积不超过 1 000 m^2，水深 0.5 m，底质以较硬的沙质壤土为宜。施足基肥，并尽量创造流水条件。底养幼蚌规格宜从 2～3 cm 开始，一次性放养密度为 100～300 只/m^2；分级放养时初放密度为 300～500 只/m^2，以后按月进行取大留小稀疏密度。

幼蚌培育的技术关键：①及时分级，稀养速成；②投饵施肥，精心培育，以投有机肥和精饵料为主，尽量少施或不施无机肥料，精饵料以发酵过的菜饼或脱壳棉籽为好；③鱼蚌混养，混养鱼类以草鱼、鳊、鳙为主，投配少量鲫、鳜等；④加强日常管理，经常注换新水，定期按 20～30 g/m^3 的用量泼洒生石灰改良水质。

二、合浦珠母贝的人工繁殖

珠母贝人工育苗采用附着性贝类常规性育苗方法，关键是亲贝的选择和培育，以及采用一定方法刺激其排卵，并选择合适的附着基。

1. 亲贝选择、暂养 亲贝选择 2～4 龄的珠母贝为宜，头一年先选好所用亲贝，按雌雄比 10∶1 垂养于饵料丰富的海水区域，方便育苗时取用。

2. 亲贝促熟、排卵 采用提高或降低水温的方法，诱导亲贝排精放卵。一般最适水温为 27～29 ℃，适宜海水相对密度为 1.020～1.024。在适宜温度下，一般经过 24 h 便可发育到 D 形幼虫，通过拖网和过滤法择优放入其他池进行幼虫培育

3. 培育管理 附着基以聚乙烯网衣和棕绳为好。幼虫附着变态成稚贝后，培育过程中可加大换水量和投饵量，同时不定时向海上过渡，为稚贝下海育成苗种做前期准备。

4. 贝苗的中间育成 在贝苗成长一段时间后，自 6 月下旬开始，采用筏架式垂下笼养法放入海区进行贝苗的中间育成，直至个体养至 2.5 cm 左右为止。

贝苗笼的种类繁多，规格不一。常用的贝苗笼一般采用 8～10 号镀锌铁丝、竹片或塑料做笼框，外面的笼网则包裹一层网衣，网目大小以贝苗的大小为准。原则上，网目在避免贝苗逃漏的情况下越大越好，贝笼则用 350～450 N 拉力的胶丝做吊绳。

(1) 圆筒形苗笼。也称双圈笼，圆筒状。

(2) 拱形苗笼。底部为方形，上为对角交叉成拱形，拱起部高约 10 cm。

(3) 锥形苗笼。也称为单圈笼，结构最简单，使用方便。

5. 贝苗的饲养管理　贝苗体型小，外壳比较薄，抵抗力比较差，需要加强饲养管理，才能获得优质体壮的贝苗。

（1）养殖密度。不同大小的贝苗养殖密度不同，在不同阶段需要多次换笼作业。此外，养殖密度还要根据养殖海区环境的实际情况调整。沉积物少、水流畅通、饵料丰富的地区，密度可大一些，反之则不宜过大。

（2）养殖水层。根据海区的环境、季节变化，尤其是台风暴雨天、酷暑寒冬的突然来袭，应及时做好应对措施，保证贝苗正常生长。

（3）防病防害。贝苗笼很容易受沉积物的影响，堵塞网口致使水流不畅，妨碍了贝苗的正常生长，甚至会引起死亡。因此，要经常进行洗笼作业，先将贝笼在水中上下震荡，让沉积物脱落，然后提起用刷子清除附着物。同时，还要随时观察贝笼里贝苗情况，发现敌害生物要及时清除。

第三节　育珠手术作业

人工培育珍珠，手术操作是基础，手术水平不过关，势必会严重影响育珠产量和质量，甚至造成育珠生产失败，故有"五分种，五分养"一说。淡水河蚌育珠手术与海水蚌基本相似，这里一并阐述。

一、手术季节

育珠手术应选择合适季节进行，因为手术蚌的伤口愈合、细胞小片的活动、珍珠囊的形成都与水温密切相关。水温过高（超过30 ℃），细胞小片存活时间短，易造成手术蚌脱水、烂片、伤口发炎溃烂，另由于夏季为育珠蚌的繁殖盛期，成熟的性腺会给手术操作带来困难，甚至因强烈刺激造成蚌的死亡；水温过低（低于8 ℃），育珠蚌处于冬眠状态，伤口不易愈合，很难形成珍珠囊，易造成吐片，而且蚌体及小片离水易冻伤致死。而在适温范围内，育珠蚌新陈代谢旺盛，生命力强，伤口愈合速度快，珍珠囊形成快，珍珠质量也好。一般在水温10~30 ℃范围内均可施行手术，但以15~25 ℃最适。实践表明，育珠手术的最佳季节为3~5月，9~10月次之。

二、手术工具

选择优良适用的手术工具，对植珠效果关系重大。目前各地使用的手术工具不尽相同，大体包括制片工具、植片工具和植核工具等。

（一）制片工具

开壳刀：长15~20 cm，宽1~2 cm，可由钢锯条、钢直尺斜切磨利而成，用以切断制片蚌的前、后闭壳肌。

镊子：平头镊子和弯头镊子各一把，供分离外套膜内、外表皮和整修小片用。

手术架：木制或塑料制，供制片、植片时固定蚌体用。

剪刀：供剪除边缘膜的有色边缘和解剖蚌体用。

切片刀：供切取边缘膜和修整小片用，通常采用外科手术刀或单面刀片。

解剖盘：供制片和植片手术时放置手术架与小片板，以防手术时水浸工作台。

小片玻璃板：长 10 cm、宽 3 cm、厚 5 cm，供制片时放置小片用。

小块海绵：供洗刷育珠蚌体内污泥脏物，以及制片手术时擦洗黏液和污物用。

乳胶管或滴管：供制片和植片手术时滴注保养液于小片及育珠蚌体内用。

(二) 植片工具

除与制片工具共用的手术架、解剖盘等外，还有以下工具。

开壳器：供植片手术时开启育珠蚌的贝壳用，用铜或不锈钢制成，头部扁而圆。

固口塞：楔形木塞或 U 形钢丝塞，宽 0.6~1.0 cm，供植片时固定育珠蚌壳口，使其不能闭合。

鸭舌板：也称拨鳃板，用于制片手术时将内脏团及鳃瓣拨向另一侧。

钩针：用于植片手术时在育珠蚌外套膜上创口。

送片针：或称植片针，供送片用，针头圆形或半圆形，顶端有短刺（长 0.3 mm）。

面盆：2 个，或在手术台旁建小水池，供暂养手术前后的育珠蚌用。

(三) 植核工具

主要用于插植有核珍珠、象形珍珠、异形珍珠等。

开口针：供在育珠蚌上开口用。

通道针：供开口通道用，前端呈球形。

送核器：供送珠核用，烟斗状，两端吸核孔直径分别有 4 mm、6 mm、8 mm、10 mm 等规格。

送片针：供送小片用，与前述无核珠的送片针不同，针头呈 Y 形。

(四) 保养液

目前，保养液的种类繁多，如卵磷脂保养液、能量合剂保养液、PVP（聚乙烯吡咯烷酮）保养液等。其功用主要为：维持细胞小片内外环境渗透压平衡，延长小片存活时间；杀菌灭毒作用，避免病菌感染；维持细胞呼吸所需的中性环境；促进组织细胞的代谢机能和小片增殖，加速伤口愈合，促进珍珠质分泌；提高手术受体蚌的成活率。生产实践中可根据需要自行选择。

三、手术蚌的选择

在植片过程中，用作手术作业的蚌统称为手术蚌，其中，专供切取外套膜小片的蚌，称为小片蚌（又称制片蚌或供体蚌），用来插植小片或珠核，并培育成珍珠的蚌，称育珠蚌（又称插片蚌或受体蚌）。

小片蚌和育珠蚌一般为同一品种，要求贝壳完整，闭壳迅速，喷水有力，壳面生长线稀疏，体质健壮，无病无伤。小片蚌的选择标准是当龄（1 龄）和 1^+ 龄蚌，壳长 6~8 cm。幼蚌制作小片，其分泌珍珠质能力强，珍珠生长快，质量高。一般 3^+ 龄以上的三角帆蚌、2^+ 以上的褶纹冠蚌分泌珠质的机能和质量随之下降。

育珠蚌是育珠生产的载体，直接关系到珍珠的产量和质量。大量实验表明，蚌的年龄越小，其产珠能力越强，但手术难度越高。年龄越大，珠质分泌能力越差，成珠慢且劣质珠多。同时，在培育无核珠时，育珠蚌的年龄应小于 2^+ 龄，壳长 8~12 cm。而培育有核珠或象形珍珠时，因植核或象形珠手术需要，育珠蚌年龄以 4~6 龄、壳长 15~18 cm 为宜。

生产无核珠，小片蚌和育珠蚌的比例一般为1∶1或2∶3，生产有核珠时，因植片数量少及需要的小片规格较小，故两者比例一般为1∶（10~15）。

四、无核珍珠的手术操作

（一）小片制备

小片是珍珠形成的物质基础，小片的质量直接关系到珍珠是否能够形成及其品质的优劣。取片部位，小片形状、大小、厚度以及小片的制作技术等，均对育成珍珠的产量和质量产生很大影响。其手术操作如下。

1. 剖蚌 用开壳刀伸入小片蚌前、后端，切断前、后闭壳肌，使蚌壳自行张开，注意不要伤及外套膜边缘膜，并使其完整地贴在蚌壳内，开壳后洗净外套膜、内脏团等处的污物。

2. 分膜 制备细胞小片只需取边缘膜的外表皮，故应将边缘膜的内、外表皮手术分开，分膜方法有剥膜法、撕膜法、削膜法3种。

剥膜法：即先在贝壳上剥分边缘膜再切取其外表皮。先用剪刀或眼科镊在边缘膜近前闭壳肌或后闭壳肌附近开一小口，一手用镊子夹住内表皮，另一手用镊子一脚或通片针插进内、外表皮之间，两手配合，边前伸边分离，直至边缘膜内、外表皮全部剥离。剥离过程中，尽可能把通道针（或镊子）偏向于外表皮一侧，使外表皮少带结缔组织，得到厚薄较均匀的小片条。然后用切片刀切下外表皮，用镊子夹取置于玻片上，注意珍珠分泌面朝上放置。

撕膜法：即先切取边缘膜，外表皮朝上放在玻璃板上，用切片刀切去有色边缘，然后用镊子压住内表皮的一端，用另一平头镊子夹住同一端外表皮，顺着组织结构向后轻轻撕拉，使内、外表皮分离。注意均衡用力，防止小片条撕断或撕裂。

削膜法：用锋利的解剖刀或单面刀片，从边缘膜的前端或后端开始，徐徐削去外套膜的内表皮和结缔组织，然后切取外表皮置于玻璃板上。

实践证明，剥膜法操作难度不大，容易掌握，但易损伤外表皮细胞，所制得小片厚薄不均，影响珍珠的产量和质量。撕膜法是目前生产中最常用方法，技术难度较大，小片厚薄较均匀，损伤较小，质量高，育成珍珠的光泽、形状及产量均属上乘。

削膜法操作难度大，速度慢，一般只适用于褶纹冠蚌、背角无齿蚌制片。

3. 整形和切片 刚切取的外套膜外表皮往往不整齐，宽狭不一，须用切片刀修整，尤其要切除边缘膜有色边缘和残留在边缘膜内侧的外套膜肌。修整前注意把外套膜外表皮的正面（贴壳一侧的珍珠分泌面）朝上，反面（结缔组织面）朝下，平展在玻璃板上，以使制成的小片正面朝上，移植后正面向囊内方向。由于在制片过程中，小片条被拉伸失去自然状态，故切制小片的规格一般为3 mm×4 mm或4 mm×5 mm，待收缩复原后正好成方形或近方形。

4. 润片 小片制成后，应滴注保养液，保持小片湿润，维持细胞内外环境渗透压平衡，增强细胞小片活力和抗菌功能，提高细胞小片移植的成活率。

5. 制备小片应注意的事项 动作要细致、轻快、熟练，勿伤及外表皮细胞；注意清洁卫生，防止小片受污染，工具使用前最好用75%酒精棉擦拭消毒；制片过程中，要防止阳光直射，以免影响小片的活力；宜在湿润环境中操作，注意滴加保养液，保持小片湿润；小片厚薄要均匀，形状要整齐，不得出现毛边片、色线片、不规则片；制片要求在 3~5 min 内完成，以保证细胞的生命力，避免因操作时间过长而造成小片干燥死亡。

6. 小片状况和珍珠质量的关系　①小片大小：小片大，形成珍珠速度快，珍珠大，但易烂片、掉片、成珠的圆度差，表面皱纹多，不光滑，污珠和尾巴珠多，但产量高；小片小，育成的珍珠形状圆，但产量低。②小片厚度：小片厚，形成珍珠快，珍珠饱满圆整；小片薄，长形珠多，表面皱纹多。目前生产上采用的小片厚度为 0.5~0.8 mm。③小片形状：正方形小片，形成的珍珠质量高；三角形小片，形成的珍珠不规则。

(二) 小片插植

小片制备后，应立即植入插片蚌外套膜的结缔组织中，使其愈合为一体，并在异体组织中生存，形成珍珠囊，分泌珍珠质。

小片插植的步骤是：开壳→加塞固定→清洗外套膜→拨鳃→取片→创口→送片→整圆→换侧植片→拔塞→备养。

1. 开壳　将插片蚌腹缘朝上置于手术架上，用开壳器轻轻插入蚌的两壳之间，慢慢撑开，在两端插入固口塞固定。开口宽度依蚌体大小而定，壳长 10 cm 以上蚌体一般不超过 1 cm。

2. 洗膜、拨鳃　如果外套膜及内脏团上有污泥，在用清水荡洗干净后，用鸭舌板把鳃瓣和内脏团拨向暂不插片的一侧（身体一侧）。注意观察蚌体内部，如发现外套膜离壳、萎缩或水肿，闭壳肌受损，鳃部及斧足异常等现象，则要弃用。

3. 插片　移植小片有横插法（横向移植）和直插法（纵向移植）两种。

横插法：左手持送片针轻轻点住小片正中，右手持钩形开口针将小片卷叠在送片针的圆头上，使小片包成囊袋状，再用开口钩针在外套腔部位的中央膜上横向创口，同时左手挑起小片顺着创口送入外套膜内、外表皮之间的结缔组织中。然后退出钩针在内表皮外面压住植入的小片，再退出送片针。横插法具有操作方便、便于整圆、成珠率高、圆度好、插片数量多等优点。我国目前较普遍采用此方法。

直插法：即在外套膜上竖向创口，将小片与育珠蚌腹缘成垂直方向插入。直插法可移植较大的小片，操作简便，但插片数量较少，容易掉片，成珠率低于横插法。

每只蚌的植珠数目，视蚌体大小合理密植。一般 6~8 cm 的蚌植 2~3 排，10 cm 以上蚌植 4 排，两侧外套膜上共可植片 30~40 片。小片插入深度为 0.5~0.8 cm，片间距离为 0.5~1.0 cm，植入的小片呈梅花形排列，即相邻两排的小片和创口相间排列（图 1-4-4）。植片部位为靠近体中后部腹缘的中央膜。

插片操作应注意：送片要稳、轻、准，"一送到位"，即一次将小片植入，避免多次插入，切忌穿膜，防止出现附壳珠。

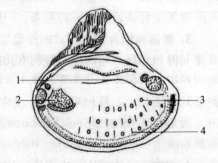

图 1-4-4　小片移植位置与排列
1. 鳃线　2. 唇瓣　3. 小片　4. 伤口

4. 整圆　与植片操作同时进行，当小片植入外套膜中后，随即用整圆器或钩针在内表皮外面顺势往前拉，使小片整理成鼓状突起，促使其尽快形成圆形珍珠率，提高珍珠质量。

5. 换侧植片　一侧外套膜上的手术完成后，把育珠蚌调换方向，用鸭舌板将鳃和足拨到已手术完毕的一侧外套膜上，继续进行另一侧的小片插植。

6. 备养 手术完成后，可往壳内滴加抗菌保养液，防止伤口发炎，促进愈合。拔出塞子后，将育珠蚌暂养于微流水池中，等形成一定数量观察一段时间后，集中移至培育池中饲养。

7. 小片插植技术与珍珠质量的关系

与小片同位移植的关系：小片移植到育珠蚌外套膜的对应部位中，称为同位移植。而移植到相反部位，则称为异位移植。比如，从小片蚌外套膜的后半部取下的小片，移植到育珠蚌外套膜的后半部，部位对应，属于同位移植，若移植到前半部或中部则属异位移植。一般地说，同位移植，小片和育珠蚌外套膜具有同质性，两者的结缔组织亲和力强，容易愈合，小片组织增殖快，珍珠囊形成快，产生的珍珠质量比异位移植的好。

与小片移植方向性的关系：细胞小片做前、后横向对叠，经横向移植手术植入创口者，或小片做背、腹纵向对叠经纵向移植手术植入创口者，称顺向移植。如果细胞小片做背、腹纵向对叠进行横向移植，或做前、后横向对叠进行纵向移植，称为倒向移植。顺向移植的细胞小片和育珠蚌两者结缔组织纤维、肌纤维等的走向一致，两者愈合迅速，小片增殖成囊的速度快，珍珠质量佳。

与植片部位的关系：外套膜后端所产珍珠一般大而圆，中间部位次之，前端所产珍珠较小而扁平。原因之一是前端受到斧足伸缩的摩擦、压迫所致，另一原因是由于前端外套膜珍珠分泌能力比后端差。

五、有核珍珠的手术操作

有核珍珠的培育周期短，产品价值高，可育出大型珍珠，发展前景十分乐观。其培育原理与无核珍珠基本相同，只在技术操作上略有不同，手术作业可分为珠核制备、小片制备和送核插片3个步骤。

（一）珠核制备

1. 珠核材料 作为珠核的材料，主要有贝壳、陶瓷、大理石、合金、合成树脂等，但以贝壳最理想，因为贝壳与珍珠是同源物质，密度与成分基本相似，其他物质密度相差大，珠层与核密接程度不高，而且易碎或过度坚硬而影响珍珠的钻孔加工。通常用作珠核的是贝壳厚实的丽蚌属的一些种类。

2. 制核流程 选择新鲜、洁白、壳厚3 mm以上的贝壳，经切割→打角→研磨→物理抛光→漂白→化学抛光等工艺流程加工成正球形的珠核。要求圆滑、光洁、纯白。珠核的规格有直径2 mm以下的细核、2～5 mm的小核、5～7 mm的中核、7～9 mm的大核及9 mm以上的特大核。

3. 珠核处理 处理的目的是消除化学药害，平衡pH，减少细菌感染等。处理方法是首先用15%～30%的稀盐酸洗涤，消除化学药害，然后用碱性洗涤液反复清洗，使pH为中性。使用前置于沸水中蒸煮3～5 min杀菌消毒，最后浸泡在保养液中备用。

（二）小片制备

小片制备方法与无核珠的一样，但小片的规格要小，一般为边长2～3 mm的正方形，同珠核相比，以相当于核径的1/5～1/4较合适。小片过大，难于贴紧核面，易产生畸形珠；小片过小，又难以保证与核相接，移位的可能性大。

小片制成后，除了用前述促生保养液润片外，还可用2%食品红溶液，或0.5%甲基蓝溶液浸片1～2 min，以使小片着色，方便观察小片是否到位和平展贴核，同时甲基蓝还有杀菌和促生白色珍珠的效果。

（三）插核送片

1. 插核部位与数目 海水珠一般在内脏团上插核，淡水珠主要在外套膜上插核，少数在内脏团上插核。实践证明，外套膜上插核无论从质量、成珠率和生长速度上均优于内脏团，但内脏团虽然成珠慢，但可插植大核。

外套膜上插核，主要集中在后半部的边缘膜上，此部位的外套膜厚实，结缔组织中的胶原纤维和弹性纤维较多，不易穿破脱核，且手术方便，适宜于插植5～7 mm的中核，每侧可直插一排6～8粒。中央膜较薄，一般只插植2～4 mm的小核，插核部位集中在后半部靠近腹缘的中央膜上，此处结缔组织较厚，有利于核的着落，可以避免内脏团的挤压。每侧可插2排，共4～6粒。

内脏团上插核部位在斧足前后两端稍上方、斧足与生殖腺交界处，每侧可插7 mm以上的大核2粒，注意手术时不能伤及消化器官，以免引起蚌的死亡。

2. 插核送片方法与步骤 插核与送片的方法有3种：一是先植片后植核（后放手术），二是先植核后植片（先放手术），三是珠核与小片同植（同放手术）。目前多采用后两种方法。手术步骤为：开壳→加塞→开口→植片和核→拔塞→备养。

先放手术：用开口针在植核部位创口，再用通道针从伤口伸入通道，通道长一般为核径的2倍，通道针的大小应与珠核的规格相当。然后一手以钩针轻轻钩起伤口的内表皮，另一手用送珠器蘸水吸住珠核或用弯头镊子把珠核送入伤口，接着用通道针将珠核顶至通道末端，用送片针挑起小片的结缔组织面，由通道送至核的上方，并做左右摆动平展小片，让小片紧贴珠核。注意要将小片的分泌面朝向珠核。

后放手术：就是先用送片针挑起小片的珍珠分泌面，将其送入通道末端，使小片的分泌面朝向创口，再把珠核植入并使其与小片贴接。

同放手术：先将小片贴附于珠核上，然后将核片一同送入创口，并顶至通道末端。此法可使小片平整贴附在核面，不容易发生移位或脱片，因而成珠率和正圆珠产出率都较高。注意珠核必须干燥，核干片湿才能使核片紧贴，送核器吸不住干核，须用弯头镊子送核。

3. 插核伤口的处理 由于插核创口较大，手术完毕后，要对伤口做一定处理，以促进伤口迅速愈合，提高抗感染的能力。目前，采用的方法主要有两种：一是用3%～5%的卵磷脂溶液处理创口，以加速伤口愈合和小片增殖；二是用0.1%的金霉素或2%～4%的四环素等抗菌药物处理创口，有消炎抗菌、促进伤口愈合的作用。

六、象形珍珠插植技术

象形珠是以象形珠模为核心，人工培育成的珍珠，形象生动，光彩夺目，别具特色，是一种名贵的工艺品。象形珠依其插植方法不同可分为附壳象形珠和非附壳象形珠，象形珠的手术步骤如下。

（一）象模制作

制作象模的材料有贝壳、石蜡、陶瓷、合金、大理石、塑料等，根据设计要求将材料精雕成各种各样生动活泼的人物、佛像、动物等模型。像模要求质地坚实，雕刻精细，刻纹要深，轮廓清晰，可以根据需要进行染色。模边斜面应小于45°，以保证各可视面能覆盖珍珠质。象模底部一般为贴壳的一面，要求做成为贝壳形态相似的弧面，使其植入后紧密贴壳，免使污泥进入。

（二）象形珠的手术操作

1. 手术前准备工作 象模插植前要用清水洗净、酒精消毒。育珠蚌可选择三角帆蚌或褶纹冠蚌，要求5龄以内，壳长15 cm以上，贝壳无损伤。手术前应清洗蚌壳，在清水中暂养1 d，换水2~3次，使其排净体内污泥。

2. 附壳象形珠手术

（1）开口。撑开蚌壳，加塞固定，以左壳向下、壳口朝手术操作者置于手术台板上，擦洗壳内未排净的污泥后，用开口针（或小片针）在腹缘中央处剥离外套膜肌与蚌壳联合处，宽度与像模相当。

（2）送模。挑起外套膜，用镊子夹住象模头部，正面朝上，从开口处送入植模部位，使象模底部紧贴壳面。模底在移植前最好涂抹黏着剂以使粘贴牢固，不致移位或脱落。每侧可插1~2个模核，模间距离应在2 cm以上，手术完后用2%的金霉素或2%~4%的四环素消毒。

（3）暂养。插完左壳，即用小网袋扎紧固定，不让蚌的斧足伸出活动，左壳向下平放于微流水池中或笼中暂养，水温25~30 ℃时，约经1个月左右，象模已被珠层固定在壳上，此时可提出水面，按上述方法插植右壳，同样暂养1个月后，再培育1~2年，即可采收。

3. 非附壳象形珠手术 实质就是有核珠插植，只是珠核换成了象模，手术方法基本相同，象模一般只及中核大小，最大不超过5 mm，远小于附壳象形珠模，养殖时间比附壳象形珠长，一般为2年左右。

七、其他珍珠的手术

（一）异形珍珠

异形珍珠可分为扁薄形珍珠、复合形珍珠和不定形珍珠三大类。这类珍珠多采用核模生产，核模制备常用贝壳为原料，除去黑色角质层后，再经切割打磨而成。扁薄形珠模为长方形、三角形、菱形、十字形等。复合形珠核大多为双球形、子母形和滴水形，双球形珠核由两颗大小相等的珠核各磨去1/4的核面后互相黏和而成，不经磨面复合而成的为姐妹珠，由一大一小珠核复合而成的为子母珠，大小相差悬殊的为滴水珠。

异形珍珠插植多采用有核珠移植的"先放手术"。在体后半部的边缘膜上横向插核，可以各由各的核孔插核，但须注意核孔之间保持一定距离；在内脏团上做重叠式插核时，只能由一个核孔插核。

细胞小片多采用2龄以下的低龄蚌制片，球形珍珠采用正方形小片，边长为核径的1/5~1/4；其他异形珠可采用不同形状的小片，规格不宜超过核径大小。有些在每一核的接触面上多放置1~2个小片。培育多联异形珍珠时，还可以采用大型或超大型细胞小片进行控形和造型。

（二）彩色珍珠培育

珍珠色彩斑斓，无论是天然珠还是人工珠都有红色、紫色、蓝色等不同的色彩，不同水域、不同个体间、同一个体不同部位所产的珍珠色彩都不一致。说明珍珠的颜色与小片蚌的壳色，育珠蚌的种类、年龄、取片和植片部位，及其生长水域环境相关。人工培育彩色珍珠,主要通过这以下措施实现,手术过程同无核珍珠或有核珍珠。

1. 采用不同部位的小片控色 根据制片蚌不同部位的壳色,选用所需颜色位置上的外套膜(含中央膜)制成细胞小片,可育成相应颜色的珍珠,有效率可达30%~50%。一般用壳翼部及体后部中央膜的小片可育成紫色或红色等深色珍珠,用体前半部边缘膜的小片可育成金色或粉红色珍珠。

2. 对珠核染色处理 对珠核进行漂白、染色、固色处理,同时细胞小片也须用6%的硫酸锰溶液滴片,进行锰渍处理3~5 min,再经2~4 ℃低温处理10~15 min。

3. 利用养殖水体控色 珍珠呈色与育珠蚌养殖水域的大小、吊养水层的深浅、水体中的饵料及理化因子等密切相关。大水面比小水面产生的彩色珠多,新水体比老水体产生的彩色珠多,吊养浅的比深的多,向阳的水域比背光的水域多。究其原因,一些学者认为与光线有关,一些学者认为与水体中的某些金属的含量相关。故在育珠水域中,适当的施放锰、铜、钠、锌等微量元素,可收到呈色增光的效果。

4. 辐射呈色 对育成的珍珠进行钴辐射,可使珍珠颜色越深,实现人工增色的目的。适当剂量(20万~100万R)的钴源照射,可使珍珠呈现灰色、紫色、黑色,且具有荧光。剂量越大,颜色越深,但不能超过剂量极限。否则,容易造成珍珠表层龟裂或碎裂现象。

(三)夜明珠的培育

夜明珠的手术方法与有核珠类同,细胞小片用二价金属离子并经低温处理(同前面彩色珠),珠核表面需用放射性元素作为发光基体,对养殖环境及生物会产生毒害作用,成功率很低。如果能应用现代高新技术,找到有害发光基体的替代物,必将极大推动夜明珠的生产应用。

八、海水大型珍珠的培育

直径在12 mm以上的珍珠称为大型珍珠,主要由大珠母贝和企鹅珠母贝培育。

(一)大型珍珠培育用的母贝

1. 大珠母贝 大珠母贝的"左袋""右袋"和"下足"的插核部位很大,都能容纳10 mm以上的珠核,这是其他小型贝类无法比拟的优势。但大珠母贝肌肉发达,收缩能力强,插核过程中因肌纤维反应强烈运动,对送核产生了较大的阻力,会延长插核手术时间,可能导致插核部位发炎甚至造成插核失败。

2. 企鹅珠母贝 与大型珠母贝不同,虽然企鹅珍珠贝的肌肉同样发达,但是插核部位大大缩小,尤其是"左袋"几乎不存在了,企鹅珍珠贝壳高约18 cm,最大的为25 cm,壳隆起越高,对插核放置越有利,因此,企鹅珍珠贝是各个国家采用最多的大型珍珠培育母贝。

(二)大型珍珠的培育

1. 大型附壳珍珠培育方法

(1)挑选母贝。一般选择4龄以上的大珠母贝或者是企鹅珍珠母贝,要求个体健壮完整、生殖腺不发达、无病害感染的母贝。

(2)寻找插核部位。①左袋位于腹崎稍近末端处,即肠道迂曲部的前方和缩足肌腹面的生殖腺中。此处空间较大,可以插入较大的核。②右袋在珠母贝右边的消化盲囊与缩足肌之间的体表下。③下足在珠母贝左边的消化盲囊与缩足肌之间的体表下。

插核时要准,速度要快,动手要轻。

(3) 制作核板。使用无毒塑料制作成长方形小片,然后将珠核按一定距离粘贴在小片上。

(4) 黏核板。把核板粘贴在珠母贝壳的左、右壳内,然后放入容器中暂养,等 3~5 h 后,装笼出海吊养。

(5) 休养与珍珠育成。由于在施术过程中,珠母贝会受到不同程度的伤害,需要休养调整,让它恢复健康状态。一般珠母贝的休养期为 20~30 d,定期去污去泥,防止病害的发生。休养期结束后,标好编号,进入珠母贝养成管理阶段。正常情况下,植小核育珠期为 1 年,植中核育珠期为 1.0~1.5 年,植大核为 2 年,特大核为 3 年。

2. 大型正圆游离珍珠培育方法

(1) 挑选母贝。大型健康个体。

(2) 排贝与栓口。大型珠母贝肌肉发达,闭合能力十分强,因此,需要对大珠母贝进行麻醉,诱导它自然开壳,然后使用大型木塞进行栓口。

(3) 插核与送片。一般采用一贝一珠核的方法,核径视核仁而定。插核完毕后,将小片送贴于核面,完成后将施术贝放入暂养池。

(4) 休养与育珠。珠母贝施术后,要放入休养池中进行休养。休养期间,加强管理,去污去泥,防止病害。育珠期一般为 1.5~2.0 年。

第四节 育珠蚌的饲养

手术后的育珠蚌,创伤严重,要使其迅速伤愈,恢复体质,形成珍珠囊,生产优质珍珠,必须创造一个良好的水域环境。育珠蚌的饲养过程即是珍珠的形成过程,时间需 2~4 年。

一、淡水育珠蚌的饲养

(一) 育珠水域的选择

育珠水域应选择充足无污染的水源,最好有微流水条件。养珠水域还应背风向阳,四周无高大树木,淤泥层浅,天然饵料生物丰富,环境安静,交通便利。

养珠水体以池塘最为普遍,面积 0.6 hm^2 以上,水深 2~3 m,肥度适中,水流畅通者较适合;湖泊、外荡等水体面积较广,水深合适,流动性大,水质清新,水体肥度不一,可选择利用;沟港、哑河等水体较小,溶解氧充足,饵料生物较丰富,如流速适当(不超过 0.1 m/s),水位稳定无污染也是育珠的最佳水域;水库一般水质清瘦,不宜用于育珠,但一些小型的水库、有机质丰富的老龄水库或水质肥沃的库汊,如水深适当(2~4 m)可用来育珠生产。

大多数淡水水域 pH 为 6.5~8.5,都可以养珠,但中性或微碱性水体最适宜于育珠蚌的生长和珍珠质的分泌。水体溶氧量夏季要高于 5 mg/L,冬季高于 3 mg/L,要有足量的营养盐类,如钙、镁、锰、铁、锌、铝等,其中钙的含量要求达到 10 mg/L 以上。

(二) 淡水育珠蚌的饲养方式

1. 吊养法 育珠蚌的吊养法又可分为单吊、串吊和笼养 3 种方式。单吊、串吊只适宜于无核珠的培育，笼养可用于无核珠生产，也可用于有核珠、象形珠等的生产。

(1) 单吊和串吊。在蚌的翼部钻孔，串以胶丝绳，垂直悬吊于浮竹架或延绳上养殖，浮竹架可设置成固定型或活动型，延绳两端固定在岸边的木桩上。每根绳上吊1只蚌称单吊，吊2只以上的称串吊。串吊时，水深1.5 m以内可吊2只，水深2 m以上可以吊3~4只，但不宜过多，以防下面的蚌得不到适宜的水温及足够的饵料营养而影响生长。

单吊时，串间距20 cm左右，排间距1 m以上；串吊时，每串的蚌间距10~15 cm，串间距30 cm以上，排间距1.5 m左右。悬吊的深度，视季节水温的高低进行调节，但每串的底蚌不能与底泥接触。吊养密度一般为1.5万只/hm²左右。

(2) 笼养法。即将育珠蚌放置笼内垂吊于水面以下40 cm左右处。吊养工具目前常用的是网笼、网夹、塑料篓等，网笼是用竹片盘成直径约50 cm的圆框或边长为35 cm的正方形框做底架，再用网线编织而成的，有圆柱形、圆锥形等各种形状。网夹是由聚乙烯网片固定在2根长约40 cm的竹片上而做成的。塑料篓有方形、圆形等，专门加工定制，成本较高。

笼吊时，每笼用胶绳系住，悬吊于泡沫浮筒或可乐瓶上，并用延绳整齐固定于池塘中。笼间距1 m左右，行间距2 m。笼养数量视蚌体大小、水质肥瘦而定，一般每笼放5~8个。育珠第一年一般用网笼饲养，密度可达到3万只/hm²左右。育珠蚌长到12 cm时，多采用网夹饲养，密度为1.5万只/hm²左右。

有核珠培育初期需采用笼养法，并在笼底衬以纱布等，以便回收脱核，待伤口愈合后方可采用其他方法培育。

2. 底养法 即将育珠蚌直接播放水底培育，也称"地播法"，适宜于水面较宽而浅，底质较硬而淤泥较少的水域。地播前，育珠蚌放在该水池中吊养一个月，待蚌的伤口愈合后再播放水底。地播时，为便于捕捞或移养，可在蚌的翼部钻孔，用尼龙线将蚌连成串，每串5~8个。收珠前3~4个月，可将蚌捕起吊养，以利于珍珠表面增覆优质珍珠层，提高珍珠的质量。

以上几种方法中，单吊和串吊虽然用材少，成本低，方便取蚌检查，但操作麻烦，不适合有核珠的初期培育，且少数蚌会因翼部断裂而落入水底，故目前较少有人采用。底养虽操作简便，成本低，但受水域条件限制，珍珠形成速度较慢，不便于管理，且质量和产量较低。只有笼养法操作较简便，育成的珍珠质量和产量最高，在目前的生产中广泛应用。

(三) 淡水育珠蚌的饲养管理

1. 育珠初期的管理 手术后的育珠蚌体质衰弱，伤口容易感染发炎，需要暂养于水质肥爽的水域中。期间不宜随意翻动，不可离水，更不宜开壳检查，以免影响其伤口愈合、体质恢复及珍珠的形成。但每天应检查一次蚌病情况，及时清除死蚌，防止蔓延。1个月后，对育珠蚌清查，对吐片严重的应重新手术补片，并将育珠蚌重新分笼吊养。

2. 适时调整吊养深度 根据季节及水位的变化，及时调整吊蚌深度。春、秋季浅吊（30 cm左右），夏、冬季深吊（50 cm左右）。

3. 合理施肥与水质管理 施肥的种类和数量，要因地因时制宜。以有机肥为主，辅施一些无机肥，有机肥中粪肥以鸡粪最佳，堆肥一般用泡水腐熟后的菜饼最佳。施肥原则上应掌握量少次多，视水质、底质、气候而定，使池水的透明度保持30~35 cm，水质达到"肥、活、嫩、爽"的要求。

养珠多年的水域，珍珠的产量、质量均明显下降，主要是由于水体中微量元素大量被消耗所致,因此适时施放稀土和微肥(微量元素肥)十分必要,稀土具有特殊的物理、化学和生物学特性,应用广泛;微肥中常用的是硼砂、硫酸锰、氯化钴、钼酸铵等。

4. 鱼珠混养 鱼珠混养,一方面可充分挖掘水体生产潜力,另一方面,鱼的活动可加强水体交换,加速底层有机物的矿化作用,一些鱼类如鲴类可刮食吊养工具及贝壳上的附着藻类,为育珠蚌提供了良好的生长环境。

过去,养珠生产中多数考虑养鱼的附加效益,鱼的放养量较大,达到 7 500 尾/hm^2 以上,但现在开始趋同育珠蚌单养,或少量混养鱼类(2 000 尾/hm^2),不追求养鱼效益。

5. 其他日常管理 水生藻类和水中悬浮物往往大量附在蚌笼和蚌体上,阻碍水流,影响蚌的摄食生长,故要定期清除网笼或贝壳上的附着物,可通过配养鲴科鱼类来清除藻类。同时要定期检查蚌及珍珠的生长情况,及时防治蚌病,调节水质,检查吊笼和延绳是否良好,发现问题及时采取有效应对措施。

(四)淡水珍珠蚌病的防治

1. 疾病预防 预防是蚌病防治工作中的首要环节,主要包括池塘消毒、蚌体消毒、植珠手术消毒和药物预防等措施。药物预防一般采用内服、外用药物相结合的方法,每半月或1个月进行1次,内服药以抗生素与菜饼混合,研磨制成糨糊状,沿吊养处泼洒,连续 2~3 d。

2. 病蚌诊断 诊查病蚌主要通过外观预判和开壳检查进行。首先,将待检蚌提出水面,观察其喷水情况,若不能像健康蚌那样喷水较远,而是滴水,贝壳腹缘发硬(注意区别手术后蚌在伤口愈合期间的缩边现象),生长季节靠近腹缘的最后生长线紧密、间距狭窄,无新生黄色壳缘的有可能是病蚌。其次,双手轻压双壳,如有松弛感,证明闭壳肌有一定程度的损伤,则可能为病蚌。

经过外观检查后,将疑为病蚌的个体开壳检查,检查其内脏器官,如果出现内脏团萎缩,外套膜消瘦,鳃瓣棕红色并附有污泥,斧足有出血点,蚌体有寄生虫或外套膜、内脏团水肿等情况之一者,均确定为病蚌。

3. 常见蚌病的防治

(1)细菌性蚌病。主要由帆蚌点状产气单胞菌、嗜水产气单胞菌和耐盐产气单胞菌等引起,是危害最严重和流行最普遍的传染性疾病。发病初期,出水孔喷水无力,两壳微开,反应迟钝,用手触及病蚌膜缘有轻微的闭壳现象,鳃瓣棕红,分泌物多并附有污泥,斧足红色或腐烂呈锯齿状。发病流行期为 6~8 月。

防治方法:①一旦发现病蚌,首先转移到其他水域中集中养殖,通过改善环境条件以缓解病情,并进行隔离治疗;②全池泼洒生石灰(20 g/m^3),可连续或隔天泼洒 2~3 次;③同时结合蚌足肌内注射抗生素治疗,每蚌注射青霉素 1 000 IU 或四环素 10 mg 和链霉素 20 mg,幼蚌用量减半。一般每蚌注射 1~2 mL,连续或隔天注射。

(2)病毒性蚌病。主要有嵌沙样病毒和疱疹病毒,病蚌通过滤食病毒寄主藻(蓝藻类)或经呼吸水流感染。初期外观症状不明显,慢慢表现出闭壳无力,斧足边缘缺损,鳃瓣纤毛脱落不能激荡呼吸和滤食水流,消化腺和多种上皮细胞糜烂。该病毒在三角帆蚌中流行最广,传染性极强,死亡率高,危害非常严重,又称蚌瘟。

防治方法:①杜绝从疫区引种,凡引进的蚌种都应用漂白粉(2~4 g/m^3)浸泡 1 h 消毒;②在蚌瘟流行季节,用漂白粉(1 g/m^3)每半月全池泼洒预防一次;③去污剂十二烷基磺酸钠能解离病毒颗粒蛋白，按 4~5 g/m³ 浓度全池泼洒可控制蚌瘟病情；(4) 病毒唑能抗多种病毒，可每只蚌足肌内注射 10 μg。

(3) 藻毒素中毒性蚌病。由于过多摄食具藻毒素的藻类，如微囊藻、颤藻等，而使育珠蚌中毒死亡。无明显外观症状。主要表现为昏迷，肝组织糜烂。一般在 7~8 月高温季节流行。

防治措施：①发病季节调低育珠蚌吊养水层；②调节水质，防止水体老化以免致病藻类形成种群优势；③对于致病藻类已形成数量优势的水体，通常按 0.7 g/m³ 的浓度全池泼洒硫酸铜控制其进一步恶化。

(4) 侵袭性蚌病。即由寄生虫或敌害生物引起的各种蚌病。如蚌蛭、螨虫、吸虫类（单吸虫、后腹吸虫等）、钻壳虫、钻蚀藻类和肉食性鱼类等。侵袭性蚌病危害较轻，容易防止，只要做好育珠前水域消毒、防止敌害生物进入水体、加强日常管理工作即能有效防治。

(五) 疵珠的形成原因及预防

育珠生产中往往因育珠蚌年龄及体质问题、育珠水环境条件好坏、植珠手术质量与管理水平的高低等原因，出现商品价值低劣的瑕疵珍珠，直接影响育珠的经济效益，生产中应给予高度重视，采取相应措施预防。常见的疵珠有以下几种。

1. 骨珠和泥珠　即棱柱质珍珠和有机质珍珠。产生的原因是小片的色线外部分未彻底切除，或因水质不良导致珍珠囊细胞形态和机能改变所致。池塘内使用硫酸铜也会使骨珠的百分率上升，其上升幅度与硫酸铜的浓度大小及作用时间相关。

2. 焦头珠　珍珠头部呈黑色。主要是由于手术时植片太浅、伤口过大或采收不及时所致。

3. 皱纹珠　珠体表面多不规则皱纹。因小片过大、蚌龄过大分泌机能下降、营养不良而引起。

4. 环纹珠或肋纹珠　珍珠卵圆形，中间有深浅不一、条数不等的环纹或肋纹。因小片附着外套膜肌束，在珍珠质沉积期间不断生长而使珠质表面留有肋痕。

5. 乌珠　珠体乌黑色。因手术时不注意清洁卫生或污泥通过伤口进入珍珠囊内所致。

6. 附壳珠　即附着在蚌壳上的珍珠（象形附壳珠例外）。是由于手术时开口或送片力度过大刺破外套膜外表皮，或因珠核表面药物未洗净、表面粗糙，磨损或腐蚀穿破外表皮而形成附壳珠。

7. 尾巴珠　珠体表面有一个或多个似尾巴状的突起。形成原因是小片过大，开口过深，使小片部分向通道末端增殖形成不规则的珍珠囊。

二、海水育珠蚌的饲养

(一) 海水育珠水域的选择

海水育珠水域应该选择水质清新、水流畅通、酸碱度适中、藻类和微量元素丰富，受惊扰程度小的优良水域。水深在 2 m 以上，相对密度通常在 1.015 以上，雨季也不能低于 1.013。海水珠的养殖时间一般要一年以上，其外覆的珍珠层才不至于太薄而剥落。

(二) 育珠蚌的饲养方式

1. 笼养法　即将网笼吊养在竹筏下面，吊养工具常用单圈网笼和多圈网笼，结构与贝苗笼相同，网目大小以珠蚌的大小选用。

2. 穿耳悬绳养殖 即在中贝或者大贝的左壳前耳突基部开一个小孔，穿上胶丝绑在主绳上进行吊养。胶丝的拉力一般为 45 N，主绳拉力为 350~450 N。

（三）育珠蚌的饲养管理

1. 施术贝的休养 由于在施术过程中，珠母贝会受到不同程度的伤害，体质虚弱，要对珠母贝进行休养调整，让它恢复健康状态。一般而言，休养场地的水温要控制在 20~28 ℃为适宜，海水相对密度为 1.016~1.023，最好处于饵料丰富、环境相对平稳、风浪较小的海域。一般而言，珠母贝的休养期为 20~30 d。定期去污去泥，防止病害的发生。

2. 调整养殖水层 不同养殖水层的水温、水流以及饵料敌害都不相同，随着季节和温度的变化，要及时对养殖水层进行调整，使珠母贝能在适宜生活的水层中生活，维持生命活动，促进其生长繁殖。一般而言，珠母贝的适宜生长范围为 15~28 ℃。春季水温适宜，吊养于水深 2 m 左右为宜。夏季水温升高，水深在 2.5 m 以下水层为宜。秋季可在水深 2 m 上下根据实际情况进行调整。冬季水温较低，应吊养于水深 3.5 m 处。同时，还应考虑养殖当地的台风、降水以及生物丰富情况，进行适当调整。

3. 调整养殖密度 不同大小的珠母贝所用的网目大小以及养殖密度不同，随着时间的推移，珠母贝明显长大，这时需要根据实际情况调整密度。同时，根据不同海区的实际情况，珠母贝养殖密度也不同。在饵料少、流通性不大的海区，密度相对小一些。反之，在饵料丰富、流通性大、生产力较高的海区可以适当增大密度。

4. 清贝 珠母贝一般采用笼养法，时间长了会在壳面以及网笼上附着一些生物，为了确保珠母贝的正常生长，要定时对其进行清除作业。清贝的具体时间和次数根据不同养殖海区的特点进行安排，一般每年 4~6 次。清贝时，动作要快而准，尽量降低珠母贝离水时间。特别要注意冬季清贝要选择无风日暖的天气进行。清贝后换入新的网笼吊养，旧的网笼则带回清理及修补。

（四）蚌病的防治

水体中的一些细菌、霉菌和纤毛虫会引起海水育珠蚌发病，注意重在预防，有病早治，对养殖水体进行消毒检测，并做好防淡、防寒、防台风、防暴雨以及防病害等工作。

第五节 珍珠的采收和处理

（一）珍珠养殖周期

不同品种的河蚌及培育不同类型的珍珠，养殖周期各不相同。育无核珠，三角帆蚌一般要 3~4 年，池蝶蚌 3 年，褶纹冠蚌 2 年。有核珠养殖年限稍短，一般 1~2 年，只有一些大珠和特种珠才需要 2~3 年，甚至更长时间。海水珍珠育成通常为 1.5~2.0 年。

（二）采收季节

夏季是珍珠成长最快阶段，此时采珠会影响产量，而且由于水温高，珍珠质沉积快，质地松，表面较粗糙，达不到质量要求。秋季虽然水温有所下降，但珍珠质的分泌仍很旺盛，且沉积的珍珠质质地细腻、光滑、色泽好，此时采收会影响珍珠的质量。晚秋和冬季，当水温下降到 15 ℃以下时，珍珠质分泌速度明显减慢，当年的珠体致密层已形成，珍珠质达到最佳状态，是采珠的最好时机。

（三）采收方法

目前珍珠的采收，都采用直接杀蚌取珠的方式，即将育珠蚌外壳上的污泥和附着物洗净后，切断前、后闭壳肌，用手捏出或用镊子夹取珍珠。如果有必要采取活蚌取珠，方法同手术操作一样，开壳后加塞固定，用弯头镊子取出珍珠。取珠后的育珠蚌，可放入水中暂养，或重新吊养育珠。

（四）采收后的处理

刚采收的珍珠，表面附有黏液、污物，需尽快清洗，否则时间一长，会使珍珠光泽暗淡，品质变坏。

1. 洗涤 珍珠采集之后，先用水洗，然后放入饱和食盐水中浸洗 20～30 min，除去珠表黏附的污物、黏液等，再放入弱碱性洗涤液中洗涤，最后用清水反复漂洗干净后，用绒毛布或绸布擦干，分级销售。

2. 增光处理 经初步洗涤后，光泽暗淡的珍珠，可采取下列方法处理以提高其光泽度。①把珍珠浸泡在 0.2% 的十二醇硫酸钠溶液中，10～12 h 后取出用清水洗净擦干。②对珠表残存有黏液等有机质污物，可用 2%～3% 的双氧水（过氧化氢）短时间浸渍（不超过 1 h）。③用 40～60 ℃ 的 0.1 mol/L 的盐酸洗涤，处理后再用氨水中和，用清水洗净。④用物理方法增光，经上述药物处理后光泽仍不理想的珍珠，可装入盛有锯屑或食盐的布袋中搓擦，或用浸过橄榄油的软皮打磨，可使珍珠更显光泽。

（五）珍珠质量鉴别

无核珠的质量取决于其形状、规格、颜色和光泽，即形状越圆，规格越大，颜色纯真自然，珠表光滑细腻，全珠闪耀珠光者，质量等级越高。按国家相关部门制定的标准，无核珠共可分为 5 个等级。

有核珠一般按其规格和被层厚度分为细珠、小珠、中珠、大珠四大类。其珍珠质被层厚度是确定其质量的重要指标，即珍珠层越厚，价值越高。

思考题

1. 常用于育珠生产的蚌种有哪些？各有什么生物学特性？
2. 何谓静水采苗？如何判断三角帆蚌钩介幼虫的成熟度？人工繁殖时应注意哪些问题？
3. 简述无核珍珠与有核珍珠的手术操作要点。
4. 简述育珠蚌的饲养方式和管理要点。
5. 如何诊断病蚌和预防蚌病？
6. 疵珠的形成原因有哪些？怎样预防？
7. 常用于海水育珠的珠母贝有哪几种？
8. 合浦珠母贝对温度和盐度的适应情况如何？
9. 合浦珠母贝繁殖与外界环境条件的关系如何？

第五章 海参、海胆养殖

第一节 海参养殖

一、生物学特性

(一) 主要种类及分布

海参纲属棘皮动物门。海参种类,我国约有 140 种,可食用海参约 20 种,其中有 10 种具有较高的经济价值。海参纲包括平足目、枝手目、无足目、指手目、楯手目、芋参目共 6 个目。

海参分布于世界温带区和热带区的海洋,从潮间带到海洋深处都有其生活。除了少数漂浮和浮游的平足目外,绝大多数均为底栖生活。它们常藏于石缝中或石下,不少种类匍匐于海底。我国的海参类区系属于印度—西太平洋区系。

我国主要的经济种类有:①仿刺参($Apostichopus\ japonicus$),俗称为刺参,产于辽宁、山东、河北等北方沿海,是我国最主要的经济种类,不仅营养价值最高,而且药用价值广泛(图 1-5-1)。②梅花参($Thelenota\ ananas$),产于海南、广东、西沙群岛等地,是我国南方沿海最主要的经济种类,营养价值较高。③花刺参($Stichopus\ variegatus$),俗名方参。产于台湾岛、海南岛、雷州半岛、西沙群岛,是我国南方沿海常见的食用种类,肉质厚嫩。④绿刺参($Stichopus\ chloronotus$),俗名方柱参。产于海南岛、西沙群岛,是我国南方沿海重要的经济种类。

图 1-5-1 仿刺参

(二) 体壁及内部结构

1. 体壁 海参的身体由体壁包围。体壁的厚度在不同种类间不尽相同,无足目海参体壁很薄,而楯手目海参体壁则较厚。体壁组织结构分为角质层、表皮、结缔组织、肌肉层和体腔膜。

2. 内部构造 海参摄食和消化系统由触手、口、咽、食道、略膨大的胃、肠及泄殖腔组成。呼吸系统包括呼吸树、皮肤和管足。海参因无专门的排泄器官,由呼吸器官兼行排泄功能。循环系统包括血管和血窦,主要由包围咽的环血管及其分支和沿消化道的肠血管组成,无心脏。水管系统呈五辐射对称排列,其中心是位于咽附近、石灰环后方的环水管;环水管分出五辐步管,前至触手,后延至管足或步足。神经系统主要由神经环及其分支构成。神经环呈圆形或五角形的带状,位于口膜靠近触手基部的石灰环前端。生殖腺两束,位于食道悬垂膜的两侧,为树枝状分支,分支多而长。

(三) 运动和摄食

海参的运动:大多数海参营底栖生活,在生活条件适宜的情况下,移动范围很小。有的种类依靠管足吸盘附着于其他物体上活动。爬行时可以看到从后端到前端的肌肉运动收缩

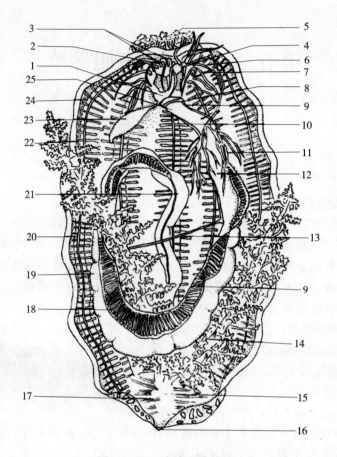

图1-5-2 刺参的内部构造
1.环水管 2.辐水管前伸部 3.触手坛囊 4.石灰环 5.触手 6.内筛板 7.触手坛囊
8.环血窦 9.背血窦 10.腹血窦 11.生殖腺 12.下降肠 13.腹血窦横连 14.呼吸树
15.泄殖腔 16.肛门 17.泄殖腔悬肌 18.异网 19.上升肠 20.辐水管 21.后肠（大肠）
22.横肌 23.波里氏囊 24.纵肌 25.胃
（陆忠康，2001）

波，姿势酷似尺蠖运动。

食性与摄食机制：海参摄食依靠触手扫或抓底质表层松散的沉积物和颗粒物，食物包括无机物、有机碎屑、动植物的腐屑、微生物、其他动物的粪便甚至自身的粪便等。悬浮物食性海参的食物包括单细胞藻、浮游动物和悬浮有机质等。

（四）环境因子对海参的影响

大多数海参是狭盐性动物，对低盐度海水的适应能力较弱。刺参对盐度耐受下限值：浮游幼体为20～30，0.4 mm稚参为20～25，5 mm稚参为10～15，成体为15～20。在20 ℃以下时，水温越高，海参对低盐度的抵抗力越强。

海参所能适应的温度范围较广。但刺参在稚参培育期间，水温超过25 ℃时基本不生长，生存水温为20～27 ℃，在28～30 ℃的海水中将会引起稚参大量死亡。2 cm幼参生长的最佳温度为19～20 ℃，适温范围是15～23 ℃。刺参开始产卵的水温为15～17 ℃，产卵盛期水温为17～20 ℃。

随着昼夜光线强弱的变化，海参表现为明显的日节律性，对光线强度变化的反应较为灵敏，在阳光和其他强光照射下往往躲避在阴暗处。在夜间，海参摄食活动明显增强。有研究表明，色素多的深色海参对强光照射不产生反应，而色素少的浅色海参则会很快爬离光源处。

（五）特殊生理习性

1. 夏眠与冬眠　刺参在水温高过 20 ℃时即迁移到海水较深处，藏于隐蔽处不食不动，这种现象称为夏眠。夏眠期间刺参停止摄食，消化道消退，体质量减轻，代谢率降低。刺参夏眠的临界水温在 20 ℃左右。水温在 20 ℃以上时，大个体刺参首先夏眠，22 ℃以上时，小个体（体长 10 cm 以下）刺参才开始陆续夏眠。当冬季水温低于 3 ℃时，海参摄食逐渐停止，代谢率下降，活动迟缓，逐渐进入冬眠状态。

2. 排脏与再生　刺参受到强烈刺激时，常把其消化管和呼吸树等全部由肛门排出来，这种现象称为排脏。如环境合适，刺参排脏后内脏可以再生。

（六）繁殖与发育

1. 生殖习性　亲参的排精和产卵通常都在夜间进行，一般在 21:00~24:00。而且，几乎都是雄参排精后，雌参才开始产卵，两者相隔时间为 10~60 min。亲参排精和产卵前的活动特点是：爬行于池壁上，活动频繁，头部左右摇摆。不久即可看到排精和产卵。雌参可产卵 1~3 次，每次持续 5~15 min。产卵量一般在 200 万~300 万粒，多者可达 400 万~500 万粒。

2. 性腺的发育分期　以刺参为例，根据组织学观察，可将生殖腺的不同发育阶段分为以下 5 期。

休止期：产卵的当年 7~11 月，性腺呈透明状细丝，量极少，一般重量在 0.2 g 以内或难以发现，解剖观察时肉眼很难辨认雌雄。

增殖期：12 月至翌年 3 月，性腺多呈无色透明或略呈淡黄色，部分雌雄可辨，发育较慢，性腺重量一般 0.2~2.0 g，性腺指数在 1% 以内。

生长期：本期可分为发育 I 期和发育 II 期。一般在翌年的 3~5 月中旬为发育 I 期，此期性腺逐渐增粗，分支增多，性腺呈杏黄色或浅橘红色，雌性肉眼可辨，性腺重量多为 2~5 g，性腺指数为 1%~3%。5 月下旬为发育 II 期，性腺发育迅速，性腺颜色逐渐加深，雌雄明显可辨，重量急剧增加，一般为 13 g，7 g 以上者占总数的 70% 以上，最重的可达 43 g，性腺指数上升为 7% 左右。

成熟期：6~7 月，性腺变粗，性腺重 10 g 以上者占总数的 50%，约 1/2 个体性腺指数达 10%。

排放期：雄性精巢腔内由于排精而明显地出现空腔，但生殖腺上皮依然具有一定厚度，由许多精母细胞组成。在雌性排卵后的卵巢腔内残存没有产出的卵细胞，在产卵期过后，其残留卵再继续崩坏，有的排放后生殖腺内还会有残留的大型块状物，为性细胞的崩坏产物。

3. 刺参的胚胎发育　成熟的卵子呈圆球状，直径 130~170 μm。卵受精后在四周聚起一层薄的受精膜。受精后约 10 min，在卵子的动物极出现第一极体，隔 20 min 左右放出第二极体。

卵裂是典型的辐射型等裂，分裂球的排列非常整齐规则。在水温 20~26 ℃下，受精后 1 h 左右开始第一次卵裂。

当细胞数达到 500 个左右时，胚胎进入囊胚期，胚胎长约 190 μm。受精后约 9 h，囊胚借周生纤毛的摆动开始在卵膜内转动。

受精后 16 h 左右囊胚的植物极变平，形成原肠原基，开始往内凹陷。原肠顶部细胞呈火焰状，可以生成间质细胞。胚体需 24～48 h 后才进入此期。此时胚体高约 220 μm，宽约 170 μm。随着胚体的成长，原肠也延长，分裂腔内的间质也增加，当原肠长到约为胚体的 1/2 高时，它在胚体的中央稍上方处向腹面弯曲。原肠与其口陷相连接的部分成为食道，从而原肠平行于体轴的部分就形成了大而宽的胃和细长的肠。在此期间，胚孔变为幼虫肛门，其开口移向消化管的上方。

4. 幼体发育

耳状幼体：耳状幼体可分为小耳状幼体、中耳状幼体和大耳状幼体 3 期。小耳状幼体期形成 2 对幼虫臂。当发生到中耳状幼体时已经形成 6 对幼虫臂。大耳状幼体时各臂显著变粗，水体腔的外侧臂已生出 5 个囊状初级口触手。耳状幼体在水温 20～24 ℃下，一般需要经历 10～18 d，在这期间，耳状幼体的长度从早期的 390 μm 左右一直增加到 900 μm 左右。

樽形幼体：大耳状幼体后期变态为樽形幼体。变态时幼虫急剧地收缩变小，体长缩至 400 μm 左右，形成 5 条纤毛环、5 对球状体，5 个初级口触手明显变大。

五触手幼体：樽形幼体不久，纤毛环便消失。额区更为缩小，口几乎移到前端，5 条触手能自由运动和收缩，转入底栖生活，形成五触手幼体。此期体骨片形成。五触手幼虫后期，身体开始拉长，并在身体背面长出许多刺状突起，称为肉刺。幼虫腹面管足数目不断增加。

稚参：初期的稚参骨片形成加快，特征骨片增多，同时次级触手、管足和疣足数目也不断增加。在稚参初期，在体前方左、右各生 1 个疣足，而后又在体中部偏后处左、右各生出 1 个疣足。与触手对应的辐水管生出并相连接，其数目随着个体的生长而增加，变成成体时，触手各自进一步分枝、发达。稚参培育到 4～5 mm，需 40 d 左右的时间。

综上所述，刺参由受精卵发育至稚参，在水温 20～24 ℃条件下，发育良好的只需 12～15 d，一般需要 17～20 d（表 1-5-1）。

表 1-5-1 刺参胚胎发育及幼体发育（20～21 ℃）
（朱峰，2009）

受精时间	发育阶段	大小（μm）
15～20 min	第一极体出现	175±7
40～45 min	第二极体出现	175±7
60 min 左右	2 细胞	195±13
90～120 min	4 细胞	210±15
120～180 min	8 细胞	223±14
180～210 min	16 细胞	230±5
210～240 min	32 细胞	217±8
240～280 min	64 细胞	209±10
280～310 min	128 细胞	217±15

(续)

受精时间	发育阶段	大小（μm）
360 min	囊胚期	210±10
17～21 h	原肠初期	250～350
21～32 h	原肠期	300～400
32～36 h	小耳状幼体	250～400
4～5 d	中耳状幼体	600～700
8～9 d	大耳状幼体	700～900
9～10 d	樽形幼体	350～500
11 d 左右	五触手幼体	
12～13 d	稚参	

二、人工繁殖和苗种培育

（一）亲参的选择

亲参的规格及质量，直接关系到受精卵的质量及幼体的培育，也是人工育苗的基础。

亲参的来源：一是池塘养殖，二是自然海区生长，三是通过工厂化人工促熟。

亲参的规格和放养密度：池塘养殖的亲参，个体重应在 250 g 以上；海区生长的亲参，个体重应在 300 g 以上，体长在 20 cm 以上；人工促熟的亲参，个体重也应在 300 g 以上。放养密度一般应按育苗水体 1～2 头/m³。

亲参采捕：亲参采捕的时间，应根据亲参性腺的成熟度而定。一般应根据育苗的需要，在亲参产卵期前 7～10 d 采捕亲参。在自然海区，当海水水温达到 16～17 ℃时，池塘水温也达 20 ℃左右时，即可开始采捕亲参。用于促熟培育的亲参，根据需要可提早 2～3 个月采捕。

（二）亲参的蓄养及人工升温促熟培育

亲参蓄养：亲参蓄养的密度，一般为 10～20 头/m³ 较为适宜。在蓄养期间，应在暗光下进行。每天傍晚，全量换水，或倒池均可。

亲参的人工升温促熟：促熟期间，水温日升高 0.5～1.0 ℃，当水温升至 15 ℃左右时即可采用恒温培育。培育密度设置为 10 头/m³ 左右。根据亲参摄食状况，调整日投饵量。投饵量一般为亲参体重的 4%～7%。培育期间，应在暗光下进行，每天清底 1 次。当有效积温达到 800 ℃以上时，亲参即可达到性成熟。

（三）精、卵采集及人工授精

人工刺激采卵：在 17:00 左右，将亲参阴干 40～50 min。然后用强流水刺激 30 min 左右，再加入升温海水（升温幅度 3～5 ℃）。经上述方法刺激的亲参，多在 20:00～21:00 开始排放。一般雄性亲参先排精，此后雌、雄亲参同时大量排放精、卵。

受精卵的孵化及孵化率：授精结束后，待受精卵沉底，可将上层水排掉，加入新鲜海水，进行洗卵。为保证受精卵在水中的悬浮状态，每隔 30 min 左右搅池 1 次。受精卵的孵化密度，一般控制在 5 个/mL 以下较为适宜。

（四）浮游幼体的选育及分池

胚体孵出发育至原肠后期或耳状幼体初期，即应选优。目前多采用拖选后再浓缩收集的方法。

（五）浮游幼体阶段的培育及管理

1. 控制合理的培育密度 小耳状幼体的投池密度应控制在 1 个/mL 以下，一般设置在 0.5 个/mL 较为合适。

2. 适宜饵料的投喂 刺参浮游幼体最适合的单细胞藻饵料是盐藻和角毛藻，也可单独投喂角毛藻，初期 2 万个/(mL·d)，中耳状幼体期 2.5 万～3 万个/(mL·d)，大耳状幼体期 3 万个/(mL·d) 以上。一般在实际人工育苗中，可以盐藻和角毛藻为主，配合投喂一些其他种类的单胞藻，如三角褐指藻、小新月菱形藻、叉鞭金藻等。目前已开发了多种代用饵料，主要有光合细菌、海洋酵母、面包鲜酵母和大叶藻粉碎滤液等。在育苗实践中，应综合考虑幼虫的密度、摄食情况等因素来确定实际投饵量。投喂原则为少量多次。

（六）幼体的变态、附着

1. 附着基的选择与投放 幼体经五触手幼体发育到稚参后，由原来的浮游生活转变为附着生活，附着基是稚参生存的必要条件。目前海参使用的附着基一般有 3 种：透明聚乙烯薄膜、透明聚乙烯波纹板及聚乙烯网片。一般情况下，当出现少量的樽形幼体时，应在池底铺放附着基，或次日投放附着基。附着片采取平倾、斜放，以倾斜 60°角左右为宜，这样投下的饵料不会全被上边的片子截留，可均匀地落到各个附着片上，而且受光也较好。

2. 附着密度 适宜的附着密度应控制在 1 头/cm² 以内。

（七）稚参的培育

1. 投饵 稚参附着后，初期投喂大叶藻洗刷下来的富含底栖硅藻的活性海泥，用 300 目筛绢网过滤后，按水体 0.5～1.5 L/m² 投喂，每天 2 次。体长 2 mm 后，采用含底栖硅藻的活性海泥和鼠尾藻磨碎液投喂。鼠尾藻前期用 200 目，中、后期用 80～40 目筛绢网过滤，每天分 2 次投喂，日投喂量为 30～100 mg/L。投喂量以稚参摄食情况、水温高低、水质情况适当增减，以防饵料不足或过剩，影响生长和败坏水质。

2. 换水、流水 稚参完全附着后，一般每天换水 2 次，每次换水 1/3～1/2。也可采取长流水的方法进行培育，此种方法虽费用较高，但培育效果好。无论换水还是流水，应避免桡足类等敌害生物随水进入。

3. 稚参剥离方法

MS-222 麻醉法：MS-222 是一种有效且安全的剥离药剂，价格比较昂贵。以 200 mg/L 的 MS-222 海水溶液浸泡 5 min 后，移回新鲜海水中，如此可获得约 52% 的剥离率。药浴后 72 h 的存活率为 100%。

KCl 麻醉法：以 0.35% KCl 海水溶液浸泡 5 min 后，移回新鲜海水中，如此可获得 89.5% 的剥离率。与 MS-222 相较，KCl 具有高剥离率且价格便宜。但对于体长 15 mm 以上的个体，其剥离效果极差，延长药浴时间至 10 min，不但不能提高其剥离率，反而使稚参体长软化并产生自割现象。因此，采用 KCl 作为剥离药剂，应针对体长 15 mm 以下的稚参进行。

三、刺参增养殖技术

1. 池塘条件和修建 应选择附近海区无污染、远离河口等淡水源、盐度常年保持在 28

以上、风浪小的封闭内湾或中潮区以下的地方建池。以沙泥或岩礁池底为好。池塘应建于潮间带中、低潮区,面积 6 670～13 340 m^2 为宜。坝高以小潮期间高潮时能向池内进水为基准,池深 2～4 m,坝顶有可挂网的插杆。进、排水闸应设在池塘的最低处。闸门处设筛网(60～80 目),阻挡刺参逃逸或被海水冲走,同时还可阻挡蟹类、鱼类等有害生物的进入。

2. 放苗前的准备工作

池塘的清整:旧池塘在参苗放养前要将池水放净、清淤,并暴晒数日。

参礁的设置:根据刺参的生活习性,池塘要投放一定数量的参礁。参礁的数量一般要根据刺参数量、水深、换水条件而定,一般为 20～100 m^3。参礁要相互搭叠、多缝隙,以给刺参较多的附着和隐蔽的场所。

池塘的消毒:在放苗前 1.0～1.5 个月,要对池塘进行消毒。消毒剂选择漂白粉 5～20 mg/L 或生石灰每 667 m^2 用 100～200 kg,浸泡 1 周。对于有虾蛄、蟹类、海葵等敌害生物的池塘,可泼洒敌百虫 10.0 mg/L 杀灭。

培养基础饵料:培养基础饵料目的是培养底栖硅藻和浮游植物,此工作至少在投苗前半个月开始。待清塘药物毒性消失后,将水放干,注入 30～50 cm 海水,进行施肥,可施有机肥,如将碾碎的干鸡粪每 667 m^2 用 20～50 kg,堆放于池塘四周;也可施无机肥,如将尿素、磷酸二氢铵、硝酸铵、碳酸氢铵等,每 667 m^2 施肥 2～5 kg。如水温低,底栖硅藻繁殖较慢,可加大施肥量和施肥次数。另外,有条件的情况下,还可向池内移植栽培鼠尾藻、马尾藻、石莼等大型藻类,既可作为刺参的饵料,也为刺参增加了栖息的场所。

3. 苗种养成

放苗时间:放苗分春、秋两季,一般水温 7～10 ℃时投放比较好。

苗种规格和放养密度:一般苗种的规格应在 2～10 cm 比较好。苗种的密度由苗种大小、参礁的数量、换水的频度、饵料供应等因素决定。通常,2～5 cm 小规格的参苗密度应控制在 40 头/m^2 以下;5～10 cm 中等规格的参苗控制在 40 头/m^2 以下;10～15 cm 较大规格的参苗控制在 30 头/m^2 以下为宜;20 cm 以上的参苗,密度不超过 20 头/m^2。

4. 养殖管理

换水:放苗后前期,水可只进不出,2～3 d 进水 10～15 cm。当水位达到最高处时,每天换水 10%～40%。每 2～3 d 可在进水后肥水一次。进入夏眠后,应保持最高水位。秋季以后加大换水量,每天换水量在 10%～60%。冬季可只进水不排水,保持最高水位即可,水色以浅黄色或浅褐色为好。

饵料投喂:刺参在自然条件下 10～16 ℃生长最快,此时要加大饵料投喂量。春季 1 周投喂 1 次,秋季 1 周投喂 2 次,投饵一般应选择傍晚进行,投饵量应为刺参体重的 5%～15%。6～10 月,刺参进入夏眠,可停止投喂。12 月至翌年 2 月,水温降低,刺参活力减弱,也不需投喂。

水质监测:每天测池塘内外水温、盐度各 1 次,每周测 pH 1 次,有条件的单位可 1～2 周测定一次水中的氨氮及其他水质指标,并做记录。池水盐度需保持 26 以上。

四、病害防治

(一)细菌性疾病

细菌性疾病是目前海参报道最多的疾病,是当前养殖生产中危害最严重的疾病。细菌性疾病在海参养殖的各期均可暴发，且传播速度快，呈流行性发展的趋势。常见的细菌性疾病如下。

1. 腐皮综合征 又称化皮病。刺参的腐皮综合征多发生于年底至翌年 4 月水温较低时期，主要症状为厌食、口肿溃烂、摇头、排脏及身体收缩僵直，体表发生溃疡且面积逐渐扩大直至死亡。

使用含土霉素 0.000 3%～0.000 5% 的饲料，2～3 d 后能基本控制病情。

2. 化板症 多在樽形幼体向五触手幼体变态和幼体附板后的稚参时发生，发病症状主要表现为：附着的幼体收缩不伸展，活力下降，触手收缩，并逐渐失去附着力而沉落池底。

采用二次沙滤或紫外线消毒海水，及时清除残饵、粪便，并适时倒池；通过消毒处理确保海泥和鼠尾藻等饵料不携带致病原。另外，应定时镜检，发现病情后在池中泼洒喹诺酮类抗生素，以药浴和口服同时处理进行预防和治疗。

3. 烂胃病 烂胃病通常发生在仿刺参耳状幼体后期，该病在每年 6～7 月高温期和幼体培育密度大时更易发生。发病症状主要表现为：幼体胃壁增厚、粗糙，继而萎缩变小、变形，严重时整个胃壁发生糜烂，幼体死亡。

发病原因一方面是由于饵料品质不佳（如投喂老化、沉淀变质的单胞藻饵料），或饵料营养单一。另一方面，灿烂弧菌感染幼体也可以导致此病发生。

防治措施主要有两点：首先投喂新鲜适口的饵料如角毛藻、盐藻或海洋酵母；其次适当加大换水量，减少水体中细菌数量，配合使用含量为 0.000 4%～0.000 6% 的氟苯尼考药液浸泡有良好疗效。

4. 烂边症 烂边症多发生在仿刺参发育的耳状幼体阶段。研究表明弧菌是烂边病的致病原之一。发病症状主要表现为：在显微镜下耳状幼体边缘突起处组织增生，颜色加深变黑，边缘变得模糊不清，逐步溃烂，最后整个幼体解体消失。氟苯尼考对烂边症症状有较明显的治愈效果。预防时可采取用药 3 d 停药 3 d 的方式进行药物全池泼洒，使池水药物浓度达到 0.000 3%；而治疗时，使池水药物浓度达到 0.000 5%，每天施药 1 次，直至痊愈。

5. 排脏症 刺参以排脏为主要特征，排脏后身体逐渐肿胀，然后皮肤开始迅速溃烂而最终呈黏液状，能造成仿刺参的大量死亡。病原分析发现，原玻璃蝇节杆菌（*Arthrobacter protophormiae*）和金黄色葡萄球菌（*Staphylococcus equorμm*）能引起该病的发生。

6. 急性口围肿胀症 症状为仿刺参的口围发生肿胀继而体表溃烂。细菌和病毒均可引发该病。

（二）寄生虫病

主要包括孢子虫、涡虫、桡足类、盾纤毛虫类、腹足类等。防治措施：养殖用水应严格沙滤和 300 目网滤处理；及时清除池底污物，勤刷附着基，适时倒池；桡足类可用 2～8 mg/L 的敌百虫全池泼洒灭除。

（三）霉菌病

此病是由于过多有机物或大型藻类死亡沉积，致使大量霉菌生长，然后由霉菌感染海参而导致疾病发生。每年的 4～8 月为霉菌病的高发期，幼参和成参都会患病，但在育苗期未见此病发生。

典型的外观症状为参体水肿或表皮腐烂。发生水肿的个体通体鼓胀，皮肤薄而透明，色素减退。表皮发生腐烂的个体，棘刺尖处先发白，然后以棘刺为中心开始溃烂，严重时棘刺烂掉呈为白斑，继而感染面积扩大，表皮溃烂脱落，露出深层皮下组织而呈现蓝白色。

防治要点包括：防止投饵过多，保持池底和水质清洁。避免过多的大型绿藻繁殖，并及时清除沉落池底的藻类，防止池底环境恶化。采取清污和晒池措施，防止过多有机物累积。

（四）气泡病

有报道认为，该病是由于充气量过大，使幼体吞食过多气泡而导致的。该病多在耳状幼体培育期出现，死亡率较低。发病症状主要表现为：幼体体内吞有气泡，摄食能力下降或不摄食，最终也可导致幼体死亡。可通过调整充气量或采取间歇充气的方法解决气泡病的发生。

第二节 海胆养殖

（一）分类地位

海胆属棘皮动物门，游在亚门，海胆纲。将海胆纲分为3个目：正形目、楯形目、心形目。目前，我国已发现的海胆有100种左右，但重要经济种类不足10种。常见的经济海胆如下。

1. 虾夷马粪海胆（*Strongylocentyotus internedius*） 又称中间球海胆，隶属球海胆科，原产于日本北海道和俄罗斯的远东等地沿海，为冷水性种类。日本北海道的虾夷马粪海胆生存水温为 $-2 \sim 25\ ℃$，水温在 $15\ ℃$ 左右摄食最为活泼，超过 $20\ ℃$ 之后摄食量显著减少，海区夏季水温长时间超过 $23\ ℃$ 会导致大量死亡。在日本的北海道，其繁殖季节为 $9 \sim 11$ 月。

2. 马粪海胆（*Hemicentrous pulcherrimus*） 马粪海胆属球海胆科，是中国及日本沿海的特有种，在中国沿海分布范围较广，在黄、渤海沿岸极为普通，向南至浙、闽沿岸。自然分布于水深 $3 \sim 4\ m$ 以内的沙砾底质和海藻繁茂的岩礁间，常藏于石下或石缝内，分布水深比中国其他经济种海胆类偏浅。马粪海胆的适温范围广一些，在水温 $0 \sim 30\ ℃$ 的海域几乎都可以生存，其在中国北方海区繁殖期为 $3 \sim 5$ 月。

3. 光棘球海胆（*Strongylocentrotus nudus*） 光棘球海胆属球海胆科，是西北太平洋沿岸水域较常见的经济海胆类之一，也是中国北方沿海最主要的经济种类，主要分布于辽东半岛、山东半岛的黄海一侧海域以及渤海海峡的部分岛礁周围。本种海胆多生活在藻类丰富的岩礁及砾石底质，分布水深大多为潮间带至水深 $10 \sim 30\ m$ 的浅海水域，在深水海域中其数量极其稀少。有群居习性，厌强光，对高盐耐受力强，适宜盐度 $28 \sim 35$，生长适温 $15 \sim 20\ ℃$。在中国其繁殖季节为 $6 \sim 8$ 月。

4. 海刺猬（*Glyptocidaris crenularis*） 海刺猬属于疣海胆科，是疣海胆科现今仅存的唯一代表种，也称为黄海胆或白海胆。其自然分布水域仅见于中国的黄海北部及日本海的部分海域。生殖腺色泽较淡，品质及价值也偏低。海刺猬自然分布水深较上述几种海胆偏深，为 $10 \sim 150\ m$。繁殖季节为春季。

5. 白棘三列海胆（*Tripneutes gratilla*） 白棘三列海胆属毒棘海胆科，又名海胆虎，是热带海域正形海胆类的常见种之一，在印度洋和西太平洋区域内分布广，日本南部、澳大利亚、夏威夷等地沿海都产，在中国主要分布于南海海域。白棘三列海胆分布在多海草的浅海，垂直分布可达 $75\ m$。在中国南海其繁殖季节为春、夏季。

6. 紫海胆（*Anthocidaris crassispina*） 紫海胆属长海胆科，是太平洋北部海域习见种之一，分布广，产量大，也是我国浙江、福建、广东等地沿海海胆类中最常见和最重要的经济种类（图1-5-3）。紫海胆自然分布以沿岸为主，分布在潮间带以下至水深为10～20 m处，最深可达到85 m。喜生长于水质清澈、食物丰富、阴暗多礁石的海域，生长适温为20 ℃左右，在中国南方繁殖季节为5～7月。

图1-5-3 紫海胆

（二）外部形态特征及内部构造

1. 外部形态特征 海胆的体型较为特殊，是一种两侧对称与辐射对称相结合的特殊形态。歪形海胆大多接近于两侧对称型，而正形海胆的体型比较接近于五辐射对称型。

根据壳板的位置、功能、形状等一般将其分为步带板和间步带板、围口部板、顶系板。在海胆的外壳上生长着疣、棘和叉棘。棘与叉棘的主要功能为清除体表异物、协助捕食及御敌等。有种类的叉棘上生有毒腺，具有毒性，起保护作用。

管足是棘皮动物辐管系统的主要组成部分之一，是其特有的一种组织器官，具有吸附、辅助运动、感觉、摄食等功能。管足的伸缩性极强，伸张时可由管足孔伸出壳外。其末端具吸盘，可吸附在外物上。

2. 内部结构 海胆的大部分组织器官，如消化系统、神经系统、步管系统、循环系统、生殖系统等都包含在体腔之内。

海胆的消化系统主要由口、口器、食道、胃、肠、肛门等消化器官以及附属消化腺体组成。海胆的神经系统包括3个神经系，即表皮神经系（也称外神经系）、反口极神经系（内神经节）和深在神经系。步管系统主要功能是与管足的运动有关，也称为辐管系统或水管系统。海胆的步管系统包括步管环（也称步环管或环水管）、辐步管（也称辐管或辐水管）及其支管、石管、波里氏囊、坛囊、管足等器官。海胆的循环系统又称围血系统，主要由背血窦、腹血窦、辐血管、血管环以及分支血管等组成。海胆的呼吸系统不发达，主要呼吸器官有围口鳃和皮鳃，围口鳃和皮鳃的壁都比较薄，能与周围的海水直接进行气体交换。海胆的管足以及肠侧的水管也能部分地兼行呼吸功能。

海胆为雌雄异体，但从外观上很难区分。海胆生殖腺紧贴在间步带区内侧，呈纺锤状。生殖腺通常为黄色、橘黄色、土黄色、白色等，雄性个体的性腺色淡，偏白。正形海胆有生殖腺5对，由肠系膜悬挂于各生殖腔间步带内侧。海胆的生殖腺是海胆主要可使用部位。

海胆无明确的排泄器官，其排泄作用主要由体腔液中的无色变形细胞承担，体内的代谢废物可由这些细胞携带至皮鳃及步管系统，再通过这些器官排出体外。

（三）生态习性

1. 食性及其摄食选择性 海胆类浮游幼体期主要摄食浮游性单细胞藻类。着底变态之后，改变以摄食底栖硅藻为主，兼食其他附着性单细胞藻、某些大型海藻类的配子体和小型孢子体、有机碎屑等。成海胆期摄取的饵料，则随着海胆种类的不同而不同。从总体上讲，正形海胆类成体的食性，是以摄食大型海藻类为主的杂食性。

成海胆的摄食活动,具有明显的昼夜性变化规律,主要是受光的制约,强光照能抑制海胆的摄食活动。海胆的摄食,还有随着季节的变化而呈现出规律性变化的特点。导致这种变化的因素为水温和自身的生殖腺发育状态。在海胆生殖腺未发育季节,其摄食强度主要是与水温有关;在生殖腺发育季节,其摄食强度主要是与生殖腺的发育状态有关。

2. 繁殖习性 海胆在繁殖季节,有相互集聚成群、配子集中排放的习性。在自然海区,当某一局部海域有少量海胆开始进行繁殖活动时,常常会诱发该海域的同种海胆大量排放生殖精卵。海胆繁殖的另一特点是对水温有一定的要求。

3. 水温对海胆生理活动的影响 海胆的生存、生长、代谢和繁殖等生理活动,有不同的水温要求,在其生长适温范围内,海胆的生长快,超出生存水温范围,则可能导致海胆大量死亡。据报道,光棘球海胆的生存水温为0~30 ℃,生长适温为15~20 ℃,如果水温达25 ℃以上,则摄食量剧减。中间球海胆的生存水温为-2~25 ℃,当水温在15 ℃左右时,摄食最活跃;如果水温超过20 ℃,则摄食量明显减少。海胆的生理代谢过程中,耗氧率、排氨率等与水温呈正相关关系。海胆在不同的生长发育阶段,对水温的适应能力也不相同。在幼海胆期,对高水温有比较强的适应能力。随着个体的生长,对高水温的适应能力下降,但对低水温的耐受能力明显增强。在浮游幼体阶段,对水温变化的适应能力最弱。但随着个体的长大,对水温的适应能力将逐渐增强。

4. 对盐度的适应能力 海胆属狭盐性动物,要求生活于盐度较高的水环境中,对盐度变化反应比较敏感。在自然海区中,因盐度的变化而导致海胆死亡的现象较多。不同种海胆,或者同一种类但处于不同生长阶段的个体,对盐度的适应能力的差别较大。盐度也是影响海胆代谢活动的主要因素。中间球海胆在盐度为30左右时,耗氧率最高,低于或高于该盐度,其耗氧率都将会下降。

(四)生长发育

1. 个体发生与发育 海胆的卵与精子是在水中受精并发育的。由受精卵发育至稚海胆,需要经过胚胎发育阶段、浮游幼体阶段和匍匐变态阶段等3个不同的发育阶段,包括囊胚、纤毛囊胚、棱柱幼体、长腕幼体和稚海胆等几个主要发育期。长腕幼体是海胆纲和蛇尾纲所特有的一种浮游幼体。海胆中的大多数种类,在长腕幼体期,还要依次经过2腕幼体、4腕幼体、6腕幼体、8腕幼体等4个不同的形态阶段。在8腕幼体的后期,开始分化出海胆原基,进而着底变态成为稚海胆。但是,也有少数种类,中间还要经过10腕幼体和12腕幼体两个形态发育阶段。海胆幼体的发育速度,主要与其种类以及环境水温有关。

2. 生长 海胆的生长,包括壳的生长和生殖腺的发育(体重增长)两个方面,影响其生长的因素有水温、饵料,以及其自身的种类、年龄、发育时期等多种因素。海胆壳的生长和生殖腺的增长是交替进行的。生殖腺未发育季节,主要为壳的生长时期;生殖腺发育季节,壳的生长显著下降,甚至停滞。同种海胆的不同年龄群,生长的速度明显不同。一般随着年龄的增长,生长速度逐渐变慢。在一定的水温范围内,海胆的生长速度与水温呈正相关关系。但超出该范围,生长量都将下降。

3. 性腺成熟 海胆性腺成熟的年龄,大多数在2~3龄,暖水种可能略早一些,冷水种则可能稍迟一些。首次性成熟群体的平均壳径,称为该种海胆的生物学最小型。马粪海胆的生物学最小型为2.5 cm,紫海胆为2.5 cm,光棘球海胆为4.0~4.5 cm,白棘三列海胆为

4.7~5.0 cm。

海胆的怀卵量多少与其种类、个体大小、生殖腺成熟程度等内在因素有关。据有关资料报道，马粪海胆个体的怀卵量为 300 万~500 万粒，紫海胆为 400 万~600 万粒，光棘球海胆为 500 万~600 万粒，壳径 4.5~6.8 cm 的中间球海胆的个体产卵量在 10 万~2 000 万粒。

同种海胆的繁殖水温，基本上是一致的。马粪海胆：在中国北方海区繁殖期为 3~5 月，3 月中旬至 4 月中旬为繁殖盛期；光棘球海胆：在中国繁殖期为 6~8 月；紫海胆：在中国南方繁殖期为 4~9 月，5 月下旬至 7 月下旬为最盛繁殖期。

海胆生殖腺的发育状态，或者成熟程度，常用生殖腺指数来表示。一些性腺成熟良好的个体，其生殖腺的重量，可占海胆总体重的 1/3。但随着个体逐渐地进入高龄化，生殖腺指数随着年龄的增长而逐渐下降。

海胆的寿命因种类不同而不同。通常冷水性种类寿命较长，而暖水性种类寿命相对较短。据报道，马粪海胆为 5~6 年，光棘球海胆、中间球海胆的寿命可达 10 年以上。

（五）人工育苗

1. 种海胆的选择 种海胆一般要挑选 3 龄以上的健康个体。具体来说，虾夷马粪海胆应选择壳径 50 mm 以上，采捕日期在 7~10 月；光棘球海胆的亲海胆规格以壳径 60~80 mm 为宜，采捕日期在 7~8 月。在同等条件下，首先要选用生长速度较快，而且具有较好抗病力的种海胆。

2. 种海胆的蓄养 种海胆蓄养密度一般控制在 40~100 个/m²。蓄养池内多置放网箱，直接在网箱内投喂海藻作为饵料，网孔 10 mm 左右为宜。

3. 种海胆的人工促熟 种海胆的人工促熟是调节培育水温，投喂充足的饵料并利用控光等技术措施，加速其生殖腺的发育过程。为使生殖腺提前达到成熟，亲海胆移入培育池时的水温要接近自然海区的水温，然后缓慢地升温（或降温），之后恒温培养一些时日，加大投饵量，再使培育水温逐渐接近其繁殖水温。进行种海胆的促熟培育，良好的饵料供应是极其重要的培育条件之一，饵料供应要充足。

4. 采卵 目前常用的人工诱导方法是 KCl 溶液注射法。用注射器自种海胆的围口膜处注入 0.5 mol/L 的氯化钾溶液 1.5~2.5 mL，可按种海胆个体大小调整注射量，之后离水放置，卵子一般呈橙黄色，精液一般呈白色。排放后把种海胆放入盛有海水的采卵槽中或集卵器上收集精、卵。卵和精子要分别收集。

5. 授精与孵化

授精：为获得较高的受精率，授精时间最好控制在精、卵排出体外后的 0.5 h 之内。授精时要控制精子的用量，卵和精子的比例以 1:1 000 为宜，这样能保证平均每个卵子周围有 3~4 个精子。授精后，通常要洗卵 2~5 次，洗卵次数随精子用量多少而变化。

孵化：受精卵的孵化密度以 10~20 个/mL 为宜。海胆种类不同，孵化时间有所差异，海胆的孵化时间随孵化水温在一定适宜范围内的升高而缩短。据报道，虾夷马粪海胆受精卵在 17.0~18.5 ℃水温下经 11.5 h 即可发育至纤毛囊胚而上浮，进入浮游幼体期。光棘球海胆受精卵在 20~23 ℃时，需 10~15 h 发育至浮游幼体。紫海胆受精卵在 28.5~30.4 ℃，经 7 h 孵化发育至纤毛囊胚上浮。海刺猬受精卵在 16~17 ℃，约经 16 h，胚体上浮。马粪海胆受精卵在 14~17 ℃，22 h 左右才发育至纤毛囊胚进行浮游。

6. 幼体选优 幼体上浮后要立即选优。选优时可用虹吸法吸取上层健壮的幼体,这样做可以减少对幼体的损伤,也可以用 100~120 网目筛绢网拖选上层的幼体。

7. 浮游幼体培育

水质条件与管理:海胆种类不同,幼体发育的适宜水温不同,马粪海胆、虾夷马粪海胆、光棘球海胆的适宜水温分别为 14~17 ℃、17.0~18.5 ℃ 和 20~23 ℃。幼体培育过程中,采取充气或搅池的方法增加水中的溶氧量,同时还会使浮游幼体分布均匀,避免集中现象发生。由于幼体具有趋光性,所以光照不宜过强,更应避免阳光直射。

每天换水 1~2 次,每次换水量 1/2~2/3。每隔 4~5 d 倒池 1 次,并清除池底。培育期间要尽量满足幼体发育所需的各种理化因子,这能够提高幼体之后的附着变态率。

密度控制:幼体的培育密度应在 1 个/mL 以下,以 0.5~0.8 个/mL 为宜,密度过高则幼体生长缓慢,幼体发育不整齐,提高了育成难度。

饵料投喂:幼虫发育至棱柱幼体期时消化道发育基本完成,应及时投饵。海胆饵料以单胞藻为主,单胞藻的投喂量要根据培育密度、发育时期、幼体大小以及培育水温来决定。虾夷马粪海胆,4 腕期之前每天投喂量为每毫升 1.0 万~2.0 万个单细胞,6 腕期为每毫升 3.0 万~4.0 万个单细胞,8 腕前期为每毫升 4.0 万~5.0 万个单细胞,8 腕后期为每毫升 6.0 万~7.0 万个单细胞。

8. 幼体的匍匐变态

采苗板的投放:浮游幼体在变态为稚海胆之前,应及时投放采苗板进行采集,采苗板以水平方向放置。不同海胆的浮游幼体在不同水温下的浮游时间不同。虾夷马粪海胆在水温 15.0~18.0 ℃ 时,经 18~21 d 即可结束浮游生活,在水温 20~24 ℃ 下,需经 15~20 d;光棘球海胆的浮游幼体在水温 20~24 ℃ 下,经 15~20 d 结束浮游生活,开始变态为稚海胆。不同海胆投放采苗板的时间不同,但都应在 8 腕幼体左侧开始出现海胆原基的 2~3 d 以内。例如马粪海胆,在水温 14~17 ℃ 下,为 28 d 左右;光棘球海胆在 20~24 ℃ 的培育水温下为受精后的 15~19 d;虾夷马粪海胆在水温 15~18 ℃ 下大约 20 d。

采苗板上饵料的培养:采苗板应在采苗之前培养有一定数量的硅藻作为饵料。据报道,附着有聚生舟形藻的采苗板的采苗效果最好。

采苗密度:幼体的采苗密度太大会影响其饵料供应和正常的生长发育,而采苗密度太小又会对各种器材造成浪费,必须掌握好其采集密度。实验和生产实践表明,以平均每板采集 300~500 个较为适宜。

9. 稚海胆培育

饵料供应:采苗变态后的前期,海胆以摄食采苗板上的硅藻为主。在稚海胆生长后期,其摄食量增加,对饵料的要求提高,采苗板上的硅藻不能满足需求。这时要投喂补充饵料,例如海带、石莼、羊栖菜等大型海藻的弱嫩藻体;也可以将稚海胆剥离至网箱中,投喂上述饵料。有实验表明,石莼、羊栖菜对稚海胆的生长有良好的促进作用。

水质管理:稚海胆阶段对水质的要求较高,除保持稳定适宜的水温,还需每天换水 1~2 次,日换水为整个水体换水 1 次,以保持充足的溶解氧。每隔 5~10 d 还应清底或倒池 1 次,及时清除残饵、粪便与死亡个体。

敌害防治:桡足类是稚海胆培育期间的主要敌害,不但会与稚海胆争夺采苗板上的底栖饵料,还会挠坏稚海胆的体表,导致稚海胆的死亡率增加。要施用 2~8 mg/L 的敌百虫进行防治,更重要的是注意换水时防止其随水进入。

稚海胆的剥离:将稚海胆从采苗板上常用的剥离方法有两种。一是软毛刷直接剥离,因稚海胆在采苗板上的附着并不紧密,可直接用软毛刷直接剥离。剥离过程中动作要轻,尽量避免机械损伤。二是 KCl 溶液浸泡剥离,用 0.5 mol/L 的 KCl 溶液浸泡或冲洗 $0.5\sim3.0$ min后,稚海胆的管足会收缩,脱离采苗板,然后集中收集。

(六) 幼海胆的中间培育

7~9 月采苗的稚海胆,培育至当年年底,只能生长到 4~10 mm。如果用这样的稚海胆进行增殖或者海上养成,则成活率很低。为了提高增养殖的效果,大多数需要将稚海胆再经过 3~6 个月的中间培育,使个体达到 1 cm 以上的大规格苗种。这种培育过程通常称为中间培育。海胆的中间培育,有陆上中间培育和海上中间培育两种方式。

1. 陆上中间培育 陆上中间培育大多数在室内的培育池中进行,培育的设备大多数是使用网箱,个别单位也有使用网笼的。饵料可以用海带等海藻类,也可以用人工配合饲料。这种方法的优点是培育环境的可控性强,海胆生长快,培育成活率高,适用于越冬培育。但缺点是管理工作量大,成本偏高。

2. 海上中间培育 大多数在浮筏上吊养。海上中间培育的优点是管理工作量相对较小,可以借用其他养殖生物的育苗设施,培育成本低。但缺点是受气候等自然条件的影响较大,安全性较差,培育的成活率偏低。近期有报道,通过亲海胆促熟培育,将采苗时间提早至春季,夏季将稚海胆移至海上进行中间培育,培育设施为网箱或网袋。虽然培育的成活率不如室内高,但幼海胆的生长速度可比室内提高 33.6%~61.6%。

(七) 海胆的增殖

1. 底播增殖 是指将壳径 1 cm 以上的人工苗种,投放到环境适宜的海域,经 2 年左右的自然生长,待其达到商品规格后进行回捕的一种人工增殖资源的方式。海胆底播增殖的效果,受诸多因素的影响,其中增殖海区的环境条件和苗种质量,被认为是影响增殖效果的两大关键因素。我国海胆业,目前仍然是以采捕自然资源和人工养殖为主,在大连地区进行的虾夷马粪海胆和光棘球海胆底播增殖,取得良好效果。

2. 移殖增殖 是指将生活在环境条件较差的海域中的幼海胆或低龄个体,移殖到环境条件较为优越的海域,借以加速其生长与繁殖,促进资源快速增长的一种增殖方式。研究显示经过移殖后海胆加工品的出成率,比原产地海胆提高 85%。

(八) 海胆的常见疾病及其防治

1. 黑嘴病 患病海胆围口膜变黑,棘脱落,附着力变弱,病情恶化时不能摄食,最终衰竭而死亡。病原菌能破坏海胆口器的肌肉组织,使海胆不能摄食,导致死亡。复方新诺明和头孢较为经济有效。

2. 海胆秃斑病 本病迄今为止仅发现于虾夷马粪海胆。患病后海胆的壳上首先出现紫黑色斑点,继而棘脱落,很快即发生大面积的死亡。病原体对四环素、大环内酯类药物、过氧化氢和紫外线等比较敏感。此外,在 15~16 ℃ 的较低水温下,病原体生长可受到抑制。因此,低水温可以控制本病的发生。

3. 红斑病 夏季海水温度升至 23 ℃ 以上时,海胆发病,海胆壳上出现紫红色斑点,并且相互融合破溃,经海水冲击,海胆内性腺等物质溢出,导致死亡。进入秋季水温下降,病情稳定,死亡率下降。冬季只散在发病,无死亡。

思考题

1. 简述刺参的生态习性。
2. 简述刺参养殖技术要点。
3. 简述海胆采卵的方法、幼虫培育的原理和工艺。
4. 海胆增养殖的方法是什么?

第六章 头足类养殖

第一节 曼氏无针乌贼

曼氏无针乌贼（*Sepiella maindroni*）俗称乌贼、墨鱼、墨斗鱼或花枝，隶属于软体动物门，头足纲，乌贼目，乌贼科，无针乌贼属。

世界上共有乌贼300多种，主要分布于热带和温带浅海中，冬季常迁至较深海域。在我国近海分布的乌贼约有20多种。曼氏无针乌贼作为我国"四大海产"之一，历来是消费者的美味佳肴。曼氏无针乌贼全身都是宝，可食用部分一般占体重90%以上。肉除鲜食外，还可以加工成干制品、鱼丸、鱼糜等，食用方式多种多样；曼氏无针乌贼生殖腺可加工成"乌鱼穗"和"乌鱼蛋"；墨鱼壳（中医称为海螵蛸）和乌贼墨具有止血、抗癌等药用价值。

20世纪80年代以来，随着乌贼等部分海洋头足类资源的日益衰退，目前，国内许多研究机构已经对多个种类乌贼的室内、池塘及网箱养殖进行了尝试，特别在曼氏无针乌贼养殖技术开发领域，取得了较为系统的养殖技术研发成果。

一、生物学特性

（一）形态特征

曼氏无针乌贼身体可区分为头、足和躯干3个部分，躯干相当于内脏团，外被肌肉性套膜，含有石灰质内壳。

头位于体前端，呈球形，其顶端为口，四周有口膜，外围有5对腕。头两侧具有1对发达的眼，后下方有一椭圆形的小窝，称嗅觉陷，为嗅觉器官。

足已特化成腕和漏斗。腕10条，左右对称排列，背部正中央为第一对，向腹侧依次为第二至五对，其中第四对腕特别长，末端膨大呈舌状，称为触腕，具有捕食功能，能缩入触腕囊内。各腕的内侧均有4行带柄的吸盘，触腕只在末端舌状部内侧有10行小吸盘，称为触腕穗。雄性左侧第五腕的中间吸盘退化，特化为生殖腕或称为茎化腕，可将精荚输入雌性体内，起到交配器的作用。根据茎化腕可鉴别雌雄。

漏斗位于头的腹侧，基部宽大，隐于外套腔内，其腹面两侧各有一椭圆形的软骨凹陷，称为闭锁槽。与外套膜腹侧左右的闭锁突相吻合，如子母扣状，称为闭锁器，可控制外套膜孔的开闭。漏斗前端呈筒状水管，露在外套膜外，水管内有一舌瓣，可防止海水逆流。当闭锁器开启，肌肉性套膜扩张，海水自套膜孔流入外套腔；当闭锁器扣紧，关闭套膜孔，套膜收缩，海水自漏斗的水管喷出，为乌贼的运动提供动力。

躯干呈袋状，背腹略扁，位于头后。外部具有肌肉非常发达的套膜，其内为内脏团。躯干两侧具有鳍，鳍在躯干末端分离，鳍在游泳中起平衡作用。由于躯干背侧上皮中具有色素细胞，可改变皮肤颜色的深浅。乌贼躯体方位依其在水中的生活状态，头端为前，躯干末端为后，有漏斗的一侧为腹，相反一侧为背。但根据乌贼与其他软体动物的形态比较，其前端应为腹侧,后端为背,背侧为前,腹侧为后。为了观察叙述简便,多采用前种形态学定位。如图1-6-1所示为曼氏无针乌贼背、腹面外形图。

（二）生态习性

乌贼身体扁平柔软,非常适合在海底生活,主要栖息在水深100 m以内的沙泥底海区,栖息环境包括岩石质、珊瑚礁水域等。乌贼有昼夜垂直移动的习惯,白天群栖息于中、下水层,晚间上升到表层活动。乌贼为广盐性、广温性软体动物,如曼氏无针乌贼幼体适宜盐度为11.7~31.4,适宜温度为14~30 ℃。

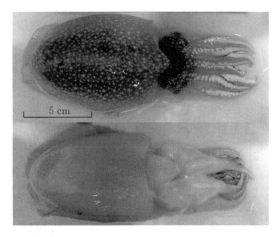

图1-6-1 曼氏无针乌贼背、腹面

乌贼具有趋光行为,在黑暗环境中见到光源,立即聚集于此光源周围,经久不散。黑夜中渔民利用乌贼这个行为特征进行灯光诱捕或制成荧光钓进行钓捕。此外,乌贼还具有发光习性,发光器分细胞内发光（大洋性种类）和细胞外发光（浅海性种类）两种类型。发光在求偶、通信、诱饵和抵御敌害方面有特定的作用。

乌贼平时在海底做波浪式的缓慢运动,可一遇到险情,它们会以高达54 km/h甚至150 km/h的速度把捕食者抛在身后。乌贼是水中的变色能手,其体内聚集着数百万个红、黄、蓝、黑等色素细胞,可以在一两秒钟内做出反应调整体内色素囊的大小来改变自身的颜色,以便适应环境,逃避敌害。乌贼体内有一个墨囊,在遇到敌害时迅速将墨汁喷出,将周围的海水染黑,掩护自己逃生。同时,其他乌贼能通过视觉和化学感觉器接收到危险信号而迅速逃离。而且,乌贼墨汁含有毒素,可以用来麻痹捕食者。

（三）食性

乌贼为肉食性动物,对食物中蛋白质的需求量较高,主要以甲壳类动物为主食,其次是小鱼,偶尔有些软体动物（如腹足类、双壳类）和多毛类等。幼体阶段主要依靠轮虫、卤虫、桡足类等浮游动物,随着个体生长,逐步摄食其他体型较大的食物。乌贼喜欢吃鲜活的食物,尤其是在幼体阶段。乌贼口器发达,除舌齿外,还有一个角质的鹰嘴腭,可以在游泳时配合触腕紧紧地咬住其他小动物。此外,同类之间会出现自相残食的现象。乌贼具有很强的消化能力,胃内食物大多为残体及碎片。目前,我国还没有开发出专门用于乌贼养殖的人工饲料,乌贼的育苗和养成主要依靠天然饵料。

（四）生长

乌贼生命周期短,世代更新快,通常只有一年,其主要原因是乌贼在生殖季节后期因体力耗尽而大量死亡。乌贼生长迅速,养殖周期短,如曼氏无针乌贼半年时间就可以养成200 g的商品规格。乌贼的消化、吸收、代谢过程简单,已经消化的营养物质直接由胃盲囊和小肠吸收,而不需通过肝吸收。乌贼对食物蛋白质的转化率非常高,可将食物中50%的蛋白质转化为自身蛋白质。

（五）繁殖习性

在4~5月繁殖季节乌贼常常由越冬场或育肥场向产卵场集群移动进行生殖洄游,到合适的产卵场后，交配前雄体紧贴雌体游泳，并且体表颜色不断变换吸引雌体。乌贼交配时，雌、雄头部互相对接，两体成一直线状，有时雌体位置较低。雄体的第一对腕从背面，第二、三对从侧面抓住雌体头部，右侧第四腕抓住雌体的腹面，左侧第四腕将精荚送至雌体口部附近，完成交配。

乌贼交配以后，数分钟或更长一些时间，就开始进行产卵。产卵前，乌贼先对着附卵基或已附着的卵群进行几下喷水，有时还用腕抚摸。约 5 min 乌贼就开始产卵并将卵系于附卵基或卵群上，每隔 1~3 min 产 1 卵。

自然海区曼氏无针乌贼产卵附着物主要为珊瑚、大型海藻及人工遗弃物三大类，其中珊瑚占 60%以上、人工遗弃物占 30%左右、海藻基部占 10%左右。一个繁殖季节中每天产卵数量呈正态分布，每天产卵数量最多可达数百粒，一般为几十粒，产卵期可长达 1 个月左右。

乌贼受精卵呈椭圆球形，沉性，质地柔软，有弹性，黑褐色，几百粒或上千粒黏结成团，黏附于人工附卵器上。卵径 (8.5±1.5) mm×(7.2±0.8) mm，卵黄径 (3.0±0.2) mm×(2.5±0.2) mm，单粒卵重 0.15 g 左右。

二、苗种培育

(一) 亲体培育与受精卵获得

从养殖群体中选择个体大、活泼、生命力旺盛的乌贼作为育苗亲体，室内水泥池养殖，养殖密度 30~40 头/m³，饵料投喂、换水、清污、消毒、疾病防治等操作管理同乌贼成体养殖。通过乌贼性腺发育的连续观测，一般在当年秋季就可发现乌贼有交配行为后，傍晚即在培育池中垂直吊挂网目为 3~4 cm 的聚乙烯有结节网片（网片下垂挂重物），翌日取出挂卵网片，计算产卵数量，放入孵化装置中孵化。

自然海区的受精卵，于每年 4~5 月乌贼产卵季，在乌贼传统产卵场用渔民独特的乌贼捕捞工具乌贼笼作为附卵器，采集乌贼受精卵。或者派潜水员下海于珊瑚、海藻、礁石或破损船体等处搜集乌贼受精卵。

(二) 受精卵孵化

将受精卵于玻璃水族箱孵化，日换水 1 次，换水量 80%~100%，换水水温要求一致。24 h 连续充气。在水温 23.5~24.2 ℃的条件下，受精卵孵化时间需要 18 d 左右。

(三) 幼体培育

将乌贼幼体于水泥池中进行培育，水泥池规格为 4.0 m×4.0 m×1.4 m。育苗用水取自自然海区，经 24 h 以上黑暗沉淀和沙滤。环境条件控制为：水温 16.0~28.0 ℃、盐度 25.0~28.0、pH 7.5~8.5、溶解氧 5 mg/L 以上、氨氮 0.1 mg/L 以下、光照度 500~800 lx。

培育密度为 1 000~2 000 头/m³，随着幼体的生长逐渐减少幼体的培育密度。刚孵化的幼体很快开始摄食轮虫，投喂的轮虫需经单细胞藻类和专用营养强化剂强化培养 24 h。饵料系列为轮虫—卤虫—桡足类—糠虾或枝角类（表 1-6-1）。饵料投喂密度，根据幼体的培育密度和摄食强度，一般轮虫为 5~10 只/mL，丰年虫 3~7 只/幼体，桡足类 2~5 只/幼体，枝角类 2~5 只/幼体，糠虾 2~4 只/幼体。胴长达 20 mm 即可投以捕获的中国毛虾和鱼虾肉糜等。饵料投喂时间每天 3 次，上午、下午和晚上各投 1 次，换水前投喂。

表 1-6-1　乌贼幼体饵料投喂时序

(常抗美等，2009)

饵料品种	第一天	第三天	第六天	第九天	第十二天	第十五天	第十八天	第二十一天	第二十四天	第二十七天	第三十天
轮虫	─	─	─	─	─						
卤虫			─	─	─	─	─	─			
桡足类					─	─	─	─	─		
糠虾								─	─	─	─

使用沙滤海水，上午与下午各换水 1 次，日换水量 100%～120%，早上池底吸污后开始换水，换水时水温要求一致。每隔 4～6 h 倒池 1 次。连续 24 h 充气。

（四）种苗培育

采用室内水泥池培育大规格养殖用种苗。幼乌贼胴长 20 mm 的培育密度为 300～500 头/m³，随着乌贼的生长逐渐减少培育密度，至乌贼胴长 100 mm 以上的培育密度为 40～50 头/m³。

张网虾或拖网虾（中国毛虾、凹管鞭虾、中华管鞭虾、假长缝拟对虾、葛氏长臂虾、须赤虾），饵料要求新鲜、充足，避免食饵不充分时乌贼的相互残杀。饵料系数为 8～12。饵料投喂时间每天 2 次，上午和傍晚各投 1 次，换水前投喂。

使用沉淀海水，上午与下午各换水 1 次，日换水量 120%～150%，每天池底吸污后 1 次，每隔 4～6 d 倒池 1 次。连续 24 h 充气。

室内水泥池培育时，乌贼表皮容易擦伤导致腐烂死亡，因此，每周使用消毒剂和抗生素各 1 次，定期进行消毒和防病处理，倒池后养殖池须使用漂白粉消毒。

（五）出苗与运输

出苗规格随养殖形式和放养要求不同而不同，小的苗种胴长达到 1.0～1.5 cm 可作为养殖苗种出苗，也有要求规格比较大的，如 8～10 cm。幼体质量要求个体大小均匀，体色灰黑，体表干净，无损伤和畸形，活力强。而且育苗池的水温和盐度要逐步降低至养殖池适宜养殖的水温与盐度。

出苗时先虹吸排水，等到水位约 30 cm 时，用大块筛绢网从池子一边将苗种围在一池角，然后用软抄苗不离水收集或用水桶直接带水收集，再移至集苗大桶。用小碗逐一计数，出苗和计数时宜保持弱光。

采用透明双层尼龙袋充氧运输，外层为黑，里层为透明，规格为 75 cm×45 cm。每袋按照个体大小、距离长短分别可放 50～150 只，装苗用水的理化条件应与出苗池一致；在气温 15～25 ℃ 的日子里运输为佳。

三、人工养殖

（一）室内水泥池养殖

曼氏无针乌贼水泥池养殖技术已经较为成熟，我国浙江、福建等地均有应用。该技术方法主要涉及以下方面的管理和操作。

1. 水泥池设计及使用　水泥池一般采用方形设计，池角以圆弧过渡以减少死角；水泥池一般设置于低光照区域，以室内为主；设置安排有遮光布、灯光设备以便控制光线，另需配置进水过滤、排污、增氧、控温等设施。水泥池放苗使用之前，必须进行清洗消毒，常采用漂白粉等消毒剂，一般用量 20～30 g/m³。

2. 放苗养殖　乌贼具有喷墨习性，对环境应激反应较强。人工养殖过程中，必须注意操作方式及水文条件变化对乌贼产生的胁迫。针对室内水泥池养殖，必须在放苗养殖时调节水泥池内水温、盐度等条件与运输水体的指标一致，若水温与养成池水温相差 2 ℃以上、盐度相差 3 以上，需采用过渡方法，直到与养成池水温、盐度一致。养成池水温宜在 14～32 ℃，盐度宜大于 20。

同时，应注意放苗的规格与放苗密度的协调。一般而言，胴长 1.0～3.0 cm 的曼氏无针乌贼幼苗放苗密度可达到 400～500 只/m³，胴长 3.0～5.0 cm 的幼苗为 300～400 只/m³，胴长为 5.0～8.0 cm 的幼苗为 150～300 只/m³，而胴长大于 8.0 cm 的幼苗放苗量一般小于 120 只/m³。

3. 饵料投喂　曼氏无针乌贼与其他种类乌贼一样，是典型的肉食性物种，幼时以桡足类、枝角类或糠虾等为食，主要投喂鲜活饵料；待乌贼胴体长达 2 cm 左右，便可投喂冰冻小杂鱼虾或湿性饲料。目前，曼氏无针乌贼养殖中健康高效的人工饲料仍有待研发。

4. 水质管理　曼氏无针乌贼的养殖水温在 13～33 ℃，根据池体大小及水质特征，每天或隔天换水，每次换水前进行吸污操作，换水量不宜过大，且尽量避免野蛮操作，以免引起乌贼的应激而喷墨致死；池水进行饱和充氧，但不宜充氧量过大而惊扰乌贼；当水温低于 13 ℃时加温，当水温高于 33 ℃时盖遮挡物、加大换水量；曼氏无针乌贼的适盐范围为 19～35，因此当遇天气等意外情况，盐度降低至低限时要及时加盐，并保持盐度相对稳定。

5. 性早熟及其应对　室内水泥池养殖乌贼应用过程中，性早熟问题已经成为影响生产效率、效益的重要因素，目前对于性早熟问题的机理研究仍在不断开展，养殖生产中尚未形成行之有效的性早熟问题解决方案。一般而言，主要对养殖乌贼进行雌雄分养、饵料控制、光照控制、水温控制等管理。

（二）池塘养殖

池塘养殖是海水养殖中重要的养殖模式，具有相对规模较大、可控性强、建设成本较低及易于推广的特点。目前，乌贼池塘养殖模式也已在曼氏无针乌贼养殖中有所应用。乌贼池塘养殖技术的应用，主要涉及以下方面的管理和要求。

1. 池塘建设　乌贼养殖池塘宜建设在取水方便、海水质量好，且盐度、温度较为稳定的沿海区域；可以挖池新建，也可由虾池等设施改造获得；一般养殖池塘 1 hm² 以内，以小为宜，设计为方形结构，四角为圆弧形以减少死角，深 2～3 m；池底可经夯实后覆盖水泥板或碎石，总体呈锅底形状，中央或排水闸门处深挖以便排泄物及残留饵料及时排出；进、排水闸口构筑弧形且孔径较小的尼龙网，以防止敌害生物入侵及乌贼逃逸；根据养殖池塘换水及海区水文特征，配置增氧机或者池底增氧设施。

2. 放苗养殖　与室内水池养殖类似，乌贼池塘养殖中，放苗养殖阶段各环节必须尽量减少对乌贼的刺激和胁迫。曼氏无针乌贼在其幼体长达 1 cm 时便可进行转移放苗，一般每 667 m² 放苗 3 000～6 000 尾。

3. 饵料投喂　池塘养殖乌贼饵料与室内水池养殖乌贼相似，幼体乌贼基本以桡足类、枝角类或糠虾等为主，而体格较大的乌贼以小鱼虾为主；一般 1 d 投喂 2～3 次。

4. 日常管理 乌贼池塘养殖需进行巡塘管理,特别是高温季节需做好晚上和凌晨的巡塘工作。如发现乌贼"浮头"不下潜,需开启增氧机或者池底增氧进行充氧;发现病弱及死亡的乌贼时,需对其进行解剖检查,及时发现异常并采取相应措施;病死乌贼需及时进行无害化处理;保持养殖水体环境稳定,按时进行换水操作,做好安全生产记录。

5. 盐度控制措施 乌贼池塘养殖一般不构筑顶棚等设施,因此养殖水体容易受天气影响,特别是盐度易受下雨天气影响。在乌贼池塘养殖日常管理中,必须及时掌握天气预报信息,并在降水前减少排水或停止排水;降水时,及时打开排水闸门上层闸板,以便及时排出上层淡水。此外,如果有条件的养殖区域,应配置海水深井、排淡水专用管道等专门设施,以防止池水盐度骤降。

(三) 网箱养殖

网箱养殖是具有一定发展潜力的一种乌贼养殖模式,目前研究及应用结果表明,其在乌贼生长速度、养殖成活率等方面,与池塘养殖、水泥池养殖等模式相比具有较大优势,但这种养殖模式容易受海域水文变化、天气状况等多种自然因素影响,稳定性仍有待进一步提高。其主要技术包括以下方面。

1. 网箱养殖选址 乌贼网箱养殖选址是其养殖效率、生产效益的决定性因素,需从养殖海域水深、水温范围、盐度范围、海流流速、周边环境、气候特征等多方面综合分析确定,一般需避开台风多发、海流速度过快、临海工业污染等海域。

2. 放苗养殖 网箱养殖乌贼放苗规格较水泥池及池塘养殖大,以曼氏无针乌贼为例,一般放苗规格为胴长 1.5~2.0 cm;网箱网目可根据具体养殖的乌贼幼苗尺寸进行调整,必须小于乌贼苗胴长以避免苗种逃逸;一般采用尼龙袋充氧方式进行苗种运输,待乌贼幼苗运输至渔排后,将充氧尼龙袋运至指定的网箱海水中,放置一段时间后(防止水温差异过大刺激乌贼幼苗),解开尼龙袋并释放乌贼苗。

3. 饵料投喂 养殖饵料基本以新鲜小鱼虾为主,每天投喂饵料 3~5 次,根据天气、水温、海浪等环境因素以及乌贼的食欲情况控制投喂量,一般以乌贼体重 3% 左右进行投喂;投饵时应注意均匀、分散、缓慢,水温适合时多投,否则少投,小潮或无风时多投,大潮或大风时少投,甚至不投。

4. 日常管理 在网箱养殖过程中,应经常检查网箱的锚泊系统是否正常,及时排除移锚等问题,观察网箱各组件有无破损等,特别是大风前后更要仔细检查,一旦发现问题必须及时处理;每天至少巡视网箱一次,捞取死亡的曼氏无针乌贼,并统计死亡数量;每天观测记录风力、浪高、水温、透明度、饵料种类、数量等,每月抽样测定曼氏无针乌贼的体重数据,以调整投饵量等;经常观察曼氏无针乌贼的活动情况,检查健康状况,及时做好病害防治工作。

第二节 长 蛸

长蛸 (*Octopus variabilis*) 俗称章鱼、石柜、八带虫等,在分类上隶属于软体动物门,头足纲,八腕目,蛸科,蛸属。蛸类广泛分布于世界各海域,从寒带至热带海域均有分布,大约有 140 种,大部分为浅海性种类。在中国分布的蛸类主要有 8 种,分别为长蛸 (*O. variabilis*)、短蛸 (*O. ocellatus*)、卵蛸 (*O. ovulum*)、双点蛸 (*O. bimaculatus*)、真蛸

（*O. vulgaris*）、环蛸（*O. faciatus*）、纺锤蛸（*O. fusiformis*）、嘉庚蛸（*O. tankahkeei*）。我国南部海域以真蛸和卵蛸为主，北部海域以长蛸和短蛸为主。目前养殖的种类主要为长蛸。

一、生物学特性

1. 形态特征 长蛸体呈亚圆或卵圆形，胴部短小，头与躯体分界不明显，上有8条可收缩的肉腕，故称"八带虫"。一般肉腕的长度相当于胴部的2～5倍，各肉腕长度相近，侧腕稍长，腹腕稍短，肉腕上有大小不一的吸盘4个，无肉鳍，壳退化。

长蛸雌雄异体，雄性右侧第三腕特化为交接腕或化茎腕，可将精荚直接放入雌体的外套腔内（图1-6-2）。

2. 生态习性 长蛸平时用腕爬行，有时借助腕间膜伸缩来游泳，或用头下部的漏斗喷水产生动力来做快速退游。长蛸表现为定居性，迁移范围较小，喜独居。多栖息于浅海沙砾、软泥底或岩礁处。春末夏初，喜在螺壳中产卵，因此渔民可用绳穿红螺壳沉入海底来捕获长蛸；而秋、冬季长蛸常穴居较深海域泥沙中。

图1-6-2 长 蛸
（福建省水产学会，2014）

长蛸为广温性、喜盐性软体动物，对温度的适应范围较广，具有较强的耐干露能力，耐干露时间可长达8 h。

长蛸将水吸入外套膜，呼吸后将水通过短漏斗状的体管排出体外。大部分用吸盘沿海底爬行，但受惊时会从体管喷出水流，为反方向移动提供强劲的动力。长蛸可以连续6次往外喷射墨汁，当遇危险时，借喷出的墨汁来逃离。此外，墨汁还有麻醉捕食者的神经，所以墨汁具有很强的保护功能。长蛸被认为是无脊椎动物中智力最高者，又具有高度发达的含色素的细胞，故能极迅速地改变体色逃避捕食者的追捕。

3. 生长 长蛸与其他头足类相似，消化吸收、代谢过程简单，已经消化的营养物质直接由胃盲囊和小肠吸收，可将食物中的50%的蛋白质转化为自身蛋白质。长蛸生长迅速，生命周期短，世代更新快。

4. 食性 长蛸为肉食性动物，以甲壳类和软体动物为主。长蛸通过摄食甲壳类动物如虾、蟹等来获取虾青素。虾青素是最强的抗氧化剂之一，它能够维持长蛸肌红蛋白结构的稳定，这是长蛸在深海生存的必要条件。长蛸有自食其足（甚至内脏）的现象。不过长蛸的再生能力很强，其腕前端切断后可在数天后重新生长。

长蛸幼体阶段主要依靠轮虫、枝角类、桡足类、卤虫等浮游动物。由于饵料缺乏多不饱和脂肪酸，需要对其进行营养强化，对饵料生物进行营养强化的营养物质主要有单胞藻、卵磷脂、裂壶菌等。随着个体生长，逐步摄食其他体型较大的食物。此外，同类之间会出现自相残食的现象。

长蛸能利用灵活的腕足在礁岩、石缝及海床间爬行。伪装捕食能力极强，而且长蛸具有高度发达的色素细胞，能够改变自身的颜色和构造，变得如同一块覆盖着藻类的石头。然后突然扑向猎物，而猎物根本来不及躲避。

5. 繁殖习性 长蛸为雌雄异体、异形，行体内受精。雄性右侧第三腕茎化，性成熟已交配的雄蛸茎化腕逐步萎缩退化。人工养殖条件下，长蛸交配水温为23.0～26.0 ℃，盐度为 28~35。交配时雄性个体在雌性个体的上方或侧旁，将茎化腕插入雌性个体外套膜内，由漏斗吐出乳白色、4 cm 左右的线状精荚，精荚沿茎化腕吸盘借助漏斗喷水进入雌性长蛸外套膜腔内，完成交配过程。交配后，精子储存于输卵管腺中，交配时间一般约 40 min。通常亲体进行一对一交配。但在人工培育条件下，由于密度较大，重复交配、一雌多雄交配、一雄多雌交配现象经常发生，常导致亲体受伤甚至死亡。因此，人工养殖条件下，控制好雌、雄个体交配的时间与比例是十分重要的。

待卵子成熟后，由输卵管排出体外，经输卵管腺完成产卵过程。受精卵顶部具 1~5 mm 长的卵柄。卵柄基部黏附于其所栖洞穴壁或孵化池上。产卵后，长蛸会产生护卵行为。雌性长蛸守在产卵地，不时用 4 对腕抚弄卵群，或用漏斗喷水冲洗卵群，以保障氧气充足。当遇到惊扰时，雌性长蛸用身体反裹卵群，加以保护或者逃离至安全地带，待察觉环境稳定时再回到产卵地点护卵。

二、苗种培育

1. 亲体捕捞与暂养 长蛸一般产卵前 2~3 个月就已完成交配，5 月从养殖群体中挑选质量好、活力强、性腺发育成熟度高的雌性长蛸作为亲体即可。

在自然海区，长蛸亲体于 6~7 月取自沿海渔船网捕。挑选体型完整、无残肢、胴体圆鼓、体表无损伤、性腺丰满、活力较强的个体，用塑料袋装水、充氧、冰块降温的方法运输至实验室暂养池中培育。

室内培育池规格为 8 m×4 m×3 m，培育池内人工安置波纹板、空心砖、砖头、扇贝笼作为长蛸隐蔽物，池顶用黑色遮光布提供阴暗环境，培育池与隐蔽物均需清洗干净，并用 5 g/L 高锰酸钾溶液浸泡消毒后使用。培育密度为 2~5 只/m²。采用微充气法培育亲体，日换水两次，每次换 50%，换水时及时清除残饵、粪便等污物。换水后投喂饵料（菲律宾蛤仔、小杂蟹），投喂量为亲体体重的 10% 以上。记录水温及盐度。

2. 产卵与孵化 试验观察显示，长蛸怀卵量为 90~110 粒。人工养殖环境下，卵子分批成熟、分批产出。初产的受精卵呈长茄状，较为透明，呈淡黄色，外层为胶质膜，具弹性，长径为 11.0~16.0 mm，短径为 4.3~5.2 mm，质量为 0.1~0.3 g，产卵量为 25~54 粒。产卵后雌体单独护卵，停止摄食，直至受精卵全部孵化，绝大部分雌性长蛸因消耗过度而死亡。

长蛸孵化箱采用铁丝围框，纱网围面，吊挂在培育池中，用塑料夹夹住受精卵柄，夹于孵化箱一侧，于网箱底部进行微充气。长蛸的繁殖水温一般为 18.0~28.0 ℃，盐度为 30 左右，有报道，真蛸交配时的水温为 13.0~20.0 ℃，盐度不低于 27。而长蛸的最适繁殖水温是 25.0 ℃，盐度为 32。

长蛸卵的孵化速度很慢，至少需要 20 d 以上。孵化率一般可达 60.0%~80.0%，超过 28 ℃ 时孵化率明显下降。日换水两次，每次换水 50% 以上，换水后适当投入光合细菌及小球藻，以保证水质及溶解氧。换水时及时清除死卵、坏卵。为保护亲体的受精卵，每天用微流水饲育，日流水时间不小于 3 h。结果发现，无亲体护卵的卵群易受细菌感染，而有亲体护卵的卵群基本不受感染。对于受感染变红的卵群用 0.000 6% 高锰酸钾浸泡 30 min 后换入洁净海水，大多数卵可以恢复活力。

3. 幼体培育 孵化 40 d 以上，幼蛸相继出膜。幼蛸出膜期间，宜每天观察孵化网箱，用柔软小捞网将孵化出膜的幼蛸移入设有隐蔽管的幼蛸培育池中培育。隐蔽管由直径为 3 cm，长度为 8~20 cm 的 PVC 管做成，可为幼蛸提供良好栖息环境。在幼蛸开口摄食期间，用糠虾、大卤虫、蜾蠃蜚作为幼蛸开口饵料较为理想。若混合投喂，效果更好。投喂前，糠虾、大卤虫可用金藻或小球藻强化，以提高其营养。幼蛸培育期间，水温控制在 20.0~30.0 ℃，遮阳，不间断流水，微充气，经常吸污。经 25~30 d 的幼体培育，幼蛸胴长达到 2.0~2.7 cm，其体重为 5.0~8.0 g，即可出苗。

三、人工养殖

由于长蛸苗种繁育的技术发展较晚，长蛸人工养殖中大部分苗种主要来自野生苗种，长蛸的人工养殖技术发展也较为落后。目前，国内外有关长蛸养殖的成熟技术体系较少，主要形成的养殖模式有网箱养殖、水泥池养殖和装瓶养殖，其中网箱养殖是目前长蛸养殖主要采用的人工养殖模式。网箱养殖根据长蛸的生活习性及环境要求，在海区选择、网箱选择及布置、苗种投放、饵料投喂和日常管理方面进行科学选择与操作。水泥池养殖实际上是一种暂养形式。

（一）网箱养殖

1. 海区选择 养殖实践表明，长蛸能适应的盐度范围较广，达 7~30，喜好盐度范围为 18~25、水温较高、流速较大、水质清新无污染且水深较大的海区。因此，长蛸养殖网箱的海区选择要求高，应在前期海区选择方面做好详细的水文环境调查分析。

2. 网箱选择及布置 根据投放长蛸幼苗的规格，长蛸养殖网箱选择适当的网衣材料（如聚乙烯），并在防止长蛸逃逸的基础上，尽量选择较大网孔规格，以利于网箱水体交换，常采用起始网目规格为 0.5 cm 左右；在网箱设计方面，与乌贼养殖网箱区别较大的是长蛸养殖网箱必须设置盖网，盖网中央位置留有便于投喂饲料的投料口；为降低网箱成本，可采用竹排、木排等轻质材料作为网箱支架，按照 3 m×3 m×3 m 左右规格大小制作。长蛸养殖网箱一般高出水面 30 cm 以上，网箱常以品字形 3 口或者田字形 4 口为一组，组内网箱相隔 0.5 m，组间相隔 2 m，而渔排之间相隔 5 m 以上。

3. 苗种投放 目前，长蛸的养殖苗种来源除少量苗种可由人工育苗提供外，主要依赖自然海区采捕；长蛸投苗应选择肢体完整无缺、体色鲜艳的健康个体，以密度小于 500 头/箱的投放量进行投苗，并应避免越夏长蛸活动能力过强而产生相互打斗伤害；在流速大、水质好的适宜环境中进行养殖，长蛸的存活率可达 85% 以上。

4. 饵料投喂 由于长蛸的捕食能力较乌贼强，除了与乌贼养殖类似的小鱼虾作为饵料外，可利用一些低值蟹类作为长蛸饵料投喂；也可将体型较大的鱼、蟹类切成小块进行投喂。长蛸的食性凶猛，饵料不足时，常发生自相残食，因此饵料投喂次数要求较高，一般每天需投喂 2 次左右，且需根据长蛸采食情况，增加投饵量。

5. 日常管理 由于长蛸性烈，常自相残食，在养殖过程中，必须及时进行分苗，按体重区分不同规格，分拣、调整网箱内的养殖长蛸；同时，为减少网衣对水流的助力，增加网箱内的流速，应及时将网箱更换网目较大的网衣，达到网目 1 cm 后，基本可以不再调整；每天对养殖网箱进行巡视，并对网箱内残留饵料和其他污物进行及时清理，去掉受伤或者死亡的长蛸个体；记录死亡长蛸个数并观察分析死伤原因，及时调整养殖管理。

(二) 水泥池暂养

1. 水泥池设计及使用 长蛸暂养用水泥池一般选择方形设计,池角以圆弧过渡以减少死角;一般选择光线较暗、水深大约为 1.5 m、面积 10 m² 以上的水泥池为暂养池;池底设置排污口且池底向排污口倾斜以利于残饵、粪便等污物顺利排出;配置蛸巢、进水过滤、出水及排污口防逃逸网、增氧、温控等设施;水泥池放苗使用之前,必须进行清洗消毒,常采用漂白粉等消毒剂,一般用量 20~30 g/m³。

2. 放苗养殖 长蛸具有较好的抗干露及抗应激能力,因此在运输长蛸幼苗时,可适当提高装袋的密度,一般采用 10 L 以上容量的尼龙袋或者塑料桶,并以每袋(桶)20~40 只的密度进行运输;运输过程需避免长蛸幼苗受淡水浸泡、阳光直射、高温胁迫、剧烈震荡等环境刺激。长蛸幼苗运至养殖场后,需将不同大小规格长蛸进行分养,并按照个体大小适当调整放养密度,一般放养密度不大于 20 只/m²;放养操作时,应轻拿轻放,注意养殖水体与运输水体的温度、盐度差异,差异较大时需采取一定手段进行缓慢调整;放养长蛸幼苗前,必须进行池体消毒及幼苗消毒。

3. 饵料投喂 水泥池长蛸暂养时,饵料投喂管理方式与网箱养殖基本类似,但需注意饵料投喂量不可过大,防止饵料残留给养殖水体。

4. 水质管理 长蛸可耐受的温度、盐度范围较大,一般自然海水温度、盐度基本可以达到暂养要求,无需额外调节;水体深度需保持在 60 cm 以上,根据不同养殖密度及水体条件进行换水,每次换水前进行吸污操作,换水量不宜过大,且尽量避免野蛮操作;及时对蛸巢和池底进行清理,以减少细菌等微生物滋生;池水进行饱和充氧,当遇天气剧变等意外情况,盐度降低至低限时要及时加盐,当水温低于 10 ℃ 时,停止投喂。

5. 日常管理 水泥池暂养长蛸的日常管理与网箱养殖类似,需每天对养殖网箱进行巡视,并对水泥池内残留饵料和其他污物进行及时清理,去掉受伤或者死亡的长蛸个体并做好记录;由于长蛸性烈,常自相残食,在养殖过程中,必须注意观察是否出现互残及自食其腕等现象,一旦出现需对其养殖密度及饵料供应等方案进行及时调整,定期分拣按不同规格分养;观察检测养殖水体的温度、盐度及 pH,做好数据登记;检查防逃逸网是否完好以避免长蛸逃逸。

(三) 长蛸的装瓶养殖

1. 海区选择 长蛸的装瓶养殖的海区选择条件与网箱养殖基本一致,要注意水质条件、水文条件等各项指标。

2. 养殖设施 长蛸的装瓶养殖设施主要为长蛸养殖瓶,一般可采用 1.25 L 的塑料瓶,每个瓶身上均匀钻直径 3.0 mm 的小孔 100 个以上,彻底清洗消毒备用。

3. 放苗及养殖 挑选无病伤、活泼健壮的天然长蛸苗作为养殖用苗;在每个经过处理制备的养殖瓶中小心装入 1 尾长蛸苗,避免物理损伤和环境因素刺激苗体,旋紧瓶盖后直接放入渔排网箱底部或吊挂在网箱内养殖;每个 3.0 m×3.0 m×3.0 m 网箱内放入 250 个左右养殖瓶。

4. 饵料投喂 长蛸装瓶养殖时,饵料与网箱养殖基本类似,主要投喂小杂蟹,饵料供应出现问题时,可使用虾、贝类投喂。投喂量为每瓶每次投喂约 5 g 重的小杂蟹 1~2 只。投饵次数随季节而定,冬季每 3~4 d 投 1 次,春季和秋季每天投 1 次。

5. 养殖瓶洗刷 平时为了防止瓶孔被杂质污泥堵塞要经常冲洗瓶身,防止瓶孔被杂质污泥堵塞。若发现瓶上黏附物较多，瓶孔被堵严重，影响瓶内外水体交换，可采取更换养殖瓶。每次投饵时，要把瓶内残饵倒出，保障饵料新鲜。

思考题

1. 简述曼氏无针乌贼和长蛸形态特征的主要区别。
2. 曼氏无针乌贼与长蛸幼体培育过程中分别有哪些注意事项？
3. 简述曼氏无针乌贼的人工养成主要方式。
4. 简述人工养成曼氏无针乌贼和长蛸过程中常规饵料及其投喂策略。
5. 简述网箱养殖曼氏无针乌贼和长蛸相对于其他人工养殖方式的优点与缺点。

第二篇
特种鱼类养殖

第一章 鲟类养殖

鲟类分鲟科和白鲟科两个科，白鲟科有2属2种，即白鲟属（长江白鲟）和匙吻鲟属（匙吻鲟）；鲟科有4属，即鲟属、鳇属（欧洲鳇和达氏鳇）、拟铲鲟属和铲鲟属。

20世纪70年代后，鲟天然产量锐减，有些种类已濒临灭绝。1977年的国际濒临绝种野生动植物国际贸易公约（CITES）已将鲟形目所有种类列入公约保护物种。同时，世界各国也纷纷开展其生态资源、繁殖及增殖研究，并通过人工繁育苗种开展了大规模的人工放流增殖工作及人工养殖的研究。鲟的肉营养丰富，味道鲜美；鱼卵可制作鱼子酱；皮除可食用外还可制革；鳔和脊索可制胶；另外，鲟鱼体的许多部位都有一定的药用价值和保健作用，还有较大的观赏价值。所以它全身都是宝，营养价值和经济价值都很高。

对鲟进行大规模的人工养殖，可利用廉价饲料，饲料转化率高，养殖成本低，技术上容易掌握。因此，大力开发养殖鲟无疑会带来丰富的经济效益。目前我国养殖较多的品种有匙吻鲟、施氏鲟和俄罗斯鲟，以及一些杂交品种。

第一节 匙 吻 鲟

匙吻鲟（*Polyodon spathula*）原生活在北美洲的一些大型河流中，如密西西比河流域。其幼鱼形状奇特，为名贵的观赏鱼。匙吻鲟卵加工成鱼子酱，价格昂贵，在国际市场上供不应求，每千克售价150～500美元，被称为"黑色金块"。1988年我国首次从美国引进匙吻鲟鱼苗，以后又引进鱼卵。目前，匙吻鲟苗种培育在我国已获得成功，苗种成活率提高到60%以上。成鱼养殖也取得了良好效果。目前，匙吻鲟已推广到我国10多个省（市）养殖。

一、生物学特性

1. 分类地位和分布 匙吻鲟属于鲟形目，匙吻鲟科，分布在北美洲。在美国广泛分布于中部和北部地区的大型河流、湖库及附近海湾沿岸地带，是美国特有的大型淡水经济鱼类。

2. 形态特征 匙吻鲟的显著特征是有一个匙柄的长吻，约占体长1/3（图2-1-1），由此而得名。其整个躯干呈流线型，尾部较侧扁，体表光滑，鳞片退化，鳃盖上密布梅花状的花纹，有一个喷水孔和喷水腔。刚孵出的仔鱼无吻，经过1个多月的饲养，吻才会逐步发育完全。

图2-1-1 匙吻鲟

3. 生活习性 匙吻鲟是一种大型的敞水性淡水鱼类,适应性强,在池塘、湖泊、水库等水域均可进行养殖,更适合于大中型水库放流养殖。其适温范围很广,在 0～37 ℃水温下均能正常生存,主要生活在水的中上层。pH 适宜范围为 6.5～8.0,对水体溶氧量要求在 5 mg/L 以上。

4. 食性 匙吻鲟食性与鳙相似,是一种滤食性鱼类,终生主要以浮游动物为食。仔鱼开口饵料主要为小型枝角类和轮虫,也摄食鱼粉、蛋黄等人工饵料。当饵料不足时,幼鲟会吞食较其身体小的鱼、虾等动物,甚至同类相互残食。体长超过 12 cm 以后,转为滤食性,捕食桡足类。人工饲养条件下,也喜食浮游动物一般大小的浮性人工颗粒饵料。

5. 生长 匙吻鲟的生长速度较快,在我国大部分地区,当年鱼苗可长到全长 50～60 cm,体重 700～1 000 g/尾,2 龄鱼可长至全长 67～80 cm,体重 2～3 kg/尾。3 龄鱼可达到体重 5 kg/尾以上。匙吻鲟的寿命较长,一般均在 15 龄以上,有的高达 30 余龄。个体重量可达到 60 kg 左右,体长可超过 180 cm。

6. 繁殖习性 匙吻鲟性成熟年龄雄性个体一般为 7～9 年,雌性个体多为 8～10 年,性成熟个体重在 10 kg/尾以上,我国从美国引进的匙吻鲟经过 10 年的人工培育,已人工繁殖成功并获得子代。雌性个体成熟度系数一般为 15%～25%,相对怀卵量为每千克体重 3 500 粒,卵径为 2.0～2.5 mm,灰黑色。属春季产卵类型,产卵季节 4～5 月,在自然条件下,有长距离的溯河洄游繁殖习性,其适宜的繁殖水温为 16 ℃以上,产卵适宜的河水流量为 340～680 m³/s。卵黏性,常黏附于河底沙砾石上,一般孵化时间 6～7 d。

二、人工繁殖

(一) 亲鱼培育

1. 亲鱼选择与雌雄鉴别 匙吻鲟亲鱼要求达到性成熟年龄、体重在 10 kg 以上的健康个体。亲鱼无明显的副性征,在生殖季节,雄性个体一般头部有许多突起,雌性个体则腹部膨大,生殖孔附近肿胀、充血、稍松弛。最好用挖卵器挖出少许卵,显微镜下观察,当卵粒已发育到Ⅳ期时,便可用作人工繁殖亲鱼。

2. 培育方法 亲鱼培育池面积 0.3～0.5 hm²,水深 1.5 m,进、排水方便,配备增氧机;保持池水一定的肥度,增殖浮游动物,注意及时交换池水,保证池水肥、活、爽、嫩;适当投喂浮性配合饵料,勤巡塘,适时增氧;定期用生石灰、二氧化氯、敌百虫等药物全池泼洒,预防鱼病;开春后,勤冲水,促进亲鱼性腺发育。

3. 亲鱼暂养 暂养池塘面积一般为 0.1 hm² 或略小,要求水质清新并保持较高的溶氧量。可用 1% 的食盐溶液和 10 mg/L 水体浓度的土霉素全池泼洒预防病害。

(二) 催情产卵

1. 亲鱼配组 在每年的 3 月下旬或 4 月上旬水温持续达到 15 ℃以上时,就可进行匙吻鲟的人工催产,催产时的水温最好是 16.0～18.5 ℃。雌、雄性比为 2∶1。

2. 催产剂注射 催产剂一般用鱼类脑垂体 (PG) 和促黄体素释放激素类似物 (LRH-A),最好选用冷冻的匙吻鲟 PG。剂量为雌、雄鱼各用一个 PG,一般采用一次性注射,可达 65% 以上的催产效果。若使用 LRH-A 作为催产剂,基本剂量为雌鱼每千克鱼体重用 6～10 μg,雄鱼减半,通常采取两次腹腔注射法,第一次注射总量的 60%,第二次注射余量,两次注射的时间间隔为 4 h 左右。

3. 自然产卵与人工授精 匙吻鲟为间歇性产卵，每隔 20～30 min 产卵 1 次，自开始产卵至产卵完毕需要 8～10 h。雄鱼常在注射催产剂的 24 h 内排精，人工授精常采用干法授精，将所采的成熟鱼卵置于内壁光滑的容器中，首先加入适量精液搅拌均匀，随机加入少量清水继续搅拌 3～5 min，倒去表层水再加入新鲜水即获得受精卵。

（三）人工孵化

1. 受精卵脱黏 将受精卵放入预先准备好的富勒氏（Fuler）土壤悬浮液或浓度为 10% 的滑石粉溶液中，轻轻搅拌以卵不黏附于容器及沉入底层为宜，每 20 min 换一次脱黏液，累计搅拌 40～50 min 后卵即失去黏性。将脱黏的受精卵用水冲洗后转入孵化器中孵化。

2. 孵化方法 孵化多在塑料孵化缸中进行，微流水孵化，使缸中鱼卵不停翻动。为防止真菌感染可加入适量的杀真菌剂处理。在水温 11.1～14.4 ℃下，孵化时间为 10～12 d；在水温 15.6 ℃下，需要 6～8 d；孵化的最适水温为 18～20 ℃，孵化时间 5～7 d。需要注意的是 24 ℃为鱼苗孵化的亚致死温度，水温低于 11 ℃也将大大降低其孵化率和成活率。

三、苗种培育

（一）鱼苗培育

鱼苗培育是匙吻鲟养殖生产过程中一个十分重要的环节，也是培育难度较大的一个阶段。现常采用水槽或环道微循环水流培育匙吻鲟鱼苗，苗种成活率可达 50% 以上。目前生产上多使用水槽培育方法。

1. 准备工作

（1）水槽。用砖或石和水泥砌成，池壁要光滑，也可用不锈钢制成。水槽一般长 5～6 m，宽 1.5 m，底部呈一定斜坡，前端深为 1.0 m，后端深为 1.2 m，水槽长壁底部两边高于中间约 5 cm，一端设进水口，另一端设排水口（孔），直径为 5～8 cm，离排水口 50 cm 处设置一个用木框和 40 目网布制成的拦鱼栅，排水管连接阀门或活动水管进行排水和调节槽内的深度。也可以利用圆形产卵池和孵化环道代替水槽。在水槽中培育鱼苗必须不断有清新水流入，同时将多余的水排出，而且还要充气，使水中一直保持有充足的溶解氧。

（2）饵料。刚开口的匙吻鲟鱼苗，主要摄食小型浮游动物，鱼苗在开口的第一天必须要吃到饵料，否则会影响鱼苗的成活率。所以必须贮存足够适口的天然饵料。最简便的方法是用小水池培养大量浮游动物，随时需要可随时捞取。也可以从市场上购买红虫贮存，此外还需要贮备一些微型配合饲料，以补充天然饵料的不足。

2. 培育方法 保持水中高溶解氧、控制适宜水温和投喂足够适口饵料是培育匙吻鲟鱼苗成功的三大要素。

（1）放养密度。放养鱼苗以 500～600 尾/m² 为宜，5.0～6.0 m 长的水槽一般放鱼苗 3 000～3 500 尾。鱼体长达 4～5 cm 时，一旦发现咬尾鱼较多时，应将水槽中的鱼苗及时分稀。

（2）水量。鱼苗刚放入水槽时的水量不宜过多，水槽内的水深保持 40～50 cm，有利于鱼苗摄取饵料。水槽的进水和排水量各为 1.0 m³/h 左右，保持每个水槽中有 3 个气头充气。随着鱼体长大，水槽的水量逐渐增加，10 d 后水深应保持在 80 cm 以上。

（3）水温。仔鱼时期对水温非常敏感。鱼苗培育最适水温为 20～23 ℃，28 ℃为致死温度，低于 16 ℃也将降低其成活率，水温低于 13 ℃时，会逐渐死亡；昼夜温差过大也会极大地降低其成活率。培育仔鱼时,应尽量维持水温在20 ℃左右。

（4）投饵。在匙吻鲟鱼苗培育期间,投喂饵料是一项十分重要的工作。开口饵料最好是用轮虫、红虫,随鱼苗个体的长大可逐渐增加投喂卤虫无节幼体、小型枝角类、桡足类。每天需要投饵9～10次,每隔2 h投饵1次。开始每1 000尾鱼苗每次投喂红虫或其他小型浮游动物3～5 g,从仔鱼入池后的第三天开始,每天逐渐增加投喂人工配合微粒饵料,投喂量按每1 000尾鱼苗0.5～1.0 g/d计算,每天分10次投喂。因匙吻鲟在夜晚活动,应增加夜晚的投饵次数。仔鱼的培育期一般为10 d左右,在培育期间应保证鲟培育池内的生物饵料量不少于100个/mL。

（5）清污与防病。水槽底部往往会沉积一些残饵和鱼的粪便等污物,投喂冰鲜饵料以后再补充配合饲料的水槽底部,沉积物会更多,要及时清除掉。匙吻鲟很少发病,在鱼苗期偶尔有车轮虫等寄生,通常用15%～25%浓度的甲醛杀灭,切忌使用硫酸铜杀除车轮虫。

匙吻鲟体长达4～5 cm时,在水槽中往往可以发现有大鱼咬小鱼、强壮鱼咬瘦弱鱼,也有咬相同大小的鱼,养鱼者称这种现象为"咬尾"。如果发现"咬尾"应增加水量和饵料量,严重咬尾应立即将大小鱼分开和分稀饲养。

（二）鱼种培育

一般有池塘培育和水槽培育两种方法。

1. 池塘培育

（1）池塘条件。大、小池塘都能培育成匙吻鲟大鱼种,培育大鱼种的池塘面积为0.20～0.33 hm^2,水深1.5～1.8 m,进、排水方便,水质良好,并配备1.5 kW的增氧机1台。在放养鱼种前必须将塘内的有害昆虫和水草等敌害生物除掉,并杀灭塘内病菌,清塘方法与一般池塘养鱼相同。

鱼种放入池塘前10～14 d应注入新水并施入牛、猪等粪肥和绿肥,以发酵好的混合肥为好。另外也可酌情泼洒豆浆、豆渣。注水、施肥时间不宜过早或过晚,否则会浪费肥料或影响鱼种的生长。在鱼种培育期间应分期注水,最后水深要求保持在1.5 m左右。

（2）放养。鱼种下塘时应试水,水中的溶氧量要求在4 mg/L以上,最适的水温为25～30 ℃。放养密度为体长4～5 cm的夏花鱼种每667 m^2 1 000～1 500尾。饲养期间,密切注意天气的变化,当水中溶解氧在3 mg/L以下时,必须立即注入新水或用增氧机增氧。一般小鱼种经过一个月左右的养殖,平均体长可以达到15～20 cm。

（3）投饵技术。鱼下塘前一周,应培育好水质。待鱼苗下塘3 d后,需及时向池塘内泼洒豆浆、豆渣等,用量为75 kg/hm^2,使枝角类大量繁殖供鱼摄食。较好的做法是,在幼鱼培育的前6 d使用人工配合微粒饵料,每2 d加大一次饵料的粒径。投喂量按每1 000尾幼鱼1.5～7.0 g/d计算,每天的投饵量分6次投喂,并辅以投喂用40目筛绢过滤的浮游动物;至培育后期可完全投喂人工配合饲料,日投饵量为鱼体重的8%～10%,分6次投喂。

2. 水槽培育 水槽培育鱼种可参照培育鱼苗方法。放养密度为体长5.0 cm左右的鱼种70～80尾/m^3,在水温20～28 ℃情况下,经过30 d左右的培育,平均体长可达15.0 cm。

（三）卵、苗种的运输

受精卵的运输,一般的鱼苗塑料袋（30～60）cm×（40～70）cm可装受精卵0.7万～1.0万粒/袋,箱内加泡沫,有的还加冰袋,以缓冲震荡和隔热,运输过程中,遇到鱼苗开始出膜时,应及时换水,重新充氧包装。幼鲟运输前必须拉网锻炼,起运时应在捆箱中吊水4~6 h。注意充氧袋中的水必须占塑料袋容积的30%~35%。

四、成鱼养殖

严格按照无公害水产品养殖技术规范和相关标准进行养殖生产,大力倡导健康养殖。

(一) 池塘养殖

1. 池塘主养 养殖池塘宜大不宜小,面积以每个池塘 0.33~1.00 hm² 为好。以匙吻鲟为主养鱼,搭配草鱼、鲢、沟鲶等,鲟的放养密度为规格 25 cm 的鱼种 3 000~3 750 尾/hm²,混养鱼放养 2 250 尾/hm²,同时放养的规格要小于鲟的放养规格。日常管理主要有以下几点:①饵料投喂量为鱼体重的 2%~5%,每天投饵 3 次。②及时开机增氧。③当水温超过 30 ℃时,应及时加注低温水,并尽量提高池塘水深。④坚持预防疾病,轮流定期泼洒 50 g/L 水体的生石灰或 0.7 mg/L 水体的敌百虫。⑤加强巡塘,注意观察鱼群活动情况。

2. 池塘配养 一般以套养鱼种为好,也可配养成鱼,可搭配混养规格为 15~20 cm 的鲟鱼种 150~300 尾/hm²,经 10 个月左右时间的饲养,一般个体重可达 1.0 kg 以上。

3. 病害防治 匙吻鲟幼鱼阶段易于发生肠炎、疖疮、水霉病等,只要对症下药就能及时治愈。因匙吻鲟对药物的反应十分敏感,尤其是重金属盐类药物,所以用药应十分谨慎。当车轮虫大量寄生时,可用 15%~25% 浓度的福尔马林杀灭;当发现有线虫或寄生虫寄生时,可用 2.0 g/m³ 水体的高锰酸钾或小于 75 mL/m³ 水体的福尔马林药浴;但幼鱼阶段禁止使用硫酸铜及含氯的化学物质;一般抗生素的使用浓度不能超过 4 g/m³ 水体的浓度。

(二) 网箱养殖

网箱规格为 5 m×5 m×2 m 左右,网目大小为 2~5 cm;箱体近水面处加缝 50 cm 宽聚乙烯纱窗布,环绕四周,防止浮性颗粒饲料流失浪费。放养密度为 50~80 g/尾的大规格匙吻鲟鱼种 20~50 尾/m²,完全使用人工配合饲料,蛋白质≥40%,根据"四定"原则进行投喂,日投喂 4 次,白天 07:00~08:00 投喂 1 次,18:00、22:00、02:00 各投喂 1 次。由于匙吻鲟白天摄食差,故投喂 1 次;夜晚要多喂。夜晚的 3 次投饲量应占全天投饲总量的 80%。水温 24~30 ℃时,日投饵量为鱼体重的 2% 左右;水温 20 ℃以下,投饲率应控制在 1% 左右。一般当年鱼种饲养到年底体重可达 1 kg/尾左右。其他饲养管理方法与网箱养殖其他鱼类相同,做到勤巡箱、勤分箱、勤防病。

刚进箱的鲟鱼种,对网箱环境有所不适,其吻和鳍条极易受伤,感染病菌。应及时用 3~5 mg/L 水体的五倍子药浴 2 次,同时拌喂磺胺药饵内服 3~4 d,可收到较好疗效。

(三) 湖泊水库放养

湖泊和水库是放养匙吻鲟最好的水体,以大、中型湖泊和水库为最好,可采取粗放式养殖,一般每 667 m² 放养 1~5 尾。湖泊和水库养鱼成功的关键:①建好拦鱼设施,防止放养的匙吻鲟外逃。②经常清除凶猛鱼类。③根据湖泊和水库中浮游动物数量以及已有鲢的生长情况来决定匙吻鲟合理的放养数量。④匙吻鲟鱼种放养的规格应大于 40 cm,以提高成活率。

大水面放养的匙吻鲟,其生长速度一般都快于小水体中的匙吻鲟。当年鱼体重可以达到 0.75 kg/尾以上,第二年底可超过 2 kg/尾,第三年底可超过 3 kg/尾。

第二节 杂 交 鲟

杂交鲟是在鲟类的种间或属间通过杂交育种的产物。前苏联的 H. H. H 从 1949 年开始研究鲟科鱼类的杂交，通过对多种鲟杂交、回交组合的研究，于 1952 年得到了著名的优良杂交种——小鲟鳇［欧鳇（雌）×小体鲟（雄）］，其后在欧洲、日本和美国等多个地区进行了推广养殖。我国于 1998 年引进小鲟鳇杂交种并实施了养殖试验，但试验结果表明，此杂交种不适合在我国养殖。达氏鳇和施氏鲟为黑龙江特产大型经济鱼类，近年来捕捞过度，资源枯竭。为了挽救和开发这一日渐衰弱的品种，1999 年我国水产科技工作者利用达氏鳇和施氏鲟开展了杂交、回交等试验研究，培育出了大杂交鲟［达氏鳇（雌）×施氏鲟（雄）］和小杂交鲟［施氏鲟（雌）×达氏鳇（雄）］。经过多年的养殖实践证明，大杂交鲟可育，并具有明显的生长速度和抗病抗逆性以及鱼子酱生产性能（养殖 7 龄可达性成熟）等优势，成为目前国内鲟类养殖市场普遍认可的优良杂交种，其养殖比例也在不断增加。

一、生物学特性

（一）达氏鳇生物学特性

达氏鳇（*Huso dauricus*）又名黑龙江鳇，是产于我国的唯一一种鳇属鱼类，其分布以黑龙江中游较多，其次是乌苏里江和松花江下游等水域，嫩江下游也偶有发现。据记载，最大体重可达 1 000 kg，为我国鲟科鱼类中最大的一种，其身体延长呈圆锥形，吻突出呈三角形，幼体的吻长而尖，随着年龄的增长，吻相对短而钝。口在下方，较大，似半月形，口前方有触须 2 对，中间 1 对较向前。左、右鳃膜互相连接。这是与鲟的不同之处，也是分类的依据之一。

鳇常年生活在淡水中，不做长距离洄游。属底层鱼类，喜分散活动，平时栖息在大江夹心子、江岔等缓流处、沙砾底质的河段。冬季在大江深处越冬，初春开始向产卵场洄游。

达氏鳇在 1 龄前的幼鱼阶段，采食底栖动物及昆虫幼体，1 龄后则转食鱼类，以鲌亚科鱼类为主，其次是鲤、鲫、雅罗鱼等。在黑龙江下游，达氏鳇肥育期正值大麻哈鱼溯河而上，故其食物中大麻哈鱼的比例较大。

鳇性成熟年龄需 16 龄以上，相应的体长为 230 cm 左右。产卵期为 5～7 月，产卵在水流平稳、水深 2～3 m 的沙质底江段处，卵黏着在沙砾上。达氏鳇怀卵量为 60 万～400 万粒，成熟卵的卵径为 2.5～3.5 mm，呈灰黑色。

（二）施氏鲟生物学特性

施氏鲟（*Acipenser schrenscki*）的体型很像鳇。最明显的区别是口小，唇具有皱褶、形似花瓣。鳃膜不相连结，是鳇、鲟分类的依据。吻的腹面、须的前方生有若干疣状突起，平均为 7 粒，因此施氏鲟的地方名称为"七粒浮子"。

施氏鲟为河川定居性鱼类，栖息于沙砾底质的江段，行动迟缓，喜贴江底游动，很少进入浅水区。冬季在大江深潭处越冬，解冻后游往产卵场所。分布以黑龙江中游和松花江下游为多，乌苏里江数量较少。

施氏鲟食性因鱼的大小不同而异。幼小个体主要以底栖生物和水生昆虫幼虫为食，成鱼除仍摄食上述生物外，兼食小型鱼类。处于产卵期的施氏鲟摄食强度很低，甚至处于空胃状态,这是和鳇的不同之处。

施氏鲟 9 龄达性成熟,相应体长为 100 cm,体重 6 kg 以上。其产卵期为 5~6 月,产卵适宜水温为 17 ℃。怀卵量为 51 万~280 万粒,成熟卵卵径为 2.5~3.5 mm。

鳇和施氏鲟的产卵习性与产卵条件很相似,故在天然繁殖情况下也会出现有自行杂交的子代。自行杂交的子代性状的主要形态特征介于鳇和施氏鲟之间。

二、人工繁殖

(一)亲鱼培育

1. 亲鱼选择与雌雄鉴别 一般选用黑龙江水域自然成熟的亲鱼,在每年 5~7 月的繁殖季节选择身体无伤、无病的个体。要求达氏鳇雌、雄鱼体重均为 16 kg 以上,一般选择年龄在 16 龄以上,体长 230 cm 以上的个体进行繁殖。施氏鲟性成熟年龄为 9~13 龄,雄性选择体重在 7 kg 以上,雌性选择体重 15 kg 以上,腹部柔软且有弹性,性腺发育Ⅳ期以上。

施氏鲟非生殖期的雌、雄个体无明显特征,生殖期间雌雄及成熟度鉴别方法为:①成熟欲产的雌性个体消瘦,吻和脊板较尖,体表黏液增多,腹部膨大而富有弹性;②为了判断准确无误,可用特制挖卵器挖取卵巢中部的少许卵粒检查,成熟卵的卵径为 3.1 mm 以上,椭圆形,呈灰绿色、褐绿色或淡褐色,并富有弹性和光泽,动物极的极端出现白色无光泽的极斑,即"白顶";③雄性个体体色、体型没什么变化,将鱼体尾部弯曲成弓状,用手轻压腹部生殖孔,有少许乳状的精液流出,即可做繁殖用亲鱼。

总之,应选体表无伤、色泽鲜艳的健壮亲鱼。雌鱼成熟个体胸腹部浑圆、柔软而有弹性,腹壁较薄,腹凹陷呈沟状;雄鱼个体胸腹部平整坚硬。为提高鉴别的准确度,可根据鲟类生殖孔较大的特点,用手指试探有无成熟卵粒或挤压生殖孔两侧有无精液流出。

2. 培育方法 施氏鲟亲鱼培育池一般为 30.0 m×5.0 m×1.2 m 左右的长方形或椭圆形水泥池,配备自动水循环系统,水源为地下深井无污染水,水温保持在 13~25 ℃,溶解氧 6 mg/L 以上,因施氏鲟喜在光线较暗环境下摄食活动,可以建造塑料瓦盖顶大棚遮阳;一般以每立方米水体放养 10 kg 亲鱼为标准;使用人工配合饵料培育亲鱼,其蛋白质含量 ≥40%,脂肪含量 8% 左右,并添加多种维生素、矿物质和卵磷质,定期活体取样检查性腺发育状况,及时调整培育措施和环境条件(如水温、水流、营养、溶解氧等),并适当地使用外源激素增进性腺发育;保证颗粒饵料新鲜及合适的粒径,投饵量控制在体重的 2% 左右,每天投喂 4~7 次,施氏鲟喜爱夜间摄食,因此晚上应多投喂,可达到总饵量的 40%,投饵按"四定"原则进行;加强日常管理,注意巡池,特别是夏季闷热天气,每天定期清污换水,及时增氧并调节水温,保持一定的水流刺激,促进其性腺发育。定期用 20 mg/L 水体的生石灰对水体消毒,加强防病措施。

亲鱼暂养的水域要求水流速为 0.8~1.5 m/s,水深 1.5 m 以上,溶氧量高于 6 mg/L。达氏鳇的亲鱼培育方法同施氏鲟。

(二)催情产卵

1. 人工催产 产卵池规格为直径 8.0 m 左右的圆形水泥池(即"家鱼"产卵池),呈锅底形,排水管居中间,进水管在池上方,为 45°角,使水在池内形成水流。水深控制在 1.0 m 左右。水源为经曝气池晾晒后的井水,并通过水处理设备处理以提高水质。采集的亲鱼放在水泥池蓄养,用水泵循环水流刺激达氏鳇、施氏鲟游动,定期观测水温、pH、溶解氧等。

当水温在 8～13 ℃时进行催产，选用类固醇激素 17α-羟基-20β 双羟基孕酮作为催产剂，分 2～3 次注射，雌鱼剂量 3～5 mg/kg（以鱼体重计），雄鱼减半。实践证明，17α-羟基-20β 双羟基孕酮在 13 ℃以下能诱导卵细胞核移位和成熟排卵，是低温排卵最为有效的类固醇激素。

当催产水温 16 ℃以上时，采用常规催产药物促黄体素释放激素类似物（LRH-A）注射，雌鱼剂量为 8 μg/kg（以鱼体重计），雄鱼减半，从而诱导其排卵排精。催情效应时间 8～18 h。

催产剂也可用促黄体素释放激素类似物（LRH-A_2）与马来酸地欧酮（DOM）混合剂，2 针或 3 针注射，剂量为 100～190 μg/kg（以鱼体重计），雄鱼减半，注射部位为胸鳍基部。注射后将雌雄分开，防止将卵粒产在池中。注意观察鱼的活动情况，定期检查鱼体变化，发现鱼体卵巢已全部排卵后迅速挤卵。

2. 人工授精与脱黏　在雌鱼排卵前 4～5 h 先将雄性达氏鳇或施氏鲟捕出采精，用瓷缸盛装精液，置于（5±1）℃冷藏箱保存备用。由于雌性达氏鳇个体庞大，检查亲鱼时操作十分不便，因此，根据催产剂量、效应时间、水温及排卵等综合情况，掌握卵巢游离的最佳时间。人工授精前镜检精子活力，一般要求其活力在 90%以上方可授精。

主要采用半干法授精，精、卵比例 1∶100（即 1 mL 精液比 100 mL 鱼卵），精液用无菌水稀释 200 倍后放入鱼卵中，均匀搅拌 3～5 min 并漂洗干净。鱼卵受精后一般在 5～6 min 出现黏性，15～18 min 达到最大黏度。可脱黏后孵化，即将受精卵用 20%～25%的滑石粉悬浊液进行搅拌脱黏处理，脱黏时间为 35～45 min。具体方法同匙吻鲟。

3. 人工孵化　脱黏完成的受精卵反复使用清水冲洗，然后放入孵化器中孵化。可采用筛网振动式孵化器（规格为 80 cm×60 cm×30 cm）流水孵化，每台孵化器投放 20 万粒卵。不同的孵化器盛卵量不同。孵化期间每隔 6 h 进行一次药物消毒，防止水霉病发生。

鱼卵孵化的时间随水温而异。通常孵化温度一般应控制在 16～24 ℃，其最适孵化温度为 19～22 ℃。在水温 13 ℃下，仔鱼出膜需 8～9 d；孵化水温 17 ℃时，约 105 h 出膜；水温 21.5 ℃时，约 81 h 出膜。孵化期间，每 20 min 左右应翻动一次受精卵，及时清洗孵化箱，并注意保持孵化水质清新和较高的溶解氧。

三、苗种培育

(一) 仔鱼培育

鱼苗池可采用水泥、铝板、镀锌铁皮、玻璃钢和塑料等材料做成。鱼苗池为圆形，直径 200 cm 左右，池总深度应控制在 60～70 cm。上部供水，供水采取喷头式注水。中央底孔排水，排水口具拦鱼设施。水深可通过水位调节管进行调节，池底边缘到底孔中央坡降 5%～7%。鱼苗培育池水质要符合《无公害食品　淡水养殖用水水质》（NY 5051—2001）的规定。流量保持在 0.5 m³/s 以上，温度控制在 15～20 ℃，水位为 20～50 cm。

刚破膜仔鱼主要吸收卵黄囊维持生长，体质较弱，游泳能力较差。因此，刚破膜的仔鱼可移到玻璃钢盆中饲养。玻璃钢盆圆形，直径 2 m，深度 50 cm，一字排列。此期仔鱼的放养密度为 2 000～3 000 尾/m²。经过一周左右的培育，如发现有鱼苗卵黄开始消退，在后肠形成的色素栓排出体外，说明鱼苗开始由内源性卵黄营养转为外源性摄食营养，开口摄取外界食物,是开口驯化投喂时机,此时鱼苗全长 1.7~1.8 cm。

至卵黄囊吸收完毕平游后,即可开始进行开口驯化。开口饵料主要用水蚯蚓,投喂前先将水蚯蚓切成小段,用干净水清洗污物,再用3%~5%的食盐溶液浸泡15 min后进行投喂。随着鱼苗逐渐长大,水蚯蚓的长度逐渐加大。每天投喂6~8次,每次投喂量以水蚯蚓在整个池底均有分布为宜,确保鱼苗能够吃到足够的食物,以免互相残食。

(二) 稚鱼培育

经过仔鱼期的精心管理,鲟鱼苗体长达 3 cm 以上时开始驯化转食。在开口 10~15 d 后,每天用鱼苗配合饲料和切碎的水蚯蚓捏成团状,每次投喂前 2 h 制作,每天逐渐减少饲料团中水蚯蚓的比例,直至不用水蚯蚓为止。

驯化后期直接投喂鱼苗配合饲料,从团块饲料过渡到微粒料、破碎料和颗粒料。投喂量以投喂后 1 h 吃完为准。此期开始放养密度应控制在 1 000~1 500 尾/m^2。水位保持 35~40 cm,水流速为 25~30 L/min,每天投喂 8 次。鱼长至 5~10 cm,密度降至 800~900 尾/m^2,水位为 40~45 cm,水流速 30~40 L/min,饲料粒径为 1.0~1.8 mm,每天投喂 6 次。

(三) 幼鱼培育

鱼种池的材料采用浆砌石和混凝土结构,池壁光滑。池圆形,面积 15~20 m^2,水深 80~100 cm。鱼池供水位置可以选择顶供水或池中部侧供水,进水与池壁形成 30°~40°角。圆形鱼池采用中央底部排水,池底坡降为 5%~8%;长形池的坡降为 10%~15%。

水位控制和排污方式用塞式排水阀门,进、排水口具拦鱼设施。鱼种放养前用高浓度高锰酸钾对鱼种池进行消毒,然后注水浸泡 3~5 d;用3%~5%的食盐溶液对鱼体浸泡 5 min 进行消毒,具体视鱼体活动而定。根据鱼种体重调整放养密度,10~30 cm 时,放养密度控制在 200~600 尾/m^2,饵料粒径为 2~3 mm,日投饵率为 7%~8%,投饵次数控制在 6 次/d。

(四) 鱼苗运输

选择刚孵化出膜 2~3 d 平游期苗,在未进入底栖生活前,便于过数、装袋操作,不易损伤,有利于提高运输成活率。出膜后 4~5 d 苗处于即将开口阶段,运输死亡率极高,不宜装运。陆路运输应避免剧烈震荡,防止卵黄囊破裂和发育畸形。

抓好停食和降温两个环节,为保证运输安全,一般运输时间在 3 h 以上必须停食,停食应在 8~24 h 前开始;在 6 h 以上应降温起运,降温幅度应根据运输时间长短灵活掌握,一般在 15~10 ℃,为保证降温效果应在包装箱内放 0.5 kg/只的冰袋 1~2 只。

一般来说鱼和水所占容积是整个包装袋的 1/3,氧气容积占 2/3。在实际操作过程中应根据鱼体大小灵活掌握,鱼苗个体较小时,应适当降低水的用量,一般不低于 1/4;如个体较大,则不应超过 2/5。

四、成鱼养殖

(一) 流水池养殖

成鱼养殖可用室外流水池,鱼池上搭盖遮阳网或瓦,鱼池面积 7~8 m^2,池深 0.8~1.2 m,供水量 1.9 L/s,饵料可以用鱼糜、配合饲料或混合饲料,每天投喂 3~4 次。管理重点是保持养殖池充足的溶解氧和随着鱼体生长逐渐稀疏养殖的密度。在水温为 20~25 ℃

的条件下,从水花养殖 3 个月,鱼体均重可达 120 g,最大可达 180 g。在采用井水、全年投饵的条件下,流水养殖每平方米能养殖 15～30 kg 商品杂交鲟,养殖一年半可达 1 kg 以上的商品规格。

(二) 池塘养殖

1. 池塘单养 鱼池清整的方法与"家鱼"塘相同,特别要清除鲤、鲫等与鲟存在食物竞争的鱼类。鱼池水深不能小于 2 m,每个池的面积为 1 000～2 000 m²,排、灌水方便,有增氧设备,池底部铺上面积 5～10 m² 的混凝土板作为饵料台。水交换的调节取决于天气、放养密度、鱼重量和投饵的数量。池水的溶解氧应高于 6 mg/L,当水中溶氧量低时要增加水的交换并进行机械增氧。养殖杂交鲟的池塘应该没有水生植物,也不应有以丝状藻类引发的"水华",当水深 2 m 并且水有一定流速时,这些现象不可能出现。若出现"水华"时可向池塘中放养少量 2 龄鲢和草鱼。杂交鲟放养密度一般每 667 m² 放 10～20 cm 的鱼种 200～300 尾,2 龄鱼种每 667 m² 放养 40～50 尾,适当套养其他鱼类鲢、鳙等,这样能提高池塘的利用率和生产潜力。

下池的杂交鲟幼鱼重量最好为 5 g 以上,下池前用 2%～3% 的食盐溶液洗浴 5～6 min,下塘 12 h 后再进行投喂。鱼种入池后要驯化鱼在饵料台摄食的习惯,每天在池塘不同饵料台分多次投喂饵料,并仔细观察鱼种的摄食情况。配合饲料的投饵率占鱼体重的 2%～4%,混合饵料的投饵率占鱼体重量的 8%～10%。杂交鲟对新鲜的小海鱼的饵料利用率很高,在沿海天然饵料资源丰富的地方应尽量使用,以鱼为主要饲料时每昼夜投喂两次,大部分在晚上投喂,投饵量为鱼体重的 10% 左右。

定期拉网取样检查鱼的生长情况,鲟很好捕捞,一般三四网就能捕捞全部鱼。夏季高温季节不能拉网,其他季节试捕,要尽量在 09:00 前结束。拉网检查的同时还应进行鱼的分选,每个池塘放养大约同样重的个体。拉网后根据鱼的生长情况调整养殖的密度。

2. 池塘混养 杂交鲟及鲟、鳇可以和匙吻鲟、草鱼、鲢混养。下面是俄罗斯的一个养殖实例。

混养池塘的面积为 0.04～0.25 hm²,幼鲟初放均重为 2 g,放养密度为 7 600 尾/hm²;匙吻鲟初均重 7.2 g,放养密度为 470 尾/hm²;体重为 2 kg 和 2 g 的草鱼、鲢的放养密度分别为 45 尾/hm² 和 450 尾/hm²。饲料为含有鱼粉、蚕蛹粉、饲料酵母、豆粉、碎鱼肉的混合饲料。培育当年鱼的池塘中,浮游动物的生物量波动于 22～77 g/m³,底栖生物量波动于 1.5～7.9 g/m²。匙吻鲟的当年鱼生长迅速,入秋尾重达到了 100～550 g,平均 305 g,成活率为 94%。鲟的成活率为 35%(小体鲟)～75%(欧洲鲟),平均为 67%,体重波动于 27 g (小体鲟)～52 g(杂交鲟),平均为 30.7 g。

第一年养殖周期的鱼产量为 335.4 kg/hm²,其中鲟产量 146.1 kg/hm²,匙吻鲟产量 131.42 kg/hm²。鲟成活率不高的原因主要是因为池塘中的丝状藻类过多,幼鲟缠绕在其中而被青蛙吞食掉。池塘第二年的养殖周期中,浮游动物生物量春季到夏季的变动范围为 35～64 g/m³,底栖生物量为 3.6～15.7 g/m²,池塘中的丛生丝藻已得到控制。匙吻鲟放养密度为 150 尾/hm² 时,2 龄鱼均重可达 910 g,鲟放养量 2 825 尾/hm² 时,均重 220 g,最大个体可达 700 g;鲟生长慢的原因主要是第二年塘中混养了一定数量的鲤,人工饲料饲养过程中鲤是鲟的主要竞争者。养殖到第三年,匙吻鲟均重 2 550 g,鲟 1 200 g 左右。第二年和第三年鲟的存活率分别为 83.2% 和 72.9%,匙吻鲟的存活率分别为 100% 和 77.3%,影响存活率的主要因素是池塘的溶解氧状况。

(三)网箱养殖

杂交鲟可以在水库淡水网箱中养殖,也可在沿岸海水网箱中养殖。

1. 网箱布置 网箱养殖应选择水质良好的水库,因杂交鲟与许多珍贵鱼类一样,对水污染很敏感,水化学状况不良会严重影响其成活率。架设网箱应按水库宽向排列,就是说与水流呈横向排列,用浮筒和钢架固定,网箱处水深10~20 m。培育杂交鲟幼鱼的网箱面积为5 m×4 m,用网眼为3.6 mm的无结尼龙网和网眼为6.5 mm的有结网衣制成。养殖成鱼的网箱面积5 m×12 m,用网眼为10~18 mm的网衣制成。网箱入水深达3 m,因此鱼可选择其适宜的水温。育种网箱和成鱼网箱的底部都是用无结小眼网衣制成的,避免投入的饵料从底部流失,也不必用专门的饵料台。为了防止鱼跳出(特别在晚上),养殖商品鱼的网箱上还要用网眼为18~24 mm的无结网片围成1 m高的"围裙",或者在网箱上加盖网。

2. 鱼种投放 鱼种在水温20 ℃以下时用密闭充氧袋或用活鱼车运输到水库,体重5 g左右的幼鲟入箱密度为50~60尾/m^2,采用配合饲料养殖时,鱼种必须已经完成转食;采用天然饵料投喂时则不必转食。放入网箱的幼鲟个体要均匀,这样鱼对饵料的食耗度在所有网箱才会一致,网箱才不会因饵料残渣的积累而被玷污。鱼种放入网箱后的第二天再开始投饵,开始时要少量多次,使鱼种适应网箱的环境,经5~7 d转为正常投饵,根据食耗度每天投饵不应少于3次。当年鱼的平均体重可达140~150 g,鱼种网箱的产量达4.0~5.8 kg/m^2,成活率60%~70%。

(四)水泥池集约化养殖

饮用水水库一般要求水质清洁,无污染,比较适合杂交鲟的生存,可以利用该类水库的水源开展水泥池养殖杂交鲟。鱼池形状为长方形,水深0.8~1.0 m,每口面积为50~80 m^2。进、排水及水位控制非常方便。放养密度可参考网箱养殖。

投喂次数及投喂量视鱼的吃食情况而定,鱼种阶段投喂次数一般5~8次/d,投喂量为鱼体重的10%~30%;成鱼阶段投喂次数一般2~4次/d,投喂量为鱼体重的5%~10%。

五、病害防治

(一)真菌性鱼病

1. 卵霉病 卵表面长有黄白色毛样絮状物,严重时鱼卵在水中像一个个圆球。由水霉属和绵霉属等水生真菌寄生而引起,常见的有丝水霉、鞭毛绵霉等。该病是中华鲟、施氏鲟及杂交鲟鱼卵人工孵化中常见病。

治疗方法:主要是提高受精率,清除坏卵,保持良好水质。

2. 水霉病 鱼体受伤而感染,患处滋生大量水霉,严重的行动缓慢,消瘦,不摄食,直至死亡。

治疗方法:及时捞出坏卵和死卵,提高水温至25 ℃以上,苗种或成鱼可用2%~3%的食盐水浸泡5~10 min;鱼种下塘后,全池泼洒10%聚维酮碘0.7 mg/L,预防水霉病。

(二)细菌性鱼病

1. 败血病 病鱼体表充血发炎,嘴四周、肛门及鳍基充血,鱼腹两侧发红,剖开鱼腔,腹腔也有充血现象。

治疗方法:每隔5~10 d用二氧化氯等药物进行消毒,并在饲料中定期添加抗菌药物,以及一些提高抗病力的添加剂,如维生素 C、维生素 E 等。

2. 细菌性肠炎 腹部、口腔出血,肛门红肿,鱼体消瘦。

治疗方法:用 1 g/m³ 漂白粉泼洒全池。

3. 烂嘴病 此病在幼鱼期发生较多,为一种细菌性疾病,病因是因为吃了变质的饵料,嘴肿、四周充血,不能活动,有时伴有水霉着生,泄殖孔红肿。

治疗方法:及时捞出病鱼,清除残饵,换注新水,定期对饵料台消毒,不投喂变质饵料。

(三) 寄生虫病

1. 车轮虫 少量寄生时,无明显症状,严重感染时,引起寄生处黏液增多,鱼苗、鱼种游动缓慢,车轮虫在鱼的鳃及体表各处不断爬动,引起鱼不安,行为异常。镜检发现在体表和鳃上有大量车轮虫寄生。

治疗方法:用 2.5%~3.5% 的盐水浸浴 5~10 min,然后转到流水池中饲养,病情可以好转而痊愈;用硫酸铜和硫酸亚铁(5:2)合剂 0.7 mg/L 全池泼洒,但用药后要注意观察鱼的活动情况,发现异常应马上换水。

2. 斜管虫 斜管虫大量寄生在中华鲟体表、口腔、鳃部,病鱼在水中急躁不安,体表有蓝灰色薄膜,口腔、眼腔有黑色素增多现象。

治疗方法:转入流水池饲养,自然死亡率约为 3.6%,尚无有效方法。

3. 小瓜虫病 又称白点病,肉眼观察,在鳃丝和鳍条处严重,有些部位白点成片状。患病鱼鱼体日益消瘦,游泳能力大大减低,且浮躁不安,食欲减退。显微镜下观察,白色小点为脓疱状,覆盖有白色的黏液层,镜检分离白色病灶小点里的寄生病原体为小瓜虫。小瓜虫侵袭鱼的皮肤和鳃瓣,在组织里以组织细胞为营养,引起组织坏死,阻碍呼吸,导致鱼窒息死亡。

治疗方法:50 g/m² 福尔马林溶液浸泡治疗是较安全和有效的方法;提高池水温度进行控制,效果也很好(温度控制在 25 ℃以上,以 28~30 ℃为好)。

4. 三代虫 三代虫病是投喂未消毒的水蚤造成,患病鱼苗嘴部四周充血,鳃充血,鱼苗有缺氧"浮头"现象。

治疗方法:用 0.25 g/m³ 晶体敌百虫治疗三代虫病,效果较好,可有效控制病情。

5. 马颈鱼虱病 拟马颈鱼虱寄生在鲟鳍基部、肛门、鳃弓、口腔、鼻腔、咽部、食管等,尤以鳃弓、口腔等部位为最常见。

治疗方法:一般采用人工拨取虫体,涂擦抗生素软膏。

思考题

1. 简述匙吻鲟亲鱼的选择和雌雄鉴别及其培育方法。
2. 匙吻鲟、杂交鲟受精卵的孵化措施主要有哪些?
3. 归纳整理匙吻鲟、杂交鲟苗种培育过程中的关键技术要点。
4. 简述匙吻鲟、杂交鲟的养殖前景及目前的养殖模式。
5. 鲟的驯化转食应注意哪些问题?简述其转食驯养技术。
6. 杂交鲟主要有哪几种?我国养殖的杂交鲟具有哪些优势?
7. 在杂交鲟病害防治过程中,要注意哪些病害?

第二章　虹鳟养殖

虹鳟（*Oncorhynchus mykiss*）是重要的淡水和海水鲑科养殖鱼类之一，尤其对于欧美地区国家来说，更是常见养殖鱼类。因其发眼卵及胚胎发育温度较低，孵化时间较长，加上对外界刺激的耐受能力较强，适合干法长途运输，因此便于引种，是目前在世界范围内养殖的重要经济鱼类。

虹鳟也是我国冷水性鱼类养殖的重要种类之一，养殖方式依据水体可分为山间溪流（例如贵州山区）、地下涌泉（例如山东济宁泉林镇）和井水（多在南方地区）等进行流水养殖，以及在水库或水库坝下河道设置网箱养殖模式（例如兰州刘家峡水库）。随着我国经济社会的发展，人民生活水平的提高，对于优质水产品的需求量也会逐年增加，因此，我国虹鳟养殖业发展前景广阔，潜力巨大。

一、生物学特性

1. 种类与分布　虹鳟隶属于鲑形目，鲑科，大麻哈鱼属，因其成熟个体体侧有一条类似于彩虹的带而得名。它天然分布在北美洲的太平洋沿岸。我国 20 世纪 80 年代以前养殖的虹鳟是 1959 年由朝鲜赠送，后来从日本引进几批发眼卵，逐渐发展起来的群体。道纳尔逊氏虹鳟是美国科学家 Donalson's 选育的优质虹鳟品系，1987 年由美国华盛顿大学赠送给中国海洋大学，现在辽宁、山东、黑龙江、北京等地进行养殖，是目前主要养殖品系，生产效果较好；金鳟为虹鳟的变种，是日本科学家选育出的虹鳟金黄色突变品系，成熟个体体侧有红色彩带，具有较高的观赏和游钓价值，1996 年引进并培育成功；美国品系颜色偏红，较为鲜艳；山女鳟是分布在日本的陆封型马苏大麻哈，1996 年引进我国，现已经繁殖成功。硬头鳟是与虹鳟同属的具有洄游特性生态类群，它仍然具有大麻哈鱼的降海洄游习性，大多数时间生活在海洋中，淡水中生殖后死亡，1998 年从美国引进发眼卵，并成功培育出商品鱼。因此，我国饲养的虹鳟有美国品系、日本品系、朝鲜品系、北欧品系。上述这些虹鳟的生物学特性相似，养殖技术大体相同。

三倍体是指生物体体细胞中含有 3 套染色体组，因其减数分裂不能形成正常的配子，性腺发育受阻而不育，因此三倍体具有较二倍体显著的生长优势，不仅生长快、个体大，在繁殖季节仍能保持肉质饱满，其不育性还利于保护天然种质资源。自 20 世纪 50 年代以来，多倍体诱导技术已在鱼类遗传育种领域得到广泛的应用，国内外已先后在 40 余种鱼类育种中成功获得三倍体及四倍体，其中三倍体鲤科鱼类中已经在生产中应用，取得了良好的经济效益。在鲑科鱼类中，Chourrout 在 1980 年首次培育出三倍体虹鳟，目前已获得了大西洋鲑、硬头鳟、细鳞大麻哈鱼、大鳞大麻哈鱼和美洲红点鲑等同源三倍体。随着鱼类倍性育种技术的日臻成熟，三倍体虹鳟育种成效最显著，是目前国际上养殖大型虹鳟的重要品种，具有生长快、规格大、抗病性强、肉质好、成活率高等优良品性，三倍体虹鳟的不育性使其失去亲本原有的洄游习性，能够不远离放流海区，有利于延长捕捞期，其产量仅次于大西洋鲑。目前,三倍体虹鳟的主要诱导方法是使用热休克或静水压力作用抑止卵细胞的第二次分裂,国内外诸多研究针对卵子第二极体排出时间的确定、热休克、静水压力滞留二极体温度和压力等参数;生物杂交方法是使四倍体和二倍体进行杂交,四倍体雄鱼和二倍体雌鱼交配受精率非常低,只相当于二倍体精子效率的40%,多采用可育的雌鱼四倍体和雄鱼二倍体交配,所得到的三倍体成活率相当于二倍体的40%~95%,利用雌核发育、性别转变和人工诱导三倍体技术相结合培育全雌三倍体鲑鳟鱼被广泛研究,成为鱼类多倍体育种的研究热点。全雌三倍体虹鳟因其免受性腺成熟因素影响,能够大大提高商品规格,目前已在加拿大、美国等地商品规模化生产。

2. 形态特征 虹鳟体型长而侧扁(图2-2-1)。性成熟以前,头较小、口大、端位。雄鱼的下颌随年龄的生长而增大,且向上弯曲,逐渐盖住上颌。背鳍后方有一个小的脂鳍,鳞片细小。虹鳟的体色较艳丽,背部青色或黄色,腹面呈银白色或灰黄色,沿侧线中部有一条宽而鲜艳的紫红色彩虹,体侧一半或全部有黑色的小斑点。

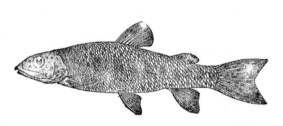

图2-2-1 虹 鳟

雌、雄鱼的外形略有差异,雄鱼口较大、下颌向上弯曲。

3. 生活习性 虹鳟的生态类型有陆封型、降海型和湖沼型3种,我国饲养的种类为陆封型。虹鳟喜栖息于水质清澈、沙砾底质、水温较低、溶氧量较高、有一定水流的水体中。生活水温为5~24 ℃,适宜水温为12~18 ℃。稚鱼喜生活在10 ℃左右的水温条件下,水温低于7 ℃或高于20 ℃时食欲减退;水温达到24 ℃时停止摄食,长时间持续在这种温度时会导致死亡;在自然水域内,若水量充沛,溶解氧充足,可忍受24 ℃的水温。

虹鳟生活的适宜水流速为2~30 cm/s。水中溶氧量在9 mg/L以上时快速生长,7 mg/L左右时正常生长,低于3 mg/L时,会大量死亡。适宜pH范围为5.5~9.2,最适为6.5~6.8。对盐度的适应性较强,稚鱼可生活在盐度5~8的盐水中,1龄鱼可生活在20~25的水中,成鱼能耐受35的盐度。通常体重为35 g以上的鱼种经过半咸水驯化后可在海水中生活,虹鳟在海水中比在淡水中生长快,且疾病少。

4. 生长与食性 在天然水体中,虹鳟的最长寿命为10年左右,最大体重可达25 kg。在水温为12~14 ℃的养殖条件下,当年的稚鱼重达100~250 g,2龄个体重可达400~1 000 g,3龄达1 000~2 000 g,虹鳟在2龄时生长最快。道纳尔逊氏虹鳟的生长速度较快,孵化后20个月后,平均体重可达2 250 g,最大体重可达3 000 g。

虹鳟是肉食性鱼类,常常成群跳跃于水面争掠食物。仔鱼阶段以浮游动物、底栖动物和水生昆虫为主,1龄鱼开始摄食小杂鱼和两栖类动物,成鱼主要摄食小鱼,兼食小部分虾、底栖动物、水生昆虫、植物碎片和藻类。在人工饲养条件下也能很好地摄食人工配合饲料。在天然水域中,虹鳟在生殖期也不停食。在1 d中,清晨和黄昏是摄食高峰。饲料不足时,会自相残食。

5. 繁殖特点 雄性虹鳟的性成熟年龄一般为2龄,雌鱼为3龄,成熟个体体长为15~40 cm。产卵水温为4~13 ℃,最适产卵水温为8~12 ℃。自然产卵场多在有沙砾的河川或支流,雌鱼挖穴,雄鱼护卫。卵径为4.0~7.0 mm,淡黄色或橙黄色,沉性。怀卵量为

1 000~7 000粒，每个产卵坑内通常产卵800~1 000粒。在我国的北京和山西等地，产卵期为12月至翌年1月；在黑龙江流域，产卵期为1~3月。在人工控制光照的条件下，可以提前1~2个月产卵。

二、人工繁殖

（一）亲鱼的培育

1. 亲鱼的来源与选择 虹鳟亲鱼的性成熟年龄存在较大差别。在北方地区，雌性个体性成熟年龄为3年，4月中旬至5月产卵；在华中地区，雌性个体2年即可达到性成熟，1月即开始产卵。亲鱼培育一般从1龄幼鱼阶段开始，将亲鱼的培育与选育相结合。也可以在亲鱼产卵前1个月左右，从已达性成熟的个体中选择亲鱼。要求体质健康、无病、无伤。

亲鱼的怀卵量多少及其卵径大小与鱼体大小和年龄相关，个体大、高龄鱼的卵粒大而且数量多。卵径大小又关系到直接孵出仔鱼的大小，如卵径为3.5 mm，孵出仔鱼全长为12 mm；卵径为7 mm，孵出仔鱼全长为20 mm。虹鳟苗种生产上，对采卵亲鱼年龄的确定，各国选择标准不一样。日本为2~4龄，朝鲜为4~5龄，我国多为2~4龄。

2. 雌、雄鱼鉴别 已达到性成熟的雌、雄虹鳟个体间有明显的差异，雄体体色较深，头部较大、口大、下颌向上弯曲，背部略隆起，腹部硬而无弹性。雌体的体色较淡，头部较小、口小，背部不隆起，腹部大而柔软，泄殖孔明显外突（图2-2-2）。

3. 亲鱼培育的条件 培育池的面积为300~1 000 m²，水深为1.0~1.5 m，水流量约为50 L/s；溶氧量在6 mg/L

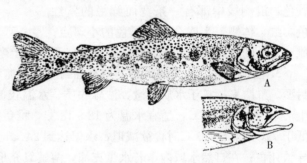

图2-2-2 虹鳟雌鱼外部形态特征与雄鱼嘴部
A. 雌鱼外部形态　B. 雄鱼嘴部

以上，pH为7左右，水温5~13 ℃。在培育期间，控制光照时间为每天12 h以内，通过人工调节光照周期，可以调节虹鳟的排卵期；为促使其性腺成熟，培育前期注水量稍小些，而后期大一些，并在产卵前每天换水一次，换水量为池水的1/4~1/3。亲鱼的放养密度为5~10 kg/m²，雌、雄鱼数量比为（4~3）∶1。

适宜培育水温上限为12~13 ℃，下限4~5 ℃，产卵前6个月的水温不宜超过12 ℃。在该温度下培育，有利于获得优质卵。若15~20 ℃培育则难以获得优质卵，周年在16.0~17.5 ℃的水中培育，亲鱼成长良好但其性腺发育不成熟。为了有利于亲鱼性腺发育，性成熟前注水量应加大。亲鱼培育的适宜密度为5~10 kg/m²。

4. 亲鱼培育的饲料 培育期间要投喂营养平衡和充分的人工配合饲料。虹鳟亲鱼饲料的蛋白质水平在40%以上，脂肪含量低于6%，糖类的含量低于12%。饲料中的10种必需氨基酸保持平衡，尽量采用动物蛋白源作为亲鱼饲料。饲料中富含甲壳动物、酵母、维生素E、胡萝卜素等有助于提高卵的质量。例如生产中常用的亲鱼配合饲料：粗蛋白质≥42.0%、粗脂肪≥10.0%、粗纤维≤5.0%、粗灰分≤14.0%、水分≤10.0%、赖氨酸≥2.6%、总磷≥0.9%、钙1.0%~2.5%、食盐0.3%~2.0%。在人工饲料中加入80 g/t的虾青素。

亲鱼投喂的基本原则：在性腺恢复期，加大植物性饲料的投喂量，特别是富含色素的饲料，避免亲鱼过度肥胖而影响性腺发育；在产卵前和产卵后的一段时间内，增加动物性饲料的比例，促进性腺发育；在产卵期间，减少投喂量或停食。投饲率约为1.0%，日投喂2次，09:00、17:00各投喂1次。产卵期前2周投喂量减少50%，产卵前3d停止投饵。

5. 光照周期的调节 虹鳟属短日照鱼类。日照时间在12 h以内，虹鳟性腺发育快，如光照超过12 h发育反而变慢。因此，要使虹鳟性腺发育良好，在日照这一点上应尽可能人工控制在12 h以内。用人工调节光照周期的方法，可以控制产卵期。目前日本和我国已经周年均可采卵，即春季3~6月，夏季7~10月，冬季11月至翌年2月。研究表明，光照期是影响虹鳟性腺发育的重要因素，通过延长或缩短光照期来调控繁殖周期的技术，已经在生产上得到成功应用。采用以下3种光控方法对虹鳟进行生产规模试验，结果表明：后期短日照处理，虹鳟产卵高峰期提前4周；前期长日照处理，产卵高峰期提前5周以上；前期长日照、后期短日照处理，产卵高峰期提前12周。可能前期长日照的作用是促进性腺的恢复，加速性腺再发育的启动。通过这种光照调节方法，结合生产实际需要安排人工繁殖时间。

（二）人工授精

1. 亲鱼成熟度鉴别 临近产卵的亲鱼体色发黑，沿侧线的彩虹带特别鲜艳，食欲减退，并有相互追逐咬斗的现象。成熟雌鱼腹部膨大柔软，生殖孔红肿外突，当尾柄上提时，两侧卵巢下垂轮廓明显，轻压腹部有卵粒流出体外。成熟的雄鱼体色变黑，体表粗糙且黏液稍有减少，生殖孔周围较软，轻压腹部，即见精液流出。通常在2个月的采卵期中，雌鱼不是同时成熟，为了便于及时采卵，防止卵粒过熟流失，需每周进行一次成熟度鉴别，鉴别后及时采卵并按成熟度分养。雌鱼池内可放几尾雄鱼，以促使雌鱼早熟。亲鱼暂养池可用幼鱼池或用大池隔成小池代替，水流量应保持在30 L/s以上，密度可控制在1尾/m²。

2. 人工采卵与授精 当发现雌、雄鱼相互追逐时说明即将产卵，可以进行人工采卵与授精，在采卵之前停食2~3 d。采卵多用挤压法，挤压者用毛巾包住雌鱼尾部，使生殖孔面向采卵盆，轻压生殖孔前方的腹部，只要轻轻施加压力，成熟卵即随之顺生殖孔流出。挤卵过程动作要轻柔快捷，尽量不使亲鱼受伤。

人工授精普遍采用干法授精，轻轻擦干雄鱼体表，用挤压法将精液直接挤于卵上，每5~7尾雌鱼卵用2~3尾雄鱼精液即可，或按每万粒卵滴入10 mL准备好的精液，将精液与授精盆中的鱼卵混合，用羽毛轻轻搅拌均匀使精卵充分接触；完成受精过程，再换水搅拌1~2次，洗去多余的精液和破损的卵皮，在水中放置30 min，待卵充分吸水膨胀，使卵膜硬化并富有弹性，然后计数装入孵化器中进行孵化。

成熟的卵采出后在空气中停留时间过长或遇水会降低受精率，因此采出的卵在未加入精液前切不可遇水，而且每次采卵、授精的时间应掌握在2 min之内。在整个采卵、采精和授精及清洗的过程中，必须在遮光条件下进行，防止鱼卵暴露在直接照射的阳光下。亲鱼离水5 min以上容易死亡，因而采卵后应立即放入流水池中，并投以优质、易消化的饵料，以利亲鱼体质的恢复。

（三）孵化

孵化是指从受精卵到仔鱼上浮这个过程。虹鳟受精卵的孵化方式多种多样，主要有玻璃钢水槽、小水泥池、玻璃容器及多种多样的专用孵化器。

1. 孵化条件 对孵化用水的基本要求是清澈、无污染，pH为6.5~7.4。温度在7~

13 ℃均可，最好是 8~10 ℃范围。在整个孵化期间，避免日光直接照射，一般孵化工作均在室内进行。溶氧量应在 6 mg/L 以上，应加大循环水流量，每 10×10^4 粒卵的水流量为 6 L/min 以上比较理想。

2. 受精卵的发育和敏感期特点　卵从受精至孵出所需天数因水温而异，在平均水温 7.5 ℃下需 46 d，即 343 个累积温度（℃）。平均水温 9 ℃时，孵化期 30~38 d，从受精卵至发眼期的天数约为孵化所需天数的 1/2。根据虹鳟胚胎发育的敏感期特点，可以划分为胚盘形成期、卵裂期、胚环和胚盾出现期、体节分化期、发眼前期和发眼期 6 个阶段。

①胚盘形成期累积温度为 0~2 ℃，此期卵充分膨胀，形成胚盘，油球集中于动物极。对外界刺激不很稳定。

②卵裂期累积温度为 2~47 ℃，此期细胞不断分裂，分裂球不断变小，末期出现囊胚腔。对外界刺激较为稳定。

③胚环和胚盾出现期累积温度为 47~52 ℃，此期胚盘直径扩大。对外界刺激敏感性增高。

④体节分化期累积温度为 52~104 ℃，此期胚体动物极向植物极外包，末期囊胚层全部包围了卵黄囊，胚孔封闭。对外界刺激反应最不稳定。

⑤发眼前期累积温度为 104~107 ℃。此期形成尾芽，开始血液循环。对外界刺激敏感性降低。

⑥发眼期累积温度为 107~343 ℃。此期血液循环加强，胚体扭动次数增加。此期对外界刺激反应稳定。

因此，在受精卵进行发育的前 5 个阶段时应保证发育卵处于安静状态。进入发眼期的受精卵称为发眼卵，累积温度为 220 ℃。发眼期胚胎对外界刺激的敏感性最低，是发育阶段上的安全期，此时可以进行长途运输。

3. 孵化管理　受精卵吸水膨胀后即可装入孵化器中进行孵化。采用阿特金斯孵化器时，每 10×10^4 粒卵的注水量为 30 L/min；采用立式孵化器时，每 10×10^4 粒卵的注水量为 20 L/min；采用桶式孵化器时，每个桶盛卵 6×10^4~10×10^4 粒卵，注水量为 5~10 L/min。在孵化期间要定期进行消毒、拣卵和洗卵工作。每隔 3~5 d，用溴氰菊酯进行一次流水消毒；每隔 4~5 d，将死亡或未受精的卵拣出，必要时进行洗卵。

(1) 发眼卵管理中的注意事项。发眼卵耗氧较高，即使短时间止水，也因过于密集而易于窒息，所以应在流水中操作。冬季在室外放置发眼卵要冻结，温度过高导致窒息或孵化异常，发眼卵的孵化和处置的温度，最好为 5~13 ℃。受精卵对光线的抵抗力在发眼期前后最弱，明亮光线照射数小时即致死。发眼卵对振动的抵抗力增强，但仍要防止过强的振动。

(2) 发眼卵的运输。运卵箱有多种规格，大小不一。大体上可分为层式运卵箱和合式运卵箱两种。启运前彻底拣除死卵，计数装箱。层式箱可把卵直接装入盛卵盘中或包裹于盛卵盘上的湿纱布中。最上层装盛碎冰块，途中融水下渗，使各层卵保持湿润。火车运输或空运时箱底不留排水孔，最下层不装卵，以防底层浸于水中缺氧窒息。合式运卵箱把卵分装于孔径 3 mm 的多孔聚乙烯袋中，聚乙烯冰袋塞于箱子四角，并在袋之间填塞海绵碎块，进行包装，箱子经捆扎后即可长途运输。

4. 孵出仔鱼的管理　受精卵在 12 ℃条件下约 26 d 孵出；在 5 ℃条件下，约 75 d 孵出，孵化积温为 343 ℃。刚孵出的仔鱼全长为 15~18 mm，平卧于水底，需要加大注水量，防止鱼苗堆积。在水温 12 ℃条件下，孵出后约 23 d，或在 6 ℃条件下，孵出后约 50 d，卵黄被吸收 2/3，当积温达到 240 ℃ 时仔鱼开始上浮水面游动。仔鱼期应避免阳光直射，注水充分，但流速不宜过快；及时清除死鱼，保持环境清洁。鳍褶出现于腹鳍腹面，鳍条数基本达到定数，体侧出现 8～13 个黑色斑纹，背部也有斑纹。

三、苗种培育

苗种培育是指从上浮仔鱼开始到 1 周龄个体的阶段。

(一) 稚鱼培育

上浮仔鱼是指鱼苗浮出后，卵黄囊吸收 2/3，开始上浮水面摄食的个体。此时鱼的全长为 18～28 mm，体重 70～250 mg。上浮仔鱼的培育是鱼苗培育过程中难度最大的一环，成活率一般为 60% 左右。上浮仔鱼可以在原孵化槽中培育一段时间，也可以移入稚鱼池塘中饲养。从上浮仔鱼开始，经过 5 月左右的培育，体重达到约 10 g，称为稚鱼培育。

1. 培育池条件 培育池以长方形水泥池为好，面积为 30～60 m^2，水深为 20～40 cm。设于近水源的上游，便于管理。从进水口到排水口要有一定的倾斜面，池底部设有凹槽以便于集污和排污，进、排水口外设有拦鱼栅。鱼池在使用前要进行药物清塘，培育期间的水温保持在 10～12 ℃ 为宜。

2. 放养密度 放养初期适宜的密度为 5 000～8 000 尾/m^3。培育 1 个月左右，体重达到 1 g 左右时，进行第一次分塘，密度可以降低到 1 600～2 000 尾/m^3；当体重达到 4～5 g 时，进行第二次分塘，密度降为 1 000 尾/m^3 左右。

3. 饵料投喂 上浮仔鱼是仔鱼食性转化的关键时期，对饵料的种类、数量和质量的要求极其严格。稚鱼的饲料以动物性原料为主，参考配方：70% 秘鲁鱼粉、10% 全蛋白、5% 奶粉、5% 啤酒酵母、5% 麦粉、4% 复合维生素、1% 复合矿物质。各种成分经过充分搅拌，压成软颗粒，人工破碎后作为前期稚鱼饲料。根据具体条件适当增加投喂水蚤粉和鱼肉。在稚鱼培育的前期，由于鱼类的抢食能力不强，应尽量延长饲料在水中的漂浮时间，可以增加投喂干的水蚤粉，它能浮于水面一定时间，不污染水质，营养也比较均衡。在培育后期，可使用粒径为 1.5 mm 左右的颗粒饲料。一般情况下的粉碎料的日投喂率为 3%～5%，日投喂 6～8 次，早、晚 2 次的投喂量占日投喂总量的 60%；随着鱼的生长，日投喂次数可逐渐减少到 3～4 次。坚持"四定"（定时、定点、定质、定量）投饵原则。

虹鳟稚鱼越小，其饲料中所需的蛋白质含量越多，饲料转换率越高。随着稚鱼的成长，可逐渐减少鱼粉蛋白等动物蛋白的比例，增加植物蛋白的比例。通常 1 g 以上日投饵 4 次，3 g 以上 3 次，10 g 以上 2 次即可（表 2-2-1）。

表 2-2-1　虹鳟稚鱼日投饵率（饲料干重占稚鱼总重百分比，%）

稚鱼平均规格		日平均水温（℃）									日投饵次数	饲料形状	粒径（mm）
体重（g）	体长（cm）	2	4	6	8	10	12	14	16	18	20			
<0.2	<2.5	1.7	2.0	2.2	2.6	3.0	3.5	4.1	4.7	5.4	3.0	6 次	碎粒	0.3～0.5
0.2～0.5	2.5～3.5	1.5	1.8	2.1	2.5	2.9	3.4	3.9	4.5	5.1	2.8	6 次	碎粒	0.5～0.9
0.5～2.5	3.5～6.0	1.4	1.6	1.9	2.1	2.5	3.0	3.5	4.1	4.6	2.4	4 次	碎粒	0.9～1.5
2.5～12.0	6.0～10.0	1.1	1.3	1.6	1.7	2.2	2.5	3.0	3.5	3.5	2.0	3 次	颗粒	1.5～2.4
12.0～32.0	10.0～14.0	0.9	1.0	1.1	1.3	1.7	2.0	2.2	2.6	2.6	1.6	2 次	颗粒	2.4～3.0

4. 水量调节 水的流量与水中溶氧量呈正相关关系，在一定范围内与鱼苗的成活率也有很大关系。在上述放养密度条件下，较适宜的水流量为 50～60 L/min，一般情况下是将水的流量控制在交换 3～5 次/h 为宜。

稚鱼通常在水温略为偏低的条件下饲养不易得病，成活率高。从开食起，在 15 ℃ 水温下约经 2 个月，在 10 ℃ 水温下约经 2 个半月，体重可达 1 g。再经 20～30 d 可达 2 g。随着稚鱼的成长和游泳能力的增加，可给予尽可能多的水量，但以稚鱼不贴闸遭到伤害为度。1 g 以上稚鱼的饲养密度及其所需水量可参考表 2-2-2。

表 2-2-2 每饲养 10 万尾虹鳟稚鱼所需的面积和注水量

稚鱼规格（g）	鱼池面积（m²）	密度（尾/m²）	注水量（L/s）			
			5 ℃	10 ℃	15 ℃	20 ℃
1	60	1 600	1	2	3	6
2	80	1 200	2	3	6	14
5	100	1 000	3	7	14	23
10	125	800	7	15	26	44
15	160	625	9	22	39	65
20	170	588	12	29	52	87
25	200	500	15	35	62	108
30	205	488	17	37	70	115

（二）鱼种培育

稚鱼体重达到 10 g 以上时，进入鱼种培育阶段，再经过 5～6 个月的培育，规格达到 50～100 g/尾，可以进入成鱼饲养阶段。鱼种培育可以在室内水泥池中进行，也可以在水库或湖泊中的小网箱内培育，或者直接进行成鱼饲养。

1. 培育条件 鱼种池面积 200～900 m²，水深 50～60 cm；流速为 2～4 cm/s，交换率为 2～4 次/h；温度为 10～14 ℃。虹鳟的饲养量与注水量成正比，而与水温成反比。在相同的注水量时，水温越高，饲养量越小。

2. 饲料与投喂 鱼种培育阶段完全投喂人工配合颗粒饲料，其中动物成分要占 50%～80%；饲养前期颗粒的直径为 1.5 mm 左右，饲养 1 个月后，颗粒直径可以增加到 2.4 mm。饲料组成：主要动物成分有鱼粉、发酵血粉、肉骨粉、酵母，此外还有动物的肝、新鲜或冰冻的小杂鱼；主要植物成分有豆饼、大豆粉、麦麸、小麦粉、玉米、草粉等，还可混合一些蔬菜，并添加适量的混合维生素和多种矿物质。全价颗粒饲料的主要营养指标：粗蛋白质含量为 50%～60%，粗脂肪为 4%～15%，粗纤维为 1%～2%，粗灰分为 10%～16%，水分低于 12%。日投喂率为 3%～5%，投喂次数为 3 次。每次喂到饱食量的 80%～90%，以防鱼摄食过多而影响生长和造成饲料的浪费。经过 5～6 个月的培育，一般体重可达 180 g/尾左右。

3. 及时分塘 饲养一个月后，应该及时分池，将规格一致的个体并入同一个池塘。分池工作一般从鱼苗入池培育一个月开始，以后每隔 20～30 d 进行一次，同时降低放养密度。

4. 水质管理 培育池要保持相对稳定的水流，一般水的交换次数为 4～5 次/h 为宜。防止水的流速突然增大，这时鱼苗可能被冲贴在排水口处的栅栏上导致死亡。在缺氧严重的情况下，应及时开动增氧或采取其他补救措施。此外，还要经常排出池内的污物，洗刷防逃网等。排污工作每天进行一次，15～20 d清池一次。

5. 筛选和管理 虹鳟长势不均是普遍现象，当稚鱼长到2 g时需进行一次分选，按不同规格分别饲养。否则健壮稚鱼吃食较多食物，导致生长上差异更加悬殊，且会出现相互残害现象。筛选时使用特制的稚鱼筛选器，不同间隙可筛出不同规格。

稚鱼代谢旺盛，单位体重耗氧量大，饲养密度高，在管理上要供给足够的水量。为保持池水流畅，池水深度宜浅不宜深，可控制在30～40 cm。闸门网目大小要和稚鱼规格相适应，随稚鱼和当年鱼的成长，适时放大闸门网目。注意观察闸门，遇有破损和漏洞及时更换，严防逃逸。平时要勤刷闸门，闸门堵塞易造成窒息死亡，即使不致因窒息死亡，若夜晚或黎明氧气经常不足，摄食状况不好，也会因营养不良而成长减缓、慢慢死亡。在足够的注水量下，因池水浅、密度高，污物常随水流带走，但仍有部分有机废物、残留食物、粪便和尘埃等沉于池底，需经常清污，保持稚鱼池良好的环境条件，预防疾病发生和蔓延。

四、成鱼养殖

虹鳟的成鱼饲养方式有池塘流水养殖、网箱养殖、水库坝下流水池塘养殖。

（一）食用鱼饲养的技术基础

1. 生长 虹鳟在适温范围内水温越高生长越快，温差10 ℃生长量相差2～3倍。若水温适宜，7～8个月体重可达100 g。饲料营养价值高，生长快，用酪蛋白养鳟，饲料蛋白质30％时体重不增，超过66％时体重直线上升，饲料中缺少蛋氨酸、赖氨酸、色氨酸时生长受阻，尤以蛋氨酸为明显。溶氧量有限而饲养密度过高时生长受到抑制。

2. 成活 影响虹鳟成活率的因素有苗种的优劣、疾病、饲养管理、灾害、失窃等。其中防病、防逃是两个重要环节。换水率差、污物堆积时易发生外部寄生虫病，细菌感染往往是由外部带菌鱼带入，水量不足、营养缺乏、水质污染也是致病的因素，这时首先要改善不良的饲养环境，及早处置。

3. 饲料效率 它随着环境条件和饲养技术而变化，溶氧量低于限度以下，饲养密度高于限度以上或给饵量过多过少时饲料效率下降。它也因生长阶段而异，一般稚鱼期和成长期的幼鱼饲料效率好。用于成鱼的配合饲料效率多为60％～80％。

4. 水量和饲养密度 为在有限的面积和水量上获得最大的生产量，必须保持最大的饲养密度和良好的饲料效率。饲养密度受多方因素制约，其中水量、温度、氧气是三大要素。虹鳟在密养条件下的耗氧量列于表2-2-3。虹鳟的饲养密度及其所需水量可参考表2-2-4。组织安排养鳟生产，必须掌握水量和水温的周年变化规律，并做某种程度的预测，求出在不同月份的最适允许载鱼量，再根据鱼池性能和状况，确定年初的饲养量、周年的载鱼量和最终的生产量，并根据销路状况和预测，制订一个合理的生产销售计划。

（二）成鱼养殖方式

1. 池塘流水养殖

（1）池塘的条件。池塘为长方形，一般规格为（40～60）m×（4～5）m，水深为80 cm左右；建池塘要同时考虑池塘的注水量、水的流速、池水的深度与交换率等因素。在一定的注水量下，池塘断面越大，流速越小；但在一般情况下，流速不超过0.3 m/s，池水的交换率约为2次/h，以并联池塘的养殖效果较好。

表 2-2-3 虹鳟在密养条件下的耗氧量 [mg/(kg·h)]

规格(g)	不同水温下的耗氧量														
	6℃	7℃	8℃	9℃	10℃	11℃	12℃	13℃	14℃	15℃	16℃	17℃	18℃	19℃	20℃
5	200	225	255	285	315	350	370	395	417	440	475	505	540	570	600
10	175	200	225	260	286	326	342	364	380	408	430	465	485	520	545
15	167	190	210	245	270	305	328	348	362	383	412	436	460	490	520
20	160	180	200	230	262	293	315	332	350	370	395	420	442	470	500
25	155	172	195	200	252	285	306	325	340	360	382	410	433	450	480
30	153	170	189	214	245	278	298	318	335	355	375	400	425	442	470
35	150	165	182	208	235	270	290	312	328	340	367	392	415	435	460
40	148	162	180	205	230	268	285	308	322	340	362	385	410	430	450
50	146	160	178	197	220	258	278	300	315	333	354	371	400	416	440
100	136	146	158	176	200	228	251	270	285	305	325	345	362	380	400
150	126	138	150	167	185	211	231	255	268	286	309	325	345	360	380
200	116	126	148	160	177	202	219	241	260	276	296	316	335	350	365

表 2-2-4 每饲养 10 万尾虹鳟所需的面积与注水量

饲养鱼规格（g）	鱼池面积（m²）	密度（尾/m²）	注水量（L/s）			
			5℃	10℃	15℃	20℃
40	266	375	21	47	89	148
50	334	299	23	59	98	185
60	400	250	28	62	117	199
70	435	230	31	73	136	231
80	533	188	36	83	155	265
90	600	167	41	93	176	300
100	665	150	46	104	196	333
150	1 000	100	60	132	254	428
200	1 330	75	78	154	270	500
250	1 612	62	93	212	357	625
300	1 880	53	102	247	417	729

（2）池水的理化条件。水量充沛、温度适宜、溶解氧充足是虹鳟养殖的理想水质。成鱼养殖的适宜水温为 10～18℃。溶解氧水平是决定放养密度的重要因素，当水中溶氧量低于 5 mg/L 时需要人工增氧。在流水养鱼的条件下，跌水是氧气的主要来源，跌水越高，增氧效果越好。例如，流水水温为 20℃，跌水高度 3 m，溶解氧为 2.9 mg/L 的水，经过跌水，溶解氧可增加到 4 mg/L。必要时使用增氧机增氧。

（3）放养密度。高密度流水养殖虹鳟时，放养密度受水温、水量、溶解氧、耗氧量以及代谢产物积累等因素的综合影响。在水温为 10～15℃时，放养规格为 50～80 g/尾，鱼池面积为 330～530 m²，则放养密度为 200～300 尾/m²，此时的注水量为 60～160 L/s。通常情况下，鱼种的放养量为年产量的 20%～30%。

（4）虹鳟的饲料。虹鳟成鱼饲料的营养水平：粗蛋白质为 40%～50%，粗脂肪为 6%～16%，粗灰分为 5%～13%，粗纤维为 2%～5%，无氮浸出物为 15%～28%，糖类为 20%～30%。参考配方：进口鱼粉为 20%～30%，国产优质鱼粉为 10%～20%，肉粉或肉骨粉为 3%～5%，豆饼或豆粕为 20%～25%，麦麸为 10%～20%，玉米面为 10%，次粉为 5% 左右，油脂类以豆油和鱼油为最好，另外添加多种维生素混合物和矿物质混合剂。试验证明，某些脂肪酸对虹鳟有重要作用，尤其是高度不饱和脂肪酸缺乏时，会导致生长速度降低，尾鳍糜烂，休克。

（5）日常管理。包括饲料投喂、水质管理、防病 3 个主要方面。

①日投喂率的确定。在水温为 10～20 ℃ 时，如果放养规格为 60～500 g/尾，日投喂率为 2%～3%，日投喂次数为 2～3 次。

②水质管理和注水量。是流水养殖虹鳟成败的关键，在有限水量的条件下，主要依靠人工增氧维持溶解氧水平。目前，流水养虹鳟增氧的主要方法有跌水增氧和机械增氧，通常情况下以跌水增氧为主。水以偏酸性为好，保持足够的水量、交换量和水中溶解氧水平，氨氮不会在水中积累。

2. 网箱养殖 利用深水水库底层水、冷水性河道或海水进行网箱养殖虹鳟也是一种较好的生产方式。

（1）适宜的水域选择。大型的山谷型水库，水深在 15～20 m，全年水温不超过 20 ℃；水清无污染，溶氧量在 7 mg/L 以上；适合进行网箱养殖的河道水位恒定、水流平稳、水深在 3～5 m，全年水温在 20 ℃ 以下，水流速度约为 2 m/min，底质最好为卵石质或沙砾质，水质清澈无污染，透明度在 1 m 以上。在海水中进行网箱养殖时，水深适宜，风浪较小，全年适宜生长的水温在 6 个月以上。

（2）网箱的规格与放置。一般网箱箱体由聚乙烯材料制成。网箱及网目的大小依据养殖鱼类的规格而定，鱼种网箱的网目为 1.2 cm，规格为 4 m×4 m×2 m、5 m×4 m×2 m、3 m×3 m×2 m、4 m×3 m×2 m 等；饲养成鱼网箱的网目为 3.0 cm 左右，箱体的深度较大，规格为 5 m×5 m×4 m、6 m×6 m×6 m 等；用于海水养殖的规格网箱最好是 4 m×4 m×6 m，能抵抗较大的风浪。网箱设置一般为 4 个一组，呈"一"或"田"字形排列，或者 16 个网箱呈正方形排列，间距为 2～4 m，用木桩固定或锚固定均可。

（3）鱼种放养。鱼种的放养时间有春季和秋季两种，在西北和东北地区，春季投放宜在 5 月中旬，秋季放养宜在 9 月中旬进行。鱼种的规格为 80～100 g/尾，放养密度一般为 10～100 kg/m²。经过 200 d 左右的饲养，产量一般可达到 40 kg/m² 左右。

（4）饲养管理。在鱼种入箱后的前 2 d 不投喂，从第三天开始投喂人工颗粒饲料。日投饵 2～3 次，日投喂率为 2%～3%。在饲养期间，注意水质与水温的变化，及时调节网箱的位置和水深，定期检查鱼的摄食与活动情况，防止网箱破损逃鱼，注意防病工作。

3. 水库坝下流水池塘养殖 该项养殖技术在某些水库试行，各地养殖效果差别比较大。通常的做法是：采用水库坝下的反渗水，并补以一定的地下水，使水源温度维持在 20 ℃ 以下。池塘的建造与前面的流水池塘相似，每个面积为 50～1 000 m²，水深为 80～100 cm；放养鱼种的规格为 50～80 g/尾，密度为 50～100 尾/m²；饲料的投喂和日常管理参考池塘流水养殖的程序。

五、病害防治

(一) 发生疾病的原因

①环境引起疾病,如放养密度过大,水中溶解氧不足,造成鱼体抵抗力减弱,疾病感染率升高。鱼体排泄物或外来污水流入鱼池使水环境恶化引起鱼病。②由于饲料被氧化破坏或缺乏营养成分而引起疾病。③由于各种寄生生物寄生于体表或内部器官而引起疾病。

此外,粗暴的操作方式引起鱼体外伤,进而导致寄生生物而引起疾病。投喂不适当,过饥过饱也会引起疾病。

(二) 虹鳟常见疾病及其防治

1. 传染性胰脏坏死症 (简称 IPN)

病原体:平面呈六角形病毒。

症状:急性症状主要危害开食 2~4 周稚鱼。日死亡可高达 5%~6%,发病 30~45 d 结束,总死亡率达 80%~90%。病鱼垂直旋转,游泳无规则,随后停于池底。鳃颜色淡、贫血,前腹部膨胀,消化道无饵,含透明乳白色黏液,肝白色或充血,幽门垂出现凝血块。慢性症状主要危害 4~8 月龄稚鱼,发病期持续 2 个多月,日死亡 1% 以下,总死亡达 50%。

防治:尚无有效防治方法。应避免购入带病毒的发眼卵、稚鱼和亲鱼。在低水温下,把稚鱼饲育到体重为 5 g 左右时,鱼有一定抵抗力后可减轻病害。加强对鱼池和用具的消毒,常用的消毒剂有稀释 200~500 倍的福尔马林等。

2. 传染性造血器官坏死症 (简称 IHN)

病原体:呈长弹头形病毒。

症状:主要危害孵化仔鱼和开食 4 周龄稚鱼,死亡率几天内可高达 50%~80%,孵化仔鱼死亡率高达 100%。病鱼游动迟缓,随水流漂浮或静止水底,或急速旋转狂游,肛门常黏着一条粪便,腹部膨胀,眼球突出,体表出血,臀鳍上部常出现 V 形的出血斑。

防治:至今尚无专门治疗药物,应避免将带病的鱼、卵、工具进入未发病区。购进的发眼卵可用聚乙烯吡咯烷酮碘 (PVP-I) 水溶液消毒。方法是将 5×10^4 粒发眼卵放在 10 L 的 0.05% 的聚乙烯吡咯烷酮碘水溶液中 (有效碘浓度为 0.005%) 浸泡 15 min,以杀死卵表面的病毒。

3. 病毒性出血性败血症 (简称 VHS)

病原:体呈长弹头形或圆筒形病毒。

症状:主要危害体长为 5 cm 幼鱼至体重为 300 g 成鱼。水温 15 ℃ 以下,尤其 8~10 ℃ 易感染,死亡率多在 20%~80%。病鱼眼球突出,贫血,体腔有恶臭的微黄液,鳃丝或胸鳍基部皮肤出血,肝呈棕灰色,肾肿胀,肌肉水肿,肠呈红色。

防治:出现病斑立即隔离,避免高密度饲养和饱食。增喂低脂肪、高蛋白质、富含维生素的饲料。该病毒在卵表面,聚乙烯吡咯烷酮碘水溶液消毒效果明显,鱼卵在 8 g/m³ 浓度中浸泡 5 min 即可杀死该病毒。

4. 细菌性鳃病

病原体:噬胞菌科的嗜冷噬胞菌 (*Cytophaga psychrophilia*)。

症状:鳃部分泌异常黏液,局部褪色,严重时菌体覆盖整个鳃表面,鳃丝粘连成棒状,丧失正常机能。从开食至体重约 3 g 的稚鱼易得此病。

防治：0.05%硫酸铜溶液洗浴 30 s，0.01%硫酸铜溶液洗浴 5 min。口服磺胺-6-甲氧嘧啶，第一天给药浓度为 200 mg/kg（以鱼体重计），第二至四天用药 150 mg/kg（以鱼体重计）。

5. 烂鳍病

病原体：黏球菌科的柱形软骨球菌（*Chondrococcus columnaris*），菌体长 10 μm，发育水温在 15 ℃以上，低于 15 ℃自行灭亡。

症状：背鳍、尾鳍或胸鳍外缘的上皮增生变白，逐渐向基部扩展，最后鳍溃烂、鳍条露出。

防治：0.033%硫酸铜溶液洗浴 30 s。投喂磺胺类药 0.1 g/kg（以鱼体重计），连续给药 4 d。

6. 弧菌（Vibrio）病

病原体：鳗弧菌（*Vibrio anguillarum*）。

症状：眼球突出、白浊、出血。肌肉出现出血、火伤状患部、肿胀、糜烂、坏死。鳍基部、体表、口腔、肛门出血。肠管充血、发炎。肝血斑，脾肥大，肾肿胀。

防治：磺胺类药物拌喂，给药 75～100 mg/kg（以饲料重量计），连续 1 周，第一天药量加倍。

7. 疖疮病

病原体：杀鲑气单胞菌（*Aeromonas salmanicida*），春、秋两季水温 9～13 ℃时流行。

症状：皮下或肌肉组织出现半球状出血性患部，多者数个，直径大的 3 cm，随病情发展，患部溃烂、溃疡、糜烂。稚鱼出现小红点，胸鳍、腹鳍基部出血。肛门扩张、出血。肠管发炎，肝、肾、脾肿胀。

防治：磺胺类药物拌喂，第一天为 200 mg/kg（以饲料重量计），第二至七天减半，抗生素类 80 mg/kg（以饲料重量计），连续 1 周。

8. 水霉菌病

病原体：多为水霉属（*Saprolegnia*）和丝囊霉属（*Aphanomyces*）的种类，发生水温为 0.6～18.0 ℃，适温 4～14 ℃。

症状：由鳍棘和体表的小斑点扩大蔓延成棉毛状，进而患部肌肉溃烂、坏死。

防治：10 g/m³ 高锰酸钾洗浴 1 h。或盐水洗浴，幼鱼，1%洗浴 20 min；成鱼，2.5%洗浴 10 min。

9. 三代虫病

病原体：鲑三代虫。

症状：主要危害稚鱼和当年鱼。常寄生于尾鳍、臀鳍和背鳍上。寄生躯干时常侧身磨体，呈不安状。寄生鳃部时，鳃肿大，鳃盖外张，鳃黑色，体发黑、消瘦。成鱼寄生后体表分泌黏液，呈灰绒毛色。

防治：0.025%福尔马林洗浴 1 h，或 40 g/m³ 的 87%晶体敌百虫洗浴 1 h。

10. 小瓜虫病

病原体：多子小瓜虫。

症状：寄生后引起组织增生形成脓泡，鳃上产生大量黏液。呈现肉眼可见的小白点。侧身磨体,表现不安状。

防治:0.025%福尔马林洗浴1 h。

11. 六鞭毛虫病

病原体:鲑六鞭毛虫。

症状:寄生于幼鱼的胃、幽门垂、肠管、胆囊、肝等组织中,特别是1 g左右的稚鱼易患此病。体色发黑,游动异常。传染率和死亡率高。

防治:0.025%福尔马林洗浴60 min,每天1次,连续3次,或0.05%福尔马林洗浴10 min,连续3次。

12. 营养性疾病

病因:鱼粉质量问题和维生素缺乏。

症状:生长缓慢,食欲低,体色发黑,鳃色变淡,严重贫血。皮肤或鳃丝、眼部病变、损伤。肝呈黄色、黄白色或淡褐色,肿大。胆囊肿大、黄色、半透明。肠管溃疡充血,含黄色黏液。

防治:改善饲料质量,增喂复合维生素,特别是维生素E和氯化胆碱,改善池水环境。

思考题

1. 虹鳟的主要生物学特性有哪些?
2. 虹鳟人工繁殖的主要技术环节是什么?
3. 虹鳟苗种培育应掌握哪些主要技术环节?
4. 池塘流水养殖虹鳟成鱼的主要技术环节有哪些?

第三章 鳗鲡养殖

鳗鲡是鳗鲡属种类的统称，鳗鲡属的种类很多，全球现存19个种（含3个亚种）。鳗鲡因营养丰富，肉嫩味美，深受广大消费者的喜爱。我国养殖的鳗鲡主要是中华鳗鲡，也称日本鳗鲡（Anguilla japonica），俗称鳗鱼、白鳗、河鳗、青鳝、白鳝等，是我国和日本淡水名特水产养殖的主要品种之一。20世纪80年代初，广东最早实现鳗鲡人工养殖，并进行产业化生产，1994年我国人工养殖鳗鲡产量已跃居世界第一位。2001年，我国日本鳗鲡的养殖产量已达15.58万t，占世界鳗鲡总产量70%。近几年来，我国引进了澳洲鳗鲡（A. anguilla）、欧洲鳗鲡（A. anguilla）和美洲鳗鲡（A. rostrata）作为新的养殖对象。中国大规模发展欧鳗养殖使欧洲鳗鲡在亚洲的产量达到并超过了其原产地欧洲和北非。我国养鳗业经过20多年的发展，养殖和加工技术均成熟，一跃成为世界上鳗鲡养殖与出口大国。2009年以来，由于日本鳗鲡种苗来源紧缺，成鳗产量下降，出口量大幅度减少，价格上升。如能把握好市场动态，也能获得较高的回报。（本章除特别注明外，以日本鳗鲡为主介绍养鳗技术）

一、生物学特性

1. 分类地位与分布 鳗鲡隶属于鳗鲡目，鳗鲡科，鳗鲡属。全世界鳗鲡主要生长于热带及温带地区水域。欧洲鳗鲡及美洲鳗鲡分布在大西洋，其余均分布在印度洋及太平洋区域。日本鳗鲡广布于日本北海道至菲律宾间的西太平洋水域，在我国北起辽宁，南至海南琼海、万宁县都有分布，主要分布在辽宁、江苏、上海、浙江、福建、广东等省（直辖市）。

2. 形态特征 鳗鲡呈蛇型，前部近圆筒状，后部稍侧扁（图2-3-1）。体有细小鳞埋于皮内，排成斜行，侧线孔明显，由于皮肤分泌大量黏液，手摸体表光滑。胸鳍发达，背鳍、臀鳍低矮而延长，与尾鳍相连，无腹鳍，鳍均无鳍棘。头部圆锥形，眼小，口大，端位，舌明显，齿小尖锐针状，呈带状排列在上、下颌及犁骨上。

图2-3-1 鳗 鲡

鳃孔小，位于胸鳍基部前方。肛门在身体中央偏前处，日本鳗鲡体背部灰黑色，腹部白色，欧洲鳗背部为银灰色，腹部为近白色，无斑纹。鳗鲡的体型、体色与其生活环境和生长发育阶段有关。鳗鲡的受精卵在海中浮游一段时间，孵化成透明的柳树叶状的仔鱼，称为柳叶鳗。柳叶鳗具有长针形的齿。鳗鲡的仔、稚鱼要经过一个较长时期的柳叶鳗阶段，随海流到达其双亲降河出海的海域沿海，变态为通体白色透明的幼鳗（也称白仔鳗、玻璃鳗）。变态时，停止觅食，针状的牙齿消失，变态后的幼鳗很快地生出一口小而呈圆锥形的新齿，体长和体高都慢慢缩短，并开始其溯河洄游阶段。白仔鳗经25～30 d饲养渐渐变为淡黑色（此时称为黑仔鳗或线鳗)。

3. 生活习性 鳗鲡是降河性洄游广盐性鱼类,可在盐度为 0~30.3 的水中生活。它们在江河、溪流或湖泊中成长,甚至在河口域生活,性成熟后,大批沿着河流入海,在海洋中繁殖。鳗鲡通常白天潜伏于石缝或土穴中,晚上才出来活动。鳗鲡有一特殊的辅助气呼吸器官,即皮肤。由于体表多半覆盖黏液,它能在湿润的环境下直接从空气中获得氧气,使鳗鲡可暂时离开水面。晚上时蠕行于陆地,由一水域到另一水域。但池塘溶氧量 5 mg/L 以上时最适合鳗鲡生活,低于 0.7 mg/L 时开始"浮头",降到 0.15 mg/L 便窒息死亡。pH 适宜的范围在 6.5~8.0,7.0~7.5 时最适合鳗鲡的生长,低于 2.5 和高于 11.0 均不利于鳗鲡生存。另外,鳗鲡在水中游离 NH_3 超过 0.01 mg/L 或 $NH_4^+ - N$ 超过 1 mg/L、$NO_2^- - N$ 超过 0.1 mg/L 时摄食将受影响,会降低饲料的转化率,阻碍呼吸功能,减慢鳗鲡的生长。

鳗鲡在 3~38 ℃ 水温范围内均能生存,适宜生活的水温为 10~30 ℃,38 ℃ 以上为致死高温。当天温差大于 3 ℃ 即引起摄食失常,从高温到低温比从低温到高温对鳗鲡影响更大。

鳗鲡有趋流性、夜行性、趋光性、聚群性。白仔鳗在由大海向内河溯游时具有很强的趋流性,在河口能活跃地溯流而上,进入淡水水域育肥。鳗苗不喜欢强光,但对弱光表现为趋光性,一般在夜间出来活动寻饵。常采用灯光诱集捕捞鳗苗,在培育中利用这一特点诱食。鳗喜爱群居,投饵时可看到鳗鲡聚成一团进食,平时掌握这个特性有利于进行高密度养殖。成鳗对光敏感,不喜欢强光照,通常在饵料台上或鳗池上方加盖遮阳网或黑色塑料薄膜,保证鳗鲡的正常生长。

4. 食性 鳗鲡是肉食性鱼类,柳叶鳗具有长针形的齿,用以捕捉微小的生物作为饵料。白仔鳗主要以浮游动物如轮虫、水蚤、底栖动物(如水蚯蚓)、水生昆虫幼体、贝类及有机碎屑为食;体重 5 g 以上幼鳗开始追逐鱼苗,100 g 以上鳗以底栖动物、小鱼、小虾、蚯蚓、螺、蚌、水生昆虫和虾蟹等甲壳动物及各种大型动物尸体为食。当食物缺乏时,也会出现大鳗吃小鳗或相互残杀。在人工饲养中,通过诱食后可摄食人工配合饲料,但突然改变饵料或饲料会导致鳗鲡不摄食。鳗鲡眼近视,觅食和捕食依靠灵敏的嗅觉及味觉,一般在夜间出来活动寻饵,遇到大型食物时,经常出现群食现象,对突发性声响和低频振动很敏感,外来刺激可引起鳗鲡吐食。春季当水温上升到 12 ℃ 时,开始洄游和摄食,在水温 24~30 ℃ 的夏、秋季节,食欲旺盛,日摄食量可占体重的 5%~10%;进入冬季,水温降至 10 ℃ 以下时停食。欧洲鳗鲡适宜生长的水温为 14~28 ℃,最适水温为 24~26 ℃,在水温 8~10 ℃ 开食。

5. 生长 鳗鲡一生经历 5 个生长发育阶段:①海洋中浮游性的仔鱼时代;②沿海变态期,从柳叶鳗变为白仔鳗;③淡水中的黄色鳗生长期;④降海洄游的银色鳗;⑤产卵后死亡。鳗鲡的生长可以分成 3 个阶段:体重 100 g 以下处于快速生长阶段,100~250 g 时生长较平稳,以后进入缓慢生长阶段。自然中从刚孵化的仔鱼到完成变态的幼鳗,欧洲鳗鲡需要经过 2.5~3.0 年,美洲鳗鲡要经过 1 年,中华鳗鲡也要经过 1 年的时间才完成变态。另外,鳗鲡的生长还与温度、食物和性别有关。在水温 24~30 ℃ 的夏、秋季节,生长速度最快。欧洲鳗鲡适宜生长的水温为 14~28 ℃,24~26 ℃ 生长速度最快。如钱塘江捕到的鳗鲡最大个体体长 45 cm,体重 1 600 g;春季从东海进入钱塘江口的白仔鳗苗,体长约 6 cm,体重约 0.1 g;翌年春季体长达 15 cm,体重约 5 g;第三年春天 25 cm,体重约 15 g;第四年才达到 150 g 左右的上市规格。温流水养鳗体重 0.1 g 的白仔鳗,经 6 个月培育可达 25 g,再经 4~6 个月养殖可达上市规格。鳗鲡的生长速度还存在性别差异,体重 100 g/尾以前雌雄生长速度相似，往后雄鳗生长速度变慢，而雌鳗还能继续保持较快的生长速度。如欧洲鳗鲡在生长达到 20～30 cm 时，性别分化致使雄鳗生长减慢，而雌鳗还能继续生长。野生鳗通常比饲养鳗的生长慢得多，比如生长 4 年才能达到上市规格的野生鳗，用人工养殖只需要 2 年。

6. 繁殖习性 鳗鲡为降河性洄游产卵繁殖鱼类。根据捕采到的仔鳗及发育卵，鳗鲡产卵场已经确定在马里亚岛以西海域。在河流的干、支流或湖泊等淡水中育肥的鳗鲡，其性腺不能成熟，更不能在淡水中产卵，需洄游到深海中产卵繁殖。雄鳗在淡水中长到 2～3 龄，雌鳗长到 3～4 龄后，便开始游向海洋。在我国，野生鳗鲡每年 10 月中旬到 11 月底从它们栖息的江河、湖泊中成群洄游入海，完成性腺发育和产卵繁殖。下海时，雌鱼的卵母细胞仅处于卵黄发育初期，雄鱼的精母细胞则处于未形成阶段。多项研究已经证实，鳗鲡若始终在淡水中养殖则性腺不能发育。在日本鳗鲡下海季节，若将在淡水中人工养殖的日本鳗鲡置于海水条件下培育，雌性日本鳗鲡性腺也能像野生的那样达到卵黄发育初期的程度，但是，无论是性腺发育已进入卵黄发育初期阶段的野生日本鳗鲡还是人工养殖的日本鳗鲡，在人工培育条件下若不给予外源激素诱导，其性腺都不能继续发育。

自然界生活的成年鳗鲡，普遍是雌性个体较大，雄性个体较小。体长在 40 cm 以下的基本为雄性，70 cm 以上的全为雌性。40～70 cm 雌、雄个体均有出现。在洄游途中，亲鳗的消化器官逐渐退化，精巢和卵巢逐渐成熟，曾有人在新月（农历每月初一）前 4 d 到新月后 2 d，在 150～300 m 海水深度成功捕获成熟鳗鲡，捕到雄鳗体重 84～200 g（144 g±44 g），体长 447～639 mm（524 mm±74 mm）；雌鳗体重 91～406 g（218 g±130 g），体长 555～767 mm（674 mm±93 mm），这也是世界上首次发现产卵场中的成熟鳗鲡。推测到达产卵场的雄鳗和雌鳗交配，完成产卵受精生殖过程，产卵后亲鳗可能均会死亡。

受精卵内含油球，浮性，能随海流漂浮，在自然状态下，受精卵在 3～4 d 内在其产卵场或产卵场附近孵化为白色透明的幼体（又称柳叶鳗前体），带有卵黄囊，体长 3 mm 左右，幼体在吸收完卵黄后，逐渐变态为长扁形似柳叶的柳叶鳗。柳叶鳗体长达到 7～15 mm 时，分布在海水深度 100～300 m 的水层中，随潮流向陆地迁移，约经过一年的时间，柳叶鳗接近河口水域，在新环境刺激下变态为半透明的圆柱状幼体，称白仔鳗或玻璃鳗。白仔鳗溯河进入江河湖泊，开始淡水生活。

人工繁殖的鳗鲡受精卵胚胎发育适宜水温为 20～26 ℃，盐度为 15～35。在水温 22～23 ℃、盐度 32 条件下，受精卵一般经过 48 h 的孵化即可出膜。刚孵出的仔鳗体长为 3～4 mm，第六天为 5.6 mm，第十六天为 10.3 mm。当其漂流接近海岸线河口时，每年冬末春初，成群的白仔鳗苗聚集在河口溯河而上不断摄食，首先体表出现黑点，全身暗黑称为黑仔鳗，继而生长发育成幼鳗。幼鳗肥育 3～4 年后，又开始性腺发育，进而下海繁殖。目前，对鳗鲡的繁殖过程、生殖机理和仔鳗发育还不完全清楚，2010 年 4～5 月，日本发布了成功实现鳗鲡完全人工繁殖的消息，这在世界上是首次，日本将人工繁殖苗培育至 20 cm 以上的成鱼，实现了实验室内鳗鲡由卵到成鱼的全人工养殖。但鳗鲡的人工繁殖规模化育苗未有实质性突破，养殖的鳗鲡种苗仍均来自天然捕捞。

二、白仔鳗苗的采捕和暂养

1. 白仔鳗天然苗的产地 从海里孵出的白仔鳗经过艰辛的漂流到达各地河口。在我国沿海咸淡水交汇处可捕获，如我国的辽宁、江苏、上海、浙江、福建、广东等省（直辖市）。

还有日本、韩国、泰国、菲律宾等国也是日本鳗鲡的天然白仔鳗产地。

2. 白仔鳗的汛期采捕　从海里孵育的白仔鳗大量洄游涌向河口时，即称鳗苗汛期。鳗苗汛期有自南至北明显推迟的特点，一般广东省沿海以往的白仔鳗汛期在每年1月，福建省的鳗苗旺产期在1月下旬至2月，上海、浙江和江苏出现于2月下旬至4月底，台湾则在10月中旬至翌年3月结束，各地鳗苗的产量因受气候、海况等自然因素的影响，有较大的变动。每年汛期来临，当水温上升到10℃以上时，鳗苗溯河进入淡水。采捕鳗苗的方式有几种，如用三角抄网或手抄网在河口的沿岸及浅水滩处作业；在有水闸或近海较浅的河口，则采用板罾网捕苗；定置张网用于大规模捕获鳗苗，在较宽较深的海湾作业。

3. 鳗苗暂养和运输　白仔鳗捕获后，需用网目直径5 mm左右筛盘让鳗苗自行通过筛孔过筛，然后放入水泥池或网箱中，溶氧量保持4 mg/L以上暂养几天，一方面，利用海淡水混合成各级盐度浓度，通过逐级淡化海水，使鳗苗适应在淡水中饲养；另一方面，暂养使天然的鳗苗体内食物充分消化吸收并排去粪便，便于运输。暂养时，注意把不同时间捕到的鳗苗分开放养，若把后捕者并入先捕者池中，先捕者会吞食后捕者的排泄物，引起发病甚至死亡。经暂养后的鳗苗，即可进行运输。通常采用尼龙袋充氧和鳗箱淋水运输两种方法，在较低温度下，若30 h内能到达目的地，成活率可达95%以上。

三、鳗种培育

鳗种培育是指把鳗苗养成50 g以上鳗种的生产过程。鳗种的培育过程要经过两个阶段：一是在温室内把白仔鳗从0.1 g养成2～3 g的黑仔鳗，需要30～50 d时间；二是将黑仔鳗经过二、三级池培育养成50 g以上的鳗种。鳗种是成鳗养殖的基础。因此，要发展养鳗生产，首先必须抓好鳗鲡苗种的培育。

（一）白仔鳗培育

白仔鳗培育是指白仔鳗经过养殖30～50 d，体色由透明转黑，体重增加8～12倍的培育过程。

1. 培育池　白仔鳗一般在温室中的水泥池内进行培育，称一级培育池，面积为30～100 m^2。在培育池内必须安装加热管，配备增氧机，每个池子放置功率为0.5 kW、转速为50～60 r/min的水车式增氧机1～2台。为了使室内保温，温室顶一般用白色透明塑料薄膜覆盖。在放苗前7～10 d，培育池先排干水，对供水设备、供热设备和供气设备进行检修。培育池必须遮光，材料采用黑色遮光网，设置可以移动，这样，随时可以改变光线强度。食台架设在培育池边沿，用钢条焊成框架，底部用网包垫，食台上方装一盏15W左右的灯泡，用于引诱鳗苗上食台进食。新水泥池还应先浸泡脱碱处理。然后用生石灰200 mg/L或漂白粉20 mg/L对全池进行泼洒消毒，15～20 d后再用一次。7～10 d后，把经过密尼龙筛绢网过滤的干净水灌入池里，水位保持在30 cm。防止浮游生物大量生长繁殖，导致水质不稳定，同时，避免太阳光直射白仔鳗。

2. 白仔鳗放养和人工驯养

（1）放养。白仔鳗放养的时间越早越好，一般以2～3月为宜，早期采捕的鳗苗规格大，每尾长5～6 cm，重0.1～0.2 g，即每千克5 000～6 000尾。培育池的养殖密度为300～800尾/m^2，即0.1～0.2 kg/m^2。选择优质的白仔鳗是养好黑仔鳗的关键。白苗入池前，应先检查水中药性是否消失。另外，运苗的水温应与培育池水温一致或接近，如果两处水温相差 2 ℃以上，需要搁置一段时间，再把白仔鳗放出。倒出苗时，应把整袋鱼放入池内，倾斜袋口，让鱼苗自由游出，避免苗体受伤。白仔鳗从野生环境到人工养殖过程中需要驯养。

（2）水温调控和淡化。刚进池的白仔鳗需要经过升温和退盐分处理。鳗苗的最适水温为 27～28 ℃，此时，摄食旺盛（日本鳗鲡白仔鳗最佳开口水温为 29～30 ℃，欧洲鳗鲡白仔鳗最佳开口水温为 27～28 ℃，美洲鳗鲡白仔鳗最佳开口水温为 28～29 ℃，花鳗鲡白仔鳗为 31～32 ℃），成长快速，病害较少，因此，维持在这一恒温下培育鳗苗，极为重要。升温采取先缓后快，当放苗 24 h 后，每 6 h 可提高水温 0.5 ℃，2～3 d 后水温达到 18 ℃以上，改为每隔 4 h 升温 0.5 ℃，直至达到所需水温。白仔鳗苗入池后水温达到 20～24 ℃后开始淡化，方法是一边向培育池加入新鲜淡水，一边排出池里盐度较高的咸水，第二天换水量为 30%～50%，通过 3～4 d 将盐分退尽。

（3）驯食。按照鳗苗培育的上述方式升温、淡化，暂养 5～6 d 后开食，使鳗苗原来习惯于夜间分散觅食改为白天集群摄食，并且由摄食鲜活饵料改成摄食人工配合饲料。

目前，培养白仔鳗主要用水蚯蚓作为开口料。在白仔鳗进池后，水温达到 26 ℃以上，用水蚯蚓作为白仔鳗的诱饵，驯食在 19:00～20:00 开始。第一天，在关闭增氧机、打开诱食灯情况下，把水蚯蚓剁碎的汁均匀泼入池里，投喂量为 10%～15%，连续全池均匀投饵 3～4 d 后，开始缩小投喂范围，驯化鳗苗进食台取食。每次投饵前开启食台上方电灯约 5 min，作为进食信号。每天投饵量为鳗苗重的 20%～30%，分 4～5 次投喂，早、中、晚各一次，下午两次。10～15 d 后，当白仔鳗摄食较为稳定，日投饵率欧洲鳗鲡可增到 35% 左右，日本鳗鲡可增到 60% 左右。一般日本鳗苗投喂水蚯蚓时间为 30 d 左右，欧洲鳗苗投喂水蚯蚓时间为 40 d 左右。白仔鳗规格达到 500～800 尾/kg（日本鳗鲡）或 300～500 尾/kg（欧洲鳗鲡）后，可逐步过渡改用人工配合饲料投喂。转换饲料时，把白籽料加到水蚯蚓磨成的汁浆中混合调成糊状，加入的量由少到多，转料的第一天，水蚯蚓与白籽料的比例为 3∶1，逐日依次为 2∶1、1∶1、1∶2、1∶3，直至全部采用人工配合饲料。饲料转换后，日投 2 次，达到 5%～8%。时间为 05:00～06:00 和 17:00～18:00。

由于水蚯蚓诱食易带进病原生物，部分厂家开始采用白仔鳗配合饲料诱食。白仔鳗配合饲料是一种鱼糜状的配合饲料，一般存贮在 −18 ℃以下，第一天采用滴浆方法诱食，日投喂 3 餐（06:00、12:00、18:00）。滴浆时应先将解冻后的白仔鳗配合饲料加水。第一餐：白仔鳗配合饲料∶水＝1∶2；第二餐：白仔鳗配合饲料∶水＝1∶1；第三餐：白仔鳗配合饲料∶水＝1∶0.5；搅拌均匀后用果汁机打成小颗粒的米糊状浆，浆的性状以吸管能刚好吸起为准，然后于池边缓慢滴浆，让小颗粒饵料随水流扩散到全池，滴浆时间为 30～40 min，保持微流水。由于滴浆期间会引起蛋白质溶解，导致亚硝酸盐升高，因此，建议日常排污用虹吸法吸污，以维持鳗苗培育良好的水质环境。

第二天开始采用大部分散投和少量滴喂结合方式投喂，日投喂 3 餐。加水比例为：白仔鳗配合饲料∶水＝1∶0.3，搅拌均匀后，调制成 2～5 cm 的小团或片状，于灯光周围缓慢散投，另将 5%～15% 投喂量的白仔鳗配合饲料以 1∶0.5 比例搅拌成浆状，于鳗苗摄食期间在食台上方及周边滴喂，直至肉眼能明显观察到大部分鳗苗已开口摄食后，逐渐增加散投量，减少滴浆量。当大部分白仔鳗集中至食台摄食时，将散投饲料收台至饲料台投喂，为减少三类苗，建议收台后坚持继续滴浆 5～7 d。经 5～7 d 投喂，鳗苗正常摄食后，将饲料台直接提到水面进行投喂,并将解冻后的饲料切成小块直接投喂,日投喂 2 次(06:00、18:00)。投饵量既要满足白仔鳗生长的营养需求,又要满足环境友好、经济效益好的要求。白仔鳗配合饲料的投饵量第一、二天按培育池中白仔鳗重量的 4% 投喂,以后每天增加 1%~2%,根据摄食状况,最终日投饵率稳定在 25%~35%,喂料时不停增氧机,每次以 10~15 min 内吃完为宜。逐步加高水位,日加水深 1~2 cm。白仔鳗配合饲料喂养时间为 20~25 d(白仔鳗配合饲料转化率以 25% 左右计算),当鳗苗规格平均达 600 尾/kg 左右时,转换成白仔鳗配合饲料。白仔鳗配合饲料日投饵量为 5%~8%,白仔配合饲料投喂 5 d 后,白仔鳗体色由原来透明状变为黑色,此时称为黑仔鳗,转换为特制黑仔鳗配合饲料。

3. 培育管理

(1) 排污。由于鳗苗培育池面积小,投饵多,水质变化大,因此,在培育中、后期,主要管理工作就是对水质的调控,这是培苗成功与否的关键。日常管理包括排污和换水。白仔鳗对水质要求较高,一般水中 NH_4^+-N 值大于 1 mg/L,NO_2^--N 值大于 0.1 mg/L,或硫化氢(H_2S)超过 0.02 mg/L 时,鳗苗会出现食欲下降,摄食时间延长,如持续下去将会出现吐食现象,严重时引起中毒死亡。培育池应定期将污水排出,此外,还要用塑料管把池中的食物残渣、鱼类粪便和动物残骸等沉淀物及时吸走。排污或吸污在投饵后 2~3 h 进行,每天安排 2~3 次,排污前关闭增氧机,出水口应用密网,防范白仔鳗苗被吸走或逃走。

(2) 换水。是改善鳗苗生活环境的最有效、最及时的办法。每天换水 2~3 次,每次换水量占池水 1/3 以上,培育池日换水量通常在 100%~150%。一般先排污、吸污,再换水。在培育初期,白仔鳗的饵料碎烂,容易污染水质,应多换水;培育后期,鳗苗吃食整体饵料或能采食洁净,换水量和换水次数不必过于频繁,应视水质变化情况而定。换入的新水应达到鳗苗要求的物理、化学指标,并与原池水接近或比原水质更优,温差不能超过 1~2 ℃,用药后 24 h 内将池水全部更换。为防止敌害生物进入池里,注入新水要用密网过滤,做到万无一失。

(3) 开增氧机。整个白仔鳗培育过程中都必须开动水车式增氧机,仅在投饵和吸污、排污、换水时暂停,使池水流动给鳗苗一个刺激,但水车不能沉入水体太深;同时,保持池水溶氧量达到 5 mg/L 以上。

(4) 防病。投苗 6~8 h 后,全池泼洒低浓度碘、氯制剂(如优碘 0.2 mg/L、二氧化氯 0.2~0.3 mg/L)等,鳗苗药浴 24 h 换水。投喂的水蚯蚓要暂养 4 d 以上,清污、漂洗后,用 0.5%~1.0% 食盐水浸泡 30 min,冲洗干净后再投喂。每天观察鳗苗的吃食状况、行为情况,定期检查鳗体的健康状况,出现异常及时采取措施。对培育池的水质进行定期药物消毒,每 7~10 d 用含氯消毒剂泼洒一次,或福尔马林 30 mg/L 全池消毒,有利于杀灭水中有害细菌和寄生虫;转食后在饲料中定期加入内服药,投喂氟哌酸和大蒜素,用量分别为每 100 kg 饲料中加 10 g、250 g。白仔鳗对锌敏感,要避免使用镀锌水管等含锌工具。爱德华氏病、小瓜虫病和水霉病是白仔鳗培育期间的常见病害,药物的用量参见病害防治部分。

(二)黑仔鳗培育

1. 选别 白仔鳗在一级池培育 25~30 d 后,体重迅速增加,当鳗苗体长达到 6 cm 以上,体重达到 1.2 g 左右,鱼体表面有明显的黑色素出现时,就成为黑仔鳗。这时池中鳗苗相对密度增大,个体大小悬殊,此时,要把大小规格分开另养,并转到二级、三级池进行培育。

选别前要准备好工具,如捕捞网具、吊养网箱、鳗种选别器等,并进行工具消毒。拉网和网箱均采用聚乙烯筛绢制作,网箱规格(长×宽×深)为 8.0 m×0.8 m×1.0 m。选别器一般采用半圆形的竹制鱼筛,分为多种规格,与鳗苗的规格相对应(表2-3-1)。

表2-3-1 鱼筛规格与鳗种大小对应关系

鱼筛栅间距(mm)	0.5	0.75	1.0	1.5	2.0	2.5	4.0	5.0
鳗种规格(尾/kg)	1 200	600	450	250	130	55	10	5

捕捞前停食1 d,并不断加新水,逐渐把水温降至22~24 ℃,池子水位降至35~40 cm深,既便于捞鱼操作,又使鱼种活动能力和活动范围减小,避免机械操作带来的损伤,提高分养过程的成活率。分选时间宜在晴天早上或黄昏进行,尽量保持与池水温度接近时间进行。分选后将规格大且相对一致的鳗苗放于同池培育,未达到黑仔鳗规格的鳗苗应放回原池继续培育。选别时要注意,操作要轻,尽量减少离水时间;同时用水车搅水,防止缺氧。

2. 放养前的准备 培育方式从黑仔鳗养至鳗种,要经二级池、三级池培育。二级、三级池培育采用加温法或自然水温两种培育方法。二级池可按一级池办法管理,三级池则同成鳗池一样管理。二级培育池和三级培育池统称黑仔鳗池,多采用水泥池加温养殖,池面积为200~300 m²,池深1.0~1.5 m,呈正方形和长方形,池角内侧为弧状,池底向出水口倾斜,有利于排污和收鱼。

清池消毒:培育池在放养前15~20 d首先向池中进水1 m左右,再用20~30 mg/L漂白粉或200 mg/L生石灰进行清塘,保证池里每个角落都得到充分受药消毒。放苗前3~5 d,排出清塘后的池水,同时有阳光晒池更能提高消毒的效果。放苗前2~3 d放水入池,加水时注意用筛绢网严格过滤。

黑仔鳗经筛选后,可按培育池的环境条件及饲养管理水平,不同规格黑仔鳗投放到不同的培育池内饲养(表2-3-2)。黑仔鳗种在入池前应先药浴消毒或在池中消毒,通常可用食盐水药浴20 min。

表2-3-2 鳗种培育池的养殖密度

鳗种规格(g/尾)	0.8~1.2	1.2~2.0	2~3	3~5	5~10	10~20	20~30
养殖密度(尾/m²)	300~400	250~300	200~250	150~200	100~150	60~100	50~60

3. 饲料与投喂 黑仔鳗可完全用人工配合饲料喂养,具体应把握以下几点:规格小的黑仔鳗500~800尾/kg以投喂白仔鳗饲料为主,500尾/kg以上投喂特制黑仔鳗料,饲料蛋白质含量50%~55%。投喂前需在饲料中添加一定比例的水和油,养殖初期,必须把饲料调成较柔软、黏性强、膨胀好的糊状物,一般加水量为配合饲料的1.3~1.5倍,鱼油添加量占3%左右。每天投喂3次,分上午、中午、下午进行,日投饵量占鱼总重量的3%~8%,每次喂食后以0.5 h吃完为宜,坚持定时、定位、定质、定量饲养原则,并根据天气变化、鳗吃食状况、水质情况灵活掌握(表2-3-3)。如发现鳗鲡吃食状况差,应及时捞出剩饵。透明度太低会导致鳗种食欲下降,保持透明度为35~40 cm。

表 2-3-3　鳗种养殖各阶段配合饲料适宜投饵率

规格（尾/kg）	500～800	300～500	100～300	50～100	20～50
日投饵率（%）	6.0～8.0	5.0～6.0	4.0～5.0	3.5～4.0	3.0～3.5

4. 水质调控　春、夏季节气候多变，雨水偏多，自然水温逐渐升高。在饲养黑仔鳗的过程中，应避免受强光刺激，防止水温在一天中忽高忽低，变化太大。一般要保证池子的遮光率达80%，营造阴凉环境适应鳗种生活需要。每天早、晚投饲后，要彻底清污两次，及时捞出剩饵，每次排污后都要更换新水，换水量要达到80%～100%。

黑仔鳗的培育多处于夏季高温期，鳗鱼种吃食多，粪便及残饵多，生长快，水质变化快，容易水质恶化，因此，成功关键在于对水质的控制。为了保持培育池水质的稳定性，可以采取多种措施，如在池子上方搭盖遮阳网、适当提高池水位、定期检测水质、及时排污换水等。维持培育池水温稳定在25～28 ℃，pH为6.5～7.5，溶氧量为5 mg/L，氨氮<1 mg/L、硝态氮<0.1 mg/L、硫化氢<0.02 mg/L，透明度要求在40 cm以上。为了改良水质状况，可以使用一些水质净化剂。

5. 疾病预防　从白仔鳗到黑仔鳗培育过程中，疾病发生明显增加。主要病害有细菌性烂鳃病、烂尾病、赤鳍病，和寄生虫引起的车轮虫病、拟指环虫病。预防鳗种疾病除了对水质严密控制外，应定期对池水进行泼药消毒，每半个月用漂白粉或生石灰对全池进行泼洒，在鱼病流行季节每隔1周除用上述药物外，还可用其他含氯消毒剂或其他有效药物进行水质消毒。对于鱼体本身，则在饲料中添加电解多维、应激灵、保肝药和有益微生物制剂（芽孢杆菌、光合细菌）等；发现病原菌严重时对症下药，使用土霉素、氟哌酸等抗菌药。

6. 分池　在鳗种培育过程中，由于生长差异悬殊，通常黑仔鳗料培育30～40 d后，进行鳗种筛选分养。从二级池培育转到三级池培育。但密度太高或个体差异过大应及时分养。使个体生长均匀，并有利于弱小规格鱼种的生长。结合分养彻底清洗培养池，进一步改善培养环境。

四、成鳗养殖

从每尾10～50 g的鳗种养至规格为150～250 g的商品鳗，称为食用鳗养殖。目前养殖食用鳗的方法主要有两种，一种是利用池塘进行精养，另一种是用水泥结构池进行高密度养殖。

1. 池塘条件　在建造鳗鱼场之前，首先要选好地址，要选择有充足水源的地方，如以江河、小溪、湖泊、水库作为水源，最好要有地下水，以便于冬天提取深井水备用。水质无污染，符合《渔业水质标准》（GB 11607—1989），养殖场的耗水量很大，一般养成1 kg食用鳗需水约25 m³，因此在设计中应以其为基础。适宜的水质是pH 7～8，透明度40 cm以上，溶氧量达到5 mg/L以上，无工业污水危害。鳗鱼场必须配备增氧机，因此要求电源充足，供电正常。

池塘养鳗比水泥池养殖成本更低，是南方养成鳗的较流行形式。鳗种池每口池塘面积0.35～0.50 hm²，水深1.2～1.5 m。成鳗池面积0.5～1.0 hm²，水深1.5～2.0 m，池底淤泥厚度10 cm左右，坡比1：(1.5～2.0)。水泥池面积为800～1 200 m²，水深为1.5 m。

鳗鱼池必须具备防逃易捕的特点，又必须具有注、排水方便的功能。水泥池养鳗，池壁一般采用砖砌墙、混凝土墙和水泥预制板墙3种形式，墙壁高度为1.5 m，壁顶向内出檐10 cm，防止鳗逃走，池底做成锅底形或平底形，平底形的池底向一边倾斜。池底先铺20 cm厚石渣，再铺5 cm细沙。注水口设在池壁顶上，并向内伸入30 cm，防止鳗逆水潜逃。排水口设在注水口对面，由3道闸门组成，第一道为铁栅闸，防鳗出逃，第二、三道为板闸，起阻水外流作用，兼有溢水功能。池塘面积配套：放养当年黑仔鳗种（500～800尾/kg）、幼鳗种（100尾/kg）、中鳗种（25～35尾/kg）、成鳗4个级别分别为1:1:3:5。

2. 清塘消毒 无论是新塘或旧塘，放养鳗种前都要先对池塘消毒。特别是经过几年养殖后的旧塘，易造成池水过肥而缺氧，水质腐败而恶化，必须彻底清除。一般在鳗种下塘前一个月左右，先将塘水排干，挖出过多淤泥，将塘底平整，修好塘基和进、排水口，补好漏洞裂缝，清除杂草和乱石。经暴晒数天，池底干裂后，即可用药物进行消毒。为成鳗养殖创造一个良好的环境，这是提高鳗养成率的重要措施。

清塘药物常见有生石灰清塘和漂白粉清塘两种。生石灰清塘，一般采用干池清塘法，用药量为每667 m² 施放生石灰60～75 kg。如排水有困难可带水清塘，每667 m² 池塘平均水深1 m用125～150 kg。清塘7～10 d后生石灰药效才消失。漂白粉清塘，干池消毒时每667 m² 用5～10 kg，带水消毒按平均水深1 m的池塘每667 m² 面积用14 kg，消毒4～5 d后药性消失。

3. 鳗种放养 苗种质量对养殖至关重要，辨别鳗种质量好坏及对鳗种下塘前的检疫对养成很重要。好的鱼种应该是规格标准、大小整齐、体色艳亮、游动迅猛、无明显疾病症状，经检查无潜在病原携带等无病、无伤、无畸形的鱼种。养鳗场应自主培育种苗供应需要。规格为500尾/kg的黑仔鳗，每年3月下旬至6月放养；大规格鳗种可常年放养。一般在南方省份每年3月底和9月底是鳗鱼种放养时间。当水温达15 ℃时便开始放苗。放养鳗种的规格与饲养周期、商品规格有关。在生产中由于鳗种大小不整齐，需要过筛分养，使同一鳗池规格基本相同，避免因大小不均而影响鳗摄食、生长。池塘饲养鳗鲡的分级及放养密度可参考表2-3-4。

表2-3-4 池塘饲养鳗鲡的分级及放养密度

鱼池级别	放养规格（尾/kg）	放养密度（尾/hm²）	饲养天数（d）	出池规格（尾/kg）	备注
1	500～800	195 000～225 000	25	100	体重达到100尾/kg的分池，余下的继续饲养
2	100	105 000～135 000	40	25～35	体重达到25～35尾/kg的分池，余下的继续饲养
3	25～35	45 000～75 000	45	7～10	体重达到7～10尾/kg的分池，余下的继续饲养
4	7～10	22 500～30 000	150	≤2.5	达到上市规格分批上市

鱼池载鱼量受池子、鱼种、设备和技术等因素的影响，养殖密度是否恰当也直接关系到池塘的产量，具体放养时应根据实际情况进行调整。

4. 饲料和投饵 鳗的摄食与饲料质量、形态，环境（如温度、水质、光照），及个体大小和体质有关。鳗的饲料原料安全卫生指标应符合《饲料卫生标准》（GB 13078—2001）和《无公害食品 渔用配合饲料安全限量》（NY 5072—2002）的要求，营养成分符合《鳗鲡配合饲料》（SC/T 1004—2004）的要求。鳗饲料一般都是到专门的饲料厂购买，选择新鲜优质、质量稳定、黏弹性好、饵料系数低的成鳗饲料。一般外观色泽均匀，手感细腻；有正常的白鱼粉味、无异臭；加水搅拌后黏弹性好，摄食浪费少；最终养殖鳗生长快，病少，饲料转化率高。成鳗对蛋白质的需要量，鳗种到育成阶段一般为45%~50%，一般不少于45%，欧洲鳗略高为45%~48%；糖类的用量以占总饵料量的22%~26%为宜，膨化饲料约22%，粉状饲料略高22%~26%，以α-淀粉消化率最高；鳗对脂肪有较高的利用能力，鱼油、大豆油和玉米油混合使用利用率可达90%以上，由于饲料中的脂肪易氧化，脂肪含量在饲料中约占3%，投喂时再添加5%~8%。无机盐主要有钙和磷，钙可以通过使用生石灰调水补充一部分，磷最好控制在1.0%以下。微量元素主要有铁、铜、锌、锰、碘和钴等；维生素中对成鳗生长发育影响较大有维生素A、维生素E、维生素C、维生素B_1、维生素B_2等，一般配合饲料中基本满足要求，不足时应适当补充。

鳗在水温12℃以下停止摄食。当水温上升到14℃以上时可以开始投喂，水温20~28℃范围是鳗鲡摄食旺盛期，超过28℃时摄食量又下降。饲料的投喂应在水温适宜、溶解氧较高、光照较弱时进行。在投喂前要加水和添加鱼油，混合后搅成糊状，其软硬程度视鳗种大小而定，鳗越大，饵料加水越少，硬度越高，防止残余料散失到水中。投喂饲料是成鳗养殖过程中极为重要的一环，在投喂时应当遵循"四定"原则。放养初期的鳗种较小，水温在12~22℃，一般每天14:00~15:00投饵1次，也可以日投2次，每天09:00~10:00和16:00~18:00投喂；在水温23~28℃时日投饵2次，投饵量占池中幼鳗、中鳗体重的4%~8%，成鳗2%~4%。投饲0.5 h内把饲料吃完，则表明投饵量比较合适。

5. 水质管理　水质管理为池塘养鳗的关键技术，养鳗先养水，养水就是要保持水质的各项指标达到鳗生活和生长的需要。主要措施包括水温、水质调节等。

鳗池水温宜保持在24~28℃，故夏季高温季节应将鳗池水深调至1.5 m左右，扩大养殖水体空间；有条件通过加入深井水来调节温度。成鳗池采用水车式增氧机增氧，每0.2 hm^2配置一台1.5 kW水车式增氧机；如水深在2 m以上，每池还需配备一台1.5 kW叶轮式增氧机。分别设在池子的对角位置。这样，开动增氧机时，不但有利于给鳗供氧，同时还可以在池中形成水流刺激鳗的食欲，提高鳗的摄食率。夏季，白天浮游植物光合作用强，池塘表层水中溶氧量中午可达到饱和甚至过饱和，而底层水则仍缺氧，这时，若开动增氧机有利于上、下水层的交换，把上层的高溶解氧送到下层去，使全塘的溶氧量提高。

饲养期间，由于鱼类大量摄食，残饵和排泄不断增加，定期换水才能保证鳗有良好的生长环境，夏季高温期，每月加水1~2次，采用微流水进行更换池水，保持水色浅绿色。秋季水温适宜，可以酌情加换水。一般秋末和早春季节，养鳗池每月换水1次，每次换水量10%~20%，而冬季应减少换水量或尽量不换水。夏季池水透明度大于35 cm、冬季大于30 cm时，适当减少换水量。为了减少鱼病发生，每月泼洒10~20 mg/L的生石灰以改善水质，增加钙质。定期用光合细菌或复合芽孢杆菌等优化水体微生物种群，抑制有害菌繁殖，降低池水氨氮和亚硝酸盐等有害成分。

6. 日常管理　成鳗养殖周期较长，在露天养殖时，既要防高温、严寒，做好降温和保温措施，又要防缺氧"泛池"，及时换水和增氧；还要防止成鳗外逃、外来因素引起中毒以及病害侵袭等。每天上午、下午、中午各巡塘1次，早上主要了解鳗有无"浮头"、逃鱼及病鱼出现；中午清洁环境，修补漏洞；下午主要观察水色变化、鳗摄食情况。每天要看天气、看水色、看鱼吃食情况，准确把握池塘动态，预测和防止鳗鲡"浮头""泛池"和疾病发生。

7. 分养 成鳗池的分养不宜频繁进行，也不宜不进行。恰当的分养不但可减少三类苗出现，而且每次均会出现一个摄食和生长高峰。一般饲养 45~60 d，鱼体重增加 1~2 倍时进行分养。分级养殖，选别方法同黑仔鳗，分选时尽量避开 7~8 月高温季节，选在阴天或清晨进行。一般体重在 100 g 以上则不进行选别，只进行分养。

五、病害防治

常见鳗病，主要有细菌性鳗病，如爱德华氏病、赤鳍病、烂鳃病、烂尾病和弧菌病等；寄生虫病有白点病、红点病、车轮虫病和锚头鳋病、拟指环虫病等。

1. 鳗"狂游病" 病原为冠状病毒样病毒。病鳗在水中上下乱窜、打转等狂游，并有张口现象。检查鳗体，可见肌肉痉挛，在胸部（心脏部位）多有明显擦伤，严重者可见穿孔等。该病毒主要侵害鳗的肝、肾和心脏，导致这些器官的实质细胞呈现变性、坏死变化。流行季节为 5~10 月，7~8 月为发病高峰，呈暴发性流行，发病池塘鳗死亡率为60%~70%，严重者可达100%。当年鳗（体重 100~150 g）和 2 龄鳗（400 g 以上）均易发病死亡。发病从开始到高峰约 7 d，从开始到死亡约 15 d。先在个别池塘发病，随后其他池塘鳗相继发病。

防治方法：注意水质的培养，保持鳗池水质稳定，定期用生物或化学方法净水，池塘中的污染物尽量排出去，保持溶解氧充足，使池塘的生态环境尽量满足鳗生长的需要。对发病鳗池要进行严格的隔离及消毒。病鳗、死鳗要焚烧或用生石灰深掩埋等方法处理，活饵料先暂养、消毒后再投喂。池塘水源、饵料台、工具、工作人员穿着衣服严格进行消毒。不到疫区购买欧洲鳗、美洲鳗苗，以免把病原引进来，造成巨大的损失。

2. 赤鳍病 病原为嗜水气单胞菌、迟钝爱德华氏菌。病鳗鳍条、体表充血，肛门红肿，鳃及肠壁局部或全肠充血，有腹水流出；肝肿大具出血点，淤血呈暗红色、质碎，肾肿大，肾小管及肾小球有明显病变。周年发病，水温 20~28 ℃流行，感染欧洲鳗及日本鳗，死亡率达 75%~85%。

防治方法：彻底清塘。先彻底清除池底污泥，接着用 100 mg/L 的生石灰浸泡 5 d，后排干池水。治疗方法有，用 1.0~1.2 mg/L 漂白粉全池泼洒；用 0.2~0.5 mg/L 的聚维酮碘全池泼洒，隔 4~5 d 后再重复使用一次；用 4~5 mg/L 的五倍子打碎煮 0.5 h，至常温时过滤去渣，取汁水泼洒全池，24 h 后换水 1/3，至 48 h 后再换水 1/2。若病情严重，可以再重复使用一次。投喂土霉素加大蒜素，在配合饲料中拌药投喂，一个疗程为 6 d，第一天用药量为每 10 kg 的鳗苗喂药 1 g，第二至六天用量减半。用磺胺类药，每吨鳗每天用药 100~200 g，混合于饲料投喂，直至病愈，同时对健康鱼进行药浴预防。

3. 爱德华氏病 病原为迟钝爱德华氏菌、浙江爱德华氏菌或福建爱德华氏菌。患病鳗分为肝型和肾型两种，前者是成鳗的常见病，而白仔鳗和黑仔鳗多见于后者。发病时，病鳗不摄食，胸鳍、背鳍和臀鳍充血发红，肛门红肿充血；躯身肿大，肝型病鳗在肝部位腹面的皮肤先红肿，后溃烂穿孔，严重时可见肝外露；肝颜色变深，上有出血点，严重时肝糜烂呈蜂窝状；腹腔内膜溃疡。肾型病鳗种苗外观可见后肾部位明显肿大，最后导致病鳗中、后肾溃疡。该病在水温 25~30 ℃时易暴发，尤以大量投喂水蚯蚓等鲜活饵料时多见，病原体由水蚯蚓带入，引发白仔鳗发病。该病主要危害白仔鳗、黑仔鳗，常呈急性传染型，死亡率较高。

防治方法：在白仔鳗、黑仔鳗培育过程中，投喂水蚯蚓要经过暂养吐脏，消毒后使用。病鳗用0.5%～0.7%食盐水浸浴36～48 h。用土霉素或四环素添加在饵料中投喂，每吨鳗每天用药50 g，连续6 d。也可以用福尔马林按30 g/m³进行全池泼洒。

4. 烂鳃病 分为寄生虫类烂鳃、细菌类烂鳃、霉菌类烂鳃和病毒性烂鳃四大类型，寄生虫包括车轮虫、指环虫、黏孢子虫等。常见的细菌性烂鳃病是由柱形黏球菌引起的。病鳗常在水面上离群独游，轻漂无力。病鱼鳃丝变白、缺损腐烂，并带有黄色黏液。肠管、肝呈白色状。7～9月发病严重，水温高于28 ℃极易发生，多发现于20 g以上鳗种，在成鳗池中发病率高，危害极大。感染欧洲鳗、日本鳗。

防治方法：注意水质的培养，保持鳗池水质稳定；定期用生物或化学方法净水；池塘中的污染物尽量排出去，保持溶解氧充足，使池塘的生态环境尽量满足鳗生长的需要。病菌多数情况对阿奇霉素、阿米卡星、奥格门丁、氟哌酸、卡那霉素、链霉素、洛美沙星、萘啶酸、哌拉西林、强力霉素、庆大霉素、头孢噻肟、头孢呋辛、头孢曲松、头孢他啶、壮观霉素和左氧氟沙星敏感，必要时可选试用。

5. 脱黏病 为非01型群霍乱弧菌侵染。病鳗不摄食、体弱，易吊挂于饵料台，体表具圆形或椭圆形黏脱落斑，随病情的发展，脱黏病灶处溃疡、发炎。鳃盖充血，鳃丝水肿，顶端充血、溃烂。内脏炎症严重，胆囊肿大，脾肿大，肝、肾组织内形成坏死病灶区，部分心肌纤维坏死。最后造成鳗死亡。欧洲鳗鲡的脱黏病主要流行于夏、秋两季的高温期，一般于选别后3～5 d暴发，往往于1～2 d内感染30%以上，并引起较高的死亡率。本病传染性强，一般一个池发病后，能传播至全场养殖池。如不及时治疗，就会造成大量死亡。

防治方法：选别鱼时动作要轻，避免鳗体损伤；定期检测水质，及时排污换水，养殖过程中保持水质稳定，减少环境应激；定期水质消毒时，尽量少用刺激性药物。治疗时采用0.4%食盐+中药复合制剂+敏感抗生素药浴，每天换水1/3，保持盐分，连续3 d药浴。中药复合制剂配方：黄连15～20 mg/L、大黄3～5 mg/L、黄芩3～5 mg/L、五倍子1～3 mg/L、甘草3～5 mg/L，添加5倍水煎开，0.5～1.0 h取汁全池泼洒。3 d后改用碘制剂全池泼洒，连用2 d，换水。饲料中添加电解多维等提高鱼体抵抗力。

6. 烂尾病 由柱状曲桡杆菌、嗜水气单胞菌、温和气单胞菌引起。病鳗常在水面上浮游，全身苍白，尾柄部、躯干部黏液脱落，皮肤溃烂、发炎、出血，重者尾部肌肉溃烂脱落，露出骨骼。春末至夏季，感染欧洲鳗、日本鳗，危害黑仔鳗和幼鳗。常与赤鳍病、烂鳃病并发，有时并发水霉病。

预防方法：清塘要彻底，鱼种要先消毒后入塘。若出现鱼塘发病，应马上用土霉素按每吨鳗每天在饲料中加入50 g，连续投喂3 d。

7. 弧菌病 病原为创伤弧菌或鳗弧菌。感染后皮肤失去黏液而变得粗糙，皮肤表面有红色点状出血，如不采取有效措施，皮肤继而溃疡并腐烂，肛门红肿、肠道发炎；肝色浅，有出血点，肾颜色变深。冬、春季较少见，发病多在高温季节。发病水温多在25 ℃以上，以沿海养鳗地区流行为主，死亡率可达50%左右，纯淡水中未发现。

预防措施：避免用盐度高的水养鳗。流行季节应坚持用含氯消毒剂对池塘进行泼洒，出现病变后，可用高锰酸钾1.5～2.5 mg/L对全池消毒，4 h后换水，或用聚维酮碘全池泼洒使池水药物浓度为1～2 mg/L。

8. 白点病 病原为多子小瓜虫。病鳗常在池塘周围游动,不摄食,活力降低,头部、体表出现很多小白点,其上分泌大量黏液,严重时形成块状,引起表皮发炎,也称小瓜虫病。春季水温20~25℃时易发此病,主要感染白仔鳗、黑仔鳗。严重时引起鱼种大量死亡。

防治方法:鳗种放养前用30~50 mg/L福尔马林浸浴15~20 min,流行季节保持水温27~28℃,用0.025%福尔马林溶液全池泼洒。

9. 车轮虫病 大量车轮虫寄生在鳗体表以及鳃上,引起皮肤分泌大量黏液,病鱼呼吸困难,鱼体消瘦,皮肤损伤造成继发性感染,引起鱼种死亡。该病主要在5~8月水温较高时流行。温室养殖周年均可发生,尤其在水质不良时出现较多。

防治方法:保持水质清洁,饵料充足、适口,增强抵抗力。用5 mg/L硫酸铜和2 mg/L硫酸亚铁合剂进行全池泼洒,18~24 h换水1次,用0.025%福尔马林溶液全池泼洒,施药各2 d。

10. 锚头鳋病 由锚头鳋寄生引起,其流行季节为4~11月,夏季最多见,一般出现在大规格鳗种阶段。该虫体主要寄生在鳗的口腔内,严重影响鳗吃食、呼吸,鱼体变得瘦弱,容易并发其他疾病,并导致死亡。

防治方法:用晶体敌百虫按0.2~0.5 mg/L进行全塘泼洒,1周1次,连续3~4周,可以治愈。

11. 拟指环虫病 病原为拟指环虫。大量拟指环虫寄生于鳃上引起鳃部分泌黏液增加,鳃丝充血,呼吸频率加快,不摄食,池边逆水游动。流行高峰期为春季、初夏及秋季。各种养殖鳗鲡均可发生,尤以欧洲鳗、美洲鳗发病率高,日本鳗鲡发病率相对低些。

防治方法:养殖池塘彻底清洗和消毒,苗种购进时严格检疫并消毒;发病后,用甲苯咪唑0.2~1.0 mg/L浸浴18~20 h,或复方甲苯咪唑0.4~2.0 mg/L浸浴16~20 h;用晶体敌百虫按0.3~0.5 mg/L进行全塘泼洒,隔天1次,连续2~3次。

思考题

1. 试根据白仔鳗的习性制订培育技术方案。
2. 池塘饲养食用鳗有哪些方法和措施?
3. 试论述黑仔鳗养殖中的关键技术。
4. 鳗疾病主要有哪些?试分析其发生原因并说明预防措施。
5. 简述鳗人工繁殖的难点在哪里,对此你有何想法?

第四章 胭脂鱼养殖

胭脂鱼色彩鲜艳，体型奇特，具有很高的观赏价值，1989年新加坡国际观赏鱼比赛曾获得第二名，被誉为"亚洲美人鱼"。同时胭脂鱼还具有较高的食用价值。因其性情温顺，抗病力强，生长迅速，起捕率高，人工养殖日益受到重视。

一、生物学特性

1. 分类地位与分布 胭脂鱼（*Myxocyprinus asiaticus*）是我国特有的珍稀鱼类，属国家二级保护动物，又名黄排、木叶盘、火烧鳊。隶属于鲤形目，胭脂鱼科，胭脂鱼属。主要分布于长江水系，闽江流域也有发现。

2. 形态特征 胭脂鱼体侧扁，背部隆起，腹部平扁，体呈三角形。头小吻圆，口小下位，呈马蹄形。体侧呈黄褐色、粉红色、血红色或青紫色。成鱼自鳃盖后缘到尾柄末端有一条黑色的粗大纵纹。幼鱼体侧有3条宽宽的棕褐色横带，背部高高隆起，背鳍宽展而高大，似扬起的风帆，所以又称为"一帆风顺"（图2-4-1）。

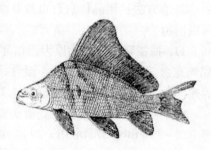

图2-4-1 胭脂鱼

3. 生活习性 胭脂鱼属江湖洄游性底栖鱼类，适温范围和"四大家鱼"相似，每年立春节气后，由长江干流溯江上游，在支流砾石滩上产卵，秋季退水时，回到长江干流及中下游湖泊索饵肥育，长成后又回到长江干流的洄水湾生活。幼苗集群性强，性情温和不争食。当水中溶氧量为1.9 mg/L时开始"浮头"，溶氧量达到0.33 mg/L以下时窒息死亡。

4. 食性 胭脂鱼主要摄食昆虫的幼虫、植物碎片、泥渣中有机质，以及枝角类、淡水壳菜、蚬等底栖动物，摄食时上、下唇翻出，挖掘泥中的食物。人工饲养下，也食配合饲料。

5. 生长 胭脂鱼生长速度较快，成鱼体型较大。在自然情况下，通常1龄鱼可达0.5~1.0 kg/尾，2龄可达1.5~2.0 kg/尾，3龄可达2.5 kg/尾，4龄可达3.5 kg/尾，5龄可达7.0 kg/尾，6龄可达9.0 kg/尾，最大个体可达50 kg以上。

6. 繁殖习性 雌鱼6龄、雄鱼5龄性成熟，个别在4龄性成熟，雌鱼的成熟系数一般为7%~11%。繁殖期一般在3月中旬到4月上旬，1年繁殖1次。天然产卵场条件为水流湍急，江底布满砾石，其产卵活动与洪水有很大关系，产卵适温为14.8~21.0℃。一般雌鱼的怀卵量约为每千克鱼体重1.5万粒，鱼卵黄色，属沉性卵。

二、人工繁殖

1. 亲鱼的来源 养殖者可从种苗繁育基地（良种场）购买子二代或子一代苗种进行池

塘培育，再从中挑选优良个体作为亲鱼来源；也可直接从江河水体中收集成年胭脂鱼，人工驯养作为繁殖亲鱼。但需注意，目前从事胭脂鱼的江河捕捞、运输与驯养等工作，必须向当地水产主管部门或渔政部门申请办理合法的证件。

2. 亲鱼的选择 亲鱼应选择雌鱼6龄、雄鱼5龄以上的个体，一般体重为10 kg/尾左右。可以从江河移养或从幼鱼中选择个体大的逐年培育后备亲鱼。亲鱼体型丰满健壮，体表光滑，具光泽，无伤病，体重在7 kg以上为佳。胭脂鱼达到性成熟后，第二副性征十分明显。雄鱼体色鲜艳，呈橘红色，头部两侧、鳃盖、臀部两侧及臀鳍、尾鳍等处出现大量珠星。轻压雄鱼腹部如有乳白色精液溢出，表明性腺成熟良好。性成熟雌鱼虽然也出现婚姻色，但不及雄鱼明显，体色呈灰褐色略带浅红，胭脂带为暗红色，珠星主要分布在臀鳍、尾鳍下叶、臀鳍腹部等处，颗粒较小，腹部比较丰满宽厚。

3. 亲鱼培育 亲鱼培育池宜选面积0.1~0.2 hm²，水深1.5 m的土池，进、排水方便，放养前清塘消毒。一般放养密度为体重6.5~7.0 kg/尾的亲鱼每667 m² 10尾，或体重2~3 kg/尾的后备亲鱼每667 m² 20尾，雌雄比例为1∶2，可适当搭配放养鲢、草鱼，忌放鲤、鲫和其他杂鱼。分散定点投喂水蚯蚓、陆生蚯蚓等活饵料于池底距池埂1~2 m处，投饵率为1%~5%。

4. 催情产卵

(1) 亲鱼配组。人工催产季节在3月上旬到4月上旬，催产适宜水温为15~21 ℃，最适水温16~20 ℃，雌鱼性成熟时腹部大而柔软，泄殖孔红肿，臀鳍、尾鳍和腹部上密布较光滑的白色小颗粒状追星，婚姻色明显。成熟雄鱼的臀鳍和尾鳍也出现形如针尖、比雌鱼大的追星，略有刺手的感觉，轻压腹部有乳白色的精液。雌雄配组比例为1∶2。

(2) 催产剂注射。一般使用鲤、鲫脑垂体（PG），促黄体素释放激素类似物（LRH-A）和（人）绒毛膜促性腺激素（HCG）混合催产，对雌鱼采取"微量诱导，分次注射"的方法，雌鱼采用3针注射。一般情况下雌鱼注射剂量为PG 15粒/kg + LRH-A 34 μg/kg + HCG 650 IU/kg（以鱼体重计），第一针注射PG和LRH-A总量的10%，42 h后第二针注射总量的20%，再过26 h，第三针注射余量及HCG，24 h后开始分次采卵受精。雄鱼在雌鱼注射第二针时注射，剂量为PG 3粒/kg + LRH-A 10 μg/kg（以鱼体重计）。

(3) 人工授精和孵化。人工授精采取干法或半干法，精卵混合搅拌1 min即可。挤卵要多次才能完成，一般每隔2 h挤1次，共采卵2~6次。受精卵可脱黏后进行孵化。刚产出的胭脂鱼卵呈姜黄色，稍带黏性；卵径2.1~2.5 mm，3~4 h吸水膨胀至3.1~4.5 mm，黏性基本消失，此时受精卵呈半浮性和半透明状；卵膜坚韧，落地不破。

人工孵化分流水孵化和静水孵化两种，孵化设备多采用孵化槽、孵化环道、孵化缸等。整个孵化过程应避免强烈光照，保持水温稳定，一般控制在16~20 ℃，最好能升温至18~20 ℃；孵化用水要求过滤，溶氧量应保持在4 mg/L以上。胭脂鱼受精卵孵化时间较长，当水温14~17 ℃时，需孵化220 h左右鱼苗才出膜；当水温19~24 ℃时孵化时间为120 h左右。

刚孵出的仔鱼有一个很大的卵黄囊，静卧于水底6~7 d才开始活动，此时仔鱼存在敏感期或危险期，需特别精心细致地观察管理，可将快孵出仔鱼的受精卵转入底部光滑的暂养池中孵出鱼苗，调整合适的进水流量，充气增氧，防止鱼苗起堆。仔鱼孵出后经过10~14 d的暂养，待鱼苗平游，安全度过敏感期后，再转入培育池培育。

5. 产后亲鱼培育 刚完成人工催产繁殖的亲鱼，体质虚弱，体表有伤（一般靠近生殖孔的后腹部因人工挤卵而受伤），在注射 0.5 万 IU/kg 青霉素溶液后，应迅速地放回水质清新的鱼塘内让其自行恢复。对于体质较弱、受伤严重的亲鱼，必要时可在其伤口上涂抹龙胆紫或红霉素软膏，防止伤口感染。放置产后亲鱼的池塘在此之前一定要进行严格的清塘消毒，因为产后的亲鱼，其抵抗力较低，极易受细菌等感染致病而造成死亡。一旦发现亲鱼发病，注意不要使用烈性的药物，应采用温和药物治疗。

在产后亲鱼的恢复初期，可适当减少饵料的投喂量，因为此时亲鱼的摄食量较低，若投喂过量的饵料易使水质恶化，滋生病菌；待产后亲鱼的摄食正常后，可依照产前的投喂法进行胭脂鱼亲鱼的产后培育。

三、苗种培育

1. 鱼苗培育 刚孵出的仔鱼体细长透明，全长 8~10 mm，应在孵化槽等暂养池中暂养，暂养水温 18~26 ℃。从第五天开始投喂少量蛋黄浆，第七天开始投喂轮虫活饵料 2 次/d，随后投喂枝角类和桡足幼体。每天排污，加强水体交换和充气增氧。经过 14 d 左右的暂养期，鱼苗规格达到 15~17 mm，即可转入室外水泥池和土池培育。

育苗水泥池一般 3 m² 左右，水深 30 cm，共放苗 1 000~1 200 尾，微流水培育，仍捞取蚤类投喂，后期投喂幼鳗饲料或水蚯蚓。经过 30~40 d 的培育，苗全长可达到 3~4 cm。育苗土池面积为 0.05~0.15 hm²，水深 0.6~1.2 m。放养密度为每 667 m² 5 万~10 万尾，采取"肥水下塘法"培育技术，根据水质情况，可以分 2 次/d 每 667 m² 泼洒豆浆 25~50 kg。经过 30 d 左右，鱼苗长至 3~4 cm 时分塘稀养。

2. 鱼种培育 以土池为宜，面积 0.1~0.2 hm²，水深 1.5 m 以上。培肥水质后每 667 m² 放养鱼种 1 000 尾。加强水质管理、投饵和施肥，每 667 m² 投喂豆渣、米糠、麦麸等多种混合饲料 5~10 kg，主要用于培养底栖动物，每 7 d 左右每 667 m² 追施腐熟粪肥 50 kg，培养浮游生物。后期适当投喂水蚯蚓、陆生蚯蚓等活饵料，日投饵率为 1%~5%。注意定期加注新水，坚持开增氧机，加强鱼病防治。经过 6 个月的培育，鱼种体重可达 100~200 g/尾。

四、成鱼养殖

胭脂鱼多用作观赏鱼来养殖，主要是因其体型像一艘帆船，有"一帆风顺"的意思。但现在有的地方也在试着养成食用鱼投放市场。

1. 池塘养殖 池塘主养采用投饵的方法饲养殖胭脂鱼，适当搭配混养鲢、草鱼，以调控水质。一般每 667 m² 放养 100 g/尾左右的胭脂鱼种 500 尾，另搭养 100 g/尾的鲢 100 尾、草鱼 15 尾。对胭脂鱼投喂水蚯蚓、陆生蚯蚓、螺蚌肉等，或软性全价配合饲料。加强日常管理，一般每 667 m² 可产体重 500 g/尾左右的胭脂鱼 250 kg 以上。

池塘混养采用施肥的方法主养鲢，适当混养胭脂鱼和少量草鱼，一般在鲢主养塘中每 667 m² 混养 100 g/尾左右的胭脂鱼 60 尾。注意调节水质，经常加注新水，适时追肥，并适当撒一些菜饼、麸皮等到池底，以培养底栖生物供胭脂鱼摄食。一般每 667 m² 可产体重 500 g/尾左右的胭脂鱼 30 kg 以上。

2. 网箱养殖 网箱应设置于水深 5 m 以上的微流水域中，实行分级饲养，网箱大小为 4 m×4 m×2 m 左右，放养密度可根据具体水质情况和鱼种规格调整（表 2-4-1）。

表 2-4-1 胭脂鱼放养密度

鱼种规格	放养密度（尾/m²）	网目规格（cm）
3~5 cm	500	1
25 g	250	2
100 g	100	3
300 g	50	3

饲料也以水蚯蚓最好。可投喂当地易获得的螺蚌肉、小鱼虾、畜禽内脏，或人工培育的陆生蚯蚓、蝇蛆等鲜活饲料。规模养殖时，胭脂鱼可通过诱食、驯化摄食软性的人工配合颗粒饲料，粗蛋白质含量在35%以上，但饲养效果好的还是冰鲜鱼浆拌鳗饲料以团块状投喂，在箱底设置饲料台，投饵3次/d，日投饵率1%~5%。一般成鱼产量可达50~60 kg/m²。

3. 流水养殖 胭脂鱼适应流水生活，且幼鱼有顺水下流习性，因此可用圆形流水池养殖，成鱼则用长方形流水池养殖。采用分级饲养，放养密度可略高于网箱养殖。养殖过程中，要求水质清新，溶氧量在4 mg/L以上，精饲料的投饵率为3%~5%，投饵3~4次/d。成鱼产量可达60 kg/m²以上。

五、病害防治

1. 水霉病 主要危害鱼卵和早期鱼苗，是影响孵化率和稚幼鱼成活率的主要病害。防治方法：①孵化设施事先用10 g/m³水体的高锰酸钾或5%~7%的食盐溶液消毒；②受精卵在原肠期以前每天用5 g/m³水体的高锰酸钾浸洗5~10 min；③及时剔除霉卵、卵膜及死鱼，并保持水质清新。

2. 肠炎病 为胭脂鱼苗种及低龄鱼主要病害，流行于6~9月。病鱼食欲明显减退直至停食，肛门充血红肿，严重时消化道充血发炎甚至糜烂，低龄鱼种死亡率可达50%以上。防治方法：①定期换水，并用1 g/m³水体的漂白粉或0.3~0.5 g/m³水体的强氯精全池泼洒；②投饵做到定质、定量，并定期对饵料台消毒。

3. 烂鳃病 发病季节为8~9月，发病水温25~33℃。病鱼离群独游水面，食欲减退或不摄食，鳃丝腐烂，呈白色，黏液较多。防治方法：①大量加注新水，改善池塘水质条件；②用1 mg/L水体的漂白粉全池遍洒。

4. 车轮虫病 寄生于苗种鳃上。防治方法：①将病鱼用3%的食盐水浸洗5 min；②用0.7 mg/L水体的硫酸铜和硫酸亚铁（5:2）合剂全池遍洒。

5. 萎瘪病 病鱼身体干瘪、消瘦、头大身小，体色发黑，不摄食，最后因体质衰弱而死。防治方法：①控制苗种的放养密度，做到"四定"投饵，使苗种有充足的饵料，尤其是动物性饵料；②投喂苗种最喜爱吃的水蚯蚓，部分鱼仍能恢复正常。

六、增殖放流

胭脂鱼为我国特有的国家二级珍稀保护鱼类，主要分布在长江水系，闽江流域也有分布。根据胭脂鱼江湖洄游特性，一般选择水温相对稳定的春、冬季节（水温一般在12~21℃）在长江上游水域进行人工增殖放流。人工放流的水域要求水质清新、无污染，符合中华人民共和国《渔业水质标准》(GB 11607—1989)。

苗种来源一般为良种场人工繁殖提供的苗种。放流苗种的规格要求体长在 5 cm 以上。放流的数量要根据水域江段具体情况来来考虑。

增值放流期间的管理好坏，直接关系到增殖放流效果。第一，规定每年的 2 月 1 日～4 月 30 日为长江上游的禁渔期，胭脂鱼的产卵场、幼鱼的越冬场为胭脂鱼的禁渔区；第二，要严禁毒鱼、炸鱼、电鱼，禁止使用不符合标准的渔具或国家禁用的渔具、渔法；第三，在胭脂鱼产卵季节禁止在产卵场及附近挖沙、取石；第四，要加强对整个区域的环境保护，杜绝一切污染源。

思考题

1. 怎么鉴别胭脂鱼亲鱼的雌雄？
2. 简述胭脂鱼人工繁殖要点。
3. 如何才能培育出体格健壮、规格整齐的胭脂鱼苗种？
4. 简述胭脂鱼池塘养殖技术。
5. 简述胭脂鱼人工增殖放流的技术要求。

第五章　泥鳅养殖

泥鳅（*Misgurnus anguillicaudatus*），隶属于鲤形目，鳅科，泥鳅属，广泛分布于中国、日本、朝鲜和东南亚国家。泥鳅肉质细嫩，味道鲜美，有"水中人参"的美称，是一类高蛋白、低脂肪的食品，泥鳅每 100 g 肉中含蛋白质 18.43 g、脂肪 2.69 g，符合现代人们的生活需要，市场前景广阔，是我国的传统外贸出口水产品，远销日本等国。在日本泥鳅的售价几乎与鳗鲡不相上下，在我国的许多地区，冬季泥鳅的价格也高达 20~30 元/kg，因此养殖泥鳅效益较好。泥鳅在自然界广泛生活于河川、沟渠、稻田、池塘、湖泊及水库等水域中，养殖泥鳅的方式也多样，不受水面大小、水深浅的限制，可进行稻田养鳅、网箱养鳅、土池养鳅等，适合于平原湖区的广大农村养殖，因此近年泥鳅养殖发展较快，养殖泥鳅成为农村农民致富奔小康的好项目之一。

一、生物学特性

1. 形态特征　泥鳅身体为长圆柱形，尾部侧扁。头尖，吻部向前突出。口亚下位，口小，呈马蹄形，唇软，有小突起。眼小，须 5 对。有鳞片，但鳞片极小，埋于皮下，侧线鳞 150 枚左右。具背鳍、胸鳍、腹鳍、臀鳍和尾鳍。但各鳍均无硬刺，胸鳍和腹鳍均短小，且两者相距很远，尾鳍圆形，尾柄上、下边缘具皮膜。其体色随生活的环境不同而改变，一般背部、体侧为灰黑色，并有一些黑色斑点，腹部为灰白色或淡黄色，尾鳍基部上方有一大的黑斑，头部、背鳍及尾鳍上具黑色小斑点，胸鳍和腹鳍为灰色。体表富有黏液。

图 2-5-1　泥　鳅

2. 生活习性　泥鳅营底栖生活，为典型的底栖鱼类，多生活在水体底层富有腐殖质的淤泥处，很少到水体的中、上层活动。其呼吸除用鳃呼吸外，还能用肠道壁呼吸，故它能忍受水体的低氧，其耐氧力较一般的鱼类都强，当水中溶氧量降到 0.16 mg/L 时，泥鳅仍能生存。

泥鳅具有昼伏夜出的习性。特别当水温较高时，白天常钻入泥中或草丛中，仅将头部伸出。当冬季来临或水休干涸时，它也会钻入泥中越冬或避难。

泥鳅适宜生长的水温为 10~30 ℃，最适水温为 25~28 ℃，当水温高于 32 ℃或低于 6 ℃时，则都会钻入底泥中。20~28 ℃时其食欲旺盛，低于 15 ℃时，摄食量开始减少，低于 10 ℃时则停止摄食，进入底泥越冬。

3. 食性　泥鳅为杂食性鱼类，其食谱很广。在野外泥鳅主要以浮游动物、水生昆虫及其幼虫、水蚯蚓、蝌蚪、小鱼虾、小螺蚌等动物性饵料，以及大量的植物种子、嫩茎、叶、有机碎屑等植物性饵料为食。在人工养殖条件下，既喜食各种动物性饲料，如蝇蛆、黄粉虫、鱼浆、小鱼虾等，也摄取配合饲料、米糠、饼类等。当食物不足时，泥鳅具有同类相残的现象，大个体会摄食小体的泥鳅，尤其在种苗阶段较严重。

泥鳅的食性在幼鱼时期与成鳅时期是不同的，随着泥鳅的生长，幼鱼才逐步转化成成鳅的食性。泥鳅体长小于 5 cm 的幼鱼时期，主要以小型甲壳类为食；5~7 cm 的个体除以甲壳类为食外，还摄取水生昆虫和水蚯蚓；8~9 cm 的个体开始大量摄食硅藻和植物种子、根、茎等；体长达 10 cm 以上时，以摄取植物性饲料为主。

泥鳅摄食时间在天然水域主要在傍晚和夜间，产卵期间在中午也摄食，且雌鳅比雄鳅摄食量大。在人工养殖条件下，1 d 有两次摄食高峰，即 07:00~10:00 和 16:00~18:00。泥鳅很贪食，人工投喂时不能将泥鳅喂得过饱，以免影响其肠的呼吸功能。泥鳅消化动物性饵料的速度比植物性饵料的速度要快，如消化浮游动物只需要 4 h，消化水蚯蚓 4~5 h，但消化浮萍则要 7~8 h。

4. 生长 泥鳅属小型鱼类，其生长较慢。在我国南方地区，当年繁殖的鳅苗，到年底一般体长可达 10 cm 左右，体重 7~8 g，但在北方许多地区，由于生长季节较短，其生长速度要慢，当年的鳅苗体长只能长到 5~7 cm，体重只能达 2~5 g。

5. 繁殖 泥鳅为 1 冬龄性成熟。到每年春季，当水温达到 18 ℃时泥鳅便开始产卵繁殖。长江流域一般从 4 月上旬开始出现产卵群体，可一直持续到 8 月上旬，其中 5~6 月是繁殖高峰期。在 6 月之前，泥鳅大多喜欢在降雨后或涨水时的晴天早晨产卵，6 月以后，则常在傍晚产卵繁殖。泥鳅产黏性卵，但黏性较差，繁殖产卵时在水草多的浅水水域活动，并完成产卵受精过程，卵黏附在水草上孵化，但要注意其黏附性差，容易从草上脱落。泥鳅属分批产卵的鱼类，无护卵、护幼习性。当泥鳅雌鱼体长达到 5 cm 左右时，腹腔内开始见到 1 对卵巢。泥鳅的怀卵量较大，体长 8 cm 的泥鳅，怀卵量 2 000~4 000 粒；体长 10 cm 的个体，怀卵量 7 000 粒左右；体长 15 cm 的个体，怀卵量 1.5 万粒左右；体长 20 cm 的个体怀卵量可达 2.4 万粒，个别多的可达 6 万粒左右。雄鳅的精巢 1 对，扁带状，但并不对称，当体长在 6 cm 左右时便能排出成熟的精子，精子直径 1.6 μm，一尾体长 10 cm 的雄鳅，其精巢内约有 6 亿个精子。

泥鳅苗的孵化时间与水温关系密切，在水温 24~25 ℃时，孵化时间为 30~35 h。刚出膜的鳅苗，呈透明的"逗点"状，苗细小，体长 3.0~3.7 mm，背部黑色，体长可明显看见卵黄囊，孵出膜后的 6~8 h，体色逐渐变黑，体长可达 4.1 mm，孵出后 12 h，可见位于卵黄囊前下方的心脏在微弱跳动，孵出后 40 h，体长 4.6 mm，眼睛由灰色逐渐变为黑色，卵黄囊缩小，可以开始活动，到孵出后 55~66 h，体长 5.3 mm 左右时，卵黄囊全部消失，尾鳍条出现，鳔也出现，此时可开始主动摄食。

二、繁殖及苗种培育

（一）亲鱼的来源与选择

繁殖用泥鳅亲鱼的来源有 2 种，一是从市场选购，二是直接从稻田、池塘、沟渠中去捕捉。在选择泥鳅亲鱼时，要注意选择体型端正、身体健壮、无病无伤、色泽鲜亮的个体，个体大小最好选择体长在 15~20 cm、体重 30 g 以上的个体，此类大规格个体怀卵量大，易催产。

（二）雌雄鉴别与搭配

泥鳅雌雄的鉴别可用 3 种方法，一是看体型，在同龄群体中，雄鳅的个体明显小于雌鳅，且雄鳅背鳍末端两侧有肉质隆起，而雌鱼的这一隆起则不明显；二是看腹部，生殖季节雌鳅腹部膨大，柔软，略带透亮的粉红色或黄色，生殖孔大，而雄鳅腹部扁平，挤压时有乳白色精液从生殖孔流出；三是看胸鳍，凡是体长达 6 cm 以上的个体都能根据胸鳍特征来判别，雌鳅的胸鳍较小、较短而宽，末端圆钝，展开呈椭圆形，当鱼体静止不动时鳍条可展放在一个平面上，而雄鳅的胸鳍则较大、较长而窄，末端尖而上翘，成熟的雄鱼的胸鳍第Ⅱ鳍条长于第Ⅲ鳍条，并在其背侧基部有薄的骨质板，胸鳍条上有明显的追星，而成熟的雌鳅的胸鳍第Ⅱ鳍条与第Ⅲ鳍条基本等长，无薄的骨板和追星。此外，判断雌鳅是否产过卵的方法是看鱼体的腹侧有无白色斑点这一产卵记号，因为在产卵时，雄鳅紧缠雌鳅，其胸鳍基部的薄骨片会在雌鳅体两侧无一例外的留下一道近圆形的白斑状伤痕，而没有产卵的鳅则没有。

进行泥鳅繁殖时，雌、雄鳅的搭配比例与亲鱼的大小有关。一般情况下，当亲鱼体长都在 10 cm 以上时，雌雄比例为 1：（2～3），如果雄鱼体长不到 10 cm，那么雌雄比例就调整为 1：（3～4）。

（三）繁殖技术

泥鳅的繁殖可采用自然产卵繁殖和人工催产繁殖两种方法。

1. 自然繁殖 每年春天当水温上升到 15 ℃以上，到了泥鳅的产卵繁殖季节，可进行泥鳅的自然产卵繁殖。泥鳅的自然产卵繁殖池可用小型水泥池、土池或网箱，繁殖池在放养泥鳅之前，均要先用生石灰等消毒，然后注入清新的新水，水深保持在 30～50 cm，待消毒药物的药性消失后，可放入产卵的亲鱼。亲鱼的放养密度以 0.3～0.5 kg/m² 为宜。通过一段时间的亲鱼培育后，当水温上升到 18 ℃左右时，可将准备好的产卵鱼巢放入产卵池的中央和四角。注意鱼巢必须浸没在水下，鱼巢可用水草、棕片、柳树根须等制作。鱼巢放入后要经常检查其上有无卵黏附，并清洗黏附在上的污泥等，以提高卵粒的黏附效果。

2. 人工繁殖

（1）人工催产。催产泥鳅使用的催产剂以绒毛膜促性腺激素和鲤脑垂体的效果较好。使用剂量：绒毛膜促性腺激素为 100～200 IU/尾，鲤脑垂体为 0.5～1.0 mg/尾，雄鳅使用剂量减半。泥鳅体表非常滑，不易逮住，在注射催产剂前，需用药麻醉后再注射，否则很费时费力，且效果较差，麻醉药物可用 2%的丁卡因药液。注射催产剂采用背部注射法，因泥鳅个体较小，选用的针头以较小的为好。泥鳅催产多采用一次注射。

泥鳅催产后，将亲鱼放回产卵池或网箱中待产。当水温在 20 ℃左右时，泥鳅的效应时间为 20 h，水温在 23～24 ℃时，效应时间只有 11～12 h，水温 27 ℃时，效应时间缩短为 8～9 h。

（2）受精。亲鳅既可在产卵池自行产卵受精，也可进行人工授精。进行自行产卵受精时，当泥鳅注射催产剂放入产卵池后，随后马上放入供产卵的鱼巢，鱼巢可用水草、棕片、柳树根须等，泥鳅发情后会将卵产到鱼巢上。进行人工授精，则需要准确计算泥鳅的效应时间，接近效应时间时，若发现雌、雄鳅追逐渐频繁，有雄鳅将身体蜷曲住雌鳅身躯，雌鳅呼吸急促等现象，说明发情高潮来临，此时用手挤压雌鳅的腹部若有金黄色的成熟的一粒一粒的卵粒流出来，即可进行人工授精。人工授精宜在室内或无阳光直射的阴凉处进行，一人将成熟的雌鳅用毛巾裹住，露出肚皮，并轻轻挤压腹部，将成熟的卵子挤入干燥的碗中，另一人将成熟好了的泥鳅精液挤在卵子上，第三人用手轻摇碗，并用羽毛轻轻搅拌数秒钟后，加入少量清水以增强精子的活力，提高受精率。然后将受精卵漂洗几次，放入孵化缸等中进行流水孵化，或将受精卵用手轻轻洒在鱼巢上进行鱼巢黏着孵化。

(3) 孵化。进行泥鳅的孵化可采用鱼巢黏着孵化和脱黏孵化。鱼巢黏着孵化时，可用流水或静水孵化，但用静水孵化也必须经常换水，并应尽量不移动鱼巢，以免受精卵落入水中。脱黏孵化时，一般将受精卵脱黏后，放入孵化缸、孵化槽或孵化环道内孵化。无能用哪种方式孵化，要求孵化用水清新，溶氧量丰富，无污染，溶氧量要求在 6~7 mg/L，pH 为 7~8。

泥鳅孵化的适宜水温为 20~28 ℃，最适水温为 25 ℃左右，当水温比较适宜时，泥鳅的孵化时间较短，当水温在 20 ℃左右时，48 h 可出苗，水温 25 ℃时，大约 24 h 出苗，水温 30 ℃时，12 h 左右出苗。但当水温较低时，泥鳅的孵化时间较长，如水温在 15 ℃以下时，其孵化出鳅苗的时间需要 100 h 多。鳅苗孵出后，应继续在原缸内缓流水暂养，待大部分仔鱼卵黄囊消失后，向缸内投喂煮熟的蛋黄，连喂 2~3 d 后即可下池转入苗种培育。

(四) 鳅苗培育

当鳅苗孵化出 2~3 d 后，随着摄食和消化器官的发育，可摄食外界食物如轮虫后，即可转入鳅苗培育阶段。

1. 培育池条件 鳅苗培育池以面积 500 m^2 的土池为好，其中 1/5 的面积修建成水泥池，泥鳅水花放入此范围中，用 60 目以上的网片将其与非水泥化的区域隔开。水深保持在 50~60 cm，一般不超过 80 cm。鳅苗下池前 10~15 d，要对苗种池进行清塘，先抽干池水，检查有无漏洞，然后用生石灰进行清塘，生石灰用量为 0.2 kg/m^2。也可用水泥池，但用水泥池的底一定要铺上 30 cm 左右厚的底泥，以利于保肥和培育浮游生物。生石灰清塘后 7 d 注水，注入的新水要经过过滤，以防野杂鱼混入。

2. 鳅苗放养 放养时，先在池中做一个水花网箱，将鳅苗放进网箱内暂养 0.5 d，喂一些熟蛋黄泥，当向网箱放入鳅苗时，必须在网箱的上风边轻轻放入，注意不能把水搅浑。经过 0.5 d 暂养，再将鳅苗放入培育池中，放养密度为 750~1 000 尾/m^2，有微流水时密度可增加到 1 500~2 000 尾/m^2。在同一池中只能放同一批孵化的鳅苗，否则会造成培育成的鳅种个体相差悬殊太大，且鳅苗阶段，存在着大吃小的现象，从而会导致鳅苗的培育成活率很低。

3. 鳅苗的培育

(1) 豆浆培育法。鳅苗从孵出到孵化后的 2 个月内，摄取的外界食物主要有轮虫和枝角类。因此，鳅苗下池后，每天必须泼洒豆浆 3~4 次，每天 100 m^2 面积的培育池需黄豆 0.5 kg 左右，以培育轮虫和枝角类供鳅苗食用。下塘 5 d 后，每 100 m^2 的培育池每天的黄豆用量可增至 0.75 kg。泼洒时间可减为 2 次，即 08:00~09:00 泼 1 次，13:00~14:00 泼洒 1 次。为延长豆浆颗粒在水中滞留的时间，豆浆要磨得细，洒得均匀。

(2) 肥水培育法。泥鳅喜肥水，在饵料不足的情况下，可以适当加些肥料。水温较低时，施硝酸铵 2 kg/m^2，水温较高时，施尿素 2.5 kg/m^2。一般隔天施 1 次，连续 2~3 d。也可施有机肥，如大草、畜禽粪等，从培育效果看，施用有机肥比用无机肥所培育的饵料生物要丰富，肥效持续时间更长久。因此在实际生产应用中，往往有机肥作为基肥施用，无机肥作为追肥施用，并将豆浆法和肥水法结合起来进行培育。

在鳅苗培育过程中，由于要施肥，水质易变坏，尤其要注意水质的管理。管理好水质，首先要求一次不能施肥过多，同时当水质过肥时，要及时加注新水，保证培育池中的水质达到"肥、活、嫩、爽"的要求。

(五) 鳅种的培育

鳅苗经过 40～50 d 的培育，体长达到 4 cm 左右的夏花，就要转入鳅种培育阶段。放养的夏花要求规格整齐，常用泥鳅筛子进行筛选。泥鳅筛子一般长 40 cm，高 15 cm，底部用硬木做栅条，四周用杉木板围成。筛选后相同规格的夏花放入同一鳅种塘内，放养量 50 尾/m^2 左右。鳅种培育池条件及清塘方法与鳅苗池相同。由于鳅苗经过近 2 个月的培育，食性已变化，泥鳅除吃浮游动物外，还吃少量浮游植物及杂草的嫩芽等植物性饲料，尤其喜食微生物（如细菌凝絮物），且吃微生物可以在较短时间内使泥鳅出现一个快速的生长阶段，因此，鳅种培育应采用肥水培育的方法。在饲养期间，可用麻袋或饲料袋装上有机物，浸入池中作为追肥，有机肥用量 0.5 kg/m^2 左右。除用施肥的方法增加天然饵料外，还应投喂鱼粉、鱼浆、动物内脏、猪血粉等动物性饵料，以及谷物、米糠、大豆粉、蔬菜、菜籽饼等植物性饵料，以促进泥鳅生长。随着仔鳅的生长，也可在饵料中逐步增加配合饵料的比例，使其完全过渡到适应人工配合饲料。人工配合饵料用豆饼、菜饼、鱼粉和血粉等配成，动、植物成分比例为 3∶2；日投喂量在水温 25 ℃以下时，为泥鳅体重的 2%～5%，25 ℃以上时为 5%～10%，30 ℃以上时则不喂或少喂。每天上午、下午各投喂 1 次，上午喂全天饵料量的 70%，下午喂 30%。喂食时，可将饵料搅拌成软块状，投放在食台上，沉到离池底 3～5 cm 处，切忌散投，否则秋季难以集中起捕。平时注意清除池边杂草，调节水质。

三、成鳅养殖

当泥鳅种苗体长达到 3 cm 左右，具有成鳅的钻泥习性，其适应环境的能力已大大增强，可转入成鳅的养殖阶段。进行成鳅的养殖，在不同的地方由于当地的条件不一样，有不同的养殖方式。归纳起来，比较成熟的养殖方式有池塘养殖泥鳅、网箱养殖泥鳅和稻田养殖泥鳅等。

(一) 稻田养殖泥鳅

养殖泥鳅的稻田，以水源充足，排灌方便的稻田为好。稻田在养殖泥鳅前，要做好防逃设施，做好稻田埂，并在四周埋好木板或水泥板，以防泥鳅逃跑；注、排水口要建两道网，外侧可用聚乙烯网，内侧用金属网防逃。同时，在稻田中挖占稻田面积 2%～3% 的鱼沟或鱼坑，供泥鳅栖息或便于集鱼。稻田必要设施准备好后，在放养泥鳅前，先将田水放干，让太阳晒 3～4 d，再按 100 m^2 施基肥 40～60 kg，基肥主要选用粪肥，在阳光下晒 4～5 d，使其腐烂分解，让土壤吸收。然后蓄水放养泥鳅种苗，放养密度一般为 30～50 尾/m^2。鳅种放养后，要适时、适量地投饵、施肥。泥鳅喜欢吃的饲料有蚕蛹、螺蚌肉、畜禽内脏等动物饵料和米糠、糟渣、蔬菜等植物饲料。水温不同，投喂泥鳅的饲料组成也不同，当水温为 24～28 ℃时，动物性饵料占 70%，植物性饵料占 30%。水温低于 24 ℃时，动、植物饲料可各占 1/2。在养殖泥鳅的后期，投饵、施肥最好在集鱼坑内进行，这样有利于集中起捕。在养殖过程中，要经常检查泥鳅摄食和防逃情况。稻田水位应根据稻、鳅的需要适时调节，从插秧到分蘖，要浅水以促进水稻生根分蘖，生长期要适当加深水位，在大雨涨水时应在田埂上加设竹帘，防止泥鳅逃出田外。

稻田养泥鳅的关键之一是必须加强田间管理。给水稻治病时应当用低毒农药，并采用灌深水、喷药朝前的施药方法。一定要禁用一些剧毒农药。在高温季节，适当加深田水，有利于避暑越夏。

(二) 池塘养殖泥鳅

用于养殖泥鳅的池塘要求池底平坦，进、排水方便，面积在 3 000 m² 以下，池深 70～100 cm，水深 40～50 cm 的池塘为好。池塘分土池和水泥池两种。水泥池要在池底铺上 20 cm 厚的泥土，土池的池壁须用砖或用石块浆砌，做到坚固、耐用、无漏洞。进水口要有过滤设施，以避免野杂鱼混入塘内，一般用聚乙烯网布安装在进水口处，出水口建拦鱼设施。清塘方法同苗种培育池。清塘 7 d 后灌注新水，随即施基肥，培育水质。通常在池边四角堆上畜禽粪肥，每 100 m² 施 20～30 kg。施肥后 3～5 d 即可放养鳅种。鳅种放养密度为每 100 m² 放养 3 cm 长的鱼种 1.0 万～1.5 万尾或 5 cm 长的鱼种 5 000～8 000 尾。经 3～4 个月的投饵饲养，可养成体长 10 cm 以上、尾重 8～10 g 的成鱼，每 667 m² 产量达到 250～300 kg。

由于泥鳅为杂食性的鱼类，养殖过程中既要施肥培育浮游生物，又要人工投饵。鳅种下塘后，要根据水质的肥度确定施追肥的方法。一般每隔 15～20 d 施追肥一次，每次每 100 m² 施用 5～7 kg，将池水透明度控制在 15～20 cm、水呈油绿色或黄绿色为好。池塘养殖泥鳅放养密度大，还要人工投喂饲料，饲料种类有鱼粉、动物内脏、猪血粉等动物性饲料和米糠、饼类等植物性饲料。动、植物性饲料的比例要根据水温不同而适当调整，水温高于 24 ℃时，动物性饲料要占到 70% 左右，水温低于 24 ℃时，则动、植物性饲料各占 1/2。一般每天投饵 2 次，07:00～08:00 投喂一次，14:00～15:00 投喂一次，日投喂量占泥鳅体重的 2%～4%。养殖过程中要注意做好水质管理的工作，一般每 5～7 d 换一次水，每次换水 30～40 cm。要坚持每天巡塘，经常检查进排水设施、拦鱼设施，防止泥鳅外逃。

(三) 网箱养殖泥鳅

养殖泥鳅的网箱，用 3×3 股的聚乙烯网片做成，网目为 0.5～1.0 cm，面积为 50 m² 左右。网箱设置时，箱底要着泥，在箱底上必须铺一层 10～20 cm 的泥土。网箱可设置在池塘、湖泊、沟渠等水体中。网箱养殖泥鳅的放养量依水体的条件而定，水肥时放养量可大一些，水瘦的水体放养量可小一些，一般放养密度为 2 000 尾/m²。

网箱养殖泥鳅以人工投饵为主，投喂的饲料种类和方法与池塘养殖泥鳅的相同。日常管理主要是查看网箱是否有破洞，有洞须立即补好，以防止泥鳅外逃；勤刷网衣，保持网箱内外水体的流通，使箱内溶解氧丰富，饵料生物丰富。

四、病害防治

泥鳅进行人工养殖后，由于放养密度高，水质易恶化，捕捞、运输过程中受伤等均会引起泥鳅的疾病发生，且还会导致大量死亡。泥鳅疾病的防治应坚持以防为主、以治为辅的原则，在养殖过程的各个环节都不能忽视泥鳅疾病的防治。

(一) 泥鳅疾病发生的原因

泥鳅养殖过程中会发生一些疾病，其发病的原因，归纳起来主要是：施肥过多，造成水质过肥甚至恶化。在养殖过程中，当水温过高，且施肥过多，而换水又不及时，或残饵清扫不及时不彻底时，易诱发泥鳅疾病的发生。

泥鳅放养密度过大，且放养的泥鳅种苗规格不一致时，或食物投喂不足时，均会导致泥鳅相互残杀、大小相残，使泥鳅受伤和导致泥鳅养殖成活率低，尤其在泥鳅苗种培育时期更为严重。

喂养不当引起泥鳅发病：当投喂食物变质，如投腐败变质的臭鱼虾，或投食量过大等，都会引起泥鳅疾病的发生。

（二）预防泥鳅病害的主要措施

注重泥鳅放养前的防病：主要是对养殖池或稻田要进行彻底的清塘消毒。

注重放养过程的防病：种苗选择要严格，一个养殖池尽可能放养规格基本一致的泥鳅苗种；种苗放养时要消毒；放养密度要合适。

注重养殖期的防病：施肥要按照少量多次的原则，并及时换水，以控制好水质；把握好饵料的质量和投饲量，如投喂多了泥鳅吃不完会污染水质，且腐败食物会引起泥鳅多种疾病的发生。

注重药物预防：每隔 10~15 d 要用药全池泼洒 1 次，以预防泥鳅疾病的发生。发生疾病时要正确诊断，对症下药，科学用药。

加强泥鳅养殖的日常管理，以预防泥鳅疾病的发生，在养殖过程中要及时捞取剩饵，搞好养殖池的清洁卫生，密切注意水源水质，防止农药或工业污水进入养殖鳅池等。

（三）泥鳅常见疾病及防治方法

1. 水霉病

病因及症状：泥鳅体表受伤后，由水霉菌在病灶区寄生引起。此病多在水温较低的春季、冬季易发生。发病的泥鳅，其病鱼的体表或鳍条等感染处会长出如棉絮状的絮状物，伤口处溃烂，病鱼离群独游，不摄食，严重的不久会死亡。

防治方法：在泥鳅捕捞、运输过程中操作要仔细，避免泥鳅受伤；泥鳅种苗放养时要用食盐浸泡消毒，用 3%~4% 食盐浸泡 5~10 min；发病鳅用 2%~3% 浓度的食盐水浸洗 5~10 min；也可用医用碘酒或 1% 浓度的高锰酸钾涂于鳅病灶；还可用 0.04% 的食盐加 0.04% 的小苏打（碳酸氢钠）全池泼洒。

2. 腐鳍病（红鳍病）

病因及症状：由细菌引起，多发生在水温较高的夏、秋季。病鱼的鳍、腹及肛门等部位有充血发红的症状，有些则出现血斑点、肌肉溃烂、鳍条腐蚀等现象。

防治方法：泥鳅种苗放养时要用药物浸泡消毒，病鱼可用 10 mg/L 的四环素浸泡 5~10 min，或用 10~20 mg/L 的土霉素浸泡 10~20 min，均有一定的效果。

3. 车轮虫病

病因及症状：由车轮虫寄生引起的病。病鱼体表和鳃组织损伤，鱼体消瘦发黑，逐渐衰弱而死亡。

防治方法：用 0.7 mg/L 的硫酸铜和硫酸亚铁（5∶2）合剂全池泼洒，或每 667 m² 用苦楝树叶 30 kg 煮水全池泼洒，也有一定的效果。

4. 小瓜虫病

病因及症状：由多子小瓜虫寄生泥鳅体上而引起的病。发病的鱼可见其体表、鳃及鳍条上有白点状的胞囊。此病多发生在夏、秋季，病鱼身体发黑，离群独游，体质消瘦，不久会死亡。

防治方法：发病鱼池可用 0.2~0.3 mg/L 的亚甲基蓝全池泼洒。

5. 弯体病

病因及症状：弯体病多在孵化时因水温异常，如水温过高或过低，或水温在短时间内变化幅度过大而引起此病的发生；此外泥鳅营养不良或环境不良也会导致此病的发生。病鱼的身体弯曲或尾柄弯曲。

防治方法：保持比较恒定、适宜的孵化水温；注意动、植物性饲料的搭配和无机盐添加剂的用量；注意施肥方法，坚持少量多次的原则，并经常换水改良水质。

6. 气泡病

病因及症状：由于水中的气体过饱和，形成小气泡附在池底或池壁，泥鳅误吞后致病。病鱼的肠内有发亮的气泡，体表和鳍条上也布满气泡，使鱼体漂浮水面或不能活动自如而死亡。

防治方法：不施用没经发酵腐熟的粪肥；池水不能过肥，保持水质清新；向鳅池加入地下水时要先充分曝气；若发现苗种患气泡病时采取大量冲注新水的措施。

五、捕捞与运输

(一) 泥鳅的捕捞

捕捞泥鳅的方法比较多，只要选择得当，可有效地将泥鳅捕起。

1. 药物驱赶法 选用存放时间两年的茶饼，用火烧几分钟，待其表面将着火时取出趁热捣成粉末，加温水浸泡5 h左右。将养殖池、稻田等的水排至刚好淹没底泥，如有高出水面的底泥则一定要铲平，不使露出水面。然后在池的四周用泥堆积成斜坡状的聚鱼泥堆，并使其高出水面。面积较大的稻田或养殖池，则可在其中央增设聚鱼泥堆。傍晚将泡好的茶饼渗水后均匀泼洒全池，但聚鱼泥堆上不能洒到。注意人洒完后不要再到池中走动，也不要注水或排水。泥鳅在茶饼水的作用下会钻出泥满池乱窜，若遇高出水面的泥堆便一头钻进去。第二天早晨沿聚鱼泥堆筑一小土埂将其围起来，排干圈内的水，便能从泥堆中捕捉到大量的泥鳅。每667 m²池用茶饼5~6 kg，当水温在10 ℃以上时泥鳅的起捕率可达90%左右。

2. 流水聚集法 收鱼前疏通鱼沟、鱼溜，充分利用鱼溜和水坑的作用。傍晚扒开养殖鳅池的排水口放水，注意放水的速度要缓慢，让鳅尽可能多地集中到鱼沟里。清晨再人工驱赶到鱼溜或坑中，最后用手抄网舀捕。

3. 网捕法 先将密眼网放置在鱼溜、鱼坑等固定的投饲场所，再投喂饲料引诱泥鳅聚集摄食，然后把网迅速提出水面即可捕得大量的泥鳅。也可在排水口外设置网箱或网袋，拆除拦鱼栅夜间放水，同时不断从进水口加水，泥鳅会从排水口落入网袋。此法在夏季可捕获泥鳅60%左右。

4. 秸秆埋泥聚捕法 秋冬时节，泥鳅会钻泥越冬。因此，可以在深秋时节把玉米、麦草或稻草等扎成大捆，再将其埋入养殖泥鳅池的底泥中，使其只外露一小部分。随着水温的渐渐降低，大量的泥鳅会纷纷钻进秸秆捆中越冬。取鱼时，只需将秸秆捆轻轻抬起，即可捕得大量的泥鳅。若秸秆布置得当，可捕获90%左右的泥鳅。

(二) 泥鳅的运输

由于泥鳅的呼吸除了用鳃呼吸外，还可用肠道壁等进行呼吸，因此运输泥鳅的方法较多，有带水运输、干法运输和塑料袋充氧运输等方式。

泥鳅苗种运输一般采用塑料袋充氧运输法，即用双层塑料袋，先装1/4左右的水，再将泥鳅苗种装入其中，排除袋中空气后，充氧并将袋口扎紧，检查袋是否漏气后，即可包装进行长、短途运输。每个氧气袋一次可装运泥鳅水花 10 万～15 万尾,装运 3 cm 的鳅种 5 000～8 000 尾。

泥鳅成鱼在运输时间短或距离近的情况下可采用干法运输。即将泥鳅放入平底的容器中,如铁皮箱、塑料框等,再向容器内洒些水使泥鳅的皮肤保持湿润,即可进行运输,在运输过程中,要人工经常搅动泥鳅,防止下层泥鳅受到挤压而死亡。此法装运简单,只要在 24 h 内运到,成活率可达到 95％以上。

当泥鳅需要进行中、长途运输时,必须采用带水运输或氧气袋充氧运输。带水运输时,即将运输容器内装水和鱼各 1/2,途中每隔一段时间(10～12 h)要换水一次,这样的运输成活率很高,但运输起来比较麻烦,需要的劳动强度大。充氧运输成鳅与运输鳅苗方法一样,但在袋中只加少量的水,一般不超过袋容积的 1/5,将氧气充足,当运输时气温较高时,可在袋旁放冰块,以降低温度,提高运输的成活率。

思考题

1. 泥鳅的生活习性与食性如何?
2. 为什么泥鳅苗种培育的成活率较低?
3. 成鳅的养殖方式有哪些?

第六章 鳡、鲌类养殖

第一节 鳡的养殖

鳡（*Elopichthys bambusa*），隶属于鲤形目，鲤科，雅罗鱼亚科，鳡属，是一种重要的大型淡水经济鱼类，又称横鲉、横鱼、黄鲉、黄颊鱼、水老虎、大口鳡、竿鱼、枪鱼等。鳡为典型凶猛肉食性鱼类，行动迅捷，善于追击捕食，一般生活于江河、湖泊和水库等水体中上层。历史上曾被当作"害鱼"而成为湖库等养殖水域猎杀、清除的首要对象，同时由于水利工程广泛兴建形成的江河阻隔，以及水域环境的日益恶化等原因，造成鳡自然资源量锐减，江河湖库中已踪迹难觅。鳡的市场前景广阔，需求旺盛。但鳡的人工养殖刚刚起步，远不能满足市场需求。

鳡作为新型养殖对象，具有生长快、个体大、肉质坚实、味道鲜美、营养丰富等优点。鳡含肉率为78%，鱼肉中蛋白质含量达18.82%，脂肪含量1.28%，富含各种人体必需氨基酸；鲜肉可入药，具有暖中、益胃、止呕等功效，主治脾胃虚弱、反胃吐食等症。晒制成的"鳡鱼干"更是为人们所喜爱，鳡被列为上等食用鱼类。

一、生物学特性

（一）形态特征

鳡体型修长，稍侧扁，圆筒形。口大，端位，口裂深。吻尖，呈喙状。眼小稍凸出。下颌前端中央有一角质凸起与上颌凹陷镶嵌。体被细鳞，侧线完全。背鳍较小，位于腹鳍基之后。臀鳍外缘深凹，位于背鳍的后下方。胸鳍尖，远离腹鳍。尾鳍分叉，上叶略长于下叶，末端尖形。鳃耙短，排列稀疏。下咽齿3行，鳔2室。体背侧灰黑色，腹侧银白色，背鳍、尾鳍深灰色，其余鳍及峡部淡黄色，尾鳍边缘黑色（图2-6-1）。

图2-6-1 鳡

（二）生活习性

鳡生活在江河、湖泊、水库的中上层，性情极其凶猛，常在敞水区猎捕其他鱼类。采用主动追击型捕食方式，发现猎物后往往主动出击，穷追不舍，直至将鱼咬住、吞入腹中。鳡游泳速度快，冲击力强，其他鱼类一旦成为攻击目标，少有逃脱者。鳡属半江湖性鱼类，秋冬水温低的季节，潜于河道干流深水处越冬，春天水温回升后，回到食物丰富的江河下游及附属湖库中生长育肥，亲鱼在春夏汛期进入河道上游流水区产卵繁殖，鱼卵随水漂流发育成苗，秋末以后又进入干流等深水区越冬。鳡属广温性鱼类，生存水温为0~38℃。

（三）食性

鳡是典型的肉食性鱼类，14 mm长的鳡苗已能捕食其他鱼苗。捕食方式为主动追击型，捕食对象主要为身体细长的鲌类、鲍类和鲴类等中上层鱼类，较少捕食鲤、鲫等底层鱼类。被食鱼的体长一般为其自身体长的1/4～1/3，最大可达自身体长的1/2。在池塘条件下，除了摄食各种小杂鱼、病弱鱼苗以外，经过驯食，还能很好地摄食死鱼和冰鲜鱼块。在食物缺乏时，同类相残现象较为严重，鱼种阶段尤为明显。从开口摄食到体长2 cm时，主要摄食轮虫、小型枝角类和桡足类幼体，人工养殖条件下也喜食豆浆；体长2～4 cm时，主要摄食大型枝角类和桡足类，偶尔捕食少量其他弱小鱼苗，人工养殖条件下也喜食豆浆和粉状饲料；体长4～7 cm时，开始转食其他鱼苗；7 cm以后主要以其他鱼类为食。

(四) 生长

鳡属顶级消费者，贪食，生长十分迅速。自然条件下，1冬龄可长到46 cm，体重达1 kg，2冬龄70 cm，体重3.5 kg，以后每年大约增长15 cm，6冬龄可长到135 cm，体重34 kg。最大个体可达60 kg，以1～5龄增长速度最快。人工养殖条件下，1冬龄可达1.0～1.5 kg，2冬龄可达3～5 kg。鳡适宜生长温度为12～30 ℃，最适生长温度为18～28 ℃，此时摄食量最大，生长速度最快。当水温下降到12 ℃以下或上升到30 ℃以上时，摄食频率明显下降，生长速度减慢；当水温下降到8 ℃以下时，停止摄食。一年中5～8月为鳡的摄食旺季。

(五) 繁殖习性

鳡性成熟年龄为雄性3龄，雌性4龄。繁殖季节为4～7月，繁殖水温为17～30 ℃，最适繁殖水温为20～27 ℃。绝对怀卵量为20万～270万粒，相对怀卵量为85～128粒/g。鳡的繁殖习性与"四大家鱼"相似，春夏汛期于流水中产漂流性卵，借助上翻的水流，完成受精和吸水膨胀过程，胚胎在顺水漂流中发育脱膜。鳡卵沉性，青灰色，粒径约为1.8 mm，吸水后可膨胀至5 mm，经过大约40 h的漂流发育即可孵化出膜。

二、人工繁殖

(一) 亲鱼培育

1. 亲鱼的选择与雌雄鉴别 鳡后备亲鱼可从人工养殖的商品鱼或湖泊等水域的野生群体中挑选，一般可选择2冬龄的个体作为后备亲鱼在池塘中进行培育。通过池塘强化培育，4足龄鳡性腺可成熟和人工催产。所以，池塘培育时间一般为2.5年左右。当然，也可从天然水域中直接引进4龄以上的性成熟个体进行催产，但天然水域的鳡由于饵料鱼资源不一定能满足性腺发育所需营养，而存在性腺发育不同步现象。所以，用于人工繁殖的亲本最好能在池塘中强化培育1年以上。经池塘培育的鳡一般性腺发育较为同步，催产时间容易掌握。

雌性个体较大，腹部大而圆，胸鳍内侧鳍条光滑，无糙手感觉。肛门部位有3个孔，即肛门（前）、产卵孔（中）和泌尿孔（后）。雄性个体稍小，腹部较窄。胸鳍内侧前几根鳍条上具骨质锯齿状突起，有糙手感觉。肛门部位只有2个孔，即肛门（前）和尿殖孔（后）。性腺发育良好的亲鱼特征：雄鱼尾鳍有追星，尾柄较为粗糙，轻压腹部有白色精液流出，遇水即散；雌鱼腹部明显膨大，生殖孔红肿，外突，仰腹时，中间有明显的内凹。

2. 培育方法

(1) 培育池。亲鱼培育池塘应尽量靠近产卵池，以减少人工繁殖时亲鱼搬运距离和时间，面积宜5 336 m²以上，水深2 m左右，进、排水方便。使用前，池塘应常规清淤和维护，并用生石灰或漂白粉清塘消毒。池内需配备增氧设备，防止缺氧"浮头"。

(2) 放养。放养一般在冬季的晴天进行，后备亲鱼下塘前需经 5% 浓度的食盐水浸泡消毒。鳡需专池培育（单养），放养密度：前期（鳡个体重量 5 kg 以下）为每 667 m² 20~30 尾，后期（鳡个体重量 5 kg 以上）为每 667 m² 10~15 尾。一般养殖鳡亲鱼的总重量应控制在每 667 m² 200 kg 以内，雌雄比例 1:1。

(3) 饲料。鳡是典型的凶猛性鱼类，在天然水域中，终身以其他鱼类为食。在池塘养殖中，经驯化能吃鱼块，饥饿时甚至会吃颗粒饲料。为保证鳡亲鱼的正常生长和性腺发育所需营养，鳡亲鱼培育的饲料应采用适口的活"四大家鱼"鱼种为好。饵料鱼应专池培育、提供。一般可在后备亲鱼下塘后 20 d 左右开始投喂，以后根据亲鱼池塘中饵料鱼的数量及时增补。

(4) 培育要求。鳡亲本培育要把好饵料、水质和流水三关。一是控制好饵料鱼的规格与数量，在整个培育阶段都需投喂活鱼。饵料鱼规格要适中，饵料鱼不宜过大，饵料鱼与鳡个体重量比宜保持为 1：(15~20)。当发现池塘中有被咬断的饵料鱼时，表明饵料鱼过大，应适当降低饵料鱼投放规格。要及时向池塘中添加饵料鱼，亲本培育池塘中饵料鱼过少时会影响鳡的摄食，过多又会挤占池塘空间，消耗水中溶解氧。培育池塘中饵料鱼与鳡的总重量宜控制在 (1~2):1。二是控制好水质，保持池水清新。与鲢、鳙亲鱼培育不同，鳡亲鱼培育池塘不需要肥水，池水偏浓时要及时换水，池水缺氧时应及时开启增氧机。三是用流水促使亲鱼性腺成熟。池塘培育鳡亲本可采用"先静后动"方法：培育第一年（3 龄以前），可采用静水培育，无需冲水；从第二年（4 龄）开始，应每月冲水 2 次，从繁殖当年的 2 月开始，培育池塘应每周冲水 2 次，每次 3~4 h。自 4 月上旬开始，培育池塘水体基本上始终处于流动之中。

（二）催情产卵

1. 亲鱼配组 雌雄比为 2：(2~3)。

2. 人工催产 催产季节为 5~7 月，催产水温 23~27 ℃，阴雨天不宜催产。鳡繁殖习性与"四大家鱼"相近，可用鲢、鳙繁殖设备进行催产孵化。催产注射次数应根据亲鱼成熟情况来定，成熟好的可采用一次注射。一般采用二次注射：第一次注射采用 LRH-A_3 1~3 μg/kg 催熟，第二针注射采用 DOM 5 mg/kg+LRH-A_2 10 μg/kg+HCG 500 IU/kg 催产，针距 12~24 h，效应时间一般为 6~8 h，雄鱼一次注射，用量减半（以鱼体重计算药量）。

3. 自然产卵与人工授精 鳡性情暴烈，易挣扎受伤死亡，因此运输、操作时要小心护理。有条件的产卵场打针后最好让其自然产卵，以减少伤害。如果行人工授精，则要密切关注亲鱼的发情情况，掌握好效应时间。

（三）人工孵化

孵化方法和孵化管理同"四大家鱼"。

三、苗种培育

（一）鱼苗培育

鳡下塘前 7~10 d 彻底清塘除野，注水 50~60 cm，每 667 m² 泼洒 150~300 kg 腐熟畜禽粪肥以培养轮虫，轮虫高峰期时投放鱼苗。放养密度为每 667 m² 15 万~20 万尾，下塘前投喂煮熟蛋黄开口（每 10 万尾鱼苗 1 个蛋黄），下塘后 10 d 内每天早、晚各泼洒豆浆 1 次，每次黄豆用量为每 667 m² 用 3 kg，随着鱼苗的增长，可以酌情增加。每 2~3 d 追加一次腐熟有机肥以培养浮游动物供鳜苗摄食。10 d 后，当鳜苗长到 2 cm 左右时，停止施用有机肥，适当加注新水以保持水质清新，除每天继续泼洒豆浆外，要适量补充粉状饲料，粉状饲料可选用甲鱼饲料也可用鱼粉混以鲫饲料，每 667 m² 用量 1~2 kg，每天 2~3 次。20 d 后完全投喂粉状饲料，用量增加到每 667 m² 用 3 kg，并投喂一定数量的活饵料鱼。饵料鱼一般选择体长约为鳜体长 1/3 的鲢、鳙苗。饵料鱼要分批投喂，先多后少。"先多"是为了保证所有鳜苗都能吃到适口的活饵料，分批是要防止饵料鱼和鳜争夺食物与空间，"后少"是为了方便下一步驯食，总量以 10 d 内吃完为宜。经过 30 d 的培育，一般可长成 6~8 cm 的大规格鱼种。此时可以拉网出售，也可以分塘稀养或转入成鱼养殖。

（二）鱼种培育

转入成鱼养殖前应进行鱼种的驯食，驯食的目的是让鳜鱼种由吃活饵料改吃死鱼和鱼块，以降低饲料成本。鳜驯食的最佳时机为 5~8 cm，经过 7~10 d 的驯化，基本可以全部转食鱼块，成活率可达 90% 以上。驯食方法为：在池塘进水口处用围网围成一块占池塘面积 10% 左右的暂养区，按 300~500 尾/m² 放入鳜鱼种，前期投喂适口的死饵料鱼夹杂少量的活饵料鱼，中期投喂死饵料鱼夹杂少量鱼块，后期逐渐增大鱼块比例，直至全部投喂鱼块。每天分 09:00 和 16:00 两次进行驯化，每次驯食前，先向食场泼水，然后将少量饵料抛向食场，间隔 3~5 s 后再次投喂，并保持投喂频率不变，反复驯化 1 h，应特别注意不能一次吃得太饱，是否吃饱可以从鳜抢食的强度来判断，刚开始投饵时可见全部鱼群上浮抢食，投饵一定时间后，抢食鱼群逐渐减少，当减少到原来的 1/4 时，应及时停止投喂，防止吃得过饱。一般来说，密度越大，驯食越容易，驯食时间越短，但应注意保持溶解氧充足，最好能保持微流水。

（三）卵、苗种的运输

运输方法同"四大家鱼"。

四、成鱼养殖

（一）池塘养殖

1. 池塘要求 池塘面积在 1 334~6 670 m² 均可，水深在 1.5~2.0 m，塘埂坚实不漏水，排灌方便，池底淤泥厚度不超过 20 cm。

2. 放养模式与密度

（1）池塘专养。以鳜养殖为主，为调节水质，可搭养少量鲢、鳙。放养密度依池塘条件、管理水平而定。一般每 667 m² 可放养 3 cm 左右的鳜夏花鱼种 800 尾，50 g/尾的鲢、鳙 1 龄鱼种 50 尾左右。

（2）鱼蟹混养。在鱼塘中适当搭养中华绒螯蟹，可将一些鳜未吃完的、沉入池底的饲料（鱼块）吃掉，充当"清道夫"，这样，既可减少因残饵腐烂而引起的水质恶化，又可增加养殖效益。一般每 667 m² 可放养 3 cm 左右的鳜夏花鱼种 600~800 尾，鲢、鳙的放养数量与"专养"相同，每 667 m² 再放规格为 120~200 只/kg 的 1 龄蟹种 100~150 只。同时，在池塘水面适当种植水草（苦草或轮叶黑藻）。

（3）池塘套养。在野杂鱼较多的成鱼池、亲鱼池，根据饵料鱼的丰歉情况，每 667 m² 套养 10 cm 以上的鱼种 20~50 尾，在不增加饲料投入、不影响主养鱼产量的前提下，无需另行管理，当年每 667 m² 可增产 1~2 kg 的鳜商品鱼 10~30 kg，净增收 500 元以上。套养应该注意以下几个方面：①套养鳜规格应为 10 cm 以上的大规格鱼种，经过 4~5 个月的饲养，成活率可达 90%，规格偏小成活率较低；②为提高鳜成活率，可在下塘的同时放入一些适口的鲢、鳙苗做饵料鱼；③不和乌鳢、鳜等肉食性鱼类同池混养，以免相互争食；④套养塘主养规格应为同期鳜规格的 2 倍以上，否则将影响主养鱼产量。

3. 饲料及投饲方法 鳜是凶猛性鱼类，在天然水域中以活鱼为食。但在人工养殖中，若仍投喂活饵，一是养殖成本较高，二是需配备饵料鱼专养池，并要做到饵料鱼的适口性，较为麻烦。试验表明，鳜经驯化，其食性能由专吃活鱼而变为吃死鱼（鱼块）。因此，鳜的饲料，前期可用活鱼苗，后期为鱼块。鳜的食性驯化可从鱼体长 5 cm 左右时开始。在体长 5 cm 以前，应投喂适口的活鱼苗。

（1）活饵料的准备。鳜前期所需的活饵料可用"四大家鱼"的鱼苗。活饵料准备和投喂有两种方法。一是在鳜的养殖塘中直接培育。在鳜下塘前半个月，在每 667 m² 塘中放养"家鱼"水花 15 万~20 万尾，按夏花鱼种培育的要求进行培育。"家鱼"鱼苗长到 1.5 cm 时，将 3 cm 左右的鳜鱼种直接放入塘中，以"家鱼"鱼苗为食。塘中应继续投喂粉状饲料，培育饵料鱼，使饵料鱼与鳜"同步"生长，保证鳜随时有适口的饵料。待鳜长到 5 cm 左右时，且塘中的活饵已不能满足需求时，开始进行食性的驯化，投喂适口的鱼块；二是用专塘培育活饵料。在养殖塘中用网片围成一块占池塘总面积 10% 左右的暂养区，放入 3 cm 左右的鳜鱼种，先投喂活鱼苗，再投喂鱼苗与鱼块的混合料，最后完全投喂鱼块，完成食性的转化后，拆除围网。两种方法相比，前者前期的养殖较为方便，但驯化相对较难，后者则相反。

（2）驯化。选择池底淤泥较少、朝南向阳的塘边作为食场，每天分两次进行驯化，时间为 09：00 和 16：00。驯化时，先向食场泼水，几分钟后开始投饵，再重复泼水、投饵，如此循环往复，使鱼形成条件反射，只要一向食场泼水，即会快速汇聚在食场。刚开始时的饵料最好为大小适口的活鱼苗与小杂鱼制成鱼糜或鱼块的混合物，再过渡到全部用鱼块。

（3）投饲。完成食性的转化后，应定时、定点、定量投喂鱼块，一般上午、下午各一次，投喂前先"泼水引鱼"，待鳜聚集于食场后，再投喂鱼块。投喂量依天气、水温和鱼吃食情况而定，一般日投喂量为鱼体重的 5%~8%。如以投喂冰冻鱼块为主的，应每隔一定时间补充投喂新鲜鱼块，或在冰冻鱼块中加复合维生素及维生素 C。

4. 日常管理

（1）加强水质调节。鳜养殖中的日常管理方法与其他鱼类养殖基本相同。在养殖中要注意控制水质，保持水质清新，溶解氧丰富，透明度应控制在 30 cm 以上。前期以注水为主，可每隔半个月加水一次，使池水随鱼体增大而不断加深。中、后期应适时换水，并定期向池中泼洒生石灰，也可施用复合生物制剂，以改善水质。闷热天气要适时增氧，防止缺氧"浮头"。

（2）及时分养。鳜抢食凶猛，食量大，生长快，但个体差异很大。因此，养殖中如不及时进行筛选分养，会造成大鱼抢食厉害、吃得多、长得更快，小鱼抢不到食而长得更慢的结果。同时还会出现"大鱼块小鱼吃不进，小鱼块大鱼吃不饱"的现象。最终造成同塘养的鱼体重相差 10 倍以上的结果。因此，在养殖过程中应根据生长情况，及时进行分养。

（3）适时驯食。鳜的池塘养殖能否成功，关键是能否将其食性由吃活饵驯化成吃鱼块或死鱼。驯化时间，即鳜在长到多大规格时开始驯化，对驯化成败和养殖成活率影响较大。养殖中通常采用活饵料将鳜喂到 5 cm 后再进行驯化比较合适，因天然水域中的鳜以活鱼为食，使其改食鱼块或死鱼，必须有一个过程，鳡只有饥饿到一定程度后才被迫改食鱼块。过早驯化，可能因鳡个体较小、体质较弱而影响成活率。驯化太迟，又给前期大量活饲料鱼的准备带来困难，抬高养殖成本。大量养殖经验证明，在鳡 5 cm 左右开始驯化，一般 7~10 d 时间就能完成食性转化，且成活率可达 90% 以上。

（二）网箱养殖

鳡网箱养殖技术简单、生长快、产量高、效益好，已在丹江口等地区试验推广，有较好的发展前景。网箱养殖可参照大口鲇的养殖模式采用三级网箱分级饲养。鱼种放养时间为 5 月下旬至 6 月中旬，当年繁殖的鱼苗最好经池塘培育至 6~7 cm 的规格后进入一级鱼种箱饲养，放养密度为 200~300 尾/m²。饲养 20~25 d 后，清箱过筛，筛出的大、小鱼种分箱饲养。当鱼种规格达 50 g 左右时，转入二级鱼种箱饲养，放养密度为 50~100 尾/m²。当鱼种规格达 250 g 左右时，转入成鱼箱饲养，放养密度为 30~50 尾/m²。在上述鱼种放养密度的情况下，一只 25 m² 的成鱼网箱，通常能产鳡 1 000~1 500 kg。

饲料主要以野杂鱼为主，当野杂鱼不足时可以补充鲢、鳙等低质鱼或直接购买冰鲜鱼。日投食两次，早、晚各一次，日投食量为鱼体重的 5%~8%，具体用量还要根据天气、水温和鱼体生长摄食情况酌情增减，6~8 月为生长旺季，应加强投喂。一般来说，长成 1 kg 的鳡需要 5 kg 左右的饲料鱼。鳡属于凶猛性鱼类，一旦逃到水库、湖泊等大水面并形成种群，则可能对该水域渔业资源带来灾难性的影响。因此，网箱养殖应特别注意加强防逃管理，经常检查网箱破损情况，及时采取补救措施。对于能满足鳡自然繁殖水文条件的水体，应慎重进行鳡网箱养殖。

五、病害防治

鳡的池塘养殖刚刚开始，尚未发现特有的病害，但在养殖过程中应注意病害的预防。一是养殖池塘在使用前，每 667 m² 用 75~100 kg 的生石灰全池泼洒，以改善池塘底质和杀灭病菌。二是鱼种下塘前要用食盐水进行浸泡消毒。三是饲料鱼要安全卫生，符合相关要求，并定期用漂白粉或强氯精对食场进行消毒。

第二节　鲌的养殖

鲌类是鲤科、鲌亚科鱼类的统称，又名白鱼。鲌类属我国名贵鱼类，肉质细嫩鲜美，鲜食或腌食均十分可口，特别适合加工成鱼丸子，深受消费者喜欢。鲌自然生长于湖泊、水库及河流中，生长快、适应性与抗病力强、适温范围广、病害少，适宜于池塘主养、混养，以及网箱养殖等。近年来因捕捞强度增大以及其他多种因素，其野生资源日益减少。开展鲌类的人工养殖对于渔农增收、满足市场、保护天然鱼类资源等十分有益。

一、生物学特性

1. 主要养殖种类与形态特征　鲌体延长侧扁，腹部自胸鳍后方至肛门或腹鳍至肛门间有腹棱。口前位或上位，口裂斜或垂直。侧线完全，约位于体侧中央。背鳍具硬刺。臀鳍具 18~29 分枝鳍条。咽齿 3 行。鳔 3 室或 2 室。翘嘴鲌（*Culter alburnus*）是我国鲌亚科种类中最大个体。翘嘴鲌（图 2-6-2），又名白鱼、大白刁、刁子鱼、红梢子、红尾鱼等，体型较大,性情暴烈,生长迅速,适温范围广,病害少,适宜于池塘主养、混养,网箱养殖等。口上位,口裂垂直,尾鳍灰黑色,重可达10～15 kg。蒙古鲌（*Culter mongolicus*),俗称红梢子、红尾巴(图2-6-3),是一种中型淡水鱼类,适应能力强,易养殖,饲料来源广。口前位,口裂斜,尾鳍上叶淡黄色,下叶鲜红色,一般在

图2-6-2 翘嘴鲌

0.5 kg左右,最大可达3 kg。黑尾近红鲌(*Ancherythroculter nigrocauda*),又名黑尾、黑尾刁等(图2-6-4),具有较强的耐低氧能力,性情较翘嘴鲌温和,生长快,抗病力强,食性杂,食物来源广,既可吃配合饲料,又可吃水中的浮游动物,还可吃小野杂鱼及有机碎屑等,对常规药物无禁忌。口半上位,口裂斜,背部灰黑色,体侧及腹部银白色,各鳍带灰色,尾鳍上、下叶的边缘尤为明显,常见体重50～500 g。

图2-6-3 蒙古鲌

图2-6-4 黑尾近红鲌

2. 生活习性 鲌生活于流水或缓流水水体的中上层,游动迅速,善跳跃,冬季在深水处越冬。适温范围广,生存水温为0～38℃,生长水温为14～32℃,最适生长水温为25～28℃。

3. 食性 肉食性。幼鱼一般摄食枝角类、桡足类和水生昆虫;成鱼主要摄食鱼类、虾类,也摄食经济鱼类的苗种。人工养殖时能摄食人工配合饲料。

4. 生长 翘嘴鲌生长迅速,体型较大,最大个体达10 kg以上,常见野生个体为50～3 000 g;人工养殖的鱼苗,1龄达0.6～1.0 kg,2龄可达2～3 kg。蒙古鲌生长速度稍慢,1冬龄鱼体重20～60 g,2冬龄体重100～180 g,3冬龄体重250～350 g,4冬龄体重可达1 kg。黑尾近红鲌1～2龄生长最快,在人工养殖条件下,1龄鱼可达200 g以上,2龄鱼可达1.8 kg以上。

5. 繁殖习性 翘嘴鲌具有明显的溯河产卵习性,性成熟年龄一般为雌鱼3～4龄、雄鱼2～3龄。成熟个体体重1.5 kg左右,每年5月中旬逐渐进入性成熟阶段,产卵期多在6月中旬至7月中旬,产卵盛期多在6月下旬至7月上旬,历时约一个月。由于水温、水位、流速等条件的不同,产卵时间可提前至5月底或6月上旬,或迟至7月底或8月上旬。产卵水温20～30℃,适宜水温25℃,适宜水流速0.1～0.5 m/s。发情产卵持续时间2 h左右。产卵场集中在水库上游和湖泊上风近岸带,水草稀疏,水深约为1 m的区域。雌鱼相对怀卵量为5万～20万粒/kg,呈浅黄灰色或浅绿灰色,卵径0.7～1.1 mm,卵膜较厚,吸水后的卵,直径约为4 mm。黏性卵,黏附在水生植物茎叶上,受精卵在20℃左右时约2 d孵出,也可漂流孵化。产卵后的亲鱼多进入湖泊或江河水较浅的水域索饵肥育,幼鱼则在水域或沿岸索饵。

蒙古鲌2龄即可达到性成熟,成熟个体体重在1 kg以上。产卵期为5～7月,以6月为

产卵高峰期。繁殖季节，亲鱼集群于有水草丛生的浅水处追逐、交配、产卵，通常将卵产附于水草之上进行孵化。繁殖水温为 22~28 ℃，最适繁殖水温为 23~26 ℃。个体怀卵量变动较大，少的达 2 万粒左右，多的达 39 万粒左右。卵为沉性卵。雄鱼在生殖季节有"婚妆"，其头背部及胸鳍外侧出现珠星，而雌鱼无此特征。蒙古鲌卵呈灰白色，卵径为 0.8~1.0 mm，卵膜厚。刚出膜的蒙古鲌苗无色透明，体长 4~5 mm。

黑尾近红鲌人工养殖条件下雌鱼的性成熟年龄为 2 龄，少数个体雌、雄鱼 1 龄可达性成熟。黑尾近红鲌为分批产卵类型。4~8 月为产卵期，其中以 5~6 月为高峰期。黑尾近红鲌相对怀卵量一般为 166~336 粒/g，其中，3 龄鱼绝对怀卵量一般为 28 000~40 000 粒，4 龄鱼绝对怀卵量一般为 45 000~60 000 粒，5 龄鱼绝对怀卵量一般为 90 000~110 000 粒。黑尾近红鲌受精卵淡黄色，平均卵径 1.20 mm±0.06 mm。当水温为 23.5~24.5 ℃时，孵化时间约 38 h。孵化出的仔鱼全长平均为 4.10 mm±0.03 mm。

3 种主要养殖种类的主要区别见表 2-6-1。

表 2-6-1 翘嘴鲌、蒙古鲌和黑尾近红鲌主要区别

品种	食性	外部形态
翘嘴鲌	肉食性	口上位；头背部几乎平直；各鳍灰色乃至灰黑色
蒙古鲌	肉食性	口前位；头后背部微隆起；背鳍灰白色，胸鳍、腹鳍和臀鳍均为淡黄色；尾鳍上叶淡黄色，下叶鲜红色
黑尾近红鲌	杂食性偏肉食性	口半上位，头后背部显著隆起；各鳍带灰色，尾鳍上、下叶的边缘尤为明显

二、人工繁殖

（一）亲鱼培育

1. 亲鱼选择与雌雄鉴别 选择亲鱼有 2 种途径：一是在捕捞季节从江河、湖泊、水库中选择无伤病、鳞全、体质健壮的亲鱼，经浓度 3%NaCl 溶液浸洗 10 min 后，放入亲鱼培育池饲养；二是从池塘中进行培育选留，挑选 2 冬龄以上、个体为 0.75~2.00 kg 亲鱼比较适宜，要求性成熟特征明显，体型好，色泽鲜亮、健壮，体表无损伤。

雌雄鉴别：性成熟的雄鱼，在头部、下颌、鳃盖骨及胸鳍上出现白色珠星，用手抚摸有明显的粗糙感。腹部不膨大，轻压有乳白色精液流出。成熟的雌鱼，手摸头部和体表感觉光滑，腹部膨大而松软，鱼体两侧卵巢轮廓明显，生殖孔微红。

2. 培育方法

（1）培育池。亲鱼培育池面积以 2 000~4 000 m² 为宜，面积过小不利于亲鱼活动，水深 1.5~2.5 m，注、排水方便，水质清新，底层淤泥少。

（2）放养。适宜放养量为每 667 m² 200~300 kg，并搭配放养鲢、鳙等滤食性鱼类每 667 m² 100~120 尾，以调节水质。

（3）饲料。饲料粗蛋白质的含量要达到 35% 以上，每天投喂两次，上午和下午各一次，日投饲率 5%~8%。

（4）培育。要求一般采取分段培育法，即催产后的亲鱼放入成鱼池中混养，催产前再用

专池强化培育3~5个月，可促进水体的合理利用和亲鱼的正常发育。培育过程中，保持水质肥、活、嫩、爽。在催产前两个月坚持定期加注新水，以促进亲鱼性腺发育与成熟。前期每7~10 d加注一次新水，中期每5~7 d加注一次新水，后期2~3 d加注一次新水，每次加注2 h左右，水位每次升高5 cm左右，刺激亲鱼性腺发育。

(二) 催情产卵

1. 亲鱼配组 采用自然产卵受精时，雌、雄亲鱼比例为1：(1.0~1.5)；采用人工授精时，雌、雄亲鱼比例为1：(0.5~1.0)。

2. 催产剂注射 催产时间大多在5月初至6月底，最好选择水温在25~29 ℃时进行。催产剂量根据亲鱼的成熟情况、环境条件和催产剂的质量等具体灵活掌握。一般催产早期，水温较低，亲鱼成熟度较差时，催产剂量可适当偏高，反之适当偏低。鲌类催产一般采取胸鳍基部一次性注射方法，注射量控制在每尾亲鱼0.35~1.20 mL。

3种主要养殖鲌种类的参考催产剂量如下。

翘嘴鲌雌鱼每千克体重用LRH - A_2 10 μg＋DOM 7 mg＋HCG 600IU混合催产，雄鱼剂量减半。

蒙古鲌雌鱼每千克体重用LRH - A_2 (13~18) μg＋PG (2~4) 个或LRH - A_2 3 μg＋HCG 2 000 IU＋DOM 3 mg混合催产，雄鱼剂量减半。

黑尾近红鲌雌鱼每千克体重用LRH - A_2 10 μg＋HCG 1 000 IU＋DOM 5 mg混合催产，雄鱼剂量减半。

3. 自然产卵与人工授精

自然产卵：将已注射催产剂的亲鱼放入产卵池或孵化环道中让其自然产卵。亲鱼在自然产卵期间，应保持周围环境安静，以免惊吓亲鱼而影响亲鱼发情与产卵受精。在产卵池中事先放入经过洗净、消毒的网片、棕榈片或柳树根须等作鱼巢，网片呈悬浮状，让其自然产卵受精，黏附在鱼巢上。

人工授精：用微流水刺激亲鱼发情，在到达预计效应时间后，适时进行人工授精。

翘嘴鲌水温23 ℃时效应时间约11 h，26 ℃时为7.5 h，27 ℃时为6.5 h。蒙古鲌水温在23~25 ℃时效应时间8~10 h；25~26 ℃时，效应时间7~8 h。黑尾近红鲌在水温25~29 ℃时效应时间为10~16 h。

(三) 人工孵化

孵化用水及管理同"四大家鱼"。一般人工孵化的放卵密度为20万~50万粒/m^3，流水或充气孵化。

三、苗种培育

(一) 夏花培育

1. 培育池塘 夏花鱼种培育池面积为667~2 668 m^2，水深0.8~1.6 m，底质以壤土为好，池底平坦，淤泥厚度小于20 cm；放养鲌苗前15 d，用生石灰清塘。清池后注水，进水用70目筛绢过滤处理，以防止野杂鱼等敌害生物混入，水深逐渐调至0.5~0.6 m。在放苗前5~7 d，每667 m^2施发酵鸡粪或猪粪200~500 kg，培肥水质，保持水体透明度20~50 cm。

2. 鱼苗放养 在放鱼前应试水，检查池水药物毒性是否消失。放养3日龄鱼苗，密度为每 667 m² 10 万~20 万尾，一次放足。

3. 饵料投喂 放养后第二天即可开食，一般前 10~15 d，每天用豆浆沿池边四周均匀泼洒 2 次，时间分别为 09:00 和 14:00。每 667 m² 水面每天用量为 0.5~1.2 kg，具体投喂情况视天气、鱼苗生长情况及吃食情况而定。后 15~20 d 增投较细碎的蚕蛹粉或鱼粉，即每天投喂蚕蛹粉（鱼粉）与豆浆混合物。

4. 管理 根据水质情况适时追肥，以有机肥为主，每次每 667 m² 用量 100~150 kg，鱼苗下塘一周后，每 3~5 d 加注新水 1 次，每次加水 15~20 cm，水深由 0.8 m 逐渐加至 1.6 m，水温最好为 26~35 ℃，pH 为 7.5 左右，溶氧量 5 mg/L 以上。每天早、中、晚巡塘 3 次，观察水质及鱼的生长活动情况并做好塘口记录。发现异常，立即采取相应措施。

5. 夏花出塘 鱼苗经过 18~20 d 的培育，当体长达 2 cm 以上即可进行拉网锻炼，第一次拉网要轻、慢，小心操作，起网后立即随水放苗。隔天进行第二次拉网，随水进箱，推箱锻炼，一般要进行 3 次隔天拉网进箱锻炼，方可出塘。

（二）大规格鱼种培育

1. 池塘条件与准备 培育池为一般普通养鱼池塘，淤泥少于 15 cm，面积为 667~6 670 m²，最好 667~2 001 m²，宜小不宜大，小面积精养容易驯食，且吃食均匀，个体差异不大，强化培育方便。水深 1.2~2.0 m，鱼池水源水质较好，进、排水方便，进水口用 40~60 目筛绢过滤。每 667 m² 配套增氧机 0.5~0.8 kW。鱼种放养前按常规方法用生石灰清塘消毒、晒塘、注水。在下塘前 5 d，采用生物制剂肥水，以培养小型浮游动物供鱼种摄食。

2. 夏花放养 放养时间一般在 6 月中下旬，放养密度为每 667 m² 0.5 万~2 万尾，一般 0.6 万~0.8 万尾，夏花下塘时应避开高温时间，温差不超过 2 ℃；冬片培育可混养少量鲢，规格为 100~150 g 的鲢每 667 m² 放养 50~60 尾；也可在注水后放入适量抱卵青虾，培育青虾幼苗，增加天然动物性饵料。放养时水深 1.0~1.2 m。

3. 饲料与驯化 由于放养前期水质较肥，水体中的生物饵料丰富，所以一般在夏花放养后的 1 个月内无需投喂。当水质变瘦、水体中饵料生物匮乏时开始投喂粉状人工配合饲料，人工饲料主要有鱼粉、蚕蛹粉、豆饼粉，常规鱼类鱼种颗粒粉碎料也可，要求蛋白质含量在 38% 以上。投饵坚持"四定"原则，天气闷热时注意适当减少投喂量，水质差时调水以改善水质。

4. 水质调控 整个培育过程池水透明度保持在 30 cm 左右，前期基本无需换水，7 月中下旬后每 10 d 左右换一次新水，每次 15~30 cm，注水需密网过滤。在 7 月中下旬，由于投喂粉状饲料，水质极易恶化，必要时更换池中部分老水，视天气情况，在 02:00~03:00 开增氧机 1~3 h，保持水质"肥、活、嫩、爽"，维持池水清新、水体溶解氧丰富，以增强鱼体活力，促进摄食生长。鱼病流行季节每半月泼洒生石灰一次，每次每 667 m² 用量 10~15 kg。

5. 日常管理 每天巡塘 3 次，观察水质和鱼的生长活动情况，发现异常，采取相应措施，并做好日常管理记录。

6. 并塘越冬 在 1 月上中旬、池塘水温下降到 8~10 ℃ 时进行并塘越冬，为提高出塘成活率，宜经过 3~4 次拉网锻炼。越冬密度视越冬池塘条件、鱼种规格、越冬期长短而定，一般全长 15~17 cm 的鱼种，越冬密度为每 667 m² 1 万~2 万尾。

越冬定期注水，保持越冬池水正常水位在 2 m 以上的水深。天晴日暖的时候适当投饵，每次投饵量不超过池鱼重量的1%。在结冰和积雪时，应及时清除水面积雪和打冰孔，以增加阳光照射和池中溶解氧。

四、成鱼养殖

（一）池塘主养

1. 池塘条件 池塘 1 334~6 670 m²、水深 1.2~2.5 m 为宜，要求池底平坦，进、排水方便。鱼种放养前，清除过多的淤泥，消毒、晒塘，改善底质，然后注水、施肥培水。养殖用水水质清新，水体溶解氧丰富，无污染，水体透明度在 30 cm 左右，pH 应保持在 7~8 为宜。每只池塘配备 1.5~3.0 kW 增氧机 1~3 台，池内四周用竹帘等材料搭建 2~4 个饲料台。

2. 鱼种放养 每 667 m² 放大规格鲌种 800~1 200 尾，要求大小均匀，体质健壮，活动力强，无伤无病。另投放尾重为 100 g 的鲢 100 尾和每尾重为 50 g 的鳙 20 尾左右。放养时间为 12 月至翌年 3 月中上旬，宜选择晴天放养。

3. 投饵技术 科学合理投饵是获取养殖鲌类丰收的主要环节，鱼种入塘后，对新水体有一个适应过程，即有半个月的适应期，过后可投入少量开口料，随后即可进行正常的投饵。饲料应选择适口的浮性饲料，每 50 kg 吃食鱼每天投饵量为 1 500~2 500 g，投喂时间应根据吃食鱼的吃食剩余情况、气候、水质等因素灵活掌握。一般投饵方法：3~5 月为每天 4 次，6~7 月为每天 3 次，8~11 月为每天 2 次，12 月基本停食。

4. 日常管理 池水深度应根据鱼类生长阶段和气温而定：放苗时宜水深 1 m，高温天气宜水深 1.5 m，秋季水深 2 m。尽量缩小水体上下温差，有利于鱼类摄食。

正常情况下，池塘不需经常换水。一旦发现剩饵过多或水质老化，可注入新水，排放老水。进、出水口应装有坚固的拦鱼栅，换水量通常为 1/2，池水透明度控制在 30 cm 左右，视水体肥瘦适当施肥。

（二）池塘套养

池塘套养是目前鲌类成鱼养殖的主要方式之一，也是提高池塘养殖经济效益的重要途径之一。一般可在"四大家鱼"亲鱼池、成鱼池、珍珠蚌吊养池、养蟹池、龟鳖池、黄颡鱼池等池塘混养，充分利用池塘中的野杂鱼虾、剩渣残饵为饵料，一般不需专门投喂。当饲料不足时要补充，可放养一定数量的抱卵青虾，让其自繁虾苗作为鲌类的饵料。

翘嘴鲌套养一般与其他鱼种同时进行，尤以冬放为好，鱼种不易受伤，若对翘嘴鲌投喂饵料可适当多放，每 667 m² 套养 6~10 cm 规格翘嘴鲌种 100~150 尾，年底每 667 m² 可产商品成鱼 50~70 kg；若不投饵，每 667 m² 套养 20~30 尾，年底可产商品成鱼 15~20 kg。

在草鱼、青鱼、团头鲂、鲤、鲫等常规鱼类鱼种培育池塘内，每 667 m² 套养 2~3 cm 黑尾近红鲌 2 000 尾左右，年终可收获规格 15 cm、单产 40 kg 的大规格鱼种；若每 667 m² 套养 12 cm 左右黑尾近红鲌 100~200 尾，年终可收获规格 500 g 左右、单产 50 kg 左右的商品鱼。在主养黄颡鱼池塘内每 667 m² 套养 12 cm 左右黑尾近红鲌 500~600 尾，年终可收获规格 500 g、单产达 200 kg 的商品鱼。

（三）网箱养殖

1. 水域条件 网箱养殖鲌类的水域可以是水库、河道的外荡，或者较大池塘（面积一般在 33 350 m² 以上，水深 2.0 m 以上），水质要求无污染，pH 在 5.7~8.0。

2. 网箱结构与设置 网箱以无结网箱为好，网目大小要根据鱼种大小来决定，并根据鱼体的生长情况进行调整。网箱规格 8～100 m² 均可，成鱼养殖以大网箱为好（注意必须密封）。培育鱼种，开始可以考虑用夏花网布来制作网箱。网箱设置以毛竹作为浮架，砖块为沉子，箱距 7.0 m 左右。放养鱼种前 2～3 周将网箱放入水体中。

3. 鱼种放养 放养时间宜在 11 月至翌年 3 月间，此时水温低，鱼种活动力弱，成活率较高。

放养密度：①翘嘴鲌鱼种规格 50 g/尾，放养密度为 30～40 尾/m²；尾重 100 g 以上的，放养密度则为 20～30 尾/m²；经 1 年养殖可产商品鱼 25～40 kg/m²。最好放养体长在 15 cm 以上鱼种，放养密度 50～150 尾/m²，经 1 年养殖可产商品鱼 30～75 kg/m²。②黑尾近红鲌鱼种规格 15 cm，放养密度为 60～80 尾/m²，当年可养成 500 g 以上的商品规格，单产 25 kg/m² 左右；鱼种规格 5 cm，放养密度为 400 尾/m²，单产 8 kg/m²，当年养成 15 cm 左右的大规格鱼种，翌年养成商品鱼规格。

4. 饲养管理 饲料有冰鲜鱼和配合饲料两种，日投喂量为鱼体重的 5%～8%，遵循少量多次的投喂原则。加强网箱管理，勤洗刷网箱壁的附着物，以利于箱内外水体流动，增加溶解氧。经常检查网箱是否破损，防止逃鱼。

五、病害防治

池塘主养及网箱养殖等高密度养殖方式下易发生病害。病害综合防治应以预防为主。除做好放养前的清塘消毒、网箱浸泡外，一是要保持水质清新，饲料新鲜充足；二是要定期每 667 m² 用生石灰 5～10 kg 化浆，全池泼洒消毒，以调节水质；三是要以生物防治为主，如搭配放鲢、鳙等滤食性鱼类，采用光合细菌等调节水质，减少化学药品用量，避免药物残留，坚决杜绝高毒、高残留药物的使用；四是及时捞起病鱼、死鱼并及时深埋处理。

1. 细菌性烂鳃病 主要是由柱状屈桡杆菌感染引起。病鱼体色发黑，游动缓慢，食欲减退或根本不食，鱼体消瘦，离群独游。病鱼鳍条、体表往往充血发炎，鳃上黏液增多，鳃丝肿胀糜烂并有附着物，肠中无食，体表较脏。

防治方法：①全池泼洒溴氯海因 0.2～0.3 g/m³，2 d 后全池泼洒 0.2～0.3 g/m³ 碘制剂一次。②全池泼洒大黄 2～3 g/m³，其用法是按每千克大黄用 20 kg 水加 0.3% 氨水（含氨量 25%～28%）置木制容器内浸泡 12～24 h，药液呈红棕色。③用 0.2 g/m³ 水体浓度的二氧化氯全池泼洒。④外用同时，在每千克饲料中添加百部 20 g、鱼腥草 20 g、大青叶 20 g，连投 5 d 为一疗程，能迅速控制病情。

2. 细菌性肠炎病 病原为肠型点状产气单胞菌。病鱼离群独游，行动缓慢，鱼体发黑，不怎么吃食。早期剖开肠管，可见肠内没有食物，肠内黏液较多，或后肠有少量食物；后期可见肛门口红肿，腹部充血，肠内无食，只有淡黄色黏液。

防治方法：①彻底清塘消毒，坚持"四定"投饵等措施。②饲料内经常添加免疫多糖和微生物制剂，有助于改善肠道微生态环境，可大幅度减少肠炎发生率，在每千克饲料内添加免疫多糖和生物制剂各 2 g，通常连续投喂 3～5 d。③疾病发生后，全池泼洒溴氯海因 0.2 g/m³。④每千克饲料中添加大蒜素 2～3 g、千里光 20 g、地榆 20 g、仙鹤草 20 g，连投 3～5 d 为一疗程。或按饲料量添加 5%～10% 的大蒜拌饵投喂（即每千克饲料用大蒜瓣 50～

100 g，大蒜瓣捣烂即可，不用煮），连续 3～5 d。

3. 水霉病 主要是鱼体受伤后感染水霉引起。病鱼食欲不振，极度消瘦，逐渐死亡。

防治方法：①鱼种入塘后，由于运输途中可能造成鳞片松动或脱落，容易使鱼体发生水霉病。对此可用高锰酸钾进行防治，每 667 m² 每米水深用药 750～1 000 g，气温低于 15 ℃，则应酌情减量。②操作时尽量避免鱼体受伤，鱼种放养密度不可过高。③已发生水霉病的水体，每 667 m² 用旱烟草秆 10 kg、食盐 5.0～7.5 kg，加热水 15～20 kg 浸泡 0.5 h，全池泼洒，每天一次，连续 2 d。④全池泼洒福尔马林 0.1～0.2 mL/m³，可有效治疗水霉病。

4. 车轮虫病 由车轮虫侵入鱼的皮肤和鳃组织而引起。严重感染时，鱼苗、鱼种游动缓慢，吃食较少，在岸边浅水处游动，呈"跑马"症状，镜检可见鳃丝肿胀充血，体表、鳃上均比较脏，可见大量车轮虫。

防治方法：①合理施肥、放养，用生石灰彻底清塘。②天气晴朗、池水较肥时全池泼洒 0.6～0.7 g/m³ 硫酸铜和硫酸亚铁（5∶2）合剂，到傍晚时镜检，如没有见到虫可不用，如还有则第二天再用 0.3～0.4 g/m³ 的硫酸铜、硫酸亚铁合剂一次，第三天池塘中换水 1/3 以上，即可治愈。③用苦楝树枝叶，每 667 m² 15～20 kg 沤水，每 7～10 d 换一次，或每 667 m² 用鲜枝叶 25～30 kg，煎汁全池泼洒，有一定疗效。

5. 小瓜虫病 由多子小瓜虫侵入鱼的皮肤、鳍条和鳃组织而引起。病鱼皮肤、鳍条或鳃瓣上，肉眼可见白色小点状的囊泡，体表黏液增多。病情严重时，鱼体覆盖着一层白色薄膜。病鱼游泳迟钝，集中在水上面打转、不吃食。患病鱼类如不及时治疗，一周内会出现大量死亡，死亡率可达 30%～90%。一般此病都发生在早春和晚秋，水温在 25 ℃ 以下的季节。

防治方法：①合理施肥、放养，用生石灰彻底清塘，杀死虫卵和幼虫。②用大黄 250 g、野菊花 250 g 混合加水煮沸，全池泼洒，效果较好。③每 667 m² 水深 1 m 用鲜辣椒粉 250 g、干姜片 100 g，混合加水煮沸，全池泼洒，有一定疗效。

6. 指环虫病 由指环虫侵入鱼的皮肤和鳃组织而引起。大量寄生时，病鱼在岸边浅水处游动缓慢，但不集中，呼吸困难，吃食下降，检查可见鳃上较脏，黏液增多，鳃丝肿胀、贫血。

防治方法：①生石灰彻底清塘，杀死虫卵和幼虫。②水温 20～30 ℃ 时，用 90% 晶体敌百虫 0.2～0.3 g/m³ 的浓度全池泼洒。用药后注意观察，如发现鱼有异常，及时开启增氧机。用药 24 h 后，池塘换水 1/3。

7. 锚头鳋病 是由锚头鳋寄生在鲌体表引起。尤以鱼种危害最大。锚头鳋寄生部位发炎红肿，组织坏死，易感染其他疾病。小鱼患病后，食欲减退，游动缓慢，失去平衡，甚至锚头鳋的头部钻入寄主体内，病鱼不久即死。严重时病鱼消瘦死亡。

防治方法：同指环虫病。

思考题

1. 鳜、鲌的主要生物学特性有哪些？
2. 在鳜、鲌人工繁殖中，应注意什么问题？
3. 培育鳜、鲌苗种要注意哪些关键问题？
4. 如何进行池塘主养食用鳜？
5. 防治鲌生病应采取什么措施？

第七章 大口鲇与鲇养殖

第一节 大口鲇的养殖

大口鲇肉质细嫩、肉味鲜美、没有肌间刺、腴而不腻,是宴席上的美味佳肴。大口鲇属于较大型鱼类,其生长快,养殖周期短,适应性强,人工养殖技术成熟。另外在我国北方也有一种与大口鲇外形相似的大型鲇——怀头鲇(*Silurus soldatovi* Nikolsky et Soin),最大个体可达 50 kg 以上,它主要分布在黑龙江省的松花江、乌苏里江、嫩江等江河,以及一些大型湖泊。我国北方不少地区也在人工养殖怀头鲇。

一、生物学特性

1. 分类地位与分布 大口鲇(*Silurus meridionalis*)(图 2-7-1),原名为南方大口鲇(*Silurus soldatovi meridionalis*)。因其口裂较鲇属其他鱼类为深,故名大口鲇。俗称河鲇、鲇巴狼、叉口鲇、大鲇鱼、长江鲇鱼、大白鲨等。隶属于鲇形目,鲇科,鲇属。

大口鲇主产于长江流域的大江河中,闽江和珠江也有其分布,但数量甚少。它是一种较大个体的经济鱼类。大口鲇与另一种分布很广,但个体长不大的鲇(*Silurus asotus*)系同属不同种。这两种鲇的区别为:①大口鲇口裂大,末端达到或超过眼中缘的下方;鲇口裂较小,末端止于眼前缘下方,此点在苗种阶段区别不太明显。②大口鲇的胸鳍棘前缘

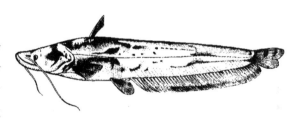

图 2-7-1 大口鲇
(仿中国动物志,1999)

无明显锯齿,鲇从体长 2 cm 开始,胸鳍棘前缘就具有明显的锯齿,齿尖倒向胸鳍基部。此点可以区分 2 cm 以上的两种鲇。③大口鲇从 3~4 cm 开始,尾鳍上、下叶不等长,上叶长于下叶,鲇的尾鳍上、下叶从幼苗到成体始终基本等长。此点可以区分 4 cm 以上的两种鲇。④大口鲇幼鱼第二对下颌须比鲇幼鱼消失得迟。前者在体长 15 cm 之后消失,后者在体长 10 cm 之前消失。⑤大口鲇卵呈橘黄色,精巢呈弧片状,边缘无锯齿状缺刻;鲇的卵呈草绿色。精巢呈半月状,外缘有锯齿状乳突。

2. 形态特征 体延长,前部粗圆,后部侧扁。头略长,宽且纵扁。口大,口裂深,后伸至少达眼球中央垂直下方。上、下颌及犁骨均具锥形略带钩状的细齿,形成半月形齿带。颌须长,后伸可及腹鳍起点的垂直上方,颏须较短。背鳍基甚短,臀鳍基很长,后端与尾鳍相连。胸鳍圆扇形,具骨质硬刺,前缘具颗粒状突起,后伸可超过背鳍基后端之垂直下方。腹鳍小,尾鳍小,近斜截形或略内凹,上叶略长于下叶。

3. 生活习性 属温带鱼类,其生存水温为 0~38 ℃,适宜生长水温 18~30 ℃,适宜

生活的 pH 范围为 6.0~9.0。水中溶氧量 3 mg/L 以上能正常生长，低于 2 mg/L 出现"浮头"。

多栖息于江河缓流区和通江湖泊的深水区，营底栖生活，白天隐居，夜间四处觅食。成熟的个体，在初春沿江河上溯做短距离的生殖洄游。产卵完毕，便进入索饵肥育期，10 月当水温下降到 15 ℃左右时，才陆续退回大河深处的石槽或石窟中越冬。幼鱼多在深水中的乱石堆里越冬。

4. 食性 属肉食、凶猛性鱼类，方静（1996）报道了四川沱江大口鲇的食物组成为鲤、圆吻鲷、宽鳍鱲、马口鱼、鰕虎鱼等小型鱼类。大口鲇能吞食相当于自身长度 1/3 的鱼体。在饥饿状态时，同类间的互相残食现象十分普遍且较严重。

大口鲇仔鱼的开口饵料是枝角类和桡足类，全长达 2 cm 的幼鲇，就能吞食摇蚊幼虫、水蚯蚓、各种鱼苗；全长 3~4 cm 的鲇鱼种，便能摄食水蚯蚓、切碎的陆生蚯蚓与杂鱼肉、蝇蛆以及添加诱食剂的人工转食饲料；10 cm 长的鲇鱼种，具备与成鱼完全相同的食性。

5. 生长 大口鲇生长速度极快（表 2-7-1）。雌雄生长存在较大差异，在 5 龄以下，雌性体长、体重均比雄鱼增长快。在良好的人工饲养条件下，大口鲇生长速度比自然环境中快得多，当年繁殖出来的大口鲇鱼苗年底可长至 2~3 kg，最大 10 kg，第二年一般可长 5~7 kg，最大者 15 kg。

表 2-7-1　沱江大口鲇年龄与生长

（方静，1996）

年龄	1	2	3	4	5	6	7	8	9	10	11	12	13
体长（mm）	410.0	593.0	729.0	863.0	950.0	1 015.0	1 087.0	1 143.0	1 180.0	1 203.0	1 223.0	1 244.0	1 263.0
体重（kg）	0.471	1.767	3.741	5.887	8.856	10.060	10.717	11.070	12.787	13.505	14.599	15.607	16.508

6. 繁殖习性 嘉陵江大口鲇雌鱼 4 龄以后、雄鱼 3 龄以后全部达到性成熟。雌鱼最小成熟个体的体长为 66.5 cm，体重为 2.61 kg。雄鱼最小成熟个体的体长为 52.5 cm，体重为 1.25 kg（谢小军等，1996）。人工养殖的大口鲇一般雌雄都比天然水体的大口鲇提前 1 年达到性成熟（王卫民等，1999）。体长 66.7~79.7 cm 的个体，怀卵量为 27 119~43 133 粒；体长 117 cm 的个体，达 108 500 粒。5~10 龄鱼的相对怀卵量为每克鱼体重 9.2~17.3 粒。

3~5 月为大口鲇的繁殖季节，15~24 ℃是繁殖的适宜温度。大口鲇喜欢在水面较宽阔并有一定流速的江段产卵。产卵场水深为 0.4~1.5 m，流速为 0.7 m/s 左右，水底有卵石松散堆积。产卵活动在 04:00~05:00 结束。成熟卵呈油黄色，密度稍大于水，遇水产生黏性。受精卵黏着在卵石或沙底上发育。在水温 22~25 ℃时，经 40~70 h 孵出鱼苗。刚出膜的仔鱼呈橙黄色，2~3 d 后就能自由游泳并开始觅食。

二、人工繁殖

（一）亲鱼培育

1. 亲鱼选择与雌雄鉴别 雄性个体的胸鳍棘较粗短，胸鳍棘后缘有锯齿状突，齿突较大的雄性个体，其性腺的发育状况一般也较好。雌性个体的胸鳍棘较为细长，其后缘无锯齿突。在生殖季节，雌鱼腹部膨大，仰腹可见卵巢轮廓，有弹性，生殖器短并扩张，颜色紫红，胸鳍椭圆、硬棘光滑；雄鱼腹部稍窄，生殖器尖而长，胸鳍稍尖，硬棘具锯齿。

2. 培育方法

（1）亲鱼来源。一是从江河中收集野生个体，二是从人工养殖中挑选。一般可以采取野生亲本与人工养殖亲本异性配组繁殖。野生大口鲶亲本应选择4龄以上的个体。雌性个体一般要求体重在7.5 kg以上，最好是10～20 kg；雄性个体在5 kg以上，最好是7.5～12.5 kg。长江上游重庆市和四川的大口鲶亲本要小一些。

（2）培育池。亲鱼培育池以1 500～2 000 m²为宜。应靠近水源充足、水质良好、排灌方便的地方。池底部淤泥少或硬底质。池为长方形，水深应保持在2 m左右。

（3）放养密度。面积1 500～2 000 m²的亲鱼池每1 000 m²放100～120尾，即鱼重150～200 kg。应考虑大口鲶在培育过程中体重会不断增加，如果开始放养密度偏大，后期由于亲鱼体重的增加而影响亲鱼的培育效果。为保持亲鱼池清新的水质，一般在大口鲶亲鱼池中套养少量个体较小的鲢、鳙，放养10～15 cm的鱼种200～300尾。

（4）饲料。目前一般采取投喂活鱼的方法，一次放足。投喂的种类有鲢、鳙、鲤、鲫和杂鱼等。以鲤、鲫作为亲鱼饵料的效果较好，同为底层鱼类，容易被大口鲶捕食；鲤、鲫性成熟早，体内鱼卵是大口鲶丰富的营养，同时鱼卵里含有大量性激素，能促进大口鲶性腺发育与成熟。一般饵料鱼个体大小在250～750 g，放养量为亲本总重量的3～4倍。

（5）亲鱼培育管理。大口鲶对水质要求较高，溶氧量一般要求在4 mg/L以上，不低于2 mg/L。要定期向培育池冲水，改善水质，促进亲鱼性腺发育。夏季每隔7～10 d冲水1次，秋季10～20 d冲水1次，春季7 d左右冲水1次，产前可以每天冲水1次。每次冲水的量为池塘水量的1/5左右。平时还要定期检查拦鱼设施，以防亲鱼逃逸。

（二）催情产卵

1. 催产池 可以借用"家鱼"人工繁殖的产卵池，也可以用水泥池或在水体中架设网箱。人工授精用的催产池一般采用小型水泥池或能用网隔成3 m×2 m左右的小池，池水深宜保持在50～60 cm，每个池子只放1尾亲本，因为大口鲶发情时相互追逐撕咬，所以亲鱼必须单独暂养，另外大口鲶喜欢跳跃，池子上面应盖好罩网。

2. 催产亲鱼的选择 大口鲶繁殖季节比"家鱼"早，一般3月底4月初就可以开始，至5月底就结束，人工繁殖水温为18～24 ℃。选择催产的亲鱼要求雌鱼腹部膨大，较柔软，卵巢轮廓明显，生殖孔红肿；雄鱼用手挤其生殖孔，有精液流出，而且精液马上在水中分散开来。

3. 注射药物催产 HCG、鲤PG、LRH-A系列激素对大口鲶催产都有效果，但以其中两种激素混合使用效果更为理想。注射激素剂量，在繁殖盛期，可按每千克鱼体重HCG 2 500 IU＋鲤PG 1个进行注射；在早期繁殖时，催产剂量应适当增大，可按每千克鱼体重HCG 3 000 IU＋鲤PG 1.5个进行注射。单独注射HCG，剂量为每千克鱼体重3 500 IU。一般采用两次注射法，第一针雌鱼注射总剂量的1/3，第二针隔8～12 h以后，注射剩余的2/3药量，同时给雄鱼注射（为雌鱼总剂量的1/2）。在繁殖盛期，也可以采取一针注射。

4. 效应时间 效应时间的长短与催产药物种类、剂量、水温、成熟度等因素有密切关系。表2-7-2为一次性和两次性注射催产激素的效应时间与授精时间（谢忠明，1999）。

表 2-7-2 效应时间与授精时间

水温（℃）	一次性注射		二次性注射	
	从注射到发情时间（h）	从注射到授精的有效时间（h）	从注射到发情时间（h）	从注射到授精的有效时间（h）
17～19	16～21	21～24	11～12	12～13
20～21	14～16	16～18	10～11	11～12
22～23	12～14	14～16	9～10	10～11
24～25	10～12	12～14	8～9	9～10
26～27	8～10	10～11	6～7	7～8

5. 自然产卵与人工授精

（1）自然产卵。催产前，在环道的底部铺上棕榈、柳树根或聚乙烯网片等鱼巢，然后将注射激素的亲鱼放入产卵环道里，对亲鱼进行不间断的微流水刺激，直至亲鱼产卵结束。在流水中，大口鲇发情产卵的时间比在静水中催产一般要提前 2～3 h。亲鱼雌雄比例为 1:1 或 1:2。产卵全部结束，将亲鱼和鱼巢移出环道，鱼卵放到静水环境中孵化。

（2）人工授精。催产亲鱼在到达效应时间前 1～2 h 检查雌亲鱼是否已排卵，由于大口鲇排卵后授精的有效时间较短，因此在效应时间前后每小时要检查一次亲鱼排卵情况。大口鲇雄鱼精液较少，但其精液里精子的含量高，人工授精一般采取湿法授精。精液的采集有两种方法，一是提前采精，精液采集后，用 5～10 倍的精子保存液稀释，放入 4 ℃ 冰箱里待用。二是雌、雄亲鱼发情后同时采卵和采精。值得注意的是在采精时，先要将尿液排干净。卵为黏性，一般将受精卵铺在 40 目 0.8 m×0.5 m 的聚乙烯网片上，放到静水中孵化。

6. 产后亲鱼的护理 大口鲇为无鳞鱼，在繁殖操作过程中应特别细致，产后应进行必要的护理，否则会引起产后亲本的大量死亡。护理的方法是受伤的地方用达克宁软膏涂抹，另外，每尾鱼注射青霉素 10 万 IU。

（三）孵化

受精卵孵化适温为 17～25 ℃，最适温度 20～24 ℃。表 2-7-3 是大口鲇孵化水温与鱼苗出膜和开口摄食时间的关系，供参考。水质要求清洁，无污染，酸碱度适宜，溶氧量不低于 5 mg/L。静水孵化的效果较好，每立方米放卵 2 万～3 万粒，如果有流水和充气条件，放卵密度可以适当加大。孵化过程中要保持水温相对稳定，在低温季节注意保温，防止水霉病的发生。在高温季节注意降温、遮阳，防止紫外线直射。

表 2-7-3 大口鲇孵化水温与鱼苗出膜和开口摄食时间

水温（℃）	从授精至出膜时间（h）	出膜至开口摄食时间（d）
17～19	110～120	4～5
19～20	90～100	3～4
20～22	80～90	2～3
22～24	40～60	1.5～2.0
24～26	30～40	1.0～1.5

三、苗种培育

大口鲇苗种培育分为两个培育阶段,第一阶段为鱼苗培育,从水花开始,经过 10~15 d 的培育,长到 3 cm 左右;第二阶段为鱼种培育,从 3 cm 鱼苗开始,再经过 30 d 左右的时间培育到 8~10 cm 规格鱼种。

(一)鱼苗培育

可采取土池塘、小型水泥池、小网箱等培育。

1. 池塘培育 池塘要求水源充沛,水质良好,面积 600~700 m²,水深 0.5~0.8 m。池塘清整和消毒好后,灌水培肥,向池子中施腐熟消毒的有机肥料,如禽粪或家畜粪肥 100~200 g/m²,另外再加过磷酸钙 4~5 g/m²。水中浮游动物大量出现时,适时将大口鲇水花投放到池塘中,放养量为 500~1 000 尾/m²。必须经常给池塘追肥或向池塘泼洒豆浆。每万尾鱼苗用 150~250 g 的黄豆磨成浆,早、晚各泼洒 1 次。另外也可以每天捕捞浮游动物投到鱼苗培育池中。鱼苗培育阶段管理最重要的方面是保持池塘良好的水质和充足的饵料。

2. 水泥池和网箱培育 水泥池多为方形或圆形,面积 10~20 m²,水深 0.6~0.8 m。最好配备充气增氧机。培育网箱的面积 2~3 m²,40 网目,宽、深各 1 m,长 2~3 m,吃水深 0.5~0.6 m,放在水质较好池塘中。水泥池鱼苗放养密度为 3 000~3 500 尾/m²。网箱的密度稍低,为 2 000~2 500 尾/m²。

鱼苗开口时,捞取的浮游生物用 40 目的网布过滤,投喂小型浮游动物。2~3 d 后,捞取的浮游生物只需用纱窗布滤去杂质。一般日投喂 3 次。浮游动物要求鲜活,投喂量充足,尽量避免因食物不足而引起鱼苗互相残食。大口鲇有夜间强烈摄食的习性,故晚上投饵量要适当加大。日常管理主要做好水质管理和防病工作,水泥池应每天用虹吸管排污换水 1~2 次,并保持微流水交换,不断充气增氧,保持溶氧量在 4 mg/L 以上,小网箱每天洗刷清箱 1 次。

(二)鱼种培育

培育池以 10~100 m² 的水泥池或面积 600~1 300 m² 的无淤泥土池为宜,也可以用 8 目网布制成的小网箱培育。要求水质清新无污染,水深 0.8~1.0 m,水泥池 3 cm 鱼种放养量 1 000~2 000 尾/m²,池塘的放养量 100~200 尾/m²。

鱼种下池后投喂水蚯蚓,水蚯蚓投喂前要用食盐或高锰酸钾溶液消毒,每天分上午、下午和晚上投喂 3 次,投饵量为鱼苗体重的 20% 左右。待鱼种长至 5 cm 以上时,逐渐改喂绞碎的鱼肉浆,随鱼体长大,鱼肉浆中添加粉状饲料混合投喂。喂鱼肉浆要全池泼洒,分上午、下午投喂两次,投喂量占鱼体重的 30%~40%,使每尾鱼都能吃饱,并有适量剩食。此时如果想用配合饲料喂养,可相应减少鱼肉浆的含量,直至最后全部投喂人工配合饲料。配合饲料可用市售的鳗料或甲鱼饲料代替,也可自己配制。配方为:白鱼粉 40%、蚕蛹粉 30%、血粉 10%、α-淀粉 20%、矿物质和复合维生素 1%。

有条件的地方也可以在大口鲇鱼种培育阶段自始至终投喂其他活鱼苗种,其中以鲤、鲫、草鱼、鲮鱼种最好。饵料鱼最好是从其他鱼池捞取或购买。规格相对应比大口鲇鱼种小 1~3 cm,投喂的密度是大口鲇鱼种数量的 5~10 倍。

影响大口鲇成活率高低的最主要因素是同类相残,根据邹桂伟等(2001)报道,大口鲇苗种相残最严重的时期在平均全长 1.07~2.68 cm 阶段，平均全长达到 6.71 cm 以后，相残行为较弱。饵料缺乏是导致苗种间发生相残的主要原因，高密度放养和个体大小差异的存在会诱发与促进相残的发生。在大口鲇苗种培育过程中保持充足的饵料，整齐的规格，适中的密度，良好的水质，这是提高苗种培育阶段成活率的关键。因此，鱼种培育期间一定要定期分级饲养，鱼种下池后，每隔一周，拉网集中一次，按大小规格，分池饲养，并调整密度。

四、成鱼养殖

(一) 池塘养殖

它包括池塘主养和池塘套养两种模式。

1. 池塘主养 面积 700~2 500 m^2，水深 1.5~2.0 m，水源充足，水质符合《渔业水质标准》(GB 11607—1989)，排灌方便。淤泥厚度少于 10 cm。鱼种放养前 7~10 d 用生石灰彻底清塘消毒，之后灌水到 1 m 深。鱼种投放前，试水检查药性是否消失。

大口鲇鱼种的投放规格和密度应根据各地池塘条件、鱼种来源、技术水平、饲料保障及上市规格等相关因素综合确定。目前全国各地养殖的模式较多，下面主要介绍 3 种主养模式。模式一：投放 3 cm 鱼种 3~4 尾/m^2，用"家鱼"苗种和海产冰鲜鱼配合投喂，养殖期 50~70 d，成鱼上市规格 500~750 g/尾，一年养 3~4 季。这种模式主要适合广东、广西等华南沿海养殖发达地区。模式二：投放 10~12 cm 鱼种 1~2 尾/m^2，用野杂鱼和畜禽内脏做饲料，养殖期 140~160 d，成鱼上市规格 1 500~2 500 g/尾，这种模式在湖南和湖北两省较流行。模式三：投放 8~12 cm 鱼种 1~2 尾/m^2，用人工配合饲料喂养，养殖期 140~150 d，成鱼规格达平均 500 g/尾以上，这种模式在四川养殖较成功，但比用野杂鱼饲养的大口鲇长得慢。

在主养大口鲇的鱼池里，可以搭配一定数量的大规格鲢、鳙鱼种，一般不搭配鲤、鲫、草鱼等吃食鱼类，以免相互争食。

在饲养管理方面，因模式一最初投放的鱼种小，前期喂养要格外精心，技术要点如下：放种前 1 周，先投放"家鱼"水花 50 万~60 万尾，培育饵料鱼，供 3 cm 大口鲇下池摄食；当大部分饵料鱼被吃掉时，及时定时、定量投喂冰鲜鱼浆、鱼块和整条冰鲜鱼，保证饵料充足，适口均衡；鱼种下池后的前 3 周，每周要按大小分级一次，保持池中鱼种规格一致。此后 3 种模式饲养管理要求基本相同。喂配合饲料应搭饲料台，喂饵料鱼应投在池中固定区域，每天分上午、下午各喂一次，配合饲料日投饵率为鱼体重的 3%~5%，饵料鱼的日投喂量为鱼体重的 5%~10%。常加注新水，适时开机增氧，每天清洗饲料台，观察摄食情况，每月测定生长确定日投食量。每月泼洒生石灰两次，每次用量为 3 g/m^2。

2. 池塘套养 一般每 667 m^2 套养 10 cm 以上鱼种 10~30 尾。在不减少主养鱼放养量、不增加饲料投入的前提下，当年每 667 m^2 可增 1~3 kg 的大口鲇商品鱼 10~25 kg。

大口鲇套养过程中应注意以下几点：①小而浅，水过肥，套养鲤、鲫鱼种或"家鱼"夏花的成鱼池不宜套养大口鲇。②不能将大口鲇与鳜、乌鳢等肉食性鱼类同池套养，以免争食。③以套养 10 cm 以上的大规格鱼种为宜，成活率高，而 3~5 cm 夏花成活率仅 30%~50%。

(二) 网箱养殖

大口鲇特别适合网箱养殖，产量高的已达 60~100 kg/m^2。

1. 网箱规格 网箱规格和设置主要根据苗种的放养规格来决定。放养 3.3～5.0 cm 的苗种，需备足一级鱼种箱、二级鱼种箱和成鱼箱 3 种不同网目的网箱；放养 8～12 cm 的鱼种，只需备齐二级鱼种箱和成鱼箱两种网目的网箱。一级鱼种箱可选用网目为 0.6～0.8 cm 的敞口网箱，以径编无结节的为好，规格为 2 m×5 m×2 m，单层使用；二级鱼种箱可选用网目为 1.0～1.5 cm 的聚乙烯敞口网箱，规格同上，单层使用；成鱼箱可选用网目是 2.5～3.5 cm 的聚乙烯加盖网箱，规格为 4.0 m×4.0 m×2.5 m，双层使用，外箱的网目应略大于内箱。

2. 设置水域与方式 网箱应设置在大中型水库，深水湖泊和缓流河道的开阔水域，有一定风浪或缓流水，水深 4 m 以上，透明度 1 m 左右，全年 22 ℃以上的水温有 3～5 个月。网箱以竹木为框架，要求间距 3 m，排距 20 m 左右，在网箱底部中央设置饲料台。

3. 放养密度 根据不同饲养阶段鱼种的规格确定网箱放养密度。5 月上中旬，当鱼苗培育至 4～5 cm 时，即可进入一级鱼种网箱培育，此时放养密度为 300～500 尾/m^2。进箱第一月内，鱼种间隔 7～10 d 过筛一次，按大小分箱饲养。第二个月内则每 15～20 d 分箱一次，放箱密度相应减少，8～10 cm 时为 300 尾/m^2 左右。当鱼种达到 16～18 cm 时，转入二级鱼种箱培育，此时放养密度为 150～250 尾/m^2。当鱼种长至尾重 50 g 左右，进入成鱼箱饲养，放养密度为 80～100 尾/m^2。尾重达到 100 g 后，密度最后调整为 40～60 尾/m^2，直至养成商品鱼。上述放养密度具备单产商品鱼 60 kg/m^2 以上的产量。

4. 饲料投喂 饲料主要为两种，一种为野杂鱼，一种为配合饲料。刚进箱的鱼种应投喂鱼浆，随着个体长大，逐步增大鱼浆粒度，直到投喂碎鱼块或小杂鱼。上午和傍晚各投喂一次，以略有剩饵为度。喂配合饲料时刚进箱鱼种应先用软性饲料驯食 7～10 d。进入正常喂养后，日投饲 3～4 次，日投喂量为鱼体重 3%～5%。

5. 日常管理 除了合理投饲以外，每天应检查网箱有否破损，防止大口鲇咬破网箱逃逸。每天清洗饲料台，保证饵料台无残渣，无异味。每周刷洗网衣一遍，防止网目堵塞，保证箱内外水体交换畅通。每月测定鱼体重量一次检查生长情况，以此确定投饲量。

6. 鱼病防治 网箱下水前用生石灰或漂白粉浸泡处理，并提前一周下水，以利藻类附生，防止擦伤鱼体。鱼种入箱前用 3% 的食盐、小苏打（碳酸氢钠）合液浸洗。每周用漂白粉或高锰酸钾洗刷饲料台。在饲料台上方用漂白粉 150～250 g 挂袋。隔 15～20 d 每箱用 2～3 kg 生石灰兑水泼洒网箱四周，每天 1 次，连续 3 d。

第二节 鲇的养殖

鲇（*Silurus asotus*）肉质细嫩、营养丰富，是我国传统的营养滋补品，深受消费者欢迎。20 世纪 90 年代以来，随着我国名优水产养殖业的迅速兴起，鲇已经被列为东北、华北和西北地区重要的淡水优质鱼类。野生鲇的人工驯化养殖技术在我国还处于刚刚起步阶段，高效易操作的人工繁殖技术和苗种培育关键技术是目前研究的重点与热点。

一、生物学特性

1. 分类地位与分布 鲇俗称土鲇、鲇八朗、鲇拐子，属于鲇形目，鲇科，鲇属。鲇是鲇科鱼类中分类最广泛的种类。在我国除了青藏高原和新疆外，其他的内陆水域中均有分布，也见于日本、朝鲜和前苏联的远东地区。为了提高鲇的生长速度和抗病力等，目前通过人工培育获得了两种比较稳定的杂交新品种，一种为南方鲇♀×鲇♂的杂交子一代，外观似大口鲇，显示出父本快速生长和母本抗病力强的特点；另一种为怀头鲇♀×鲇♂的杂交后代，生长迅速、肉质鲜美，后者比较常见。

2. 形态特征 体延长，前部略呈圆筒形，后部渐侧扁，体无鳞。头大而扁宽，具2对须，1对颌须较长，后伸达胸鳍基后端，1对颏须较短。背鳍短小，臀鳍基部甚长，后端与尾鳍相连；胸鳍前缘有锯齿状的硬棘，体呈褐灰色，具有不规则的黑色斑块，腹部白色（图2-7-2）。在外部形

图2-7-2 鲇

态上杂交鲇与鲇无显著差异，杂交鲇尾鳍上、下叶不等长，上叶明显长于下叶，该性状与母本更为接近。

3. 生活习性 鲇生活在水的底层、草丛间和岩石缝中，常在水的沿岸带或静水区出没，喜欢昼伏夜出。生活的温度范围是1～38℃，耐低氧，水中溶氧量为1 mg/L，也可以存活。在pH为6～9的水体中均可以正常生活。

4. 食性 属于凶猛肉食鱼类，在天然水体中以小鱼、小虾等动物为食。野生鲇的主要食物是虾类，次要食物是麦穗鱼、鲫、鳘条，偶然食物是红鳍鲌、同种鲇、青蛙等（温海深等，1999；杨富亿，2000）。在人工饲养下，也食鲜鱼、冰冻鱼、畜禽下脚料、配合饲料。

5. 生长 在四川的嘉陵江，1龄鲇平均体长为18.6 cm，2龄为22.0 cm，3龄为30.1 cm，4龄为43.4 cm；体重分别为44.7 g、90.6 g、239.4 g、724.5 g。人工饲养，当年可达500 g/尾以上，但雌雄生长差异很大，同龄时雌鱼生长快，大约是雄鱼的2倍（温海深等，1999）。杂交鲇的生长速度快，当年（100日龄）平均体重可达1 kg以上。

6. 繁殖习性 辽河流域鲇1冬龄达到性成熟，最小成熟个体体重为30 g（温海深等，2000）。水温达到18～21℃开始产卵，在北方5月到7月中旬为产卵期。产卵期间集群活动在浅水处，水草茂盛的水域尤多。鲇受精卵黏附在水草上发育，但黏性不大，在较大的水流冲击下会脱落。体重为250～890 g，个体绝对怀卵量为7 000～37 000粒，属于一次产卵类型。

二、人工繁殖

（一）亲鱼培育

1. 雌、雄鱼及其成熟度鉴别 要求2龄以上，在生殖季节雄性的生殖乳突尖长；雌性的生殖乳突圆短，个体一般较同龄雄鱼为大。雌鱼腹部大而圆，松软，卵巢轮廓明显，成熟的卵子是绿色的，未成熟的呈黄色。雄鱼可以挤出精液，白色且扩散快。

2. 培育方法 培育池的面积约为667 m^2，水深为1.5～2.0 m，每个池塘可养30～40组亲鱼，最好是水泥池塘。亲鱼池塘内可混养鲢和鳙，投喂颗粒饲料的亲鱼池最好不要套养吃食性鱼类，以免与鲇争食。

培育亲鱼的饵料有活饵、死饵和人工配合饲料三大类。来自江河的亲鱼，一般使用鲜活的鱼搭配一些死鱼和畜禽下脚料，每隔若干天投喂一次。采用全人工培育的亲鱼，可以用配

合饲料饲养，饲料的蛋白质含量应在40%以上，富含维生素E等促进性腺发育的添加物质。一般不要全部使用死鱼或畜禽下脚料培育亲鱼，因为长期投喂会影响性腺发育。

日常管理除定期向鱼池内冲水外，要经常检查亲鱼的性腺发育和体质状况，及时调整投喂量和冲水次数。一般经过一段时间的强化培育，除个别成熟度太差的外，都可成熟产卵。

（二）催情产卵

1. 雌雄搭配比例 一般雌雄比例为1∶1，如果雄鱼个体太小，而且采用自然受精可以考虑提高雄鱼比例到2∶3或3∶5。

2. 催产药物及其剂量 最好使用LRH-A和DOM组合（刘焕亮等，1998；温海深等，2001）。以鱼体重计算，剂量为LRH-A（7～10）$\mu g/kg$+DOM（2～5）mg/kg，均采用一次注射，在催产的前期可用大剂量，到后期成熟度好时可以用小剂量。也可以每千克鱼体重用1～2 mg PG+20～30 μg LRH-A，或者用5 mg DOM+10 μg LRH-A，或者5 000 IU HCG+25 μg LRH-A。雄鱼注射剂量减半。

3. 自然产卵与人工授精 采用鲤的产孵设备，通过调节进、出水流量可以产生微流水。用棕榈树皮做鱼巢，挂在产卵池中。产卵池最好是水泥池，以免在受精卵脱落时能够采取弥补措施。产卵水温为18～30 ℃，但以24～25 ℃为宜，效应时间为10～16 h。冲水对亲鱼的发情有一定的刺激作用。通常从亲鱼入催产池起就一直保持微流水状态，在发情前1～2 h加大水流量。人工授精技术和亲鱼的产后护理可以参考"家鱼"的进行。

（三）人工孵化

鲇受精卵人工孵化包括脱黏和不脱黏孵化。脱黏孵化方法可以参考鲤的进行。不脱黏孵化利用"家鱼"的孵化环道，效果较好；网箱孵化效果也比较好。

孵化期在水温为16～23 ℃时，为72～80 h；水温为24～26 ℃时，为44～50 h；水温为27～30 ℃时，为24～40 h。刚破膜的鱼苗全长0.5～0.6 cm，一般聚集在鱼巢的周围。体呈乳白色，3～4 d后呈现灰黑色，此时卵黄囊基本消失，应该适时下塘，否则鱼苗将相互残食。

三、苗种培育

鲇的生物学习性与南方大口鲇在某些方面相似，但又有自己独特的方面。

（一）鱼苗培育

1. 对池塘的要求 精养池面积一般为25～100 m^2，水深1.0～1.2 m长方形水泥池或硬底池；粗养池可以用"家鱼"苗培育池，面积667～1 334 m^2，水深为1 m左右。

2. 放养方式和饵料 鱼苗适时下塘，具体操作方法与"家鱼"相似。精养鱼池放养密度为1 000～1 500尾/m^2。在下塘的当天喂鸡蛋黄，以后投喂猪血、鱼肉浆、干蚕蛹粉、鱼粉、人工混合饲料等。采用肥水下塘法，如果掌握好浮游动物的发生规律，则培育出来的鱼苗体质健壮、规格整齐、出池率高。

3. 饲养管理 鲇有惧光性，可用遮盖物遮住水体5～6 m^2。粗养鱼池由于水肥，可以不遮；加强饲养，避免同类残食；分期注水是加速鱼苗生长和提高成活率的有效措施。由于放养鱼苗时池塘水深只有40 cm左右，以后必须每隔3～5 d加一次水，每次3～5 cm。

（二）鱼种培育

鱼种培育是指从夏花鱼种培育到全长为6 cm左右。鱼种培育池面积一般为133.4～

$667.0 \mathrm{m}^2$，水深为 1 m 左右。

1. 放养密度　精养时放养密度为 $100\sim200$ 尾/m^2，饲养 $10\sim15$ d，可以达到 6 cm 左右。再根据成鱼的放养密度进行稀释，也可以直接由夏花鱼种养成商品鱼，但密度要降低。

2. 鱼种饲料　在体长 6 cm 以前，采用鲜活饵料进行培养效果好，当体长达到 6 cm 以上时改用人工配合饲料，称为转食期。这个期间可以进行人工驯化。驯化期间每天投喂 $3\sim4$ 次。日投喂率为 $10\%\sim15\%$，驯化期一般为 $5\sim7$ d。饲料的粗蛋白质含量应在 45% 以上。在生产实践中用杂鱼、畜禽下脚料等作为饵料，也取得了较好的效果。投喂时间为每天 $08:00\sim10:00$、$17:00\sim20:00$，日投喂 2 次。

四、成鱼养殖

1. 池塘条件　池塘面积以 $667\sim2\,000\ \mathrm{m}^2$ 最合适，水深以 $1.5\sim2.5$ m 为宜。清塘方法和消毒方法同鲤、鲫等。

2. 鱼种放养　如果从夏花直接养成商品鱼，则其规格为 3 cm 左右，每 $667\ \mathrm{m}^2$ 放养量为 $1\,500\sim2\,000$ 尾。最好放养体长为 $5\sim10$ cm 的大规格鱼种，其优点是成活率高、不互相残食、驯化快、生长快，放养密度为每 $667\ \mathrm{m}^2$ 放 $1\,500\sim2\,000$ 尾，一年达到上市规格。根据投喂的饲料种类不同，出池规格也不一样。在鱼池中套养鲢、鳙，每 $667\ \mathrm{m}^2$ 放养量为 $800\sim1\,000$ 尾，控制水质。

3. 饲料及其投喂　鲇喜食的动物性饲料有各种野杂鱼、低值鱼苗、畜禽下脚料、冰鲜冻鱼等。这些动物性饲料质量高，但来源分散，数量有限，目前仅适合亲鱼饲养和小规模的庭院养鲇。人工配合饲料饲养鲇尚在探索中。日投喂 2 次，投喂量根据季节进行调整，如果鱼在饵料台处抢食活跃，在 1 h 内将饲料抢光，可以增加投饵。

思考题

1. 简述大口鲇的生活习性，以及这些生活习性与养殖的关系。
2. 简述大口鲇人工繁殖的方法。
3. 简述大口鲇苗主要培育方式，以及这些方式的优缺点。
4. 简述大口鲇主要养殖模式。
5. 鲇的生物学特性有哪些？
6. 鲇的苗种培育技术与鲤、鲫和"家鱼"有何不同呢？

第八章　斑点叉尾鮰养殖

一、生物学特性

1. 分类地位与分布　斑点叉尾鮰（*Ictalurus Punctatus*）也称沟鲶，属于鲇形目，鮰科。天然分布区域主要在美国中部流域、加拿大南部和大西洋沿岸部分地区。主要栖息在水质无污染、沙质或石砾底质、流速较快的大中河流，也能进入咸淡水水域生活。

2. 形态特征　斑点叉尾鮰体型较长，体前部比后部宽肥，腹部较平直。头较小，吻稍尖，头部上、下颌具有深灰色触须4对，颐部及幼鱼体两侧有明显而不规则的斑点，体重大于0.5 kg的个体斑点消失。体表光滑无鳞。尾鳍有较深的分叉，并由此得名斑点叉尾鮰。

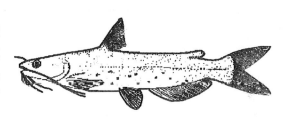

图2-8-1　斑点叉尾鮰

3. 生活习性　斑点叉尾鮰对环境适应性较强，是一种广温性鱼类，适温范围0～38 ℃，生长摄食温度为5.0～36.5 ℃，最适生长温度为18～34 ℃。在溶氧量2.5 mg/L以上即能正常生活，溶氧量低于0.8 mg/L时开始"浮头"。适宜的pH为6.5～8.9。

4. 食性　斑点叉尾鮰属底栖杂食性鱼类。幼鱼主要以水生昆虫为食，成鱼以动物性食物为主，主要摄食底栖生物、水生昆虫、水蚯蚓、杂草及其种子、小鱼虾等较大饵料生物。人工养殖下喜食由鱼粉、豆饼、麦麸、米糠等商品饲料配制而成的颗粒饵料。其摄食方式在体长10 cm以前吞食、滤食方式并用，10 cm以上则以吞食为主，兼滤食。

5. 生长　斑点叉尾鮰属于大型鱼类，生长速度较快，在人工饲养条件下，我国南方地区第二年底可达1.5 kg/尾以上。

6. 生殖习性　斑点叉尾鮰性成熟年龄一般为4龄，鱼体重在1.0 kg以上。一般雌鱼相对怀卵量为0.4万～1.5万粒/kg。斑点叉尾鮰在江河、湖泊、水库和池塘中均能产卵于岩石突出物之下，或者在淹没的树木、树桩、树根之下或河道的洞穴里产卵。雄鱼为典型的筑巢鱼类，并守护受精卵发育直至孵出鱼苗。通常其产卵孵化温度范围为18.5～30.0 ℃，在长江流域斑点叉尾鮰的繁殖季节为6～7月。雌鱼产卵是间断性的，整个产卵受精过程可达几个小时之久，鱼卵受精后，相互黏结而附于水池底部。据报道，雄鱼护卵时位于卵块上方，通过不断摆动腹鳍来搅动水流，以达到对受精卵增氧的作用。

二、人工繁殖

（一）亲鱼培育

1. 亲鱼选择及雌雄鉴别　人工养殖的斑点叉尾鮰通常选择4～5龄、体重1.5～3.5 kg的亲鱼较为理想，体重超过4.5 kg以上的亲鱼产卵效果变差，不宜选用。

斑点叉尾鮰的副性征，一般在性未成熟及非生殖季节时不太明显，难以鉴别雌雄。在生殖季节，第二性征明显，雄鱼头部较暗呈灰黑色，头部两侧有较大的肌肉瘤，生殖孔具乳突，生殖器管状，末端尖细突出，腹部扁平、较硬且不易弯曲。雌鱼头部呈淡灰色，生殖孔圆形、凹陷，腹部软而膨大。

2. 培育方法

（1）池塘条件。亲鱼池以 0.20～0.25 hm² 为宜，水深 1.5 m 左右，产卵水深在 1.3 m 左右为好。要求水源充足，排灌方便，水质无污染，池底平坦少淤泥，以硬底质或沙底质为最好。亲鱼放养前应对亲鱼池实施严格的消毒和清整，进、排水口应设拦鱼设施，防止亲鱼逃逸和野杂鱼进入池塘。

（2）亲鱼放养。亲鱼的放养密度，一般放养数量为每 667 m² 100～130 尾，每 667 m² 鱼体重控制在 200 kg 左右。如果人工授精，则需雌雄分养。另外，在亲鱼池中要套养少量个体较小的鲢、鳙控制水质，放养量为 10～13 cm 的鲢、鳙鱼种每 667 m² 200～300 尾。斑点叉尾鮰与鲤、鲫食性相似，因此亲鱼池应忌放鲤、鲫。

（3）饵料及投喂。越冬前后的亲鱼应采取精养强化培育，投喂人工配合饲料，其粗蛋白质不少于 35%，动、植物蛋白比应达到 1∶2。当水温为 13～21 ℃时，一般 3～7 d 喂 1 次，投饵率为 1‰；水温超过 21 ℃时应天天投喂，投饵率为 2%。在投喂精饲料的同时，还需投喂高质量的植物性饲料，一般 10 d 左右投喂 1 次发芽的大麦。有条件的地方，在亲鱼产卵前后的 30 d 左右，每 10～15 d 可投喂 1 次动物性饵料（如禽畜下脚料、小杂鱼等），对亲鱼产卵及产后体质恢复效果更佳。

要注意雌、雄亲鱼和不同大小亲鱼之间的争食现象。雌亲鱼性情温和，争食力弱，经常不能饱食，要保证雌亲鱼顺产，必须增加投饵面积和数量，每 2 d 投喂 1 次即可。

（4）亲鱼池管理。亲鱼池要求水质清新，溶解氧在 4 mg/L 以上，透明度 40 cm 左右，pH 7.2～8.5，无野杂鱼。每隔 10～15 d 冲水 1 次，可改善水质，增加溶解氧，刺激亲鱼性腺发育。注意观察亲鱼摄食状况。

（二）催情产卵

斑点叉尾鮰的繁殖季节为 5～7 月，最适繁殖温度为 23～28 ℃。一般雌、雄鱼选配比例为 3∶2 较理想。选性成熟雌鱼时，要求其腹部膨大柔软，有弹性，将鱼尾部向上提起时，卵巢轮廓明显，生殖孔略圆，稍大且红肿，微向外突，用挖卵器检查卵粒，大多数卵核偏位即可催产。

目前生产上主要采用的繁殖方法为自然产卵受精、人工孵化，或人工催产、自然产卵受精。

1. 自然产卵受精、人工孵化　即在亲鱼池中放置鱼巢使其产卵，收集受精卵（块状）运到孵化场，经消毒后进行人工孵化。可采用两种方法进行，其一是亲鱼在产卵池中自行产卵，然后进行人工孵化；其二是选择发育较好的亲鱼采用药物注射，然后放入水泥池中自然产卵，再行人工孵化。

（1）鱼巢。鱼巢一般采用牛奶桶、木桶、瓦罐、橡胶抽水管及木箱等制成。有研究者发现亲鱼更喜欢在长方形的产卵器中产卵，产卵器长 72 cm、宽 41 cm、高 25 cm，留有直径为 16 cm 的亲鱼进、出孔。鱼巢大小以容纳 1 对亲鱼正常产卵为宜，一端必须留有一个开口，大小要使亲鱼自由进出，另一端则用尼龙纱布封口，防止漏卵及提巢检查时减轻重量。

鱼巢一般平放于离池边 3～5 m 远的池塘底部，开口端向池的中央，并用绳子捆住，另一端系一个浮子，便于收卵时识别。鱼巢的数量一般为亲鱼对数的 20%～30%，鱼巢间距 5～6 m。当水温达到 18～19 ℃时开始放置鱼巢，待水温升到 20 ℃以上时要进行检查，如未发现卵块，可移动鱼巢以刺激亲鱼产卵。

(2) 卵块的收集与运输。大部分亲鱼的产卵发生在晚上和清晨，因而收集卵块的合适时间为 10:00～11:00，不能超过 13:00。检查鱼巢的时间间隔在产卵初期以 3～4 d 为宜，在产卵高峰期每天检查一次，将鱼巢慢慢提出水面，用手轻轻取出卵块运往孵化处孵化。注意取卵块时应防止阳光直射。运送卵块一般用桶带水迅速运至孵化处，距离远时要用塑料袋充氧运输。

2. 人工催产、自然产卵受精 生产中已普遍采用这种形式，常用催产激素有 PG、HCG、LRH-A。催产剂量：以鱼体重计，PG 为 4.5～6 mg/kg，HCG 为 900～1 000 IU/kg，LRH-A 为 20～25 μg/kg，PG+HCG 混合剂量为 2.0 mg/kg+(600～700) IU/kg。一般为一次注射，雄鱼用量为雌鱼的 1/2。亲鱼注射后放回原亲鱼池、产卵池或水泥池让其产卵、自然受精，一般 40～48 h 亲鱼可交配产卵。

(三) 人工孵化

斑点叉尾鮰受精卵在水温为 25.5～29.0 ℃时，出膜需 115.5 h 左右。

1. 孵化环境因素 孵化水温范围为 20～30 ℃，最适孵化水温为 23～28 ℃。水温过高、过低或急剧变化 (±5 ℃) 时，对胚胎发育都极为不利。溶氧量应保持在 6 mg/L 以上。流水可保证供给足够的氧气，并溶解和带走鱼卵所排出的二氧化碳等废物。要求水质清新，无污染，pH 为 7.2～8.0，无敌害生物。孵化过程中应加强对孵化水源中敌害生物的杀灭。生产中，孵化用水一般经过 70～80 目的筛绢过滤。

由于块状受精卵易受细菌、霉菌的侵害，所以从受精卵开始至眼的黑色素出现之前（鱼卵变成红色），每天需要用药物消毒一次（表 2-8-1）。消毒完毕，用新鲜水清洗后放入孵化槽中继续孵化。

表 2-8-1 斑点叉尾鮰鱼卵消毒用药及时间

药名	浓度 (mg/L)	浸洗时间
高锰酸钾	3	10～15 s
土霉素	8	50～60 s
福尔马林	100	4～5 min

2. 孵化方法 斑点叉尾鮰受精卵需要流水孵化，目前我国常采用孵化槽，该设备是根据天然水体中斑点叉尾鮰的繁殖习性而设计的，一般孵化槽约长 200 cm、宽 70 cm、深 40 cm，有进水和溢水管，水槽上方装有水车式搅水器，转轴上带螺旋式叶片，转速 28～30 r/min，使槽内水体波动及交换，以增加溶解氧及使卵块轻微摆动，水体内有机物随水波动向溢水口外排，同时，不断从进水阀中以 10 L/min 的流速加注新水。孵化时卵块用 12 目左右铝丝网布编制的孵化篓盛装，悬挂水体中，每只孵化篓能容纳 1 500 g 左右的卵块。湖北省机械化养鱼开发公司设计出一种不需电力，只要具备水位差的孵化器，孵化率在 95% 以上，适合斑点叉尾鮰等名贵鱼类的黏性卵孵化。

三、苗种培育

（一）鱼苗培育

斑点叉尾鮰鱼苗培育就是把孵化后能主动摄食的 1.35 cm 左右的鱼苗培育成 10 cm 左右，一般需历时 35 d 左右。

1. 培育池及其清整　鱼苗池面积一般为 667 m^2 左右，池底平坦，保持水深 0.5～1.3 m，水源无污染，注、排水方便。鱼苗入池前一周左右应严格对池塘进行清理和消毒处理。

2. 鱼苗放养　鱼苗放养密度一般以每 667 m^2 2.5 万～3.0 万尾为宜，且以单养为好。需要注意的是，鱼苗能主动摄食和平游时方可下塘，且下塘的鱼苗最好为同一批孵出的鱼苗，下塘前先"试水"，下塘时水温相差不超过 2 ℃。

3. 培育肥水及鱼苗适时下塘　采用肥水下塘技术，在鱼苗下塘前一周左右，注水 50～60 cm，然后施有机肥培养鱼苗的适口饵料，一般每 667 m^2 施有机粪肥 300～500 kg 或大草绿肥 300～400 kg。7～8 d 后，当轮虫出现高峰时即可放鱼苗下塘。

4. 投喂　鱼苗下塘后 2～4 d，培育池中有丰富的天然饵料，不需投饵，以后随着天然食物的减少及鱼体的长大，必须投喂人工饲料。人工配合饲料的主要成分为鱼粉、玉米粉、豆粕粉、维生素和矿物质等，要求蛋白质含量为 35%～40%。每天投喂 3～4 次，日投饵量以投饵后 0.5 h 内吃完为宜，一般投饵率为 3%～5%。为减少饲料的浪费，最好将配合好的粉状饲料用水拌成团状投喂。注意投饵应集中投喂在鱼池中。

鱼苗培育期间要加强日常管理，经常巡塘观察池鱼的活动情况及水质的变化，池水溶氧量应保持在 4 mg/L 以上。分期注水和适时追肥是提高鱼苗成活率与生长速度的有效措施，开始人工投饵时，需向池塘注入 10～15 cm 新水以增加溶解氧，以后每隔一周注水一次，每次注水量约 10 cm，最后使池水保持在水深 1.2 m 左右，注水时应用密网过滤野杂鱼和害虫，同时要避免水流直接冲入池底把水搅浑。

5. 夏花鱼种分塘稀养　鱼苗经过 30～40 d 的培育，全长达到 10 cm 左右，需拉网进行分塘稀养。出塘时应拉网锻炼幼苗以增强其体质，在苗种分塘稀养前一定要用 3% 的盐水消毒。

（二）鱼种培育

鱼苗养至 8～10 cm 时，需及时分塘稀养。将夏花鱼种培育为大规格鱼种。

1. 鱼种池的准备　鱼种池要求的条件及清整与鱼苗池相似，但面积要大一些，以 0.15～0.30 hm^2 较理想，水深 1.3～1.5 m。在这一饲养阶段以人工投喂为主，不需要施放基肥。

2. 夏花鱼种放养　鱼种的放养时间一般在 7～8 月。放养方式有单养及与鲢、鳙鱼种混养两种，一般以混养较好，因为鲢、鳙主要以浮游生物为食，与斑点叉尾鮰鱼种混养，既可避免池塘浮游生物的大量出现而影响水质，又能提高池塘的利用率。夏花鱼种在放养前需用 1%～3% 的食盐水消毒处理。放养密度应根据预期的出池规格及池塘条件等来确定，根据试验，一般每 667 m^2 放养夏花鱼种 5 000～7 000 尾，同时搭配 500～1 000 尾规格相近的鲢、鳙夏花，可获得良好的饲养效果。

3. 投饵与日常管理　鱼种饲养期间，主要以投喂人工饲料为主，为提高饲料利用率，配合饲料应加工成颗粒状，浮性或沉性均可。鱼种阶段的日投饲量，一般为鱼体重的3%～5%。上午、下午各投喂1次。

日常管理：每天早上或下午各巡塘1次，观察水质及鱼的活动情况，按时测定水温、溶解氧，了解饲养动态。适时注水或换水，以改善水质。保持池水溶氧量在3 mg/L以上，防止缺氧"泛池"。应定期做好鱼病防治工作。

四、成鱼养殖

（一）池塘养殖

1. 池塘养殖模式 池塘养殖斑点叉尾鲴有两种方式，一种是以斑点叉尾鲴为主，搭配鲢、鳙等。在华南地区，一般每667 m² 放养斑点叉尾鲴10～20 cm的鱼种800～1 000尾，搭配鲢、鳙250～300尾和鳊40～50尾，以控制水质和水草，养到年底或翌年5月，个体均重1.0 kg左右，产量可达每667 m² 1 000～1 200 kg；在长江流域以北地区放养密度为10～20 cm的鱼种每667 m² 650～800尾，搭配鲢、鳙250～300尾和鳊40～50尾，产量可达每667 m² 400～450 kg。另一种是以常规鱼类为主，除不放养鲤、鲫等底层鱼类外，搭配少量的斑点叉尾鲴，放养量为每667 m² 100～150尾。

2. 池塘饲养技术和管理 斑点叉尾鲴的饲料，主要有鱼粉、大豆粉、小麦粉和玉米粉等，要求粗蛋白质含量在32%～35%，最好加工成沉性和浮性两种颗粒。当水温在15 ℃以上时，投喂浮性饲料；水温低于15 ℃时，投喂沉性饲料。每天投喂两次，即上午、下午各1次。坚持"四定"投饵，每天09:00、17:00各投1次，每口池塘选择一个固定的底质较硬的地方集中撒开，投喂符合质量要求的饲料。鱼体重在200 g/尾以下时，日投饵率3%～6%；鱼体重在200 g/尾以上时，日投饵率2%～4%。当无鱼摄食时（水下看不见翻滚）即停喂。

冬季投饵可选择在晴天中午进行，以人工手撒料且形成池鱼抢食为宜。10～15 ℃每周投喂2次，6 ℃以下停止投喂，为防止"浮头"和"泛池"，要经常更换池水，鱼池中水的溶氧量应经常保持在3 mg/L以上。日常管理，要坚持每天巡塘，早、晚各1次；抓好鱼病防治工作，定期进行池水消毒及药饵预防。

（二）网箱养殖

网箱养殖斑点叉尾鲴效果非常好，产量高，养殖方法同养殖其他品种鱼类基本相同，主要应注意以下几点。

①养殖水体最好选择在水库上游河流入口处或者水库坝下的宽阔河道中，水的流速应在0.05～0.20 m/s，风力不超过5级的淌水处。网箱应设在水深3 m以上，离岸边较近处，避开东南风和东北风，同时日照时间长的地点。

②苗种进箱及换箱时应小心操作，避免鱼体受伤。苗种进箱前应以食盐水消毒。

③坚持"四定"投饵。苗种入箱后应利用投饵措施对其进行摄食驯化。投饵量随水温、鱼体重量变化而不同。饵料配方可随鱼体重变化进行适当调整。

④坚持无病先防、有病早治的原则。保持水质清新，加强防病措施。

⑤勤洗箱、适时换箱，一般每7 d洗箱1次，夏季更要勤洗箱，使水体能充分自由交换，保持箱内水体溶解氧充足，并根据鱼体逐步增长适时换箱。

五、病害防治

斑点叉尾鲴抗病能力相对较强，患病较少，但在养殖水体环境不良、饲养管理不善的情况下也会遭到病原体的侵袭，如水霉病、爱德华氏菌病、柱形病（腐皮病）、小瓜虫病、车轮虫病等。因此，要采取以预防为主的综合防病措施。各种病害及防治措施见表 2-8-2。

因斑点叉尾鲴对氯离子极敏感，最好不使用氯制剂清塘和防病。

表 2-8-2 斑点叉尾鲴的主要病害及防治措施

病害名称	病原	症状	防治措施
水霉病	水霉菌或绵霉菌	体表向外生长如棉絮状的菌丝	用 0.000 5% 水霉净浸泡鱼体 5 min
爱德华氏菌病	爱德华氏细菌	全身有细小的红斑或充血，病鱼常做环状游动，活动失常，不久后就死亡	采用生石灰彻底清塘消毒，外用聚维酮碘全池泼洒，内服土霉素
柱形病（腐皮病）	柱状黄杆菌	常发生在鳃部，也可发生在体表、头部、鳍条或口腔。病原体侵入上述部位后，出现白色溃疡甚至表皮腐烂，暴露出肌肉和骨骼，可在短时间内引起大量死亡	用 0.2～0.3 mg/L 稳定性二氧化氯全池泼洒或用 1%～3% 食盐水浸浴鱼体，至鱼有不安状为止，同时每千克饲料用土霉素 50～80 mg 拌饵投喂，连续 10 d 为一个疗程
小瓜虫病	由多子小瓜虫寄生引起	小瓜虫侵入鱼的皮肤和鳃组织后，形成针头大小的白点，肉眼可见。危害最严重，几天内就可导致池鱼全部死亡	15 mL/m³ 福尔马林全池泼洒，2 d 泼洒 1 次
车轮虫病	由车轮虫寄生引起	车轮虫寄生于鳃或体表，危害种苗。鱼群沿池边游动速度快，体色发黑，厌食	用 0.2 mg/L 硫酸亚铁 + 0.5 mg/L 硫酸铜溶液全池泼洒即可

思考题

1. 如何搞好斑点叉尾鲴的亲鱼培育？
2. 斑点叉尾鲴受精卵孵化需要注意些什么？
3. 简述斑点叉尾鲴苗种培育及成鱼养殖技术。

第九章 黄颡鱼养殖

黄颡鱼肉质细嫩，味道鲜美，营养丰富，没有肌间刺，可食部分高，一直受到我国人民的喜爱和欢迎。黄颡鱼还出口到日本、韩国、俄罗斯等国家，市场价格较为稳定，产品产销两旺。同时，黄颡鱼的人工养殖技术也越来越成熟。

一、生物学特性

（一）分类地位与分布

黄颡鱼（*Pelteobagrus fulvidraco*）隶属鲇形目，鲿科，黄颡鱼属，俗名黄姑鱼、黄嘎、黄腊丁等。除西部高原外，在我国各大水系均有分布，特别是在长江中下游的湖泊更是广为分布，朝鲜、日本和印度也有分布。黄颡鱼属在我国分布的有4个种，它们是瓦氏黄颡鱼（*P. vachelli*）、长须黄颡鱼（*P. eupogon*）、光泽黄颡鱼（*P. nitidus*）和中间黄颡鱼（*P. intermedius*）。

（二）形态特征

头扁平，尾粗短。头顶和枕骨大部分裸露且粗糙。吻部钝圆，口裂大，须4对，颌须最长，末端伸达胸鳍中部，鼻须位于后鼻孔前缘，伸达或超过眼后缘，外侧颏须长于内侧颏须。鳃孔较大，鳃盖膜不与鳃峡相连，鳃耙短小。背鳍具骨质硬刺，背鳍条Ⅱ，6～7，脂鳍短，后端游离，胸鳍具骨质硬刺，腹鳍短，尾鳍深分叉，上、下叶等长。全体裸露无鳞，体背部为黑褐色至青黄色，腹部淡黄色。体侧面有2纵及2横黑色细带条纹相间，间隔成3块暗色纵斑块。见图2-9-1。

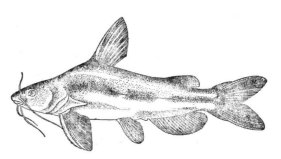

图 2-9-1 黄颡鱼
（仿中国动物志，1999）

（三）生活习性

黄颡鱼属于底栖性鱼类，白天喜栖息于水体底层，夜间则游到水体上层觅食。水温28～30℃时平均耗氧率为0.174 mg/(g·h)，窒息点为0.31 mg/L，比鲢、鳙对溶解氧的要求高。

（四）食性

为杂食性鱼类，不同个体大小的黄颡鱼，食性有着显著差异。鱼苗开口饵料为浮游动物的无节幼体、小型桡足类、枝角类。体长在5～8 cm，主要的食物是浮游动物、水生昆虫等，人工条件下可以摄食人工配合饲料。体长10 cm以上，主要食物有螺蛳、小虾、小鱼、摇蚊幼虫、鞘翅目幼虫、昆虫卵、苦菜叶、聚草叶、植物须根和腐屑、鱼鳞及其他鱼类的鱼卵等。喜欢夜间摄食。

（五）生长

黄颡鱼在天然条件下生长较慢，一般当年只能长到6～10 cm，体重2～5 g，第二年长到50～100 g。人工饲养条件下，池塘少量套养当年一般可以长到50 g以上，池塘主养喂鱼肉、干浮游动物或水生底栖动物等，当年大部分也能长到50 g以上，甚至100 g以上。10 cm之后，雄性个体明显比雌性个体生长快，有时体重增长是雌性个体的5～6倍。调查发现，在相同养殖条件下，第一年雄性黄颡鱼比同胞雌鱼的生长速度快30%左右。在养殖的第二年，其雄鱼生长至150～200 g，而雌鱼却只有50～75 g，雌雄生长差异接近3倍。因为这一点，研究人员想通过科技手段，希望能够养殖全部是雄鱼的黄颡鱼，即全雄黄颡鱼。

(六) 繁殖习性

1. 性成熟年龄与怀卵量 黄颡鱼雌雄个体1周年均可成熟，在湖北洪湖体长为8～10 cm，体重5～12 g。绝对怀卵量一般为3 000～12 000粒，体重为10 g左右的1龄鱼为200～300粒。最大的野生黄颡鱼雌性个体185 g，绝对怀卵量高达18 000多粒。人工培育的黄颡鱼亲本，最大雌性个体可达200 g以上，绝对怀卵量可达20 000粒以上，相对怀卵量为84～137粒/g（王卫民等，1999）。体重范围为43.5～135.0 g的黄颡鱼，最高产卵量为15 300粒，最低为2 925粒，平均为8 213粒，相对产卵量为96粒/g。

2. 繁殖时期和繁殖场的环境条件 黄颡鱼的繁殖季节为4月中下旬至8月中下旬，其中繁殖高峰期一般有两个，即5月中下旬和6月底至7月初。池养黄颡鱼的繁殖时间稍迟于天然湖泊的黄颡鱼。黄颡鱼是分批成熟的，在生殖期间可成熟两次。产卵的水温范围为18～30 ℃，最佳水温为24～28 ℃。

天然条件下，当天气由晴朗转为阴雨，并有降雨发生时即可发现黄颡鱼大量产卵。产卵时间通常集中在20:00至次日04:00。一般喜欢在水质清新、平静的浅水区产卵，产卵场的水深为20～60 cm，周围有茂盛的水生维管束植物生长，其底部为淤泥底或有凹形地段。

3. 筑巢和护苗习性 雄鱼具有筑巢及保护鱼卵和鱼苗的习性，在生殖期间，雄鱼游至自然水体沿岸地带水生维管束植物茂密的浅水区域，利用胸鳍在泥底上挖成一个小小的泥坑，即为黄颡鱼的鱼巢。巢径在16～37 cm，巢的深度9～15 cm，巢壁光滑或有水生高等维管束植物的须根。雌鱼产完卵后即离开鱼巢觅食，雄鱼在巢里或巢的附近守护发育的受精卵和刚孵化出膜的仔鱼，直至仔鱼能离巢自由游动时为止。

二、人工繁殖

(一) 亲本的来源

黄颡鱼亲本来源比较广泛，无论是野生的还是人工养殖的，经过选择均可作为亲本使用。使用野生黄颡鱼作为亲本可以避免近亲繁殖，或者是雌、雄亲本来源于两个不同区域，或者是雌、雄亲本一个是野生的，另一个是人工养殖的，这样交叉进行繁殖，也可以避免近亲繁殖。人工培育的亲本，体质好，成熟好，怀卵量大，繁殖效果较好。

(二) 亲鱼培育

1. 雌雄鉴别与亲鱼选择 黄颡鱼在未达到性成熟之前，雌、雄鱼不易区别。体长7 cm以上，雄鱼具有生殖突，而雌鱼没有。雄性个体较细长，而雌性个体相对较短粗。同体长鱼，雄性的尾柄长与体长之比均大于0.13，而雌鱼均小于0.13。达到性腺成熟的亲鱼较易区别，一般成熟个体雄鱼大于雌鱼个体，在肛门后面有一个0.5～0.8 cm长的生殖突，泄殖孔在生殖突的顶端；雌鱼体型较短粗，腹部膨大而柔软。

亲本收集培育的时间一般为每年的12月至第二年的2月为宜。选购亲本时，要求其雌性在100 g以上，雄性个体体重在150 g以上，体质健壮、无病、无损伤。

2. 培育池 亲鱼培育池要水源充沛，水质良好，底部淤泥较少或硬底地，面积1 000~2 000 m² 为宜，水深在1.0~1.5 m。亲鱼池塘的清整必须每年进行一次，挖除池底过多的淤泥，维修和加固塘埂，每667 m² 用80~100 kg的生石灰消毒除野，待毒性消失后放入亲鱼。

3. 亲鱼放养 雌、雄亲鱼最好分开培育，这样可以避免黄颡鱼成熟后在培育池中自行繁殖，同时也可以防止雄鱼过早排精，另外，雌雄同池培育由于雄性个体大，抢食能力强，会影响雌鱼的发育。采用人工授精雌雄比例为1∶(0.3~0.5)，采取自然产卵雌雄比例为1∶(1.2~1.5)。亲鱼的放养密度，一般为每667 m² 放养100 kg左右，放养量为800~1 000尾；在亲鱼池中每667 m² 混养200~250尾鲢、鳙鱼种，其规格为10~14 cm，以利于控制亲鱼池的水质。亲鱼池中忌放鲤、鲫，以免争食。

4. 饲料与投喂 亲鱼越冬后，一定要采取强化培育措施，必须补充投喂人工饲料，如鱼浆等。投饵量在水温10~15 ℃时，为亲鱼体重的1.5%，15~20 ℃时，为体重2%~3%，20~30 ℃时，为3%~5%。早、晚各投喂1次，在池中设饵料台或集中在池塘某一边投喂，饲料以60 min吃完为宜。也可以投喂人工配合饵料，饵料蛋白质含量为36%~38%，其配制的原料主要是鱼粉32%、豆饼32.5%、玉米粉10%、米糠6%、麸皮16%、过磷酸钙1%以及黏合剂、维生素和矿物质添加剂等。

5. 饲养管理 要保持水质清新，溶氧量在4 mg/L以上，pH为7.0~8.5。亲鱼池要防止"浮头""泛塘"，在春、秋季节进行强化培育期间，每隔10 d左右，需进行冲水，加速亲鱼性腺发育。投饵时，要注意观察鱼的摄食情况，投喂饲料不要过剩，以免造成不必要的浪费和影响水质。

（三）催情产卵

1. 催产 亲鱼的选择一般从4月中下旬至9月初都可以进行人工催产，繁殖盛期为5月中旬至6月中旬。催产的亲鱼要求雌鱼腹部膨大，较柔软，卵巢轮廓明显（成熟好的亲鱼卵巢膨大像个圆球），生殖孔红肿。雄鱼生殖孔尖细，微红，用手挤不出精液。

2. 亲鱼配组 通常，采取人工授精的方法雌雄比例为1∶(0.3~0.5)为宜；采取人工催产自然产卵的方法，一般雌雄比例为1∶(1.1~1.2)为宜。自然产卵用过的雄亲本如果体质仍然较好，经过7~15 d的培育后可以再次使用，如果是这样，雄亲本的数量也可以减少。

3. 催产剂注射 催产激素为鲤PG、DOM、HCG和排卵2号（LRH-A_2），它们可以单独使用也可以配合使用，但一般采用配合使用。在繁殖早期采用二次注射，针距为20~24 h。注射剂量：第一针，雌鱼为HCG 1 000 IU/kg+鲤PG 2 mg/kg或DOM 10 mg/kg+LRH-A_2 10 μg/kg（以鱼体重计），雄鱼为雌鱼剂量的2/3；第二针，雌鱼为HCG 2 000 IU/kg+鲤PG 4 mg/kg或DOM 20 mg/kg+LRH-A_2 20 μg/kg（以鱼体重计），雄鱼仍为雌鱼剂量的2/3。在繁殖的中、后期（5月中上旬以后）采用一针注射，注射剂量雌鱼为HCG 2 500 IU/kg+鲤PG 2.5 mg/kg或DOM 25 mg/kg+LRH-A_2 25 μg/kg（以鱼体重计），雄鱼为雌鱼剂量的2/3（王卫民等，2002）。

4. 自然产卵与人工授精 "家鱼"人工繁殖的环道、水泥池或在水体中架设网箱均可作为黄颡鱼产卵和孵化场地。需在其底部铺上棕榈、柳树根或聚乙烯网片等做鱼巢。将注射催产剂的雌、雄亲本按一定比例放入产卵池中,有流水刺激,产卵效果会更好些,而且产卵较集中。待大部分亲鱼产卵后,可移出亲本,让受精卵在产卵池中孵化,或将鱼巢移到另外的池子孵化。受精卵必须用 10 mg/L 的高锰酸钾或其他防水霉的药物浸泡。

人工授精的方法是:注射过催产剂的黄颡鱼亲本放入池中,到达效应时间时,杀死雄鱼,取出精巢(如果精巢饱满,呈乳白色,剪破精巢马上有精液流出,放在水中精液立即分散开来,说明雄鱼成熟好)放入碾钵中碾碎,同时将卵挤入瓷盆中,加入生理盐水,湿法授精,最后将卵均匀铺鱼巢上,放在池子中进行孵化。

黄颡鱼鱼苗生产应根据具体情况选择人工繁殖方法。早期水温低和晚期水温高,可采取人工控温的方法进行人工催产人工授精,例如在 4 月 12 日,当水温较低(18 ℃以下)时,通过加温和控温(25 ℃左右)的方法,成功地进行了黄颡鱼的早期人工繁殖,7 月以后,水温高达 30 ℃以上可通过空调降温。在繁殖盛期(5 月中旬至 6 月上旬)是进行黄颡鱼大规模人工催产自然产卵的好时机,催产率和受精率均较高。

(四) 人工孵化

受精卵必须采取静水孵化,因为刚出膜的鱼苗身体特别纤细,卵黄囊较大,在流水的冲击下,鱼苗的身体很容易与卵黄囊分离,造成鱼苗死亡。孵化可以在水泥池、网箱中进行,水体里可以充气,加微流水(最好从水体上方添加),但不要使水体产生水流。放卵密度为 2 万～3 万粒/m^3,如果有流水和充气条件,放卵密度可以适当加大。

黄颡鱼受精卵孵化适温范围为 19～32 ℃,最适温度 24～28 ℃。水温超过 28 ℃ 时胚胎的畸形率高达 30% 以上,低于 19 ℃ 孵化时间延长,孵化率很低,因此,孵化水温应控制在 20 ℃ 以上。水质要求清洁,无污染,酸碱度适宜,没有敌害生物,溶氧量不低于 5 mg/L。遮阳,防止紫外线直射,防止水霉病的发生,如有出现,要及时清除。

三、苗种培育

黄颡鱼苗种的培育方法一般是从鱼苗一直培育到大规格鱼种,中间不分塘。

(一) 水泥池培育

1. 水泥池 面积为 10～20 m^2,深度为 0.8～1.0 m,水深 0.7 m 左右,长方形及圆形均可,要求水源充足,溶氧量不低于 4 mg/L,用水须经过严格过滤,进、排水方便。

2. 放养密度 刚出膜的仔鱼每立方米水体可放养 10 000～15 000 尾,待鱼苗长到 1 cm 左右,开始分池培育,1 cm 密度为 5 000～6 000 尾/m^3;2 cm 时再稀分为 2 000～3 000 尾/m^3,3 cm 放养密度为 500～800 尾/m^3,培育至 5 cm 左右。

3. 饵料及投喂 刚开口的黄颡鱼鱼苗投喂的浮游动物要用 40 目的网布过滤,滤去大型浮游动物,当鱼苗长到 1 cm 以后,捞取的浮游动物只需用纱窗布滤去杂质,用清水洗两遍后投喂。当鱼苗长到 1.5～2.0 cm 时,可用微囊颗粒人工配合饲料投喂,或将粉状人工配合饲料(甲鱼或鳗鲡饲料)用水搅拌成团状投喂。投喂配合饲料前先停食 1 d,定点在水泥池的一个角慢慢投喂,2～3 d 就可驯化吃人工配合饲料。黄颡鱼具有集群抢食习性,通常采用边吃边喂的方式,也可以在池中设饵料台一个,将配合饲料团投到饵料台上。

4. 日常管理 一定要注意保持水质清新,及时清除污物和食物残渣,溶氧量保持在 4 mg/L 以上,24 h 有微流水和增氧机充气。坚持"四定"投饲原则,保证饲料的数量和质量。每天要对水质进行检查,发现疾病要及时采取措施治疗。在夏季水泥池要用遮盖物盖住，防止光照太强烈影响鱼苗正常摄食。

(二) 池塘培育

1. 鱼苗池的条件　水源充足，水质清新，注、排水方便。面积 667～1 334 m²，水深保持在 0.5～1.0 m。池底平坦，淤泥适量（10 cm 左右）。在出水口处设一个长方形的集鱼函（水泥池或土池均可），以利于鱼苗集中捕捞。池塘水质混浊度不能大，pH 为 7～8，溶氧量在 4 mg/L 以上，透明度为 30～40 cm。

2. 消毒和培肥　鱼苗放养前 15～20 d 用生石灰清塘消毒。鱼苗放养前一周，灌水培肥，向池子一角堆放腐熟消毒的有机肥料，如禽粪或家畜粪肥 100～200 g/m²，为了加速肥水，一般每 667 m² 施氨水 5.0～10.0 kg，或硫酸铵、硝酸铵、尿素、氯化铵等 4 kg，过磷酸钙 3.0～4.0 kg，促进浮游生物特别是浮游动物的大量繁殖。

3. 放养密度　1 cm 左右黄颡鱼鱼苗放养密度为每 667 m² 3 万～5 万尾，不宜搭配其他鱼类，尤其是鲤、鲫鱼苗绝对不能混养。下塘培育的鱼苗最好是同一批孵化出的鱼苗。

4. 饵料及投喂　鱼苗下塘后，前期要保持池塘中浮游动物丰富的数量，可以给池塘追肥或向池塘泼洒豆浆，每 1 万尾鱼用 150～250 g 的黄豆磨成浆，早、晚各泼洒 1 次。当鱼苗长到 2 cm 以后，将粉状配合饵料用水搅拌成团球状投到鱼池中或平铺在池塘底部的饵料台上，每天上午、下午各投喂 1 次，投喂量占鱼体重的 3%～5%。同时，继续在池塘中培育天然浮游动物，因为黄颡鱼在 7～8 cm 前一直有喜欢摄食浮游动物的习性。

5. 日常管理　黄颡鱼鱼苗有显著的畏光性和集群性，保持池塘水质肥度，对鱼苗的摄食和生长有利。定期注水是鱼苗培育过程中加快鱼苗生长和提高成活率的有效措施，具体方法为：浅水下塘，即鱼苗下塘时水深 40～60 cm，每隔 3～5 d 加水 1 次，每次加水 8～10 cm，注水时要防止野杂鱼和敌害生物进入池中。每天巡池，注意鱼苗的摄食与分布状况。防止发生"浮头""泛池"事故。另外还要特别留心鱼病的发生，实施必要的防治措施。

四、成鱼养殖

(一) 池塘主养黄颡鱼

1. 池塘条件　要求水源充足，水质符合《渔业水质标准》（GB 11607—1989）。最好选择靠近水库、湖泊、河道、沟渠的鱼池，或配有增氧机和抽水机等机械设备的鱼塘进行。我国北方在池塘边打水井，灌溉井水养殖黄颡鱼。一般主养池塘面积为 2 000～3 000 m²，以 1.5～2.0 m 水深、长方形、底质是沙质土为好，底部淤泥 10 cm 左右，并要求保水及保肥力较强。

2. 池塘的清理及消毒　池塘底部清理整平，并在排水口端底部挖出 50 m² 比其他地方深 20～25 cm 的坑函，便于成鱼起捕时集中。在投放鱼种前 20 d 左右，将池塘用生石灰、漂白粉等药物消毒，再按每 667 m² 施放有机肥料 150～200 kg，待池塘水体中大量的浮游动物出现后投放鱼种。投放的鱼种要严格消毒，通常采用 3% 食盐等溶液洗浴后放入养殖池。

3. 放养密度　每 667 m² 放全长 2 cm 的苗 10 000～15 000 尾，全长 3 cm 放 8 000～10 000 尾，4～5 cm 为 6 000～8 000 尾。待放养的黄颡鱼长到体长 7～8 cm 时，水质已开始变肥，此时每 667 m² 投放鲢、鳙 200 尾左右，其规格为 6～10 cm，以控制黄颡鱼池塘中水质。

4. 饵料与投喂　黄颡鱼是以动物性饵料为主的杂食性鱼类，很容易驯化吃各种类型的人工配合饲料，另外，各种野杂鱼、水生动物均是黄颡鱼很好的饲料。天然饲料包括小杂鱼、冰鲜鱼、虾、蚯蚓、螺、蚌等，一般通过加工绞碎成浆后再与植物性粉状饲料（三等面粉等）混合搅拌成团状投喂。当年繁殖的鱼苗如果全部投喂这种天然饲料，当年可以长到上市规格（50 g 以上）。黄颡鱼人工配合饲料多是参考其他相近无鳞鱼的营养需求来配制的。成鱼粗蛋白质为 38%～40%。

投喂量：当水温为 10～15 ℃时，投喂量占体重的 1.5%～1.8%；水温为 15～20 ℃时，为 2.0%～2.5%；水温为 20～36 ℃时，为 4%～5%。按照常规鱼类的饲养方法，要坚持"四定"原则，根据黄颡鱼昼伏夜出的生活习性，每天 08:00 以前、18:00 以后各投喂 1 次。

5. 饲养日常管理　日常投喂饲料必须做到匀、足、好，保持池塘溶解氧充足，水质清新，经常加注新水。一般每天早、中、晚各巡塘 1 次，观察池鱼有无"浮头"现象，检查鱼的活动及吃食情况。酷暑季节，天气突变时，还要增加夜间巡塘次数，或安排值夜班管理，以便采取措施，防止意外。另外，还要注意防病和治病工作。

目前在黄颡鱼主养过程中，各地出现了鱼身体变白或呈现花斑颜色的现象，造成身体变色的原因目前还不很清楚，怀疑是由于饲料方面的原因而引起的，在饲养过程中，一段时间换一种饲料投喂，可以避免或减少该现象的发生。详细原因和防治方法还有待今后研究。

（二）池塘套养

通常是将 2～3 cm 或更大的苗种直接套养在主养其他鱼类的池塘中。

1. 套养鱼池条件　套养池塘必须无污染物质，有生活污水来源的不能套养黄颡鱼。池塘有防逃设备，溶氧量保持在 4 mg/L 以上，天然动物饵料资源较丰富。

2. 套养密度　套养的数量可根据池塘条件、养殖品种结构和饲料来源等确定。常见的套养方式是每 667 m² 套养 200 尾左右 2 cm 以上的苗种，不投喂饲料；或在常规鱼类饲养的池塘中不投放鲤、鲫，改为投放黄颡鱼 500～600 尾。

3. 套养管理　黄颡鱼不耐低氧，因此池塘水体不能过肥。以饲养"家鱼"为主的池塘施肥时，应将以前一次施肥量，改成几次施用，这样就不会造成池塘过肥。另外，还要注意防治其他鱼类病害时的药物影响黄颡鱼的正常生长，甚至造成死亡。

（三）天然水体增养殖

由于过度捕捞，黄颡鱼天然资源遭到了巨大的破坏，天然产量急剧下降，而且由于江河隔绝还使一些封闭型湖泊的黄颡鱼个体趋向小型化。要恢复和增加黄颡鱼天然资源与产量，可以采取下面 4 种措施：一是向湖泊投放人工繁殖的苗种，3 cm 以上，一般每 667 m² 放养量为 100～200 尾。二是投放从江河中捕捞的苗种。三是进行繁殖保护，在繁殖季节设置禁渔期和禁渔区，促进湖泊中黄颡鱼种群稳步增长。四是有条件的水体进行灌江纳苗。

五、全雄黄颡鱼

全雄黄颡鱼是中国科学院水生生物研究所的专家经过多年研究，培育出的黄颡鱼养殖新品种。其品种培育方法是利用鱼类性逆转技术获得 XY 生理雌鱼，然后通过 XY 生理雌鱼雌核发育产生了 YY 超雄鱼，并且通过与 XX 雌鱼测交得到了全雄子代。建立了两个成熟的繁育体系，①超雄鱼繁育体系：YY 超雄鱼与 YY 生理雌鱼交配，规模化生产 YY 超雄鱼；②全雄鱼繁育体系：YY 超雄鱼与正常 XX 雌鱼交配，规模化生产全雄鱼。2011 年黄颡鱼"全雄 1 号"经国家农业部正式批准为水产养殖新品种，登记号为 GS-04-001-2010。黄颡鱼"全雄1号"有如下特点：一是雄性率高，苗种遗传雄性率达到100%；二是生长速度快、产量高、效益好，在相同养殖条件下，1龄黄颡鱼"全雄1号"比普通黄颡鱼平均生长速度快30%，2龄快50%以上；三是生长规格比普通黄颡鱼整齐，因全部为雄性，规格大且较为整齐。其生产方法及生产过程与普通黄颡鱼类似。

思考题

1. 我国黄颡鱼目前养殖状况和前景如何？
2. 简述黄颡鱼的生活习性，以及这些生活习性与养殖的关系。
3. 简述黄颡鱼人工繁殖的方法。
4. 简述黄颡鱼苗主要培育方式和注意事项。
5. 简述黄颡鱼主要养殖模式。

第十章 长吻鮠养殖

长吻鮠是我国长江水系特有的名贵淡水经济鱼类之一，其肉质鲜嫩，味道鲜美，氨基酸含量非常丰富，被视为淡水鱼中的珍品，尤其是其肥厚硕大的鳔，干制成"鱼肚"，更是享誉中外的名贵佳肴。长吻鮠移养驯化及人工养殖技术的研究始于1990年，现已获得成功。长吻鮠生长迅速，养殖效益和经济价值均较高，目前，全国大部分地区已积极推广养殖。

一、生物学特性

（一）分类地位与分布

长吻鮠隶于鲇形目，鲿科，鮠属。因其吻长于其他鮠类，故学名称长吻鮠（*Leiocassis longirostris*）。地方名有江团、肥坨、鮠鱼、鮠鳇鱼、鮰鱼、长江鮰鱼。在自然情况下，主要分布于我国长江流域的部分江段以及各大支流中。

（二）形态特征

体粗且长，略似纺锤形。全身光滑无鳞，极富黏液。鱼体灰白或灰黑，吻锥型并向前突出，口下位，新月形，唇肥厚，上、下颌有利齿。须4对。背鳍硬棘后缘有细锯齿。胸鳍的硬棘前缘光滑，后缘有锯齿。脂鳍肥厚，臀鳍前部分支。尾鳍深分叉（图2-10-1）。

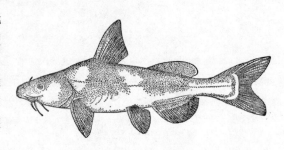

图 2-10-1　长吻鮠

（三）生活习性

长吻鮠喜欢生活于江河的底层，冬季栖息于靠岩石或有乱石的深水处，喜欢较清澈的水，常在水底借助口须的触觉和味觉觅食，性情较温顺，喜阴畏光，夜间则分散到水体中上层活动觅食。长吻鮠属温水性鱼类，生存适温$0 \sim 38\,℃$，生长适温是$18 \sim 30\,℃$，最佳溶氧量为$5 \sim 7\,mg/L$，降低到$2.5\,mg/L$时则出现"浮头"现象。对pH的要求范围为$6.5 \sim 8.5$，最适为$7.0 \sim 8.0$。

（四）食性

长吻鮠为温和的肉食性鱼类，鱼苗鱼种以枝角类、桡足类、水蚯蚓、摇蚊幼虫、陆生蚯蚓和其他水生昆虫为食；成鱼主食各种小型鱼、虾、泥鳅及蚯蚓、螺蚌肉。经过驯化，也喜食人工配制的颗粒饲料。

（五）生长

长吻鮠常见个体$3.0 \sim 3.5\,kg$，已经发现的最大个体重达$17\,kg$。池养长吻鮠比江河野生的生长速度快。当年5月人工繁殖的鱼苗，养到年底尾重可达$100\,g$以上，第二年能长到$350 \sim 800\,g$，第三年则达到$1\,kg$以上。

（六）繁殖习性

长吻鮠的性成熟年龄一般为 4 龄，繁殖期 5~6 月。个体的绝对怀卵量为 1.7 万~10.0 万粒。初次性成熟的雌鱼其产卵量不足 1 万粒/尾。雄鱼的精巢呈扁带状，多树枝状分义，故不宜用挤压法获取其精液。为分批产卵鱼类，分两批成熟，产黏性卵，第一批产卵量为第二批的两倍以上。

二、人工繁殖

（一）亲鱼培育

1. 亲鱼选择 一般从江河天然产卵场捕获性成熟亲鱼，或者选用往年蓄养的亲鱼以及从人工饲养的商品鱼中选留后备亲鱼。选择个体大、体质健壮、无病、无损伤，已达到性腺成熟的鱼。最好选择 5 龄以上、体重在 2.5 kg 以上的个体做亲鱼。

2. 培育方法 从江河捕捞的亲鱼根据其性腺发育情况，能催产的立即催产，不能催产的可蓄养来年再用。往年蓄养的亲鱼，应加强日常管理，饲料充足，保证营养，适时开动增氧机，定期注入新水，增加流水刺激，以确保在繁殖季节性腺发育成熟。

（二）催情产卵

1. 亲鱼配组 繁殖季节在 5 月，最适繁殖温度为 23~27 ℃。比较理想的雌鱼生殖突较短，通常都在 0.5 cm 以内，生殖孔宽而圆，色泽红润，腹部可见明显的卵巢轮廓，松软而富弹性；成熟度较好的雄鱼生殖突尖而长，通常可达 1 cm 左右，不易挤出精液，呈桃红色即可用。雌、雄鱼的配组可为 (3~8):1（人工授精）或 1:2、2:3（自然受精）。

2. 催产剂注射 催产剂用 LRH-A、HCG，或鲤、鮠 PG。一般情况下一针注射，雌鱼注射剂量为 LRH-A 30~45 μg/kg（以鱼体重计），鲤 PG 0.5~1.5 个/kg（以鱼体重计），雄鱼减半或为雌鱼的 2/3 左右。采用二针注射，则第一针为总剂量的 1/5~1/4，余量第二针注射。两针之间的间隔为 10~12 h。

3. 自然产卵与人工授精 自然产卵受精只需把注射了催产剂的配组亲鱼放入已放置好鱼巢的产卵池中，加大流水的刺激，让其自然产卵、排精，然后将亲鱼捕出，把产卵池当作孵化池使用。但自然产卵的效果较差，生产上大多采用人工授精与人工孵化的方法获得成批量的鱼苗。注射催产剂后，效应时间在水温 21~23 ℃时为 21~22 h，水温 26~28 ℃时为 14~18 h。当雌、雄鱼开始发情时，要及时捕出，干法授精，使精卵混合，一般搅拌 15~20 min 后徐徐加入少许清水，完成受精过程。此时卵膜吸水膨胀，逐渐出现黏性，继续加入清水洗卵，换水 2~3 次后，将其装入孵化箱孵化或进行脱黏孵化。

（三）人工孵化

1. 孵化方法 人工孵化有脱黏和不脱黏两种方法。不脱黏受精卵孵化有室外孵化和室内控温孵化两种方法。室外孵化主要是把长方形浮动小网箱（0.8 m×0.5 m×0.4 m）充分绷紧后拴在比箱体略大的木制长方形浮架上，然后将一只只孵化箱排列并固定在水面上，孵化箱的箱底一定要平整，否则孵出的鱼苗会堆积窒息而死。室内控温孵化的条件优越，可较大地提高孵化率。

2. 孵化条件及管理 长吻鮠鱼卵适宜规模生产的孵化水温为 17~28 ℃，最佳孵化水温为 23~25 ℃，其孵化时间与水温的关系见表 2-10-1。要求孵化用水清新、无污染，溶氧量为 7 mg/L 以上，可充气增氧，整个孵化过程都在流水环境中进行，水的流速控制在 0.2~0.5 m/s。

表 2-10-1　长吻鮠鱼卵的孵化时间与水温关系

孵化水温（℃）	孵化时间（h）	畸形苗的比例（%）
14～16	140～108	13～41
17～20	112～90	7～11
21～23	72～60	3～5
24～26	50～44	2
27～28	40～24	5～18

孵化管理工作与"家鱼"卵的孵化大同小异。应注意孵卵密度不宜太大，脱黏孵化放卵密度为 20 万～50 万粒/m³，不脱黏孵化放卵密度为 10 万～20 万粒/m³，避免敌害和强烈日晒。

三、苗种培育

（一）鱼苗培育

即把长吻鮠的水花鱼苗培养到全长 3～4 cm 的夏花鱼种。

1. 培育池　一般是几平方米到几十平方米的水泥池，水深 0.5～1.0 m，水源清洁无污染，进、排水方便，且有防逃网。鱼塘肥水不宜作为培养鱼苗的水源，由于长吻鮠苗种畏光，因此在培育池上要加盖一层遮光材料。

2. 放养密度及注意事项　高标准的鱼苗池可放养 5～7 日龄体长 1.0～1.5 cm 的鱼苗 500～800 尾/m²，普通培育池只能放养 100 尾/m² 左右，如果其面积超过 300 m² 后，放鱼苗数还应减少。放苗前应在捆箱里喂一次熟蛋黄浆，鱼苗入池前应先试水，并轻缓放苗。

3. 日常管理　分期注水，及时除去池中污物，保持水质清新。鱼苗下塘的当天，可喂 1～2 次蛋黄浆，用量为 1～2 个蛋黄/万尾鱼苗。第二天清晨投喂小水蚤（将浮游生物网捞到的枝角类、桡足类通过双层 40 目滤网过滤），第四天开始投喂不经过滤的水蚤，鱼苗下池 5～7 d 后可以少量投喂水蚯蚓，以后逐天增加其用量。当鱼苗长至 2 cm 时，可以只投喂水蚯蚓。加强饲养管理，做好鱼病防治工作。投鲜活饵料要用清水漂洗，用食盐水消毒，尤其是投喂水蚯蚓时，还要隔几天用土霉素药液浸泡水蚯蚓，以防肠炎病。

（二）鱼种培育

全长 3～4 cm 规格的夏花鱼种，培育四五个月后，体长达 13.2～20.0 cm，体重 40～100 g/尾的大规格鱼种。其关键技术是转食驯化和配合饲料的配制。

1. 培育池　面积几十至几百平方米均可，面积太大易造成摄食不均，不易进行转食驯化，为便于鱼苗驯食，可在食台周围用夏花网布围 20 m² 的水面用作鱼苗驯食池。

2. 放养密度　一般规格 3 cm 左右的夏花鱼种放养密度为 80～200 尾/m²，要求苗种规格整齐，无伤无病，行动敏捷。

3. 转食驯化　鱼种入池后，应先使其适应新环境，初始阶段可投喂几天水蚯蚓，达到 5 cm 的长度规格之后即可投喂转食用的人工配合饲料。在驯食开始阶段，可将驯食料做成小颗粒软饲料，遍撒于池底，然后逐步缩小投饵范围，最后过渡到食台上，实行定点投喂，饲料由小颗粒逐渐过渡到大颗粒最后到面团状。由于长吻鮠具有集群的特性，可在食台附近设置一台增氧机。投喂饲料也可采用"跟踪法"，鱼在哪儿，饲料就投到哪儿，然后逐渐过渡到定点投喂。一般驯食转化过程 7～12 d。

4. 配制饲料及投喂 用绞肉机将新鲜的野杂鱼、蚯蚓、牛肝等绞成鱼糜，作为长吻鮠驯食的诱食剂，为增加饲料黏度，可加入适量鸭蛋清，按饲料中诱食剂所占的比例，从 100%、75%、50%、25% 到 0，分为 5 个阶段，每个阶段持续 2 d，随后逐渐加大人工饲料的比例，减少诱食剂的比例，由最初全部用鱼糜投喂，到长吻鮠完全摄食人工配合饲料。转食期间，日投饲 2～4 次，日投饵率 10%～20%。鱼种配合饲料，鱼种规格在尾种 10 g 以下时饲料蛋白质含量为 50%～52%，尾重在 10 g 以上时饲料蛋白质为 45%～47%。饲料的原料有鱼粉、熟豆饼、小麦、酵母、菌蛋白粉、肠衣粉、地脚面粉等，蚕蛹或菜籽饼的用量都必须限于 10% 以内，矿物质和维生素是必须添加的。鱼种饲料均加工成粉状，干贮备用。

完成驯食后，日投饵率为 5%～10%，早、晚各 1 次。晚上投喂占全天投喂的 70% 左右，投饲后以 1～2 h 吃完为佳。注意观察水质变化情况，及时排污和加注新水。

（三）苗种运输

目前最广泛使用的运输工具为双层塑料鱼苗袋，采用充氧密封运输。一般鱼苗袋（30～40）cm×（60～70）cm 可装 6～7 日龄的水花苗 5 000～6 000 尾，规格 5 cm 长的鱼种可装 100～150 尾/袋。

优质小规格鱼苗的特征是体短粗，健壮，体色深黑，个体大小基本一致，在鱼苗池内群集性强，在白瓷盆内溯水性强，体表光洁，无任何寄生物。要确保在 12～16 h 的运输距离内，成活率达 95% 左右，另外可加外包装和适量冰块防止水温升高。

四、成鱼养殖

（一）成鱼养殖

目前长吻鮠成鱼养殖的主要方式如下。

1. 池塘微流水饲养 一般 500～1 000 m^2 的长方形鱼池较理想。通常池塘微流水饲养是长吻鮠较成功的饲养方法，这里所说的"微流水"，并非要求一天 24 h 都有水流进流出，日均换水量能达到全池的 15%～20% 就可以了。生产上可以每天注水 2～3 h，也可以几天内换水一次，最好能有排放底层水的闸阀，并配增氧机。

每 667 m^2 的放养量为规格 40～50 g/尾的隔年鱼种 1 000～1 200 尾，或 250～350 g/尾的 2 龄鱼种 400～500 尾，另搭配 150～250 g/尾的鲢 50～100 尾、鳙 20～50 尾、鳜或鲈 3～5 尾。因鲢、鳙不与长吻鮠争食，有改良水质的作用。

成鱼配合饲料的蛋白质含量要求达 40%～42%。如以鲜鱼块为主，可搭配少量鳗饲料，两者比例为 (2～3):1。也可自行购买鱼粉、豆饼、花生米、小麦、玉米、酵母等原料配制。

2. 流水池饲养 饲养鲤的长方形流水池、鱼种场的圆形产卵池及农家模式的流水坑塘都能养长吻鮠。流水池可放养 40～50 g/尾的隔年鱼种 5～20 尾/m^2，或尾重 250～300 g 的 2 龄鱼种 3～12 尾/m^2。饲养的关键是投饲技术，可通过以下 3 个途径改进：一是改变黏结剂的黏性，使成品饲料在流水中至少有 30～40 min 的稳定性；二是延长驯食期，强化驯食刺激，使鱼种形成条件反射；三是改定位饵料台投饲法为降水减速跟踪投饲法。

3. 网箱饲养 可借用网箱养鲤的成套技术，所不同的有两点：一是鱼种放养量相对较低，目前一般放养隔年鱼种 20～40 尾/m^2，2 龄鱼种 8～15 尾/m^2，因而产量远没有养鲤高；二是必须设饲料台，每只网箱设 2～3 个。长吻鮠的投饵率可参考表 2-10-2。

表 2-10-2　不同规格长吻鮠的投饵率（%）

水温（℃）	40~100 g	101~200 g	201~400 g	401~700 g	700 g 以上
16~18	0.2~0.4	0.1~0.3	0.05~0.2	0.05~0.2	0.03~0.1
19~20	0.5~0.7	0.4~0.6	0.3~0.4	0.3~0.4	0.2~0.3
21~22	0.9~1.2	0.8~1.0	0.6~0.8	0.5~0.6	0.4~0.5
23~24	1.5~1.8	1.3~1.6	1.0~1.2	0.8~1.0	0.6~0.7
25~26	2.2~2.6	1.9~2.3	1.5~1.8	1.2~1.5	0.8~0.9
27~28	3.0~3.5	2.6~3.0	2.1~2.5	1.8~2.1	1.0~1.1
29	1.9	1.4	1.0	0.7	0.3
30	0.5	0.5	0.3	0.2	0.1

4. 与其他鱼类混养　广东顺德等市（县）在成鳗池搭配长吻鮠（每 667 m² 放养 50~200 尾）实行鳗鮠混养十分成功。长吻鮠利用鳗鲡吃剩下的残饵余屑为食，不再投喂其他饲料，生长速度快，经济效益高。

（二）鱼病防治

长吻鮠对污染水极敏感，要保持池塘水质清新。在养殖过程中，若水质经常受到污染，可诱发肝的严重病变，造成大量死亡。长吻鮠用药量一般用常规药量的 1/2 稍多即可，这与其人工养殖时间短、抗药性不强有关，同时它对药物也比较敏感。每天必须巡塘，观察鱼的吃食及活动情况，及时调整投饵量及实施相应的管理措施，对鱼病要以预防为主，发现鱼病，要及时治疗。

较易感染的疾病主要有：①小瓜虫病，一般用 25 mg/m³ 水体的福尔马林全池泼洒；②锚头鳋病，用 2 mg/L 水体的敌百虫全池浸泡 24 h，每隔 2 d 用 1 次；③烂鳃病、肠炎病可用抗生素药饵治疗。注意长吻鮠对 $CuSO_4$ 最为敏感，0.77 mg/L 水体的浓度即引起死鱼，因此应忌用 $CuSO_4$。长吻鮠对晶体敌百虫、高锰酸钾、福尔马林等药物都一定的耐受能力，可作为鱼病防治药物。

思考题

1. 长吻鮠雌、雄亲鱼的鉴别方法？
2. 如何进行长吻鮠的人工繁殖？应注意哪些事项？
3. 请详细总结长吻鮠的成鱼养殖技术。
4. 简述长吻鮠的食性特点及驯养转食方法。
5. 长吻鮠的主要病害有哪些？如何防治？

第十一章 鲻、梭鱼养殖

鲻科鱼类是世界上分布极广的一科鱼类，它遍及热带和亚热带水域。由于本科鱼类中的大多数种类，具有适盐性广、食物链低、生长快、疾病少、养殖方便、易于推广、养殖成本低以及肉味鲜美等许多优点，因而成为目前世界上著名的养殖鱼类。尤其是鲻（*Mugil cephalus*）、梭鱼（*Mugil soiuy*），它不仅为海水和咸淡水鱼类养殖的主要对象，而且也是在淡水池塘、水库和湖泊中，与淡水鱼类混养的优良品种。由于鲻科鱼类在养殖中具有很大潜力与广阔前景，因此，越来越受到世界各有关国家的重视。

鲻科鱼类在我国沿海均有分布，但南方沿海以鲻分布为多，北方沿海以梭鱼分布为多。所以，在北方各省，如河北、山东、辽宁等，以养殖梭鱼为主；南方各省，如浙江、福建、广东等，以养殖鲻为主，因此，有"南鲻北梭"的说法。

一、生物学特性

1. 形态特征 鲻又称普通鲻（图 2-11-1）。地方名有乌鲻、黑鲻、白眼等。鱼体粗壮，前端钝圆，向后逐渐侧扁。头较小，吻较宽短。口下位，牙细小、绒毛状，鳃耙细密如蓖。具发达的脂眼睑，眼白，背鳍两个，尾鳍分叉。体背部青灰色，腹部白色，体侧上半部有几条暗色纵条纹。

梭鱼又名红眼梭鲻（图 2-11-2）。地方名有桃花鲻、红眼鲻、肉棍子等。鱼体细长成梭形，头部前端平扁，头宽大于头高。眼较小，呈橘红色，脂肪睑不发达，仅在眼周缘。体背侧呈青灰色，腹侧浅灰色。背鳍两个，尾鳍后缘微凹。

图 2-11-1 鲻

图 2-11-2 梭鱼

2. 栖息习性 鲻、梭鱼性活泼，喜跳跃。栖息于河口及港湾内，也可进入淡水。幼鱼喜欢集群，也有明显的趋光性和趋流性。对盐度的适应很广，在海水、咸淡水及淡水中均能生活，鲻适盐范围为0～40，梭鱼适盐范围为0～38。对温度适应范围也很广，能在水温3～35℃的水域中生活，最适温度为12～25℃，鲻0℃致死，梭鱼-0.7℃致死。

3. 食性与生长 幼鱼食性较广，成鱼以底泥腐屑食性。刮食沉积在泥表的周丛生物为主，以底栖硅藻、有机碎屑及其他小型生物为饵。初孵仔鱼开口后以浮游动物为食，幼鱼、成鱼以植物性饵料为主。人工饲养时，可喂米糠、豆饼及酒糟等饲料。

鲻的生长速度较快。当年孵化的鱼苗满1龄，体长可达20.0 cm，重0.25 kg；2龄鱼为

32～35 cm，重 0.5 kg；4～6 龄鱼为 45～55 cm，重 1.2～2.2 kg。梭鱼初孵仔鱼全长 0.25 cm，当年可达 6.0～19.6 cm，2 龄为 29.1～35.8 cm（表 2-11-1）。梭鱼一般重 2 kg 左右，大的可达 10 kg 左右。

表 2-11-1 梭鱼年龄与生长的关系

(李明德等，1997)

年龄	平均体长（cm）	平均体重（g）	体长变动范围（cm）	体重变动范围（g）
1	15.18	51.83	9.0～24.0	8.2～85.0
2	21.28	202.21	18.5～35.3	70～600
3	35.57	501.21	21.5～42.0	175～1 100
4	44.36	1 103	39.0～52.0	300～2 500
5	53.60	2 025	40.5～64.0	950～2 800
6	60.67	2 889	55.0～65.1	2 150～3 500
7	63.35	3 563	62.4～71.0	1 425～4 850

4. 繁殖习性 鲻的繁殖季节随地区而不同，广东为 11 月至翌年 1 月，浙江、江苏为 12 月至翌年 2 月。在外海区岛礁附近产卵，产浮性卵，卵径为 0.7 mm。初孵仔鱼全长 2.4 mm，当游至近海时长 2.5～3.0 cm。

梭鱼的产卵季节，江苏为 4 月下旬至 5 月中旬，浙江 4 月初至 5 月初，渤海湾为 4 月底至 5 月上中旬。一般性成熟雄鱼为 2 龄，体长 25 cm，雌鱼要 3 龄以上，体长 40 cm，怀卵量 150 万～400 万粒。产浮性卵，油球 1 个，卵径 0.9～1.0 mm，初孵仔鱼全长 0.25 cm。

二、人工繁殖

1930 年意大利首先使鲻人工繁殖成功。美国和我国台湾等一些国家与地区鲻人工育苗都达到了生产规模。我国梭鱼人工繁殖比较成功，1977 年江苏的梭鱼人工繁殖取得了生产性突破后，目前全国不少养殖场能生产大量的梭鱼苗。

(一) 鲻的人工繁殖

1. 亲鱼来源及选留 在近海捕捉洄游产卵鱼或将河口捕捉的大鲻，在产卵前 2 个月，按每 667 m^2 40～53 尾的密度养于池塘中，作为亲鱼加强培育。一般选用的雌鱼为 4～6 龄，体长 55 cm 左右，体重约 2 kg，雄鱼 4 龄，体长 50 cm 左右，体重约 1.2 kg。

2. 催产药物和剂量 以色列采用鲤脑垂体（PG）对蓄养在淡水中的雌亲鱼进行 3 次注射，效果良好。第一次注射 PG 1.6 个/kg（以鱼体重计），然后放在淡水蓄养槽中暂养。经 7 h 后进行第二次注射 PG，剂量为 2 个/kg（以鱼体重计）。再经 7 h 进行第三次注射 PG，剂量为 2 个/kg（以鱼体重计），并增加 2 IU 的黄体素。亲鱼在水槽中经 1～2 d 后，转至含有 1/2 海水的水槽中，然后在 12～24 h 内逐渐换成全部海水，在此水槽中 17 h 后即开始产卵。

(二) 梭鱼的人工繁殖

1. 亲鱼的选择培育 雌亲鱼选用 3～4 龄，体重在 1.5～2.5 kg 的鱼。雄亲鱼选用 2～3

龄，体重 0.5~2.0 kg 的鱼。鱼体要健壮、完好无伤、无病者为好。

选择好的亲鱼，放养于亲鱼池。亲鱼池不要太大，一般 667~1 333 m² 为宜。水深 1.5~2.0 m，每 667 m² 放养 30~50 尾为宜。北方鱼塘，冬天水面冰封，应每天砸洞，以保证空气进入水中；南方鱼塘，冬天需灌满水，以便亲鱼在 1.5 m 以上深水中越冬。每年春天水温上升到 6 ℃ 以上开始投喂少量饵料，水温上升到 10 ℃ 以上正式投喂。投饵量每天 60~90 g/kg（以鱼体重计），饵料以配合饵料为主，适当加些海泥。在繁殖前，淡水培育亲鱼的水的盐度要逐步升到 15~20，若是海水培育亲鱼，盐度不要降低太大，应保持 20~25，在这期间每 3~5 d 换水 1 次，换水量为 80% 以上，进水要用筛绢过滤，水温在 17~22 ℃。

2. 人工催产 被选用催产的亲鱼为促使性腺发育，应加强水流刺激，每天流水 1~2 h，流水刺激时间最好在晚上或早晨进行。催产水温 17~22 ℃ 为宜。催产用的雌亲鱼应腹部大而松软，生殖孔开放，卵粒饱满为橘黄色，卵粒整齐、半透明，卵径在 800 μm 左右；雄鱼轻压腹部有白色精液流出为好。雌雄比 1∶2。一般用两针注射法，第一针用 LRH-A 30~50 μg/kg（以鱼体重计），24 h 后检查，第二针用 LRH-A 100~120 μg/kg + HGG 500~700 IU/kg（以鱼体重计），6 h 后检查，以后每隔 2~3 h 检查 1 次，如发现不能成熟，再补注第三针，注射量为第二针的 1/7~1/3。

3. 人工授精与孵化 镜检卵子透明、饱满，有醇厚感，遇水有极化现象，卵球直径为 1 000 μm 左右，油球为卵球的 1/2 左右，油球集中在中央；雄鱼的精子在生理盐水中游动正常，这时已达成熟，即可进行受精。受精在盆内进行，将雌鱼卵挤入盆内，随后将精液挤入，再放入经过滤的孵化用水，边加水边搅动，搅匀后，放置 2~3 min，卵即可受精，然后将受精卵放入孵化池内。孵化池控制盐度在 15~20，水温 17~25 ℃，pH 8.0~8.5，充气孵化。在精心管理下，约经 48 h 小鱼破膜。

4. 鱼苗培育 孵化出来的仔鱼，开始做布朗运动，持续充气，这时它靠自身卵黄生活，不需喂饵料，待 5 d 左右小鱼苗开始平游，要检查开口情况，等大部分开口后开始投饵。首先投饵，豆浆或蛋黄用量为 0.1 mg/L，2 d 后投喂轮虫，投喂量为 10 个/mL 左右，随着个体的增大，要随之增加投喂量。在开始投饵后每天停气清污 1 次，同时换水 1/2，当鱼苗长到 1 cm 后，开始放入育苗池进行培育。每 667 m² 放 10 万尾左右。放苗后开始投喂轮虫，用量 30~50 个/mL，10 d 后开始投喂一部分豆粉，豆粉用量逐天增加，轮虫用量逐天减少，15 d 后全部投喂豆粉，小鱼长到 3 cm 以后，再次分池，每 667 m² 放 1 万尾，养至秋天。

三、自然苗的采捕与培育

（一）自然苗的采捕

1. 鱼苗汛期 鲻鱼苗汛期江浙一带为 3 月中旬至 5 月下旬，福建为 2~3 月，广东 1~4 月。梭鱼鱼苗汛期黄、渤海沿岸为 6~7 月，江苏、浙江为 5~7 月，广东为 10~12 月。

2. 采捕方法

（1）渔具捕捞。移动渔具捕捞有拖网、围网、缂子网、推网等，定置渔具有张网、罾网等，各地可因地制宜选用。

（2）灯光诱捕法。在鱼苗汛期，选择月底或月初风和日暖的夜里，趁涨潮或退潮时诱捕。诱捕地点最好选择在沿海内湾江河口咸淡水交汇处，以及沿海有淡水的闸门区域。在退潮后能保持一定水量的海港溪流海湾的凹洼地带，也是捕鱼苗的好地方。

夜里将灯泡（60～100 W）或用配有6～12 V蓄电瓶的直流灯泡，也可用汽灯、回马灯（马灯）挂在离水面1 m左右高处，每隔3 m挂1～2个，再根据诱鱼苗处江河延伸的距离确定挂灯数量。开始时应将所有的诱捕灯同时点（或开）亮，并配合开闸放一些水引诱鱼苗逆水上游，增加鱼苗数量，经过1 h多，待鱼苗聚集在灯光附近时，再依次从远至近，逐渐熄灯，引诱鱼苗不断集中在预先在水下设有围网或罾网的最后一盏灯光下，然后把这盏灯也关掉再起网，这样就可以捕到大量的鱼苗。起网要迅速轻巧，用瓢带水把鱼苗抄起，暂养在网箱或其他器具中。操作时要严防脱鳞死苗。条件不具备的，采用单灯诱捕也有效果。

（3）饵料诱捕法。该方法既适合于白天又适合于夜里捕苗。方法有3种：第一种是用纱布包炒米糠，挂在板罾网上，和板罾网一起放到预先选好诱捕水域里诱集鱼苗；第二种是用竹筒或铁罐钻孔，孔径1 mm，内装炒米糠等放入水中诱集鱼苗；第三种用喷雾器（孔径改为2 mm）装入打碎的蟹肉（沙蟹等）加些水和米糠喷在水里，也可用嘴将蟹肉咬碎加水后直接用嘴喷在水里，还可以将蟹肉直接绑在0.75 m^{2}的纱布上，再将纱布固定在罾网的中部（可防鱼苗漏掉），放在捕捞地点诱集。以上几种方法，诱集效果都很好。

3. 鱼苗的鉴别 如表2-11-2所示。

表2-11-2 几种鱼苗的主要特点

	头 部	体型和体色	游泳特征
鲻鱼苗	头大较圆形，头上有一个棱形淡红色斑点，眼大，眼距较宽	体前端近圆筒形，尾部近侧扁，背部青蓝色，腹部白色，闪银光，离水时体白色	游泳迅速活泼，在表层；装入桶中，在中间巡游；盛在鱼盘中做弯曲摆动游泳
梭鱼鱼苗	头部扁阔，吻端稍尖，眼球边缘，有橙黄的色彩，眼黄带绿	体长侧扁，与鲻鱼苗极相似，背部青黑色，体侧银白色，不如鲻鱼苗光亮	游泳不如鲻鱼苗有力，时游时停，使水面形成断续波纹；游泳时在表层
三棱鲻苗	头尖。较侧扁，头部有隆起崤	体侧扁，背部褐色带点，腹部为白色	游泳急躁，喜跳跃，装入桶中，成群集中在桶中间游泳，成直线
鲈鱼苗	头尖，口大	体短而扁，体色淡黄带黑点	游动缓慢，居中层常游在一群鱼苗的后面
鲷鱼苗	头部扁阔，吻端稍大	体略扁阔（背腹距离大），背部灰色，腹部银白色	喜成群跳跃于水面

4. 鱼苗的筛选 从海里采捕来的鲻、梭鱼苗，混杂着许多其他鱼类，尤其是鲈、鲷、四指马鲅等肉食性鱼类，必须清除掉。

（1）筛除法。在清明节后捕捞的鲻鱼苗，含鲈鱼苗特别多，但这时鲈鱼苗比鲻鱼苗小。根据这一特点，可用淡水鱼苗筛来筛除，选择鱼筛的筛眼比鲻苗小，比鲈鱼苗大，便可把鲈鱼苗漏出，鲻苗留在筛中，达到分离的目的。

（2）瓢拣法。利用鱼苗分层现象，加以分开。将捕获的鱼苗倒入浸在水中的网箱，此时鲻鱼苗浮游在水上层，而鲈鱼苗居下层，即可用瓢把水面的鲻鱼苗舀上来。若不纯，则用手拣。

5. 鱼苗的运输 运输工具有鱼篓、担篓、帆布袋、尼龙袋、活水船等。放苗密度要看水温、运程时间、鱼苗的大小以及运输方法等而适当增减。①鱼篓：水温10～15 ℃，盛水250 kg，放平均体长2.74 cm的鲻鱼苗1.0万～1.5万尾。②担篓：每千克水装体长1.7 cm的鱼苗140尾左右，3.3 cm的鱼苗装50尾，5 cm的装20尾，8.4 cm的装3～4尾。③帆布桶：一般每千克水放体长3.3～5.0 cm的梭鱼苗15～20尾较合适。④尼龙袋：用70 cm×40 cm的双层尼龙袋密封充氧运输，盛水10～15 kg，充1/3氧气，可装500～1 000尾鲻鱼苗。⑤活水船：一般每立方米水体装体长3.3～5.0 cm规格梭鱼苗3 000～4 000尾，天气凉爽，可装到7 000尾。运输过程中遇高温季节，可加冰块降温；容器上要遮盖，以防鱼苗见亮光或人影而乱窜游动；途中要经常检查鱼苗的活动情况，防止缺氧；鱼苗运到目的地后，要注意塘水温度与鱼苗桶水温是否相近，防止温差过大，一般温差不要大于5 ℃。

（二）自然苗培育

1. 培育池选择与改造 鲻、梭鱼苗培育，可用"发塘"的方法培育鱼种，成活率可达70%以上。"发塘"的鱼苗池可利用沿海江湾、河汊等附近低洼地带的积水潭改建或新挖成，也可利用现成的对虾塘，用聚乙烯网布拦截而成，面积一般1 333～3 333 m²，对虾塘网围以100～200 m²为宜。

2. 清塘与发塘 如"发塘"池水位低，可将水排出剩20 cm左右深，再每667 m²用氨水100 kg全池泼洒消毒，既施肥又可杀死野杂鱼；水位高，水深在1 m左右时，每667 m²施鱼藤精1.25 kg，加水12.5 kg，用喷雾器全池喷洒，过7～8 d，毒性消失后放入鱼苗。

鱼苗放养前7 d左右，注入海水、咸淡水或淡水，水深80～100 cm。进水时需在进水口用双层聚乙烯网布拦住，防止野杂鱼及其鱼卵入内。注水后再向池中施基肥，一般每667 m²施牛粪或人粪尿250～500 kg，或嫩草3 500～7 500 kg，施肥后7～8 d就可放入鱼苗。

3. 苗种放养与管理 自然鱼苗捕来后要清除鲈、鰕虎鱼等野杂鱼的鱼苗，有损伤或患病的鲻鱼苗也应去除。然后再放养，放养密度为每667 m² 8 000～15 000尾，鱼苗的平均体长为2～3 cm。若人工投饵充足，换水又方便，放养密度可以适当提高。

放养后要进行人工投饵，可以投喂米糠、菜饼、豆饼、大米草粉等。开始每万尾苗种每天投饵0.25～0.50 kg，1 d投2次，以后可根据残饵量有无和多少来定。投饵方法，开始时撒投，以后逐渐收拢搭食台，每667 m²搭制2～3只。食台搭制后，可把饲料制成团块后投在食台上。自然苗经20～40 d培育（一般到5月中旬），鱼体可长到4.5～5.0 cm、重1.5～2.0 g。此时即可起捕放养或拆除拦网任其自然分散在对虾塘内养成。对虾塘混养鲻、梭鱼，也有直接放养的。

四、成鱼养殖

成鱼养殖可以单种养殖，也可以与其他鱼类或虾、蟹、贝等混养。

（一）放养的时间和规格

经过越冬后的大规格鱼种，第二年开春，应尽早放养。北方越冬后的梭鱼鱼种，在融冰后水温稳定在5 ℃以上，即可放养。福建、广东一带当年繁殖的鲻鱼苗也可长成商品鱼，鱼苗在2～3月即应早放，而浙江需在4～5月放养。

（二）投放密度

江苏单养梭鱼每667 m²产量达150～200 kg的，一般放养越冬后苗种350尾左右，或第三年鱼200尾。浙江单养鲻的池塘，一般每667 m² 放 3.3 cm的鱼苗 4 000 尾，或 6.7 cm 的 1 500 尾。广东每 667 m² 放海捕鲻苗 1 000 尾以上，当年每尾可增重 400 g 左右。

目前各地鲻、梭鱼苗种在混养池中的搭配比例和放养密度极不一致，各类鱼混养能形成相互促进的有利关系，但如搭配不当，反而会抑制鱼类生长。据天津经验，梭鱼春花鱼种与草鱼、鲢、鳙、鲤、鲫混养的搭配比例一般为 10%，当年可长到 0.50～0.75 kg，稀放时甚至可长到 1 kg，放养密度应因池制宜。我国广东汕头地区，以鲻为主体的混养每 667 m² 鱼塘放养鲻鱼种数百尾到 1 000 尾，有的多达 4 000 尾。江苏省干榆县养鱼场，1979 年在 2 200 m² 池内进行对虾与梭鱼混养，平均每 667 m² 放对虾苗 6 060 尾，梭鱼鱼种 179 尾，以春花为主，还有部分夏花和 3 龄鱼。当年每 667 m² 产对虾 91 kg，梭鱼 63.65 kg。广东以对虾为主体的混养，以中国对虾、斑节对虾、刀额新对虾和近缘新对虾分别与鲻混养，一般每 667 m² 放养体长 3 cm 左右的鲻 20～30 尾，在对虾产量不受影响的情况下，增加了鲻产量。以色列在咸淡水中鲻与鲤、罗非鱼等混养，其密度为每公顷鲻 500～900 尾、普通鲤 1 200 尾、罗非鱼 1 050 尾。

（三）养殖管理

1. 施肥与投饵 在成鱼养殖池中，为继续培养天然饵料，应根据池水的水色及透明度大小，适时、适量追施肥料。多用无机肥，也可用有机肥，但必须是腐熟好的。鲻、梭鱼在人工养殖条件下，其食性表现出很强的可塑性。可以根据就地取材的原则，广泛取用（具体饵料种类与鱼种培育略同）。也可做成人工配合饵料投喂。在投饵技术上，"三看"（看天气、看水色、看鱼类活动和摄食）、"四定"（定质、定量、定时、定位）投饵原则，灵活运用。"四定"中"定质"一项属于物质条件，其他3项都是投饵技术问题。

2. 日常管理 要根据各种鱼类所要求的水质指标，结合当时池水的实际状况，适时换水，以保持良好的水质。一次换水量不宜过大，以免盐度、水温等理化因子的过大变化，或使已经形成的较稳定的生态平衡受到破坏。有条件的，也可用增氧机通过增氧来调节水质。要坚持每天巡池，观察水质状况和水的肥度、鱼的活动情况，注意有无"浮头"、病害、赤潮和死鱼现象发生，有无决堤、漏闸及逃鱼等隐患。一经发现，应随时采取相应措施，防患于未然。

3. 敌害防除 在鱼池中，尤其是草（杂）食性鱼类养殖池塘中，各种较凶猛的肉食性鱼类是养殖鱼的大敌，一些竞争性生物也是有害无利的。除了有效地防范外，可采取网捕、钩钓的办法除去害鱼。对蟹类可以灯光诱捕。害鸟可以枪警驱赶。高等水生植物在池塘清整时应连根铲除。

（四）收获

池塘中养殖鱼的收获时间，梭鱼、鲈等耐低温的能力较强，我国北方可在 10 月底收获，甚至更晚些。在气温较高，鱼类生长期较长的地区，可采取轮捕的方式收获，即"一次放足，分期捕捞，捕大留小，不断拉疏"。使池塘中经常保持一定的鱼密度。也可采取分批放养、分期收获的"轮捕轮放"方法，以提高池塘利用率。混养池塘还应考虑搭配品种的收获时间，可同时收获，也可分别收获。收获方法，可采取闸门挂网、放水捕捞的办法，也可用拉网、陷网等收获。最后应干池收尽。

思考题

1. 鲻、梭鱼的生活习性与食性有何特点?
2. 如何进行梭鱼的人工繁殖?
3. 采捕鲻、梭鱼自然苗的方法有哪些?
4. 鲻、梭鱼养殖中主要技术要点是什么?

第十二章 黄鳝养殖

黄鳝（*Monopterus albus*），又名鳝鱼、长鱼、无鳞公子等，肉质细嫩，味道鲜美，营养价值高，含肉率高达65%以上。

黄鳝不仅有重要的食用价值，而且还具有良好的药用功能。民间流传有"夏吃一条鳝，冬吃一枝参""小暑黄鳝赛人参"之说。不少古代医学专著对黄鳝的药用也有记载，如《本草纲目》认为黄鳝性甘温，无毒，补中益血，能补虚劳，除风湿，强筋骨。现代医学及国际卫生组织已认定黄鳝对治疗面部神经麻痹、中耳炎、骨质增生、风湿等病症具有一定的效果。

黄鳝是广大群众喜爱养殖的水产品种之一，近年来，随着人民生活水平的提高，靠捕捉野生资源已不能满足市场的需求，各地广泛地开展了黄鳝的人工养殖，并取得了较好的效果。

一、生物学特性

（一）分类地位与分布

黄鳝属于合鳃目，合鳃科。属于亚热带的淡水鱼类，其分布范围有一定的局限性。主要分布于亚洲东部及南部的中国、朝鲜、泰国、印度尼西亚、马来西亚、菲律宾等国。黄鳝在我国除西北、西南高原寒冷地区外，全国各水系均有其分布，品质较好的为长江中下游、四川盆地、江汉平原、珠江流域等地的产品。其产量以水温较暖的南方，尤其是长江中下游流域的湖泊、池塘、稻田和沟渠等浅水水体中的资源较为丰富。

（二）外部形态

黄鳝体呈蛇形，前端圆筒形，横切面近乎圆形，往后渐侧扁，尾端尖细，其身体可分为头部、躯干部和尾部等3部分（图2-12-1）。

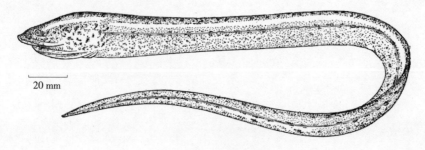

图2-12-1 黄 鳝

（三）生活习性

黄鳝为底栖性鱼类，适应能力较强，对水体水质等要求不严。多栖息于河川、池塘、湖泊、稻田、沟渠等水体。它除了具有一般鱼类的生活习性外，还具有一些特殊的习性。黄鳝常利用天然缝隙、石砾间隙和漂浮在水面的水草丛作为栖息的场所，同时还喜欢在水体的泥质底层或埂边钻洞穴居。黄鳝钻洞时，其动作相当敏捷，很快就能钻入土中。黄鳝口咽腔内壁黏膜有直接呼吸空气的功能，黄鳝可竖起前半段身体，将吻端伸出水面，鼓起口咽腔直接进行呼吸。黄鳝营穴居生活，眼退化细小，并为皮膜所盖，视觉极不发达，喜暗怕光，昼伏夜出。

（四）年龄与生长

黄鳝为无鳞鱼类，黄鳝的年龄鉴定可用耳石、脊椎骨和舌骨。尤其是黄鳝的舌较为发达，舌弓中的基舌骨和上舌骨上有明显的生长带和年轮标志，是较理想的年龄鉴定材料。黄鳝的生长速度存在着季节性差异和不同年龄阶段的差异。即每年的生长速度比较快的时间在 4~10 月，尤其在 6~8 月是最快的生长季节，而 1~3 月和 11~12 月黄鳝生长基本停滞。在黄鳝的不同年龄阶段，相对生长速度最快的是在性成熟前，而性成熟后其相对生长速度会明显减慢，但绝对生长速度则随个体体重的增大而增大。

（五）摄食习性

黄鳝为以动物食性为主的杂食性鱼类。在自然条件下，鳝苗阶段，黄鳝主要摄食轮虫、枝角类、桡足类等大型浮游动物；鳝种阶段，黄鳝主要摄食水生昆虫、丝蚯蚓、摇蚊幼虫等，也兼食有机碎屑，丝状藻类和黄藻、绿藻、硅藻、裸藻等浮游植物；成鳝阶段，主要捕食小鱼、虾类、蝌蚪、幼蛙、小螺蚬、水生昆虫以及落入水中的陆生动物（如蚱蜢、飞蛾等）。在饥饿条件下，黄鳝有大吃小的种内残食习性。

（六）繁殖习性

黄鳝雌雄异体，但具有性逆转的特性。从胚胎到第一次性成熟，均为雌性，产卵以后，卵巢逐渐退化，慢慢变成精巢而成为终生的雄性。据实验观察，黄鳝性逆转的过程可分为 4 个阶段：体长在 25 cm 以下的个体大部分为雌性，称为主雌性阶段；产卵之后开始逆转，当体长在 25~36 cm 时，仍以雌性个体为主，但其中也有不少雄性，此时称为偏雌性阶段；到体长 36~38 cm 时，雌雄个体几乎相等，当体长在 40~50 cm 时，主要以雄性个体为主，但也有雌性个体，称偏雄性阶段；在体长达 55 cm 以上时，大部分为雄性个体，此时称主雄性阶段。

黄鳝的繁殖季节依不同的地区不尽相同，在长江中下游地区，繁殖集中在 5~8 月，其中高峰期在 5 月下旬至 6 月上旬以及 7 月下旬至 8 月上旬；在黄河以北地区，繁殖集中在 6~9 月，高峰期为 7~8 月；在珠江水域，繁殖期为 4~7 月，高峰期 5~6 月。

黄鳝的怀卵量较小，对体长 18.0~40.1 cm、体重 23.1~256.8 g 的个体进行测定，发现黄鳝的最小怀卵量仅为 128 粒，最多为 1 385 粒，怀卵量与体长、体重有密切的关系，个体大的黄鳝，其怀卵量大一些，而小个体黄鳝的怀卵量则较少。

黄鳝生殖群体在整个生殖时期是雌性个体多于雄性个体。7 月之前雌性个体占多数，其中 2 月雌鳝占 91.3%，8 月雌鳝逐渐减少到 38.3%，因为 8 月之后产过卵的雌鳝性腺逐渐逆转，到 8~12 月，当幼鳝长大成熟，雌、雄鳝各占 50%。

黄鳝每年只繁殖 1 次，而且产卵周期较长。繁殖之前，亲鳝先钻洞，称为繁殖洞。繁殖洞与居住洞有不同，繁殖洞一般在埂边，洞口通常开在埂隐蔽处，洞口下缘没在水中。产卵前，亲鳝吐出特殊的筑巢泡沫，泡沫的气泡细小，借助口腔中的黏液形成，不易破碎，气泡巢往往借助草类隐蔽固定。然后产卵受精。这样，受精卵借助泡沫的浮力而漂浮在洞口上面的水面，完成胚胎发育过程。黄鳝受精卵孵化的适宜温度是21～28 ℃，在30 ℃左右水温中需要5～7 d，25 ℃左右水温中需要9～11 d。

二、人工繁殖与苗种培育

（一）亲鱼的培育

1. 亲鳝的来源　亲鳝的来源主要有2个途径：一是从市场上收购性成熟的野生个体；二是人工养殖培育的个体。野生个体当年引种繁殖，其产卵繁殖的效果较差，需要经过人工养殖一段时间后才能达到较好的繁殖效果。

2. 亲鳝的雌雄鉴别、选择与搭配

雌雄鉴别：鉴别黄鳝的雌雄有两种方式，在繁殖季节，可通过观察黄鳝的腹部膨胀程度、是否有卵来判断，雌鳝腹部膨大，可见卵粒轮廓，而雄鳝则腹部较小，腹部有网状血丝分布。在非繁殖季节，则通过黄鳝的体长等方面来大致区分，并结合腹部的颜色和血丝分布等来细分，但有一定的误差。

亲鳝的选择：选择作为人工繁殖的黄鳝亲鱼，要考虑以下几点：一是黄鳝体质健壮；二是黄鳝颜色为黄色，最好为黄斑鳝，保证品种优良；三是规格要基本整齐，以50～100 g的个体较好。

雌雄搭配：亲鳝培育的雌、雄鳝搭配比例为（2～3）∶1。

3. 亲鳝的培育　培育黄鳝亲鱼最好用稻田网箱，网箱底埋泥20 cm左右。为保证黄鳝穴居打洞，泥应高低不平。网箱规格以10～20 m²为好，水位保持在30 cm左右，箱内布置少量的水葫芦，占网箱面积的1/5左右。

放养时间宜在3月底至4月初，最迟不能到5月初。放养密度以0.5 kg/m²为好。密度过大会抑制黄鳝的产卵交配。在亲鳝培育过程中，要求投喂动物性鲜饵料，如投喂蚯蚓、蝇蛆、螺蚬蚌肉、鲜鱼等，因为亲鳝在发育阶段对蛋白质需求量较大，故应少投喂配合饲料或植物性饲料，以促进黄鳝性腺的发育。投饲技术也应坚持"四定"原则，每天投喂量占黄鳝体重的5%左右，日投喂一次，投食时间在17∶00～19∶00，进行定点投喂新鲜动物饵料。日常管理工作主要是管好水质，做好防病工作，培育和控制水葫芦。水质管理是黄鳝亲鱼培育过程中的一个重要工作，由于黄鳝的繁殖季节在每年的5～8月，温度较高，水质易恶化，要求亲鳝培育池在4～5月每隔7 d换水一次，6～8月一般每隔2～3 d就换水一次。同时要控制池中水葫芦的生长，以所占面积不超过池面积的1/3为宜，以保证培育池中的光照。鳝病防治主要是春季低温期预防水霉病，夏季高温期防治细菌性病。

（二）繁殖

1. 繁殖方法　进行黄鳝的人工繁殖，采用大宗鱼类注射催产激素的方式在黄鳝繁殖上劳动强度大，催产效果差，催产后的黄鳝死亡率高，不能用于大规模的生产实践。生产上进行黄鳝的人工繁殖宜采用人工仿生态方式进行。

2. 繁殖季节　选择自然环境里黄鳝的繁殖季节是5～8月，其中5月下旬至6月上旬、7月下旬至8月上旬为产卵高峰时间，因此进行黄鳝人工繁殖也选择在每年的这两个高峰期进行。

3. 产卵受精　采用自然产卵受精方式。黄鳝在交配前，雄鳝开始吐泡沫，一般吐泡后的第三天开始交配产卵，并完成自然受精过程。

4. 孵化 孵化在仿生态环境的水域中进行。发现黄鳝产卵后,不将受精卵捞出,使其在产卵池中自然的孵化,为了以后收苗方便,最好用水葫芦将受精卵包围。整个孵化期间主要是要管好水质,经常性地换水,并保证食物充足供应,避免黄鳝饥饿吞食鳝卵。黄鳝孵化时间较长,一般需要 5~11 d。

(三) 苗种培育

鳝苗孵出后的前 3 d 以自身的卵黄为营养;3~5 d 为混合营养阶段,即部分以卵黄为营养,并开始摄取外界食物;5 d 之后全部靠摄取外界食物为营养,摄取的外界食物种类主要为浮游动物、小型底栖动物和水生昆虫,如枝角类、桡足类、摇蚊幼虫、水蚯蚓等。因此,进行黄鳝苗种的培育主要是培肥水质,培养浮游动物及底栖寡毛类水蚯蚓等。

目前培育方法有网箱培育和池塘培育。池塘培育适合于在面积比较小的池(面积小于 666.7 m²)中进行。而网箱培育则是将网箱布置在面积较大的水体中,用网箱分隔。无论哪种方式,在水面均要种植水葫芦,以供鳝苗栖息。苗种放养量在前期为 500 尾/m²,培育 30~40 d 后黄鳝生长到体长 5~8 cm,其密度要减小,鳝苗要分池,密度减少到 250 尾/m²。培育前期每天投喂动物饵料水蚯蚓等。到 50 d 后鳝苗长到 8~10 cm,可以将动物饵料与配合饲料混合投喂。每年 5~6 月产的第一批鳝苗经过 4~5 个月的培育,黄鳝可长到体长 15~20 cm,体重 8~10 g。

三、成鳝养殖

随着黄鳝养殖技术的发展,养殖黄鳝的方式越来越多,现比较成熟的养殖方式有水泥池养鳝(包括水泥池无土养鳝、水泥池有土养鳝)、网箱养鳝(包括在稻田、池塘、湖泊、水库、沟渠等设置网箱养鳝)、庭园土池养鳝、稻田养鳝等。

1. 养殖黄鳝的地点选择 不论采取哪种养殖方式,在选择养鳝地点时,要综合考虑以下几点:①水源方便,易排灌;②水源水质好,无污染;③交通方便,便于运输;④避风向阳,冬暖夏凉;⑤易防盗,便于管理。

2. 养殖用水泥池 修建水泥池养殖黄鳝目前有流水无土养殖、静水无土养殖、有土静水养殖等,水泥池养殖黄鳝可进行高密度、全人工控制,是工厂化养殖黄鳝的最好形式。但无论用哪种方式养殖,其水泥池的设计与修建基本要求是一样的。池的形状较普遍的为长方形池,但效果应以圆形最好。池内壁要光滑。要有进、排水口,排水孔位置较低,以能将池水完全排完为原则,池底要倾斜,进水口一端高,排水口一端低。两端相差 5~8 cm。养殖池的面积不宜过大,以 2~10 m² 为好,池深在 60~80 cm。

3. 养殖黄鳝网箱的设计与布置 网箱养鳝是近几年发展起来的一种新型养殖方式,由于其投资小、占用水面少、水质好、不受水体大小限制、病害发生少、养殖效益高等特点,其发展非常迅速,每年在成倍的增长。

(1) 设置网箱的水体。设置网箱养殖黄鳝的水体要求无污染,进、排水方便,避风向阳。池水深要求在 100~150 cm,池底要平坦。一般每 666.7 m² 水面设置网箱总面积为 300 m² 左右,若网箱设置过密,易污染水质,引发病害。

(2) 网箱的规格大小。网箱的规格以 4~10 m² 为好,太大不利管理。网箱高度为 80~100 cm,一般网箱在水下 50 cm、水上 50 cm 左右。

(3) 网箱的构造与制作。网箱由网衣、框架、撑桩架、沉子及固器(锚、水下桩)等构成。网衣常用乙纶网片制成，网目规格为 30 目左右（0.3~0.5 cm），为无结节网片，即渔业上暂养夏花鱼种的网箱材料和规格。网箱可采用框架式网箱或无框架网箱，无框架网箱要将箱体用毛竹等固定，即在网箱的四角打桩，将网箱往 4 个方向拉紧，使网箱悬浮于水中。网箱的底部固定很重要，一般用石笼或用绳索将网箱的底部固定。

(4) 网箱的架设。网箱架设分单箱架设和多箱排列的群箱架设。单箱架设只需要网箱拉伸拉紧即可。群箱架设还要考虑箱与箱的间距和行距，一般间距要求在 2 m 左右，行距在 3 m 左右。池塘中网箱的设置面积最好不超过池面积的 50%。网箱上部要求露出水面 50 cm 左右，箱底部高池底 50 cm 以上，便于水体交换。

4. 放养前的准备工作

(1) 水泥池和网箱的浸泡。养殖黄鳝的水泥池在修建好后，要用水浸泡，以浸泡出建筑材料中的碱性物质，浸泡时间应至少不少于半个月，浸泡时间越长越好。网箱在放鳝种前也要先浸泡，使箱体表面着生藻类，以避免黄鳝受伤。浸泡时间不少于 7 d，最好提前 1 个月左右先将网箱浸泡在水中。

(2) 鳝池和网箱的环境布置。若养殖黄鳝用无土方式，水泥池和网箱不用埋泥，但在水面要提前种植水生植物，目前种植的植物种类有水花生（喜旱莲子草）、水葫芦（凤眼莲），前者根发达，耐低温，而后者根须较小，不耐低温，因此在水深处养殖黄鳝或越冬黄鳝时，最好选择用水花生。水生植物的种植面积以池或网箱面积的 4/5 左右为好。

若养殖黄鳝用有土养殖方式，则水泥池和网箱底应先埋泥，泥厚在 20 cm 左右，然后种植水生植物，种植方式与前面一样。

(3) 鳝池和网箱的消毒。放养黄鳝前，黄鳝养殖的水泥池和网箱均要先消毒，以预防鳝病发生。消毒药物可用漂白粉、强氯精、二氧化氯、生石灰等，采用全池泼洒的方式，在鳝池和网箱用药消毒 7~10 d 后即可开始投放黄鳝种苗。

5. 鳝种的投放 养殖黄鳝时最好应选择体质健壮、无病无伤、用网捕或鳝笼捕的野生种苗或人工繁殖的种苗。投放野生黄鳝种苗的时间在长江中下游以每年的 6 月下旬至 7 月下旬较好。投放人工繁殖种苗可以提前到 5 月上旬，投放鳝种时要选择晴天，以提高投放的成活率。计划当年养成商品鱼的投放规格应在 35 g 以上，2 年养成的规格在 15~35 g 较好。投放密度以 1~2 kg/m² 为宜。鳝种投放前要用药物消毒，一般采用药物浸泡。可用 1%~2% 食盐浸泡 5 min，或 2~5 mg/L 聚维酮碘浸泡 5~10 min。

6. 饲料种类及投喂技术

(1) 饲料种类。黄鳝是以动物性饲料为主的鱼类，因此选择投喂食物的种类时，应以选择动物性食物为主，动物饲料种类主要有小杂鱼、鲢、蚌、螺、蚯蚓等。由于黄鳝养殖规模越来越大，动物性饲料已满足不了黄鳝的要求，已开发出了黄鳝的配合饲料，试验证明，将配合饲料和动物性饵料合理搭配，其养殖效果会更好。

(2) 投饲技术。进行黄鳝养殖投喂食物时，在投喂前，必须进行驯食。驯食的方法是在黄鳝入池后先饥饿 2~3 d，然后用动物饵料如水蚯蚓少量投喂，待黄鳝完全开口摄食后，再加配合饲料投喂，先要用鱼浆或蚯蚓浆拌少量配合饲料混合成团状，进行投喂驯食，以后将鱼浆或蚯蚓浆等动物性饵料逐步减少，增加配合饲料的比例。一般来说，经过 7~10 d 的驯食，黄鳝即能正常摄食。转入正常投喂后，投喂按"四定"原则进行。每天投喂时间选择在 17:00~19:00，以便天黑黄鳝就能出来觅到食物。一般日投喂 1 次即可。每个池投食点要相对固定,要求每 4~5 m² 就设 1 个投食点,在投食点设投食台,每天将食物投在食台上,以便于观察黄鳝摄食的情况和清除剩饵。黄鳝每天的投喂量按照养殖池内黄鳝总重的 8%~10%投喂,但以每天投喂的食物吃完为标准。要保证所投食物是新鲜未变质腐败的。

7. 养殖管理 管理是养殖黄鳝的重要环节。管理的内容主要包括以下几点。

(1) 水质的管理和调节。主要内容是防止水质变质、及时换水和定期换水、稳定水位。

(2) 水温管理。在夏季高温季节,将水温控制在黄鳝适宜的生长、摄食范围内。方法是:①加注低温水,如井水、河水;②水面种植水草,如水花生、凤眼莲等;③在池上方搭棚,如用遮阳网、种丝瓜等。

(3) 水草的管理。养鳝池中种植水草的作用有以下几点:①防暑降温;②改良水质,通过吸收水中的营养物质,防止有机质污染水体;③供黄鳝栖息;④御寒保温。因此养鳝池中的水草是不可缺少的。水草的管理主要是:在敞口网箱和水泥池中,要防止水草枝叶长出网箱或池外,给黄鳝外逃创造条件;水草的面积不能超过池或网箱面积的 90%;对箱或池中枯死、腐烂的草要及时捞出;草生长不好,面积分布过小要及时补草。

(4) 定期检查。黄鳝生长,分级饲养一般要求每隔一定时间(如 30 d),检查一次黄鳝生长情况,并将大小不同的个体分开,否则会造成黄鳝的大小差别越来越大。

(5) 定期防病。养殖黄鳝过程中的疾病较多,能有效治疗黄鳝病的药物还较少,重点应以防为主。主要是通过水体定期消毒和药物拌饵投喂为主要方式。一般情况下,每 15 d 养殖水体用药消毒 1 次,每 10 d 左右用药物拌饵投喂 1 次。消毒药物可用食盐、漂白粉、聚维酮碘、四烷基季铵盐络合碘;拌饵药物可用氟苯尼考、左旋咪唑和维生素 C 等。

四、病害防治

黄鳝在野生条件下虽然发病较少,但进行人工养殖后,由于养殖密度高,水质恶化、捕捞运输过程中受伤等均会引起黄鳝发生疾病,严重时还会导致大量死亡。黄鳝疾病的防治一定要坚持以防为主、以治为辅的原则。

(一) 黄鳝疾病发生的原因

黄鳝养殖过程中大量发病的原因,归纳起来主要由以下几方面:①引种、投放工作把关不严。如黄鳝已受伤、带有病原、鳝体未消毒或消毒不彻底等。②养殖环境不良或恶化。如黄鳝养殖密度过大,换水不及时,残饵清扫不及时不彻底,病鳝未及时捡出,水草腐烂变质等。③操作不慎或黄鳝相互残杀。如人工操作过程中引起黄鳝受伤;放养时大小未分开,造成大小相残;或食物投喂不足,同类相残。④喂养不当引起发病。主要指投喂食物变质如臭鱼虾;投食量过大;或投喂食物带有病原,如蚌、螺、蚯蚓等动物性饵料带有寄生虫。

(二) 预防黄鳝病症的主要措施

注重放养前的防病:养鳝的池塘、网箱、水泥池等一定要浸泡、消毒,池中的水草一定要消毒,池中的淤泥要消毒。

注重放养过程的防病:种苗选择要严格,种苗放养前要消毒,密度放养要合适。

注重养殖期的防病:控制好水质、水温;把握好饵料的质量,动物性饵料要消毒;把握好投饵量,如投喂多了黄鳝吃不完易污染水质,黄鳝摄食过多还会引起肠炎和营养性疾病。

注重药物预防:每隔 15 d 左右要用药全池泼洒 1 次,每隔 7~10 d 要用药物拌饵投喂 1 次。同时治病要对症下药、科学用药。

注重日常的管理，以预防鳝病发生：及时捞除剩渣残饵，搞好鳝池的清洁卫生；密切关注水源水质；定期对工具消毒；防止农药或工业污水注入鳝池等。

（三）黄鳝疾病的诊断及防治

1. 细菌性疾病

（1）黄鳝出血病。为黄鳝的常见病、多发病，发病死亡率高。为嗜水气单胞菌引起。症状为体表充血、鳃孔出血、肛门红肿、内脏充血、肝肿大、肝颜色变淡。防治可用四烷基季铵盐络合碘全池泼洒，并要及时改善水质，保证鳝池的清洁卫生

（2）肠炎病。为养鳝过程中经常发生的疾病，死亡率高，为一种产气单胞菌引起。症状为肛门红肿，外翻；肠内无食物，肠道内壁充血，严重的还有淤血；有的鳃部出血，口腔流血。一般在 4～5 月和 9～10 月是发病高峰季节。防治方法为：①每 50 kg 黄鳝用 5 g 氟苯尼考拌饵投喂，连续 3 d 一个疗程；②不能喂腐败变质的食物；③投食量要合理，不要过量投喂食物。

（3）烂尾病。此病多发生在引种后的 15 d 内，发病率较高，死亡率高。病原为产气单胞菌的一个种类，是一种条件性致病菌，当黄鳝身体机械性受伤后继发性感染。黄鳝发病后尾部充血发炎，颜色变白，严重时尾部肌肉坏死或溃疡，尾脊骨外露，尾部甚至烂掉。病鳝头部常伸出水面，活力较弱。防治方法为：①运输过程中防止机械受伤，或引种过程中将受伤鳝剔除干净；②鱼种消毒要彻底；③发病期间用 2～5 mg/L 氟苯尼考浸泡；④鳝池用 0.1～0.2 mg/L 四烷基季铵盐络合碘或聚维酮碘全池泼洒，连续 3 d。

（4）白头病。此病与烂尾病一样，也主要在引种后的 15 d 内发生，死亡率高。病原为产气单胞菌的一种，条件性致病菌，黄鳝身体受伤后继发性感染。症状为吻部前端出血发炎，颜色发白，病鳝离群，头部常伸出水面，活力较弱。防治方法同烂尾病

（5）打印病。此病常年均有发生，但以夏季和春季为主，有一定的死亡率。病原为点状气单胞菌的一种，多为黄鳝外部机械性受伤，如蚂蟥寄生受伤等，在受伤部位继发性感染。症状为病灶区不同程度的块状溃烂，呈红色圆斑，周围边缘发红，如红色印章。严重时肌肉腐烂至能看到骨骼和内脏。防治方法为：①防止黄鳝体表受伤或病害生物侵扰；②发病时用 0.1～0.3 mg/L 强氯精或 1～2 mg/L 漂白粉泼洒。

2. 寄生虫疾病

（1）棘头虫病。病原为隐藏新棘虫。寄生部位在肠道前端。野生黄鳝感染此病的发病率在 90% 左右。此病发生轻微时黄鳝食欲减退，影响生长发育；严重时破坏肠黏膜，引起肠道穿孔或溃烂，甚至危害黄鳝的生命。治疗方法为：100 kg 黄鳝投喂 0.2～0.3 g 左旋咪唑或甲苯咪唑，连续 3 d 一个疗程。

（2）毛细线虫病。病原为毛细线虫。寄生部位在肠道后端。野生黄鳝感染此病的发病率大约 80%。轻微寄生症状不表现出来，但寄生数量大时，其食欲减退，体色变黑，肛门红肿。主要是虫体寄生在肠道壁上，破坏肠道组织，引起肠道溃烂，严重引起黄鳝死亡。防治方法同棘头虫。

此外还有锥体虫、隐鞭虫等。但其危害不是十分严重和普遍。

3. 其他因子引起的疾病

（1）感冒病。水温在短时间内突变引起，一般短时间内温度变化超过 5 ℃ 时会引起此病。多发生在运输、投放鳝种，换水等养殖过程中。且会导致大量死亡。

(2) 发烧病。当水温过高，或黄鳝密度过大，或水质恶化时，鳝体表分泌大量的黏液，在水中发酵，并释放出高的热能，导致水温剧增，进而使黄鳝黏液大量分泌。会引起大批量的死亡。预防方法主要是黄鳝养殖过程中放养密度要适中；运输过程中密度不宜过大，选择在气温较低的早晨或傍晚；运输过程中要避免水质恶化，使用青霉素，用量 20 IU/mL。

(3) 水霉病。由霉菌寄生引起，主要是黄鳝在引种过程或养殖过程中身体受伤，水霉寄生感染导致。多发生在水温较低的冬、春季。防治方法：①避免黄鳝受伤；②病鱼用 1%～2%食盐浸泡。

(4) 水蛭病。由水蛭（俗称蚂蟥）寄生引起。其危害主要是掠夺黄鳝营养，使黄鳝身体消瘦；同时寄生后易被细菌感染，引起继发性鳝病，如打印病、水霉病等。防治方法：①养鳝用水要过滤，避免水蛭进入水体；②用 0.7 mg/L 硫酸铜泼洒；③用 20～30 mg/L 生石灰泼洒。

五、黄鳝的捕捞、越冬与运输

(一) 黄鳝的捕捞

1. 野生黄鳝的捕捉

笼捕法：笼用竹子编制而成，高 30～40 cm，直径 15 cm 左右，两端较细，基口封闭，上口敞开，口径以能伸进手为宜。在笼的下端 7～8 cm 处编上 5～8 片薄竹片，形成倒须的小口，直径为 5 cm 左右，使黄鳝能进入而不能外出。另外再制作一个诱饵筒，用一节 20～30 cm、直径 6～8 cm 的竹筒，竹筒底节间封闭，在高 5～6 cm 处四周开缝，诱饵放入其中，使诱饵气味能向外扩散，将诱饵筒插入笼中。捕捞黄鳝时，在夜晚将装有诱饵的鳝笼放在稻田、沟渠、池塘等处，使笼半浮于水中，便于诱饵的气味传得远一些，同时进笼的黄鳝能将头伸出水面呼吸，不会闷死。晚上黄鳝外出觅食，顺着气味进入笼内，即可捕捉到黄鳝。此法对捕捉到的黄鳝损伤较小。

水草聚捕法：在自然水体，尤其是水较深的水体，黄鳝喜在水草中聚集栖息和觅食，可据此习性进行黄鳝捕捉。捕捉时，先将一密网布于水下，然后，将新鲜的水草如喜旱莲子草堆放在网上面，但要注意防止水草堆集过密，在高温下腐败，故堆放的水草量要适中，若水体较大，可在同一水体堆放多个草堆，当草堆在水中堆放 3～5 d 后，可起网捕捉黄鳝。且此法可反复使用，尤其在湖泊等大水面或水深水体捕捉黄鳝此法十分有效，且对黄鳝没有损伤。

钓捕法：捕鳝的钩用普通钢丝制成，钢丝长 40～50 cm，将其一端磨尖，并弯成钩状。在每年 4～9 月，水温上升，黄鳝摄食旺盛，较易上钩，可用钓捕法捕捉黄鳝。钓捕时，先在水体岸边寻找鳝洞，黄鳝往往会守在离水面较近的洞口，将带有蚯蚓的钩伸入洞内，轻轻的上下移动，黄鳝嗅到蚯蚓味后，会捕捉食物而上钩。此法捕捉对黄鳝有一定的损伤。

药物聚捕法：利用药物的刺激作用，造成黄鳝不能适应水体环境而逃至无药的小范围水体中，而集中捕捉的方法。用于聚捕的药物有巴豆、辣椒水和茶籽饼等。用巴豆聚捕时先将巴豆粉碎并调成糊状，再加水稀释后在水面喷洒，每 667 m² 水面用巴豆量为 250 g；辣椒水是将辣椒用开水浸泡，滤出的浸液进行水面喷洒，每 667 m² 用辣椒量 5 kg 左右；茶籽饼在使用前先用火烤熟、粉碎，再用沸水浸泡 1 h 后水面喷洒，每 667 m² 用茶籽饼量 5 kg 左右。药物在水体中喷洒后一段时间，黄鳝感到不适会从洞中出来，在水中流窜，为便于捕捉黄鳝，可在不洒药的地方先制作一些土堆或放草堆，使黄鳝集中在一处，然后将黄鳝捕捞起来。

网捕法：黄鳝在自然水域，喜爱在草丛下潜居生活，尤其是水较深的大水面，因此，在一些水草丛生的湖泊、沟渠或池塘，可用抄网或其他一些网具通过捞草而捕捉黄鳝。

2. 人工养殖成鳝的捕捞

冲水法：黄鳝喜在微流清水中栖息，利用黄鳝这一特点，可采用人为控制水流来捕捉黄鳝。捕捉时，先将原池中的老水排出 1/2，再从进水口放入微流的清水，出水口继续排出与进水口相等的水量，同时在进水口处放入一个与池底相同大小的网片，网片的四角用"十"字形竹竿绷牢，沉入池底，每隔 10～15 min 取网一次，采用此法可将池中的黄鳝捕捞近 80%。

干池法：起捕时先将水排干，然后将水面活动的黄鳝捕起。对鳝池底部钻泥的黄鳝，可把四角的泥清除到池外，然后用双手或木制的锹依次翻泥捕捉。在用锹挖土时，要注意不能损伤鳝体。

（二）黄鳝的越冬

冬天当温度下降到 10 ℃以下时，黄鳝就不再摄食，进入越冬休眠状态。在自然条件下，每年 11 月至翌年 2 月，是黄鳝的越冬季节，黄鳝会钻入深层泥土蛰伏越冬。为保证黄鳝越冬的安全，提高黄鳝越冬的成活率，人工养殖的黄鳝可采用干法越冬和深水越冬两种方法。干法越冬是在黄鳝停食后把鳝池的池水排干，待黄鳝潜入池底泥中后，在池底表面覆盖适量的水草或农作物秸秆等，保持底泥湿润、不结冰，注意覆盖物不要堆积过密，以防泥中的黄鳝窒息死亡。此法适宜有土养殖鳝方式的越冬。深水越冬是在黄鳝进入越冬期之前，将池水升高至 1 m 左右，通过深水保温的方式进行越冬。此法适于水泥池无土养殖方式、深水网箱养殖方式的黄鳝越冬。用此法时要注意，当冬天池水结冰时，应及时人工破冰，若水面水草较少，应在越冬前补放水草，同时注意池水的深浅，防止浅水越冬而冻死黄鳝。在使用此方法时，在条件允许时，最好在池上搭设塑料薄膜大棚，以增加保温防寒的效果，确保黄鳝越冬的成活率。如果在冬季气温较高，水温接近或超过 10 ℃时，还应注意投喂少量食物，以补充黄鳝越冬的能量消耗，增强黄鳝的体质。

（三）黄鳝的运输

运输黄鳝的成活率较高，方法也有多种。

干法运输：黄鳝离水后，只要保持体表有一定湿润性，可维持相当长时间不死亡。干法运输的工具有竹篓、铁皮箱、塑料桶、麻袋等。无论采用何种装载工具，应在容器底部铺入适量的水草，以保持黄鳝体湿润。黄鳝的装载量不宜过大，一般黄鳝的堆放厚度为 30～40 cm。运输途中要注意通风、降温、保温、防挤压等。用铁皮箱运输要注意通风，要求其盖、箱体留有通气孔，在夏季运输时，气温较高要注意降温，可在容器旁放一些冰块或冰袋，增强降温效果。一般每隔 3～4 h 要向容器内淋水一次，保持黄鳝皮肤湿润。此外，夏天在运输过程中要避免阳光照射，可在运输容器上覆盖水草等物，以降温避暑。

带水运输：运输的工具有铁皮箱、桶、帆布袋等。运输前，要先将黄鳝体上的泥沙等脏物洗净，并用容器高密度暂养，以便黄鳝将胃中的食物吐出，待黄鳝胃中的食物基本排干净后，即可装箱带水运输。一般容量为 60 kg 的容器，水温在 25 ℃以下，运输时间 24 h 以内，黄鳝装载量为 25～30 kg，另装清水 15～12 kg；若水温高，运输时间长，则装载密度要减少。运输途中的管理主要是注意换水,一般情况下,要求每隔 4~5 h 换水一次,若气温较高时,则隔 2~3 h 就要换水一次。若运输时间较长,水温较高时,还要注意防止黄鳝发烧。预防方法是每隔 2~3 h 搅拌黄鳝一次,在容器外入冰块降温,或在水中加入青霉素,用量为每升水 2 000 IU。

充氧运输:运输黄鳝苗种或成鳝的运输量较少时,可采用双层塑料袋充氧密封运输的方法。此法运输便于堆放,途中管理简单。运输时,先将塑料袋装入 1/4 体积的水,然后装入黄鳝,每袋装入黄鳝量 5 kg 左右,然后充入氧气,包扎,起运。用此法运输要注意的是,一定要检查塑料袋是否漏气,在运输过程中不能被锐器刺破等。

思考题

1. 黄鳝的生物学特性有哪些?
2. 为什么黄鳝人工繁殖不能按照大宗鱼类的一般方法进行繁殖生产?
3. 进行黄鳝养殖的方法有哪些?其技术要点是什么?
4. 如何有效进行黄鳝疾病的防治?

第十三章 鲈类养殖

第一节 花 鲈

一、生物学特性

1. 分类地位与分布 花鲈（*Lateolabrax maculatus*）又名七星鲈、寨花、鲈板，隶属于鲈形目，脂科，花鲈属。分布于中国、朝鲜和日本沿海。其肉质坚实，洁白细嫩，味道清香，是酒楼宴席的名贵海鲜，也是出口创汇的名贵水产品，是我国沿海和河口地区重要的养殖经济鱼类之一。目前认为花鲈与日本鲈（*Lateolabrax japonicas*）为两个不同物种。

2. 形态特征 花鲈体修长，侧扁。头中大，吻较尖，口大，端位，口裂略斜。下颌长于上颌，上、下颌具细齿，呈带状。鳃耙稀疏。头被栉鳞。前鳃盖骨后缘有细锯齿，其后缘具3枚大齿轮，鳃盖骨后端有1枚。背鳍2个，第Ⅰ背鳍有12根硬棘，第Ⅱ背鳍由13根鳍条组成；腹鳍胸位；尾鳍叉形。体背侧青灰色，腹侧银白色。背侧及背鳍鳍棘散布着若干黑色斑点，斑点随年龄增长渐不明显（图2-13-1）。

图2-13-1 花 鲈

3. 生活习性 花鲈为广盐性、广温性鱼类，通常生活在河口地区，也有直接进入淡水湖泊，因此可进行淡水池塘饲养。若经盐度逐步淡化，成活率会更高。水深20 m以上，盐度高达34的海域也可捕到花鲈，冬季表层水温-1℃的条件下可以存活，夏季在38℃的河口浅滩区也有发现。

4. 食性 花鲈是肉食性凶猛鱼类，好掠捕食物，即使在表层海水结冰或自身处于性成熟期，也很少发现空胃。在黄海、渤海生长的花鲈，胃含物主要有黄鲫、鳀、梅童鱼、小黄鱼、鲚、白姑鱼、青鳞和鰕虎鱼等，以及虾蛄、对虾、鹰爪虾、脊腹褐虾、日本毛虾和日本鼓虾等，其次是头足类中的金乌贼、枪乌贼，有时也摄食沙蚕等底栖动物。花鲈的摄食对象在不同的海域或不同的时间里，优势种并不相同。在三门湾、象山港沿岸捕获的花鲈主要食物为棱鲮、斑鰶、短蛸和白虾。在人工养殖条件下也食切碎的小杂鱼和人工配合饲料。

5. 生长 在黄海、渤海海区，花鲈在当年体长可达24～30 cm，体重达200～450 g。在淡水养鱼池内混养（每667 m² 放养3～5尾），由于食料丰富，2年内体重可重达2 500 g；在广西地区，体长4.0～8.0 cm的幼鱼经2年饲养，体重可达5.09 kg。花鲈的生长与温度密切相关，低于3℃时基本不长，22～27℃时为快速生长期。在花鲈的生命周期中，体长的生长以前3年最快，平均每年增长10 cm以上，4～6龄鱼生长速度开始降低，7龄以上花鲈才显著减慢，花鲈的寿命约为10龄。

6. 繁殖习性 雄鱼2龄性成熟，最小叉长477 mm；雌鱼3龄性成熟，最小叉长

525 mm，4 龄全部性成熟。鲈的绝对怀卵量（单尾总怀卵量）在 31.3 万～221.1 万粒，平均 128.2 万粒，相对怀卵量（每克体重的怀卵量）为 37 万～80 万粒。花鲈属秋季分批产卵鱼类，即产过一次卵后，卵巢内还有大量积有卵黄的 4 时相卵母细胞，在适宜环境条件下，细胞迅速积累卵黄，进行第二次产卵。鲈在不同海区的产卵期不同；同一海区的不同年份里，由于海水温度的差别，产卵期也略有差异，在浙江沿海 11～12 月为花鲈的产卵季节。花鲈卵浮性、透明、呈球形。卵子受精后，在水温 14.5～15.0 ℃条件下，77 h 孵化。

二、人工繁殖

（一）亲鱼培育

1. 亲鱼的选择 可从池塘或网箱养殖 2 年的鲈中挑选。要求苗种来源于北方，因为北方种质花鲈生长快、成活率高。挑选时间一般在冬末春初。亲鱼的选择标准为：体质健壮、无病、无伤、鳞片基本完整，体型、色泽优良，具有典型生物学特征的个体。

2. 亲鱼培育 亲鱼运到后先清除鱼体上的鱼虱，然后用布夹子移入 0.000 5%高锰酸钾溶液，浸泡 5 min。消毒后放入池塘或网箱中精心投喂，强化培育，放养密度为成鱼养殖密度的 60%。根据其性腺发育规律采用"春肥、夏育、秋繁、冬保"八字方针培育亲鱼。

春肥：越冬后的亲鱼体质虚弱，随着水温的逐渐升高，应不失时机地加强投喂，提高亲鱼的肥满度。其投饵量一般为鱼体重的 5%～10%。

夏育：夏天水温高，亲鱼摄食量减少，而此时正是亲鱼性腺发育的关键时期，即由 II 期向 III 期的过渡时期。此时的饵料供给以高蛋白、高脂肪的鲜活饵料为主，如斑鲦、三棱鲻、牡蛎等。多吃多投、不吃不投，对活饵料可略有过剩。

秋繁：进入秋季，水温开始下降至 16～18 ℃时，正是亲鱼的繁殖季节，除正常的生产管理外，要经常观察亲鱼的摄食情况及体型变化，随时准备进行人工催产。

冬保：冬季对即将产卵的亲鱼，要加强保护，避免受伤；对产过卵的亲鱼要加强护理，使其安全过冬。为此需保持水温在 6 ℃以上，并不定时投喂少量饵料，以增强体质。

（二）催情产卵

1. 雌雄鉴别与配组 性成熟亲鱼雌雄差异较明显。雌鱼腹部柔软、膨大，卵巢轮廓明显，上、下腹大小均匀，腹部中央下凹，生殖孔肛门微红，稍突出。雄亲鱼轻压腹部有乳白色精液流出，并可以在水中自流散开。从外观上，体大、健康活泼的成熟个体都可挑选用于人工繁殖。雌雄比例 1∶1。

2. 人工催产 催产药物为（人）绒毛膜促性腺激素（HCG）、促黄体素释放激素类似物（LHRH-A_3）、鲤脑垂体（PG）和马来酸地欧酮（DOM）等，混合使用，其剂量为每千克鱼体重（10～15）μg LRH-A_3+1 000 IU HCG，采用背部肌肉分次注射。也可每千克鱼体重用（6～10）mg DOM+30 μg LRH-A_3+500 IU HCG，采用胸鳍基部分次注射。雌鱼第一针为总剂量的 1/3，24～36 h 后注完全量。雄鱼剂量减半或 1/4。催产后亲鱼专池暂养便于观察。

3. 自然受精 因人工授精对亲鱼损伤较大，目前一般采用自然产卵。采用自然受精的方法首先是亲鱼已习惯于在池内的生活环境；其次是产卵亲鱼要有一定数量；第三是产卵池要昼夜流水，给予一定的流水刺激有助于发情产卵。一般催产后 36～72 h 就可发现雄鱼猛烈追逐雌鱼，用头顶撞雌鱼腹部，互相摩擦，则说明亲鱼即将产卵、排精。收卵的时间在产卵 1 h 后进行，因为这时的卵膜吸水膨胀完全，卵膜的坚固性最好，集卵操作时使卵子受伤的机会减少。用溢水法集出来的卵子放入清洁海水中稀释，洗去污物后将上层漂浮的卵子计数消毒后放入孵化设施。

(三) 人工孵化

1. 孵化条件 在受精卵孵化过程中和鱼苗孵出后，要求溶解氧保持 5 mg/L 以上；胚胎发育的最适 pH 为 7.5～8.5，当 pH 低于 6.2 或高于 9.4 时，将导致胚胎和仔鱼死亡；受精卵孵化的适宜温度范围为 10～22 ℃，比较合适的温度范围为 14～20 ℃，而最佳孵化温度为 15～17 ℃；花鲈受精卵的适宜孵化盐度为 19～28。当孵化温度为 16 ℃时，孵化时间约为 76 h。

2. 孵化密度 孵化网箱流水充气孵化，放卵密度为 30 万～40 万粒/m³，网箱底面放一条注水管和一只气泡石，注水量为 10～20 L/min，充气量以能使卵子在箱内缓慢滚动而不漂浮于水面为限；水泥池集中孵化密度可按 3 万～10 万粒/m³，孵化结束后仔鱼开口前将仔鱼移放到各育苗池中；育苗池孵化（也称原池孵化）按照育苗计划，将受精卵直接布置在育苗池中进行孵化，布卵密度一般 1 万～3 万粒/m³，孵化水位为育苗池深的 1/2～2/3，待全部仔鱼孵化后，再将水位逐步提高，鱼苗就在原池培养。

3. 孵化管理 孵化用水须经过过滤。孵化期间避免阳光直射，光照度控制在 1 000 lx 较好。仔鱼孵出前，每天至少 1 次吸除沉底死卵及污物。在吸除死卵前 0.5 h，要先停止注水和充气，待好卵浮上水面，死卵和污物充分沉底后再进行。吸出的死卵中可能混杂有部分好卵，可经二次分离后，将好卵再倒回原孵化容器。

三、苗种培育

(一) 鱼苗培育

1. 培育池 鱼苗培育采用工厂化育苗，可用秋、冬季空闲的对虾育苗设施。安装好升温装置，洗净并用 0.003%～0.005% 的高锰酸钾溶液浸泡 30 min 以上。若是新建水泥池，应充分浸泡刷洗后才能使用。消毒清洗后加预热水 60 cm 待用。

2. 放养密度 前期仔鱼密度控制在 0.5 万～1.0 万尾/m³，40 日龄后密度控制在 1 500 尾/m³ 左右。

3. 饵料系列 自开口到 50 日龄为止，培养水体投喂 5～8 只/mL 轮虫，每天投喂 2～3 次。投喂前需经 12～24 h 藻类和营养强化剂进行营养强化。卤虫无节幼体在 27～30 ℃ 海水中孵化，经分离用营养强化剂进行 24 h 营养强化，从 28 日龄投喂至 65 日龄，密度 0.5～3.0 个/mL。若其他饵料缺乏也可投喂至 80 日龄。目前因卤虫价格较高，在桡足类资源丰富地区，为了降低生产成本，可以减少卤虫幼体投喂时间，一般经 5～6 d 卤虫投喂后，再经 5～6 d 过渡，即边少量投喂卤虫，边投喂活体桡足类，并逐步增加投喂量，直至过渡到完全投喂桡足类。按 3～4 个/mL 密度放养卤虫无节幼体，经 2～3 d 培养，从 40 日龄投喂至出苗。卤虫成体培养在桡足类缺少的地区是一个必需进行的环节，但在桡足类资源丰富的地区，也可用活体与冷冻桡足类替代。从海区拖捕的桡足类，经 8～20 目筛，可直接或冷冻后投喂，从 60 日龄投喂至出苗，数量每万尾 0.2～0.5 kg。先散投，后定点。为了节省生产成本也可以提前投喂。冰冻桡足类定点投喂的方法，可采用每个池吊入 4 个渔网做成的饵料筐，将冰冻的桡足类放入筐内，待桡足类自然解冻后，稚幼鱼群集而摄食，每天投喂 3～

4 次。

上述饵料投喂时间及投喂量,根据仔、稚、幼鱼口径,饱食程度及水体中饵料残存量,及时进行调整。

4. 培育管理

(1) 环境因子。控制水温 16~20 ℃,相对密度 1.022~1.016,pH 为 7.8~8.4,氨氮在 0.02 mg/L 以下,溶解氧 5 mg/L 以上,光照度 2 000 lx 以下,培养用水国内外一般都采用小球藻水,在 15 d 内维持 50 万个/mL 浓度。也可采用微绿球藻,浓度 50 万个/mL;或小硅藻,浓度 2 万~5 万个/mL。

(2) 充气。充气量控制在前期仔鱼微波状,后期仔鱼微沸腾状,稚、幼鱼呈沸腾状。

(3) 加换水。鱼苗入池后每天加等温等盐水 5~10 cm,加水时微微流入,6~8 d 内加至 100 cm 后,开始换水,后期仔鱼换水量从 1/10 逐渐增至 1/2,稚鱼从 1/2 增至 4/5,幼鱼换水量 80%~150%。具体日换水量应根据水质等实际情况确定。

(4) 撇膜。鱼苗入池后,池水表面常形成一层被膜,也常有一些漂浮物,影响氧气溶入和充氧效果,每天应撇膜 2~3 次。

(5) 吸污。鱼苗入池后 10 d 内不吸污,第十一天开始到第三十五天隔天用虹吸法清除底部污物 1 次,以后每天 1 次,必要时 2 次,吸污时要仔细轻快,以防惊吓鱼苗。吸污后对吸出的死鱼苗进行清点计数,以此推算鱼苗的存池数。

(6) 病害防治。稚鱼期后用青霉素 20 IU/m^3,定期泼洒,预防细菌性疾病发生。

5. 幼鱼锻炼、出苗及运输

(1) 幼鱼锻炼。为了增强幼鱼体质和对外界环境的抵抗力,提高幼鱼运输和养殖成活率,出苗前数天,幼鱼必须进行锻炼。锻炼方法每天早晨大换水一次,使池内形成急流,幼鱼逆水而得到锻炼。与此同时每天吸污后,拉网一次,密集一定时间后任其自然分散。经过 3 d 以上锻炼,幼鱼肌肉结实、老练,能适应出苗和运输等操作,即可出售。

(2) 出苗。采用 40 目聚乙烯网布制成的拉网出苗。底网拉起后,将鱼密集在网中待计数。逐尾计数,然后装入聚乙烯薄膜袋,充氧、扎袋待运。

(3) 幼鱼运输。容量为 30 L 的双层聚乙烯薄膜袋,内装新鲜海水 1/3,充氧 2/3,可装 3~4 cm 鱼苗 300~500 尾,在气温 10~14 ℃ 条件下,可连续运输 10 h 以上,成活率可达 98%。

(二) 鱼种培育

将 3 cm 左右鱼苗培育成约 8 cm 的鱼种称为鱼种培育。

1. 培育池 苗种培育池以 0.2 hm^2 左右土池为佳,水深 1.0~1.5 m,池底平坦,水质清洁无污染,池子进、排水方便。苗种培育前 20 d 先进行池底清淤,后用 0.003% 浓度漂白粉消毒,杀死寄生虫及致病菌。待消毒完毕,应暴晒 1~2 d 后进水冲刷,冲刷完成后即可进水 70 cm 进行肥水。肥水一般每公顷施加含氮 46% 的尿素 22.5~37.5 kg,施过磷酸钙 2~4 kg,同时每公顷施加 225~300 kg 有机肥(如牛粪等)。使用无机肥时应先将肥料溶化,然后均匀泼洒。肥水的好坏以水色及水中浮游生物的含量为主要标志。茶褐色、黄绿色均为正常水色,这时水中浮游植物含量 10 万个/mL,浮游动物含量 20 个/mL 左右。

2. 鱼苗放养 鱼苗放养前首先要了解掌握池水的盐度、水温等环境因子,以便在育苗池调整好盐度和水温。鱼苗放养最好选择风和日丽的天气,尽量避免阴雨、降温、大风天气。放苗应在上风处进行。打开苗袋，灌入少量池水，停留片刻，再灌入部分池水，如此重复3～5次，以使鱼苗充分适应池内水质，然后慢慢将袋向后向上倒提出水面，将鱼苗缓慢放入水中。

3. 放养密度 培育密度应根据鱼苗的体质、苗种规格及培育池的肥水好坏（即培育池基础饵料生物的丰歉）等因素灵活掌握。对水深1 m以上、肥水较好的池塘，每公顷可放养全长2～4 cm花鲈鱼苗30万尾左右。

4. 饲养管理 鱼苗下池初期，池水中有丰富的基础饵料，如糠虾、桡足类、枝角类、沙蚕幼虫等浮游生物，这些都是鱼苗生长所需的优质鲜活饵料，此时可少量投喂冰冻或新鲜杂鱼虾肉作为补充饵料，3 d后可进入正常的投饲管理。饵料以新鲜的杂鱼虾为佳，投喂前最好先将饵料用淡水冲洗干净，用刀切碎或用绞肉机绞成肉糜再行投喂。投饵工作只在白天进行，日投饵3～4次，日投鲜饵量以鱼体重的30%左右为宜。随着鱼苗的生长，个体逐渐增大，饵料可逐渐由肉糜转向小鱼块，日投饵量可减至鱼体重的10%左右。

换水是调节培育池水质的主要方法。培育池水水质通常要求pH为7.9～8.3；溶解氧5 mg/L以上；氨氮低于0.07 mg/L。鱼苗下池后，一般情况下前10 d只加水不排水，半个月后再进行换水。换水时，每天交换水量的1/3左右。为了预防鱼病的发生，应定期对池水进行消毒，方法是每公顷水面用生石灰150～225 kg，用水稀释后，均匀泼洒于池中，或在交换水时在进水口处缓缓加入。消毒工作应每隔20 d进行一次。一般经30～60 d培育，鱼苗可达到全长为8～10 cm的鱼种，然后分池转入大规格鱼种培育，方法基本同上。

四、成鱼养殖

所谓商品鱼养殖是指经一年养殖的大规格鱼种越冬后养成体重500 g以上商品鱼的过程。

（一）池塘养殖

1. 池塘条件 鱼池要求水源充足，交通、供电方便，不易受风暴潮或洪水的冲击。无论淡水、咸淡水、全海水，只要水质符合要求，均可作为养殖水源。养殖池塘一般为东西向长方形结构，宽度以25～30 m为宜，养殖面积0.3 hm^{2}左右，水深1.5～2.5 m，池底坡度100∶0.5。设置双层拦鱼闸网以防逃鱼。

2. 准备工作 首先要进行池塘清整。一般是在冬季或农闲时将池水排干，挖出池底淤泥自然暴晒，然后进行消毒。消毒用的药物品种很多，常用生石灰和漂白粉。生石灰消毒，将修整后的池塘加水10 cm左右，每公顷用块状生石灰900 kg，8 d后药效消失，pH达到正常，这时可进水养鱼种。漂白粉消毒方法是每公顷用含氯量25%的漂白粉75 kg，3 d后可进水放养鱼种。其次要准备好养殖所需工具，如水泵、运输工具、冷冻设备、饵料加工机、网箱、旋网、成鱼起捕网、水桶、捞海、饵料等。

3. 鱼种放养 适宜的放养时间为5月，这时水温在15 ℃左右。鱼种应在原池中喂食至少10 d。一般将其分为大、中、小3种规格分别放养。剔除患病、伤残苗种。鱼种在放养前必须进行严格消毒，杀灭病原菌、寄生虫，以防止伤口感染。用0.000 5%高锰酸钾溶液药浴10～15 min即可。每公顷放养大规格鱼种7 500～12 000尾，每公顷产量可达到4 500～7 500 kg。对于条件一般的中型鱼池，每公顷放养密度3 000～4 500尾，每公顷产量可达2 250～3 750 kg。

4. 饵料投喂 在选定的投饵区每天定点定时少量投饵，进行人工驯化。由于商品鱼的生长速度很快，因此，随鱼体重的增加，日投饵总量必须进行调整。一般情况下，每隔10～15 d测定一次鱼体重，根据新的存鱼量调整下一阶段的投饵量。

5. 养殖管理

(1) 巡塘。管理人员每天至少应巡塘3次。晚上巡塘检查花鲈有无"浮头"征兆，早晨巡塘检查花鲈有无"浮头"发生，中午巡塘检查花鲈活动情况。

(2) "三看"。一看花鲈的活动状况，在正常情况下，花鲈在池塘中下层分布，从表面很难见到鱼的活动，如果发现鱼在水的中上层无力游动，很可能是发病或缺氧的先兆；二看水色，正常水色应为褐黄色或黄绿色，池水透明度在40 cm左右，深褐色、黑色或酱油色均为不正常色；三看天气，根据天气变化及时采取措施。

(3) "三防"。即防"泛池"、防病、防逃。

(二) 海上网箱养殖

1. 养殖海区及网箱设置 养殖海区的首要条件是周年风浪较小，短时最大风力小于8级，水深在低潮时应达5 m以上，此外还需满足水温、水质、底质、安全等方面的要求。较为理想的条件是最大风力在8级以下，水深7～10 m，水流在7～30 cm/s，海区水温能具有足够长的花鲈生长适温期（15～32 ℃），冬季水温不低于0.5 ℃。

网箱由框架、浮子、网衣、沉子及固定装置等组成，生产上常用规格一般为3 m×3 m×3 m、3.5 m×3.5 m×3.5 m、5 m×5 m×4 m等规格。网目大小在花鲈最小个体不能逃逸的前提下越大越好。网箱的设置方式有固定式、浮动式和沉下式，生产上多使用浮动式网箱。

2. 鱼苗、鱼种的放养密度 一般情况下，鱼苗放养密度可在2 000尾/m^{2}左右；体长达9 cm左右时，即可进行分箱，分箱后的放养密度可在140尾/m^{2}左右；对于体长20 cm左右的大规格鱼种，放养密度可在100尾/m^{2}左右。

3. 饵料投喂 饵料以杂鱼虾为主。鱼苗期间日投饵量为鱼体重的15%～30%，每天投饵3～4次；鱼种期间日投饵量为鱼体重的3%～10%，每天投饵2～3次。

4. 日常管理 经常检查网箱，看其是否松动破损，严防逃鱼。经常刷网箱，防止附着物堵塞网目。注意观察摄食状况，发现异常现象立即找出原因尽快解决。掌握鱼的生长情况，每15～20 d应测定一次鱼的体长及体重，推算出投饵量和生长速度。另外每天记录水温、投饵量、死鱼数及天气情况，以便总结经验。注意鱼病预防，对花鲈病害应以防为主，首先要保持养殖海区水质清洁、无污染、水流畅通。有条件的地方应3～5年转移一次养殖场所，以更新水环境。其次要适量投饵，避免残饵太多，死鱼、药浴水不要随处乱丢，避免重复感染。在鱼苗入箱前和每次更换网箱时，要对鱼进行药浴或淡水浸泡一次，能起到一定的防病作用。养殖期间，特别是高温期间最好能定期对鱼进行体表消毒，定期投喂抗生素药饵，增强花鲈抗病能力。

五、病害防治

1. 出血病 病鱼的胸鳍、背鳍基部红肿并充血，病鱼行动迟缓，摄食下降。此病为病毒感染，传染性较强。治疗上可使用盐酸吗啉胍、抗生素混合投喂，每50 kg鱼用盐酸吗啉胍0.5 g、氟哌酸1 g，拌饵投喂，连续6 d。同时对池塘用0.000 04%强氯精全池泼洒，每天1次,连续3 d。

2. 肠炎病 病鱼食欲不振,散游,继而鱼体消瘦,腹部、肛门红肿,且有黄色黏液流出。解剖观察,胃肠内无食物并有黄色黏稠物质,肠壁充血呈暗红色。由饵料腐败,或含脂量过高、消化不良而引起。一年四季均可发生,但以高温季节发病率较高。注意观察,及早治疗,避免大批死亡。

防治方法主要是严格把好饵料关,禁止投喂腐败变质的饵料。定期投喂药饵,可有效防止此病发生。发现此病可投喂用 0.5 kg 大蒜头与 50 kg 饲料制成的药饵。

3. 隐核虫病 隐核虫系纤毛虫类寄生虫,主要寄生于海水鱼的皮肤、鳃、鳍等处,也寄生眼角膜和口腔等体表外露处。数量多时,肉眼看去鱼体布满小白点,故俗称白点病。病鱼食欲不振,甚至不摄食。鱼体色变黑且消瘦反应迟钝,或群集绕池狂游,鱼体不断和其他物体或池壁摩擦,时而跳出水面。由于寄生虫大量寄生在鳃组织等部位,从而使鳃组织受到破坏,失去正常功能,引起病鱼窒息死亡。所有海水鱼均可能感染。

预防方法:放养密度不宜太大,定期消毒鱼体,防止虫体繁殖。经常检查,发现病鱼及时隔离、治疗,防止进一步传播。死鱼不能乱丢,以免扩散,切忌将死鱼丢到海区中污染水域。鱼池要彻底消毒,网箱要勤洗,以免附着孢囊,孵出幼虫重新感染。

治疗方法:硫酸铜和硫酸亚铁(5:2)合剂全池泼洒,使其在池水中的浓度达到 0.000 2%~0.000 3%,或浓度为 0.000 8% 的硫酸铜和硫酸亚铁合剂溶液药浴 30~60 min,连续3~5 d。用硫酸铜全池泼洒,使其在池水中的浓度达到 0.000 01%~0.000 02%,一次即可。用淡水浸泡 10 min,也是一种经济有效的方法,只是操作麻烦。

4. 本尼登虫病 病原为本尼登虫,主要寄生于鱼体表鳍条和头部。寄生数量多时,鱼的皮肤分泌大量黏液,使表皮局部变白。病鱼狂游并不断向网箱摩擦身体,擦伤处可继发细菌感染。病鱼厌食、贫血,最后衰弱而死。多见于春季至初夏及秋季至初冬,水温为 20 ℃左右时虫体最易繁殖。

防治:①用淡水浸泡 10 min,这是最为经济有效的方法;②用 0.1% 过氧化焦磷酸钠药浴 2.5 min 或 0.25%~0.30% 的浓度药浴 2 min;③0.02%~0.03% 浓度的福尔马林浸泡15 min,隔一星期再浸泡一次,如此反复多次。在浸泡同时服用抗生素,以避免细菌等继发感染。

第二节 加 州 鲈

加州鲈(*Micropropterus salmoidus*)属鲈形目,太阳鱼科,黑鲈属,原名大口黑鲈,是一种广泛分布于美国和加拿大纯淡水的广温性、肉食性鱼类。由于受世界各地广大游钓者的喜爱,通过引种,现已广泛养殖于世界各国。我国于 1983 年引进加州鲈鱼苗,在深圳、惠阳、佛山等地养殖,并于 1985 年相继人工繁殖成功,繁殖的鱼苗被引种到江苏、浙江、上海、山东等地养殖,都取得较好的养殖效益。加州鲈肉质坚实,肉味清香,加上可活体上市,十分畅销,深受养殖户和消费者喜爱。

一、生物学特性

1. 形态特征 加州鲈体稍呈纺锤形,延长而侧扁。体高与体长比为 1:(3.5~4.2)。头大吻长。眼大,口上位,口裂大而宽。尾柄长且高。全身披灰银白或淡黄色鳞片,但背脊一线颜色较深，常呈绿青色或淡黑色，同时沿侧线附近常有黑色斑纹。鳃盖骨末端尖，左右各有一黑斑。背鳍长，前部有硬棘7～10枚，后部有软鳍条12～14条。腹鳍胸位，有硬棘1枚，软鳍条5条。加州鲈的外部形态如图2-13-2所示。

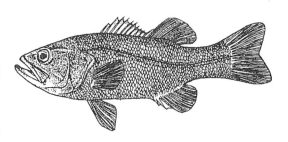

图2-13-2 加州鲈

2. 生活习性 天然水域的加州鲈主要栖息于透明度高、水生植物生长茂盛的湖泊和河流水域，多藏于水下岩石和水草丛中。在池塘养殖，喜欢栖身于沙质或沙泥质底不混浊的静水环境中，活动于中下水层。加州鲈在1.0～36.4℃水温中都能生存，10℃以上开始摄食，最适生长温度为20～25℃。溶氧量低于2 mg/L时，会出现缺氧"浮头"继而死亡，但比鳜耐低氧能力强。要求水的pH为6.0～8.5，盐度小于10。

3. 食性与生长 加州鲈是以肉食性为主的鱼类，喜捕食小鱼虾。在人工养殖条件下，也摄食配合饲料，且生长良好。由于食量大，因而生长快，当年鱼苗人工养殖可达0.50～0.75 kg，达到上市规格。养殖2年，体重约1.5 kg，3年约2.5 kg。

4. 繁殖习性 天然水域的加州鲈一般2年性成熟，而在养殖条件下大部分1周年就会成熟。产卵期在2～7月，4月下旬至5中旬为产卵盛期。繁殖的适宜水温为18～26℃，以20～24℃为好。属多次产卵，每次产卵2 000～10 000粒。产卵前，雄鱼利用水草筑巢，筑好后便静待巢中，等待雌鱼入巢。雌鱼入巢后，雄鱼不断用头部顶托雌鱼腹部，使雌鱼发情，身体急剧颤动排卵，雄鱼即刻射精，完成受精过程。受精卵黏附在水草上。雌鱼产卵后即离去，由雄鱼看护，直到孵出鱼苗。

刚孵出的鱼苗半透明，全长7～8 mm，集群游动。出膜后第三天卵黄吸收完后即开始摄食小球藻、轮虫，以后摄食小型枝角类、桡足类等浮游生物。在天然水域，孵出1个月内的鱼苗仍集群受到雄亲鱼的保护。但当鱼苗长到2 cm左右时，又可被雄亲鱼吞食。

二、人工繁殖

(一) 亲鱼培育

1. 亲鱼的选择与雌雄鉴别 年底收获成鱼时，挑选体质好、个体大、体色好、无损伤、无病害的加州鲈作为后备亲鱼，放入专池培育。性成熟亲鱼雌雄差异较明显。雌鱼腹部柔软、膨大，卵巢轮廓明显，上、下腹大小均匀，腹部中央下凹，生殖孔肛门微红，稍突出。雄亲鱼轻压腹部有乳白色精液流出，并可以在水中自流散开。从外观上，体大、健康活泼的成熟个体都可挑选用于人工繁殖。

2. 培育方法 专用亲鱼培育的池塘，面积为1 334～3 335 m²，水深1.5～2.0 m，满足靠近水源、排灌方便、地处安静等条件。每667 m²放养后备亲鱼300～400尾。培育期间每天投喂冰鲜鱼碎肉，投饵量为亲鱼总体重的10%，以能吃完为好。饲料中应有一定量的小活鱼虾兼投。翌年春季是亲鱼性腺迅速发育时期，应进行强化培育，投好投足饲料，并用微流水刺激，每天1次，每次2～3 h。经常启动增氧机增氧，更换新水。

(二) 催情产卵

1. 产卵池的准备 产卵池的大小依据生产规模来定,可用水泥池或小池塘。水泥池面积在 667 m² 以内,水深 0.6~1.0 m,每 20 m² 放亲鱼 1~2 对。池塘面积 0.3 hm² 以下,水深 1 m 左右,每 667 m² 放亲鱼 20~30 对。塘基具有一定斜坡,池四周放些石块、砖头,池中种些水草或用经消毒的棕榈片扎成鱼巢,每 0.5 个/m²,以备亲鱼产卵前筑巢附着。

2. 人工催产 用于人工繁殖的亲鱼要进行挑选,成熟较好的雌鱼生殖孔外突红肿,轻按腹部有卵子流出;成熟较好的雄鱼轻挤腹部容易获得乳白色精液。雌雄按个体大小 1∶1 配对。催产激素可用 HCG(雌鱼的剂量为 1 000~2 000 IU/kg,以鱼体重计),或用 PG(雌鱼的剂量为 5~6 mg/kg,以鱼体重计);也可采用 HCG+PG 混合代用(雌鱼的剂量为 800 IU/kg+3 mg/kg,以鱼体重计)。雄鱼剂量减半。采用体腔注射法,当卵巢成熟度好时,一般注射一次,否则分两次注射,第一针注射总量的 1/3,相隔 12~14 h 注射第二针,注完全量。雄鱼只打一针,在雌鱼打第二针时一起进行。

3. 自然产卵 人工催产后的亲鱼放入产卵池让其自然产卵。加州鲈的催产效应时间较长,在水温 22~26 ℃时,注射激素后 18~30 h 才能发情产卵。首先是雄鱼不断用头部顶撞雌鱼腹部,当发情到达高潮时,雌、雄鱼腹部互相紧贴,产卵射精。产过卵的亲鱼就在周围静止停留片刻,雄鱼再次游近雌鱼,几经刺激,雌鱼又发情产卵。加州鲈为多次产卵类型,在一个产卵池中,可连续 1~2 d 见到亲鱼产卵,第三天才完成产卵全过程。加州鲈鱼卵近球形,产入水中,卵膜就迅速吸水膨胀,呈现黏性,常黏附在鱼巢的水草上或池壁、石块、砖头上。

(三) 人工孵化

1. 孵化方法 受精卵可以留在原产卵池孵化,也可以移到其他水泥池或孵化桶、孵化缸、孵化环道中进行孵苗。不论使用哪种孵化器,孵化前都要进行清理消毒,然后才放入新鲜的孵化用水。在原池孵化受精卵,亲鱼应在产完卵后及时捞走,保持池水清新。

2. 孵化条件与管理 在水温 18~25 ℃内,加州鲈受精卵均能正常发育,孵化时间与水温成反比,如水温 18~19 ℃时,孵化时间需要 50 h 以上;当水温 20~22 ℃时,孵化时间只需 31~33 h。加州鲈胚胎发育需要较高溶氧量,在孵化中必须用空气泵进行增氧,也可以微流水孵化保证溶解氧充足。孵化时应避免光线直接照在受精卵上。还应注意防止水霉病的发生。

三、苗种培育

(一) 鱼苗培育

加州鲈鱼苗孵出后第三天,卵黄囊消失,即摄食浮游生物,进入苗种培育阶段。鱼苗可以用水泥池培育,也可用土池育苗。饵料充足,鱼苗培育一个月,体长可达 3~4 cm。

1. 水泥池 培育水泥池面积以 50~100 m² 为宜,水深 0.6~1.0 m。初孵仔鱼放养密度为 1 000~1 500 尾/m²,当鱼苗长到 2 cm 左右时才可以转到其他培育池培育,放养密度为 500~800 尾/m²。仔鱼最适宜的饵料是轮虫、水蚤,每天投喂 1~2 次,每次投料后都应保证有吃剩的饵料,防止鱼苗出现饥饿。经过 30 d 左右培育,体长可达 3 cm。此时,如要继续培育,放养密度必须降到 200~300 尾/m²。

2. 土池培育 池塘面积宜在 350 m² 以内。水深以 1 m 左右为宜。鱼苗下塘前 7~10 d 要用生石灰干法清塘,每 667 m² 用生石灰 50~75 kg。清塘后施放人畜粪或大草沤水,促进浮游生物繁殖,为鱼苗提供饵料生物。鱼苗下塘前 1 d,要放养数尾 17 cm 左右的鳙鱼种试水，检验池塘无毒性后，才放养鱼苗。一般每 667 m² 投放刚孵出的鱼苗约 5 万尾，培育约一个月，鱼苗长到 3~4 cm 即要分疏或转塘。

也可以利用原有的产卵池。有条件经常冲水的培育池，每平方米水面可放养体长 2 cm 以下的鱼苗 500~800 尾，2~3 cm 的 200~300 尾，3~4 cm 的 100~200 尾。不能冲水的要适当放疏些。以人工投饵为宜，3 cm 以下的鱼苗可投喂轮虫、水蚤等，3 cm 以上的鱼苗可投喂孑孓、红虫，稍大时还可投喂小鱼虾。

3. 培育期间的管理 加州鲈弱肉强食，自相残杀比较严重，且生长速度不一，大小悬殊，在饵料不足情况下，大鱼食小鱼。因此，鱼苗培育期间必须注意同塘放养的鱼苗应是同批孵化的，以使鱼苗大小一致；当鱼苗长到 3 cm 左右，鳞片较完整时，就要拉网捕起分筛，按大、中、小三级分 3 个池培育。以后，水泥池每隔 10 d，土池每隔 20 d 分疏一次，同塘饲养的鱼苗以体重相差不到一倍为宜；加州鲈食欲旺盛，幼鱼日摄食量可达自身体重 50%，必须定时、定量投喂，保证供给足够的饵料，让个体较小的鱼也能吃饱。

（二）鱼种培育

体长达到 3 cm 的鱼苗可以直接放入池塘养成食用鱼，也可以再培育成大规格的鱼种。加州鲈鱼种适合在土池专门培育，鱼种塘面积宜在 667~3 335 m²，水深 1.0~1.5 m。鱼苗下塘前要用生石灰或漂白粉进行彻底消毒后再放水，在消毒药效消失后，经过试水证实鱼苗安全才能全部放苗。每 667 m² 放养密度为 3 万~5 万尾，培育期间要施肥，使池塘中有充足的浮游动物供鱼苗摄食，当出现个体大小生长不匀时，要及时拉疏分养。培育方法是单养，在池塘放入罗非鱼亲鱼，利用它繁殖的鱼苗为加州鲈提供饵料鱼。

四、成鱼养殖

1. 池塘混养 在常规养殖成鱼的池塘中，可适当放养一定数量加州鲈，既可以清除鱼塘中野杂鱼虾、水生昆虫、底栖生物等，减少它们对放养品种的影响，又可以增加加州鲈的收入，提高鱼塘的经济效益。一般鱼塘每 667 m² 放养 3~4 cm 鱼种 30~40 尾，不用另外投喂饲料，年底可收获 15~20 kg 加州鲈成鱼。如鱼塘条件适宜，野杂鱼多，混养加州鲈密度可适当加大。但不要同时混养生鱼、鳗鲡等肉食性鱼类。另外，苗种塘或套养鱼种的塘不要混养加州鲈，以免伤害小鱼种。

2. 池塘主养 单养加州鲈的池塘面积不宜过大，以防吃食不匀，造成鱼体大小差异明显。池塘过大也容易造成局部区域因饵料不足而互相残杀，影响成活率。单养的池塘面积可以 1 334~3 335 m²，水深为 2~3 m，水源水质良好，无污染，池底少淤泥。每 667 m² 池塘放养规格 5~8 cm 的苗种 1 500~2 000 尾，配备增氧机的池塘放养密度可以适当增加 20%。

通常每天投饵 2 次，上午、下午各 1 次，日投饵量为鱼重 10%~15%，应视鱼的摄食、活动状况及天气变化灵活掌握。配合饲料和冰鲜鱼肉以投饵后 1~2 h 吃完为度。用冰鲜小杂鱼喂养的加州鲈生长快，平均增重大；而用配合饲料喂养时则生长慢，平均增重小。定期对池塘进行拉网检查，筛选上市规格（0.50~0.75 kg），分养大小差别明显的鱼种，避免加州鲈在池中自相残杀，如半个月或一个月分养 1 次。加州鲈摄食旺盛，生长迅速，当年养成的规格可以达到食用鱼标准。

3. 收获 加州鲈出售活鱼，价值较高，为保证运输过程中加州鲈的成活率，捕捞时操作要格外小心。捕捞前,要适当降低水位,再用疏网慢拉捕鱼。捕鱼前,还要准备一进水量大而且排水容易的蓄养池,把捕起上市的鱼先在蓄养池中暂养 1~2 d,排净肚内食物,然后再运输到各地销售。运输时的水温最好降到 17~18 ℃,用大型塑料袋充氧运输或鱼桶打水增氧运输。长途运输时还需将冰块放入小塑料袋中,置于容器旁,以降低并稳定水温,减少因温度升高而死鱼的风险。

五、病害防治

加州鲈对疾病抵抗力较强,养殖时较少患病。但有时管养不当,也有鱼病发生。常见的鱼病及防治方法如下。

1. 水霉病 主要是由于身体有伤口或鳞片脱落时,水温降低受水霉菌的感染而发生。患部有棉丝状白色绒毛,病鱼食欲不振,终至死亡。预防与治疗方法,对苗种或成鱼可用 2‰~3‰ 食盐水浸洗 5~10 min,或用漂白粉 10 g/m³ 浸洗 15~20 min。

2. 车轮虫病 车轮虫主要侵害鱼体皮肤、鳃和各鳍,轻者使鱼烦躁不安,严重时造成鱼体呼吸困难,变得消瘦,最后死亡。此病多发生在鱼苗、鱼种阶段,成鱼也会得病。对车轮虫病治疗可用 0.7 g/m³ 的硫酸铜和硫酸亚铁(5∶2)合剂全池遍洒,要注意药量恰当,随时注意水质变化。

3. 锚头鳋病 是由锚头鳋引起的寄生虫病。一般寄生在鱼体表、鳃、眼和口腔等部位。造成病鱼食欲减退,游动缓慢而最后死亡。苗种放养时要彻底清塘消毒,以便断绝一切病源及传播途径。对鱼苗、鱼种,可用高锰酸钾进行药浴,浓度为 0.001%~0.002%,时间为 10~30 min。池塘可用晶体敌百虫 0.000 03% 浓度全塘泼洒,隔 1 周用 1 次,连续 3 周。

第三节 尖 吻 鲈

尖吻鲈(*Lates calcarifer*)俗称盲曹、金目鲈、红目鲈,属鲈形目,鮨科,尖吻鲈属,是一种大型肉食性鱼类。尖吻鲈具有生长速度快,养殖周期短,适盐范围广等优点,已成为东南亚各国、澳大利亚和我国的香港、台湾、广东等地主要养殖品种。尖吻鲈肉质鲜美,营养价值高,深受养殖户和消费者喜爱,是优质高档的水产品,国际市场十分畅销,供不应求。

一、生物学特性

1. 形态特征 尖吻鲈体长形而侧扁,吻尖而头长。背侧略凹陷,到背鳍前缘开始隆起,上颌骨延至眼眶后缘之下,腭骨上有绒毛齿,鳃盖骨有坚硬的锯状齿。第Ⅰ背鳍有硬棘 7~9 条,第Ⅱ背鳍有软鳍条 10~11 条,前、后背鳍尽在基部相连。胸鳍、臀鳍圆,臀鳍有硬棘 3 条,软鳍条 7~8 条。尾鳍圆,呈扇形。有较大的栉鳞,摸上去粗糙。体色上侧部为茶褐色,下侧部为银白色。尖吻鲈外形如图 2-13-3 所示。

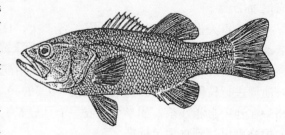

图 2-13-3 尖吻鲈

2. 生活习性 尖吻鲈广泛分布在西太平洋及印度洋的热带、亚热带海区，广盐性，我国华南和东南亚的河口水域经常见到。适宜生长水温为 25~34 ℃，最适水温为 27~32 ℃，水温 18 ℃停止摄食，水温降到 10~12 ℃时不能生存。喜栖息于流速低、多淤泥、混浊度大的河流中。尖吻鲈是一种降海产卵鱼类。性成熟的鱼，常出现于盐度 30~32，水深 10~15 m 的河口。孵化不久的幼体（10~15 d 或 0.4~0.7 cm）分布于沿岸咸水域中。体长 1 cm 以上的幼鱼则可在淡水中长大，到产卵时即降海洄游到海水中去。

3. 食性与生长 尖吻鲈以其他鱼类和虾蟹类为食，是肉食性的凶猛鱼类。但其仔、稚、幼鱼阶段杂食性，摄食浮游生物以及甲壳类动物。尖吻鲈的生长有阶段性，幼鱼期生长缓慢，当体重达 20~30 g 时，速度加快。2~3 龄体重可达 3~5 kg。到体重 4 kg 左右时，生长速度又渐减慢。在人工饲养条件下，鱼苗饲养一年可达 500 g。

4. 繁殖习性 尖吻鲈 3~4 龄性成熟。有性转换特性，在早期阶段（体重 1.5~2.5 kg）多数呈现雄性，到体重 4~6 kg 时，则多数转为雌性。尖吻鲈可全年繁殖，4~8 月为产卵盛期。产卵均在近河口盐度较高的水域中。鱼卵为浮性卵，孵化时间 15~20 h。孵出后，幼鱼游到附近的盐碱沼泽中索饵。

二、人工繁殖

1. 亲鱼来源 从网箱或池塘养殖商品鱼中选择 2~6 龄、体重 3~5 kg 的个体。用于人工繁殖的亲鱼，要求鳞片、鳍条完整无缺，无损伤，无疾病和寄生虫感染，行动活泼，体重 4~5 kg，年龄 3 龄以上。

2. 亲鱼培育 可采用网箱和小水泥池培育。网箱呈正方形或长方形，边长 5~10 m，深 2~3 m，用网眼 4~8 cm 的聚氯乙烯网片制成。设置在近海较平静的港湾，要求盐度 28~32，pH 7.5~8.5，溶氧量 6 mg/L 以上，放养亲鱼 1 尾/m³。小水池要求水深 2 m，水质和放养密度要求与网箱同，并且每天换水 30%~50%。如在池塘培育，放养密度要适当疏些。饲料以投喂切碎的小杂鱼为主，可混合少量的维生素 E。每天 16:00 投喂一次，日投喂量为亲鱼体重的 5%。为了防止水质污染，应将残剩死鱼、饲料及时清理出去。野生的尖吻鲈贪食活鱼，要经几天驯养后才可转喂死鱼。

3. 亲鱼的雌雄鉴别与暂养 在产卵前一个月要进行雌雄鉴别。雄鱼的吻稍弯，雌鱼的则较直；雄鱼的体型比雌鱼细长，同一体长，雌鱼比雄鱼重；产卵季节，雄鱼泄殖腔附近的鳞片比雌鱼厚，雌鱼的腹部比雄鱼胀大。

选好后的亲鱼移到产卵池暂养。直径 10 m、深 2 m 的产卵池，可暂养亲鱼 20~30 尾。雌雄比为 1:1。每天投喂小杂鱼一次，日投喂量逐渐减少至鱼体重的 1%，以防止鱼体过肥而导致生殖腺发育不良。每天换水量增至 50%~60%，并且每隔 5 d 左右清洗产卵池一次，在产卵前 1~2 周，雌鱼出现离群和食欲降低现象，投喂量要再减少，直至停喂。

4. 人工催产 人工催产前对雌亲鱼进行采卵，测定卵巢的成熟程度，当卵径达到 0.4~0.5 mm 时，即可准备注射激素。雄鱼轻按鱼腹则有乳白色浓稠状的精液流出，遇水即散，表明已成熟，可配对催产，雌雄比 1:2。催产剂量：第一针每千克鱼体重用 LRH - A 35~40 μg + DOM 2 mg；20~24 h 后第二针每千克鱼体重用 LRH - A_3 90~100 μg + DOM 2.5 mg；雄鱼只注射一针，剂量同雌鱼第一针。注射部位是背鳍下位。亲鱼注射后，立即放入产卵池，15~20 m² 的产卵池可放催产亲鱼 3~4 对。第二次注射后，效应时间与水温和性腺成熟度有关，一般为 8~15 h 产卵。

尖吻鲈分批产卵，如条件相同，第一次产卵后，连续 2~3 d 晚上都产卵。注射激素的，可连续产卵 7~8 d。同一尾鱼在以后 5~6 个月中可连续每月产卵一次。若产卵池的盐度低于 25，则不能产卵。

5. 产卵与孵化 受精卵直径 0.8~1.0 mm，漂浮在水中，非常透明。而未受精卵则沉于底部。要把受精卵从产卵池转到孵化池孵化。采卵方法一般是下午向池内不断注入新鲜海水，使受精卵随着溢出的水，流入铺设有浮游生物网的小水池中。也可以在第二天清晨用完好的浮游生物网从产卵池直接采卵。采卵时，要进行密度估算，并用吸管把沉底的未受精卵除去。

受精卵可用"家鱼"孵化环道孵化，容卵量以每立方米水体 1 万~5 万粒为宜。孵化用水要求盐度 30~32。在水温 26~28 ℃时，受精卵经 17~18 h 开始孵出鱼苗。到第二天上午，可将鱼苗小心收集，移到育苗池中培育。

三、苗种培育

1. 鱼苗培育 一般用 3~5 m² 的水泥池，水深 30~50 cm，水体投苗 2.0 万~2.5 万尾/m³，盐度、水温要求与孵化阶段相同。刚孵出的尖吻鲈鱼苗，全长 1.2~1.6 mm，从卵黄囊中获取营养，到第三天开始摄食轮虫，投喂轮虫，同时投些藻类，作为轮虫的饵料，又可调节水质。从第十五天开始，减少轮虫的投喂量，加入 25% 丰年虫。15 d 后逐渐淡化。到第二十至二十二天，进行第一次分级分疏，一般放养 1 万尾/m³。大个体的投喂丰年虫和鱼肉浆，并逐步转喂鱼肉为主，小个体仍喂丰年虫。培育 30~45 d，鱼苗长到 1.5~2.5 cm，便可提供成鱼养殖；也可继续培育到 8~10 cm 规格，然后放到池塘或网箱养殖。实践证明，鱼苗继续培育比直接放入成鱼池，其生长速度和成活率都要高。

2. 鱼种培育 鱼种培育是指把体长 1.5~2.5 cm 的鱼苗培育成 8~10 cm 的大规格鱼种，培育时间 30~45 d。开始时，水体放养鱼苗 4 000~4 500 尾/m³，以后每周分级分疏一次，长到 8~10 cm 时，水体放养量减至 200 尾/m³。在培育过程中，由于鱼苗个体之间出现摄食竞争，导致生长不平衡，个体大小悬殊，同类相残，大鱼吃小鱼，因此要特别注意按鱼体大小分级饲养，以减少死亡。饲料以野杂鱼为主，剁碎后投喂，每天投喂 2~3 次，日投喂量在第一周内为其生物量的 100%，第二周减至 60%，第三周为 40%，以后为 30%。为了防止水质污染，一般每天换水 30%，并根据成鱼池的盐度情况，逐渐淡化培育池的水质，使其盐度渐与养成池接近。当鱼苗长到 5~10 cm 时，即可分级转入养成池。

四、成鱼养殖

尖吻鲈养成的主要形式有池塘养殖和网箱养殖两种。

1. 池塘养殖 养殖池塘以选择沿海咸淡水地带为宜，池塘面积 1/3~2/3 hm²，水深 1.0~1.5 m，放养体长 7.5~10.0 cm 的鱼种 1 000~1 500 尾/m³。放种前，晒塘一周或药物消毒。投喂的饲料根据来源情况确定，有小杂鱼肉来源的池塘可以小杂鱼为主投喂，日投喂量为鱼体重的 5%~8%。无来源或困难的池塘，可以考虑投放以鱼粉为主的人工配合饲料。投喂量以饱食为度。经 6 个月饲养，个体一般达 0.4~0.6 kg，便可捕捞上市。一般每 667 m² 产 150~250 kg，高的可达 600 kg，饲料系数为 3.5~4.0。

尖吻鲈除单养外，也可以与罗非鱼混养，以罗非鱼苗做饲料。首先在池塘中放养莫桑比克罗非鱼亲本,每 667 m² 放 50~80 对,让它们自然繁殖,两个月后,池塘中已有大批罗非鱼苗,便可放养尖吻鲈鱼苗。每 667 m² 放养体长 5~10 cm 的鱼苗 500~1 000 尾,饲养 1 年,可达 0.5~1.0 kg,每 667 m² 产 100~200 kg。这样,以塘养塘,为尖吻鲈提供鲜活动物饵料,养殖效果很好。

2. 网箱养殖 网箱一般设置在湖泊、海湾、河涌或风浪较小的海区。网箱规格为 5 m×5 m×3 m 或 10 m×10 m×3 m,采用聚氯乙烯网衣,网眼为 2.5 cm。投放 10~15 cm 鱼种 10~15 尾/m³,每年可养两茬,每茬产量 8~10 kg/m³。若适当加大放养密度,产量会高些。

网箱养殖尖吻鲈每隔 7~8 d 要清洗网箱 1 次,以经常保持足量流水通过,同时要避免大风浪干扰。还要防止蛇、蟹、禽等侵袭。饲料投喂要适量,以小杂鱼剁成碎片为主,每天定时投喂 2 次,日投饵量为体重的 5%~8%。还要视天气、鱼的活动变化情况灵活掌握,天气恶劣、水质污染或鱼活动不正常要减少投饵或停喂。

五、病害防治

尖吻鲈常见疾病有细菌性疾病等,因此,主要通过养殖期间水质管理预防,保持水质清新;分级分疏时要注意小心操作,防止人为损伤,感染细菌;渔具要消毒,防止带菌进入鱼池。

鱼苗培育期,在 15 d 内容易感染细菌,且死亡率高,用 25~30 g/m³ 福尔马林全池泼洒,有较明显疗效。在成鱼养殖阶段,烂鳃病发病率较高,死亡率达 90%,现多以土霉素混入饲料投喂治疗,剂量为每千克鱼体重混 0.015~0.030 g,连续投喂 3~5 d,可逐渐治愈。

思考题

1. 比较花鲈、加州鲈和尖吻鲈主要习性的异同点。
2. 花鲈工厂化育苗的关键技术有哪些?
3. 鲈类商品鱼饲养有几种形式?每种形式的操作技术是什么?

第十四章 鳜的养殖

一、生物学特性

鳜（Siniperca chautsi），通常称翘嘴鳜，又称桂花鱼、季花鱼、季鱼、鳌花鱼等。在鱼类分类学上隶属鲈形目，鮨科，鳜属。常见种类有鳜、大眼鳜、斑鳜、暗鳜等，其中鳜的生长速度最快。鳜肉质鲜美，鱼刺少，在国内外市场热销。作为一种内陆养殖的名贵品种，鳜在我国南北分布广泛。

（一）形态特征

鳜体高侧扁，背部隆起，呈纺锤形。口端位且口裂略倾斜，下颌突出，上颌后伸及眼后缘，有小齿分布于上、下颌前段，为上位口。眼小，上侧位。前鳃盖骨后缘呈锯齿状，有4~5个大棘，鳃盖骨后部有2个较扁平的棘。体鳞圆形，细小，颊部和鳃盖也被鳞。背鳍长且前部为硬刺。侧线完全，沿背部弧线向上弯曲呈半月状。

鳜的背部体色为黄绿色，腹部为灰白色，体侧有不规则的棕色斑块。在背鳍、臀鳍和尾鳍上均有暗棕色的斑点连接成带纹状（图2-14-1）。

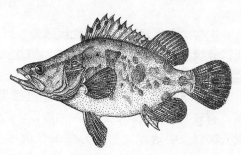

图2-14-1 鳜

（二）生活习性

鳜一般生活在静水或者缓流的中上层水体，属于淡水性鱼类。在气候温和时，鳜会游向浅水区域，白天有穴居的习性。当水温降至8℃以下时，鳜的活动不大，常到深水区越冬。当生殖季节到来时，亲鱼则会聚集到产卵场进行产卵。鱼苗孵出后会游动到沿岸有水草处活动。

鳜喜清新的水质，对生长水体的溶解氧要求很高，一般在3 mg/L以上时才能正常生活。由于鳜是依靠视觉来发现和辨别食物的，所以水体的透明度要求一般不低于40 cm，比"四大家鱼"的要求高出一倍，否则会因水体混浊使鳜摄食困难，从而影响生长。

（三）摄食与生长

鳜属典型的肉食性凶猛型鱼类，以晚间觅食为主，主要吃鱼、虾等水生动物。当鱼苗消化器官发育基本正常时，即开始以其他鱼类的鱼苗为食。不同生长阶段的鳜对活饵料的规格需求也不一，其胃容量大，一次饱食后体重能增加50%。鱼苗期摄食的主要是其他繁殖鱼类的幼苗，如鲢、团头鲂和其他野杂鱼等；鱼种阶段的摄食相对较广，可以捕食大量的虾类；到了成鳜阶段，其摄入的食物组成随水体的食物组分而异，在适口饵料充足时则较少追捕虾类。在养殖水域水质良好、饵料丰富的情况下，鳜的生长速度很快且存活率高。池塘养殖的鳜半年可达300~600 g，网箱养殖的9个月可达800 g。

（四）繁殖习性

雄性鳜的性腺1年就能成熟，雌性则需要2~3年。鳜的繁殖季节因地而异，长江流域一般在5~7月，南方在4月可繁殖，北方则较迟。繁殖适宜水温为21~32℃，最适水温是

25~28 ℃，产卵一般在夜晚。繁殖期间，亲鱼的进食量明显减少，也不具有婚姻色和追星等明显的副特征。天然水域中的亲鱼有集群现象，特别是在有一定水流的河口、湖泊处，常成为鳜理想的产卵场。鳜产卵活动可长达 3~6 h，是多次产卵类型。鳜的怀卵量一般在 3 万~20 万粒，其多少与个体大小有关。当受精卵在溶氧量高，水温稳定，水质好的环境中孵化时，出苗时间短。水温在 24~28 ℃时，仅需 28 h 左右孵出鱼苗。

二、人工繁殖

（一）亲鱼培育

1. 亲鱼的获得与雌雄鉴别 用于人工繁殖的亲鱼来源有两个：一是直接从天然水域的湖泊、水库、江河中捕获，二是从精养的池塘中获得。天然水域中捕获的亲鱼卵质量好，但是催产效果不好，而且在运输过程中可能使鱼体受伤。池塘养殖的亲鱼避免了运输过程的鱼体受伤，而且发育同步，催产效果好，多采用这种方式。

鳜在幼体时很难区分雌雄，达到性成熟后亲鱼则有较明显的外观特征来鉴别雌雄。雌性鳜的下颌圆弧形，略超过上颌，腹部膨大而柔软，轻压会有卵粒流出，在肛门后的白色小突起上有两个开口，生殖孔开口于生殖突起的中间，泌尿孔则开口于生殖突起的顶端。雄性鳜的下颌尖角形，超过上颌很多，腹部无明显膨大，轻压会有乳白色精液流出，生殖孔和泌尿孔合为一孔，开口于生殖突起的顶端。

2. 培育方法 无论是哪种途径捕获的亲鱼，都要在人工繁殖前进行强化培育。选于催产的亲鱼要求体质健壮、无病无伤、体型标准。一般要求雄鱼在 500 g 以上，雌鱼 1 000 g 以上。培育池选取 1 000~2 000 m² 的土池为宜，土池水深在 1.3~1.5 m，临近产卵池或孵化环道。选取的鳜放养于已经消毒的土池中，亲鱼雌雄比例为 1∶（1.2~1.5）。在培育期间，除了提供充足的鲜活饵料之外，还要有流水刺激，保持水质清新和溶解氧丰富。除了单独培育，鳜还可以套养在"家鱼"的亲鱼培育池中，这样可以摄食池中一定数量的野杂鱼。

使用网箱培育亲鱼也能达到很好的效果。采用规格为 4 m×4 m×2 m 的网箱，固定在水质清新、有微流水的水体中，并每天投喂鱼体重 3%~5% 的饵料量。

3. 亲鱼暂养 选取符合人工催产的亲鱼后，要把雌、雄亲鱼分别放于专门的暂养池中，暂时停止投喂饵料。此时可对暂养池进行降水加温、流水刺激等方法，使亲鱼的性腺发育更加好。因为暂养池的面积小，而且亲鱼要求的水质条件好，所以要重点做好清污、换水工作，每次的换水量为池水的 1/3。在催产前，可以逐渐提高水温至 25 ℃左右，每天观察鱼体的性腺发育情况，随时做好催产准备。

（二）催情产卵

1. 亲鱼配组 亲鱼的选择能影响鱼苗的成活率，所以应选个体较大的亲本。背部到腹部的垂直距离越大越好，这样的雌性亲本怀卵量多、卵粒大，孵出的鱼苗个体也较大。用于人工授精的雌、雄亲鱼比例为 1∶（1.0~1.2）较合适。

2. 催产剂注射 鳜亲鱼的催产剂种类一般有鲤、鲫脑垂体（PG），绒毛膜促性腺激素（HCG），促黄体素释放激素类似物（LRH-A），马来酸地欧酮（DOM）等，可以单独使用或者混合使用。注射方法有肌肉注射和体腔注射两种。前者是注射在背鳍与侧线之间的肌肉，要注意挑开鳞片后刺入；后者是注射在胸鳍基部无鳞的凹入处，针头朝向鱼体头部并与体轴呈 45°角刺入。

鳜的催产剂可以是一次注射，也可以是两次注射，一般采用两次注射的效果较好。

(1) 一次注射。若单用 PG，按每千克雌鱼注射 14~16 mg；若混合使用，按每千克雌鱼注射 2 mg PG+800 IU HCG；还可以因鱼体大小而注射不等量的 LRH-A，1 kg 以下按每千克雌鱼注射 200 μg，1~2 kg 按每千克雌鱼注射 300 μg，3 kg 以上按每千克雌鱼注射 400 μg。雄鱼的注射量为上述剂量的 1/2。

(2) 两次注射。若使用 PG，第一针量按每千克雌鱼注射 0.8~1.6 mg，第二针量为每千克雌鱼注射 10~15 mg；若混合使用，按每千克雌鱼注射 500IU HCG+50 mg LRH-A，两次注射；还可以按每千克雌鱼注射 5 mg DOM+100 μg LRH-A，两次注射，雄鱼注射量减半。两次注射的时间间隔 8~12 h。

3. 自然产卵与人工授精 成熟的亲鱼注射催产剂后，可以把配组的亲鱼放入产卵池进行自然产卵，产卵池保持 30~50 cm 深的水，最好是微流水。亲鱼从第二次注射催产剂到雄鱼开始追逐雌鱼的这段效应时间内，亲鱼逐渐浮上水面，雄鱼会紧跟雌鱼沿池壁顶水游动，有时雄鱼会钻到水下并用嘴猛烈顶撞雌鱼腹部。待到发情高潮时，雌鱼产卵，雄鱼射精，使精、卵结合为受精卵。每次产卵后，亲鱼会沉到水底下休息，然后再重复产卵活动，持续时间可长达 3~6 h。在微流水的情况下，亲鱼产的卵都会沉到水底，等待亲鱼产卵结束后，慢慢将亲鱼从产卵池捞出。利用更大的水流把卵冲起，使卵粒随着水流进入收卵网箱。一般在第二次注射催产剂后的 12~16 h，即在发情前 1~2 h，可以将水流速度提高至 20 cm/s，这样既能增加对亲鱼刺激的力度，又能在亲鱼产卵后把卵粒冲起漂浮。

人工授精是需要经常观察亲鱼的动态，及时把握授精时间。检查时要捞出雌鱼，轻压其腹部，有分散明显的卵粒流出时，应立即用手捂住生殖孔，把鱼体表的水分擦干，把鱼腹朝上，由上而下地反复挤压腹部，用干净的白瓷盆接住卵粒。同时应有另一人把事先采集好的精液挤入盆中，用羽毛轻轻搅拌 1 min 左右后加入少量清水，搅拌几下后静置 1 min，再放入孵化环道或者孵化桶（缸）中。通常一条雌鱼可以挤卵 2~3 次，每次挤卵应有一段时间的休息间隔。

为了防止水霉病，可以把受精卵放于 0.5%~0.7% 的食盐水中浸泡 5 min 后，再放入孵化设施中。

（三）人工孵化

鳜受精卵可利用孵化环道、孵化桶（缸）或者网箱等孵化，在放入到孵化器前，孵化器要严格消毒。鳜的卵是具油球的无黏性半浮性卵，受精卵在较短时间内出现卵膜吸水膨大，可由原来卵径为 0.6~1.1 mm 膨大至 1.3~2.2 mm。为了不使受精卵被吞食或者咬伤，所用的水应先用 90 目筛绢过滤，除去较大的蚤类、鱼虾类、水生昆虫等天敌。在孵化过程中要保证水温的相对稳定、水质的清新，还要及时清除孵化系统中的污物和患水霉病的卵。在孵化期间应有人员轮流值班，要及时解决停水、停电、鱼苗逃走等情况，孵化桶（缸）中的纱网最好隔 1~2 h 洗刷一次，以免堵塞。鳜胚胎正常发育所需溶氧量要求在 6 mg/L 以上，孵化桶（缸）中水流速度一般可控制在 0.3 m/s，这样不仅能使受精卵保持半浮的状态，还能溶解足够的氧气以保证胚胎的正常发育。鱼苗刚孵出时，还要稍微加快一些流速。因为刚孵出的鱼苗不会游泳，必须借助于水流漂浮起来，这样才不至于沉底而闷死。鳜的正常孵化温度范围是 20~32 ℃，最适为 25 ℃左右。在这个温度范围内，水温越高，孵化越快。在孵化期间，要特别注意水体的昼夜温差不能超过 3 ℃。

利用环道孵化时，每立方米水可孵化 30 万~50 万粒受精卵；利用孵化桶（缸）时，每立方米水可孵化 10 万~20 万粒受精卵。鳜的卵裂方式为盘状卵裂。孵出的鱼苗应及时转移，以免影响发育较慢的胚胎正常出膜。此外，还要把孵化桶（缸）中的卵膜除去，保证水质清新，提高孵化率。刚孵出的鱼苗至开食以前是内源性营养阶段，仅靠较大的卵黄囊供给营养，由于身体细小，鱼苗尚不能平游。

三、苗种培育

（一）鱼苗培育

由刚孵出膜的仔鱼，经 20~30 d 的专池培育，长成 3 cm 左右的鱼苗，这一阶段为鱼苗培育。

1. 准备工作 当鱼苗从内源性营养阶段转化为外源性营养阶段时，如果缺乏适口的饵料，就会出现自相残杀的现象，所以在鱼苗孵出前，应适时生产开口饵料，如团头鲂鱼苗和其他野杂鱼鱼苗等。鳜苗在饵料充足的情况下生长很快，半个月左右体长就有 17 mm 左右。鱼苗的培育方法有以下几种方式：一是采用鱼卵孵化工具如孵化环道、孵化桶（缸）等进行流水培育，二是采用水泥池培育，三是采用池塘培育。无论哪种培育方式，都应选址在靠近水源的地方，面积不宜过大。放苗前应对培育池进行洗刷、消毒。

2. 培育方法

（1）放养密度。孵化环道的初期放养密度为 15 万尾/m³，随着鱼体的生长应逐渐降低密度；鱼塘中的放养密度视其中的饵料鱼苗而定，当饵料丰富且适口时，孵出 1 周左右的鱼苗每 667 m² 可以放养 5 000~8 000 尾；水泥池的水体易于控制，可放养 2 000~3 000 尾/m³，以后也要及时分苗来降低密度。

（2）水环境控制。有条件的培育池可以采用流水培育，没有流水条件的也要经常加注新水，换水量为水体的 1/3。水源应无毒无污染，不能有敌害，可定期泼洒一定浓度的生石灰调节水质。

（3）水温。鱼苗的健康生长需要一个稳定的环境，水温的大幅度变化可降低鱼的抗病能力。遇到寒潮降温天气，应事先加入新水，提高水位以达防寒保暖的目的；如果是晴天，则可以采用排水法，通过降低水位使水温提升。

（4）投饵。鱼苗主动摄食后，如果能吃到活饵料鱼就可以生长；如果此时吃不到饵料鱼则会很快死亡。饵料鱼苗要每天按鳜苗尾数的 6~8 倍投喂。如果是在湖泊、河流、水库等地捕获的小野杂鱼苗，要用筛子筛选出饵料鱼苗后再投喂。

（5）清污与防病。培育水体中含有很多的残饵和鱼苗排泄物，如果长期不清理则会使水体氨氮含量超标，毒害鱼苗。清污可以利用虹吸法把底部的污物清理，也可以洗刷网片清除。每天观察鱼苗的摄食情况，如果发现摄食量下降、鱼苗离群独游或者在水中焦躁不安等现象，应及时捞起诊断治疗。

（二）鱼种培育

培育鱼种的池塘淤泥要少，鱼种下塘前要先用生石灰或漂白粉对池塘进行消毒。清塘一周后，放入几尾小鱼进行试水。如果一晚后小鱼活动正常，说明池塘中的毒性消失，可以放入鱼种。下塘的鱼种要先经筛选，规格过大或者过小的，有病、有伤、有寄生虫的要挑出。下塘前可以用浓度为 2% 的食盐水浸泡鱼种 10 min。为了让鳜苗下塘时能吃到适口的饵料，应提前几天在塘中放入饵料鱼苗。鱼种的放养密度为每 667 m² 3 000 尾左右,可依饵料鱼苗的供应量来适当增减放养密度。在鱼种培育初期,池塘的水位在 50～60 cm 为宜,这样既利于池塘的温度提高,也有利于鱼种追捕饵料鱼苗。以后每隔 5 d 左右应加注新水约 30 cm,使池塘水位保持 1.5 m 左右。饵料鱼苗如果是专池培育的,在养殖期间可以分批拉网,少量多次地将饵料鱼投入鳜鱼种培育池。一般每周拉网一次,每次每 667 m² 约投入 10 kg,具体投喂数量和规格因鱼种的生长要求而变化。在鱼种培育期,同样要注意每月至少一次全池泼洒生石灰,既能防病,又能调节水体的酸碱度。鳜对溶解氧要求高,在中午高温、凌晨、阴雨天、闷热天气等情况下,要及时启动增氧机。

(三) 卵、苗种的运输

由于鳜苗运输过程中死亡率较高,现在越来越多的养殖户从外地买进鱼卵自己孵化,以节约成本。

1. 湿运法 使鱼卵保持湿度,经常淋水。这样鱼卵不易生水霉,孵化率高,管理也方便。当鱼卵胚胎达到肉眼见到眼点时,再行搬运。出现眼点后的卵胚胎对氧的要求较低,每立方米可装卵 200 万～300 万粒。盛卵器用水箱、篓、筐均行。盛卵器底部和边缘开小孔,为排水和通风之用。盛卵器内每 10～15 cm 隔一格,鱼巢一层层置放其上,每层鱼巢用湿纱布盖好。

2. 水运法 适于长途运输鱼卵,即将卵完全浸于水体中,早、晚各换一次水。由于水运占空间较大,一般不采用。

鳜苗种比较娇嫩,耐氧能力不及"家鱼"苗种,运输条件要求较高。要求选择规格整齐、身体健壮、体色鲜艳、游动活泼的鱼苗进行运输。在运输前要把鱼苗先放到网箱中暂养,使其能够适应静水和波动。为了使鱼苗得到一定的锻炼,还应在暂养期间换箱 1～2 次。在世界各地,充氧塑料袋运输仔鱼是最常用、最有效的方法。

鳜耗氧量高,装运密度应显著小于同规格"家鱼"数量。每只聚乙烯塑料袋注水 8～10 kg,装鱼密度视气温高低、运输时间长短而确定,一般 40 cm×70 cm 规格的氧气袋,每袋装运 3 cm 长鳜苗不超过 2 万尾;每袋装 0.8～3.0 cm 的鳜夏花 600～1 500 尾,5 cm 左右的鳜种 100～200 尾,运输时间 4～8 h,装运时间越长,密度要相应越低。装进鱼苗后,把袋中的空气挤出,同时把氧气瓶连接的塑料管从袋口通入,扎紧袋口,然后打开氧气瓶阀门,徐徐通入氧气至袋子恢复膨胀。充氧后的塑料袋口用橡皮筋扎紧,平放运输。用氧气袋运输时,应避免高温,防止阳光直射,最好使用保温车或空调车,以免影响成活率。

四、成鱼养殖

(一) 池塘养殖

1. 池塘混养 利用吃食性鱼类的亲鱼塘、成鱼塘或鱼种塘混养食用鳜,是一种低成本、高效益的养殖方式。在亲鱼塘、普通的成鱼塘经常有许多野杂鱼,如果在这些池塘中混养鳜,把野杂鱼吃掉,不但保证亲鱼有良好的生活环境,提高主养成鱼的产量,而且还兼收了名贵优质鱼。但在混养鳜的池塘中,不宜再放养乌鳢等凶猛性肉食鱼类。在鱼种塘中混养鳜也有两点好处:一是不用专门为鳜投放饵料鱼,二是使得鱼种和成鳜双丰收,是养殖名贵优质食用鱼类的一种方式。以吃食性鱼类为主的成鱼池塘面积一般为 3 300～6 600 m²。采用混养形式，鳜的放养密度一般为每 667 m² 50 尾，亲鱼塘宜放养大规格鳜种，而成鱼塘或鱼种塘则应选用小规格的鳜种。养殖一段时间后，要及时进行分养，将大规格的鳜拉网筛出，另塘放养或出售达到上市规格的成鳜。混养鳜的池塘中，主养鱼的最小规格应比鳜种大一倍以上。在混养鳜的池塘，应加强对水质的管理和防病措施，谨慎用药，有条件的池塘要定时开动增氧机。

2. 池塘单养 单养鳜的池塘面积不宜过大，多为 1 300～3 300 m²，水深 2 m 左右。池底污泥不能太多，以免病原菌的大量繁殖。池塘应选在水源丰富，进、排水方便的地方。在放养鱼种前，应对池塘进行消毒。消毒最好选用生石灰，也可以用漂白粉、茶籽饼等，消毒方式有干塘消毒和带水消毒。使用生石灰干塘消毒的用量为每 667 m² 60～75 kg，生石灰溶于水后趁热全池泼洒。经一周左右晒塘后，可注水投放部分饵料鱼苗。当年鳜种的放养密度一般为每 667 m² 800～1 000 尾，饵料适口而且充足时，可以适当增加放养 20%。鳜喜活饵料，所以应有专门的池塘培育饵料鱼，每 3 d 左右投喂一次。在摄食旺季，可以增加投喂频率或者投喂量。在水温降低，鳜摄食量下降时，投饵频率应降低。为保证水质清新，应至少每周进行一次注、排水，使水体透明度保持在 40 cm 以上。养殖鳜时，应加强池塘管理，及时开动增氧机，每隔半个月每 667 m² 池塘可泼洒 15～20 kg 生石灰。

（二）网箱养殖

1. 养殖优势 网箱养鳜，占用水面少，产量高，效益好，具有生产机动灵活、投资少、设施简单和易于操作等特点。鳜在人为控制的网箱内，排泄物可以随时顺利地排出箱外，始终保持箱体内水质清新流畅，使鳜在网箱内生长速度更快。同时，网箱养鳜既有利于大批量进行人工饲料驯食，又可进行高密度集约化养殖，降低饵料成本；此外，网箱养鳜易于捕捞操作，这既有利于分级饲养，又可解决池塘养鳜捕捞上网率低的问题。能捕大留小，并根据市场需求，做到均衡上市。因此，网箱养鳜是一条可充分利用水域资源、发展优质高效渔业、向产业化迈进的有效途径，值得大力推广。

2. 网箱的制作及设计 网箱结构为敞口（或加盖）框架浮动式，箱架可用毛竹或其他材料制成。网箱入水深度 1.2～1.5 m，水上高度 0.3～0.5 m。新网箱应在放养前 7～10 d 下水装设完毕，让箱体上附生一些藻类等，以避免放养后擦伤鱼体。网箱排列方向一般与水流垂直，多排网箱并列，间距不宜太近。

3. 养殖方式 可分为单养和套养两种。单养是把鳜种放入专养网箱，另外用配套网箱养殖饵料鱼，然后再根据鳜捕食、生长情况定期投喂饵料鱼。套养则是采用鳜与饵料鱼一次性同时放足的办法养殖，另外不设饵料鱼网箱。套养时宜投放鲢、鳙鱼种做饵料鱼，这样使套养箱中鲢、鳙从水中摄食浮游生物。

4. 放养密度 依养殖方式、鱼种来源和饵料鱼条件而定。单养网箱在春季放入体重 50～80 g 的鳜种 30～40 尾/m²，一次养成，或是在 5～7 月放养体长 2.5～3.5 cm 的当年幼鳜 300 尾/m²，放养体长 4～5 cm 的鳜夏花 150～200 尾/m²，或放养体长 8～10 cm 的鳜种 50～80 尾/m²。当尾重达到 50 g 以上时，密度减少为 30～50 尾/m²。套养时，一般放养 50 g/尾的鳜种 6～10 尾/m²。

（三）湖泊水库放养

湖泊、水库中的野杂鱼资源十分丰富，对于养殖鳜具有很大的优越性。可以利用一道拦网将港湾与大水体隔开进行网栏养鳜，或者在湖泊中用围网围出一片水域进行网围养鳜。放养鳜的湖泊、水库的水域应无污染，无农田、工业废水排入，水流平缓，水深保持在 2.5～5.0 m，溶氧量应在 5 mg/L 以上。围网和拦网都由内、外两层网衣构成，两层网间隔 2 m，将裁剪好的网片用绳子绑缚在桩上，上下左右拉成平面，网片底部用石笼固定压入底泥 20 cm，网片上部高出水面 1 m 以上。套养的鱼种规格宜大不宜小，因为鳜可捕食占其体长 60%～70%、体高小于其口裂的任何鱼类，而且鳜的生长速度快，因此，放养的鱼种规格要大。放入的鳜种一般为 50～150 g/尾为宜，每 667 m² 放养 600～800 尾为宜，放养前用浓度为 2% 的食盐水浸泡鱼种 10 min。为了便于鱼种的运输，放养时间一般选择在 11 月至翌年 1 月，此时的鱼活动能力较弱。在饵料充足的情况下，鳜的生长速度很快，经过 10 个月左右的养殖，体重可达 500 g 以上。

除了做好饲养管理，还要定期检查围网设施，确保安全生产。遇到大风大浪时，要做好防逃、防病工作。

五、病害防治

1. 水霉病 此病是由水霉引起的，一年四季都有发生，尤其是早春和晚秋。当水温低于 20 ℃时，鱼苗和鱼卵很容易感染此病，并常常导致鱼卵大批死亡。

（1）症状。伤口处着生棉絮状的灰白色或白色毛状物，其深入肌肉内，然后组织腐烂，病鱼行动迟缓，食欲减退，最终死亡。受害的鱼卵上，可以看到菌丝侵附在卵膜内，卵膜外的菌丝丛生在水中。

（2）防治。

①用生石灰清塘。

②勿使鱼体受伤。

③鱼卵产出后，立即用 0.2% 的碳酸氢钠溶液泼洒。

④鱼种放养前，用 0.000 8% 高锰酸钾浸浴 8～10 min。

⑤0.04% 的食盐水加 0.04% 的碳酸氢钠合剂，浸泡病鱼或全池泼洒。

2. 细菌性烂鳃病 细菌性烂鳃病是由柱状黏球菌所致。此病全年可发，夏季最为流行。此病感染力强，一旦发病，危害严重，尤其是当年鳜发病受害比较严重，会出现大批死亡。

（1）症状。病鱼鳃丝前端出现腐烂发白的斑点，鳃上常粘有淤泥。严重时，鳃盖骨内表皮常腐蚀了一块，从外面看像开了一个透明的小窗，俗称"开天窗"。

病鱼上浮独游，行动缓慢，体色发黑，身体消瘦，所以又称"乌头瘟"。

（2）防治。

①鳜种放养前，用 2%～3% 的食盐水浸洗鱼 10～20 min。

②发病季节用 20 g/m³ 生石灰水，或用浓度为 1 g/m³ 的漂白粉溶液，全池泼洒。

③0.4 g/m³ 聚维酮碘全池泼洒消毒。

3. 车轮虫病 车轮虫常寄生在鱼体表和鳃上，流行于 5～8 月。

（1）症状。严重时寄生处黏液增多，烦躁不安，游泳缓慢，呼吸困难，失去捕食能力。

（2）防治。

①用生石灰彻底清塘消毒。

②用 2%～3% 的食盐水浸洗 20 min。

③发病池塘，水深 1 m，每 667 m² 水面用苦楝树叶 35 kg，煮水后全池泼洒。

④发病池塘，用 0.7 g/m³ 硫酸铜和硫酸亚铁（5∶2）合剂全池泼洒。

4. 白皮病 白皮病是鱼体感染白皮极毛杆菌所致。此病每年 6～8 月流行，主要危害 3～10 cm 的鳡种。此病死亡率高，发病迅速，从发病到死亡只需 2～3 d。

（1）症状。刚发病时，鳡尾鳍末端发白，然后逐渐扩展到尾鳍前部、尾柄，最后会使整个身体后端全部呈白色，所以又称"白尾病"。严重时，尾鳍烂掉或残缺不全，鳡头朝下，尾朝上，时而悬挂水中，不久后病鱼死去。

（2）防治。

①病鱼用金霉素配成 12.5 g/m³ 的浓度溶液后浸泡 30 min。

②发病季节用漂白粉全池泼洒，使其在水中浓度为 1 g/m³。

③发病季节用 1.5 g/m³ 五倍子全池泼洒消毒。

5. 指环虫病 指环虫寄生在鳡鳃部引起的。多发生在春末夏初，主要危害鳡种。

（1）症状。病鱼鳃部明显浮肿，鳃盖张开，鳃丝呈暗灰色，肉眼可见长条状的虫体。病鱼游动缓慢，消瘦发黑，呼吸困难，最后死亡。

（2）防治。

①发病季节，用 90% 的晶体敌百虫泼洒消毒，使池水中的浓度为 0.2 g/m³。

②病鱼用 10～20 g/m³ 高锰酸钾浸洗 10～30 min。

6. 小瓜虫病 此病是鱼体表和鳃部寄生了多子小瓜虫所致。每年的初冬、春末均是流行季节，各种鱼龄的鳡都能感染，尤其是鳡种。15～25 ℃ 的水温是多子小瓜虫适宜繁殖水温。

（1）症状。病鱼皮肤、鳃条或鳃瓣上，肉眼可见布满白色点状的胞囊。严重时，鱼体上覆盖着一层白色薄膜。病鱼游动缓慢，漂浮水面上，不时与固体物摩擦，或跳出水面，不久即死亡。

（2）防治。

①用生石灰彻底清塘消毒。

②发病季节用 15～25 mL/m³ 浓度的福尔马林全池泼洒消毒。

③每 667 m³ 水深 1 m 水面用生姜 1 500 g，捣碎后加入 500 g 辣椒粉，混合后加水煮沸，全池泼洒。

7. 锚头鳋病 锚头鳋病又称针虫病，是鱼体表寄生了雌性锚头鳋所致。一年四季均发生此病，可以危害各个年龄段的鳡，尤其以鱼种危害最大。

（1）症状。病鱼食欲减退，鱼体失去平衡，游动缓慢；病鱼体上有针状虫体，一头插入鱼的肌肉组织，其周围组织红肿发炎，易导致其他病菌感染，并且还能造成鱼体畸形，严重时造成病鱼死亡。

（2）防治。

①用生石灰彻底清塘消毒。

②发病季节，用 90% 的晶体敌百虫泼洒消毒，使池水中的浓度为 0.2 g/m³。

③病鱼用 10～20 g/m³ 高锰酸钾浸洗 1～2 h。

④用于投喂的饵料鱼用 15 g/m³ 的高锰酸钾溶液浸洗 2 h，然后再投喂。

8. 孢子虫病 由黏孢子虫寄生引起。

（1）症状。孢子虫病常见于淡水鱼类，危害较大，尤其危害幼龄鳡，破坏其皮肤、鳃组织，影响呼吸功能，病鱼体表和鳃部肉眼可见白色点状物；肛门拖一条未消化的粪便，鱼体负担过重，失去平衡，在水面上打滚，影响正常摄食，2 d 内病死率达 40% 左右。

(2) 防治。

①用晶体敌百虫（90%以上）全池泼洒，使池水浓度达 0.1 mg/L，多次使用可减轻病情。鳜对敌百虫很敏感，浓度不能太高。

②用灭孢灵 0.1 mg/L，全池泼洒。

六、暂养与运输

鳜的运输应视规格、数量和距离远近，选取不同装载容器、运输工具和相应的运输方法。鱼种起运前要拉网锻炼 2～3 次，起运前 1 d 应停止投喂，以排空其粪便。运输方法可分为封闭式、开放式和特殊方式运输三大类型。

1. 封闭式运输 封闭式运输通常用于仔鱼、幼鱼和亲鱼的运输，聚乙烯塑料袋运输方法同苗种运输。但在亲鱼的运输中，密度应大大降低，运输时间不宜超过 12 h。此外，大规格鱼种和食用鱼种还可以用橡胶袋囊运输，这种运输方式的水质稳定，中途可以换水和补充氧气，成活率较高。橡胶袋囊一般体积较大，小型为 0.5 t，大中型为 3～5 t。

2. 开放式运输 将鳜种和水置于敞口式容器（如塑料水箱、铁皮箱、帆布袋、鱼桶）中进行运输。开放式运输必须配有持续性供应空气或者氧气的装置。这种方法运输简单易行，可随时检查鱼类的活动情况，发现问题可及时抢救；可随时采取换水和增氧等措施；运输成本低，运输量大；运输容器可反复使用或"一器多用"等。但其缺点是用水量大、操作较劳累，运输量大、鱼体容易受伤，尤其是成鱼和亲鱼，一般装运密度比密封式运输低。

运输方法有：①水箱充氧运输。水箱形状可根据运输需要，加工成长方体、圆桶形、敞口。材料可选用聚乙烯和白铁皮等。长方体常见规格为宽 2 m、长 2～4 m、高 1.2 m（注水深度 0.8～1.0 m）。大型水箱中间必须分成小隔，间隔宽度为 0.9～1.0 m，这样可以降低由于运动状态下产生的水体波动程度，从而达到减少鱼体相互擦伤的目的。每一水箱底部设置一根带孔的氧气管，氧气管成 S 形排列固定，管与管之间距离为 15～20 cm。②鱼篓充氧运输。用圆钢或角钢焊接成长 2 m、宽 2 m、高 1 m 的鱼篓架，内装维纶帆布制成的载鱼容器，固定架的主要部位用胶布或塑料、布条包扎，防止把鱼篓磨坏。一般用卡车运输，每车可装鱼篓 4～5 只。准备 1×10^6 Pa 的氧气瓶 1～3 只。鱼种一般在冬、春季水温低时装运，密度可达每篓 1 万尾左右，夏花运输每篓控制在 5 000 尾以内。鱼在鱼篓中下沉后，把水面漂浮的黏液、体弱鱼和污物捞出，以防污染水质。

3. 特殊方式运输 ①短途无水湿法。进行无水湿法运输，即鱼种不需盛放于水中。只需维持潮湿的环境，使鱼的皮肤和鳃部保持湿润便可运输。运输时用对鱼体淋水或用水分层等方法维持一个潮湿的环境，避免水分的大量蒸发而造成干燥，使鱼能借助皮肤呼吸作用生存一段时间，从而达到运输的目的。此法应以低温、短途运输为宜，气温在 20 ℃ 左右，运输时间控制在 0.5 h 以内，成活率高达 90% 以上。②麻醉运输法。用麻醉剂或镇静剂在水中配成一定浓度，使鳜种在运输过程中处于昏迷或安定状态。但目前麻醉运输效果还不稳定，技术上还有待完善。

思考题

1. 在池塘单养食用鳜时,应注意什么问题?
2. 鳜的疾病防治中,可以采取哪些措施?

第十五章 石斑鱼养殖

石斑鱼为名贵海水鱼类，肉质鲜美，营养丰富，不仅含有丰富的蛋白质和脂肪，而且还含有丰富的钙、磷、铁等物质，是人们喜爱的高级水产品。近20年来，石斑鱼养殖业得到了长足发展，已成为我国南方海水鱼类养殖产业中的重要支柱之一。随着经济发展及生活水平的日益提高，人们对于海产鱼类的需求将越来越大，石斑鱼养殖产业势必迎来更大的发展。

一、生物学特性

1. 分类地位与分布 石斑鱼是石斑鱼亚科（Epinephelinae）鱼类的统称，是温带及热带海区常见的经济鱼类，广布于太平洋—印度洋海域，在分类学上隶属于鲈形目，鲈亚目，鮨科。石斑鱼的种类较多，我国记录有46种。

石斑鱼形态多样，种类繁多，分布广泛，遗传多样性极其丰富。石斑鱼尾鳍的形状、体侧和鳍上斑点的颜色及形状大小、体侧有无横带或纵带及条带的数量和形状、胸鳍的长度等形态特征都是石斑鱼的主要分类依据。如网纹石斑鱼（*Epinephelus chlorostigma*）尾鳍近截形，体侧和鳍上具小于瞳孔的六角形斑点；宝石石斑鱼（*E. areolatus*）尾鳍凹形，体侧和鳍上具有大于瞳孔的六角形斑点；赤点石斑鱼（*E. akaara*）尾鳍圆形，体及奇鳍具有橙黄色斑，仅背鳍基底具有1个大黑斑；鲑点石斑鱼（*E. fario*）体及奇鳍具红色斑，背鳍基底及尾柄具3个大黑斑；体侧具纵带的是纵带石斑鱼（*E. latifasciatus*），体侧横带明显；边缘镶有黑斑的是镶点石斑鱼（*E. amblycephalus*），体侧横带不甚明显；由较大的斑点排列成带状的是点带石斑鱼（*E. malabaricus*）；云纹石斑鱼（*E. moara*）体侧具有6条横带，各带多中断，前2条斜向前下方；青石斑鱼（*E. awoara*）体侧具有6条横带，各带不中断，前2条横带不斜向前下方；小点石斑鱼（*E. epistictus*）胸鳍长等于或小于眼后头长，体侧上半部具有稀疏黑斑；指印石斑鱼（*E. megachir*）胸鳍长大于眼后头长，体侧具有指印状大斑。世界上石斑鱼种类有100个种以上，是鱼类中种质资源极其丰富的类群之一，分布于中国、印度、美国及东南亚各国沿海的热带、亚热带暖水海域。

2. 主要养殖种类与生活习性 石斑鱼是暖水性、广盐性、礁栖性鱼类，生长的适宜海水温度为22~30℃，以24~28℃最适；适宜盐度为11~41，以20~32最适。主要分布于印度洋和太平洋的热带、亚热带海域，我国主要分布在南海和东海南部。在自然环境中，石斑鱼喜欢生活在近海大陆架的多岛礁海区，栖息于珊瑚礁、岩礁的洞穴中，其栖息具有明显的地域性，而且有集群繁殖的特点。

目前已成功进行人工繁殖的种类有13种以上。我国南方养殖的主要种类如下。

（1）赤点石斑鱼（*Epinephelus akaara*）。俗称红斑、红鲙、鲙鱼、正斑等（图2-15-1）。生存水温6.4~34.0℃，适宜水温20~28℃。广盐性，最适盐度为24~35。喜栖息于珊瑚丛、岩礁洞穴、石砾底质海区，不集群。在自然海区摄鱼、虾、蟹、虾蛄、海胆、头足类、海蛇尾和藤壶等。

赤点石斑鱼是最早获得人工繁殖成功的石斑鱼种类，福建省养殖较多。

(2) 点带石斑鱼（*Epinephelus malabaricus*）。俗称青斑（图2-15-2）。属近海沿岸性鱼类，喜栖息于岩礁、海底洞穴、珊瑚礁等隐蔽处，幼鱼常聚集于海岛密布的水域。分布于红海、非洲东岸、印度尼西亚、菲律宾、中国等地区。

点带石斑鱼是最常见的养殖种类，在我国台湾、海南、广东、福建等省份都能进行批量的人工繁育生产。

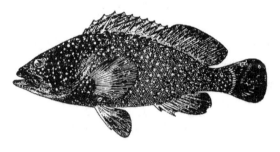 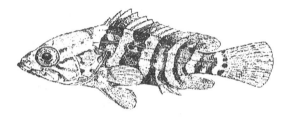

图2-15-1 赤点石斑鱼（*Epinephelus akaara*）　　图2-15-2 点带石斑鱼（*Epinephelus malabaricus*）

(3) 斜带石斑鱼（*Epinephelus coioides*）。俗称青斑（图2-15-3）。斜带石斑鱼为中下层鱼类，常栖息于大陆沿岸和大岛屿，经常发现于河口，在100 m水深处可以发现。以鱼、虾、蟹和鱿等为食。目前已经成为重要养殖石斑鱼种类之一。

斜带石斑鱼是最常见的养殖石斑鱼，常与点带石斑鱼混在一起被称为"青斑"，在我国台湾、海南、广东、福建等省份已经有批量的人工繁育生产。

(4) 鞍带石斑鱼（*Epinephelus lanceolatus*）。俗称龙趸、龙胆石斑鱼，又名宽额鲈（图2-15-4）。为暖水性珊瑚礁及沿岸鱼类。栖息在80 m水深的海区中。个体大，最大体长可达1 310 mm，普通为500 mm。主要以底层鱼类为食。我国产于南海诸岛和南海。

图2-15-3 斜带石斑鱼（*Epinephelus coioides*）　　图2-15-4 鞍带石斑鱼（*Epinephelus lanceolatus*）

鞍带石斑鱼，曾被定名为宽额鲈。该鱼生长快，个体大，是养殖前景极好的石斑鱼种类之一，深受养殖者的欢迎，但自然苗种资源极少，阻碍了养殖的发展。1995年我国台湾省取得人工繁殖的成功。目前，人工繁育主要在海南省。

(5) 豹纹鳃棘鲈（*Plectropomus leopardus*）。俗名东星斑、豹鲙。为暖水性沿岸鱼类。喜栖息在珊瑚礁和多岩石的近海中。以底栖甲甲壳类和鱼类为食。我国产于南海诸岛和海南岛等海域。

豹纹鳃棘鲈的人工繁殖于2004年获得成功，有批量的苗种生产。

(6) 棕点石斑鱼（*Epinephelus fuscoguttatus*）。俗称老虎斑。为暖水性近岸及珊瑚礁鱼类，最深达60 m。个体大，最大体长达1 200 mm，一般为600~700 mm。以底栖甲壳类及鱼类为食。我国产于南海诸岛、台湾、澎湖列岛等海域。

近年开始在海南省养殖，养殖效益较好。人工繁殖已经取得成功，有批量的人工繁育苗种生产。

(7) 黑斑石斑鱼（*Epinephelus tukula*）。俗名金钱斑，又名蓝身大石斑鱼。栖息于浅水至 150 m 深的礁区海域，以鱼类为主食。生性不怕人，经常与潜水人员近距离接触。广泛分布于印度西太平洋。

该鱼个体大小仅次于鞍带石斑鱼，于 2001 年取得人工繁殖的成功，目前有小量试验性的养殖。

(8) 珍珠龙胆（棕点石斑鱼 *E. fuscoguttatus* ♀ × 鞍带石斑鱼 *E. lanceolatus*）。是杂交种（棕点石斑鱼 ♀ × 鞍带石斑鱼 ♂）。外形上兼有两亲本的特征，体部花纹更接近鞍带石斑鱼，获得了棕点石斑鱼耐高温、摄食凶猛的特性和鞍带石斑鱼生长快速的特性，表现出适应性强、生长快等特点。由于该杂种具有极好的养殖性能，生产上正在取代点带石斑鱼、斜带石斑鱼、鞍带石斑鱼和棕点石斑鱼等种类的养殖，成为目前养殖量最大的石斑鱼品种。

石斑鱼养殖以自然物种为主。宋盛宪等（1987）对赤点石斑（♂）×青石斑（♀）研究都取得初步成功。近年来人工杂交石斑鱼的养殖占有的市场份额也越来越大，其中以棕点石斑鱼（♀）×鞍带石斑鱼（♂）获得的杂交种"珍珠龙胆"最受养殖户欢迎。

二、人工繁殖

(一) 亲鱼培育

生产上，石斑鱼的亲鱼培育可在池塘或网箱进行。

1. 亲鱼选择　人工繁殖中，亲鱼质量选择和保证一定的亲鱼数量，对群体的遗传性能的保护十分重要。一般要求如下。

①维持亲鱼群体的适当大小，从短期利益出发（繁殖 2～3 代），亲鱼群体的有效大小不应少于 50 尾，这样可将近亲交配降低到可以接受的限度；从长期考虑（繁殖三代以上），亲鱼群体的有效大小不应少于 500 尾，这样可以基本上避免近亲交配。

②定期更换亲鱼群体。定期地引入天然种群的个体加入到繁殖群体，可以减少人为逆向选择的危害，保持自然种群的遗传变异和经济性状。

③雌雄比为（1.0～1.5）:1。

选择个体大、体质健壮、生长性能良好、游动活泼、反应敏捷、无畸形、体表完整、无外伤、无病害、达到性成熟年龄的个体作为亲鱼或后备亲鱼，有利于保证后代的健壮。目前用于石斑鱼人工繁殖的亲鱼有 2 个来源，一是从海区捕获，选择无伤病、体型正常的个体用作亲鱼；二是从网箱（或池塘）养殖的商品鱼中选取。从天然海域中捕获的成熟个体选作亲鱼，一般应经过一段时间的人工驯养和强化培育，才能用于繁殖。

点带石斑鱼、斜带石斑鱼的雌亲鱼一般要求 4～5 龄（腹部有 3 个孔，从前至后依次为肛门、生殖孔和泌尿孔），体重 6～8 kg；雄亲鱼 5～6 龄（腹部只有肛门和泌尿生殖孔 2 个孔），体重 7～9 kg。赤点石斑鱼选择 3～4 龄的鱼用作亲鱼比较合适，通常要求雌鱼全长 310～350 mm、体重 600～1 000 g，腹部膨大且柔软的个体；雄鱼的全长 340～400 mm，体重 700～1 400 g，轻压腹部有精液流出的个体。鞍带石斑鱼的亲鱼一般要求 6 龄以上，体重 50 kg 以上。

生产上，一般是在9～11月，从养殖的商品鱼中就可以选购后备亲鱼，大规格鱼中常有自然性转化的个体，所以无需通过人工诱导性转化得到雄性个体。如果没有条件选择大规格的后备亲鱼，则有必要提前进行性转化诱导，获得功能性雄鱼。

2. 亲鱼性别转化 由于石斑鱼的性转变特点，在人工繁殖中经常碰到没有雄鱼的情况，需要人工诱导石斑鱼提前完成性转变，得到功能性雄鱼用于人工繁殖。陈国华等（2001）采用埋植17α-甲基睾丸酮的方法，成功地诱导点带石斑鱼完成性转变，得到功能性雄鱼用于人工繁殖，培育出批量鱼种；埋植外源激素诱导石斑鱼性转化的方法操作简便，效果稳定可靠，能得到批量的功能性雄鱼，满足点带石斑鱼人工繁殖生产的需要。邹记兴（2003）用外源混合激素药物也成功获得了功能性点带石斑鱼雄鱼，并且认为点带石斑鱼的性转变机制为类固醇依赖型，外源雄性激素通过抑制"雌性相关基因"的表达，而成为石斑鱼性转变的启动因子，诱发卵巢退化和精巢的发育。

3. 亲鱼的池塘培育 池塘的亲鱼培育、产卵适合于规模化生产，这种方式培育亲鱼的数量大，生产成本比水泥池培育低。但由于池塘建造在室外，人工控制环境条件的能力有限，如台风季节，大量降雨影响亲鱼产卵；冬季的低温和夏季的高温也需要人工调节。

亲鱼下池前3 d，洗刷、消毒培育池和各种用具，注入海水至水深3 m以上。亲鱼运来后，用亲鱼夹将亲鱼捞起，消毒后投放池塘。

亲鱼放养密度为每667 m² 100～120尾，雌雄比为（1.0～1.5）∶1。

保持亲鱼培育池的水质清洁是亲鱼培育的关键之一。亲鱼强化培育期间应每天排换水，日换水量为池水总量的20%～30%。产卵期间应加大换水量，先行排出池水总量的40%左右，然后一边排水一边注入新水，尽可能将池中污物排出，持续1 h后关闭排污口，继续注入新水至原有水位。

亲鱼在一口池中培育一段时间后，池底会积累污物，池壁上层附生牡蛎、藤壶等固着生物等，应定期更换培育池。通常每隔30～40 d换池一次。具体操作方法：提前3 d做好亲鱼备用池的洗刷、消毒，注水至规定的水位。将原亲鱼培育池水排至1.0 m左右，用围网慢慢地将亲鱼集中到池塘的一角，然后用亲鱼夹将亲鱼轻轻捞起，对鱼体消毒后，转移至新的培育池。换池操作前1～2 d停止投喂饲料。对原来的培育池清理，包括清除池壁的附着物、更换池底细沙、消毒等，备用。

为保证亲鱼培育池溶氧量充足，应对培育池进行不间断增氧，一般至少保持一台增氧机开机。

坚持每天早、中、晚巡塘，观察水色、水位、亲鱼摄食和活动等情况，认真做好巡塘记录。发现亲鱼活动不正常，应立即查明原因，及时纠正；发现病害，应及时处理。在亲鱼产卵期间，应仔细观察亲鱼的体色变化和雌、雄鱼互相追逐等情况，推测当天亲鱼产卵数量，以便做好生产安排。

4. 亲鱼的网箱培育 用网箱培育亲鱼，成本低，规模大，适合规模化生产，是目前进行石斑鱼人工繁殖的主要方式。网箱培育亲鱼的缺点也是明显的，如全过程都在海上进行，一般培育亲鱼的网箱要求设置在水质好的海区，这些海区大多避风差，受台风影响大，稍有不慎可能造成巨大损失；在海上网箱内进行石斑鱼的人工繁殖，所得受精卵容易混入其他杂鱼的受精卵，对以后进行人工育苗会造成不同程度的影响，若混入生长比石斑鱼更快的肉食性鱼类，人工育苗期间，这些杂鱼可能以石斑鱼苗为食，影响石斑鱼的育苗成活率。

(1) 亲鱼网箱的设置。设置亲鱼网箱的海区比养殖商品鱼的海区环境要求更高。通常，培育亲鱼的网箱设置在更靠近外海，一般要求水质稳定，盐度、温度变化小，受地表径流影响小，避风性好，符合这些条件的海区并不容易找到，更多的情况是先选择水质稳定，盐度、温度变化小的海区设置网箱，培育亲鱼度过主要的繁殖季节，当台风季节来临，再拖动网箱，选择避风的海区，以保证安全。对亲鱼的选择、群体大小、雌雄比等要求与池塘培育亲鱼相同。

培育亲鱼的网箱，为框架式网箱，便于在海上进行一些操作。有 8 m×8 m×3 m、8 m×4 m×3 m、4 m×4 m×3 m 等不同规格，按生产规模大小确定。网目 $2a=2$ cm（$2a$ 表示标准筛的筛孔尺寸的大小）。

(2) 饲养与日常管理。网箱培育亲鱼，主要投喂新鲜的小杂鱼或冰鲜小杂鱼。要求饵料新鲜，每天喂料 1 次，以亲鱼吃饱为度，日投喂量为鱼体重的 3%～5%，并视气候、水质条件而有限变化，所以，实际操作中，仍以亲鱼吃饱为度。在产卵季节来临，应加强投喂，特别注意亲鱼的营养。亲鱼产卵期内，投喂部分鱿鱼，有助于提高卵的质量；石斑鱼喜好鲹科鱼类为食，怀卵的鲹科鱼类是石斑鱼的优质饲料；在饲料中添加维生素 E 等，有利于亲鱼的性腺发育。

(二) 催情产卵

1. 亲鱼配组　经过强化培育的点带石斑鱼、斜带石斑鱼、棕点石斑鱼、驼背鲈通常能自行产卵，有时根据市场需求才实施药物催产。鞍带石斑鱼、赤点石斑鱼等则需要用药物催产。

计划中不进行人工催产的亲鱼，只要达到成熟，而且群体足够大，群体中一般都会有合适比例的雌、雄个体，能够有效地繁殖产卵。

实施人工催产的石斑鱼，一般在进行人工催产的同时，需要进行亲鱼配组，如鞍带石斑鱼、豹纹鳃棘鲈等的人工繁殖，采用的雌：雄鱼比为（1.0～1.5）：1。

2. 人工催产　成熟良好的石斑鱼亲鱼可用于人工催产。催产剂有绒毛膜促性腺激素（HCG）、促黄体激素释放激素类似物（LRH-A）等。人工催产的效果很大程度上取决于亲鱼性腺的成熟度，所以在诱导产卵前，加强亲鱼的培育促进性腺发育至关重要。催产的方法可以用胸鳍基腹腔注射。

一些石斑鱼种类，如点带石斑鱼、斜带石斑鱼、棕点石斑鱼、驼背鲈等，培养成熟的亲鱼在使用激素催产的情况下就能自然产卵、受精，获得优质的受精卵。生产上，一些能自行产卵的石斑鱼种类，在市场需要的情况下，也常常实施人工催产。

3. 自然产卵　石斑鱼的繁殖季节一般从春夏之交开始，盛夏间结束。但也因地域、环境不同而有所不同。如赤点石斑鱼在中国浙江为 5～7 月，福建为 5～9 月，台湾为 3～5 月，香港为 4～7 月，海南为 3～8 月；青石斑鱼在浙江为 4～6 月，在海南为 3～7 月。石斑鱼产卵的周期可分为 2 种类型。一种类型是以赤点石斑鱼、巨石斑鱼为代表，于一年的某段时间内持续产卵一二个月。另一种类型是以小齿石斑鱼（日本冲绳）、条带石斑鱼（小笠原群岛）、棕斑石斑鱼（我国台湾、菲律宾）为代表，以月龄为周期产卵，即于 5～8 月，每个月的新月前后 3～4 d 内集中产卵。石斑鱼的产卵量因种类不同差异很大。大型的一季可产上千万粒卵，小型的只产几十万粒。如云纹石斑鱼，体长 95 cm 的亲鱼，在一个繁殖季节可产卵 2 710.8 万粒。但同种石斑鱼会因亲鱼的来源、年龄、个体大小、饲育条件、营养状况不同，产卵量而不相同。赤点石斑鱼每尾亲鱼的产卵量少则有 7.6 万～93.3 万粒，多则有 369.8 万～556.4 万粒。

石斑鱼卵为浮性卵。在盐度为 30～33 的海水中，点带石斑鱼受精卵呈浮性，未受精卵和死去的卵呈沉性。人工孵化过程中，停止充气，未受精卵或死胚胎会沉于孵化器底部，利用这个特性，可以在人工孵化时将未受精卵或死胚胎排除，陈国华等（2001）提出在生产中还可以利用这个特性以不同胚胎发育时期的浮卵率估算受精率和孵化率，即以原肠中期浮卵率作为受精率，以仔鱼即将出膜时的浮卵率作为孵化率。

在一定的温度范围内水温越高，点带石斑鱼胚胎发育时间越短。水温 20～21 ℃时，孵化时间为 48 h 40 min；25.5～28.5 ℃时为 21 h 53 min；30～32 ℃时为 19 h 7 min。在 24～28 ℃条件下孵化的仔鱼，育苗的成活率较高，在适宜的孵化温度范围内，从仔鱼开始出膜到全部孵出有一个延续时间，大约是整个胚胎发育时间的 1/10。

盐度对点带石斑鱼的胚胎发育有明显的影响，孵化用水的盐度为 33 时孵化率为 48.7%，盐度为 30 时为 33.0%，盐度 27 时为 21.3%，盐度 24 时为 23.0%。

点带石斑鱼、斜带石斑鱼的产卵水温为 24～30 ℃，亲鱼产卵时有明显的产卵行为，一般可见雌、雄亲鱼互相追逐，随后产卵、排精，水中完成受精过程。石斑鱼受精卵浮性。亲鱼产卵结束后 2 h 即可收集受精卵。

收集受精卵时，在增氧机前 5～6 m 处设置集卵网，利用增氧机开动产生的水流，将受精卵收集到集卵网内。

集卵网为一种小型张网，用 80 目尼龙筛绢网缝合而成。囊网长 6 m，囊口高 1.2 m，末端口径约 0.4 m。两侧各设长 6 m 左右的翼网，翼网中间高 1.2 m，末端高 0.9 m。集卵网的上、下纲分别系结浮子和沉子。集卵时间不宜过长，一般集卵 1.5 h 左右，应将受精卵及时取出。受精卵量大时，应提前取出，然后继续集卵。收取受精卵时，提取囊袋，将系在囊袋末端的绳子解开，准备一塑料桶，将受精卵流入桶里，迅速将收集到的受精卵带到岸上做进一步处理。

准备一洗卵盆，盆内放一只 20 目的手抄网，将受精卵倒入手抄网里，让受精卵从网目中滤下，撤去手抄网，这样可除去大的杂物。然后，用瓢在洗卵盆内顺时针轻轻地搅动，使水在盆内旋转，这样可使大部分坏死的卵和一些杂物聚集在旋涡中央，再以一条软管用虹吸法将聚集的坏卵和杂物吸除。重复此法 1～2 次，用 40 目手抄网将受精卵捞起，新鲜海水洗 1～2 遍，称重，放入孵化器或孵化网箱内孵化。

4. 人工授精 以杂交种珍珠龙胆（棕点石斑鱼♀×鞍带石斑鱼♂）的生产为例。

繁殖季节（在海南三亚通常 3～11 月），将成熟的鞍带石斑鱼雄鱼捕起，侧放在木板上，用干净毛巾擦干生殖孔部位体表的海水，用手从前向后挤压鱼的下腹部，待乳白色的精液流出，用干净的烧杯接在生殖孔处。一尾成熟好的鞍带石斑鱼雄鱼一次可挤出精液达 200～300 mL，挤出的精液放在 4 ℃左右保存，可保存 2～3 d。

培育成熟的棕点石斑鱼可以自行产卵，发现亲鱼群体有追逐产卵现象时，可将雌鱼挑选出来，挤卵。生产上，为了取得好的挤卵效果，可进行人工催产。注射催产剂后 24～36 h，可挑选腹部胀大的雌鱼用于挤卵。挤卵时，将雌鱼侧放在木板上，用手从前向后挤压鱼的下腹部，待卵子流出，用塑料盘接住，挤卵结束后，立即取出准备待用的鞍带石斑鱼精液，

1 kg鱼卵用精液1～2 mL洒在卵粒上，用羽毛朝一个方向轻轻搅动1 min，混匀。加入干净的海水，再轻轻搅动使卵子分散，静置3～5 min，用40目手抄网将受精卵捞起，用新鲜海水洗数遍，置于孵化器或孵化网箱中孵化。

（三）人工孵化

1. 人工孵化 石斑鱼卵的孵化，可用卤虫孵化桶作为孵化器。受精卵常以重量法计数，洗净、计数后的受精卵放在孵化桶中孵化。

使用500 L的圆柱形卤虫孵化桶作为孵化器，桶底部有一个排水孔。桶内底部正中央置一气石充气，充气量以受精卵随水流不断上下翻滚为度。孵化密度为每500 L放100万～150万粒。发育正常的石斑鱼卵无色透明，死卵白色。发现其中有死卵应及时排除。排除死卵的方法是，停止充气15～20 min，正常卵上浮，未受精或发育不正常的卵及少量杂物沉于孵化桶的底部，开启孵化桶底部的排水阀，缓慢排水，将死卵及杂物排出，之后立即恢复充气，并加水至正常水位。如果发现还有死卵可重复1～2次。称取排出死卵的重量，以便计算受精卵数量。死卵排掉后，每3 h换水1次，每次换水1/2，以保持孵化桶内海水的清新。

仔鱼全部出膜后，即可收苗。停止充气5～10 min，仔鱼上浮到水面，死胚胎沉于底部，用排死卵的方法将死胚胎和下层多余的水排除，从孵化桶的上层用盆小心将仔鱼取出。

生产上，将死卵排除后，不待仔鱼孵出即开始出售受精卵。

2. 石斑鱼的胚胎发育 棕点石斑鱼受精卵在水温26.5～28.0 ℃、盐度30～32的海水中培育，历经22 h完成整个胚胎发育过程，进入胚后发育。棕点石斑鱼发育过程见表2-15-1。

表2-15-1 棕点石斑鱼胚胎发育时序与特征

受精后时间	发育时期	主要形态特征
0 h 0 min	受精卵	浮性、透明、圆球形、有一大油球
0 h 26 min	2细胞期	第一次卵裂为经裂，将胚盘分割成2个细胞
0 h 30 min	4细胞期	第二次卵裂为经裂，分裂面与第一次垂直
0 h 42 min	8细胞期	第三次卵裂出现两个相互平行的经裂面，将胚盘分割成8细胞
0 h 55 min	16细胞期	第四次卵裂出现两个经裂面，分裂成16个细胞
1 h 16 min	32细胞期	第五次卵裂为纬裂，形成32个细胞
1 h 30 min	64细胞期	第六次卵裂，形成64个细胞
1 h 55 min	多细胞期	细胞的分裂及排列变得不规则
2 h 15 min	桑葚期	细胞持续分裂、变小，胚胎外观类似于桑葚球状
2 h 50 min	高囊胚	细胞堆积呈高帽状
4 h 15 min	低囊胚	随着细胞分裂，高帽状囊胚逐渐降低
4 h 53 min	原肠早期	胚层下包至约占卵黄的1/2，开始出现月牙形状的胚盾
5 h 37 min	原肠中期	胚层下包卵黄的3/4，胚盾变长
6 h 32 min	原肠晚期	胚层几乎将卵黄囊全部包裹
8 h 20 min	神经胚期	胚体出现，神经索形成
9 h 35 min	视泡形成期	头部1对视泡已隐约可见，出现2对肌节
10 h 36 min	听囊形成期	在视泡后上方位置出现1对较小的听囊，呈椭圆形，肌节6对
13 h 32 min	晶体形成期	晶体轮廓清晰，肌节8～10对
14 h 30 min	心脏形成期	胚体头部的下后方分化出心脏，肌节16～18对
18 h 35 min	肌肉效应期	可见离开卵面的尾芽，油球移到卵黄囊的后端，胚胎出现颤动
20 h 46 min	心脏跳动期	心脏开始轻微跳动，胚体颤动频率加快
21 h 16 min	孵化期	胚体头部破膜先孵出，然后尾部不断摆动，继而脱去卵膜
22 h 5 min	初孵仔鱼	头部两侧各有3支羽状外鳃丝，无游泳能力

初孵的仔鱼卵黄囊朝下，悬浮于水中，头部两侧各有 3 支羽状外鳃丝，尾部偶尔摆动，无游泳能力。在水温 27 ℃±1 ℃，盐度 31±1 的海水中，棕点石斑鱼从受精卵到孵化出膜，整个胚胎发育过程历时 22 h。

3. 温度、盐度对胚胎率的影响　点带石斑鱼胚胎发育时间与温度的关系见表 2-15-2。

表 2-15-2　点带石斑鱼胚胎发育与温度的关系

孵化水温（℃）	仔鱼全部孵出所需时间	备注
20.0～21.0	48 h 40 min	仔鱼活力不好
22.0～23.0	39 h 30 min	仔鱼活力差
23.0～24.0	33 h	仔鱼活力较差
24.0～25.0	26 h 10 min	仔鱼活力正常
25.5～26.5	24 h	仔鱼活力正常
25.0～27.0	22 h 50 min	仔鱼活力正常
25.5～28.5	21 h 53 min	仔鱼活力正常
30.0～32.0	19 h 7 min	仔鱼活力强，停气时仔鱼不集中到水表面，育苗成活率低

从表 2-15-2 可以看出，在一定的温度范围内水温越高，胚胎发育时间越短。在 24～28 ℃条件下孵化的仔鱼，育苗的成活率较高，点带石斑鱼在自然海区的繁殖水温大致也在这个温度范围内。30～32 ℃孵化的仔鱼，活力很强，但停止对孵化桶充气后，仔鱼分散于整个水层，不像在 24～29 ℃水温条件下孵出的仔鱼那样集中到水表层，并出现畸形个体，这些仔鱼在以后的育苗试验中存活率较低。在适宜的孵化温度范围内，从仔鱼开始出膜到全部孵出有一个延续时间，大约是整个胚胎发育时间的 1/10。

点带石斑鱼受精卵在盐度 30～33 的海水中呈浮性，孵化率最高，并且有孵化率与盐度呈正相关的趋势。

试验中记录到点带石斑鱼亲鱼的产卵水温范围在 20～31 ℃，据此估计受精卵的最适孵化水温在此范围之内。试验还不能验证得出最适孵化温度，但从亲鱼产卵情况看，水温 24 ℃以上，亲鱼按自身的规律产卵，基本不受水温影响；又从孵化的情况看，30 ℃以上水温下孵化的仔鱼在停止对孵化桶充气时，大部分不上浮，而是分散在水中，并可见到一些畸形个体，说明 30 ℃已接近孵化水温上限。育苗试验的结果也初步证实，最好的育苗水温应是 24～29 ℃。由此推测，最适孵化水温为 24～29 ℃。

4. 受精卵和仔鱼的运输　石斑鱼受精卵短距离的运输主要依靠汽车运输，跨省区的运输主要靠航空运输。收集的受精卵后放在孵化箱内，清除掉坏卵即可包装、运输。也可以待仔鱼孵出后再运输。选择哪种方式，主要根据运输时间的长短和生产安排决定。一般运输受精卵方便、成本低，但受精卵运输受到时间的限制，原则上是不能让仔鱼在包装袋内孵出。

石斑鱼受精卵通常以尼龙袋充氧方式运输。常用 70 cm×40 cm 的尼龙袋，装水（与孵化用水相同来源）5～8 L，占尼龙袋容积 1/3 左右，放入受精卵，排掉袋上部的空气，充进氧气，扎紧袋封口，再用纸箱或泡沫塑料箱装好，装上运输工具，启运。包装密度与运输时间相关，4 h 之内运到目的地，每袋装 300 g；8 h 之内，每袋装 200 g；12 h 之内，每袋装

150 g。运输时间更长的，应选择孵化出仔鱼再运输。

受精卵的包装运输中，还要注意：①受精卵在孵化过程中，会有一部分胚胎死去，即出现"白卵"，坏卵混在包装袋内，容易影响水质，所以在打包之前要再次清除坏卵。②运输中，适当降温，降低受精卵的代谢水平和发育速度，防止水质变坏。③运输前，应充分考虑到运输路程和胚胎发育时间。必须保证在到达目的地之前仔鱼不会孵出，如果仔鱼在运输过程中孵化，卵膜破裂，水质变坏，易导致运输失败。

三、苗种培育

（一）鱼苗培育

受精卵经过人工孵化孵出的仔鱼，称鱼花、水花。从仔鱼培育到全长 3 cm 左右的幼鱼，身体已经被鳞片覆盖，称鱼种。人工育苗指的是以一定的方式，在人工控制环境的条件下将孵出的仔鱼培育成鱼种的过程。

人工育苗的方式主要有 2 种：工厂化人工育苗和池塘生态育苗。

1. 工厂化育苗

（1）育苗场场址选择。在场址选择上，应对初选地的有关条件进行充分的调查，然后进行认真分析，权衡利弊，做出抉择。应考虑的主要方面包括：①根据当地水产养殖发展规划要求，因地制宜，综合考虑。②分析地理环境。育苗场应建在风小、水质清新的沿海，既考虑有充足的无污染的海水水源，又要考虑到交通，生活方便。

（2）育苗场主要设施。石斑鱼育苗场的主要设施有：育苗车间，育苗池，饵料培育室，饵料培育池，供水、供电、供气、供热系统等。

育苗室：主要作用是保温、防雨、调光等。育苗室的结构要有利于透光、调光和保温，又要通风和抗风。育苗池建在室内有利于保温。育苗池的上方，用部分透光材料盖顶，并设布帘调节光照，保证室内光照度达 3 000～5 000 lx。

育苗池：一般为水泥池，面积 10～30 m^2，长方形或圆形，池深 1.0～1.2 m。设有进水、排水、加温、充气等管道及附属设施。

饵料室和饵料培育池：石斑鱼育苗过程中需要的生物饵料包括单细胞藻类、轮虫、桡足类、卤虫等。可以不建造专用的饵料室，而是在育苗车间的旁边配套一部分池塘，解决育苗饵料的问题，也可以从专业从事轮虫、桡足类、卤虫培养的企业或个人购进。

供水设施：包括水井、水泵房、蓄水池、沉淀池、沙滤池、高位水池、水泵、进水管道、阀门等。海南目前常用的供水线路是：水井—水泵—输水管—沙滤池—高位蓄水池—育苗池（或饵料培育池）。也有人使用沙滤井，从沙滤井中取水直接使用。

充气设施：育苗池、饵料培育池、孵化桶等都必须设有充气设备。主要包括鼓风机、供气管、散气石等。

增温设施：可在石斑鱼育苗车间加设热水锅炉，以提高早期育苗的稳定性。

变配电设施：变配电室应设在全厂负荷中心处。在电网供电无绝对把握的情况下，必须自备发电装置。

（3）石斑鱼的育苗环境条件。

水温：仔鱼期适宜的育苗水温为 24～29 ℃，水温 22～24 ℃时仔鱼开口成活率极低，30～31 ℃时仔鱼活动不正常。

溶氧量：一般要求育苗池保持溶氧量在 4 mg/L 以上。育苗池中需要均匀设置散气石，设置密度 1.0～1.2 只/m^2。

氨氮：氨氮含量一般要求不超过 0.7 mg/L。氨氮含量达到 1.2～1.5 mg/L 时 1～2 cm 的仔鱼出现活动不正常现象，身体侧向在水面打转，或头部抬起、身体与水面呈 45°左右在水面快速窜动，或身体纵轴与水面呈 45°左右快速仰游等，数小时后即发现池底有死鱼。

光照：育苗池水表面的适宜光照度 3 000～5 000 lx。光照太弱，仔鱼发育缓慢，开口摄食困难；光照太强，育苗池中藻类生长极快，对鱼苗生长不利，特别是在仔鱼开口后的一周内，池中藻类过度生长容易发生气泡病，造成仔鱼大规模死亡。

盐度：点带石斑鱼产卵、孵化用水盐度为 30～33 时孵化率较高，盐度降低则孵化率下降。育苗前期用水盐度与孵化用水相同，育苗后期盐度可逐渐降低。

(4) 放苗前的准备。

育苗池消毒：通常将池底和池壁刷净，漂白粉消毒，冲洗 3～4 遍至用硫代硫酸钠测试无余氯即可。

调节光照：要求光照时数 11 h 以上，中午水面最大光照度 6 000～8 000 lx。一般育苗季节的光照度都满足此值。

培水：育苗初期，水深 40 cm。接种一些单细胞藻类，既可作为轮虫的饵料，又可以调节水质，尽快地在育苗池建立一个比较稳定的人工生态系统。通常在放苗前 1 d 注入新水，每立方米水加入小球藻液 40～60 L、金藻液 2.5～5.0 L、浓缩海洋酵母 15 mL。

(5) 放苗。点带石斑鱼受精卵在适宜的水温和盐度条件下孵化时间为 20 h 左右，初孵仔鱼当天就可以进入育苗池。放苗密度 3 万～5 万尾/m^3。放苗时注意适宜的水温和盐度，孵化用水（或包装袋内）与育苗池的水温差不超过 1 ℃，盐度差不超过 3。将鱼苗慢慢放到池内。没有孵化条件时，购进的受精卵可以去除下沉的死卵后直接放到育苗池，任其孵化出仔鱼。投放受精卵的密度 30～50 g/m^3。

(6) 饵料及投喂方法。育苗前，要准备好各种饵料，根据不同发育阶段及时更换不同种类的饵料。

点带石斑鱼仔鱼开口摄食一般在出膜的第三至四天，水温 24～26 ℃ 时第四天开口，26～28 ℃ 时第三天开口。仔鱼开口摄食时有两个明显的特征：①肉眼观察到仔鱼的眼部黑色素和腹部黑色素已经出现；②将仔鱼置于玻璃杯中，可见其用吻部有力地碰撞杯壁或杯底。一旦发现仔鱼有摄食动作，要及时投喂开口饵料，保证仔鱼得到足够的营养。仔鱼开口摄食后，前 3 d 喂以贝类幼体或成熟卵细胞（江珧卵、牡蛎卵、海胆卵等）。每天投喂 4 次，每次投喂卵细胞 10 g/m^3，均匀泼洒全池，并在仔鱼开口的第二天起投入少量的轮虫。

喂饵料的第四天起停止投喂贝类幼体（或卵），改喂轮虫为主，辅之以桡足类无节幼体。由于轮虫的不饱和脂肪酸含量较低，不能满足仔鱼的营养需要，轮虫在投喂前应用轮虫强化剂进行强化培育。此期间保持育苗水体的轮虫密度为 10 000～20 000 个/L。投喂轮虫的时间为 10 d 左右。

当鱼苗开始长出背棘和腹棘（约 14 日龄），活动能力增强，可改喂桡足类为主，保持育苗池中桡足类的密度 1 000～2 000 个/L。点带石斑鱼苗以桡足类为主要食物的时间较长，有 20 d 以上（约为整个稚鱼阶段）。可以补充一部分卤虫无节幼体或虾类的无节幼体。

点带石斑鱼长到全长 2.5 cm 左右，可以投喂冰冻卤虫。由于冰冻卤虫是死饵料，投喂必须少量多次，一般每天3~4次。开始训练数天，在冰冻卤虫中混入一些活的桡足类，在鱼集中的池角或池边慢慢投喂。经过训练的鱼逐渐能成群抢食。以冰冻卤虫为饵料，一直持续到体长4~5 cm。如果有条件，可以开始先喂摇蚊幼虫和桡足类，逐渐过渡到喂卤虫，以减少大鱼吃小鱼的自残现象。

点带石斑鱼长到4~5 cm，可以开始喂小虾或碎鱼肉。每天2次，当鱼苗不集中抢食时停止投喂。

(7) 水质管理。仔鱼下池时，水深40 cm左右，喂食贝卵，每天加水2~5 cm（水深），一般也不需要换水，靠藻类的平衡作用和适当加水维持水质稳定。

停止喂贝卵后，以投喂轮虫为主，白天要注意调节轮虫密度，及时补充，保证仔鱼摄食，傍晚根据水色加入藻类。一般一周内只加水，不换水。当水面出现许多泡沫，水中悬浮颗粒多，或者氨氮达到0.5 mg/L时，要增加加水的量，如果育苗池中接近最高水位，就需要开始换水。每次换水1/4~1/3，并保持育苗池水深90~95 cm。加水之后再加入藻液，将水色调得浓一些，有利于抑制池底长出的丝状藻类，后者能缠绕鱼苗，造成危害。

一旦开始投喂死饵料（冰冻卤虫和小虾），残饵极易污染水质，加上鱼的摄食量增大，水质易变。这阶段一般保持水深45~55 cm，每天吸底、换水一次，不必接入单胞藻。水温高时，每天换水两次。

2. 池塘育苗 利用海边空地开挖石斑鱼育苗池，将出膜仔鱼育成3 cm左右规模的鱼种。池塘育苗方式的优点是育苗成本低，规模大，缺点是育苗效果不稳定。一般要求池塘建造在海边。泥沙底质。面积以1 334~2 668 m^{2}为宜，池深1.5 m以上。水源要求水质无污染，选择一些水质较肥，牡蛎、藤壶等生物较多的港湾边建造育苗池较好。

(1) 池塘消毒、肥水。池塘使用前，先人工清除池底的污泥和浒苔等，晒塘5~10 d，然后进水10~20 cm，每667 m^{2}用10~12 kg漂白粉全池泼洒。确认池塘中的鱼类、甲壳类全部死亡后，抽排掉池塘中的消毒水，晒塘3~5 d，进水至1.3 m深左右。进水采用80目的筛绢袋过滤。至水色呈淡绿色（视水色情况，每1 334 m^{2}泼洒1~2包复合肥），接入轮虫种，待水中培育出原生动物和轮虫即可进苗（仔鱼或受精卵）。

(2) 早期仔鱼培育。仔鱼下池，先放进用彩条布制成4 m×3 m×1 m（或6 m×3 m×1 m）的布箱中，仔鱼在布箱中进行前3 d的培育。布箱上方用90%遮光率的遮阳网遮盖，避免阳光直照。培育密度10万~15万尾/m^3。培育至第三天，仔鱼能平游，有摄食动作，投入牡蛎卵作为开口饵料，每天投喂3次，投喂1 d后，将仔鱼从布箱放入池塘培育，池塘培育密度为600~800尾/m^2。

(3) 饵料及投喂。仔鱼开口至13日龄，以轮虫为主要饵料。一般情况下，池塘中会有一部分轮虫和桡足类无节幼体供仔鱼摄食，当轮虫不足时，需从其他饵料培育池捞取轮虫补充至育苗池，保持池塘的轮虫密度3~5个/mL。育苗至8~20日龄，以轮虫、桡足类等为饵料，前期应以桡足类为主，随着仔鱼日龄的增加，冰冻桡足类的投饵量逐渐增多，而轮虫的投饵量则随着仔鱼日龄的增加而减少，每天检查饵料密度2~3次，投饵量以鱼达到饱食为度。

(4) 水质控制。仔鱼在12日龄以前池塘不换水，之后可根据水色和鱼苗生长情况适当换水或加水，一般以加水为主。注入新水时，进水口套有筛绢网袋，网目从育苗早期的80目，逐步向40目过渡，以便随进水带入部分生物饵料。此外，应视水质情况，每半个月每

667 m² 用复合菌 1 包泼洒，控制水体的透明度从早期的 80 cm 降低到 30 cm。育苗后期，透明度不宜过高，否则池塘内容易长出丝状藻类。育苗期间要求溶解氧达到 4~6 mg/L，氨氮含量控制在 0.2 mg/L 以下。

（5）日常管理。每天清晨太阳没有升出来之前进行巡塘，观测记录育苗池塘水温、盐度、酸碱度、溶氧量；观察鱼苗的集群、活动、生长、摄食；适时补充饵料，保证池塘饵料充足；及时补充肥料，保证合适的透明度；发现丝状藻类出现，及进捞取，防止繁殖。

（6）起捕。当鱼长到 2.5~2.8 cm，即可开始拉网起捕。先排水至水深 0.8 m 左右，开始起捕。起捕时使用布网，选择鱼群多的一角，网围池塘的 1/4 面积，保证一网所捕的鱼不能太多。小心将鱼种捕起，运到水泥池分规格、暂养、准备出售。

3. 饵料生物培养　在育苗实践中，饵料准备常常决定育苗的成败。石斑鱼育苗的不同阶段需要不同的饵料，主要有单细胞藻类、轮虫、桡足类、枝角类、卤虫、碎鱼肉等。掌握好这些饵料生物的培育方法，十分重要。

（1）单细胞藻类的室内培养技术。用于进行室内藻类培养的车间必须单独设置，以维持藻类培养的无菌环境，防止轮虫、细菌、原生动物和其他藻类的污染。培养室安装空调，温度控制在 20~25 ℃，保证常年为藻类提供最适宜的生长温度。用荧光灯 24 h 为单细胞藻的生长提供所需的光照（2 000~3 500 lx）。此外，还需提供充足的氧气。

单细胞藻类培养很容易受到生长快的硅藻和其他摄食藻类的生物污染。为了使藻类培养获得成功，操作人员、设备、房间等都不能有任何污染。技术人员在进入藻类培养室之前，必须冲洗、换上干净的衣服。所有的工具需用清洗剂浸泡，充分洗刷，然后再用清水彻底漂洗残留物。玻璃器皿用 10% HCl 洗刷，然后用清水彻底漂洗，空气干燥一昼夜后方可使用。培养器具和海水培养液需彻底消毒。海水必须沙滤。玻璃器皿用蒸锅消毒 20 min 或微波炉消毒 10~15 min。所有的塑料瓶和玻璃钢管用 0.02% 漂白粉溶液浸泡消毒，再用 0.005% 硫代硫酸钠溶液脱氯。

①2 L 三角烧瓶培养。培养藻类的三角瓶，以橡胶瓶塞塞住瓶口，瓶塞上打孔，装有 2 根玻璃管：一根为充气管，一端插到瓶的底部，另一根为出气管，通过瓶塞上的孔插入瓶内，开口在瓶的中上部。消毒之前先将三角瓶安装好，注入 1.5 L 海水和适量的培养液。用铝箔纸盖住瓶口，再用胶带扎紧。经过高压消毒，冷却一夜后，即可使用。

一只干净、无污染的藻种培养试管可以接种 2 只新培养烧瓶。接种培养 2 周后，藻类密度可达 1 亿个/mL。这时，一只烧瓶的藻类可以移入另外 2 只烧瓶中培养。接种 7 d 后藻类可以增加到 1.0 亿~1.5 亿个/mL。一旦藻类达到该密度时，从每只烧瓶中取出 400 mL 藻液移入另外 2 只新的烧瓶，剩余部分可以作为 20 L 大玻璃瓶的接种藻液，进行扩大培养。

②20 L 大玻璃瓶或尼龙袋培养。用 20 L 大玻璃瓶培养藻类，瓶口处理和充气管设置类似于 2 L 三角瓶培养。培养瓶先用 10% HCl 洗刷，用清水彻底漂洗，空气干燥一昼夜后使用。接种前，注入消毒处理过的海水，加进适量的培养液，然后充气数分钟，使培养液均匀混合。再将在 2 L 三角瓶中培养的藻液接种到瓶中，充气培养。培养中，可通过空气管向瓶中注入新水，补充在培养过程蒸发的水量。也可以用尼龙袋代替玻璃瓶，用于这一级的藻类培养。

③用 160 L 玻璃钢筒培养藻类。160 L 玻璃钢筒装有 3 根空气管、充气设备和一只盖子，底部圆锥形，装有排水阀。在接种之前，先注入淡水，加入 50 g 颗粒氯，然后大量充气。

第二天将水排干,再用淡水漂洗,最后风干一昼夜。

玻璃钢筒注入海水,加入液态漂白剂进行氯处理24 h,然后用硫代硫酸钠进行脱氯处理24 h。在处理过程中可将充气泵关掉或变小。但在接种之前应开到最大限度。加入培养营养液,用20 L大玻璃瓶中培养的藻类接种。接种的密度一般为500万~800万个/mL,7 d后可达收获密度3 000万~6 000万个/mL。

在藻类扩增阶段,特别值得注意的是用于接种的所有藻类须处于对数生长期,无任何污染。任何生长性能差和污染的藻种都可能会影响轮虫的培养,最后再影响到仔鱼的生产。

(2) 室外藻类培养。室外藻类培养池有40 L中间池、5 000 L中间循环池和20 000 L收获池。收获池中的藻类可以用水泵注入轮虫池和仔鱼培育池。采用室内20 L玻璃瓶(或聚乙烯袋)培养的藻类接入中间池培养,然后再用中间池的藻液,接入中间循环池的培养,最后用中间循环池的藻类接种到收获池。所有的培养池注入海水,进行氯处理一昼夜,然后再用硫代硫酸钠脱氯处理。一般收获培养池无需氯气处理,以防有毒氯胺进入轮虫池和仔鱼池。

接种的密度为100万~300万个/mL,培养5~7 d后,密度可以增加到2 000万个/mL,这时,可将培养液转入另一只大池中。藻类培养液是用潜水泵通过软管从一只培养池注入另一只池,软管一端套上20 μm筛绢袋。藻类生长速度会受到许多因素的限制,如光照、季节、温度、盐度和气候等。转养后的空池应用淡水冲刷,干燥数日。

室外藻类培养池应建在向阳处,远离污染物(如轮虫)。每只池应设有海水和淡水排注系统,充分充气使培养液均匀混合。曝气石和通气管上小孔的距离一般是根据经验而定。通常,它们之间的距离与藻类培养池的深度相同。

培养池的表面积与深度之比越大越好,因为表面积越大,藻类光合作用越强,使生长速度加快。但水深不能超过1 m。

每天检查藻类的生长情况,通过肉眼观察,可以了解藻类的健康状况。健康的藻类培养池表面无细胞结块或泡沫。每天记录早晨的水质变化(如温度、溶氧量和盐度)。理想的水质参数为:温度22~30 ℃,盐度20~35,pH 7.8~8.5。pH是藻类健康的最好标志。藻类培养时间越长,由于死亡藻细胞的分解,pH会大幅度下降。在培养过程中,应避免pH降至7.3。

(3) 轮虫的工厂化培养。轮虫培养有很多方式。在此介绍一种2 d一批轮虫培养系统。所用的1 200 L圆形玻璃钢池,池里装有PVC排水管,用球阀控制。

第一天,先将400 mL藻液注入轮虫培养池,藻类密度为20×10^6个/mL,加入淡水200 mL,稀释后藻类密度为$(13 \sim 14) \times 10^6$个/mL,盐度为23左右。然后接种轮虫,使池内轮虫密度达100个/mL。对培养池加温,使水温升至30 ℃,对培养池充气,保证池水的缓慢循环。向培养池投喂活性面包酵母,投喂两次,每次投喂量为每100万个轮虫0.25 g,上午在注水接种后投喂,下午在下班之前投喂。

第二天,再向轮虫培养池中注入400 L藻液和200 L淡水,使池中体积达到1 200 L。

这时酵母的日投量增加到每100万个轮虫0.375 g,分两次投喂。

第二至三天,关闭加热器,取出曝气石。池水处于静态30 min,让沉淀物下沉池底,防止在收获轮虫时阻塞收集网袋。

在收获轮虫时,先打开排水阀,让培养液流过轮虫收集网袋。轮虫密集在袋中,要仔细观察，防止网目阻塞。收获结束后，用淡水冲刷培养池。

（4）轮虫的土池培养。土池培育轮虫，是石斑鱼人工育苗中解决早期育苗饵料的常用方法。其生产量大，培育成本低。

准备工作：培养池应该靠近育苗场地，有淡水源。池塘不渗漏，泥质或泥沙底质。池底平整。面积以 1 334~2 001 m² 为宜，池深为 1.0~1.2 m，应准备两个以上培育池，以便分批进水培养，交替收获。

将池塘积水排干，清除杂物，加入新水 20 cm，使用含有效氯 32% 的漂白粉 50 g/m³ 消毒，浸泡 3~4 d 至药效消失，排干池塘。

向消毒过的池塘注入新鲜海水：注入的海水用 250 目或 300 目的密筛绢网过滤，防止敌害生物混入。注入海水深度为 60~80 cm，调节盐度为 10~20，然后施肥培育单胞藻类。

施肥培养单胞藻：池塘注入新水后，即可施肥。以有机肥为主，无机肥为辅。有条件时，在施肥前最好能接入部分扁藻、小球藻、褐指藻、硅藻、盐藻等复合藻液，这样更利于形成较好的轮虫饵料种群。

接种轮虫：接种时间应该选择晴天的午后。要注意培养池中水的盐度和轮虫原环境盐度差不超过 5，温差不要超过 5 ℃。接种量视轮虫种储备量而定，过去已培养过轮虫的池中存积了休眠卵，可以少接种或不接种。新池一般要求接种密度达到 30~50 个/mL。

轮虫池的管理：适时追加肥料，土池培养轮虫，最重要的是保证池内有藻类繁殖所需要的营养盐。当水色减退或藻色老化时，应及时追肥，使池中的浮游藻类保持一定的水平。

控制水位和换水。培育前期，藻类生长迅速，水色加深、透明度变小，可适时加水，通常 2~3 d 加一次新水。后期应结合轮虫采收适当换水，有利于藻类及轮虫生长。换水可以每周一次，每次换水 20~30 cm。

在生产培养轮虫过程中，要每天观察轮虫的生长、繁殖、活动状况、密度、成体带卵量等，发现问题及时采取措施。生长良好的轮虫游动活泼，胃肠饱满，多数成体带夏卵 3~5 个。

病害防治的主要措施：池塘进水用 200 目筛绢过滤，清池、消毒要彻底。

收获：收获轮虫时，可用一只小型水泵，吸取中上层水，水泵的出水口上接一只轮虫收集网（250 目筛绢制成），开机收集轮虫的时间要根据轮虫的密度灵活掌握，一般不宜时间过长，网内的轮虫过多会影响存活。

收集到的轮虫，应用 100 目筛绢网过滤，去除不能通过网目的大杂物，滤过的轮虫装入 200 目筛绢做成的网袋中。用过滤新鲜海水反复冲洗干净，方可使用。

（5）桡足类的培养。石斑鱼的苗种生产中，桡足类作为育苗饵料至关重要。生产上，桡足类的培养在土池进行。

池塘准备与清池消毒：培育桡足类的池塘选择泥质底或泥沙底，要求池底平坦，池壁不渗漏，注入海水方便，有淡水水源。培育开始前，排干水对池塘进行清理、修整，然后用药物清池、消毒。一般的做法是池塘进水 20~30 cm，40~80 g/m³ 漂白粉全池泼洒，或 10 g/m³ 敌百虫全池泼洒。药物失效后，可进行桡足类的培养。漂白粉 3~5 d 失效，敌百虫 10 d 失效。

引种与日常管理：进水达到要求深度后，进行施肥，并且从其他水体捞取桡足类引入培育池塘，作为种源。第一次施飞机草等绿肥每 667 m² 500~600 kg，鸡粪每 667 m² 100 kg，牛粪每 667 m² 200~300 kg，硫酸铵每 667 m² 1.5~2.0 kg。10 d 后第二次施肥，施肥量为第一次的 1/2。

浮游藻类是桡足类的主要饵料，但藻类的生长受施肥量的影响。生产上，通过观察池塘水体的透明度和水色，作为判断施肥量的依据，一般透明度在 25～40 cm 表示池水中浮游植物适量；透明度大于 40 cm 表示浮游植物不足，要施肥；透明度小于 25 cm 表示浮游行植物过量，需要加入新鲜海水进行调节。

培养桡足类的池塘一般保持水深在 80～100 cm，应结合施肥和调节水质控制水位。盐度也是培育桡足类中需要考虑的因素，可以适时换水，达到调节盐度的目的。

桡足类的培育中，要注意水质变化，特别是在高温季节水质容易恶化，严重时引起桡足类大量死亡。所以，一方面适度施肥，促使藻类生物，另一方面及时更换新水，防止氨氮、亚硝酸盐等指标过高。

收获：收集桡足类常用张网捕捞法，做法是将桡足类网安装在池塘内，网前设置一只叶轮式增氧机，增氧机将水推向桡足类网，在网的底部收集桡足类。捕捞的桡足类倒入放有新鲜海水桶内，可以暂养或用于投喂鱼苗。

（6）卤虫的强化培养。卤虫广泛用于仔鱼的培育。

孵化卤虫：卤虫卵可以从市场上购买，加水孵化。孵化卤虫时，将孵化桶清洗、消毒，注入孵化用水（盐度 28 左右），要求水温 28 ℃ 左右（在海南，大多数情况下只要求将孵化桶放置在通风、遮阳的场所），大量充气，使水从桶底部向上翻滚。

将卤虫卵在淡水中浸泡 1 h 以上，然后放入孵化桶，孵化密度为 5～10 g/L。在这样的条件下卤虫卵在 24 h 左右即可孵化。

收获：仔鱼无法消化卤虫卵壳，必须将孵化的卤虫与卤虫壳分离。收获之前，将孵化桶盖盖上，保持桶内无光照，停止充气 15 min。因为卤虫具有趋光性，桶底部用透光材料制成，它们会集中在桶底部。然后轻轻打开排出阀，让水和卤虫流入放在排水口下方的 120 目的筛绢网中。然后关闭排水阀，收集的卤虫用干净海水冲洗，放入 20 L 的桶中，计算卤虫的密度。

强化培养：初孵卤虫缺乏不饱和脂肪酸，直接投喂仔鱼常造成营养缺乏，有必要在卤虫孵化后对其进行营养强化。目前，市场上有各种营养强化剂销售，可据营养强化剂产品的不同，按说明书使用。

（二）鱼种培育

石斑鱼鱼种培育的方式很多，大体上有水泥池流水培育、水泥池挂筐培育、池塘培育、池塘网箱培育等。

1. 水泥池培育　育苗池可以是长方形或圆形，面积 3～20 m²，要求进、排水方便，排污方便。海水水源清洁，最好有淡水水源等。现以长方形池为例，说明其技术要点。

室内水泥池要求规格 2.5 m×4.0 m，池高 1 m，充气石 6～8 只，设有排污口，定位排水口（下排上溢形式）。控制光照 2 000 lx 左右，冬季培育需要有加温设备。

（1）投放鱼种及培育密度。育苗池消毒进水至 40～50 cm，即可将鱼种放入池内培育。但刚进入幼鱼阶段或还在稚鱼阶段的鱼种，对环境适应能力弱。从外地购进的鱼种或从海区捕捞的鱼种用以鱼种培育，需要适应本地环境。通过温度适应，盐度驯化，食性的驯化后培育。培育密度根据不同培育阶段及时调整，例如全长 2.5～3.5 cm 规格，放养密度 5 000～6 000 尾/m³。

(2) 饲养管理。适应了鱼糜或人工配合饲料，每天投喂 4~5 次。5~7 cm 鱼种，每天投喂 3 次。8~10 cm 鱼种，每天投喂 2 次。每次投喂以鱼群达到饱食为度。

保持水深 40~50 cm，全天不间断微流水。每天下午最后一次喂料之后，对育苗池池底进行一次清理。石斑鱼培育中，不同个体生长快慢不一致，为了保证成活率，必须每周 1 次将鱼起捕，分筛，按不同规格分池培养。

(3) 病害防治。鱼种培育过程中的病害防治是决定成败的关键之一。在培育过程中，需要做到以下几点。①鱼种下池前，对培育池及各种工具严格消毒，杀死细菌、寄生虫等。②鱼种下池前严格检疫，经药浴消毒后方可入池培育。③加强水质管理，全天以微流水培育，每天彻底清底、换水一次，保证夜间无残饵留在培育池中。不使用不新鲜的小杂鱼、虾作为饵料。在夏天高温期，或在天气突变时，更要加强观察，以及时发现疾病，并采取措施。④培育过程中，做到定期消毒，发现鱼病及时隔离、治疗。

2. 池塘培育

(1) 消毒与肥水。培育鱼种的池塘与人工育苗的池塘要求相似。通常面积 1 334~3 335 m²，长方形，土池或水泥护坡。水深 1.5 m 以上。水源无污染，盐度 15~33 均可，有充足的淡水水源为好。

常见的消毒方法是漂白粉清塘。①带水清塘。池水深 1 m，每 667 m² 用漂白粉 15 kg。将漂白粉用水化开，向池塘均匀泼洒，清塘后 3~5 d 即可使用。②干池清塘。水深 5~10 cm，每 667 m² 池塘用漂白粉 5 kg，如上法将药物向池塘塘底及池壁均匀泼洒。24 h 后将有药物的水排出，池塘加水后即可使用。

注水时在进水口用 40 目以上的筛绢网过滤海水。注水至 1 m 左右，施肥培水。施用的肥料可分有机肥和无机肥两种。有机肥肥效长，效果好，可将禽畜粪便装在编织袋内，袋上插一些小孔，便于肥分缓慢释出，将袋挂于池角。无机肥肥效快而短，一般用作追肥，常用尿素、硝酸钾等，一次施用 4~5 kg，视水色、pH、透明度等情况灵活施用。使池水 pH 保持在 7.5~8.5，水色浅绿色或黄褐色，透明度控制在 30~40 cm。

(2) 鱼种放养。鱼种培育的时间一般取决于人工育苗的季节。在海南，3~5 月是人工育苗高峰季节，所以鱼种培育多在 4~6 月开始，经过 2 个月的鱼种培育（标粗）达到 10~12 cm，即可用于池塘养殖。石斑鱼人工育苗的另一个季节是在 9~10 月。

鱼种质量主要从外观进行鉴别，活泼、背部肌肉丰满、体表光洁、无掉鳞、无鳍条损伤、体色正常的为优质鱼种。人工育成的鱼种较从自然海区捕获的鱼种适应性强，培育成活率更高。鱼种在放养前必须进行严格消毒，杀灭病原菌和寄生虫，防止伤口感染。常用方法有：5 mg/kg 高锰酸钾溶液药浴 10~15 min，10~20 mg/kg 的福尔马林药浴 40~70 min，或淡水浸泡 10 min。

培育池进水施肥之后，当池中出现轮虫、桡足类等浮游动物即可向池塘投放鱼种。鱼种的放养密度，因池塘条件、养殖方式、鱼种出池规格以及养殖管理技术差别而有不同。现以配有增氧机、面积 1 334 m² 的池塘为例，如计划培育成 10 cm 鱼种，建议每 667 m² 放养量为 5 000~8 000 尾。

(3) 养殖管理。

投饵：2.5~3.0 cm 鱼种放到池塘进行培育，要求池塘中有丰富的桡足类等浮游动物。用池塘培育石斑鱼鱼种，常用的饵料是鱼浆。投喂的次数与鱼种大小相关。2.5~3.0 cm

时，每天投喂4次；4~6 cm每天投喂3次；6~10 cm每天2次。石斑鱼长到3 cm即可开始使用人工配合饲料投喂，鱼种培育选择浮性颗粒料为好，要求颗粒大小与鱼种口径相适应。

施肥和水质管理：石斑鱼鱼种培育的水质，一般保持透明度30~35 cm，水色为绿色。鱼种刚下池时为促使各种饵料生物的生长，需要适当补充肥分，可用无机肥，也可用发酵过的有机肥。育苗后期由于残饵和粪便积累，多数情况是水质过肥，需要通过换水调节水质。一般每周换水1次，每次20 cm左右。

其他日常管理工作：培育到20~30 d要起捕1次，将大小不同的鱼种分开，分池培育。坚持每天早、中、晚3次巡塘，观察鱼群的活动和水质变化情况。根据观察结果和当天的天气状况，灵活掌握投饵、施肥、换水等；根据鱼的生长情况，决定分池、出售；发现病害及时采取措施，特别是在了解到附近的石斑鱼鱼种出现某种寄生虫病流行时，对相关培育的鱼类加以预防，不失为一种积极的预防办法。

3. 鱼种运输 鱼苗、鱼种的运输用尼龙袋或帆布袋充氧方式运输，方法基本与受精卵的运输相同。70 cm×40 cm的尼龙袋，装水5~8 L，可以装运鱼苗2 000尾左右，或鱼种500尾左右，运输时间10 h以上。如果运输时间更长，可以考虑在中途换水。

四、成鱼养殖

石斑鱼商品鱼养殖的方式主要有网箱养殖、池塘养殖两种，以网箱养殖较为普遍。池塘养殖石斑鱼是近年逐渐兴起的一种新的石斑鱼养殖方式，有较好的发展前景。

（一）网箱养殖

网箱养殖石斑鱼有放养密度高、操作管理方便、生产效益较好等优点，容易为群众所接受。

1. 网箱类型 养殖石斑鱼的网箱主要是设置在港湾内的框架式网箱，常称渔排。框架式网箱主要由养鱼用的箱体和用于支持箱体的框架组成，网箱有3 m×3 m×3 m、4 m×4 m×3 m、5 m×5 m×3 m、4 m×8 m×3 m等不同规格。

2. 网箱设置海域要求 ①避风，波浪小，不易受台风影响。②沙质底、砾质底、礁石质底均可，低潮水深4 m以上。③潮流通畅，网箱内流速0.20~0.75 m/s。④冬季水温不低于15 ℃，22~28 ℃水温天不少于200 d。⑤水质清新，透明度1.5 m以上，盐度25~32，pH 7~9，溶氧量5 mg/L以上。不受工农业生活污水污染，暴雨时盐度不低于16。⑥交通方便。

放养密度不宜过大，鱼种8~10 cm规格时，放养密度可达600~800尾/m³；个体重200 g，密度150~200尾/m³；200 g养至500 g，密度为60~70尾/m³。在3 m×3 m×3 m的网箱内，养成500~600 g的商品鱼，600尾左右为宜。

也可以按网箱内鱼的总体重加以调整，青斑（点带石斑鱼、斜带石斑鱼）一般保持网箱内鱼重为25~30 kg/m³。鞍带石斑鱼（龙胆）、黑斑石斑鱼（金钱斑）一般保持网箱内鱼重为30~35 kg/m³。

3. 饲料投喂与日常管理

小杂鱼：水温25 ℃时，石斑鱼消化速度为20~24 h。南海海域5~10月每天投喂一次，一般09:00~11:00。11~12月、3~4月每2 d投喂一次，1~2月水温降至20 ℃以下，可

3~4 d 投饲一次，每次投饲量占体重的 3%~5%。每次投饲分批缓缓遍洒，等抢食完再洒下一批，直至不抢食为止。石斑鱼基本不摄取沉底食物，绝不可将饲料一次倾倒入网箱。投饲需定质、定量、定时。

人工配合饲料：应使用浮性饲料，网箱内设一只无底小网箱，高约 1 m，网目小于饲料颗粒，石斑鱼从底部进入小网箱摄食。

日常管理要注意：①合理安排渔排密度，防缺氧。②定期换箱，保持箱内外水流通畅。③定期筛分，保持同一网箱内鱼体规格一致。④混养少量鲷科鱼类或篮子鱼，清除网箱底部残食和网衣上污损生物。⑤加固铁锚和缆绳，定期检查网箱破损情况，特别是台风到来之前。⑥定期监测水质。

（二）池塘养殖

养殖石斑鱼的池塘大多是在港湾附近的低、中潮区挖地建池或利用原有的对虾养殖池改建而成。有的进行密放精养，有的半精养。池塘高产养殖石斑鱼是近年发展起来的新技术。

1. 池塘的准备

（1）池塘条件及清整。底质沙质、半沙质，周围海区水质无污染，透明度高，鱼池面积 1 334~4 002 m^2，水深 1.5 m 以上。进、排水方便，交通便利，有电源或自备电源。一般 1 000~1 334 m^2 塘面配 1 台增氧机。

加固池埂，修复路面路基，清除周围杂草。池堤内侧砌砖。彻底清除淤泥。

（2）池塘消毒。带水清塘：水深 1 m，每 667 m^2 用漂白粉 15 kg。漂白粉用水化开，人在上风处均匀泼洒，清塘后 3~5 d 即可。干池清塘：水深 5~10 cm，每 667 m^2 用漂白粉 5 kg，24 h 后将有药物的水排出，加水即可使用。

（3）进水。进水口用过滤网将水过滤。

2. 放养密度 用于商品鱼养殖的鱼种，一般要求达到 10~12 cm 规格。外地运输来的鱼种必须经过暂养以适应本地池塘的养殖条件，并剔除运输途中受伤或死亡的个体。

石斑鱼互相残杀现象严重。不同规格的鱼种不宜同池放养，一般分大、中、小几种规格分池放养。鱼种的放养密度，因池塘条件、养殖方式、商品鱼规格要求以及养殖管理技术差别而有不同。现以面积 1 334~4 002 m^2、配有增氧机的池塘为例，养成商品鱼规格时的密度为每 667 m^2 1 500~1 800 尾。

鱼种在放养前必须进行严格消毒，杀灭病原菌和寄生虫，防止伤口感染。用 0.000 5% 高锰酸钾溶液药浴 10~15 min，或 0.001%~0.002% 的福尔马林药浴 40~70 min。

3. 水质监控与日常管理 一般的情况下，养殖早期，需要适当追肥，以保持水色、透明度。养殖后期，需要注入新水或换水，以保持良好的水质。追肥时，一次不宜太大，防止藻类暴长，之后又迅速死去，造成水质变坏。换水时，一次不宜过大，以免盐度、水温等理化因子的过大改变，使池塘生态系统的平衡受到破坏。养殖后期，经常开动增氧机，保持池水的溶氧量在 5 mg/L 以上，凌晨或天气闷热时不低于 4 mg/L。

（1）饲料种类和投饲技术。石斑鱼的商品鱼养殖，可以选择的饲料有新鲜小杂鱼、冰鲜小杂鱼、全价人工配合饲料等。用小杂鱼投喂，一般先将饲料鱼洗干净，切成适合石斑鱼口径的小块投喂。

人工配合饲料有膨化的浮性饲料和硬颗粒的沉性饲料。使用人工配合饲喂养，需要有一个驯化过程，开始时，用小杂鱼打成鱼浆，拌在人工配合饲料的颗粒表面，诱使石斑鱼摄食，以后逐渐减少鱼浆的用量，直至能摄食人工饲料。

投饲技术对石斑鱼养殖的效果影响较大。在水温25℃的环境条件下，石斑鱼的消化速度为20～24 h。所以，在南海海域5～10月对石斑鱼每天投喂一次，一般在09：00～11：00进行。11～12月、3～4月2 d投喂一次，冬季海水温度降至20℃以下，可以3～4 d投饲一次。每次的投饲量占体重的3％～5％，水温适宜时投饲量大些，水温较低或过高时投饲量减小。在生产中，一般视石斑鱼的摄食状态来决定投饲量，以食欲减弱时为度。

投喂饲料时，应有固定位置投喂，投饲应分批喂，等鱼群抢食完前批投下的饲料，再接着投喂。

（2）巡塘。池塘养殖石斑鱼必须坚持每天早、中、晚3次巡塘，观察鱼群的活动和水质变化情况。尤其是早上巡塘，养殖中的很多问题都可以在早上巡塘中发现。黎明时分容易缺氧"浮头"，一旦发现"浮头"立即采取增氧措施；有些个体鱼体变黑、离群独游等情况，容易在早上巡塘中发现。巡塘观察的结果是投饲、施肥、换水、分池、防治病害等生产安排的主要依据，只有坚持巡塘，才能灵活应用各项技术措施，根据天气、水质变化情况，及时调整生产安排。

（3）分规格饲养。石斑鱼的池塘养殖，由于个体生长的差异，当投喂的饲料不足时，大鱼容易吃掉小鱼，影响养殖成活率。石斑鱼生长到300 g以上，大鱼吃小鱼的情况有所减弱，但每天的喂食过程中，大鱼抢食能力强，生长的更快，小鱼摄食不足，生长更慢，加剧大小差异。为此，每月应起捕一次，将不同规格的鱼分池饲养。分池前，通常要准备2只空池，消毒、进水，将鱼从池中捕起，根据情况，分成2～3个规格，分开饲养。所以，分规格饲养的同时，也将鱼转入了新池饲养，有利于防止病害，防止池塘水质过肥。

五、病害防治

（一）病毒性疾病

主要为病毒性神经坏死症。病毒寄生于稚鱼视网膜、脑神经。症状为：鱼体衰弱，不摄食，漂浮于水面上，横着打转，呈螺旋游泳状态，时而狂奔一阵又恢复原样。有的在几天内鱼群全部死亡，有的则以每天数百尾的速度死亡。组织学检查可发现病鱼视网膜组织中出现大型空泡，在细胞质内，有小型（直径为30 μm）的不带包涵体的病毒粒子。病毒来源初步推定为垂直感染。我国南方沿海的点带石斑鱼、斜带石斑鱼、鞍带石斑鱼人工育苗中时有发生，危害十分严重。鱼苗培育至1～2 cm时发病。

此病目前无药可治。可能的预防途径是在选择亲鱼时通过检疫，使用不带病毒的亲鱼。另一可能的途径是通过免疫学方法预防。

（二）细菌性疾病

1. 烂尾病

主要症状：尾鳍表面发炎充血、皮肤溃烂、鳞片脱落，病灶边缘充血发红，中央溃烂，严重时几可见骨，鱼体失去平衡，数天后死亡。发病期多在4～10月，死亡率很高。

防治方法：开始发病时，以浓度为0.000 05％～0.000 10％的高锰酸钾药浴10 min，随后停饵1～2 d，再用含抗生素0.2％的药饵（1 kg饵料中含2 g抗生素粉）连续投喂3 d。病症严重时无法救治。

2. 弧菌病

主要症状：各鳍及基部充血、溃疡，遍体有大小不等的溃疡面，红肿，鳞片脱落；行动迟钝，独游在网边或水面，停止摄食，数天后死亡，死亡率甚高。发病季节为4~11月。

防治方法：避免鱼体的机械损伤，养殖密度合理，及时治疗寄生虫病，不投喂腐败变质的饵料，注射抗菌疫苗等。初发病时，停饵1~2 d后，用抗生素制成0.2%的药饵，连续投喂3 d，或用磺胺类药物每天以0.2 mg/g（以鱼体重计）的比例制成药饵，连喂3~7 d。病情严重时无法救治。

3. 细菌性白斑病

主要症状：发病初期，在病鱼鱼体两侧出现印状红斑，少数情况下出现在头部和尾部，病灶部稍有隆起，随着病情发展，病灶由红斑转为白斑，鳞片稍有竖起，易脱落，脱落后白斑更为清晰；病鱼食欲丧失，死亡率可达90%以上。此病多流行在冬季。

防治方法：避免鱼体损伤。发病后用抗生素和消炎药药浴，可稍微缓解病情，但冬季鱼不摄食，无法内服药饵，药浴疗效不明显。

（三）寄生虫疾病

1. 白斑病

病原与主要症状：又名瓣体虫病。致病寄生虫是石斑鱼瓣体虫（*Petalosoma epinephelis*），它们寄生于赤点石斑鱼的鳃、体表及鳍上。病鱼体表长有不规则的白斑，严重时白斑扩大连成片，皮肤、头部、鳍和鳃表面黏液明显增多；呼吸困难，无食欲；游动迟缓，常浮于水面，或聚成一团，时而狂游几下，在网上摩擦体表；死亡后胸鳍僵直向前，紧贴鳃盖。患病鱼常并发细菌感染。

防治方法：在放苗、换网箱时用淡水浸浴4 min，杀死病原体，可预防此病，若加抗生素效果更好。在水温25~30 ℃下，用2 mg/kg的硫酸铜海水溶液浸泡2 h，连续2 d，疗效显著；也可单用淡水浸洗4~5 min，以杀死瓣体虫。

2. 白点病

病原与主要症状：又名小瓜虫病、隐核虫病或白点虫病。致病病原体为刺激隐核虫（*Cryptocaryon irritans*）。病鱼体表出现0.5~1.0 mm的白点，有点状充血或损伤，鳞片脱落，表皮黏液增多，形成一层灰白色的膜；鳃贫血，呈淡红色；常造成渗透压不平衡及二次性细菌感染；病鱼厌食。在水温30 ℃时，白点病传染很快，在室内水泥池尤其容易发生，且反复不已，造成大量死亡。

防治方法：①用淡水浸浴5~10 min，或用100 mg/kg的福尔马林海水溶液药浴0.5~1.0 h，3~5 d重复一次，可以治愈。②养殖池施用10~20 mg/kg的福尔马林，连续7 d，可明显抑制刺激隐核虫感染；如果3 d后换池一次，将旧池池底洗净排清，晒干后再使用，并连续施用10~20 mg/kg的福尔马林，两者配合可完全预防和控制此病；也可每2~3 d泼洒40 mg/kg的福尔马林一次，24 h后换水，同时注意充气，能到达较好的预防效果。

3. 回旋病

病原与主要症状：又名黏孢子虫病。致病体为黏孢子虫（*Myxosoma cerelralis*）。病鱼在水面呈不正常回旋游泳，不能下到深水层。

预防方法：鱼种放养时用0.5~1.0 mg/kg的高锰酸钾药浴5~10 min。

4. 指环虫病

病原与主要症状：病原为指环虫（*Dactylogyrus* sp.）病鱼体表失去光泽，食欲不振，在水面打转。虫体主要寄生在鳃部，少量寄生于体表，症状不太明显，严重时，病鱼鳃丝肿胀；体表及鳃部黏液增多，局部鳞片脱落；一侧或两侧眼球突出、发炎、坏死或脱落，死亡时鳃盖张开。

防治方法：①0.8 mg/kg 敌百虫溶液药浴 3～5 min，每隔 2～3 d 一次；或用淡水浸洗 5～10 min，每天一次，连续 2～3 d。②20 mg/kg 福尔马林或高锰酸钾淡水溶液药浴 15 min。

5. 吸虫病

病原与主要症状：病原体为石斑双鳞盘吸虫（*Diplectanum epinepheli*）、分性双吸虫（*Gonapodasmius* sp.）和异线双吸虫（*Allonematobothrium* sp.）等。主要寄生于鳃部，使鳃部黏液增多，有的部位淤血，有的部位贫血，呈粉红色。大量寄生时病鱼行动缓慢，严重时窒息而死。

防治方法：同指环虫病。

6. 隐鞭虫病

病原与主要症状：病原体为隐鞭虫（*Cryptobia* sp.），病症与吸虫病相似。

防治方法：淡水或 0.5～1.0 mg/kg 高锰酸钾溶液浸洗 5 min，可杀灭虫体。

7. 增生性肾脏病

病原与主要症状：病原体是一种原生动物黏体虫（*Myxosoma* sp.），发病率较高。病鱼有不同程度的腹胀、倒浮或侧卧；鳍和体表溃烂，一侧或两侧眼球突出或缺，体表发黑或发白，为石斑鱼养殖中严重流行的"胀鳔症"。

防治方法：用中国水产科学研究院南海水产研究所研制的药物"鱼宝散"（主要成分为艾叶、辣蓼、鲜菠萝皮等晒干粉碎制成的中成药）投喂，治疗效果显著。

8. 鱼虱病

病原与主要症状：鱼虱（*Caligus* sp.）寄生于鱼体表及鳃部，造成鱼体消瘦，并破坏鳃组织，常伴随细菌感染，导致鱼的呼吸功能受损，最终窒息而死。病鱼出现极度不安，时而在水中急速狂游。将病鱼放入淡水中 2 min 后，可见水中出现许多小白点，即鱼虱。海区网箱密集拥挤，水质不好时鱼虱繁殖和传染很快，尤其是水温较高的季节，很容易造成祸害。

预防方法：在放苗和换网时用淡水浸浴 5～10 min。病鱼用 0.4～0.6 mg/kg 敌百虫药浴 0.5～1.0 h，可完全杀死鱼虱。过 2～3 d 后，应再药浴 1～2 次。在鱼虱感染后养殖者常用淡水进行短时间的处理，以求灭虫，有实验表明，用淡水处理 5 min 可杀死部分幼虫，但虫卵和成虫的存活率达 100%，可见此法效果不大。

（四）其他疾病

1. 营养性障碍综合征

症状：俗称膨胀病、鼓胀病、鳔胀病和打转病。病鱼鱼鳔过度充气膨大，腹部隆起、向上，在水面或网箱底打转。流行季节 5～10 月。

防治方法：用相应的中草药制剂防治。

2. 受激猝死

症状：石斑鱼苗期的病害。表现为正常游泳的个体受到某种物理刺激，如取样、换水等，甚至有时只是敲打墙壁，在瞬间鱼口及鳃盖大张，身体僵直而死。单纯投喂卤虫幼体时此病多发，主要是营养缺乏所致。

防治方法：在改投配合饵料后，情况即可好转。

3. 气泡病

症状：石斑鱼育苗期，仔鱼在 3~7 日龄，大量仔鱼浮于水面，腹部朝上，肉眼可见腹部有一个大的气泡。1~2 h 内死亡。此病经常发生在水体光合作用强烈时。

预防方法：调节水质，防止育苗水体藻色过浓，育苗水体避免阳光直射。

思考题

1. 石斑鱼人工繁殖过程中的注意事项有哪些？
2. 石斑鱼育苗的成活率普遍不高，是石斑鱼产业中风险较高的环节，从水质、饵料等方面简述其死亡率高的原因有哪些？
3. 石斑鱼成鱼养殖产生病害的原因有哪些？

第十六章 鲆鲽类养殖

第一节 大菱鲆养殖

大菱鲆具有生长迅速、适应低水温生活、肉质好、价格高、养殖和市场潜力大等优点，自1992年引进以来，大菱鲆的工厂化养殖已经成为我国一项新兴养殖产业和海洋经济增长点，有效地推动了我国海水养殖"第四次浪潮"的形成和发展。

（一）生物学特征

1. 种类分布与形态特征 大菱鲆（*Scophthalmus maximus*）分类上属于鲽形目，鲆科，菱鲆属，英译名（兼商品名）：多宝鱼。大菱鲆为底栖海水比目鱼类，是欧洲的特有种。大菱鲆的自然分布与其个体规格有关，1龄以下的个体分布于阿尔纳田海湾附近水域；小于30 cm的未成熟个体，逐渐离开小海湾游向较开阔、较深的海区；成熟个体则经常栖息于70～100 m水深处，喜欢滞留于沙质、沙砾或混合底质的海区。

大菱鲆两眼位于头部左侧，身体呈扁平状，外形呈菱形又近似圆形（图2-16-1）。有眼侧（背面）体色较深，呈棕褐色，又称沙色，具咖啡色和黑色点状色素，相间排列组成的花纹清晰可见。背部有少量角质鳞分布，触摸时略感粗糙。无眼侧（腹面）光滑无鳞，呈白色。口大，吻短，口裂前上位，斜裂较大。上、下颌对称。背鳍、臀鳍、尾鳍均很发达，并有软鳍膜相连，大部分鳍条末端分支。腹鳍小而不与臀鳍相连，鳍条软而弯曲，无眼侧的第Ⅰ鳍条与有眼侧第Ⅱ或第Ⅲ鳍条相对应。胸鳍不发达，有眼侧

图2-16-1 大菱鲆

微长，中部的鳍条分支。大菱鲆整个鳍边和皮下含有丰富的胶质，尤其腹鳍基部特别丰富，口感细软清香，具有特殊风味。其全身除中轴骨外无小刺。身体中部肉厚，内脏团小，出肉率高。全长与全高之比为1∶0.82。大菱鲆生长速度快，个体较大，自然群体中最大的超过1.0 m，重量达40 kg，通常个体为0.4～0.5 m，重5～6 kg。大菱鲆成鱼体态优美，色泽亮丽；稚鱼体色更加绚丽多姿，极具观赏价值。

2. 生活习性 能短期耐受0～30 ℃的极端水温。1龄鱼的生活水温为3～23 ℃，2龄以上对高温的适应性有逐年下降之势，长期处于23 ℃以上的水温条件下将影响成活率，但对于低温水体（0～3 ℃），只要管理适宜，并不会构成生命威胁。实践证明，3～4 ℃仍可正常生活，10～15 cm的大规格鱼种，在5 ℃的水温条件下仍可保持较积极的摄食状态。在集约化养殖条件下要求水质清洁，透明度大，pH为7.6～8.2，对光照的要求不高，60～600 lx即可，能耐低氧（3～4 mg/L），盐度适应性较广，范围在12～40。

大菱鲆在自然界营底栖生活，鱼苗转入底栖生活后，主要摄食低等生物区系中的小型甲壳类。从第一年年底开始，大菱鲆鱼种大量摄食鱼类和褐虾。成鱼仅摄食硬骨鱼类和头足类

（软体动物）。人工育苗期采用的饵料系列为轮虫—卤虫幼体—微颗粒配合饲料。

3. 繁殖习性 大菱鲆属于一年一个繁殖周期，在同一繁殖周期内可以分批产卵。单位重量亲鱼可产卵 100 万粒/kg。野生雌性大菱鲆 3 龄性成熟，体重 2～3 kg，体长 40 cm 左右；雄鱼 2 龄性成熟，体重 1～2 kg，体长 30～35 cm。自然繁殖季节 5～8 月，养殖亲鱼性成熟年龄一般可以提早一年。

4. 生长特性 方永强等（2001）在厦门试验证明，在工厂化养殖条件下，利用自然海水，夏、秋季采用空调降温，使养殖水温保持在 20～23 ℃；冬、春季自然水温保持在 18～20 ℃。养殖初始规格为全长 3～5 cm、体重 2～3 g 和全长 6～10 cm、体重 10～30 g 的大菱鲆苗，从 5～10 月投喂膨化颗粒料，饲养 5 个月，平均增长 （3.31±0.47） cm，体重增长 （25.69±12.17） g。10 月后改用鲜饲料投喂，其月平均增重率比投喂颗粒料高出 120 g。

5. 发育特征 大菱鲆初孵仔鱼全长 2.5～3.0 mm，孵化后的第三天开口并摄食；8～15 d 消化道分化，鳔器官形成；15～20 d 各部器官基本形成，右眼开始上升左移；25～30 d 右眼移至左侧，开始伏底并变态为稚鱼。至 60 d 完全变态为幼鱼时，全长达 30 mm 左右。牙鲆发育期无鳔器官发生，而大菱鲆无冠状幼鳍的发生，各自显示出不同特点。

（二）养殖的生态环境

1. 水温 大菱鲆为冷温性鱼类，极端耐受温度为 0～30 ℃。在良好的充氧和流水条件下，耐受的高温可达 25～26 ℃，但时间不宜太长。最高致死温度 28～30 ℃，最高生长温度为 21～22 ℃，一般水温超过 21 ℃ 则生长减缓或停止。最低生长温度为 7～8 ℃，最低致死温度为 1～2 ℃，适宜生长温度 12～19 ℃，最适宜生长温度 15～18 ℃。

大菱鲆能适应低水温生活和生长。1 龄鱼的生活水温为 3～26 ℃，但在较高和较低水温下，均不宜滞留太长时间，否则将影响生长和成活。2 龄以上的养成鱼对高温的适应性有逐年下降之势。一般在 7 ℃ 以上可以正常生长，10 ℃ 以上可以快速生长，年生长速度可达 800～1 000 g。养成期间，水温 10～20 ℃ 时生长较快；随着规格的增大，最适生长水温也有所下降。

2. 光照 适当延长光照周期能加快仔鱼生长。培苗初期对光照要求不高，即使在极弱的光照（60 lx）下也能摄食。从变态早期开始则需要较强光照，当光照由 500 lx 增至 2 000～4 000 lx 时，摄食量会显著增加。养殖大菱鲆适应弱光照，其适宜的光照度为 60～600 lx（以 200～600 lx 为佳），可用人工光源（如灯光）进行调控。亲鱼培育期间，光照时间可由短光照向长光照过渡，配合水温进行连续调控，即可达分期分批成熟和产卵的效果。

3. 盐度 大菱鲆的适盐范围较广，能适应 12～40 的盐度（均值为 26）。但不能在低盐度条件下培育亲鱼和育苗。变态前的仔鱼自身不具备渗透压调节能力，变态后方能达到与成鱼同样的盐度耐受力。试验证明，最佳的生长盐度是 20～25，低于 3 只能短暂维持。值得注意的是需要维持渗透压平衡的盐度是在 10±2。盐度首先会影响仔鱼卵黄囊的浮力，中性浮力点是 28。当盐度为 10 时，早期仔鱼会出现动作紊乱。大菱鲆属于广盐性鱼类，估计盐度维持在 20～40（或更高）时效果更好。但仔鱼对盐度的耐受力可能会受亲鱼原产地的影响。

4. 溶解氧 研究表明，平均体重 275 g 的大菱鲆，在 5 种水温条件下的耗氧量见表 2-16-1。

表 2-16-1 平均体重 275 g 的大菱鲆在 5 种水温下的耗氧量

水温（℃）	耗氧量 [mg/(kg·h)]	水温（℃）	耗氧量 [mg/(kg·h)]
8	48	15	135
10	60	18	180
12	96		

（三）人工繁殖

1. 亲鱼选择　大菱鲆亲鱼来源：一是从野生群体中挑选；二是从养殖群体中挑选。我国不是原产地国家，所以主要依赖于第二种途径获得亲鱼。大菱鲆为雌雄异体鱼类，体表缺乏第二性征。雌雄亲体的区别在于通过周期性的性腺发育过程而逐步显现出来。一般雌性个体较大，产卵前身体的肥满度增大，同龄雌鱼的性腺部位明显突出于体表，头部较圆钝；雄性个体相对较小，成熟期身体的肥满度一般，性腺部位不突出，头部相对较尖。选择亲鱼的条件：体型完整、色泽正常、健壮无伤、行动活泼、集群性强、摄食积极、年龄与规格适宜。野生雌鱼要求达 3 龄以上，体重达 3 kg 以上，体长达 40 cm 以上；雄鱼 2 龄以上，体重达 2 kg 以上，体长达 30～35 cm。养殖亲鱼的首次性成熟年龄一般要比野生亲鱼提前一年，即雌鱼 2 龄、2 kg/尾，雄鱼 1 龄、1 kg/尾即可达性成熟。但是偏小的首次性成熟的雌鱼，其产卵的数量和质量都不会理想，所以应当尽量挑选 3 龄以上的雌鱼和 2 龄以上的雄鱼为佳。

2. 亲鱼培育条件

设施与系统：大菱鲆繁育场必须依据自身的经济实力和自然条件设计建造半封闭式或全封闭式的循环流水系统。根据育苗水体、育苗年产量和日用水量纳入一体化的规划与建设。供水系统设备包括海水深井、自然海水泵站、沉淀池、过滤池（包括沙滤池和生物过滤池）、消毒池、调温池、回水池、污水处理池等部分，外加有机物撇除器、臭氧发生器、紫外线消毒器、富氧发生器等设备组合而成封闭式循环流水系统。

营养与饲料：营养物质可以通过两条途径对亲鱼繁殖产生影响，一是影响脑—垂体—性腺内分泌系统轴的正常运转，二是影响卵子发生过程中的生化组成。高脂肪酸尤其是高度不饱和脂肪酸（n-3 HUFA），在饲料中的含量会影响性腺中的脂肪酸组成。脂肪氧化酶及其产物会影响卵子的成熟度。饲料中 n-3 HUFA 的含量与卵中二十碳五烯酸（EPA）的含量呈正相关。当饲料中的 n-3 HUFA 含量达到 1.6%～2.0%时将显著提高产卵量，但过量添加会使卵黄囊过度生长而导致成活率下降。饲料中磷脂的含量会对卵的质量产生影响。

使用优质鱼油强化活饵料或添加于配合饲料中，可有效提高 n-3 HUFA 的含量和卵的质量。饲料中如 n-3 HUFA 的添加量达 2%、维生素 E 2 000 mg/kg 以上和增加乌贼粉的比例，可有效提高亲鱼的繁殖效果。市场上目前尚无亲鱼专用的饲料出售，各养鱼厂家自行配制的亲鱼饲料有冰鲜杂鱼（或鱼块）和湿性冷冻饲料两种。前者选用鲜度较好的玉筋鱼、竹笑鱼、沙丁鱼、小黄鱼、白姑鱼、鲅鱼块等，腹内填充添加剂直接投喂或冷冻后投喂；后者主要成分有鱼粉、鲜杂鱼、豆粕等"基料"，添加若干必需营养成分和诱食剂，混合挤压成圆球形或圆柱状，冷冻备用。应当大力研制和推广使用亲鱼专用的干性颗粒饲料，实现高卫生标准的饲料商品化生产和供应。

光温控制：一般认为影响鱼类性成熟和繁殖的外界控制因子主要是光照、温度、食物的质量和丰度。光照由短向长转变，水温由低温向较高温度转变即可有效改变自然产卵周期，实现在人工条件下一年多次产卵育苗的效果。大菱鲆亲鱼在全人工光照、水温控制条件下，照明灯可以安装在亲鱼水槽的盖板下面，也可以安装在有遮光幕的亲鱼池上方，离水面 1.0～1.2 m 处，水面光照度保持 200～600 lx 即可。光照时间由 8 h/d 逐渐增至 18 h/d，水温由 8 ℃ 逐步增至 14 ℃。如此经过连续 2 个月的调控，即可使亲鱼分期分批成熟，达到一年中每一个月份都有亲鱼产卵、育苗。

3. 亲鱼培育方法 将符合繁殖要求的亲鱼按 1～2 尾/m² 的密度放养入池。雌雄比为 1.5：1 或 1：1。水质需经过严格检验，达到国家一级《渔业水质标准》（GB 11607—1989）方可使用。溶解氧宜 7.0 mg/L 以上，pH 为 8 左右，氨氮小于 0.1 mg/L，盐度 28～35，光照度 200～600 lx，流水的日交换量为 6 个全量。池顶遮光，以利全人工光周期控制。整个亲鱼蓄养区与其他养成区或育苗区应当严格隔离，以防噪声或人员活动的干扰，使其保持安静状态。对亲鱼池的环境监测、病敌害预防、饲料营养调节、亲鱼活动状况的监管等方面都有比养成池更加严格的管理制度。

饲料营养对亲鱼产卵的影响很大，通过优质饲料的强化饲育促进亲鱼积极摄食，提高摄食总量，积累自身营养，最终达到肥育和顺利产卵的效果。为此，在培育期间，应当尽早投喂含高蛋白质、高度不饱和脂肪酸的饲料，并适量添加维生素 E、维生素 C 以及其他微量的营养物质。

每天投喂饲料 2 次，08:00 和 16:00，每周连续投喂 6 d，停食 1 d，日投喂量为总重量的 1%～3%。注意观察亲鱼摄食是否积极，活动是否正常，集群情况如何，有无离群个体，有无鳍边发红、体色变黑、不摄食、不活动的个体。严格按照既定的光照、水温控制程序，控制好每天的光照和温度变化。每天要彻底清池 2 次，池底清扫后，尽量排掉底水，然后恢复水位和自流循环。按光温控制程序密切注视亲鱼群体的肥满度和性腺发育情况，推测首批产卵日期。采到首批成熟卵后，要连续跟踪分期、分批采卵，直到该批亲鱼产卵结束为止。

4. 大菱鲆产卵和采卵受精 雌性大菱鲆亲鱼的平均绝对怀卵量在 300 万粒以上。每尾鱼在同一生殖周期内可以产卵多次，每次可产卵 8 万～10 万粒。如按体重计，则每千克体重约可产卵 100 万粒。大菱鲆的卵径约 1 mm（0.9～1.1 mm），无色透明，正圆球形，中央有油球一个。卵子在静止海水中呈浮性（盐度 30），属端黄卵，动物极朝下植物极朝上。优质受精卵上浮快，透明度大，卵表面无网状或点状结构，卵质清澈无白块，中央只有一个油球。

大菱鲆在人工繁殖条件下，随机组合的亲鱼群体中，雄性成熟较早，腹部不突出；雌性成熟较晚，腹部隆起会随性腺的发育而不断膨大。达性成熟的亲鱼无明显的副性征和生殖行为，至今尚未发现雌、雄亲鱼追逐交配自然排放精、卵而受精的现象，亲鱼池中偶有发现自然排出的卵子，但绝大多数都是未受精卵或过熟卵。所以，人工采卵受精仍然是当前大菱鲆人工繁殖育苗操作中一种常规的手段。

大菱鲆亲鱼的排卵节律受光照、水温和营养因子的控制。研究发现，大菱鲆繁殖群体在整个繁殖周期中的排卵节律可以分为初期、盛期和末期 3 个阶段。初期 1～2 周，产卵总量较少，透明卵少，白卵较多；盛期 5 周左右，产卵总量多，透明卵多，白卵少；末期 2～3

周，产卵总量多，透明卵少，白卵多。整个繁殖周期的全程约2个月。大菱鲆所产卵子的生物学特征和生化组成会随产卵进程而发生变化。即产卵盛期的卵径、含水量和重量均明显高于末期卵，而盛期卵的粗蛋白质、脂肪、灰分占干重的百分比却要低于末期卵；末期卵的中性脂肪所占比例略有增加，而磷脂略有下降；脂肪酸18：3（n-3）、22：4（n-6）的水平要比盛期卵有明显增加，而20：5（n-3）、20：4（n-6）、22：5（n-3）和22：6（n-3）的水平则明显下降。总之，盛产期的卵子营养水平较高，所以它的孵化率和存活率都要明显高于末期卵。由此可见，采集繁殖盛期的精、卵做人工授精，是确保受精卵优质高产的关键。

（四）苗种培育技术

1. 育苗车间

亲鱼池（兼产卵池）：可建亲鱼专用车间或在育苗车间内划出亲鱼专用区。亲鱼车间要求安静、遮光、通气、水循环良好。

孵化池（槽）：国内通用圆形、方形（四角取圆）或长方形水泥池（槽），内置筛绢网制成的孵化箱，池内配备循环流水、充氧气石和中央立柱排水管。也可使用特制的立式玻璃钢孵化槽。前期培育池（槽）圆形或方形（四角取圆）水泥池，规格：$3\sim 5\ m^2$，深1 m；圆形玻璃钢水槽3 m，深0.8 m。

后期培育池（槽）兼中间培育池（槽）为圆形或方形（四角取圆）水泥池，规格$5\sim 6\ m^2$，深1.1 m；圆形玻璃钢水槽$5\sim 6\ m^2$，深1.0 m。

2. 活饵料培养车间

单胞藻培养：具有良好采光、保温和通风功能的保种间1间，面积$20\ m^2$左右。三角烧瓶与细口瓶组成的采光培养架若干排。在车间内配备有多个长方形的二级和三级单胞藻生产池。如果条件允许，最好建专用袋式单细胞藻培养间1~2间，利用"光反应器"进行高密度培养。

轮虫培养池：圆形或方形$5\ m^2$，高1.1 m，或$4\ m\times 4\ m\times 1.2\ m$的轮虫培养池8个。

卤虫孵化池（兼强化槽）：为圆锥形玻璃钢水槽，共8个。

3. 配套设施

封闭式循环流水培苗系统：由井水或自然海水—沉淀—沙滤—消毒—充氧—升温—降温—调温—物理与生物过滤等机电设备构成的循环系统。

水质检测室：按常规水质测定项目pH、溶解氧、总碱度、总硬度、氨氮、亚硝酸氮、硝酸氮、总磷、磷酸盐、化学耗氧量（COD）、生物耗氧量（BOD）、透明度、电导率、盐度等设置。

鱼类实验室：按生物学、生理学、生化等测定项目设置。

鱼病检测室：按常见细菌性病、寄生虫病、营养生理性疾病监测项目设置。

4. 生物饵料培养与强化

海水小球藻的培养：海水小球藻是培养轮虫和卤虫，并进行二次培养、营养强化、促进大菱鲆苗生长、发育起重要作用的活生物饵料。海水小球藻大部分为真眼点藻类，其特点是细胞近似球形，直径$2\sim 4\ \mu m$，与绿藻类的小球藻非常相似，但该藻无细胞壁，繁殖时以竖分裂方式一分为二进行增殖。

轮虫培养：人工培养的轮虫多为褶皱臂尾轮虫，包括个体大小不同的两种生态类型，其中，大型个体称 L 型轮虫，小型个体称 S 型轮虫。S 型轮虫主要用于培育开口较小的仔鱼，一般鱼类的苗种生产都普遍使用 L 型轮虫。

卤虫孵化：卤虫卵有进口品牌和国产品牌两种，进口卤虫卵以美国大盐湖的品牌为好，国产的品牌以沿海各盐场的为主。孵化方法与虾蟹育苗时卤虫卵孵化相同。最好用底部呈圆锥形的玻璃钢卤虫孵化分离槽，也可用 5~10 m（深 1.5 m 左右）的水泥池，注入海水（稍加些淡水），按每立方米水体投放干卤虫卵 1 000~1 500 g，加温至 25~30 ℃，并强充气。经 24~34 h 即可，孵化幼体经分离后进行营养强化再采收投喂大菱鲆仔、稚鱼。卤虫幼体的营养强化方法与轮虫强化方法相同。

（五）大菱鲆成鱼养殖模式与技术

大菱鲆养殖模式有室外开放式流水养殖、海水网箱养殖、室内开放式流水养殖、室内封闭式循环流水养殖 4 种，我国现行的只有后两种模式。我国具有多样性的海区条件，推测未来有可能借助"南北接力"和"海陆接力"的途径，局部地区开创出前两种模式的养殖。

1. 室外开放式流水养殖 这是欧洲早期大菱鲆养殖的一种简易模式。养鱼场紧邻水温适宜的岸边或临海的发电厂，自然水源的周年水温要求为 8~22 ℃。临海发电厂既有自然海水，又有易得的余热水可供调节使用，达到全年温流水养鱼的良好效果。养鱼池用混凝土筑成，呈圆形，直径 9~10 m，深 0.8 m，平均底面积 57 m²，实用水体 50 m³，半卧式。养鱼池上口切线方向安装进水管，日交换量达 3.5~20.0 次，池中央安装有孔的排水立柱，池外也设排水立柱或排水阀，将废水通过地沟排至专用污水池中，用过的废水不再回收。池内安装充气石充入空气或纯氧。池上不设顶棚或季节性覆盖临时性塑料薄膜以遮风挡雨。主要投喂自制的湿性颗粒饲料，很少使用干颗粒饲料。

2. 网箱养殖 我国南方的福建、广东沿海在进行"南北接力"方式的大菱鲆网箱养殖试验，即每年的 10 月底，当南方沿海自然水温下降至 21 ℃ 以下时，从北方购进大规格鱼种（100~150 g）投入网箱养殖，方法与其他鱼类网箱养殖基本相同，使用鲜杂鱼或干颗粒饲料投喂，至翌年 5 月即可达到 500~700 g 的上市规格。另外大菱鲆"海陆接力"养殖模式，已在北方取得成功的示范效果。

3. 温室大棚加深井海水工厂化养殖 温室大棚加深井海水工厂化流水养鱼模式，是当前我国北方沿海养殖大菱鲆最经济的选择。这种模式投资少、成本低、效果好、经济实用。水温可常年保持在 11~18 ℃，大菱鲆苗经过 7~9 个月的养殖，体重可达 500 g 以上，建场当年就可获利。建温室大棚养殖大菱鲆，冬季可以保温，夏季可以遮阳，使棚内温度保持凉爽。深井海水四季基本恒温，可以免除温度高低对养殖鱼的威胁，对维持大菱鲆的全年生长非常有利。

4. 封闭式工厂化养鱼 我国的海水工厂化养鱼于 20 世纪 80 年代末至 90 年代初，从仿效日、韩等国陆上筑池试养牙鲆开始起步。当时，这种陆基养鱼模式只有简陋的养鱼车间（包括养鱼池）和简单的供水设施（包括水泵、高位水槽、进水管、排水管等）。他们直接抽取自然海水养鱼，冬季水温低时要靠燃煤锅炉升温；夏季水温高时，则要靠加大水的交换量来缓解高温威胁，有时还不得不投入冰块降温。所以这种养鱼系统的能耗很高，单位产量也很难提高，仅限于我国北方的少数区域和少数几个品种的养殖，发展受限。迄今为止，我国现行的海水工厂化养鱼仍然停留在开放式流水养殖水平，尚处于工厂化养鱼的初级阶段。

(六) 大菱鲆病害的防治

1. 疾病发生原因 大菱鲆自引进以来，因受国内养殖大环境影响而发病逐年增多。大菱鲆疾病蔓延的主要原因有：供苗渠道太多，苗种质量良莠不齐；国内苗种生产不规范，表现在亲鱼的选择、培育工艺等方面尤为突出；大部分厂家直接投喂自行配制的湿性颗粒饲料，营养、卫生状况较差，潜伏着疾病传播隐患；日常管理不规范，对水源、常用工具、运输车辆、人员往来等的消毒均不够严格，因而导致疾病传播和感染的机会增多。

2. 主要常见疾病 常见的细菌性疾病有弧菌病、链球菌病、细菌性败血症、爱德华氏菌病、滑走细菌病等；常见的病毒性病有肝胰腺坏死病（IPHV）、淋巴囊肿病（TLCV）、虹彩病毒病（DNA病毒）等；常见的寄生性疾病有白点病、盾纤毛虫病、刺激隐核虫病、车轮虫病、鱼波豆虫病、孢子虫病等；常见的营养性缺乏症有白化症，为缺乏 n-3HUFA、维生素等营养物质所致。其中以细菌性疾病和寄生性疾病发生最普遍，危害最严重。

3. 大菱鲆疾病防治存在的问题和策略 国内大菱鲆养殖疾病发生有迅速蔓延之势，说明生产系统和疾病预防系统都还存在着许多问题。现行的生产中存在亲鱼种质、水质、育苗工艺、营养饲料、日常管理等问题，亟待改善；疾病预防系统中存在消毒、隔离、用药等方面问题，也要求彻底改变思路和方法。更加严重的是，现行的育苗体制和苗种销售尚处于无序状态，产品没有标准，市场没有准入和退出制度，所以显得比较混乱，无形中会给疾病的传播增加隐患。解决上述问题的基本策略是针对大菱鲆养殖和销售中存在的主要问题，出台一系列法规或政策，公布实施后，首先通过转变人的观念，去制约生产和销售中出现的不正确思想认识，逐步将其纳入正常的宏观管理轨道，那么疾病的传播便有可能得到有效控制。

挪威养殖大西洋鲑堪称世界一流，其在鱼类养殖疾病防疫方面也当属世界第一，他们的宝贵经验可以提供我们借鉴。关于防疫问题。其中最重要的法规有：①根据有关规定向合格的养殖申请者发放养殖许可证；②养殖鱼转移、出售时都要有健康证明方可实行；③发生鱼病要主动、及时向兽医局报告详情；④严格死鱼处理制度，必须焚烧或药物浸泡处理；⑤有非常明确的废水排放和处理规定；⑥规定两个养殖场之间的间隔不得少于 1 km；养鱼场与亲鱼培育场的间隔要 3 km 以上；⑦养殖密度每平方米不得超过 25 kg 以上；⑧在药物使用上，尽量少用或不用抗生素，推广使用多联疫苗，近年尤其推广使用油佐剂注射疫苗，这种疫苗的用量小、药效持续时间长，可免除多次注射之苦，因而大大降低了总用药量和费用。

第二节　牙鲆养殖

(一) 生物学特性

牙鲆（*Paralichthys olivaceus*）是我国重要的海洋经济鱼类之一，它不仅是我国重要的捕捞对象，也是主要的海水增养殖鱼类。

1. 分类地位与形态特征 牙鲆属于鲽形目，鲆科，牙鲆亚科，牙鲆属。体侧扁，呈长卵圆形，又称牙片、偏口等（图 2-16-2）。

2. 栖息特性 牙鲆为底栖鱼类，具有潜沙习性，大多数情况下栖息于底质为沙泥、沙石或岩礁，水深为 20～50 m 和潮流较为畅通的沿岸水域，一般昼伏夜食。

3. 对主要环境条件的需求

温度：牙鲆属暖温性鱼类，成鱼生长的适温为 13～24 ℃，最适水温为 21 ℃。

盐度：牙鲆为广盐性鱼类，既能生活在外海高盐度海区，也能栖息于河口低盐度水域。

溶解氧：牙鲆对低溶解氧的耐受性强，其缺氧的致死浓度为 0.6～0.8 mg/L，但养殖时不应低于 4.0 mg/L，否则，其摄食量会减少，发病率将上升。

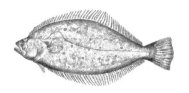

图 2-16-2　牙　鲆

4. 摄食特性　牙鲆是较凶猛肉食性鱼类，即游泳动物食性。捕食能力强，食谱广，季节变化明显。

5. 生殖特性　我国黄海、渤海沿岸的牙鲆繁殖期为 4～6 月，盛期为 5 月，分布于东海和南海的牙鲆繁殖期要早些。牙鲆在各地产卵期的不同主要由水温决定，牙鲆产卵的适宜水温为 11～21 ℃，最适水温为 15 ℃。牙鲆在胶州湾及近海的生殖季节为 4～6 月，此期间水体底层的平均水温为 13.00～21.51 ℃，产卵盛期在 5 月（底层水温为 17.43 ℃）。成熟雌性亲鱼的体长为 339～741 mm，鱼体质量为 565～6 610 g。怀卵量为 14.0 万～975.1 万粒，平均为 199.4 万粒；平均怀卵量为 759 粒/g，产浮性卵，卵径为 0.95～1.10 mm。

（二）牙鲆人工繁殖技术

牙鲆与大菱鲆人工繁殖技术相近。

1. 亲鱼培养　亲鱼来源有捕捞野生亲鱼和养成的全人工亲鱼两种。平时牙鲆难以从外观上分辨雌雄，产卵期也无婚姻色出现，只能依靠压迫腹部或观察生殖孔进行判别。生殖孔红而圆者为雌，细而长者为雄。当秋季水温降至 9 ℃时，需开始升温并保持该温度越冬。由 1 月中旬再徐徐升温，1 月底升至 11 ℃，2 月底升至 14 ℃，3 月下旬即可开始自然产卵。

2. 人工繁殖　牙鲆的适宜产卵水温是 10.6～21.0 ℃，最适水温是 14～17 ℃，在低于 10.6 或高于 21 ℃时，卵巢不能成熟或退化。光调节是采取长日照处理方法，从日落到 21:00～24:00 用荧光灯照明（设于池面上方约 1 m 处，水深 1.0～1.5 m，水面光照度 30～70 lx），连续照射 1～2 个月，并加强饵料营养（添加维生素 E 等），可促其提前 2～3 个月产卵。研究表明，在连续长日照控制下，牙鲆的临界日长应在 13～14 h。因此需转季育苗时可以利用光照、水温因子进行调控，使亲鱼提前或延迟产卵季节。

3. 孵化　牙鲆受精卵胚胎发育和孵化的适温为 14～19 ℃，最适水温为 15 ℃，最佳孵化盐度为 33，在此条件下经 50～60 h 即可孵出。孵化时使用 1 m³ 透明玻璃钢水槽，内挂软质孵化网箱，放卵 10 万～60 万粒，采取流水微充气孵化；也可以将受精卵计数后直接放入育苗池内孵化培育。牙鲆自初孵仔鱼开始，经过前期仔鱼、后期仔鱼和稚鱼期 3 个阶段的发育而达幼鱼期。

（三）苗种培育

1. 育苗设施

（1）育苗车间。参考国内及日本、韩国牙鲆育苗水池的使用情况，认为圆形水池最适合牙鲆育苗生产，虽然车间的利用率要比方形和八角形的低，但水交换彻底，池底排污良好，便于管理，成活率高，出苗量多。

（2）生物饵料培养车间。一般要求实用水池面积为育苗车间的 2 倍，小球藻培养的光照越强越好,所以饵料车间的屋顶必须采用透光率为90%的材料。目前国内外生物饵料培养池形式多样,只要能供应沙滤水并满足光照条件,即可用来进行生物饵料培养。

(3) 鱼苗中间培育车间。若计划育成80万~100万尾全长8~15 cm的大规格鱼苗,除上述育苗和生物饵料车间也兼作中间养成车间以外,还需建1 000~2 000 m² 实用水体的中间养成车间。中间养成水池面积以25~30 m²为宜,池深和池形基本与育苗池相同,只是中间排水管用直径160 mm的PVC管即可。水池坡度为20 cm(育苗池为15 cm)为宜。水池进水管使用50 mm的PVC管。

(4) 配套设施。包括供水及水处理设施、水温调节系统、供电设施、增氧充气设备、车间光照调节等。饲料准备包括卤虫卵、小球藻、轮虫、轮虫、卤虫无节幼体营养强化用乳化油、微颗粒配合饲料(如牙鲆育苗用微颗粒配合饲料)。

2. 鱼苗培育工艺 具体内容参考大菱鲆。

(1) 受精卵的采收孵化管理及布池。

(2) 前期培育。水环境管理包括水质管理与换水、维持水温和光照度、保持充气、池底吸污。

(3) 后期培育。包括鱼苗分选、放苗密度、水池管理与换水率、水温、光照、充气及池底吸污、投饵等。

(4) 中间育成。包括鱼苗分选、放养密度、水质管理与换水量、水温、光照、充气及池底吸污等生产管理、饲料营养和投喂。

(四) 成鱼养殖

1. 养殖方式及设施 牙鲆养成方式目前有陆基室内工厂化、海上网箱、海水池塘生态养殖等3种。室内工厂化养殖:单产高、饲料系数低、成活率和成品率高、管理方便、安全,便于鱼病的早期发现和治疗,但设施设备投资大,养殖成本高。海上网箱养殖:设施投资少、生长快、生产成本低,但饲料系数高、管理不方便、风险大、鱼病治疗困难、成活率和成品率低。池塘养殖:投资少、生长较快、生产成本低,风险比海上网箱小,成活率和成品率虽不如室内工厂,但高于海上网箱;不足之处是单位产量低,出池收获麻烦,鱼病治疗较困难等。

2. 养殖技术 鱼苗质量的好坏,直接关系到养殖的成败,购入苗种时要注意体色、形状、鱼苗生长情况、鱼苗购进时期、水温和鱼苗规格等几方面问题。

大小分选:全长10 cm以前的鱼苗互残现象严重。若购入全长5 cm的鱼苗至10 cm需分选2~3次。

生长及放养密度:放养尾数=水池底面积/平均鱼体面积×放养面积率。

饲料营养、加工及投喂方法:干物质中粗蛋白质含量要求50%以上,粗脂肪含量为10%左右,磷钙比为2:1。全长15 cm以下的小鱼,饲料中粗脂肪含量应为12%~15%,还应添加3%~7%的磷脂。主要为冷冻鲜杂鱼、鱼粉、添加剂等原料经饲料加工机制成颗粒,冷冻成型后投喂。投喂次数和投喂量因鱼大小而异,原则上既要鱼吃饱又不能有残饵。

水质与环境管理:主要靠调整养殖密度和调节换水来维持饲育水的水质。换水量大小与水温成正比,如换水量达不到要求,就要降低饲养密度,以确保良好的水质和鱼的正常摄食生长。

3. 海上网箱养殖

(1) 苗种规格、放养密度和时期。一般应于5月下旬至6月上旬水温达到15 ℃时放养全长 15～20 cm 的大规格鱼种，养至 9 月下旬至 10 月收获商品鱼。放养密度：全长 15～20 cm 的大规格鱼种可根据海区水流交换情况每平方米网箱放养 30 尾左右，中间不分苗，一直养到商品鱼。

（2）饲料及投喂方法。可使用室内工厂化养鱼用的湿颗粒饲料或购买牙鲆专用膨化饲料，各有优缺点。一般早、晚两次投喂，06:00～07:00、17:00～18:00，即在日出后和黄昏前投喂，鱼的摄食效果最佳。

4. 池塘养殖

（1）清池肥水和放苗时间。3 月底至 4 月初，进水浸泡和冲刷池塘。然后进水 30 cm，施漂白粉和生石灰进行消毒清池。2 d 后放干池水，挂进水网重新进水 30 cm，施肥培养基础饵料生物，水色呈浅绿色或黄褐色，透明度控制在 30～40 cm。放苗时间为 4 月下旬至 5 月上旬，池塘水温达到 15 ℃以上时为宜。

（2）鱼苗选购及运输。鱼苗选购可参照上述室内水池养殖部分。鱼苗运输：选好鱼苗后，若室内暂养苗池水温与池塘水温相差 3 ℃以上时要提前 1 d 调整室内苗池水温，并提前 1 d 停食待运。运输方式：使用运输活鱼用双层塑料袋装水 10 kg，全长 8～12 cm 的鱼苗放 50 尾，13～15 cm 的鱼放 40 尾。运输时若气温低于水温，则使用原池海水；若气温高于水温，则降温 2～4 ℃运输，装袋可使用新水，装好鱼的塑料袋充氧后置于专用运输的塑料泡沫箱中，封盖后启运。用此法运输鱼苗安全可靠，一般 6 h 内不会有问题。

（3）放养密度。在池塘养殖中，放养密度主要与池塘的大小、水深、换水能力有关。全长 12 cm 左右的鱼苗，0.6～1.3 m² 的小型池塘，水深 2 m 以上，换水率较高时，放养密度可以是每 667 m² 500～600 尾。

（4）饲料及投喂方法。可参照上述网箱养鱼饲料及投喂方法。

（5）收获与销售。收获时间需根据市场需求、价格、天气、水温和牙鲆的生长规格等进行综合考虑。应将苗种按不同规格分池养殖，错开收获季节，以延长上市销售期时间，以便稳定销售价格。收获捕捞方式有 3 种：一是池塘放水用排水网捕捞，一般每次提网收获约 10 kg，一次放水时间不宜过长以免造成鱼体损伤；二是将池塘水位降到 10～20 cm 时，用带囊的手抄网逐个捕捞；三是用小拉网、小滩网、弓子网等网具捕捞，主要用于积水较深的沟湾外捕捞。

5. 活鱼运输

（1）挑鱼。按本次出售数量挑选符合商品规格的鱼，残鱼、白化鱼、伤病鱼和不够商品规格的鱼要剔除，将挑好的鱼送到售鱼池（小型池）待售。

（2）停食。待售的鱼停食 1.5～2.0 d，停食后的鱼运输途中耗氧量低。但停食时间过长，鱼的体力消耗过大则不易运输。

（3）降温。除冬季低水温期售鱼以外，养殖水温 8 ℃以上时均需降温，水温 12 ℃以上时一般需分两段降温：一是在售鱼池内降低水位加冰降温，根据运输距离远近，一般降至 10～12 ℃，池内迅速降温 4～5 ℃后，再每隔 1 h 缓慢降温 1.0～1.5 ℃。池中降温根据降温幅度，一般提前 6～12 h 进行。二是装袋发运时，袋中的水一般降至 2～3 ℃。气温高时发鱼的塑料泡沫箱中再加冰 500～1 000 g（分两块），以防袋中水温急速上升。水温 9～11 ℃时，一般不用在池中降温，只要袋水降温即可。

（4）装袋封箱。一般使用发鱼专用塑料袋（规格 55 cm×95 cm）和带盖泡沫塑料箱

（规格 57 cm×34 cm×36 cm）。

（五）病害的防治

具体方法参照大菱鲆病害的防治部分。

第三节 半滑舌鳎养殖

半滑舌鳎（*Cynoglossus semilaevis*）性情温顺、适应性强、食性广、生长速度快，且肉质细腻、味道鲜美、营养丰富，经济价值较高，现已逐渐成为我国北部海区重要海水鱼类之一。

半滑舌鳎属暖温性近海底层鱼类，我国黄海、渤海、东海等海域均有分布，其雌鱼体长可达 80 cm，体重可达 2.5～3.0 kg。

半滑舌鳎终年栖息于近海，无远距离洄游，是理想的近海增殖对象。由于生长速度快，食物层次低，病害少，半滑舌鳎很适合在目前养殖大菱鲆、牙鲆的大棚内养殖。而且，作为一种广盐、广温性鱼类，半滑舌鳎的盐度适应范围为 5～37，温度适应范围为 3～32 ℃，因此，适合我国大部分海区的自然环境条件进行人工养殖。因此半滑舌鳎被认为是我国目前最具发展潜力的工厂化和海水池塘养殖种类之一，发展前景极为广阔。

我国自 20 世纪 80 年代末开始对半滑舌鳎生理学、遗传育种及人工育苗技术进行研发，现已取得了很多重要成果。特别是近几年来，对半滑舌鳎的工厂化育苗、生物学和生理生态学、养殖技术等进行了大量的研究及推广工作。半滑舌鳎养殖技术研究首先在山东各地展开，随后在河北、天津、辽宁、江苏、福建、浙江、广东等地沿海迅速开展起来。各地的渔业工作者根据当地的具体条件，因地制宜地进行了多种养殖模式探索，推动了半滑舌鳎养殖业的发展。

一、生物学特性

（一）种类及分布

1. 种类 隶属于鲽形目，舌鳎科，舌鳎属，种类较多。在中国广泛分布的舌鳎科鱼类主要有半滑舌鳎（*C. semilaevis*）、宽体舌鳎（*C. robustus*）、短吻三线舌鳎（*C. abbreviatus*）、褐斑三线舌鳎（*C. trigrammus*）和焦氏舌鳎（*C. joyneri*）等。其中，半滑舌鳎俗称龙力、舌头、鳎米鱼、鳎目等，经济价值最高。

2. 分布 半滑舌鳎属暖温性的近海底层鱼类，我国渤海、黄海、东海、南海沿海均有分布，以渤海、黄海为多，一般在辽宁、河北、山东、浙江沿海分布较多。渤海的半滑舌鳎几乎分布在整个渤海水域，尤以渤海南部和莱州湾的中西部为多，且多数分布在湾的中南部。半滑舌鳎是我国现有的 25 种舌鳎属种类中个体最大的一种。

（二）形态特征

半滑舌鳎个体比较延长，侧扁，呈舌形的扁片状，前端钝圆，后部渐尖，背腹缘凸度相似。头部短，眼颇小，均在左侧；口歪，下位，弯曲呈弓形，左右不对称，有眼侧较平直，无眼侧弯度较大，口裂近半圆形；吻部延长成钩状突，包覆下颌；牙细小，呈绒毛状，有眼侧无牙，无眼侧的牙排列呈带状。鳃孔较窄，侧下位，鳃盖膜左右相连，鳃耙退化，仅为细小尖突。肛门在无眼侧，生殖突位于第一臀鳍条基右侧，游离。半滑舌鳎鳞片细小，有眼被小型强栉鳞,右侧鳞栉刺很弱少,仅后部有一小群5～8个,且刺均位鳞后缘内侧,故手摸似圆鳞,体中央一纵行为圆鳞,头前部鳞片变为绒毛状小突起。有眼侧有侧线3条,上、中侧线有颞上枝相连,到吻端向下弯,会合后延至吻钩,少数有眼前枝、前鳃盖枝与下颌鳃盖枝相连,向后有叉枝;上、下侧线伸入倒数第Ⅱ～Ⅵ背鳍条、臀鳍条间,无眼侧无侧线。

半滑舌鳎背鳍及臀鳍均与尾鳍相连续;背鳍起点在吻部近前端的背方,在中侧线前端延长线上;臀鳍起于鳃盖后下方,形似背鳍,无胸鳍;无眼侧无腹鳍,仅有眼侧有腹鳍,始于鳃峡后端,以膜与臀鳍相连,第Ⅳ鳍条最长;尾鳍窄长形,后端尖。

有眼侧为褐色、暗褐色、古铜色或青灰色,无眼侧为白色。半滑舌鳎的外部形态见图2-16-3。

图2-16-3 半滑舌鳎

半滑舌鳎雌雄异体。成熟的雌、雄个体大小差异大,雌鱼体躯远远大于雄鱼。生殖腺成对,雄鱼有1对精巢和贮精囊,雌鱼有1对卵巢。雌鱼卵巢发达,呈米黄色,怀卵量很高;卵巢又长又大,为体长的2/3～3/4,位于鱼体腹侧两边,呈胡萝卜状,分上、下两叶,上下对称;卵巢从腹腔延长至尾柄前端,卵巢后端变狭,卵巢前端各有一输卵管,会合后开口于肛门与泌尿口之间,成熟的卵子由此排出。雄鱼的精巢乳白色,位于腹腔内,精巢不发达,具有贮精囊1对。输精管与肾小管相连,经肾小管通向中肾管,由尿殖孔开口于体外,成熟的精子由此排出。

(三)生态学特性

1. 对水温的适应 半滑舌鳎对水温有较强的适应能力,能在3～32 ℃的水温中生存;在水温14～28 ℃生长良好,随着温度上升,生长速度加快;水温高于30 ℃时,会出现明显的不适应。生产中发现,3～8 cm的幼鱼在水温低于10 ℃时,摄食很少或停止摄食。由于半滑舌鳎适应温度范围相对较广,在3 ℃可以越冬,32 ℃可以度夏,所以很适合我国大部分海区养殖。

2. 对盐度的适应 半滑舌鳎是一种广盐性鱼类,一般认为能在盐度为5～37海水中存活,生长适宜盐度为16～32,最适生长盐度为26左右。半滑舌鳎对低盐度有较高的适应能力,使其淡化养殖成为可能,目前可在咸淡水(盐度为3左右)养殖半滑舌鳎。

3. 对溶解氧的适应 对低氧的窒息点随着温度和体重的增加而有所增加。已有研究发现,在14～27 ℃温度范围内,体重在29.6～66.7 g的半滑舌鳎幼鱼的窒息点在0.84～1.11 mg/L。在较低的温度下,半滑舌鳎具有很强的耐低氧能力。

4. 对光照和透明度的适应 半滑舌鳎喜欢清新的水质,水中悬浮物过多会影响其正常呼吸,不利于摄食和生长,水体透明度应在50 cm以上。半滑舌鳎喜欢在较暗的环境下生活,光照太强时,表现紧张伏底,聚群不活动;当光照较暗时,便四处活动,寻觅食物。工厂化养殖中,光照度要求在600 lx以下,在池塘养殖中,可以通过提高水位来降低池底光照度。

(四)摄食习性

1. 食物类型和摄食的季节性变化 半滑舌鳎成鱼为底栖生物食性鱼类,在自然海区中,食性较广,食物种类有十足类、口足类、双壳类、鱼类、多毛类、棘皮动物类、腹足类、头足类及海葵类等，占比例大的有日本鼓虾、鲜明鼓虾、隆线强蟹、泥足隆背蟹、口虾蛄、鹰爪虾、矛尾鰕虎鱼、六丝矛尾鰕虎鱼等10多种。

2. 食性转换和摄食节律　半滑舌鳎幼鱼开始逐渐摄食软体动物类、多毛类、小虾和小鱼的幼体等。成鱼多摄食十足类、口足类、双壳类和小型鱼类等，随着其栖息环境和洄游路程的差异，成鱼摄食的食物类型等也发生较大的变化。在人工育苗过程中，半滑舌鳎仔稚鱼前期投喂轮虫、卤虫幼体，后期开始驯化投喂人工配合饲料。而在养成过程中，则以人工配合饲料和鲜杂鱼为主要食物。半滑舌鳎的胃容积不大，摄食量小，只要有食物就不停地摄食，主食沙蚕、端足类、小虾等。

3. 摄食方式　半滑舌鳎的成体摄食习性不同于牙鲆和大菱鲆等鲆鲽鱼类，不是主动跃起摄食习性，而是采用底匍摄食方式，属于吞咽式摄食方式。其寻找到食物后，先将食物压在嘴下，然后吸入口中吞下，对大型食物没有撕咬吞食能力，只能摄食适口的小型食物。当活饵料位于半滑舌鳎头部前上方时，偶尔也会主动跃起摄食。

（五）生长特性

在渤海海域半滑舌鳎群体中，雌鱼个体大，数量多，雄鱼个体小，数量也较少，雌雄比例为1.56∶1。群体中雌鱼的最高年龄为14龄，雄鱼的最高年龄为8龄。雌鱼的优势年龄组为3~4龄，优势体长组为42~70 cm；雄鱼的优势年龄组也为3~4龄，优势体长组则为24~34 cm。在人工养殖条件下，半滑舌鳎的年生长量可达500 g以上，一般体长10 cm的鱼苗经12~15个月的养殖后即可达到500~800 g的上市规格。

（六）繁殖生物学

1. 性成熟规格与生殖周期　从已完全性成熟的个体来看，雌鱼最大体长可达82 cm，雄鱼最大体长为42 cm左右，最小体长只有19.8 cm，其中体长21~31 cm的个体占绝对优势。渤海水域半滑舌鳎可终年不出渤海，1年中有1个繁殖期，期间性腺分批成熟，多次产卵。半滑舌鳎属秋季产卵型鱼类，在自然海域一般从8月下旬开始产卵，9月上中旬为产卵盛期，10月上旬结束，黄海、渤海区的繁殖季节相差约半个多月。半滑舌鳎的亲鱼在产卵期仍可摄食。人工培育的亲鱼，由于个体发育不同步，可从7月开始产卵，到12月甚至翌年1月结束。每尾雌鱼可产卵5次以上，产卵期1个月或更长。雄鱼排精量少，多次排精，排精时间1~2个月。

2. 性腺发育及影响因素　雄鱼到2龄时大部分即可达到性成熟，雌鱼在3龄以上才会性成熟；达到性成熟年龄的半滑舌鳎，每年性腺的发育还受到雌雄比例及营养、水温、光照、水流等影响。在人工培育条件下，可以人为地调节繁殖期。性腺发育过程中，如果水温不适宜，其性腺发育到一定程度后就逐渐被吸收，不能进行繁殖。如果水体环境不好，性腺发育好的亲鱼也不产卵或延长产卵时间。由于半滑舌鳎雌雄个体大小差别显著，雄鱼个小且繁殖力弱，没有雄鱼的刺激，雌鱼产卵不顺利甚至不产卵，因而人工繁殖群体中要求雄鱼数量等于或多于雌鱼数量才好。

3. 个体生殖力　渤海海域半滑舌鳎的雌雄个体性腺差别极大，卵巢极为发达，怀卵量很高，体长52.3 cm的雌鱼，Ⅴ期性腺平均重量为146.6 g；体长56~70 cm的个体，卵巢重量一般为100~370 g，最重可达430 g。其怀卵量为$(80\sim250)\times10^4$粒，绝大多数为150×10^4粒左右。与此相反，半滑舌鳎雄鱼的精巢极不发达，几乎退化，平均体长28 cm的雄鱼，Ⅴ期性腺平均重量为0.58 g，完全性成熟的精巢，无论体积或重量，都只有成熟卵巢的 1/200～1/900，这种现象在其他硬骨鱼类中尚未发现。由于半滑舌鳎雄鱼组成数量少，精巢不发达几乎退化，导致其自然繁殖受精率低，种群繁殖力弱，资源得不到正常的世代补充，属繁殖力弱的种类。

二、人工繁殖

（一）亲鱼的选择与培育

1. 亲鱼选择及标准 用于人工繁殖的亲鱼一般来源于海捕的成鱼和人工养殖培育的成鱼两类。人工培育的亲鱼包括全人工培育的亲鱼和野生成鱼驯化培育的亲鱼，人工养殖成鱼需经优选，雌鱼达到 3 龄以上的可以用于繁育。选择 3 龄以上，雌鱼体长在 45 cm 以上、体重 800 g 以上，雄鱼体长在 25 cm 以上、体重在 120 g 以上，性腺发育良好（性腺成熟度达Ⅳ以上），体表无外伤，鳞片完整，无受伤的个体作为亲鱼。采用塑料袋充氧运输，亲鱼受损伤轻，运输成活率高。

2. 亲鱼驯化及培育 亲鱼蓄养的水泥池有长方形、方形、圆形和八角形等多种，以 30～50 m^2 的圆形池效果最好。亲鱼蓄养密度一般为 2～3 尾/m^2，雌雄比为 1：（1～3）。

培育期间，保持水质清洁，采用充气长流水的方式，每天换水量 200%～400%，不间断充气。由于半滑舌鳎游动少，多为静卧伏底，要求水质清洁，不能有悬浮物，池水不停地循环流动，否则鱼体表黏附污物，发黏发霉，对鱼摄食生长不利。

定时监测各项环境因子，维持各项指标在最适范围。一般要求水温 20～26 ℃，海水盐度 26～32，pH 7.8～8.4，溶解氧为 6 mg/L 以上，其余指标要符合《无公害食品 海水养殖用水水质》（NY 5052—2001）规定的要求；定时检查性腺的发育程度及摄食状况，做好记录。培育期间保证充足的饵料供应，饵料种类包括沙蚕、双壳贝肉、虾蛄肉和小鲜鱼肉等。

半滑舌鳎不喜欢生活在强光下，人工调控光照度应在 1 000 lx 以下，每天光照时间在 16 h 之内。半滑舌鳎害怕惊扰，平时很少活动，操作管理动作要轻缓，保持周边环境的安静。一般野生亲鱼的驯化时间为 1～2 个月，亲鱼在室内培育 2～3 个月性腺即可达到成熟，并形成自然产卵。

（二）产卵与受精

1. 性腺发育与成熟度鉴别 驯养和全人工培育的亲鱼经过肥育，达到理想状态后，可实施控温、控光措施，促进亲鱼性腺发育。当培育水温从秋季高温降至 25 ℃ 以下时，使用遮光幕和白炽灯调控光照度和光照节律，控制光照度 200～300 lx，光照时间每天 12～13 h，温度保持在 25 ℃ 左右。光照时间要逐步缩短，然后进行光照、水流诱导促进性腺发育成熟。经过 2～3 个月的精心管理，雌鱼腹部明显隆起。当用手轻轻抚摸腹部凸起，明显可以感到性腺呈松软状态时，表明性腺完全成熟，进入产卵期。还可以通过测量半滑舌鳎全长与性腺长度比例来判断性腺成熟度。

2. 产卵 半滑舌鳎产卵前，明显有雌雄聚集的现象。雄鱼聚集在要产卵的雌鱼周围，进行产卵诱导刺激。雌鱼产卵时尾部时常上下拍动，背鳍、腹鳍不停地抖动。当雌鱼出现一次大的拍动动作时，整个鱼体隆起，雄鱼迅速钻到雌鱼腹部下面，并被雌鱼掩盖，很快便出现产卵和排精现象。卵子和精子在水中结合受精，池水变浑，充气水面出现黏液气泡。产卵时间为 00：00～02：00，多数集中在 00：00～01：00 产卵。产卵时间准时有规律。发现其自然受精后，及时将池内的受精卵随流水收集于集卵网箱内。

性腺发育良好的亲鱼，轻压腹部可挤出卵子或精液。由于半滑舌鳎雌鱼的排卵量相当大，而雄鱼的精液量很少，进行人工授精时，为了保证较高的受精率，可用1～3尾雄鱼配1尾雌鱼。半滑舌鳎的成熟卵子呈浮性，采用湿法人工授精较好。挤出卵子后，快速用海水分离去掉下沉的卵子，加入精液，不停地均匀搅动，以提高受精率。然后静置10 min左右，分离出未受精的死卵，将受精卵清洗干净，放入孵化器中孵化。

（三）人工孵化与胚胎发育

1. 人工孵化 产卵期间在亲鱼池的溢水口外设置集卵水槽和集卵网，用溢水法采集受精卵。收集到的受精卵用10～15 mg/L的碘液浸洗3～5 min，然后用清洁海水冲洗，放入量筒中静置分离，去除下沉的死卵，计数后放入孵化网箱内，利用水泥池孵化。孵化网箱为80目的筛绢网箱。水泥池和孵化箱内不间断充气，孵化箱内微量充气，使水体缓慢波动。

孵化密度可控制在 $(5～8)×10^5$ 粒/m^3，光照度控制在1 000 lx以下，孵化水质要求pH为7.8～8.2，溶解氧在5 mg/L以上，盐度27～32，水温20～23 ℃。研究表明：水温为22.6 ℃时，孵化率为80%；水温为22 ℃时，孵化率可达92.1%。当水温超过23 ℃时，则孵化率降为46.2%。同时，孵化水温最好低于产卵水温0.5 ℃。保持水温稳定在20～23 ℃，保持水体有充足的溶解氧。孵化期间，及时清除死卵，每隔2 h镜检受精卵发育进展情况，当发育到原肠期时检查计数正常胚胎的比例，可以得出受精率。质量好的受精卵孵化率可达90%以上。孵化效果见表2-16-2。

表2-16-2 半滑舌鳎人工授精和自然受精卵的孵化情况

(雷霁霖，2005)

年份	批次	受精卵 ($×10^4$ 粒)	受精率 (%)	仔鱼量 ($×10^4$ 尾)	孵化率 (%)	孵化时间 (h)	水温 (℃)		
							最低	最高	平均
1989	1	6.0	54.6	4.80	80.0	34.0	21.2	24.0	22.6
	2	1.3	31.7	0.60	46.2	31.7	22.4	24.0	23.2
	3	3.4	28.3	3.13	92.1	38.7	21.5	22.6	22.0
2002	1	22.0	91.6	21.00	95.0	36.0	23.0	24.0	23.5
	2	22.4	56.0	20.00	89.0	37.0	23.0	24.0	23.5
	3	21.6	84.3	19.00	87.0	35.0	23.0	24.0	23.5

在水温22～23 ℃条件下，受精卵经过36～40 h，仔鱼便可破膜而出，完成孵化。初孵仔鱼全长2.5～2.6 mm，具有54～58个肌节，躯干上有色素，色素分段分布，有4个色素段。

2. 胚胎发育过程 半滑舌鳎的卵子为球形浮性卵，受精后在水体静止的状态下，漂浮在水的表层。人工授精的卵径为1.17～1.29 mm。卵膜薄而光滑透明，具弹性。卵黄颗粒细匀，呈乳白色。油球多，一般在100个左右，随着胚胎的发育其数量和分布位置有所变化。半滑舌鳎受精卵的细胞分裂方式属盘状卵裂，均等分裂型。在水温20.5～22.8 ℃下，可将半滑舌鳎胚胎发育过程分为6期。

细胞分裂期：卵子受精后15 min原生质开始向动物极一端集中，随之产生卵周隙，30 min后出现胚盘。分散的油球开始向植物极一端聚集，形成环绕植物极的油球环。1.5 h后细胞开始分裂，3 h 10 min分裂为多细胞期，油球数量减少，聚集在植物极一端。

囊胚及胚盾期：受精后 3 h 55 min 形成高囊胚，4 h 50 min 为低囊胚，胚宽占整个卵黄的 1/3 并逐渐扩大到 1/2，但囊胚腔不明显。受精后 12 h 45 min，胚盾出现，胚环边缘加厚，舌状小丘前伸胚盘的 1/2。油球不规则地分散在植物极半部。

胚体形成：受精后 14 h 50 min，胚体雏形形成。当胚盘包卵黄 3/5 时，胚盾的前端较窄，基部则宽，在胚盾的中央形成了一道隆起的脊，为神经脊，再经约 2 h，脊索管开始隐显。头部产生收缩，并在两侧出现两个膨大椭圆状的视囊，肌节 8～12 对。油球集中在胚孔周围。此时在视囊后、神经管的两侧出现少量褐色点状色素细胞。

胚孔关闭：受精后 18 h 10 min，原口完全关闭，克氏泡出现，肌节 16 对，胚体完全形成。胚体上的褐色点状色素细胞增多，尤以神经管的两侧为最密集。受精后 21 h 15 min，胚体变得细长，头部增大并紧紧伏在卵黄上，脑已开始分化。心脏出现，克氏泡完全消失。胚体上的褐色素细胞变为星状，数量显著增多，自头部至尾部均有分布，在胚体两侧的卵黄上也有少量分布。

晶体形成期：受精后 23 h 30 min，胚体下包卵黄 3/5，肌节 38 对。脑分化为前、中、后 3 部分，晶体出现，尾芽出现尾鳍膜并开始脱离卵黄。胸鳍芽位于听囊后 3～4 对肌节处。受精后 27 h 10 min 左右，胚体包卵黄 4/5 时，头的前端抬起离开卵黄，脑部凸起并分化为清晰的 5 部分。视囊呈淡灰色，晶体开始变为暗褐色。心脏开始拉长。油球数量减少，40个左右聚集在胚体尾部的卵黄上。胚体背面自嗅囊至尾，分布有不规则的星状和小颗粒状的褐色色素细胞，胚体两侧卵黄上的星状色素细胞有所减少，但整个卵黄上分散着小星状色素。

孵出期：受精后 30 h，胚体几乎包住整个卵黄，仔鱼在卵膜内做不规则的转动。背鳍、臀鳍膜全部形成。视囊外突呈肾状。卵黄上分布着的小星状色素细胞变为枝状，以胚体两侧最为浓密。受精后 31 h 40 min，胚体已包住整个卵黄，卵膜弹性减弱，听囊清晰，整个胚体的背面布满褐色星状和柱状色素细胞，视囊后缘的内侧出现一个近似圆形的色素圈，胸鳍上方各有一块黑色色素斑，卵黄上的星状色素较前增多，自延脑后至吻端前出现一环形的孵化腺。受精后 33～34 h，卵膜完全失去弹性，头部的卵膜破裂，个别仔鱼开始孵出，37～38 h 仔鱼基本全部孵出。仔鱼孵出时，头部卵膜如球冠切开状破裂，借助鱼体弯曲的力量，头部先出来，然后尾部出来，身体摆动离开卵膜。

三、胚后发育与苗种培育

1. 仔鱼发育

（1）前期仔鱼。初孵仔鱼全长 2.56 mm，肌节 54～58 对。卵黄囊呈犁状，油球数少到 40 余个，且集中于卵黄囊的后部。躯干上主要布有黑色星状色素，卵黄上色素集中于前半部。初孵仔鱼极为活跃，有时伏于水底，有时做水平快速游动或悬浮于水面。

孵化后 6 h 的仔鱼卵黄囊略缩小，晶体呈淡灰色，自吻的前端到躯干 1/2 处出现 6～8 对基本对称的感觉器，星状色素胞分别集中在胸鳍上方的背面、卵黄囊后端、肛门后、躯干 3/4 处及尾部两侧，形成 5 处色素带，背鳍、臀鳍褶上出现大小相等的圆形透明泡状组织。

孵化后 13 h 的仔鱼全长已达 4.24～4.28 mm，体长 4.04～4.08 mm，感觉器增多，心脏向左前移，胃拉长近似葫芦形，肠变粗，肛门已与外界相通，但尚未开口。仔鱼延脑后出现冠状幼鳍原基，躯干呈淡黄色，5 处色素带变淡，头部顶部星状色素增大呈菊花状。仔鱼

21 h 后，口微裂，肠道后端产生弯曲，管内壁发生皱褶，咽、胃、肠已相通，冠状幼鳍原基近似三角形。仔鱼活泼，在不同水层水平浮游，频繁改变游动方向，巡游模式基本建立。

2 日龄仔鱼全长 5.03~5.16 mm，肌节 64 对，耳石清晰可见，肛门已开口体外，卵黄囊大部分被吸收，尾鳍分化出 10 余条弹性丝，颅顶和视囊周围布满不规则的黑色星状色素胞，躯体上的 5 条色素带较前增宽，更加浓密。此时仔鱼仍未开口摄食。

3 日龄仔鱼卵黄囊仅剩聚集油球的残存部分，仔鱼全长 5.41 mm，口已完全裂开，消化系统已相当发达，肠道变得更粗，产生鳃弓 2~4 对，冠状幼鳍增高，其基部已与背鳍褶相连，肠表面也出现了数个星状色素胞。仔鱼活动能力略有增强，分布于水体中上层，少部分水体底层。部分仔鱼已开始摄食，逐渐建立外源性摄食关系。

(2) 后期仔鱼。4 日龄仔鱼全长 5.44~5.56 mm，卵黄囊已全部被吸收，头较前增大，躯干透明度减小，鳃盖骨出现，鳃丝隐约可见，胃膨大，内有残存食物，肠道已弯曲，胸鳍呈圆扇形，各具鳍条 4 根，冠状幼鳍增高为 0.26 mm，尾鳍加宽呈扇形，视杯周围绕一褐色色素圈。

5 日龄仔鱼全长 5.68~5.71 mm，口裂特大，下颌长于上颌，下颌内缘见有数个小细齿芽，冠状幼鳍增高至 1.05 mm，并见有鳍条出现，脊索末端开始上翘，尾鳍变尖锐，胸鳍条增至 6 根，整个鱼体色素变浅。此时仔鱼经常游向表、中层做水平游动和上下垂直游动，并有相互残食现象。

6 日龄仔鱼全长 5.71~5.77 mm，头部明显增大，上、下颌均具细齿，肠、胃更加膨大，围心腔和腹腔隔膜更加明显，心脏增大，听囊近圆形，胸鳍 10~12 根，冠状幼鳍高 1.31 mm，具鳍条 2 根，尾鳍鳍条增多，整体色素渐淡。

7 日龄仔鱼背鳍、臀鳍褶边缘出现皱褶，尾鳍条数增多，全长 5.65~5.67 mm，因饵料不足，较 5 日龄仔鱼明显缩短，且明显见消瘦，残食加剧，死亡增多。

2. 稚鱼和幼鱼发育过程

(1) 稚鱼发育过程。孵化后第十九天，稚鱼体长 10.4~10.7 mm。冠状幼鳍缩短变粗，4.0~4.2 mm，体变宽，腹部比例加大。背鳍 118 根，臀鳍 91 根，基本上与成鱼相近。眼睛左右对称。上、下颌牙齿均出现。背鳍、臀鳍及冠状幼鳍上布有米黄色点状色素，鳔泡附近有半圈辐射状色素胞。星状、枝状和点状褐色色素胞布满躯干。稚鱼生性活泼，具较强的趋光性。多数聚于水表层或中层，有时浮于水表静止不动。对声音反应敏感。浮于中、上层水体的稚鱼，略闻响动，急速下潜。肠道粗壮，摄食力强，进入稚鱼期后的个体开始出现差异。

第二十六天稚鱼，眼睛开始错位，少数个体右眼已移至头顶。冠状幼鳍继续缩短并于基部末端凹陷，出现一根略长于第 I 背鳍条的鳍条。背鳍、臀鳍条间膜上出现菊花状和星状色素胞，在鳍条中部和鳍担骨交接处形成一条色素带。吻端边缘、脑部和脊椎下沿出现较多黑色色素斑。鱼体呈棕褐色。

第三十天稚鱼，体长 14.0~14.2 mm。大部分稚鱼的右眼完全移至左侧，体干呈半透明。背鳍前端突起与眼、吻基本愈合。鳍条发育完全，D.121；V.9；A.93。冠状幼鳍消失，外部形态与成鱼相似。游动方式为侧偏游，分散浮游于水中上层。

(2) 幼鱼发育过程。第五十八天和第六十天稚鱼，体长 23.4~24.7 mm。各鳍完善，侧线出现，尾部可见少量鳍条，进入幼鱼期。

第八十天幼鱼，体长 28.0～28.3 mm。躯体的有眼侧呈棕褐色，无眼侧呈白色。有眼侧鳍片完全长成，具侧线 3 条。外部特征与成鱼相同。幼鱼营底栖生活，贴壁力强，不集群，有趋光性。贪食，喜活饵，以卤虫成体为主要饲料，腹腔饱满。性情活泼，对声音敏感。

第一百五十天至二百七十天幼鱼，体长 35.0～48.7 mm，肛门处体宽 12.0～20.1 mm。有眼侧体色渐深，鳞片发育完善。随着幼鱼的生长发育，鱼体渐长，加宽，增厚。生态习性与成鱼近似，性情活泼，捕食力强，时常跃出水面。

3. 半滑舌鳎苗种培育 苗种培育可划分为 3 个阶段，即前期培育、后期培育和幼鱼培育阶段。前期培育从孵化后 1～20 d 前后，为仔鱼培育期，从孵化出来到 10 mm 左右；后期培育从鱼苗 20 d 以后，为稚鱼培育期，一般稚鱼平均体长从 10 mm 增至 25 mm 之间，为孵化出 20～60 d；幼鱼培育期从 60～80 d，一般幼鱼平均体长 23～30 mm。幼鱼期体被鳞，各鳍及各器官发育完善，变态结束，外形与成鱼完全相同，进入幼鱼培育期。

（1）前期培育。1～12 d 内用静水培育，每天换水 1 次，换水量从开始的 1/4 逐渐加大到 1/2。第十三天开始，变静水为微量水流的循环水。为防止饵料流失，排水管末端用 100 目筛绢网封口，水流量根据需要可随时增减，一般调节在每天水流量为总培养水体的 1/2。间断性充气，每隔 1 h 充气 8～10 min，随着仔鱼长大，加长充气时间，增加充气次数。平均水温 22.4 ℃，pH 为 7.3～8.4，溶解氧维持在 4.5 mg/L 以上。

初孵仔鱼具趋光性，多数个体头朝上垂直游动于中下水层，喜聚集在光线较强处。仔鱼全长增至 5.5 mm 时，开始投喂轮虫，日投 2 次，投喂量为 1.5～6.0 个/mg。水体中单胞藻维持在 10×10^4 个/mL 左右。全长为 7.0 mm 的仔鱼以轮虫为主要饵料，水体中单胞藻密度维持在 5×10^4 个/mL 左右。仔鱼对外界声响反应敏感，白天多游于水底层，夜间活动于水的中上层。12 d 的仔鱼全长为 7.5～8.0 mm，各鳍分化渐趋完善，摄食量进一步增大。

（2）后期培育。第十九至二十天，全长达 10.0 mm 以上。由于此时残食严重，需要分池，并改换较大水池培育，其密度可为前期培育的 1%。后期培育过程中，严格维持各项环境因子的最适范围，由于自然环境中水温正处于下降期，易受寒潮影响而突变，为防止鱼苗受伤害，设 50 m³ 左右的蓄水池，预储温度适宜的培育用水，以满足换水的需要。可采用自流循环水培育系统，日换水量为总水体的 1/3～1/2，及时清除池底污物。间断性充气，每天充气 4 次，每次 30 min，充气量为前期培育的 3 倍，气石置于 40 目筛绢封口的 10 L 塑料桶内。后期培育的稚鱼摄食能力更强，但自残减轻，鱼苗正处于变态，两眼错位，右眼开始上移，活动范围小，游动能力弱。

（3）幼鱼培育。鱼苗体长超过 25～30 mm 以后，进入幼鱼期。幼鱼喜伏底或贴壁生活，可摄食一定量的非活性饵料，具捕捉行为。趋光性强，对外界声响反应敏感。有时在中上水层捕捉活饵料，时而头尾相接成环状游于水中。

此阶段的苗种应及时出池，降低培育密度，各项管理措施更要加强。培育的环境条件为光照度为 500～1 000 lx，水温为 20～22 ℃，盐度为 25～32，pH 为 7.6～8.2，溶氧量为 6 mg/L 以上，$NH_4^+ - N$ 含量 ≤ 0.1 mg/L，换水率为 400%～600%。

4. 苗种培育管理操作要点

（1）培育条件。半滑舌鳎的苗种培育池以圆形为好。培育条件：海水盐度为 27～32，水温为 22～23 ℃，pH 为 7.6～8.2，溶解氧高于 5 mg/L。池塘面积为 10～20 m²，苗种培育水深为 0.6～0.8 m。

(2) 放养密度。仔鱼布池的密度一般以 5 000~10 000 尾/m² 为宜。由于仔鱼孵出后在水中游动活泼，各水层均有分布，因此从孵化网箱中移出仔鱼时比较困难。所以，一般将要孵化的受精卵从孵化网箱中移出，因受精卵上浮性好，容易收集，搬移操作容易，仔鱼不易损伤。

(3) 水质和光照控制。半滑舌鳎苗种培育在秋季高水温期，适宜水温 20~24 ℃。随着苗种的生长逐渐降低培育水温，水温日变化不超过 1 ℃。同时要求水质清新、稳定，透明度达到能看见池底。海水适宜盐度为 27~32，培育过程中要求盐度恒定。pH 为 7.8~8.2，日波动不宜过大。要求水中连续充气，池水保持缓慢波动状态，保持溶解氧高于 5 mg/L，氨氮小于 0.02 mg/L。

苗种不喜强光，光照度大时，仔、稚鱼多在底层活动，难以观察，苗种培育时光照控制在 1 000 lx 以下，以 400~600 lx 为最适宜，光线应该均匀、柔和。

(4) 饵料及投喂。半滑舌鳎变态前仔鱼营浮游生活，主要摄食水体中浮游生物饵料，因此，此阶段投喂经强化培育的活体轮虫作为饵料可以较容易的被仔鱼捕获，仔鱼的摄食情况较好。变态完成后的稚鱼白天主要营底栖生活，在池底摄食，此阶段夜间摄食强度增大，白天摄食强度减弱。

根据这些特点，在整个苗种培育过程中，实时搭配好各种饵料的转换和投喂方式是至关重要的。变态前仔鱼营浮游生活，且以视觉为主，摄食轮虫和卤虫无节幼体；以后随着变态的进行，摄食高峰期转入黄昏且夜间也能正常摄食，表现出以嗅觉摄食为主的摄食特性。在半滑舌鳎人工育苗中，大规模的苗种培育所采用的饵料生物主要为轮虫、卤虫无节幼体（或桡足类）、卤虫和配合饲料，在鱼苗发育不同阶段进行不同搭配，重叠投喂。

(5) 配合饲料驯化的时机选择。在苗种培育中，驯化半滑舌鳎由摄食浮游动物转向人工配合饲料也是非常关键的时期。近年来，海产鱼类苗种专用配合饲料技术逐渐成熟，除了在幼鱼培育阶段应用外，在仔、稚鱼培育阶段也可以适当选用进行饵料转化。关于配合饲料的驯化的适宜时机，不同的技术人员也有不同的看法。目前可以分为 3 类：一类在幼鱼培育期，即仔、稚鱼进入幼体期以后进行饵料转换；也有的在苗种培育前期即开始驯化，如从孵出后 13 d；还有的在变态期前后进行驯化，即第十八至二十一天。

(6) 苗种出池。初孵仔鱼经 40~60 d 的培育，全长达 3 cm 以上，以后的苗种培育过程中，需进行分苗、并池、倒池等操作，卖苗时也需要将苗种移出培育池。半滑舌鳎苗种伏底和附壁能力强，不在水中游动，苗种出池难以用抄网捞出，可以通过排水或虹吸的方法出苗。

四、成鱼养殖

(一) 池塘养殖

池塘养殖半滑舌鳎生长速度较快，投入产出比高，管理操作简单，易于普及推广，正逐渐受到广大养殖户的重视。

1. 池塘条件 池塘靠近外海，进、排水方便及时。池底平坦，便于养成、起捕、收获。具有进、排水设施，池塘面积 3 000~13 300 m² 为宜，池塘平均水深 1.5 m 以上，配备增氧设备。半滑舌鳎养殖对池塘形状结构没有特殊要求，现有的养殖牙鲆、大菱鲆的池塘均可养殖半滑舌鳎。许多虾池经过改造处理后，也可进行半滑舌鳎养殖。半滑舌鳎具有的伏底潜沙习性，要求池塘底质为沙底、岩礁底或泥沙底。

2. 鱼种放养

（1）苗种质量和规格。放苗规格要求全长在 15 cm，体重在 20 g 以上为宜。苗种体色正常，体质健壮无损伤、无病害、无畸形，摄食良好，伏底、附壁能力强。苗种全长、体重合格率应在 90% 以上，伤残率在 5% 以下。

（2）苗种放养。苗种放养前必须要对鱼体进行消毒，可以采取两种方式，一是在运输过程中用土霉素进行药浴消毒，浓度为 2 mg/L。二是在池塘边用较大的容器进行短时间的药浴，一般常用的药物：15~20 mg/L 高锰酸钾 5~10 min，0.25~0.30 mL/L 的福尔马林 15~20 min；药浴的浓度和时间，需根据鱼种的大小和水温的高低而灵活掌握，以舌鳎鱼种出现严重应激为度。鱼种消毒操作时，动作要快、轻，防止鱼体受到损伤，一次药浴的数量不宜太多。

放苗时间是养殖管理的一个重要环节。15 ℃ 以上水温放苗较好。不宜过早或过迟放苗。

放苗密度应控制在每 667 m² 500~1 000 尾。如果换水条件好、饵料生物丰富的池塘，可以相应地增大养殖密度。如果换水条件差、饵料生物贫乏的池塘，放养密度不宜过高。

（二）养殖管理

1. 水质监测与调控

（1）水温。半滑舌鳎能在 3~32 ℃ 的水温中生存，14~28 ℃ 生长良好，水温超过 30 ℃，出现明显不适。在北方冬季低温季节，当池塘的水温低于 3 ℃ 时，半滑舌鳎便难以存活，不适宜再进行养殖，需要将鱼移入室内车间进行越冬。而在高温的夏季，则要进一步增大池塘水体，增加日换水量，加大土池深度，起到更好的调控水温作用，使半滑舌鳎安全度夏。

北方半滑舌鳎的池塘养殖，主要是利用春季到秋季的高水温季节，水质管理应随季节变化进行调整。自然海区的水温比较稳定，夏季低于池塘水温，冬季高于池塘水温。进、排水条件好的池塘，可以利用增加换水量来进行池塘水温的调节。根据潮汐规律，每天低潮时排水，高潮时进水、换水，每天换水量应在 20% 以上，进、排水条件好的池塘，可以利用调节换水来进行池塘水温的控制。在夏季以前的低温时间，水深可保持在 0.5~1.0 m，相对低的水位，有利于提高水温，促进半滑舌鳎生长。

在南方可以常年进行半滑舌鳎的池塘养殖，只是在夏季高温季节，尽量提高池塘的水位，增加水深，保持池塘底部的水温相对低一些，以利于安全度过。

（2）盐度。半滑舌鳎对盐度的适应能力很强，可以耐受较大幅度的盐度波动。但在养殖过程中，仍要尽量避免水体盐度的大幅度变化，以免诱发鱼体疾病。

（3）溶解氧。一般情况下，池中生物昼夜耗氧在 4 mg/L 左右，如果晚上测定为 5~6 mg/L，到黎明时要注意观察是否有"浮头"现象，如低于 5 mg/L 就必须采取提前换水、开增氧机等措施提高溶氧量，以防"浮头"。

（4）水色和透明度　池塘基础生物饵料的培养，有利于稳定水质，保持一定的水色，还可以降低池底光照度。池水太清，生物饵料缺乏，半滑舌鳎食物组成会不够丰富。

2. 饲料投喂　在半滑舌鳎养成过程中，以投喂硬颗粒饲料为主，辅助投喂饲料鱼如玉筋鱼、青鳞、黄姑鱼、梅童鱼等。颗粒饲料质量一定要有保证，腐败、变质、过期和被污染的饲料坚决不能投喂。

一般每天投喂2次，早晨和傍晚各1次，每天在05:00～06:00、16:00～17:00定点投喂。体长10 cm以上的鱼苗可以投喂人工复合颗粒饲料等，体长超过20 cm时也可自行加工直径为2 mm的配合饲料进行投喂，一般鲜活饵料按体重的3%～4%、配合饲料按体重的1%～2%投喂。

3. 日常管理

（1）换水及水质调节。定期检测池塘的水质情况，换水时间依据潮汐的时间合理安排，有条件的池塘每天可以换水10%～20%，大潮汛时，连续3 d大换水。高温期水温26 ℃以上时，增加增氧机的使用时间。

（2）巡池。日常要进行巡塘观察，早、晚各1次，观察水色变化、摄食状况、有无"浮头"现象、有无死鱼。

（3）生长测定和数量评估。为了准确管理养殖生产，需要定期对池塘中半滑舌鳎的体长、体重和存活数量进行测量、估算。

4. 养成起捕 养成起捕主要是采用放水和拉网结合的方法，先将池塘水位排低，通过拉网将鱼集中后，用抄网可以起捕池塘中的大部分鱼，剩余少量鱼，将池塘的水排干后，再用抄网将鱼起捕，放入盛鱼的容器。

五、病害防治

半滑舌鳎属于新的养殖种类，养殖过程中暂时还没有发现严重的病害流行。目前，生产实践中出现的疾病主要有腹水病、胀腹病、烂鳍病等，多由细菌引起，也有部分寄生虫病。

（一）苗种培育中的主要病害

半滑舌鳎繁殖期间水温高，病原生物繁殖旺盛。整个育苗期间，要建立严格的阻止病原传播的措施，育苗的工具要专池专用，对共用的工具中间过程要有消毒措施。以预防为主，平时多注意观察，发现征兆，提前采取防治措施。在苗种开口和变态的几个环节，进行土霉素药浴预防，降低生产过程中疾病发生率。

生产中遇到的几种病害及防治措施如下。

1. 外伤和畸形

发病时间：孵出后6～8 d，体长6.01～6.29 mm。

主要症状：稚鱼尾部卷曲，躁动不安，在水中做螺旋状游动。

防治措施：及时分池，疏苗，降低养殖密度。换水及投饵操作中注意减轻外力对稚鱼的损伤。

2. 鳔泡炎病

发病时间：孵出后13～15 d和21～23 d，体长分别为7.8～9.4 mm和11.0～12.6 mm。

主要症状：幼体反应迟钝，游动缓慢，体色略白。鱼体鳔泡膨大，占腹腔的1/3～1/2。严重者腹内混浊，发白，肠胃模糊不清。发病初期，少量稚鱼死亡，1周后，出现较大量稚鱼死亡。

防治措施：降低养殖密度，加大换水量，用2 mg/L土霉素药浴。

3. 腹胀病 该病为半滑舌鳎苗种培育期的特有疾病。

发病时间：孵出后29～33 d，鱼体长14.8～17.0 mm。该病见于处于变态期稚鱼，此时卤虫无节幼体开始投喂不久,稚鱼正由浮游生活逐渐变态转为底栖生活。

主要症状:幼体反应迟钝,缓慢漂游于水表层,肉眼观察极似腹水病。腹部膨胀并呈橘红色或暗灰色。鱼体鳔泡收缩,胃肠充满橘红色卤虫幼体及不易消化的卤虫卵壳,个别病鱼肠道破裂。严重时,造成稚鱼大量死亡,病死率近100%。

防治措施:除加大换水量外,还需改善投饵方式,清除饵料中的杂物和卵壳。严格控制投饵量,投饵次数由每天2次增到3次。使用2 mg/L土霉素药浴,每天加投1~2 mg/L硫酸镁。

(二) 养成期间的主要病害

半滑舌鳎池塘养殖过程中特有的病害为烂尾病、烂鳍病、腹水病和出血病。

1. 烂尾病

发病时间:在工厂化和池塘养殖全过程中均可发生。水循环量大时发病率相对较少。

主要症状:病鱼体色变淡,但不明显。尾鳍腐烂、末端发白,伤口处皮肤、肌肉有血丝或炎症,然后逐渐向鱼体前部蔓延,甚至可以达体长的1/5~1/4。烂尾病的病因和病原不明,推测可能与营养不良有关。当环境条件改善、饲料营养丰富时,糜烂部位可以自行痊愈。

防治措施:改善水质条件,经常更换新水;提高饲料质量,丰富饲料营养成分。在饲料中添加维生素C有一定预防作用,添加量80 mg/kg;池塘养殖中可将病鱼捞出用5 mg/L土霉素药浴;工厂化养殖中可用土霉素10~15 d药浴1~2次,药液浓度为5~10 mg/L,每次药浴3~4 h,预防伤口处细菌感染;每隔10 d在饲料中添加土霉素,添加量为0.1%~0.2%,连用3 d。为保证药饵能够顺利被鱼摄食,可添加5%的沙蚕作为诱食剂。

2. 烂鳍病

发病时间:在养殖的整个过程中,均有发生。

主要症状:病鱼的鳍条散开、破损,鳍膜增厚、充血,鳍基发红、出血,鱼体消瘦。可见鳞下皮肤充血发红,鱼食欲不强,摄食量少,严重时可引起死亡。

防治措施:此病多发生在养殖初期,可能与鱼体受伤有关。捕鱼时操作应小心、柔和,避免鱼体受伤。发现病情时及时用土霉素药浴消炎,药浴浓度为5~10 mg/L,每次药浴3~4 h,2~3 d为一疗程。

3. 出血病

发病时间:在养殖全过程中均可发病。

主要症状:鳍条、皮肤、鳞下发红,鳍条增厚,体表不整洁,分泌黏液,附着许多污物,严重时鱼体大面积发红,体表、鳍基出血。鱼不摄食,引起死亡。

防治措施:改善水质条件,经常更换新水。全池泼洒生石灰水100~150 mg/L,投喂0.2%~0.3%土霉素药饵,5~7 d为一个疗程。

4. 腹水病

发病时间:在养殖整个过程中均有发生,高温季节发病较多,养殖密度较大、水循环量不足时更易发生。

主要症状:病鱼游动不安,腹腔中有大量无色透明或淡红色积水,腹部膨胀隆起,肠道充血,肛门红肿。严重时身体呈弥散性出血,引起死亡。日死亡率在0.2%~1.0%。

防治措施:在沉淀池用二氧化氯消毒,浓度为2 mg/L,2 h后再进水;投喂土霉素药饵，添加量为 0.2%～0.3%，5～7 d 为一疗程。对患病鱼用土霉素或庆大霉素药浴，浓度为 5～10 mg/L，每次药浴 3～4 h，3 d 为一疗程。

5. 红边病

发病时间：从苗种到成鱼均有发生，体长 7～25 cm 较多见，当水温较高、水循环量不足时更易发生。

主要症状：体色变淡，鱼体整个边缘发红，无眼侧较为明显，病鱼的鳍条破损、散开、充血，鱼体常有弥散性皮下充血。如未及时治疗则易感染寄生虫类疾病。

防治措施：鱼体受伤及水质不清洁是该病的诱因，尤其是每次倒池后更易发生，因此保持良好水质的同时应小心操作，尽量避免鱼体受伤；土霉素药浴，浓度为 10～15 mg/L，每次药浴 3～4 h，3 d 为一疗程，如鱼体表黏液过多则可在药浴前 1 h 全池遍洒硫酸亚铁，浓度为 0.5 mg/L；药浴同时投喂土霉素药饵，添加量为 0.2%～0.3%，每天 1 次，7 d 为一疗程。

6. 车轮虫病 车轮虫是海水、淡水中常见的寄生性原生动物。当水质不清洁，尤其是有机质含量高时易大量出现。如半滑舌鳎的体质健壮则不易感染，只需控制水质即可有效预防。

防治措施：保持水质清洁（最好沙滤），必要时在沉淀池用药物消毒保证鱼体健壮。用 1 g/m^3 的硫酸铜浸浴 30 min 或用 100～150 mL/m^3 的福尔马林溶液浸浴 60 min。

7. 刺激隐核虫病 又名海水小瓜虫病，此病的危害程度要比车轮虫病大，且不易彻底治愈。

主要症状：病鱼体表分泌大量黏液，在体表和鳃上有一些小白点，摄食减少或不摄食，个体大小在 90～400 μm。5 d 内死亡率可达 20%，如未及时治疗 7 d 左右可全部死亡。

防治措施：可参考车轮虫病的防治措施。但此虫的包囊具有抵御不良环境的能力，经常附着在池壁、充气管等处，一旦环境转好即释放幼虫感染鱼类，因此治疗同时必须在适当时机倒池，将原养殖池彻底洗刷和消毒。

思考题

1. 大菱鲆主要生物学特性是什么？与其他鲆鲽鱼类相比有何不同？
2. 大菱鲆胚胎发育进程主要包括哪些关键环节？对受精卵运输有何参考价值？
3. 牙鲆仔、稚鱼食性是如何转换的？对苗种培育有何启示？
4. 半滑舌鳎主要生物学特性是什么？与其他鲆鲽鱼类相比有何不同？
5. 半滑舌鳎胚胎发育进程主要包括哪些关键环节？对受精卵运输有何参考价值？
6. 半滑舌鳎仔、稚鱼食性是如何转换的？对苗种培育有何启示？

第十七章　大黄鱼养殖

大黄鱼（Larimichthys crocea，旧称 Pseudociaena crocea），俗称黄鱼、黄花（瓜）鱼、红瓜（福建）、红口、黄金龙（广东）、大鲜（江苏、浙江、上海）等，隶属鲈形目，石首鱼科，黄鱼属，是我国近海特有的重要海洋经济鱼类（图2-17-1）。原为我国三大海产鱼类之一。1985 年福建省开展大黄鱼人工繁殖研究获得成功，1995 年开始发展产业化养殖以来，经过多年的努力，大黄鱼养殖业已发展成为我国海水养殖重要产业，目前养殖年产量超过 12 万 t，是我国八大最具优势出口水产品之一。其养殖区主要分布在福建、广东和浙江，其中福建省养殖年产量占全国 85%以上，苗种生产量占全国 95%以上。迄今我国养殖的大黄鱼绝大多数是来自官井洋产卵场的闽—粤东族大黄鱼。目前我国经审定的大黄鱼养殖品种有福建省集美大学和宁德市水产技术推广站合作培育的"闽优 1 号"和宁波大学培育的"东海 1 号"，后者仅在浙江省宁波市和舟山市有部分养殖。

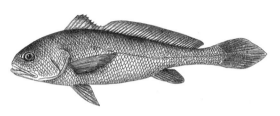

图 2-17-1　大黄鱼

一、生物学特性

（一）形态特征

大黄鱼体延长，侧扁，背缘和腹缘广弧形，尾柄细长。头大而尖钝，口大，前位，斜裂。鳃孔大，鳃盖膜不与峡部相连，前鳃盖骨边缘具细锯齿，鳃盖骨后上方具 2 扁棘。全身被鳞，体前部被圆鳞，体后部被栉鳞。侧线完全，侧线上鳞 8～9 行，侧线下鳞 8 行，侧线鳞 56～57。背鳍连续，鳍棘部与鳍条部之间具一深凹，起点在胸鳍基部的上方，具 9～10 鳍棘，31～34 鳍条；第 I 鳍棘短弱，第 III 鳍棘最长。臀鳍共 2 鳍棘，8 鳍条，起点约与背鳍鳍条部中部相对，第 II 鳍棘长等于或大于眼径。胸鳍尖长，长于腹鳍。腹鳍胸位，较小，起点稍后于胸鳍起点。体侧下部各鳞常具一金黄色腺体。鱼体背面和上侧面黄褐色，下侧面和腹面金黄色，背鳍及尾鳍灰黄色，胸鳍和腹鳍黄色，唇呈橘红色。体长为体高的 3.7～4.0 倍，为头长的 3.6～4.0 倍；头长为吻长的 3.9～5.0 倍，为眼径的 3.9～5.7 倍；尾柄长为尾柄高的 3.4～3.8 倍。

（二）种类分布

传统观点认为，我国的大黄鱼可分为 3 个族群：浙江沿海的岱衢族、福建沿海和粤东沿海的闽—粤东族、南海的硇洲族。但近年也有学者认为大黄鱼应该分为南黄海—东海地理种群、台湾海峡—粤东地理种群和粤西地理种群。目前养殖的大黄鱼绝大多数是来自官井洋产卵场的闽—粤东族大黄鱼，岱衢族大黄鱼的养殖尚处于开发阶段。

(三) 生活习性

大黄鱼为暖温性近海集群洄游鱼类,在自然状态下主要栖息于水深 80 m 以内的沿岸和近海水域的中下层,对水温的适应范围为 8~32 ℃,最适生长水温为 18~28 ℃,最低死亡水温极限为 5.8~6.0 ℃,适宜盐度为 16~35,最佳盐度为 22~32。大黄鱼对其生活的水环境的溶氧量要求较高,水中溶氧量在 7.0 mg/L 以上时,大黄鱼的生长发育和日摄食量正常,当溶氧量下降到 3 mg/L,大黄鱼成群狂游,并出现头部向上窜动,蹦跳,然后腹部朝上,持续 2~3 h 后,开始陆续出现缺氧而导致死亡,大黄鱼对水中溶氧量的临界值一般为 2~3 mg/L。

(四) 食性

大黄鱼为广谱肉食性鱼类,摄食水生动物种类达近百种。仔鱼和稚鱼以摄食轮虫及桡足类为主,50 g 以下的早期幼鱼以摄食糠虾、磷虾、莹虾等小型甲壳类为主,50 g 以上则主要摄食各种小鱼以及虾蟹类,如龙头鱼、黄鲫、皮氏叫姑鱼、带鱼幼鱼等,虾类如对虾、鹰爪虾等。大黄鱼在水温低于 15 ℃ 以下时,摄食量开始减少,进入越冬期。越冬期从 12 月下旬至翌年的 3 月下旬结束。

(五) 生长

大黄鱼在生命周期中,同龄鱼的体长和体重差异较大,不同年龄的鱼生长也不均衡。一般鱼体在 3 龄以前生长较快,而后趋于缓慢。体长的年增长量最高时期在 1 龄,从 2 龄开始迅速降低。体重的年增长量以 2~4 龄鱼为最高,随后急剧下降。大黄鱼生长的另一特点是雌鱼生长明显快于雄鱼,而且这种差异随年龄的增加而增大。在人工养殖条件下大黄鱼 1 龄鱼体重 125~400 g,2 龄鱼 175~775 g,3 龄鱼 500~1 625 g。

(六) 繁殖习性

大黄鱼是集群生殖洄游性鱼类,每年生殖期间,生殖腺发育成熟的鱼群分批从外海越冬区沿着一定的路线,集群游向浅海和近海产卵场产卵。产卵场多在河口附近或岛屿、内湾的近岸浅水区,水深一般为 20~30 m,底质为软泥、泥沙。生殖季节的海区表层温度一般在 18~23 ℃,盐度在 27~29。春季大黄鱼产卵盛期,在南海为 3 月,闽浙为 5 月;秋季产卵盛期,浙江北部在 9 月,南海在 11 月。岱衢族主要产卵期在春季(4~6 月),闽—粤东族的北部在春季,南部在秋季(10~11 月),硇洲族主要在秋季产卵。大黄鱼生殖期间当性成熟的鱼群集群产卵时,由于鱼体腹部鼓肌收缩及鳔的共振,亲鱼会发出"咯咯"的声音。这种声音有时很响亮,在水深约 15 m 处发出的声响,在水面上仍能清晰听到。

大黄鱼繁殖力与年龄的关系,一般情况下是随着年龄增长而增大,但高龄鱼的繁殖力增长减缓,甚至有所下降。例如初次性成熟的 2 龄鱼,个体绝对繁殖力较低,平均怀卵量为 12.5 万粒,4 龄鱼开始繁殖力显著提高并进入盛期,平均怀卵量为 28.2 万粒,以后随着年龄增长繁殖力逐渐提高。大黄鱼的衰老期大约在 15 龄以后,个体繁殖力又逐渐下降。

二、人工繁殖

(一) 亲鱼培育

1. 亲鱼选择 大黄鱼成熟后每年可繁殖两季,每季可多次产卵,但以首次成熟的亲鱼其催产较容易把握,亲鱼培育成本相对较低,育苗也相对容易。亲鱼的质量和培育情况关系到育苗的效果与所培育鱼苗的质量,因此必须对亲鱼进行严格挑选和认真培育。鉴于"闽优

1号"具有生长快、抗病力较强的优势,亲鱼尽量采用"闽优1号"亲鱼。

亲鱼应从生长快且整齐、养殖效果好的群体中挑选,要求体型匀称、体质健壮、鳞片完整、无病无伤,2龄鱼雌鱼体重应在700 g以上,雄鱼500 g以上,3龄鱼雌鱼应在1 000 g以上,雄鱼在700 g以上;雌雄比例约为2:1。

2. 培育方法

(1) 春季育苗用亲鱼的培育。为使出池的鱼苗避过水温20 ℃以上时海区布鲁克虫的危害,以及延长当年鱼种的生长时间,室内育苗宜提早在早春进行,安排在海区水温达到14~20 ℃条件下出苗到海区网箱养殖。为此,所需亲鱼最好在11月前就挑选好,在海区网箱中投喂优质饲料,开始进行强化培育。网箱应放置在潮流畅通的海区,网箱深度4 m以上,每天早晨与傍晚各投喂1次,投喂量为亲鱼体重的3%~5%;培育过程尽量避免惊扰。

催产前50 d左右,闽东地区在1月底至2月初,海区水温在10 ℃左右时,亲鱼即可移入室内水泥池进行升温培育。亲鱼培育池应设在安静、保温性能好、光照较弱的育苗室内,培育池面积30 m^{2}以上,椭圆形或圆形较佳,水深1.5 m以上,配套锅炉等增温设备,并配备预热池。

入池亲鱼数量按照生产计划确定,一般生产100万尾全长3.0 cm的鱼苗需要入池培育1 000 g左右的雌鱼约30尾,但由于不同个体性腺发育速度不一,同一批入池的亲鱼一般不会同时成熟产卵,所以为了成批生产,入池的亲鱼数量可适当增加。

亲鱼在池中放养密度一般控制在1.5~2.0 kg/m^3,池内应放置10~20只气头进行连续充气,使溶解氧保持在5 mg/L以上,水温保持在20~22 ℃,盐度控制在23~30,光照度控制在500~1 000 lx,注意避免强光照射。培育过程中每天投喂冰鲜小杂鱼(如鲐)、贝肉(如乌贼)、沙蚕或配合饲料,最好还能加入鱼肝油予以强化,根据摄食情况,每天早晨与傍晚各投喂1次,投饵率为3%~5%。投喂后饵料基本被食光或投喂后数小时,应进行吸污,除去残饵,同时进行换水,排掉部分旧水,加入预热好的新水,使池水的氨氮总值控制在0.3 mg/L以下。培育期间尽量保持水温与盐度的稳定,避免突变。

大黄鱼易受惊吓,特别在亲鱼性腺发育成熟接近产卵时,突然间的爆破、撞击声等可引起亲鱼受惊流产,乃至死亡。因此,管理人员在进行饲养管理操作时,动作要轻缓,不可高声喊叫。

春季亲鱼产完卵移回海区网箱饲养前,应待海区水温上升到14 ℃以上,并在室内缓慢降温过渡。

(2) 秋季育苗用亲鱼的培育。秋季育苗用亲鱼可在海区网箱中培育到性腺发育成熟之后,再转入室内水泥池中催产,或者直接在网箱中催产,再收集受精卵到室内水泥池中育苗。因此,亲鱼的培育管理全部在海区进行,其要点主要是保持网箱潮流畅通,具有良好的水质,每天早晨与傍晚各投喂1次优质饵(饲)料;夏季高温期注意防止病害和防止缺氧,可适当减少投喂量,要绝对保证饵料新鲜,或者改投配合饲料,并在饵(饲)料中适量添加大蒜素、多种维生素以及免疫增强剂,增强亲鱼的抗病力;培育过程尽量避免惊扰。

(二) 催情产卵

1. 成熟亲鱼的挑选 大黄鱼性腺必须发育到第Ⅳ期中后期时进行催产才能获得良好的效果。

成熟适中的大黄鱼雌鱼,上、下腹部均较膨大,卵巢轮廓明显,腹部向上时,中线凹陷，用手轻摸有柔软与弹性感，用吸管伸入泄殖孔，吸出的卵粒易分离，大小均匀。腹部膨大不明显、吸出的卵子结块卵粒不易分离，则表明还不够成熟，不宜催产；若腹部过度膨大，且无弹性，用吸管吸出的卵粒扁塌或放入水中有油粒，则说明卵已过熟，也不能用作催产。成熟的大黄鱼雄鱼，轻压腹部有乳白色浓稠的精液流出，在水中能很快散开。

2. 人工催产 大黄鱼在室内和养殖网箱中一般都必须人工注射催产剂进行催产才能产卵。催产剂可用促黄体素释放激素类似物（LRH-A_2、LRH-A_3）或绒毛膜促性腺激素（HCG），雌鱼所用剂量为 $1\sim10~\mu g/kg$（以鱼体重计），可采用一次性注射或分两次注射，从胸鳍基部无鳞处注射到胸腔中。分两次注射时，第一次注射 20%，第二次注射 80%。雄鱼注射剂量为雌鱼的 1/2，在雌鱼第二次注射时进行注射。

为简化操作和避免亲鱼受伤，人工催产与亲鱼选择同时进行，在对亲鱼进行成熟度检查与注射催产剂前应用丁香酚进行麻醉。

（三）受精卵的收集和人工孵化

在水温 20 ℃条件下，亲鱼注射催产剂大约 40 h 后开始产卵。大黄鱼的卵属于浮性卵，产完卵后捞出亲鱼，停止充气，受精卵即上浮到水面，可用细目筛绢网捞出，置于水桶中经沉淀吸去下沉到桶底的死卵和坏卵，并用消毒剂进行表面消毒，再把上浮卵收集起来，经冲洗后，移入孵化桶或直接放入育苗池中孵化。孵化桶的孵化密度宜控制在 60 万粒/m^3 以下，连续充气，每天换水 3 次，并及时排出沉底的坏卵。育苗池直接孵化时卵子密度宜控制在 5 万粒/m^3 以下，每 1.5 m^2 池底布设一个散气石，连续微充气，当仔鱼即将破膜而出时，适当加大充气量。孵化时一般采用静水充气方式，定时添加过滤海水。孵化水温保持在 18～24 ℃，溶氧量 5 mg/L 以上，pH 控制在 7.6～8.6，光照以 500～1 000 lx 为好。孵化期间要避免环境条件突变，防止阳光直射，定时停气吸去沉底的坏卵与污物，并经常检查受精卵发育和孵化情况，发现问题及时处理。

三、苗种培育

（一）鱼苗培育

1. 育苗设施 大黄鱼人工育苗一般在室内水泥池中进行，易于控制水质和水温。完整的大黄鱼人工育苗场要有育苗室（应可保温、调光）、亲鱼培育池、产卵池、育苗池、单细胞藻类和轮虫等饵料生物培养设备设施，还需要有供电系统、供水系统、供气系统、增温系统等，其中供水系统的水泵日提水能力应大于育苗用水高峰时用水量，沉淀池与蓄水池的总纳水量不少于日用水量。育苗场海水水质应符合《无公害食品 海水养殖用水水质》（NY 5052—2001）的规定，盐度 23～30。育苗设施的建造，可参照农业部颁布的《无公害食品 大黄鱼养殖技术规范》（NY/T 5061—2002）的规定进行。

2. 育苗前的准备工作 包括全部设施尤其是供水、增温、供气系统的检修、试运转，培养充足的开口饵料（轮虫），各种水泥池（预热池、产卵池、孵化池、育苗池等）的清洗与消毒，有关器具与药物的准备等。尤其要注意增温管道系统在预热池或产卵池、育苗池中的部分绝对不能有泄漏，加热管最好采用传热快又耐用的钛管，一旦锅炉蒸汽及其冷凝水流入育苗用水中，很容易使水中重金属含量超标，引致胚胎或鱼苗畸形，导致育苗失败。大黄鱼最佳开口饵料是轮虫，在亲鱼催产后一周之内就要投喂，因此，催产前要培育足够数量的轮虫；产卵过程以及孵化、育苗都需要大量用水，因此在催产前要做好充分准备，储备好温度和盐度合适的足够预热水。人工催产与受精卵的收集、分离、孵化等过程，需要使用的注射器、器皿、桶、盆、网、管、布等器材，用于亲鱼麻醉的药物与消毒药物，也要提前备足。

3. 培育方法 大黄鱼的仔、稚鱼培育一般在室内水泥池中进行，春季育苗水温宜为 20~25 ℃，盐度 20~32，光照度 1 000~2 000 lx；秋季育苗水温 28~22 ℃，其余条件同春季。育苗用水应经过暗沉淀和沙滤，并用 250 目网袋过滤入池，最好还经过紫外线处理。

放养密度按仔鱼期 2 万~5 万尾/m^3，稚鱼期 1 万~2 万尾/m^3，45 日龄以上的幼鱼 0.3 万~0.6 万尾/m^3 为宜。育苗过程中投喂的饵料随着鱼苗大小不同而改变，一般采用的饵料系列如下。①褶皱臂尾轮虫。投喂前应经 6 h 以上 $2×10^7$ 个/mL 小球藻液强化培养，增加其不饱和脂肪酸含量，投饵量控制为：鱼苗 3~5 日龄，水中轮虫密度为 3~5 个/mL；5~12 日龄，轮虫密度为 10~15 个/mL。②卤虫无节幼体。8~16 日龄，0.5~1.0 个/mL。投喂前经乳化鱼肝油营养强化。③桡足类及其无节幼体。从 12 日龄开始投喂，水体中保持 0.2~0.5 个/mL。④育苗后期可配合使用适口的微颗粒配合饲料。

整个育苗过程连续充气，使水中溶解氧保持在 5 mg/L 以上。仔鱼孵化后 3 d，若条件许可，可往培育池中增加小球藻，进行"绿水"培苗，其密度保持在每毫升 $3.0×10^5$~$5.0×10^5$ 个细胞。10 日龄前，每天换水 1 次，换水量为 20%~60%。10 日龄后，每天换水 2 次，换水量为 60%~120%。在换水前用虹吸管吸去池底的残饵、死苗、粪渣及其他杂物。每天注意观察仔、稚鱼的摄食情况，统计死鱼数，监测水温、密度、酸碱度、溶解氧、氨氮和光照度等理化因子的变化情况。

鱼苗在室内水泥池中培育至全长大于 20 mm，海区水温稳定上升到 14 ℃以上，可移到海区网箱中继续进行培育，直至全长 30 mm 以上。期间可投喂绞碎的鱼虾贝肉糜或优质配合饲料。暂养初期最好选择在潮流流速较缓但水质良好，附近有淡水注入、天然桡足类等饵料生物丰富的海区，夜间可短暂点灯诱集桡足类供鱼苗摄食，但当桡足类很多时，应注意开灯时间不能过久，以免桡足类聚集过多，消耗水中氧气，导致鱼苗缺氧死亡。

用于养成的大黄鱼苗要求大小规格整齐，全长 30 mm 以上，无伤、无病、无畸形，游动活泼。

（二）鱼种培育

1. 海区选择 鱼种培育一般在海区网箱中进行。养殖区应选择风浪不大的海区，水深 5 m 以上，潮流畅通，流速小于 1.5 m/s，流向平直而稳定，经挡流等措施后网箱内流速小于 0.2 m/s。养殖区周围应无直接的工业"三废"及农业、生活、医疗废弃物等污染源，水质符合《无公害食品 海水养殖用水水质》（NY 5052—2001）的要求，水温 8~30 ℃，盐度 13~32，透明度 0.2~3.0 m。

2. 网箱布局 养殖网箱用浮动式网箱，网箱规格一般为 (3.0~6.0) m×(3.0~6.0) m×(2.5~5.0) m，网箱布局根据网箱大小以及潮流和风浪的不同情况，每 100 个左右网箱连成一个网箱片，由数十个网箱片分布的局部海区形成网箱区，每个网箱区的养殖面积不能超过可养殖海面的 15%。各网箱片间应留 50 m 以上宽的主港道，多个 20 m 以上的次港道，各网箱片间的最小距离为 10 m 以上，每个网箱区之间应间隔 500 m 以上。每个网箱区连续养殖两年，应收上挡流装置及网箱，休养半年以上。

3. 鱼苗运输下海 鱼苗运输下海宜选择在小潮汛期间，以低潮流时刻为宜，低温季节选择在晴好天气且无风的午后，高温季节宜选择天气阴凉的早晚进行。鱼苗的运输视距离长短与鱼苗的规格大小，活水船运输密度为 1.5 万～6.0 万尾/m^3，充氧尼龙袋（0.4 m×0.8 m）包装运输宜在 15 ℃以下进行，每袋 200～1 000 尾。

4. 鱼苗的放养 同一个网箱放养的鱼苗规格力求整齐，避免互相残食。水温 15 ℃情况下，一般全长 20 mm 的鱼苗放养密度为 2 000 尾/m^3 左右，全长 30 mm 的鱼苗为 1 500 尾/m^3 左右。以后随着鱼体长大，通过分箱使密度逐渐降低。

5. 饲料投喂 刚入箱的鱼苗，即可投喂鱼贝肉糜、人工配合饲料、糠虾及大型冷冻桡足类。若网箱区的桡足类与糠虾等天然饵料较多，晚上可在网箱上吊灯诱集。50 mm 以上的鱼种可直接投喂经切碎的鱼肉糜。投饵量应根据苗种大小、水温和天然饵料的多少来确定，一般以投喂后能及时吃完为宜。投饵要坚持少量多次、缓慢投喂的方法。全长 30 mm 以内规格的鱼苗，刚入箱时每天投喂 6～8 次，以后逐渐减少次数。至越冬前的 12 月底，每天可减至 2 次，阴雨天气每天 1 次。苗种在早晨及傍晚这两个时段摄食较好，投喂的时间间隔可适当缩短，中午阳光强烈时苗种一般不上浮摄食，可适当延长投喂的时间间隔。在网箱内水流湍急时不宜投喂。

6. 网箱的日常管理 放养鱼苗的网箱网衣为无结节网片，需随着放养鱼体大小适时更换，放养全长 25～30 mm 鱼苗，网目长为 3～4 mm；放养全长 40～50 mm 鱼苗，网目长为 4～5 mm；放养全长 50 mm 以上鱼苗，网目长为 5～10 mm。

鱼种培育阶段，由于网箱的网眼小，易附生附着生物而造成网眼堵塞。尤其是高温季节，易造成箱内鱼苗的缺氧死亡，因此应根据网眼的堵塞情况及时换洗网箱。高温季节 3 mm 网目的网箱一般间隔 5～10 d 进行换洗，随着网目增大，换网时间间隔可适当延长。筛苗时间应安排在春、秋两季，水温适中（15～18 ℃最适）的多云、阴天进行；在苗种活力不好或饱食后、箱内潮流湍急等情况下，均不宜换箱操作。更换网箱的同时对苗种进行筛选分箱和鱼体消毒。每天定时观测水温、盐度、透明度与水流等理化因子，以及苗种集群、摄食、病害与死亡情况，发现问题应及时采取措施并详细记录。

（三）卵、苗种的运输

鱼卵、鱼苗和鱼种的运输由气候条件、运输距离的长短、数量的多少来决定。目前大黄鱼鱼卵的运输多采用尼龙袋充氧运输，视运输时间和水温确定运输密度。一般 10 L 的尼龙袋，每袋盛海水 4 L，可装鱼卵 200 g，水温 20 ℃左右，可运输 8 h。在胚胎胚孔封闭期后进行运输比较安全。鱼种运输有船运和车运 2 种方法。船运一般采用活水舱船运输或普通的船舱进行连续充气运输。车运一般使用水箱、水桶、帆布桶连续充气运输。鱼苗的运输除上述两种方法外也可用尼龙袋充氧运输。一般运输距离短、数量少，采用车运为宜。反之，运输距离长、数量多，则宜采用活水舱船运。运输前要停食，还要除去过多的黏液。如用尼龙袋充氧运输，要求在放苗袋的泡沫箱内装上适量的冰袋，以保持低温运输。另外，在用车运输时，需防止剧烈颠簸。

四、成鱼养殖

目前大黄鱼养殖以浅海浮动式网箱养殖为主，此外还有池塘养殖、围网养殖和深水大网箱养殖等多种模式。

(一) 浅海网箱养殖

1. 养殖海区的选择和网箱的设置 设置浅海浮动式网箱的海区条件要求与上述鱼种养殖海区要求一样，但海区水深最好 6 m 以上。网箱的布局与设置也与鱼种养殖相似。通常一个网箱框位挂置一个网箱，也可 2、4、6、9 个框位挂置一个网箱。网箱深度通常 4～6 m，面积较大的网箱可增加深度，但要保证在最低潮时，箱底距离海底 2 m 以上。在流缓海区，一般把网箱直接挂在框内，然后箱底内 4 角用沙袋或用比网箱底稍小的镀锌管框垂张，即称为"软箱"。在流急海区，在框架的两端或四周，使用"硬箱"，即把网箱上下四角张挂在用镀锌管焊成的 6 面体框架上。这种网箱既可挡流，又可保持网箱形状，有利于鱼栖息，避免鱼体被网箱擦伤，但造价较高，且管理上难度较大。

2. 鱼种放养 3 月下旬至 4 月上旬，选用就近海区培育的鱼种，购买前对其进行检疫，确认无携带病原体后，选择体型匀称、体质健壮、无病无伤、无畸形、鳞片完整的鱼种。鱼种运输一般采用活水船，启运前 12 h 内不投喂，运输密度为 800 尾/m^3。保持船舱内外的海水畅通，运输时间一般在 3 h 以内。鱼种的放养应选择在小潮期间，鱼种运达网箱区后，结合捞鱼装桶与倒进网箱的时间间隙，可用 20 mg/L 浓度的二氧化氯淡水溶液对鱼种进行浸浴消毒。入箱时将规格相近的鱼种投放同一网箱中。50～100 g 大小的鱼种放养密度以 30 尾/m^3 左右为宜，收获前的密度为 20 尾/m^3 左右，即 10.0 kg/m^3 左右。可少量混养鲷科鱼类、篮子鱼等苗种。网箱采用质地较软的无结节网，网目大小随鱼的生长变化而调整，鱼体全长 25～30 mm 时，网目长为 3～4 mm；鱼体全长 40～50 mm 时，网目长为 4～5 mm；鱼体全长 50 mm 以上时，网目长为 5～10 mm。到养殖后期多采用 35 mm 网目的网箱。

3. 饲料及投喂技术 大黄鱼商品鱼养殖使用的饲料有冰鲜小杂鱼、配合饲料等，小杂鱼经加工成鱼糜或切成块状后投喂。饲料应符合《无公害食品 渔用配合饲料安全限量》(NY 5072—2002) 的规定。刚入网箱的鱼苗，投喂适口的配合饲料、鱼肉糜、大型冷冻桡足类等；养至 25 g 以上的鱼种直接投喂经切碎的鱼肉块或配合颗粒饲料。水温 10～15 ℃ 时每天投喂 1 次，日投饵率在 1% 以内，在下午气温稍高时投喂；水温 15 ℃ 以上时早上与傍晚各投喂 1 次。当天的投喂量主要根据前 1 d 的摄食情况，以及当天的天气、水色、潮流变化和养殖鱼有无移箱等情况来决定。高温季节（水温 25～30 ℃）日投饵率 4%～6%。每次投喂前先在箱内划水，使鱼种养成集群上浮摄食的习惯。接着先在集群处快投，待大批鱼种吃饱散开或下沉时，再在周围继续少量投喂，让体弱的苗种也能吃到饵料。有时因气候因素鱼种仅在中层摄食，根据往日的摄食情况，坚持照常投喂。在网箱内水流湍急时不宜投喂。投喂时避免人员来回走动。

4. 网箱的换洗与鱼种分选 网箱应视具体情况，不定期进行换洗。高温季节 3 mm 网目的网箱一般间隔 5～10 d 进行换洗，随着网目增大，换网时间间隔可适当延长。其他季节视网目堵塞情况，每 1～3 个月换洗 1 次。随着大黄鱼的生长，通过分选保持网箱内鱼种的合理密度，同时使同一个网箱内的鱼种规格一致。在整个养成阶段，一般需经过 2～3 次的分选操作。分选操作时应小心，避免碰伤鱼体。选择在小潮时且流速较小的清晨或傍晚进行分选。

5. 日常管理 经常观察水流湍急时网箱倾斜情况与鱼种动态，检查网箱绳子有无拉断、沉子有无移位。及时清除网箱内的漂浮物。为保持商品鱼天然的金黄体色，养殖后期，可在网箱上加盖遮阳布。每天定时观测水温、密度、透明度与水流，观察鱼种的集群、摄食、病害与死亡情况。高温季节在网箱区中央部分，应注意防止养殖密度过大而引起缺氧死亡。

6. 成鱼收获与运输 在收获前检查确认所用药物的休药期全部达到规定的期限，收获前1 d停止投喂饵料。为保持大黄鱼原有的金黄体色，在入夜后至黎明前收获。起捕时鱼先在冰水中浸泡片刻，待降温麻痹后再装入保温箱，运至加工厂进行不同规格分选，后加冰装箱，以冷藏车外运。

（二）池塘养殖

池塘比海区网箱更接近于大黄鱼的自然环境条件。因此，池塘养殖的大黄鱼具有生长快、体色好、肉质嫩、饲料系数低等优点。但若池塘换水条件差，则易发生病害，且不易控制。

1. 池塘的选择 要求平均水深3 m以上。换水条件要好，每个潮汛的15 d里，要求有12 d以上可在涨潮时进水。池塘大小1～5 hm² 均可，以3 hm²左右较好。养殖池最好选择在有淡水源的地方，以便调节水质。在池的浅滩及进、排水闸门口均应用密网围拦。池底以沙或沙泥质为好。为便于排水捕鱼，池塘应以3‰～5‰的坡度向排水口方向倾斜。

2. 鱼种的投放 投放的鱼种以100 g左右的大规格鱼种为好，以便当年全部达到商品规格。

每公顷可放养100 g左右的鱼种7 000尾，或50 g左右的鱼种9 000尾，根据水深与换水条件，适当增减放养密度，同时还可混养少量底层鱼、虾、蟹类等。放养鱼种时，可结合捞鱼装桶与倒进池塘的时间间隙，用20 mg/L浓度的二氧化氯淡水溶液对鱼种进行浸浴消毒。

3. 饲料与投喂 基本上同网箱养殖，不同之处如下。

①饲料种类与加工：为防止饲料的溃散而影响池塘的水质与底质，冷冻鱼解冻、洗净、沥干后，以切成碎肉块投喂为好。若绞成肉糜，要用粉状配合饲料调成黏性强、含水分较少的团状饲料再投喂。使用的饲料要符合《无公害食品 渔用配合饲料安全限量》（NY 5072—2002）标准要求。

②投喂：养殖期间，一般每天在早、晚共投喂2次，高温期间逢小潮汛换水困难时可投喂1次。若水质不好又无法进水时，也可以暂停投喂1～2 d。其投喂量相应比网箱的要偏少些。应设置固定的投喂点，且最好固定在靠排水口的地方，以便把残饵排出池外。投喂的速度要慢一些，时间要长一些。若未见鱼群上浮抢食，或听不到水中摄食时发出的叫声，就不宜继续投喂。

4. 池塘养殖的日常管理

①换水：视水质状况，每天换水1～2次。高温季节，最好在下半夜换水。换水量依水质情况而定。大暴雨后池塘表层的密度下降明显，换水时，应先把表层淡水排出，待海区潮位较高时再进水。为改善水质与防病，每隔10 d左右泼洒生石灰水1次，水深1 m的池塘每公顷用生石灰150～225 kg。

②巡塘：要坚持每天的早、中、晚巡塘，尤其是在高温季节又逢小潮汛换水困难时，要特别注意做好晚上与凌晨前后的巡塘工作。认真观察鱼的活动情况，发现问题要及时处理。

③观测与记录：每天要定时观测水温、密度、透明度、水位变化，观察鱼的集群摄食、病害情况，并详细记录。在水质变差或发现鱼的异常情况，还要监测池水的氨氮、酸碱度、硫化物和溶解氧等。

5. 收获与运输 起捕前要停饵 2 d，并大量换水。土池养殖的鱼不易保活，一般不宜活鱼运输。

（三）大围网养殖

大围网养殖大黄鱼具有投资省、成本低、产量高、效益好的优点，且抗台风能力强，投资风险低。由于大围网活动空间大、水交换量多，残饵滞留少，水质好、病害少、成活率高，同时还有一定量的天然生物饵料补充，饵料成本相对比小网箱低。此外，大围网养殖的大黄鱼体型、体色、肉质、风味都较接近野生大黄鱼，商品鱼收购价较高。

1. 围养场地的选择 围养场地应选择在能避台风的港湾型的潮间带中高潮区，在最低潮时大围网里的水位不低于 2 m，涨潮时水位保持 8~10 m。面积可达 2 000~3 500 m^2。要求海底地势较为平坦，饵料丰富，底质以泥或泥沙质为宜，不能有暗礁石。含沙量比较高的底质，要注意锚或桩打入后是否能有足够的"抓"力。养殖场地在洪汛期不能有大量的淡水流入，更不能有工业污水。水质要求较清澈，透明度在 30 cm 以上，大潮最大流速一般不得大于 1.5 m/s。

2. 大围网的结构 大围网多采用无结节网片，网目 2~4 cm，制作网片材料必须具有高强度、耐腐蚀等性能，如聚乙烯、绵纶丝等，不能使用价廉的再生品。一般使用大毛竹做固定桩，间距 2~4 m。内外攀绳将围网用绳子绑在毛竹上，将网衣围成圆形，用沙袋压实底部网衣，通过打桩、吊绳、沉沙袋等方式把大围网沉入海底，围网的上端要高于当地最高潮水位 3 m 以上。为了加强防逃，围网基部可采用双层网结构或内、外侧双层围网。锚泊系统根据当地渔民的生产习惯，以抛锚式固定为主。每个固定桩可串连主锚重 100 kg 以上，配备直径大于 38 mm 的锚索；副锚（也称边锚）重 50 kg 以上，配备直径大于 30 mm 锚索。锚索长，主锚 30 m 左右，副锚 20 m 左右，或者视海区的水深而定。并在大围网旁配套一座简易管理房，围网内备一条小舢板，用于投喂饵料。

3. 苗种选择 一般选用鱼种规格为 50~100 g/尾的大规格鱼种，放养时间为 4 月下旬至 5 月上旬，经过 10~15 个月的养殖可达到商品规格（400 g）以上。也可选用小规格鱼种即个体全长 7 cm，平均 10 g/尾，这样的鱼苗以养冬片鱼种为主，部分达到商品小规格即以 250 g/尾上市。要求鱼种个体均匀、无体伤及病残畸形，且活动能力强。采用活水运输，本地用活水船运输。

苗种驯化及饵料投喂：苗种经过运输，进入新环境，都会有不适应现象，鱼种投放后都要驯化（主要是食性驯化）一段时间，这在大围网养殖大黄鱼中显得尤为重要。因鱼种入大围网活动的空间增大，24 h 内要密切观察。为便于鱼种驯化管理，要设置投饵台。鱼种入池后开始 2 d 不必投饵，让它们自由活动，第三天进行饵料驯化，首选饵料为新鲜低值鱼虾，自行加工成鱼糜，加以粗饲料及添加剂做配合饲料，并在饵料中添加维生素。全人工配合饲料投喂也要经过一段新鲜饵料鱼与饲料混合的驯化时间。在饵料驯化阶段要定点（设置投饵台）、定时（一般为早、晚各 1 次，即 06:00 左右、18:00 左右）。还有投饵信号训练，即在投饵前发一固定信号，让鱼群形成条件反射。这阶段分两步走，第一步每天投少量饵料吸引鱼种，使它们习惯结群索食，需一周时间；第二阶段，逐渐增加投饵量至适量（即全天投食为鱼体总重 8% 左右），也需一周时间。驯化过程尤要注意的是，保证饵料新鲜度。经过驯化，鱼种每天在发出投饵信号后能自然集群至投饵台，这时就要掌握投饵量的多少，以上一次摄食情况为基准，且掌握全天总投饵量不超过鱼总重的 10%。

4. 日常管理 每天检查围网的安全情况，及时清除围网内的杂物，定时观察鱼的活动情况，发现问题及时处理。

5. 病害防治 以防为主，投饵台可经常用二氧化氯泼洒消毒。如发现寄生虫，可泼洒 2~4 mg/L 浓度的五倍子（要先磨碎后用开水浸泡），连续泼洒 3 d；或拌三黄粉 30~50 g/kg（以饲料计），连续投喂 3~5 d。细菌性疾病的发病高峰期，定期在饵料中添加大蒜素 0.1%~0.2%，连续投喂 3~5 d。

6. 捕捞 可用罾网和定置网捕捞。

（四）大黄鱼深水大网箱养殖技术

1. 场址和网箱类型选择 采用深水网箱养殖大黄鱼的海区必须具备以下几个条件：①养殖海区必须有较好的避风条件。一般可选用朝南的半开放式海湾，受台风影响相对较小，同时也有利于冬季鱼种越冬。②养殖海区水深要在 10 m 以上。③养殖海区流速最好在 0.7 m/s 以下。

通常选用高密度聚乙烯（HDPE）圆柱形网箱，周长 50 m、深 8 m，每只网箱有效容量 1 500 m³。最好采用金属制网箱，不会因为潮流冲击变形而对大黄鱼造成挤压胁迫和损伤，网衣也容易清洗，定期用高压水枪冲洗即可将附着淤泥和附着生物完全洗脱；尼龙网衣使用久了会有大量附着物，如果有足丝等深入网绳内部，无法洗脱。

2. 锚泊系统 深水网箱的锚泊系统根据所在海区的海况不同而有所区别。在内湾或潮流平稳的海区一般采用分散独立的设置方法，网箱间的中心距离 40 m，通过钢制分力器连接，再用铁锚或海底桩固定。在海区潮流畅通、台风影响频繁的半开放式海区，采用紧密设置。

3. 养殖管理 养殖密度兼顾水体利用率和实际网衣漂移程度而定，各地一般是 25~30 尾/m³。

水温适宜时依据每只网箱大黄鱼的摄饵量尽量让它吃饱。小潮汛或无风时 1 d 投喂 2 次，即早晨天亮前和黄昏时，日投喂量占鱼体重的 6%~8%（以鲜料计算）；遇大风天气或大潮时，1 d 只能投喂 1 次，甚至不投。

尼龙网箱需定期换洗。金属网箱可用高压水枪定期喷洗。

深水网箱养殖大黄鱼，批量起捕很方便，但零星起捕和养殖过程中的鱼类分级难度较大。

五、病害防治

养殖大黄鱼常见的疾病主要有原生动物寄生引起的疾病和细菌感染引起的疾病。

（一）本尼登虫病

症状：本尼登虫寄生于鱼的体表皮肤，表皮粗糙，局部变为白色。病鱼呈严重不安状，在网衣上摩擦身体，使体表损伤，造成继发性感染。严重时，鱼体两侧鳞片脱落，尾柄肌肉充血发红、溃疡，甚至尾部整个溃烂，病鱼整日在水面上缓慢游动，不摄食，身体消瘦，应激反应严重，稍加搬动，即会引起成批死亡。将病鱼放置于淡水中 2~3 min，会有许多椭圆形或近于椭圆形的虫体从鱼体表脱落。流行时间为 6 月下旬~11 月下旬，盛期为 7 月中至 9 月中旬。

防治：①降低养殖密度；②发病季节，适时泼洒 20~30 g/m³ 的生石灰，以改善水环境;③勤换洗网衣,换网时结合使用高锰酸钾消毒,杀死附在网衣上的虫卵;④治疗方法是用淡水浸浴 5~10 min。

(二) 刺激隐核虫病

症状:病鱼体表、鳃、眼角膜和口腔等与外界相接触处,肉眼可观察到许多小白点,鳃和体表黏液增多,严重时体表形成一层混浊的白膜,皮肤上有许多点状充血处,甚至发生严重炎症或溃疡病。病鱼食欲不振或不摄食,身体瘦弱,游泳无力,呼吸困难,最终可能因窒息而死。发病期在 4~8 月,高发期在 5~7 月。

防治:①网箱合理布局,连片不能过大,保证养殖区水质良好、潮流畅通,并降低每个网箱的放养密度;②在网箱养殖区定期泼洒生石灰,疾病流行季节,网箱内吊挂白片(含氯制剂)加蓝片(铜制剂),每个网箱白片 2 片,蓝片 2~3 片;③治疗方法是用淡水浸浴 3~15 min 或淡水加含氯消毒剂浸浴 3~5 min,时间视水温、鱼体质及忍受度等灵活掌握,5~7 d 浸浴一次;④发病后应及时治疗,死鱼及时捞出送到陆地掩埋,不可随意弃入海中。

(三) 瓣体虫病

症状:瓣体虫寄生在大黄鱼的体表皮肤和鳃上,寄生处出现许多大小不一的白斑(白点)。病鱼游泳无力,独自浮游于水面,鳃部呈灰白色,并黏附许多污物,病死的鱼胸鳍向前方伸直,鳃盖张开。发病时间 4~8 月,高发期在 5~7 月。

防治:淡水浸浴 2~4 min;或每升海水加硫酸铜 10~12 mg,浸浴 10 min。

(四) 淀粉卵涡鞭虫病

症状:该病主要发生在室内育苗阶段,淀粉卵涡鞭虫的营养体寄生在鱼的鳃、皮肤和鳍上,刺激鱼体分泌大量黏液,形成白色膜囊包住虫体,肉眼看为许多小白点。被寄生的部位,鳃呈灰白色,有的鳃丝成棍棒状。严重者皮肤溃疡,鳍条腐烂。病鱼在水面漂游或横卧水底,或迅速窜游至水面,再沉入水底,呼吸加快,鳃盖开闭不规则,不摄食。最后因身体消瘦,鳃组织严重受损,呼吸困难,窒息或衰竭而死。

防治:一般认为该病的病原体是由饵料生物桡足类带入,故桡足类投喂前要严格消毒。此外,降低育苗池内放养密度,发病时,要及时隔离,育苗工具严格消毒,不能交替使用。在育苗期间,定期用硫酸铜浸浴或淡水浸浴来预防此病的发生。治疗可用淡水加含氯消毒剂(强氯精 $0.2~0.5 \text{ g/m}^3$)连续浸浴 2~3 次,每次浸浴时间视鱼体耐力情况而定;或用硫酸铜 $0.8~1.0 \text{ g/m}^3$ 浸浴,连续浸泡 3 次。

(五) 布娄克虫病

症状:虫体主要寄生在鱼鳃部,有时体表也有少量寄生。大量寄生时,鱼的鳃部贫血,呈灰白色;鳃丝浮肿,黏有许多泥样污物;鳃盖打开,闭合困难;在水中呈"开鳃"状。皮肤、鳃和鳍上的黏液分泌增多。病鱼常浮于水面,游动迟缓,呼吸困难而且很快沉底死亡。该病具有隐蔽性,水面上见到少量病鱼时,网箱底部通常已有大量病鱼沉底死亡,而且蔓延迅速,因此应引起高度警惕。从鳃部、体表取样,做成水浸片镜检,可看到虫体。流行时间为 4~6 月。

防治:①降低放养密度;②在流行季节,吊挂白片(含氯制剂)加蓝片(铜制剂),每个网箱白片 1 片,蓝片 1 片。③治疗用淡水加含氯消毒剂浸浴,时间可视水温、鱼体质及忍受度等灵活掌握,一般每次 3~5 min,5~7 d 浸浴 1 次;浸浴后网箱内再吊挂白片加蓝片,每个网箱($10~15 \text{ m}^2$)白片 1 片,蓝片 2 片。

(六) 弧菌病

症状：感染初期，体色多呈斑块状褪色，食欲不振，缓慢地浮于水面，有时回旋状游泳；随着病情发展，体表出血变红，鳞片脱落，吻端、鳍膜溃烂，眼内出血，肛门红肿扩张，常有黄色黏液流出。弧菌病终年都会发生，累积死亡率较高。

防治：①种苗捕捞、运输、选别等操作时要小心，避免使鱼体受伤；②放养密度不要过大，并保持网箱内清洁；③发现个别病死鱼，应集中后统一处理，不要随意丢弃，防止病菌扩散；④适时在饲料中添加维生素等增强鱼体质；⑤在发病季节，在平潮时泼洒强氯精 $0.2\sim0.5\ g/m^3$，每天1次，连续 $3\sim5$ 次；⑥治疗也可用五倍子（要先磨碎后用开水浸泡） $2\sim4\ g/m^3$ 待平潮后泼洒，连续 3 d。

(七) 肠炎病

症状：病鱼在水面上缓游，不摄食，腹部膨胀，内有大量积水，轻按腹部，肛门有淡黄色黏液流出。有的病鱼皮肤出血，鳍基部出血；解剖病鱼，肠道发炎，肠壁发红变薄。病因是摄食不新鲜饵料或过量投喂导致消化不良引起。

防治：①保证饲料新鲜，不投喂不新鲜的饵料；②适量投喂，不使鱼过饱食；③发生肠炎时，立即停饵 $2\sim3\ d$；④治疗为每千克饵料或饲料中添加大蒜素 $1\sim2\ g$，连续投喂 $3\sim5\ d$。

(八) "开鳃、白身"病

症状：分为急性和慢性型，症状基本相似。其症状是鳃部打开，镜检鳃丝发白呈贫血状态。鱼苗刚死亡不久，除头部外，全身部位发白，身体硬直。鱼苗浮于水面打转、窜游，腹部膨大，不下沉，不久即窒息而死。急性型开鳃白身症，发病急，若早上发现有一两尾病苗，第二天全池50%都会感染。慢性型开鳃白身症，病程缓慢，患苗浮于水面 $2\sim3\ d$ 后才下沉死亡。是育苗期的一大疾病，由水质不良、细菌感染引起。急性型主要危害 20 日龄以上的稚鱼，慢性型主要危害从 3 日龄的开口仔鱼到 30 日龄的稚鱼，死亡率一般达 $30\%\sim50\%$，高的达 80% 以上。

防治：①控制适宜的放苗密度；②做好水源处理，保证水源质量，适当加大换水量，以保持池中水质清洁；③治疗可用二氧化氯或强氯精 $0.2\sim0.5\ g/m^3$ 全池泼洒，隔天 1 次，连续 $2\sim3$ 次；或将五倍子用淡水浸泡后熬成汤液，按 $1\sim3\ g/m^3$ 浓度全池泼洒，隔天 1 次，连续 $2\sim3$ 次。

(九) 涡虫病

症状：涡虫虫体寄生在鳃丝上，引起宿主分泌大量黏液及增生组织将其包裹，被包裹住的虫体在其中不断地转动，造成被寄生的鳃组织损伤严重。病鱼严重烂鳃，鳃充血、出血、瘀血现象严重，特别是黏液大量分泌，并有泥土样脏物附在鳃丝间。严重的病鱼出现鳃丝缺损，鳃弓骨裸露。病鱼漂浮于水面，缓慢游动，呼吸困难而死。

该病主要危害 50 g 左右的幼鱼，死亡率一般为 30% 左右，高的可达 50% 以上。

防治：①降低养殖密度，防止过密养殖；②发病季节，适时泼洒 $20\sim30\ g/m^3$ 的生石灰，改善水环境；③治疗用纯淡水加含氯消毒剂浸浴，或五倍子 $1\sim3\ g/m^3$ 浓度浸浴。

思考题

1. 大黄鱼的人工育苗应注意哪些问题？
2. 简述大黄鱼成鱼养殖的技术要点。

第十八章 鳢类养殖

一、生物学特性

鳢通常指鲈形目攀鲈亚目鳢科的鱼类,俗称生鱼,在我国北方称为财鱼、黑鱼。其中经济价值较高的有乌鳢(*Channa argus*)、斑鳢(*Channa maculata*)和月鳢(*Channa asiatica*)(图2-18-1~图2-18-3)。鳢科鱼类分布较广,主要分布于亚洲、非洲的热带、亚热带及温带的湖泊、水库、江河、溪流、池塘、沟渠及沼泽地等淡水水域。鳢科鱼类养殖以乌鳢、斑鳢居多,近年来市场上杂交鳢养殖越来越普遍。杂交鳢俗称杂交生鱼,在繁育生产实践中,是利用乌鳢和斑鳢杂交而成,它不仅整合了父母双亲生长快、抗病、耐低氧等优点,而且可用人工配合饲料喂养,肉质鲜美,能进行高密度养殖,适于广泛推广。本章主要介绍杂交鳢[乌鳢(♂)×斑鳢(♀)杂交子一代]的生物学特征及其养殖技术。

图2-18-1 乌鳢

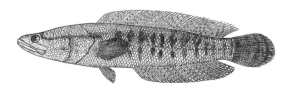

图2-18-2 斑鳢

图2-18-3 月鳢

(一)形态特征

1. 外部形态 杂交鳢体色呈青绿色,身体前部呈圆筒形,后部较为侧扁,背缘、腹缘平直,尾柄较高且粗短。头大而尖长,有发达的黏液孔。口端位,口裂大而稍斜,下颌向前稍突出。眼小,位于头部侧面前上方,距吻端很近。鼻孔每侧2个,位于眼的前上方。头部及体部均被有中等大小的圆鳞。头部鳞片呈不规则的骨片状。侧线在臀鳍起点的上方下弯,向下移一行鳞,再沿体侧中部延伸达尾鳍基部。

2. 内部结构 杂交鳢口内牙齿丛生,对捕食各种水生动物极为有利。口咽腔与食道相接处具有呈放射状排列的皱褶,具有较大的伸缩性,可吞食整尾较长的饵料鱼。鳃裂大,鳃耙粗而短,鳃上有发达的辅助呼吸器——鳃上器官。鳃上器官及鳃上黏膜层上面有丰富的微细血管网分布,可直接呼吸空气中的氧气,从而进行气体交换。杂交鳢的腹膜为白色,食道较短,食道与胃无明显的界限,胃口呈Y形,胃壁较厚。鳔单室,无鳔管。

3. 杂交鳢与亲本的外形区别 乌鳢(杂交鳢父本)头顶部有七星状斑纹,头比较尖,似蛇状;斑鳢(杂交鳢母本)头顶部斑纹则呈近似"一八八"三字。杂交鳢的头部斑纹为两者的混合,"一八八"斑纹的后一个"八"近似"一",其他斑纹也不规则。但杂交鳢体色与双亲一致,为青绿色,利于适应自然界的生活环境、捕捉食物和逃避敌害。

(二)生活习性

杂交鳢是底栖性鱼类,只在捕食或水中缺氧时才到水体中上层活动,喜栖在水草茂盛、软泥底质的静水或水流较缓的水体中。随水温和季节不同,杂交鳢的栖息水层有所不同。当水中缺氧时,杂交鳢可将头伸出水面吞食空气,在少水或无水的潮湿地带也能生存很长时间,正常情况下,只要鳃部和皮肤湿润,数天后遇水可恢复生长。同时,杂交鳢抗恶劣环境的能力也很强,在 pH 5.5～9.0 的水域及咸淡水中也能生活。

(三)摄食与生长

杂交鳢是典型的肉食性鱼类。自然状况下,一般 3 cm 以下的幼鱼主要摄食桡足类、枝角类及摇蚊幼虫等;体长 3～8 cm 的小鱼主食水生昆虫的幼虫、小虫、蝌蚪及小型鱼类;体长 20 cm 以上的成鱼摄食各种小型野杂鱼、青蛙和虾类。同时,杂交鳢还是典型的捕食性鱼类,捕食方式为伏击式或掠捕式,在饵料不足情况下,自相残杀现象也非常严重。

杂交鳢贪食,对食物的选择性不十分明显,人工养殖条件下,经过一段时间驯化,可摄食人工配合饲料。通过人工饲养对比试验,不管饲喂人工配合饲料还是天然饵料,杂交鳢生长速度比其双亲都快很多。实验证明,体长 3 cm 的杂交鳢仔鱼养殖 3 个月后个体重量达到 750 g 左右,能上市销售;而其相同大小的父本乌鳢仔鱼、母本斑鳢仔鱼在养殖 3 个月后,个体重量分别不足 400 g、200 g。

(四)繁殖习性

鳢科鱼类繁殖习性基本相同,仅在性成熟年龄上略有差异。在良好的饲养条件下,鳢科鱼类雌性 1 龄可成熟,雄性通常 2 龄成熟。在自然界中,鳢科鱼类多栖息在湖泊、池沼、江河等水不流畅而混浊的泥底处,其产卵场也多在这种场所。鳢科鱼类对产卵场的要求有 3 点:第一,在绕湖边、塘堰、沟渠等近岸水草茂盛的场所,底质为淤泥。第二,产卵适宜水温范围为 18～30 ℃,最适水温为 22～27 ℃。水温低于 18 ℃ 或高于 30 ℃ 的情况下,一般不会产卵。第三,产卵场在静水避风的浅水区。鳢科鱼类产卵有营巢习性,需要有水生植物。

以广泛分布的乌鳢为例,性成熟年龄随所在水域纬度的不同而有差异。长江流域地区一般是 2 冬龄、体长 30 cm 左右性成熟开始产卵,个别也有 1 冬龄、体长 20 cm 左右性基本成熟,当年不繁殖。而广东珠三角一带,部分 1 冬龄的乌鳢就已性成熟,并开始产卵繁殖;斑鳢则基本上都是 1 冬龄后具有繁殖能力。

杂交鳢是由乌鳢(父本)和斑鳢(母本)杂交获得的子一代,为了保证杂交鳢质量,生产上一般用 2 龄的雌性斑鳢、2～3 龄的雄性乌鳢作为亲鱼。1 冬龄后的杂交鳢也具有繁殖能力,但繁殖后代基因分离、大小悬殊、残食严重、抗病能力差,而且会污染自然界中的乌鳢、斑鳢种质。所以,应严格禁止杂交鳢用于制种繁殖。杜绝杂交鳢污染乌鳢、斑鳢的天然种质,养殖上又要利用杂交鳢的生长优势,进行杂交鳢的单倍体育种势在必行。

二、人工繁殖

(一)亲鱼培育

1. 亲鱼的获得与雌雄鉴别 亲鱼一般从自然水域和人工养殖池塘中获得。亲鱼雌雄鉴别见表 2-18-1。实践表明,个体较大的亲鱼,不仅产卵量多,产卵期较早,且孵化率也高，后期发育也较好。

表 2-18-1 亲鱼雌雄鉴别

季节	性别	腹部	肛门、生殖孔
非生殖季节	雌	大而较软	肛门略向后凸出，生殖孔扁平或稍突出
	雄	狭小而略硬	肛门和生殖孔略向内凹
生殖季节	雌	成熟时膨大柔软，而成囊圆形	肛门和生殖孔略红肿凸出
	雄	肥软、无明显膨大	肛门和生殖孔略凹下，稍粉红，生殖孔较小

2. 培育方法 一般亲鱼培育池的面积以 667～1 334 m^2 为宜，水深 1 m 左右。要求池底平坦、水源充足、水质清新、排灌方便，需水时有充足干净水源灌注。底质有一定的肥度，最好有 15～20 cm 厚的淤泥。在池中应种植少量水草，以让鳢栖息和防止跳跃。在亲鱼放养之前应做好亲鱼池的清整和清塘消毒两项工作。亲鱼放养在 9 月中下旬就要进行，此时摄食比较旺盛，有利于亲鱼越冬前的培育。由于杂交鳢是父本乌鳢与母本斑鳢杂交后的子一代，为了更好地利用其杂交优势，应将乌鳢和斑鳢在其产地分别培育。如利用湖北乌鳢作为父本的就在湖北当地养殖场进行强化培育，斑鳢在南方养殖地进行强化培育。杂交鳢父、母本亲鱼强化培育时的放养密度一般按每 667 m^2 放养 100～150 kg 为宜，水质条件较好的池塘可以放养 300～500 kg，最多不超过 500 kg。乌鳢、斑鳢亲鱼强化培育的饲料以小杂鱼、虾及冰鲜为主，经过驯化也可以摄食人工配合饲料，不要长期投喂单一饲料。培育期间要适当注入新水，保持池塘的水质良好。到翌年 2 月底或 3 月初，将北方产地强化培育的雄性乌鳢亲本，用水车运到南方雌性斑鳢亲本强化培育场地，用单独池塘进行水质环境适应。一个月后，雄性乌鳢亲本对水质环境基本适应，到 4 月初开始，雌性、雄性亲鱼都要分别定时冲水刺激，既能改善亲鱼池水质，又能促进亲鱼性腺的良好发育，这是春季强化培育的重要技术措施之一。

3. 亲鱼催产前暂养 繁殖前，要将用于繁殖的亲鱼挑选出来，分别按雌、雄性投放在不同的暂养池中，不投喂饲料，暂养 1 d 为好。让其排空肠道粪便，以便人工注射催产剂及产卵。在人工催产前应给予相应的水流刺激，使亲鱼的性腺能尽可能同步发育成熟。

（二）催情产卵

1. 亲鱼配组 成熟度好的雄性乌鳢：身体相对显得较瘦长一些，两侧暗紫红色，腹部不膨大，背鳍上有自下而上排列整齐且透明白色的小圆斑，小圆斑越多成熟度越好；生殖孔小而微凹，呈粉红色。雄性乌鳢的精巢较小且不能挤出精液。

成熟度好的雌性斑鳢：腹部明显膨大、松软而有弹性，两侧卵巢轮廓明显，腹部向上时中央明显出现陷沟，肛门生殖孔微红、大而外突。为了保证催产率，除从外部特征观察外，还须对其卵细胞进行取样检查。其方法是将取卵器头部缓慢地插入雌性斑鳢生殖孔内，然后向左或向右偏少许，向一侧的卵巢内伸入 5 cm 左右，再旋转二三下抽出，即可挖出少量卵子，最后置于解剖镜下观察卵子的成熟度。若取出的斑鳢卵细胞粒粒分散，大小匀称，呈金黄色或橘红色，透明晶亮，饱满圆整，镜检时内含一个大油球，卵核已大部分偏离中心的，即为成熟度刚好的卵子。用怀有这种卵子的雌性斑鳢作为亲鱼催产，催产率、受精率、孵化率都很高。对于适熟卵，卵巢发育处于Ⅲ期末或者Ⅳ期初的斑鳢，即可进行人工催产繁殖。

对于性腺尚未成熟的雌性斑鳜亲鱼，一般可注射催熟针后放回原池，并加强流水刺激，促进其性腺加快成熟。对于性腺过熟的斑鳜亲鱼无需催产，应放入后备亲鱼池培育，留待明年人工繁殖时选用。

亲鱼选好后，按照池的大小将一定对数的亲鱼按雌、雄1：1的比例，放入产卵池中。

2. 催产剂注射　目前，杂交鳜父、母本亲鱼催产常用的催产剂与"家鱼"催产剂相同。

（1）单种催产剂催产。

鲤脑垂体（PG）：斑鳜雌鱼用4～6粒/kg（以鱼体重计），乌鳜雄鱼为雌鱼的1/2；

绒毛膜促性腺激素（HCG）：斑鳜雌鱼1 600～2 400 IU/kg（以鱼体重计），乌鳜雄鱼的注射量为雌鱼的1/2。

（2）混合催产剂催产。每千克斑鳜雌鱼注射 PG 2 个 + HCG 500～600 IU，或 PG 2 个 + LRH - A 5 μg，或 LRH - A 10 μg + HCG 500 IU，或 LRH - A 10 μg + DOM 6～10 mg，或注射 PG 2 个 + HCG 500～600 IU + LRH - A 4～5 μg。

雄鱼乌鳜的剂量皆为雌鱼的1/2。成熟度稍差一点的剂量可以偏高，反之，剂量可以偏低一些。

催产剂注射次数根据亲鱼性腺成熟度分一次注射和二次注射。若雌亲鱼性腺成熟度差，如亲鱼刚进入繁殖期，一般采用二次注射。第一次注射剂量为总剂量的1/3，第一针注射后仍按雌、雄鱼分别暂养，相隔12 h左右后注射第二针，将剩余部分注入鱼体。若雌亲鱼性腺成熟度较好则采用一次性注射。雄性亲鱼一般采用一次注射，在雌鱼注射第二次时同时注射，剂量一般为雌亲鱼的1/2。

3. 自然产卵与人工授精　所谓自然杂交产卵，就是将杂交组合的亲本，按照一定的雌雄比例放入产卵池，让其自行交配产卵的一种生产方式。杂交鳜母本——斑鳜卵为一次成熟，分批产出。在风平浪静的黎明前，雌、雄亲鱼在巢下追逐发情，然后雌鱼腹部向上仰卧，缓缓摆动身体，徐徐产出卵子，随后雄鱼以同样的仰卧姿态，靠近雌鱼，射出精液，在水中完成受精过程。斑鳜产卵时要求周围环境十分安静，遇到外界惊扰或有人接近，就会停止产卵。在人工饲养条件下，为了获得大量的鱼苗，也可采取模仿自然生态的方法，创造与自然繁殖相应的环境条件，让其在人为设置的环境中产卵、受精，然后及时从中捞取受精卵进行孵化。如果不及时的话，受精卵经过2～3 d的时间将会孵出仔鱼，很容易被其他较大的鳜苗，甚至被其父本、母本吞食。

人工授精是人为地把成熟的精、卵结合而形成受精卵的过程。这种方法需要经常观察亲鱼的动态，及时把握受精时间。通常一条雌鱼可以挤卵2～3次，每次挤卵应有一段时间的休息间隔。

（三）人工孵化

1. 孵化方法　在杂交鳜卵放入到孵化器前，孵化器要严格消毒，放入新水，水质要求清新且无吃卵的敌害动物。孵化设施可以根据生产规模的情况用塑料盆、网箱、孵化池、孵化环道等，也可以把亲鱼捞出，直接留卵在产卵池中孵化。孵化器中放入一些水草，在室外孵化时，孵化池上加遮阳棚，防止太阳直晒或阵雨直接淋击。

塑料盆孵化法：生产规模小的可以采用塑料盆孵化法。将受精卵放入塑料盆静水孵化，一般每升水体放卵500～800粒。如果有增氧设备，密度可以适当提高。在孵化过程中每1～2 d换1次水。水温22～25 ℃时，经过3～4 d的孵化，仔鱼破膜而出，如果采用淋水增氧可以提高受精卵的孵化率和仔鱼的成活率。

网箱孵化法：网箱采用 40 目的筛绢或尼龙绢布制成 0.5 m×1.0 m×0.6 m 的长方形箱体，将其设置在风平浪静、水质清新稳定的地方，避免激流冲击，投放卵 1 万～2 万粒/m²，并投入适量的水草。箱外行距间要养适量水草，既减少风浪的冲击，又可以净化水质，提高孵化率。此种方法适合较大规模孵化育苗。

孵化池孵化法：孵化池可以是敞口水泥池，大小根据生产规模而定。一般放卵 1.5 万～2.0 万粒/m² 为宜。为防止杂交鳙苗刮伤、碰伤，孵化池内壁一定要平整光滑，孵化池里可以配备淋水增氧设备，以提高孵化率与鱼苗的成活率。此种方法适合较大规模孵化育苗。

孵化环道孵化法：大规模生产苗种时，可将受精卵放入孵化环道中进行微流水孵化。放卵 10 万粒/m² 左右，这样生产效率高且便于管理。

从整个苗种生产过程来看，孵化密度不宜太高，受精卵经 2～3 d 孵化，即可孵出鱼苗。刚孵出的仔鱼集群浮于水面，以鱼苗内卵黄囊为营养，4～5 d 后，卵黄囊消失，并开始摄食，仔鱼时期仔鱼幼嫩，尽量减少移动。

2. 水温与孵化的关系 杂交鳙受精卵的孵化适宜温度为 20～30 ℃，最适温度为 22～28 ℃，在最适温度范围内，孵化时间与水温成负相关（表 2-18-2）。

表 2-18-2 杂交鳙孵化时间与水温的关系

水温（℃）	孵化时间（h）	水温（℃）	孵化时间（h）
20～22	45～48	30	24
25	36	<17	孵化率很低
26～27	28	33	孵化率很低

从表 2-18-2 中可看到，在最适范围内随着水温的升高，孵化时间缩短。这与水温越高，胚胎发育速度越快相关，反之则减慢。水温超过 33 ℃ 则胚胎发育受阻碍，将会产生畸形或死胎。

3. 孵化管理 受精卵暴露在孵化环境中，很容易受到破坏，破坏后的卵子不仅自身夭折，而且析出的油渍还会导致孵化用水的恶化，从而影响其他受精卵的孵化。在孵化过程中，要加强以下孵化管理。

(1) 保持水质清新、无害。

(2) 及时剔除白卵、死卵。

(3) 防止及控制水霉病发生、感染。

(4) 保持水温、pH 稳定，防止突变。

三、苗种培育

(一) 鱼苗培育

鱼苗培育是指将初孵仔鱼经一段时间的饲养，培育成 3 cm 左右稚鱼的过程，这个时期的稚鱼通常称为夏花鱼种。

1. 准备工作 杂交鳙苗种培育池要求水源充足，排灌方便，大小以 100～200 m² 为好，以便于分养管理，池深 1 m 左右，水深 0.5～0.8 m。池堤要牢固，不漏水。池底部要平坦，以较硬、无淤泥的底质为好。

在放苗前约 20 d，鱼塘应进行清整消毒。鱼池在清塘药物的毒性消失后，投苗前 10 d 左右，往池中注入新水，水深 40～50 cm。为了使鱼苗下池后就能吃到足量的适口的浮游动物，应再向池中施基肥。通常每 667 m² 施发酵的畜粪 300～500 kg 或人粪 80～120 kg。

2. 培育方法

（1）放养密度。杂交鳢鱼苗的放养密度视池塘条件、水质、饵料及养殖技术而定，每 667 m² 可以掌握在 5 万～10 万尾，一般放 6 万～7 万尾为宜。

（2）水环境控制。在鱼苗培育期间，要注意水色变化，尤其在高温季节，为防止水质过肥，要适时注入新水，并逐渐提高水位，调节好水质，增加水体空间的同时也调整鱼苗密度。

（3）水温。鱼苗下塘的安全水温不能低于 13.5 ℃，若夜间水温低，则应在次日白天水温回升时再下塘。采取静水式驯养时，换水既要及时又要适量，要注意水温的稳定性，换水前后温差不要超过 2 ℃。

（4）投饵。当鱼苗孵出 4～5 d，卵黄囊消失后，开始投喂小型的浮游动物或其幼体等动物饵料，用浮游生物网捞取，并经 30～40 目筛绢过滤，以其滤液均匀泼洒在孵化池内，采取少量多次的方法投喂。一般每隔 4 h 1 次。经过 3～4 d 后，数量逐渐增加，次数逐渐减少，最后 1 d 2 次比较恰当。通过这一措施后，鱼苗驯养期的成活率可以提高。在动物饵料不足的情况下，则可投喂熟蛋黄、酵母、鱼糜以及全价配合饲料（粉料）等作为补充饲料。

（5）清污与防病。鱼苗脱膜后，大量的卵膜、油状物以及死卵、死苗，都很容易腐败、污染水质，应及时吸除。随着鱼苗的生长，排泄物也不断增加，还应每天坚持排污 1～2 次。水泥池可以虹吸的方法，全面吸排污物，重点是池子的死角。用网箱进行仔鱼驯化要先刷箱，沉淀后吸污。

杂交鳢苗期最易患水霉病，而后被原生动物所寄生。一般以 1～2 g/m³ 亚甲基蓝或 15～20 g/m³ 福尔马林全池泼洒 1 次进行预防。日常换入的新水应在贮水池中用 25 g/m³ 生石灰或含氯消毒剂先消毒，待池水药效消失后使用，若将池中水培育成嫩绿色则更好。

（二）鱼种培育

鱼种培育是指将夏花鱼种经几个月或一年以上时间的饲养，培育成 10～20 cm 的幼鱼的过程。鱼种培育方法有如下几种。

1. 室外池塘培育鱼种　鱼种池的条件与鱼苗池相似，但面积和深度稍大些，一般面积要求 2 000～3 500 m²，深度 1.5～2.5 m 为宜。鱼种池的整塘、清塘方法同鱼苗培育池塘。鱼苗在 4 cm 时体色又由黄色转为青黑色。驯食成功后，鱼种生长旺盛，再经过 3 周左右时间鱼苗可长到 6 cm 以上，这时可以转为全部用鱼糜、水蚯蚓等动物饵料，饲料一定要新鲜。也可驯化用杂交鳢膨化饲料，再经过 3～4 周的养殖，当鱼苗长达 6 cm，即可作为小规格鱼种放养。

当鱼苗长到 4～5 cm 时，在饵料投喂不足的情况下容易产生残食现象，从而降低了成活率，造成鱼苗的大量损失。因此应定期适时进行分养，将规格一致的鱼苗进行分塘饲养，力求大小规格一致，避免相互残食，以提高鳢苗的成活率。

2. 室内水泥池培育　鱼种中间培育可以在原鱼苗池进行，也可以选择在面积相对较大的水泥池中进行强化培育。鱼种池面积 30～50 m²，水深在 1 m 以上，要求水循环顺畅，排污效果好，水质容易控制。一般来说，3～5 cm 的鱼种，放养密度为 1 000～2 000 尾/m²；7～8 cm 的鱼种，放养密度为 300～600 尾/m²；12～13 cm 的鱼种，放养密度为 150～300 尾/m²。当鱼种规格在 10 cm 以下时，每个月应分选 2～3 次，以后可以每月分选 1 次。在分选过程中要注意淘汰个体特小、体型和颜色异常等劣质苗种，降低池中的培育密度，同时也保持同一池的鱼种规格尽可能一致。鱼种饲料主要有碎鱼虾贝肉、卤虫成虫、糠虾和人工配合饲料等。选择饲料时要保证营养均衡，避免长期使用单一饲料造成营养缺乏症。

鱼种培育的水泥池要保持干净、整洁，并定期进行消毒。在鱼种分选时应倒池培育，对水泥池进行彻底清洗和消毒。发现病鱼要立即采取防治措施，及时隔离病鱼，避免病害蔓延。

3. 网箱培育 由于网箱常设置在天然水域，鱼种生活的水质条件相对优越，而且天然饵料丰富，所以鱼种的生长速度快、病害少、成活率高。

网箱所设水域应避风、避浪，透明度以 30～50 cm 为宜。一般网箱采用 18 目质地较软的尼龙绢或丝绢制成，网口面积 6～10 m²，网深 1 m，以长方形为好。网箱浸入水中 70 cm 左右，网箱底部要有网架托住，保证网底平坦，不搭底，箱底距离池底 50 cm 以上，保证网箱底部内外水体的交换，以免因缺氧而死苗。网箱上口加有罩网，防止食鱼鸟类的侵袭，在池边种上少量的漂浮水草，水草总面积不超过水面的 1/5，以防止高温季节水温变化过大，且净化水质。

鱼种投放前 5～6 d，要认真检查网箱有无破损，要提前布置好网具。夏花入箱时要做同温处理：如果是塑料袋装的夏花，要把塑料袋放到水域中一段时间，待温度基本相当时再放苗；如果是水桶、水盆等容器放苗时，应缓慢加入网箱水域中的水体，而且放苗时要把放苗容器的开口少部分与水域相通，让鱼种慢慢游出。

体长为 3 cm 的夏花，放养密度为 500～800 尾/m³；6～7 cm 的鱼种，放养密度为 300～500 尾/m³。随着鱼种的长大，网片的网目要适当增大，以保证水体的流通。

（三）鱼卵运输

由于杂交鳢母本斑鳢在北方难以过冬，在湖南以北直接进行杂交鳢制种困难，可以采取购进南方制成的杂交鳢受精卵自己孵化，可节约成本，提高苗种成活率。杂交鳢受精卵运输较为简便，可用氧气袋充氧运输。由于杂交鳢受精卵是浮性卵，卵的密度是氧气袋在运输车中放置时，卵能接触水面、不滞空为宜。

四、成鱼养殖

杂交鳢成鱼养殖是指在池塘、网箱等水体中将杂交鳢苗种养成商品食用鱼的生产过程。我国杂交鳢成鱼养殖模式众多，其养殖方式多种多样，主要有池塘养殖、网箱养殖，也可在稻田、湖泊水库中少量放养等。

（一）池塘养殖

池塘养殖杂交鳢可以分为套养和单养两种模式。池塘套养杂交鳢，在池塘养殖生产中充分利用了水体资源，挖掘了池塘水体潜力，提高了生产量，增加了养殖的经济效益。池塘单养杂交鳢在福建、广东、广西等地推广比较普遍，取得了良好的养殖效果，特别是在珠三角地区采用集约化单养模式，每 667 m² 产量 4～5 t，高产塘每 667 m² 可达 7 t。

杂交鳢苗种在投放入套养池之前，一定要过筛，以保证投放入同一口套养池中的鱼种苗，大小基本一致、体质健壮、无伤无病、无畸形苗。否则，容易造成自相残食，降低鳜苗种的成活率。鱼种的套养规格都要小于主养鱼种的规格，以小于主养鱼种 1/2 为好。一般主养鱼种在 1~3 月先行放养，杂交鳜鱼种在 5~6 月时套养。一般在不减少主养鱼种放养量的情况下，每 667 m^2 套养鱼池中投放 5~6 cm 的鱼种 40~50 尾，10 cm 的鱼种 20~30 尾。隔年 50~150 g 的鱼种，每 667 m^2 套养 10~20 尾。

一般套养体长为 8~10 cm 的当年鱼苗，到年底与主养鱼一起收获时，如果饵料充足，一般每尾可长到 400 g 左右，大的可达 600 g，每 667 m^2 产量可达 20 kg，杂交鳜成活率 80%。

池塘单养若要获得较高的产量则必须具备和创造以下条件：单养杂交鳜成鱼的池塘，面积以 2 001~3 335 m^2 为宜；池塘深以 2.3~2.5 m，水深以 1.5~2.0 m 较为理想。在养殖前，进行清除淤泥和药物消毒等是十分必要的。方法与亲鱼池的清整消毒相同。

单养的池塘中杂交鳜密度大，数量多，个体生长差异比较大，种群内恃强凌弱的现象严重。在水深 1.7~1.8 m，水质良好的池塘，体长 4~5 cm 的鱼种，投放 30~40 尾/m^2；体长 6~12 cm 的鱼种，投放 14~16 尾/m^2；体长 14~16 cm 的鱼种，投放 12 尾/m^2；体长 18~20 cm，投放 10 尾/m^2。水较浅，水质较差或水源供应不方便的池塘，适当少放养些。

杂交鳜属肉食性鱼类，目前，池塘单养杂交鳜的饲料可分为两种：①以野杂鱼、冰鲜鱼作为主要投喂饲料；②以鳜膨化饲料作为主要投喂饲料。一般杂交鳜的日投喂量为杂交鳜总重量的 6%~8%，投喂要做到"四定"和"四看"。

（二）网箱养殖

网箱养殖，是在湖泊、水库等较大水体中，人工设置一定规格的网箱，饲养杂交鳜的一种方法。

成鱼网箱养殖水域的选择同鱼种网箱培育水域基本相同。网箱养殖早期，鱼种规格小，网箱的网目为 1 cm，网箱面积为 28~32 m^2，深 2 m 左右。以后随着杂交鳜的生长，逐渐更换成网目 2~4 cm 的网箱，网箱也适当增大。大小鱼种要分箱养殖，避免大鱼种吞吃小鱼种，降低成活率。放养密度根据鱼种规格大小、网箱内外水交换情况及水质情况等而定，一般为水体放 100~120 尾/m^3。

在鱼种放养前，应在网箱内种植水葫芦，作为鳜的栖息场所，其覆盖面积约占网箱内水面面积的 1/5。由于网箱养殖水体流动容易造成饵料的流失，杂交鳜投饵时应做到定时、定质、定位、定量。此外，若是投喂冰鲜野杂鱼等沉性料，还应在每一个网箱中设置一投喂台。投喂台可以用木板或竹箩吊在网箱一角水面下 30~40 cm 的地方，以便于检查吃食情况。杂交鳜养殖网箱外水源中可养殖不用投饵的鲢、鳙，防控浮游动植物疯长，避免水质恶化。

五、病害防治

1. 水霉病 此病是因鱼体受伤，伤口感染多种水霉（$Saprolegnia$ sp.）所致。一年四季都可发生，早春和晚冬是此病的流行季节。

症状：病鱼全身生满菌丝，伤口处着生棉絮状的灰白色或白色毛状物，其深入肌肉内，菌丝与肌肉细胞紧紧缠绕黏附，毛状菌丝逐渐扩大，组织不断坏死。病鱼卵布满菌丝，菌丝穿出鱼卵的卵膜，在水中呈放射状的白色绒球。

防治：①用生石灰清塘，可减少此病的发生。②在捕鱼、搬运和放养过程中操作要细心，勿使鱼体受伤。③鱼种放养前，用0.0008%高锰酸钾浸浴8~10 min，杀灭水霉菌后放养入塘。④0.04%的食盐水加0.04%的碳酸氢钠合剂，浸泡病鱼或全池泼洒。

2. 体表溃疡病 体表溃疡病是鱼体感染嗜水气单胞菌嗜水亚种（*Aromonas hydrophila sub. hydrophila*）和温和气单胞菌（*A. sobria*）所致。此病在水温15 ℃以上时即可发生，20~30 ℃时为流行高峰期。

症状：病鱼体表多处块状出血，病灶部位鳞片松动、脱落，表皮发炎溃烂，随着病情发展，病灶扩大，并向深层溃烂，露出肌肉，严重时肌肉溃疡露出骨骼和内脏，最后死亡。

防治：①用生石灰彻底清塘消毒，放养密度适当。②鱼种放养前，用4%食盐水浸洗5~10 min，后放养入塘。③经常换水，保持水质清新，发病季节，用生石灰20 g/m³全池泼洒消毒。

3. 赤皮病 此病大多是鳢体表受损伤，伤口感染荧光假单胞菌（*Pseudomonas fluorecns*）所致。此病每年从4月中、下旬开始轻度发生，5~6月出现高峰期，各种规格的鳢都会发生此病。

症状：病鱼体表局部或大部分出血发炎，病灶部位鳞片松动、脱落，尤其是身体两侧及腹部最为常见。病鱼鳍条基部充血，鳍末梢腐烂，鳍条间组织破坏等蛀鳍现象。

防治：①捕捞、运输、放养等操作要细心，尽量勿使鱼体受伤。②放养前用2.5%食盐水浸洗鱼体15~20 min，或0.0001%的漂白粉溶液浸洗30 min左右。③每千克鱼用四环素15 mg做肌肉注射。④用饱和高锰酸钾溶液涂擦患处。

4. 纤维黏细菌腐皮病 纤维黏细菌腐皮病是鱼体感染柱状纤维黏细菌（*Cyfophaga columnaris*）所致。此病在水温15 ℃以上时即可发生，20~30 ℃时为流行高峰期。

症状：病鱼体表出现灰白色斑块状或圆形溃烂，溃烂处充血发炎逐渐扩大，造成大面积皮肤腐烂，露出肌肉，出现肌肉坏死现象。

防治：①病鱼先用0.4 g/m³的漂白粉清水溶液浸洗10~15 min，第二天换新水，再用0.00008%漂白粉全池泼洒。②发病季节用1 mg/L的漂白粉全池泼洒。③发病季节用2~4 mg/L五倍子全池泼洒消毒。

5. 打印病 打印病是鱼体感染点状气单胞菌点状亚种（*Aromonas punctata sub. punctata*）所致。此病一年四季均可发生，流行于夏、秋两季。

症状：病鱼常在肛门附近两侧或尾柄部位出现圆形或椭圆形出血性红斑，随着病情的发展，红斑处鳞片脱落，表皮和肌肉腐烂，直到烂穿，露出骨骼，病灶呈圆形或椭圆形，周围充血发炎，形似打上一个红色印记。

防治：①捕捞、运输、放养时操作细心，勿伤鱼体。②注意水质，经常加注新水，保持水质清新。③发病季节用1 g/m³漂白粉全池泼洒消毒。④发病季节用1.2 g/m³辣椒粉经适量水煮沸后全池泼洒消毒，连用3 d。⑤用饱和高锰酸钾溶液涂抹患处，干水放置3 min放回水池。

6. 细菌性烂鳃病 细菌性烂鳃病是杂交鳢感染柱状纤维黏细菌（*Cyfophaga columnaris*）所致。此病终年都可发生，流行于气温较高的6~9月。各种规格的鱼都会发生，感染力强，一旦发病，会迅速殃及其他鱼。发病后若不及时采取有措施防治，常常导致病鱼大批死亡。

症状：病鱼鳃部黏液显著增多，鳃丝前端出现坏死、腐烂，严重时，鳃丝前端软骨外露、断裂，部分鱼有局部或全部鳃贫血和失血现象。

防治：①鱼种放养前，用2%～3%的食盐水浸洗鱼10～20 min，以杀灭鱼体上的纤维黏细菌。②发病季节用20 g/m³生石灰水全池泼洒消毒。

此外还有烂尾病、竖鳞病、出血性败血症、腹水病、细菌性肠炎、车轮虫病、鱼波豆虫病、斜管虫病、三代虫病、复口吸虫病、嗜子宫线虫病、卵甲藻病、中华鳋病等，其症状和防治方法可参考鱼病等相关书籍。

六、暂养与运输

杂交鳢成鱼能直接呼吸空气，耐缺氧，适应性强，运输容易。

1. 短途运输　短途运输，只要能保证杂交鳢体表湿润即可。可以用湿麻和布袋或湿布包装鱼体，不使鱼体表发干即可运鱼上市。也可以用竹箩淋水干运：用较大的竹箩，先在箩底铺上一层水草，上面摊放一层杂交鳢，然后再用水草盖严，并在上面淋水，有条件的途中淋1～3次透水，防止水草发热，其存活时间可更长。

2. 长途运输　长途运输杂交鳢成鱼，可以用活鱼车运输，也可以用桶装加水运输。

活鱼车运输：活鱼车因配有水循环和充氧设备，其运输密度大，可达每立方米水体装鳢600 kg，但运输成本高。

桶装加水运输：可用木桶和铁皮桶以及塑料桶等。桶盖打几个小洞，以便通风透气。桶中水量与杂交鳢的比例一般为1∶1，即每100 kg的水中放100 kg鳢。天气热时，在水中放入一些冰块降低水温。

思考题

1. 为什么说分养是提高杂交鳢苗种存活率的关键措施？
2. 与乌鳢、斑鳢相比，杂交鳢养殖的杂交优势表现在哪些方面？

第十九章 香鱼与光唇鱼的养殖

第一节 香 鱼

香鱼（*Plecoglossus altivelis*）是一种小型名贵经济鱼类。别名油香、八月香、细鳞、海胎鱼、秋生子、丁香鱼。在日本称为"鲇"。香鱼因其肉质细嫩，清香无腥，用火焙干后呈金黄色，色、香、味俱佳，有独特的风味，因而自明朝迄今一直被视为食用鱼中之珍品，并作为宫廷的贡品。在日本被称为"淡水鱼之王"。所以香鱼是一种经济价值较高、有着广阔开发前景的水产品。

在日本香鱼久已成为一种名贵的增养殖品种。对香鱼的习性、人工孵化、人工精养和引种放流、放流增殖及改善香鱼的生长环境，至少已研究了 70 多年，现已卓有成效。日本是香鱼的最大消费国，自产不足，依赖进口。此外韩国，我国台湾、东南亚一带等地区都有消费香鱼的习惯。近几年来，由于香鱼资源的极度衰退，以及国内外市场对香鱼的需求，浙江、福建、广东等沿海省份，相继开展了香鱼增养殖工作，达到了一定规模，香鱼增养殖技术已日趋完善。

一、生物学特性

1. 形态特征 香鱼属鲑形目，香鱼科。体型修长，侧扁，头小吻尖，口大而狭长，眼大。背鳍特别大，有脂鳍。尾分叉，背部青绿色，腹部呈银白色，在胸部侧面的鳃盖后方，有一条椭圆形的淡黄色斑纹，显得鲜艳夺目。除头部外，全身被有小而圆的细鳞（图 2-19-1）。自然产香鱼一般体长 150～250 mm，体重 80～150 g。人工养殖的可长达 250～300 mm，体重可达 150～200 g。其形体的最显著特征是口腔底膜呈褶膜状，背鳍特别长。

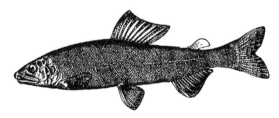

图 2-19-1 香 鱼

2. 洄游习性及分布 香鱼喜栖于水质清新，水流湍急，水温偏低，河底多石砾，无污染的通海河流中，所以香鱼也被称为无污染的绿色食品。每年 9～10 月为产卵季节，在江溪上游肥育的成香鱼集群降河，到河下游咸淡水交汇处产卵、孵化。鱼苗孵出后随水流入海越冬。翌年春天，当水温回升至 12 ℃左右，体长 40～80 mm 幼香鱼陆续溯河肥育。肥育场在中上游，繁殖时再到达中下游产卵场产卵。年年如此，循环往复，以满足其一生中赖以生存的环境需求。

3. 食性与生长 香鱼一般白天摄食，夜间摄食很少或不摄食，其食性的最大特点是一生中发生食性转化，可分为 3 个阶段：6.0～45.0 mm 为动物食性阶段，45.0～70.0 mm 为食性转换阶段，70 mm 以上为植物食性阶段。动物食性阶段的幼鱼主要以轮虫、桡足类和桡足类卵子等为食，混食的个体主要以底栖的桡足类、舟形藻、直链藻等为食，植物食性阶段的个体则以舟形藻、直链藻、水绵、有机碎屑等为食。

香鱼为一年生鱼类，秋季产卵后亲鱼大部分死亡，故又称"年鱼"。也有个别侥幸不死的，至翌年秋季，个体较大，可达 250 g 以上。苗鱼上溯后群众有"月月长一寸，秋后达半斤"的谚语。在人工养殖条件下，经过 5 个月养殖体重可达 100 g 以上。

4. 繁殖习性 香鱼的产卵水温上限为 22 ℃，下限为 14 ℃。高纬度地区香鱼的产卵期早于低纬度地区。中国碧流河香鱼产卵期为 8~9 月，鸭绿江香鱼产卵期为 9~10 月，浙闽一带为 10~11 月，我国台湾省为 12 月至翌年 1 月。香鱼的产卵场多在河流中、下游有石砾的浅滩，此处，比降较大，水流急而有声，水质清澈，水深仅 30~50 cm。

香鱼的怀卵量随个体大小而异。一般怀卵量为 1.07 万~6.52 万粒/尾，平均 3.01 万粒/尾。相对怀卵量 521~894 粒/g，平均 730 粒/g，这比一般的鱼类如青鱼、草鱼、鲢、鳙的相对怀卵量要高得多。香鱼多在傍晚及夜间产卵，高峰期白天也产卵。卵呈淡黄色，半透明，具黏性。卵径长 0.86~1.11 mm。卵膜外在动物极端有一特殊的附着膜，该膜坚韧，其上密布有许多微细孔，在水流的冲击下，能翻转呈伞形而附于沙砾上。

5. 陆封型香鱼 陆封型香鱼最早是日本学者石川千代博士提出，他认为琵琶湖的小香鱼同普通的洄游型香鱼是同一种，仅陆封而已。1975 年在辽宁省大连庄河市转角楼水库、1989 年在普兰店市碧流河水库均先后出现了陆封型香鱼。这说明香鱼能在纯淡水中繁殖、生长，但其个体小型化，形态发生变异，怀卵量减少，产卵期提早。

二、人工繁殖

1. 亲鱼培育及催情诱导香鱼的选择 亲鱼采用专池培育，培育池正方形，面积 30 m²，水深 1.0~1.5 m。培育用的香鱼苗种，选用人工培育的苗种或采用野生苗种，放养规格 6~7 cm，放养密度 20~40 尾/m²。饲料投喂、养殖管理和病害防治等技术措施，参照香鱼商品鱼养殖。

催情诱导亲鱼的选择，一般在 10 月上旬，雌亲鱼选择腹部较膨大、松软，生殖孔微红，挖卵观察卵径在 0.60 mm 以上者；雄鱼选择轻压腹部有部分精液流出者，进行人工催情诱导。雌鱼注射剂量为 HCG 10 IU/g（以鱼体重计），雄鱼减半。亲鱼的催情数约占总亲鱼的 1/10，以促进全池亲鱼的性成熟。

2. 卵球成熟度的鉴定及人工授精 轻压鱼腹流卵畅通，卵色呈淡橙黄，晶莹半透明，卵球圆且大小均匀，油球小而多分布均匀，此卵已基本成熟，可以进行人工干法授精。人工授精后用羽毛将受精卵均匀地附着平铺于水面的洁净棕片上，附卵密度控制在 10~15 粒/cm²。人工授精时避免太阳光直射。

3. 人工孵化及发眼卵海水过渡 大池孵化，将附卵棕片均匀地吊在每隔 50 cm 扎于两头池壁上的绳子上。充气呈沸腾状孵化，适当换水，每隔 3 d 用 5‰ 盐水浸浴附卵棕片 2 h，以防水霉菌危害鱼卵或初孵仔鱼。孵化环境控制在水温 15~22 ℃，pH 7.0~8.2，盐度 0~9，溶解氧 5 mg/L。待受精卵发眼后，出膜前 1 d 逐渐提升盐度，每天海水盐度的提升幅度为 6~8，3 d 后盐度稳定在 18~24。

三、苗种培育

1. 育苗设施及培养密度　可以利用对虾育苗厂的沉淀池、育苗池、卤虫孵化池、鼓风机、电热棒、锅炉、发电机组等设施育苗，也可用河鳗白仔鳗池改建育苗。培养密度2.5万尾/m³左右，仔鱼长至1.5～2.0 cm时，进行分养，密度0.5万～1.0万尾/m³。

2. 饵料投喂与药物防病　鱼苗开口时间一般在第三天早上。仔鱼开口的最佳饵料为轮虫，当轮虫供应不足时，可用代用饵料，种类及数量为每立方米水体投喂1.5～3.0 g蛋黄加2～4 g蚝卵，分4次投喂。按不同密度及鱼苗饱食程度适当增减投饵量，随着鱼苗生长发育投饵量逐渐增加；开口后15～20 d，即可投喂卤虫无节幼体，并添加桡足类，逐渐增加，直至全部用桡足类投喂，1 d投喂3次，每500 mL水体中维持无节幼体3～4只；鱼苗生长至2.5～3.0 cm，可添加香鱼专用0号微颗粒人工配合饲料，并逐渐增加，直至全部投喂配合饲料。在不同时期添加新饵料时，都应有一个更替适应的过程。

育苗期间的防病技术措施：鱼苗出膜前1 d用土霉素泼洒1次，使池水呈0.000 005%浓度，待鱼苗出膜后育苗期间用氟哌酸、土霉素、大蒜素交替使用，使池水分别呈0.000 002%～0.000 005%、0.000 005%、0.000 002%～0.000 100%浓度；施药一般在每天换水后进行，每半个月1次，3 d为一个疗程。特殊情况适当增加药量和用药次数。

3. 水温控制和光照调节　香鱼苗摄食与生长的最适水温为18～25 ℃，13 ℃以下鱼苗摄食量减少。据此，结合自然水温变化特点，初期宜控制15～25 ℃，11月宜控制14 ℃以上，12月、1月、2月不应低于13 ℃。光照度宜控制5 000 lx以下，光照太强，鱼苗易发生气泡病。

4. 充气、吸污与换水　育苗期间要及时调节充气量，鱼苗出膜后关闭某些气头，使气头呈三角形排列充气，使水面呈微波状。随着鱼苗的生长发育，及时调整至近沸腾状。鱼苗入池后10 d内不吸污，第十一天开始至第三十五天，隔天吸污1次，35 d后每天1次，60 d后每天2次。吸污要仔细轻快，以防惊吓鱼苗。

鱼苗入池后每天加等温等盐水5～10 cm，加水时微微流入，6～8 d加至100 cm后，开始换水，后期仔鱼换水量从1/10逐渐增至1/2，稚鱼从1/2增至4/5，幼鱼换水量80%～150%。具体日加换水量应根据水质等实际情况确定。

四、成鱼养殖

1. 养殖池准备　可利用停产的河鳗养殖场内的池子进行养殖，也可新建。养殖池面积30 m²，水深1.0～1.5 m，放养苗种前对养殖池进行彻底清洗安装好拦网，并用浓度30～50 mg/L高锰酸钾溶液浸泡30 min进行消毒，消毒后洗净池子，加入预热水待放苗。

2. 苗种选择与放养密度　养殖用香鱼苗种宜选择无病无伤、健壮活泼、规格整齐、全长4.5～7.0 cm、体重约0.8 g的苗种。鱼体4.5 cm以上的鱼苗已基本完成了食性转换，开始或将进入刮食阶段，有利于进行人工养殖调控。养殖密度为30～70尾/m²。

3. 水质控制与增氧　香鱼养殖期间的水温宜控制在28 ℃以内。换水量根据池中水质而定，一般前期每天换水10%～20%，隔5 d大换水一次；中期（7～8月）换水量逐渐增加，为50%～100%，后期（9～10月）随着水温下降，适当减少为50%～20%，换入的水以井水和溪流水为好。夏季高温季节采用水车式增氧机增氧，保持溶氧量在4 mg/L以上。

4. 饵料投喂与病害防治 采用香鱼专用颗粒饲料,在白天撒投。日投喂量为鱼体重的 2.5%～5.0%。鱼体 10 g,每天投喂 5 次,随着体重增长,减为 2～3 次。

目前发现的香鱼病害主要是寄生虫病。有车轮虫、锚头鳋等寄生虫寄生于香鱼鱼体和鳃部时,用 0.000 02%～0.000 05% 浓度 90% 晶体敌百虫遍洒,不久锚头鳋、车轮虫即死亡脱落。

5. 清污与换池 香鱼养殖池由于残饵和粪便的积累,需每天清污,一般在换水时进行。香鱼养殖池经过一个月或更长时间养殖,池底和池壁青苔繁生,无法清除一般需移入干净的池子继续养殖,在整个养殖过程需 3～4 次。原养池干池暴晒,清洗消毒后待用。

6. 成鱼起捕 当苗种经过 4～7 月饲养,体重达到 80 g 以上,就可以陆续起捕活鱼上市或加工出口。放水起捕。起捕后,按大小分档,进行冰冻或用其他方法加工。

第二节 光 唇 鱼

光唇鱼为溪流性名贵经济鱼类,食用及观赏价值颇高。目前,该种鱼的自然资源已十分匮乏。光唇鱼作为一种新兴的特色增养殖品种,不但适合设施养殖,而且适合在库汊及溪流中放养,也可作为观赏鱼开发出口创汇。近年来,随着市场需求量的增大,产品供不应求,价格逐年攀升。因此,发展光唇鱼的增养殖业,势在必行。

一、生物学特性

1. 分类地位和分布 光唇鱼（*Acrossocheilus fasciatus*）属鲤形目,鲤科,鲃亚科,光唇鱼属。俗称为石斑鱼、罗丝鱼。分布广,主要分布于上海、江苏、安徽、浙江、福建、台湾等地的溪流中。

2. 形态特征 体延长而侧扁,体侧有 6 条垂直条纹,体色鲜艳。眼中等大,侧上位,眶间稍隆起,鼻孔前缘有一凹陷;吻钝圆,稍向前突出,吻长小于眼后头长;吻皮下垂,止于上唇基部,与上唇分离;前眶骨前缘有侧沟后行与唇后沟相通;口小,下位,口裂呈浅马蹄形,口裂宽大于眼径;上颌后伸达鼻孔垂直线下方;上唇

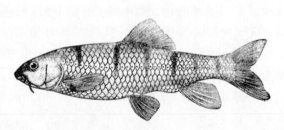

图 2-19-2 光唇鱼（雌性）

稍薄,紧贴于上颌外表,腹面与上颌之间有一明显缢痕;下唇分两侧瓣,中央略分开;唇后沟较深,向前延伸至颏部,接近下颌中线,但前端不相通;上、下唇在口角处相连;下颌与下唇分离,具锋利的角质边缘;须两对,口角须略长于眼径,吻须稍短;鼻孔在眼的前上角,接近眼的前缘;鳃耙短而尖,排列稀疏（图 2-19-2）。

3. 食性与生长 常以下颌发达的角质层铲食石块上的苔藓及藻类,是一种杂食性的小型溪流性经济鱼类,在人工养殖条件下,经驯化可投喂鲤等人工配合饲料。

水库网箱养殖的光唇鱼,4～6 cm（重 0.8～1.5 g）苗种,经一年养殖可重达 65 g。雌鱼的生长速度明显快于雄鱼。

4. 繁殖习性 野生光唇鱼喜栖息于砾石或沙质底、水清流急的河溪中,在水温 18～

27 ℃时产卵,产卵季节为 5~8 月,繁殖盛期为 6~7 月,人工养殖条件下,人工繁殖季节在 6 月中旬至 8 月中旬。第一次性成熟并产卵为 2 足龄,9 月产后卵巢退化吸收至 Ⅱ 期,12 月进入 Ⅲ 期,并以该期越冬,翌年 4 月卵巢重新往前发育,至 6 月发育至 Ⅴ 期进入产卵季节。光唇鱼属短期分批产卵类型鱼类。

二、人工繁殖与苗种培育

(一) 亲鱼培育

1. 亲鱼的选择 作为亲鱼培育的光唇鱼,应选择 2 足龄以上、大小匀称、无病无伤的个体,体重 50 g 以上,数量根据年繁育计划确定。

2. 亲鱼的雌雄鉴别 雌性胸鳍较短,末端距腹鳍起点相隔 4~5 行鳞片;雄性胸鳍较长,相隔只有 2 行鳞片。臀鳍的起点,雌性位于背鳍末端的下方,但不相被覆,鳍较长,倒伏后末端可达尾基;雄性位置较前,起点被覆于背鳍末端的下方,鳍较短,倒伏后末端距尾基尚远,在其鳍条上附有珠星。雌性体侧有 6 条黑色横斑,雄性沿体侧有 1 条黑色纵条,且胸部具玫瑰红色。雌雄放养比例为 1∶1。

3. 亲鱼的饲养 亲鱼宜饲养于 10.0 m×5.0 m×1.2 m 的水泥池中,池上方搭棚避光。饲养用水为洁净的井水,水质良好,溶解氧 6.3 mg/L 以上,pH 6.7~7.2。投喂拌有维生素 E(添加量为每 100 g 干饲料 5~10 mg)、粗蛋白质含量为 41% 的人工颗粒饲料,每天 06:00、18:00 各投饲 1 次,日投喂量视摄食情况而定,一般为鱼体重量的 3.5%~5.0%。培育期间每隔 6~7 d 换水 1/3。

(二) 仿生态产卵

1. 产卵亲鱼的挑选 挑选体重 75 g 以上、腹部膨大而松软、生殖孔红润的雌鱼及体重 50 g 以上、体色鲜艳、吻部珠星突出、轻压腹部能流出乳白色精液的雄鱼做仿生态产卵用亲鱼。5 月下旬,水温稳定在 22 ℃以上时,即可挑选亲鱼入产卵池产卵。

2. 产卵池与产卵巢设置 产卵池大小为 5.0 m×3.0 m×0.8 m,池上方搭棚避光,池中设置喷水孔,产生微流水,池底铺沙 5 cm。池中设置仿生态产卵鱼巢(用 40 目筛绢网制作,框内铺沙)让亲鱼产卵,每池放雌、雄亲鱼各 50 尾。

3. 受精卵收集与孵化 及时收集产卵框,从沙中筛取受精卵,然后放入孵化框置于孵化池中孵化。孵化池大小 3.0 m×3.0 m×0.6 m,放受精卵 6 万粒左右,池上方搭棚避光;孵化用水经 100 目筛绢网过滤,以防生物敌害和其他杂质进入;池水深 30 cm,水温 (24±1)℃。在微流水条件下孵化,并进行胚胎发育观察。

(三) 苗种培育

1. 培育池条件 培育池以长方形的水泥池为好,面积为 50 m² 左右,水深 80 cm。从进水口至排水口要有一定的坡度,排水口底部设有凹槽,以便于集污与排污。进水口高于水面,进水从水面上流入,出水口设有拦鱼网。

2. 放鱼密度 在微流水的条件下培育,放养孵化后平游的鱼苗 2 000~5 000 尾/m²,培养成 4~5 cm 可出售的苗种,随着鱼体的生长,要进行 2~3 次分养,培育密度逐渐降至 1 000、500、200 尾/m²。

3. 饵料的投喂 仔鱼孵化出膜后,投喂量为鱼体重的 8%~10%。2~3 d 的平游期,至仔鱼卵黄囊消失,需开始投喂饵料。将水蚯蚓研碎成浆后投喂,并遵循少量多次的原则,每天投喂4次，投饵率为鱼体重的5%～10%。1周后，逐渐加投粗蛋白质含量为42%的人工粉状饲料，早、中、晚各投喂1次，投饵率为鱼体重的4%～8%。

4. 水量调节 间断的微流加水，每隔2～3 d换水1次，换水量视具体水质情况而定，一般为1/3。根据底部的情况，必要时进行底部清污。

三、成鱼养殖

（一）水泥池养殖

1. 养殖场选址 光唇鱼是一种溪流性的经济鱼类，养殖的水质要求水清、凉爽而无污染。养殖场址的选择要符合该条件，一般选择山涧溪流旁的空地，引入山涧溪流水进行微流水养殖；也可选择水库下游以及江河流域有地下水的地方，可打深井机械提水进行养殖。此外交通和用电等尽量方便。

2. 水泥池条件 水泥池面积可大可小，50～300 m²均可，水深80～100 cm，宜长方形，进、排水结构同于苗种培育池。高密度养殖的池子采用圆形或八角形鱼池结构，池壁采用直径6 mm的钢筋网，碎石子、沙、水泥浆浇砌。也可采用砖砌水泥浆抹面结构，池壁光滑，砖墙每50 cm高用直径6.5 mm钢筋加固，共用三道，其中一道放在压顶层。池底向圆心处坡度为5%，进水采用直灌、喷灌相结合的形式。中间排污孔，通过池底排污管，连接于排水竖井。池内水位由池外竖井中的溢流管控制（图2-19-3）。

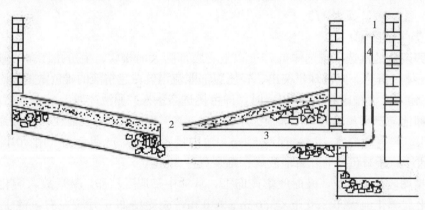

图2-19-3 角形鱼池断面图
1. 排水竖井　2. 鱼池排污孔　3. 排污管　4. 排污控水溢流管

3. 苗种选择与放养密度 养殖用光唇鱼苗种宜选择无病无伤、健壮活泼、规格整齐、全长4～6 cm、体重0.8～1.5 g的苗种。养殖密度，一般水泥池为40～60尾/m²。高密度养殖池根据技术和设施条件，可放养150～200/m²。

4. 水质控制与增氧 光唇鱼养殖期间的水温宜控制在28 ℃以内。一般水泥池养殖换水量根据池中水质而定，一般前期每天换水10%～20%，隔5 d大换水一次；中期（7～8月）换水量逐渐增加，为50%～100%，后期（9～10月）随着水温下降，适当减少为20%～50%，换入的水以井水和溪流水为好。夏季高温季节采用水车式增氧机增氧，保持溶氧量在4 mg/L以上。高密度养殖池主要是增加换水率，一般日换水率400%～600%。

5. 饵料投喂与病害防治 投喂饵料为粗蛋白质含量为35%的配合饲料，早、晚各一次，日投喂量依吃食情况而定，投喂量一般为鱼体重的8%～10%，冬季少喂或不喂。养殖期间定期清污，保持池中整洁。平时不定期地用三氯异氰脲酸防治弧菌病和肠炎病的发生，使池水浓度呈0.000 04%。

6. 成鱼起捕 苗种经过一年饲养，体重达到60 g以上，就可以陆续起捕上市。放水起捕，起捕后，按大小分档，活鱼销售。

(二) 光唇鱼的网箱养殖

1. 网箱的选择与设置 网箱养殖地一般选择在水库冬暖夏凉的库湾内。水质良好，符合国家《地表水环境质量标准》(GB 3838—2002) Ⅱ类标准。用电和交通方便。网箱为聚乙烯网布加工而成的方形开口网箱，规格为5.0 m×5.0 m×2.5 m，网目为0.8 cm。试验网箱以毛竹为框架分只安装后，用聚乙烯粗绳进行串联排列，网箱间隔为5 m。

2. 苗种放养 放养规格一般为4～6 cm，放养数量为180～240尾/m^2。

3. 饲料投喂 光唇鱼的养殖饲料可选用适宜的配合颗粒饲料，前期饲料的蛋白质含量为35%，后期饲料的蛋白质含量为28%～30%。在春、夏、秋季节日投饲量为鱼总重量的6%～8%，每天投喂3次，分别是08:00～08:30、10:30～11:00、16:00～17:00。冬季在晴天，日投饲量为鱼总重量的1%～2%，每天投喂2次，分别是11:00～12:00、14:30～15:30，其他时间基本不投饲。

4. 日常管理 一是网箱及工具的清洗消毒。网箱每15 d清洗1次，养殖前使用工具放入5%的漂白粉溶液浸泡5 h，船只用同样浓度的漂白粉溶液擦洗。养殖期间，用同样的方法对工具及船只每15 d进行1次消毒。二是日常巡查。每天巡查网箱2～3次，检查鱼类的吃食、生长、健康情况及网箱有无漏洞等，做好养殖日记。发现问题及时处理。三是防汛工作。遇到台风时，密切注意洪水情况，尤其水库泄洪时固定好网箱，及时清理漂浮物，同时确保人身安全。

5. 病害防治 以预防为主，选用三氯异氰脲酸溶液泼洒，药物浓度为0.000 1%（按箱内水体计算），有时也采取挂袋的方法。一旦发现鱼病，及时采取治疗措施，治疗用药按《无公害食品 渔用药物使用准则》(NY 5071—2002)的规定执行。发病期间，及时进行使用工具消毒，同时把死鱼或病情严重的鱼捞出，运到岸边土埋。

思考题

1. 香鱼、光唇鱼的生物学特性如何？
2. 如何进行香鱼、光唇鱼的人工繁殖与苗种培育？
3. 香鱼、光唇鱼的商品鱼养殖技术要点有哪些？

第二十章　罗非鱼类养殖

罗非鱼最初分布于南非，后来逐渐遍及整个非洲的内陆水域及沿海的咸淡水水域，直至中东地区。20世纪50年代开始引入中国，现已成为我国主要的淡水养殖品种之一。

1956年我国首次从越南引进莫桑比克罗非鱼，由此最早称越南鱼，又因其外形似鲫，也称非洲鲫。1978年中国水产科学研究院长江水产研究所从苏丹尼罗河引入尼罗罗非鱼，自此，罗非鱼在中国的养殖得到了蓬勃的发展。1983年中国水产科学研究院淡水渔业研究中心从美国奥本大学引入奥利亚罗非鱼，开辟了奥尼杂交鱼养殖。1994年上海水产大学又从菲律宾引进尼罗罗非鱼选育新品种——吉富罗非鱼，后来又经过几代选育，取名为新吉富罗非鱼。

目前我国除西藏、青海等个别几个省（自治区）外，其余30多个省市均广泛养殖罗非鱼。我国发展罗非鱼养殖具有很大潜力，无论池塘主养、大水体的网箱养殖，均可进行高密度养殖，养殖技术已日趋成熟。我国已建多家国家级和省级罗非鱼良种场，鱼种来源丰富。罗非鱼养殖饵料系数低，生长快、病害较少，成鱼肉质较厚、没有肌间刺，便于加工成鱼片，是我国淡水鱼类加工出口的主要鱼产品之一。根据联合国粮食与农业组织（FAO）的统计，目前世界上有85个国家和地区养殖罗非鱼。罗非鱼生物学上的一系列优点，使其适合在淡水或咸淡水的池塘、网箱、水槽、流水池、循环系统等各种水体中生长，是联合国粮食与农业组织推广养殖的重要鱼类品种之一。

第一节　尼罗罗非鱼

尼罗罗非鱼是罗非鱼中体型最大的品种，而且骨刺少，肉质细嫩且富于弹性，味道鲜美，其风味可与海洋鲷科鱼类、比目鱼类等媲美，是联合国推荐的优质水产养殖品种之一。

一、生物学特性

1. 分类地位和分布　尼罗罗非鱼（*Tilapia nilotica*）又称非洲鲫鱼，属于鲈形目，丽鱼科，罗非鱼属，原产于非洲内陆及中东大西洋沿岸的咸水水域，现已广泛为许多国家和地区所引进。目前，中国养殖的罗非鱼主要是尼罗罗非鱼及其作为亲本的后代。

2. 形态特征　体侧扁，头中等大小，口端位；眼中等大小，略偏头部上方。成熟雄鱼颌部不扩大，下颌长为头长的2%～37%。鳞大，圆形，侧线分上、下两段。上段侧线有鳞片18～24枚，下段侧线有鳞片12～22枚。沿侧线列鳞数30～35，通常32～33。背鳍发达，起点与鳃盖后缘相对，终止于尾柄前端；硬棘16～17，软条12～13；臀鳍末端超过尾柄，硬棘3，软条9～11；胸鳍较长，可达到或超过腹鳍末端，无硬刺，软条14～15；腹鳍胸位，硬刺1，软条15，尾鳍末端钝圆形。体色呈黄褐至黄棕色，从背部至腹部，由深逐渐变浅；喉部、胸部白色。成体雄鱼显得特别鲜艳；雌鱼体色较暗淡，孵育期间呈茶褐色，体侧黑，体条纹特别明显，头部也出现若干不太规则的黑色条纹（图2-20-1）。

3. 生活习性 尼罗罗非鱼是热带鱼类，适宜的温度范围 16～38 ℃，致死温度上限为 42 ℃，下限为 10 ℃；最适生长水温 24～32 ℃，在 30 ℃ 时生长最快。14～15 ℃食欲减退。尼罗罗非鱼耐低氧能力很强，在溶解氧低于 0.7 mg/L 的水体中仍能摄食，窒息点为 0.07～0.23 mg/L。水中溶解氧为 1.6 mg/L 时，尼罗罗非鱼仍能生活和繁殖；但是只有水中溶解氧为 3 mg/L 以上才能保持旺盛的摄食和健康快速的生长。尼罗罗非鱼可在盐度 17 以下的海水中生长、发育和繁殖，在 pH 为 4.5～10.0 的水体中均可生长。

图 2-20-1 尼罗罗非鱼（*Tilapia nilotica*）

4. 食性 其食物种类繁多，在天然水体中完全取决于水体中天然饵料的种类及数量，通常以浮游植物、浮游动物为主，也摄取底栖生物、水生昆虫及其幼虫，甚至小鱼、小虾，有时也吃水草等。幼鱼期，几乎全部摄食浮游动物——轮虫卵、桡足类、无节幼体和小型枝角类，随着个体的生长逐渐转为杂食性。

5. 生长 尼罗罗非鱼在 6～10 个月期间，鱼种至成鱼的生长阶段可日增重 1 g 以上，饲养 2 年的尼罗罗非鱼可以长至 1.6 kg。通常饲养 1 年可以达到 500～800 g。

6. 繁殖习性 尼罗罗非鱼初次性成熟年龄为 4～6 个月，温度高，营养条件好，则生长快，成熟早，反之则成熟晚。初次性成熟个体体重为 150～200 g，雄鱼成熟稍早，个体也大。尼罗罗非鱼性成熟早，产卵周期短，口腔孵育幼鱼。由于其对繁殖条件要求不严，能在静水小水体中正常繁殖；雌鱼口腔孵卵、育幼，并具有护幼特性；因此，尽管每次的怀卵量不多（第一次性成熟的雌鱼仅 300 粒左右，以后逐渐增多，体长 18～23 cm 的雌鱼产卵量为 1 100～1 600 粒，体长 25～27 cm 为 1 600～1 700 粒），但其群体生产力高。成熟雄鱼具"挖窝"能力，成熟雌鱼进窝配对，产出成熟卵子并立刻将其含于口腔，使卵子受精。受精卵在雌鱼口腔内发育，水温 25～30 ℃时，4～5 d 即可孵出幼鱼。然而孵出的仔鱼不会马上离开母体，它们需要在雌鱼口腔中待到卵黄囊消失、能自由游泳摄食天然饵料为止。这一阶段，雌鱼不摄食。孵化出苗所需时间与温度有关，一般需要 12～15 d。在水温稳定在 25～29 ℃ 的情况下，每隔 30～50 d 即可繁殖一次鱼苗。在我国南方地区，罗非鱼一般一年可产苗 7～8 次，在温控条件下可终年繁殖。尼罗罗非鱼有相互残食的习性，主要表现在鱼苗期间，大苗吞食小苗的现象比较严重。

二、苗种繁殖

（一）亲鱼培育

1. 亲鱼选择与雌雄鉴别 选择体质健壮、无伤、具有该鱼典型特征的纯种做亲鱼。对所选亲鱼进行雌雄鉴别。尼罗罗非鱼在幼鱼时期，雌雄难分辨，需要达到 50 g 以上时，通过外形观察加以区分。雌鱼腹部的臀鳍前方有 3 个孔，即肛门、生殖孔和泌尿孔，它们连成一体，统称为泌尿生殖孔。这 3 个孔中，生殖孔居中，很细小，平时肉眼不易分辨，开口于肛门与泌尿孔之间，内与输卵管相通。雄鱼的泌尿生殖孔内只有两个开孔，即肛门和泄殖孔。泄殖孔开口于小圆柱状的白色突起的顶端。在生殖期间，此圆柱状突起略向下垂，挤压腹部即有精液溢出。在选择亲鱼时，可选雌鱼达 250 g 以上（最小不应小于 150 g）的 1 龄鱼，雄鱼达 400 g 以上（最小不应小于 250 g）的 1 龄鱼；或雌鱼达 350 g 以上的 2 龄鱼，雄鱼达 750 g 以上的 2 龄鱼。

2. 繁殖池的建造和准备　目前我国罗非鱼繁殖通常有两种方式：一种是利用电厂余热水、温泉、塑料大棚等提高水温提前繁殖，分流水式和静水保温式；另一种是在常温条件下进行。尼罗罗非鱼的繁殖方法比较简单，对环境要求简单，也不需要人工催产和流水刺激，只要水温稳定在 20 ℃以上，在小面积的静水池塘就能自然进行繁殖。因而繁殖池的建造要求相对比较简单。

（1）位置。繁殖池应选择在背风向阳，周围无高树和楼房，靠近水源，水质良好，水源充足，注、排水方便，环境安静，交通便利的地方，最好能选择在靠近亲鱼冬季越冬的池塘，以减少亲鱼过塘造成损伤。水源可为井水、温泉水、河水、湖水或水库水，水源水质应符合《渔业水质标准》（GB 11607—1989）的规定。

（2）面积与水深。繁殖池一般选择面积 667～3 335 m² 的池塘，面积过大不利于投饵和收集鱼苗，面积过小，水质难以控制，水温变化大。池塘必须堤埂坚实，无渗漏。由于罗非鱼稚鱼喜群集池边浅水处，池底坡降以平缓为好，既便于亲鱼挖卵等繁殖活动，同时也有利于捞苗时操作。池塘的水深随不同的繁殖阶段进行调节。亲鱼刚入池时由于水温较低，水位应控制在 1.5 m 以上。等到天气转暖亲鱼开始繁殖时，水位应减少到 0.6～1.2 m 为宜，有利于亲鱼的挖窝产卵以及提高水温。在夏季高温期间，可适当加深到 1.5 m。

（3）池形与底质。繁殖池形状为长方形、东西向为好。为了便于捞苗，池边浅水滩应无水草或杂草生长。池底应平坦或略呈锅形，底质以壤土或沙土为好，淤泥厚度应控制在 20～25 cm。

（4）繁殖池的清整。亲鱼放养前，繁殖池必须进行清整消毒。一般在冬季排干池水，清除过多的淤泥，将池底平整，修补塘基，添堵漏洞，清除杂草，池底暴晒数日至龟裂。然后在亲鱼放养前半个月时进行药物清塘。清塘选择晴天进行效果较好。清塘方法是将池水排出，池底剩 3～7 cm 深的水，每 667 m² 用生石灰 60～75 kg，或漂白粉 10～15 kg，或茶籽粕 40～50 kg。

（5）注水施肥。清塘后，在亲鱼放养前 5～7 d，向池内加注新水 1.0～1.5 m。加水时要用密网过滤，以防止野杂鱼、虾、蛙卵和其他有害生物进入池塘。施放基肥，以培养丰富的天然饵料供亲鱼和鱼苗摄食。一般每 667 m² 施粪肥 100～200 kg，或绿肥 300～500 kg。粪肥要经过发酵并经生石灰消毒，加水稀释后再全池泼洒，绿肥堆放在池边浅水处，使其腐烂分解，经常翻动，待全部腐烂后将草渣捞出。一般水色控制为黄绿色或茶绿色为好，水质不能过肥，如果水质过肥会使得水中溶氧量过低，造成亲鱼"浮头"、吐卵、吐苗，影响受精卵的孵化，降低出苗率和成活率。

3. 亲鱼的放养　放养要选择天气晴朗的日子，或采取保暖措施，防止亲鱼冻伤，操作小心，搬运要快。亲鱼放养时应对鱼体进行药物消毒，可用盐度为 3～5 的食盐溶液浸浴 5 min，或高锰酸钾 20 mg/L（20 ℃）浸浴 20～30 min，或 30 mg/L 聚维酮碘（1％有效碘）浸浴 5 min 后放入繁殖池。从容器中放入繁殖池时，要将容器沉入水中，任亲鱼自由游出，切勿在池埂上将亲鱼直接倒入池子，以免亲鱼受伤。

放养密度及雌雄比：罗非鱼的亲鱼放养密度与繁殖力密切相关，高密度养殖会抑制繁殖。生产中，应根据池水的溶氧量，合理确定放养量，亲鱼池应保证溶氧量在 3 mg/L 以上。同时还必须注意到氨氮的含量不能过高，否则，势必因缺氧或氨的毒性导致亲鱼吐卵、吐苗。在没有配套增氧机的繁殖池，一般每 667 m² 放养 300~500 g/尾的亲鱼 500~800 尾。亲鱼放养雌雄比一般为 3∶1。

4. 日常管理　在亲鱼培育期间，要加强饲养管理，采取施肥与投饲相结合的方法加强培育。亲鱼培育期间需保持池水透明度在 25~30 cm，水色呈油绿、黄绿或蓝绿。要经常根据水色、水质追肥投饵。施肥要掌握少量多次的原则，一般每隔 5~6 d 每 667 m² 施发酵的粪肥 100~200 kg 或绿肥 200~300 kg。如果水质过肥，应停止施肥，并立即加注新水、增氧或泼洒少量生石灰，防止亲鱼"浮头"造成吐卵、吐苗。为促使亲鱼性腺发育，每天还要投喂人工饲料 2~3 次。投饲要精、青相结合，做到营养全面、均衡。罗非鱼为杂食性鱼类，为了保证营养均衡，投喂精饲料的同时，适时补充青饲料如青菜、麦芽、浮萍、嫩草等，最好几种饲料混合使用。注意观察鱼的摄食情况。同时定期施放一些微生物制剂，以改变池塘微生物群落，改善水生环境。并适时拉网，检查亲鱼性腺发育情况。经常测定水温，做好饲养管理记录，有条件的还要监测水中的溶氧量、氨氮等指标。勤巡池观察，及时清除敌害生物。经常检查进、排水口网袋是否完好，认真洗刷浮泥、杂质。

（二）苗种繁育

1. 亲鱼繁殖、口孵和哺育　当水温达到 20 ℃以上时，雄鱼即离群占地营造鱼巢。鱼巢形如盆状，鱼巢之间的距离和鱼巢的直径视亲鱼的多少而定。当发情到高峰期时，雌、雄鱼在巢内最深处呈"交叉"状，雌鱼即开始产卵，卵分数次产出，雌鱼将每次产出的卵立即吸入口内；雄鱼即排精，精液随水又被雌鱼吸入口内，卵子即在雄鱼口腔内受精，产卵时间可达 0.5 h 之久。受精之后，雌鱼含卵离巢。从受精卵直到仔鱼卵黄囊消失、自由游泳摄食天然饵料为止都在雌鱼口腔中度过。孵化出苗所需时间与温度有关，一般需要 12~15 d。雌鱼在孵卵、育仔期间，如果受到外界干扰或水中溶解氧不足造成"浮头"时，会被迫将鱼卵或仔鱼吐出。因此，在口孵卵阶段必须保证孵化环境的安静和水体溶氧量不低于 3 mg/L。

2. 采苗

（1）采苗时机。幼苗离开雌鱼后，成群地在池边游动。随着鱼苗的生长，活动能力增强，就向池水深处活动。罗非鱼在幼苗阶段会相互残食。故采苗时机的选择十分重要。当水温持续 25 ℃左右，亲鱼放养 10 d 后，坚持每天巡池查看是否有鱼苗活动，发现出苗，及时扦捕，以提高获苗率。

（2）采苗方法。在生产中采苗有捞苗和捕苗两种方法。

①捞苗法：当幼鱼从雌鱼口腔中吐出后，便群集在池边周围浅水处游动，这时游动能力比较弱，是捞苗的最好时机。捞苗一般在清晨或傍晚鱼苗集中在池塘周围时进行。沿池边捞取，将捞到的鱼苗放入事先准备好的容器中，然后转入网箱暂养，经筛选、计数再转入苗种池培育。

②捕苗法：从大批的鱼苗孵出起，每隔 7 d 左右，在晴天上午用柔软的聚乙烯布制成的密眼网在繁殖池内扦捕鱼苗 1~2 次。捕苗时，密眼不带或少带沉子，起网要慢，避免鱼苗擦伤或被网衣带起，同时让亲鱼逃逸。捕苗法可将幼苗和次规格鱼苗捕出，防止大鱼苗吞食小鱼苗的现象，提高出苗率，但对鱼苗损伤大，同时会惊扰亲鱼，造成吐卵、吐苗，在孵苗旺期不宜进行或少进行。

生产中主要是将两种采苗技术相结合。在鱼苗孵出的阶段每天进行捞苗，同时每隔 10 d

左右进行一次捕苗。

3. 鱼苗暂养与运输 刚从繁殖池捞出的鱼苗体质较弱，需暂养几天，使苗体强壮后再移池培育。暂养池面积不宜过大，一般在 100 m² 以内。暂养期间，注意勤观察，及时加注水或启动增氧机避免出现"浮头"。鱼苗进入暂养池前要严格过筛，不同规格的鱼苗分池暂养。鱼苗进池后，每天均匀泼洒黄豆浆或蚕蛹浆 2 次，第三天起还需投喂粉状饲料，4～5 d 后则停止喂浆，每天喂料 4～5 次，做到少量多次。目前，广泛使用的是尼龙袋充氧后密封运输。

三、苗种培育

鱼苗培育技术是指将下池鱼苗饲养 20～30 d，养成体长 3～5 cm 夏花鱼种的生产过程。尼罗罗非鱼在繁殖季节里可以多次产卵。而且各地因气候、温度等条件不同，开展繁殖的时间也不同，因而孵化出的苗种有早期和中晚期之别。不同时期生产的鱼苗在当年生长的规格大小不一。为充分发挥罗非鱼在一个生长周期内的生产潜力，各期苗种培育略有不同。

1. 鱼苗池的准备 鱼苗池又称发花池，面积 667～1 334 m²，水深 1 m。要求注、排水方便，池底平坦，底泥适量，池堤牢固。在鱼苗放养前需要对鱼苗池进行整修。在鱼苗下池前 10～15 d 进行清塘。常用药物是生石灰，清塘方法同亲鱼池清塘，将池水排出，池底剩 3～7 cm 深的水，每 667 m² 用生石灰 60～75 kg。鱼苗池注水时要用密网过滤，以防止野杂鱼、虾、蛙卵和其他有害生物进入池塘。注水后施肥以便培养天然饵料，施肥方法同亲鱼池施肥，主要使用粪肥和绿肥。

2. 鱼苗放养 早期苗种：要适当稀放精养，缩短苗种培育期，提早育成夏花鱼种，争取当年养成。中晚期苗种：为加快鱼苗生长，方便管理，降低养殖风险，放养密度不宜太大，一般每 667 m² 5 万～8 万尾，最多不超过 10 万尾。放养鱼苗应注意每个池子应放同一批繁殖的鱼苗，规格整齐、大小一致。因为放养鱼苗的抵抗力低，因而在清塘结束注水施肥后需要检测鱼苗池中是否还有药物残留。鱼苗下塘前要进行药物消毒处理。放养时要注意水温差异，如池水温度与运苗容器内水温相差 3 ℃以上时，要调节运输容器内水温到接近池水温度才能放养。放养时要在池塘背风向阳处放鱼苗，放苗时动作要轻、缓，慢慢地倒入水中。如放养时水质肥沃，浮游生物生长旺盛，可不必喂豆浆，从第二天开始就添加少量的精饲料；也可以先喂豆浆 2～3 d 再投喂精饲料，即施肥与投饵相结合培育。每万尾苗种每天用黄豆 0.5～1.0 kg，精饲料可制成干粉散撒，投饲量以 30 min 内吃完为度，每天 2～3 次。

随着鱼苗个体的长大，鱼池要分次加水，扩大鱼苗活动范围和促使浮游生物繁殖生长。一般每周加水 1 次，每次加水 10～15 cm，经 3～4 次加水后，使池水逐渐加到 1.5 m。

3. 日常管理 鱼苗下塘时，如水质肥沃，浮游生物生长旺盛，可不必喂豆浆，从第二天开始就添加少量的精饲料。如水质不肥，最好先投喂 2～4 d 豆浆，每天每 667 m² 用黄豆 1 kg 左右，或者按照每 10 万尾 1.0～1.5 kg 黄豆，浸泡后磨成豆浆，每天 2～3 次；同时追加肥料，培养鱼苗的天然饵料。同时配合投喂粉状人工配合饲料，蛋白质含量 30%，日投喂量每 10 万尾 0.75～1.00 kg。每天分 4～6 次投喂，逐渐取代豆浆，同时根据鱼苗生长逐渐增加投喂量，每次投喂以 20 min 左右吃完为宜。每天早、晚各巡塘一次，观察鱼苗活动情况和水质变化，检查池埂有无漏水和逃鱼现象，及时捞除蛙卵、蝌蚪、死鱼及杂草等。注意观察鱼的活动状况，吃食是否正常，有无体质、体色和行动异常等情况发生，发现异常及时处理。随着鱼苗个体的长大，鱼池要分次加水，扩大鱼苗活动范围和促使浮游生物繁殖生长。一般每周加水1次，每次加水10～15 cm，经3～4次加水后，使池水水深逐渐加到1.5 m。

4. 拉网锻炼和出塘 鱼苗经过20～30 d的培育，长到3～5 cm时就可以出塘，转入大塘进行食用鱼饲养阶段。鱼种在出塘前1 d停止喂食并进行拉网锻炼，以增强鱼种体质，使其适应捕捞操作和运输。拉网锻炼要注意，拉网前要清除水草和青苔；阴雨天或"浮头"时不宜拉网锻炼，以免造成鱼苗死亡；操作要轻巧、细致。一般选择晴天09:00以后拉网，但避免烈日下开网操作。将鱼在网箱中密集3～4 h后，即可过数出塘。出塘时要用鱼筛筛出不合规格的鱼种，放回原池继续培育几天再出塘。选择体质健壮、规格整齐、游泳活泼、没有机械损伤、无病、无寄生虫的苗种运输。尼龙袋充氧密封运输适用于装运鱼苗和3～5 cm的夏花鱼种；特制的橡皮袋充氧可装运大规格鱼种。苗种运输应选择在温度不太低的晴天进行，应避免风、雪、雨、冻等恶劣天气，有利于提高苗种运输途中及入池后的成活率。

5. 苗种越冬 尼罗罗非鱼为热带性鱼类，喜高温，抗寒能力比较差，当温度低于12 ℃时就会出现死亡。在我国仅有广东和海南等少数省份的罗非鱼可以在自然环境下越冬。因此我国大多数地区需要对罗非鱼苗种采取相应的保护措施，确保苗种顺利越冬。而且由于经过越冬后的鱼种规格较大，生长较快，所以养成的商品鱼规格也大，产量高，效益高。因而罗非鱼苗种越冬技术，已被很多的养殖户采用。罗非鱼的越冬方式有盖薄膜大塘、大棚越冬、地热水越冬、深井水、工厂余热、锅炉加温以及电热器加温等方式。越冬池塘要求选择地势较高、保水力好、背风向阳、面积不宜过大，一般在1 334 m²以内，为东西走向，跨度不宜过大。越冬池的整修和消毒同前亲鱼池整修所述。一般越冬鱼苗为4 cm以下规格时，每667 m²可放养12万～15万尾；4～5 cm规格时，每667 m²可放养8万～12万尾；5 cm规格以上鱼苗每667 m² 7万～8万尾。在越冬前半个月，将需要越冬的鱼集中进行密集锻炼，使其对越冬密集养殖逐步适应。越冬早期鱼苗刚入池时，水温应控制在20～25 ℃，这样有利于鱼体伤口尽快愈合，抑制水霉病发生。情况基本稳定之后，可将水温控制在18～20 ℃。越冬还需要注意换气通风。在日常管理中要注意水温变化。经常测水温和气温，一般每天测两次，并做好记录。坚持早、中、晚巡塘，检查越冬大棚是否牢固，经常观察鱼苗的活力、摄食情况，监测水质，有条件的还应定期监测池中溶氧量、氨氯、有机物含量等几项指标，并做好记录，发现问题，及时采取措施，防止事故发生。罗非鱼在越冬期间适当投喂营养丰富的精饲料。投喂一般采取越冬早、晚期多，中期少的方式。在越冬期间，投饵的数量、质量应随水温、水质和鱼的摄食情况随时调节。

四、成鱼养殖

(一) 池塘养殖

1. 养成池塘基本条件 养成池塘四季水源要充足，水质应符合《渔业水质标准》（GB 11607—1989）。最好的土质是壤土和沙壤土，其保水、肥力强，透气性好，饵料生物生长好。池塘土质也可以为黏土，但透气性差。沙土保水力太差，不适建造池塘。罗非鱼商品鱼养殖池塘的面积6 670 m²以下为宜。池塘水深以1.5～2.5 m为宜，池塘最好为东西向长方形，塘底要平整，深度均匀，池塘周围无高大遮挡物，接受日照时间较长。注、排水上应设置拦鱼设备。在鱼种放养之前要对养成池塘进行修整、清塘和肥水，操作同亲鱼池准备。

2. 鱼种放养 尼罗罗非鱼在自然条件下生长的水温不能低于18 ℃，要待水温稳定在

18 ℃以上才可以放养鱼种。只要水温合适，在时间上以提早放养为好，提早放养也就是提早了罗非鱼的开食，延长了它的生长期，提高了商品鱼的产量。放养密度主要综合考虑池塘水源条件、养殖设备条件、所用的饲料或肥料、计划养成规格以及管理水平等因素。一般体长 3~5 cm 的鱼种，每 667 m² 放养 1 000~1 800 尾。鱼种下塘前要彻底清塘，特别是池塘中不能有鳜、鲇等凶猛鱼类，否则鱼种会被大量残食。鱼种下塘，尤其是较小规格的鱼种下塘时，往往游动缓慢而群集，易被混养的其他鱼类如草鱼、鲤等侵袭或吞食。可先用饲料将其他鱼类引上食场，在远离食场处投放罗非鱼，这样有利于提高成活率。放养鱼种要求体质健壮，无伤无病，规格尽量整齐，避免自相残食。鱼种在下塘前需在 10 g/m³ 高锰酸钾浓度的水溶液中浸浴 2~5 min，或使用 3‰~5‰ 浓度的食盐水浸浴 1~3 min，以便杀灭寄生在鱼体表面的寄生虫和病原菌。

3. 池塘养成模式 池塘养殖模式主要分为两种，一种是单一养殖罗非鱼，另一种是混养。在混养过程中，要提高罗非鱼养殖成活率，减少饲料浪费，必须控制好放养密度和选择合适的配养鱼类。在尼罗罗非鱼的养殖池中每 667 m² 可以同时混养鲢、鳙鱼种各 40~70 尾，以控制水质。鱼种应以大规格为好。放养量应根据生产条件（池塘条件、技术条件及经济预算等）进行适当调整。

4. 日常饲养管理 罗非鱼的食物主要是有机碎屑、浮游生物，而在高密度饲养罗非鱼的池塘内，由于罗非鱼不断摄食，水中的饲料生物数量日益减少。因此必须加强施肥，促使天然饵料生长，并投喂人工饵料，以保证其有充足的饵料。饲养罗非鱼不论是单养还是混养，都要求水质肥沃。前期、后期保持透明度 25~30 cm，中期温度高，透明度保持在 35 cm 左右。施肥主要是培养水中的浮游生物供罗非鱼摄食，同时肥料中的沉渣可以直接作为罗非鱼的饵料。池塘施肥培育天然饵料远远不能满足罗非鱼的生长需要，必须投喂人工饵料才能获得高产。饵料投喂量为鱼体重的 2‰~5‰。每天投饵 2 次，根据鱼体的活动、天气、水质等情况决定投喂量。一般晴天，水温高可适当多投喂；阴雨天或水温低少投喂；天气闷热或雷阵雨前后应停止投喂。养殖尼罗罗非鱼水色以黄绿色为好，透明度为 30~40 cm；溶解氧控制 3 mg/L 以上；水温控制在 15~32 ℃，当水温超过 30 ℃时，应及时加注低温水，并尽量提高池塘水深，盐度控制在 10 以下，硬度为 30~150 mg/L，pH 为 6.8~8.0。注意巡塘，观察鱼群活动情况。

5. 鱼病防治 罗非鱼成鱼养殖过程中，病害较少，但在高密度养殖的条件下一旦发生鱼病，易造成大面积的死亡，治疗较为困难。尤其是进入高温季节，鱼类摄食量加大，排泄物增多，水质容易变化，更要防范发生鱼病。在生产中以细菌性肠炎和车轮虫病较为常见。防治措施是用 8 mg/L 的硫酸铜液浸洗病鱼，或用 0.7 mg/L 的硫酸铜和硫酸亚铁（5∶2）合剂全池泼洒，防治车轮虫病。还可在 7~9 月鱼病高发季节投喂药饵，防治细菌性肠炎病，方法是每千克饲料中加入大蒜素 1.5~2.0 g 和等量食盐，制成药饵后进行投喂，分 3 次投喂，每次连喂 6 d。

（二）网箱养殖

网箱养殖实际上是利用大水体的良好生态环境，结合小水体密放精养措施以实现高产。网箱养殖罗非鱼在我国已经成为罗非鱼养殖的最主要形式之一。罗非鱼耐低溶解氧，抗病力强，比较适合网箱的高密度养殖，而且其还可以摄食网箱壁上的附着藻类，起到"清箱"作用。此外，网箱养殖罗非鱼还有以下两个优点，首先网箱养殖的罗非鱼无法挖窝产卵，卵漏出网箱，无法孵化，罗非鱼的繁殖行为被打乱；其次管理方便，收获容易，便于摄食和健康观察，相对池塘和沟渠养殖投资小。

1. 网箱设置水域的选择 网箱养殖场所的选择在某种意义上讲是养殖成败的关键。建设网箱养殖罗非鱼基地，必须考虑交通是否方便。养殖水域最好选择在湖泊、水库上游的河流入口处，或下游的宽阔河道中，水交换条件好的库湾也可以利用。养殖区域的水质应当清新、溶解氧丰富、无污染，透明度大于80 cm，而且水底无过多淤泥和腐殖质。网箱所设置水域水的流速最好应在0.05~0.20 m/s的范围；水深在3 m以上，底部平坦，靠近避风向阳、水面开阔的近岸区。

2. 网箱的结构与设置 网箱多是由箱体、框架、浮子、沉子等4部分组成。其规格可根据养殖水域、网箱材料和管理水平等实际情况来设置，目前多为5.0 m×4.0 m×2.5 m或4.0 m×3.0 m×2.5 m。制成箱体的网片，网目的大小要根据所放鱼种规格来确定，罗非鱼成鱼网箱的网目可选为1.5~3.0 cm。养鱼网箱形式根据设置网箱水体环境和设置网箱的数量而定，常采用浮动式网箱或浮定式网箱。浮动式网箱，多为单只网箱，在网箱框架的一角上用一网绳系紧，网箱另一端则系于铺石或铁锚上。网箱在水中既可随水流、风向而左右转动，也因水位的涨跌而上下浮动，缚揽用网绳长为水深2~4倍。浮定式网箱基本上与浮动式网箱结构相似，它是将浮动式网箱多个串联成一排，间距为1~2 m。在排列的两端以锚绳固定。箱体的对称两侧捆扎在竹竿上，或用竹编成浮排对称地并列多只网箱。其整体可由缆绳固定在两岸，或用重锚锚定在水中。箱盖高出水面50 cm左右，以不妨碍鱼上浮集中抢食，箱底离水底至少保持50 cm以上。网箱适于设置在水质清新的水域，溶解氧丰富，pH 7.0~8.5，透明度为50 cm以上，溶氧量5 mg/L以上。

3. 鱼种放养 鱼种进箱规格应根据要求成商品鱼的规格、当地的生长期及生长期内的平均水温而定。一般鱼苗5 cm入箱时，放养密度为1 400~1 600尾/m^2；8~10 cm时分箱，放养密度为350~400尾/m^2；150 g时重新分箱，养殖密度为150~200尾/m^2。鱼种除了进箱前进行彻底消毒外，鱼种入箱后一周内投喂药饵，防止细菌性鱼病的感染；在配合颗粒饲料中加微量的食盐及土霉素药渣等预防鱼病。

4. 日常投喂与管理 一般来说，日投喂量应控制在其饱食量的70%~80%为宜。投喂时坚持定质、定量、定时、定位的原则，采用"慢—快—慢""少—多—少"的方法，既不浪费饲料，又可使鱼吃好。沉性饲料比浮性饲料便宜，若能保证饲料不漏出箱，就可以使用沉性饲料。网箱投饲为了降低成本，一般采用沉性饲料为主同时可掺入浮性饲料，引鱼吃食，既能降低成本，又可以掌握鱼吃食情况。同时可以利用响声诱集摄食，在投饲初期需要用适度的响声将鱼诱集到水面食台附近再投喂。投喂时需对摄食异常进行检查。如果前1 d还正常摄食的鱼群突然对声响不产生反应，投饲后鱼群不聚集到水面吞食，应立即检查网线有无破损而逃鱼或者存在其他外界刺激，如水流不畅、溶解氧过低、鱼体生病等。一旦发现异常情况，应当及时采取措施。经常巡视，观察鱼群生长、活动状况，有无鱼病的发生或异常。保持网箱清洁，使水体交换畅通，保持网箱内溶解氧充足。定期检查网箱有无破损，框架有无松动等情况，防止逃鱼；及时清除挂在网箱上的杂草。每7~10 d抽样检查鱼体生长情况，分析鱼体生长情况，为调整投饵量和分箱做依据。条件允许需定期测量水温以及箱内外溶氧量。注意天气变化及水流、水温变化，预防洪水、风浪及有毒污水、农药的污染。做好病害防治工作，鱼病流行季节要坚持定期以药物预防和对食物、食场消毒。如发现死鱼和严重病鱼,要及时捞出并分析原因,及时采取治疗措施。

第二节 奥尼罗非鱼

奥尼罗非鱼即人们常说的单性罗非鱼,是用奥利亚罗非鱼作为父本、尼罗罗非鱼作为母本进行杂交而获得的子一代杂交罗非鱼。因其生长快、抗病强、肉厚味美、骨刺少的特点,深受养殖户和消费者的喜爱。奥尼罗非鱼雄性率高达92%以上,生长速度比奥利亚罗非鱼快17%~72%,比尼罗罗非鱼快11%~24%。具有个体大、生长快、耐低氧、抗病力和抗寒力强等优点。奥尼罗非鱼是国内率先杂交育种成功的罗非鱼良种,广泛适合于各类型水体的养殖。

一、生物学特性

1. 形态特征 奥尼罗非鱼具有双亲形态的大部分特点,较接近其母本尼罗罗非鱼。体侧扁;头部平直或稍隆起,体态较双亲丰满肥厚,且背高、鳞片紧密,侧线断折,呈不连续2行;尾鳍末端呈钝圆形,尾鳍上有类似尼罗罗非鱼的黑白相间的条纹,背鳍、臀鳍有黑白相间的斑纹,背鳍边缘蓝黑色,性成熟时尾鳍边缘呈红色;体侧有不规则黑色条纹和斑点,体色类似于奥里亚罗非鱼呈红色,背部较深,下侧与腹部较浅,头部较绿,鳃盖后部有较明显蓝色斑块,体色也会因环境的改变而迅速加深或变淡(图2-20-2)。

图2-20-2 奥尼罗非鱼

2. 生长繁殖特点 奥尼罗非鱼的优点很多,特别是它的雄性率最高,达到83%~100%,平均在92%以上,对罗非鱼养殖提高个体规格和群体产量极为有利,基本上能解决罗非鱼在养殖过程中繁殖过多的问题。奥尼罗非鱼的生长速度比父本快17%~72%,比母本快11%~24%,增产效果显著。奥尼鱼的制种方法比较简便,只要水温稳定在18℃以上,将成熟的上述雌、雄亲本放入同一繁殖池中,水温上升到22℃时,它们就能自行产卵受精育出鱼苗。在水温达25~30℃的情况下,每隔30~50 d可杂交繁殖一次。但是奥尼罗非鱼制种时的产苗率较低,因为尼罗罗非鱼(♀)与奥利亚罗非鱼(♂)这一组合的杂种产苗量较少。

3. 生活习性 奥尼罗非鱼食性较杂,可摄食水中浮游动、植物,及花生饼、米糠、麦皮、豆饼和配合颗粒饵料等,饵料易解决。奥尼罗非鱼的生存水温在12~39℃,最高水温42℃,最适生长温度为25~32℃,其临界点温度下限为8.25℃,致死温度5.5℃,抗寒能力比尼罗罗非鱼和福寿鱼都略强,短时间可耐低温为4℃,水温降低至10℃以下停止摄食生长。生存pH范围5~10,最适pH范围7.0~8.5。亚广盐性,既能生活于淡水中,又能生活于半咸水中,盐度8以下生长良好。耐低氧,在溶氧量较低的肥水中也能正常生长。

二、苗种繁殖

1. 亲鱼选择 罗非鱼的亲本必须来自正规的原种场或良种场。要求种质纯正,在同一种群中应选择背高肉厚、鳞鳍完整、色泽光亮、体质健壮、游动有力、无病、无伤、无畸形、性腺发育良好、斑纹清晰和规格整齐的个体作为亲本。选择亲鱼时，第一，要注意选择纯种亲鱼。一般可根据它们的性状特征、体色等进行选择。尼罗罗非鱼和奥利亚罗非鱼的主要特征是：尼罗罗非鱼的体色为黄棕色，体侧有9条垂直黑色条纹，背鳍和尾鳍末端边缘为黑色，尾鳍上有明显的黑色垂直条纹9～10条，腹鳍和臀鳍为灰色。奥利亚罗非鱼的体色为蓝紫灰色，体侧有9～10条垂直黑色条纹，背鳍和尾鳍末端边缘为红色，尾鳍上有许多淡黄色斑点，但不形成垂直条纹，腹鳍和臀鳍为暗蓝色。第二，要注意选择体型好、背高体厚、色泽正常、斑纹清晰、发育较好的个体。第三，要选择生长快、个体大、体质健壮、无伤无病的个体，一般要求尼罗罗非鱼雌鱼个体重在150 g以上，以250～500 g为好，奥利亚罗非鱼雄鱼体重要比尼罗罗非鱼雌鱼体重稍大些。最后，还要注意亲鱼的饲养条件，以低温越冬，常温下养殖的为好。高温恒温下养殖，往往会引起亲鱼退化，后代生长减慢，性成熟规格变小。亲鱼的使用年限不超过5年。

2. 雌雄鉴别 挑选雌性尼罗罗非鱼作为母本，雄性奥利亚罗非鱼作为父本。雌雄鉴别在奥尼罗非鱼的苗种生产中非常重要，如果雌雄鉴别不准确，混进雄性尼罗罗非鱼或雌性奥利亚罗非鱼，则子代奥尼罗非鱼的雄性率必然不高。因为同种罗非鱼交配的雄性概率只有50%，另外，同种罗非鱼交配的产卵率、受精率、出苗率都比杂交的要高。所以一旦混入雄性尼罗罗非鱼或雌性奥利亚罗非鱼，生产出的奥尼罗非鱼雄性率就会大大降低。罗非鱼的雌、雄鱼区别，主要是从它们的腹部生殖孔来鉴别。尼罗罗非鱼和奥利亚罗非鱼在幼鱼时期一般雌雄不易区别。性成熟以后，用肉眼就能区分它们的生殖孔。雌鱼腹部有3个开孔，即肛门、生殖孔和泌尿孔。泌尿孔在生殖突起的顶端，生殖孔开在泌尿孔和肛门之间。雄鱼腹部只有2个开孔，即肛门和泌尿生殖孔。它的泌尿孔和生殖孔合为一个开口，统称为泌尿生殖孔。泌尿生殖孔开在生殖突起的顶端，仅为一小点，肉眼不易看出。在繁殖季节，此生殖突常略下垂，挤压腹部有白色精液流出。

3. 亲鱼的放养 亲鱼入池前必须对繁殖池进行清塘消毒，每667 m²用生石灰150～200 kg兑水全池泼洒。之后是培肥水质，可每667 m²施用发酵粪肥300～500 kg作为基肥。亲鱼放养时间随各地的气候而不同。只要水温稳定在18 ℃以上，就可以将亲鱼放到繁殖池。亲鱼放养密度应根据亲鱼个体的大小加以考虑，雌雄比例为2∶1或3∶1，注意雄鱼不能多于雌鱼，以免发生争雌、斗殴现象，影响繁殖效果。亲鱼入池前应对鱼体进行消毒，可用3%～5%的盐水浸泡亲鱼5～10 min后再放入产卵池。根据雌鱼的大小，可放1～2尾/m²。一般每667 m²放养250～500克/尾的雌亲鱼600～750尾，如果按雌雄3∶1配组，则雄亲鱼为200～250尾，并按规格不同分池放养。

4. 亲鱼的培育 首先，要注意水温的调控，要保持亲鱼培育池水温在18～32 ℃。在换水时要将水温调控好，且在换水时温差不超过2 ℃。其次，要加强投喂，罗非鱼的食性广，而且很贪食，食量大，宜投喂全价配合饲料，并辅助投喂青饲料。日投喂量为鱼体总量的5%～8%，每天投喂3～4次，每次投喂约30 min，青饲料可投喂绿萍、苦菜和苜蓿草等，补充维生素C等的缺乏。青饲料可每天晚上投喂1次，用1%的漂白粉消毒后投入水中，投饵量以第二天无剩料为准。亲鱼进入繁殖池后，安排专人管理，建立池塘管理日志，健全岗位责任制，严格交接班制。在整个繁殖季节内，要为亲鱼提供充足的饵料。亲鱼投喂以配合颗粒饲料为主，辅以青饲料。每隔半个月检查亲鱼1次，根据亲鱼的采苗量、肥满程度和性腺发育情况等，随时调整饲料配方和投喂量。水质管理，主要通过换水和定期施用生石灰进行调节。

5. 亲鱼产卵与孵化　亲鱼放养后，当水温上升到 22 ℃时，培育成熟的亲鱼便开始发情产卵。从亲鱼发情产卵到鱼苗脱离母体独立生活，整个过程 10~15 d。所以在亲鱼放养 10 d 后，要坚持每天沿池四周仔细观察是否有鱼苗活动。当水温达到 22~30 ℃时，雌鱼便能产卵。产卵时雌鱼腹部靠近窝底，雄鱼守卫在鱼窝旁，雌鱼产卵后，立即将卵吸入口内，下颌鼓突呈囊状。雄鱼随机入窝排精，雌鱼又将精液随水吸入口内，卵子在口腔内完成受精过程。

6. 捞苗操作与计数　见苗后的第二天或第三天开始捞苗。采用 4.0 m×1.5 m 长方形小网（网眼 40 目），每天早、晚沿池边浅水区捞苗 1 次，趁小鱼苗游动能力还比较弱时尽量捞尽。没捞尽的鱼苗长至 2~3 cm 就会出现大苗吃小苗的现象。为此需每隔 10 d 左右用大密网（网眼 40 目）沿池塘来回捕苗 1 次，捕捞出大规格的鱼苗，在繁殖盛期要少用，鱼苗捕捞上来后先暂养在网箱或小水池中，最好不要超过 1 周。

奥尼罗非鱼的苗种培育和养成同尼罗罗非鱼。

思考题

1. 比较尼罗罗非鱼和奥尼罗非鱼的主要生物学特性。
2. 在奥尼罗非鱼人工繁殖中，应注意哪些问题？
3. 尼罗罗非鱼苗种繁育过程中有哪些关键技术？
4. 比较池塘养殖和网箱养殖罗非鱼的不同。

第三篇

名特两栖与爬行动物养殖

第一章 牛蛙与棘胸蛙养殖

第一节 牛　　蛙

牛蛙（*Rana catesbeiana*）属脊椎动物门，两栖纲，无尾目，蛙科，蛙属。因其雄性鸣声如牛叫而得名，原产于北美，是世界上最著名的大型食用蛙类。牛蛙身体粗大，胴体长达 20 cm，体重可达 2 kg。蛙肉柔软嫩爽，味美而富有营养，每 100 g 鲜蛙肉中含蛋白质 19.9 g，脂肪 0.3 g，是一种高蛋白、低脂肪的营养食品，可以制成冷冻蛙腿和蛙肉罐头出口外销。蛙皮可精制成高级皮革，还可炼制强有力的鱼胶。同时，蛙油还有特殊的医疗用途。内脏、骨骼等还可作为鱼类、畜禽的饲料。

一、生物学特性

（一）形态特征

牛蛙体型与一般蛙相同，但个体较大，成体分为头、躯干及四肢 3 部分，无颈及尾，牛蛙皮肤裸露，含有很丰富的黏液腺。肤色随着生活环境而多变，其背部颜色有绿、橄榄、黑褐色等，通常杂有棕色斑点。头部及口缘多保持绿色。腹面灰白色。咽喉下面的颜色随雌雄而异，雌性多为白色、灰色或暗灰色，雄性为金黄色。

牛蛙头部宽扁，略成三角形，口端位，口腔内有肉质发达的舌，舌根着生于下颌边缘，舌尖平时折叠在口腔内，捕食时伸出口外卷入食物，吻部宽圆。背部略粗糙，有细微的肤棱，隆起做驼背状。头部前端具 2 个鼻孔，眼圆形，具不可活动的上眼睑和可以活动的下眼睑，有透明的瞬膜。两眼的后方各具一对圆形鼓膜。雄蛙的咽侧下有一对声囊，鸣叫时声音洪亮。蛙的躯干包括胸、腹两部分，宽肥而短粗，躯干末端略偏背面处为泄殖腔的开口，即肛门。

具附肢 2 对，前肢较为细短，后肢则甚长大，适应于跳跃与游泳。前肢四指，指端尖圆，无掌突。成年雄性个体的第一指内侧有肉瘤，在繁殖时起辅助作用。后肢有 5 趾，趾间有蹼相连，蹼达趾端，借以张开，在水中游泳，是牛蛙跳跃、游泳的主要器官。趾间的蹼是否达趾端是区别牛蛙与其他蛙类的一个标志（图 3-1-1）。

图 3-1-1　牛　蛙

（二）生活习性

牛蛙属变温动物，其生活史经过胚胎、蝌蚪、幼蛙、成蛙等几个阶段。蝌蚪生活于水中，后经变态为幼蛙，开始营水陆两栖生活。牛蛙白天将身体漂浮于水面，或躲在潮湿的环境中生活，一旦惊扰即潜入水中，牛蛙有群居习性，往往几只或几百只共栖一处。

牛蛙体温随环境温度变化而变化。环境温度降到 15 ℃以下时便进入冬眠，环境温度上升到 12~13 ℃时苏醒过来。牛蛙很少或不在陆地上冬眠，而是匍匐在水底或水底软泥中冬眠，依靠皮肤呼吸水中的氧气和体内积蓄的营养维持基础代谢。冬眠的时间，长江中下游地区一般在当年的 11 月至翌年的 4 月。当气温上升到 15 ℃以上时，牛蛙即开始摄食活动，其生长的最适温度为 22~28 ℃。

牛蛙的食性，刚孵出的蝌蚪在 3~4 d 内不摄食，依靠卵黄供给营养。约 4 d 后，以水中的浮游生物为饵，同时也可摄食人工饲料。在变态过程中，蝌蚪也不摄食，依靠吸收尾巴的营养来维持。变态之后，捕食活的饵料，喜食蛆、蚯蚓、小鱼虾及昆虫等。在人工养殖条件下，经过驯化，则可以人工饲料为主饲养。牛蛙食性贪婪，生长季节食量较大，牛蛙的最大胃容量可达空胃的 10 倍。牛蛙经常发生大蛙吃小蛙的现象。牛蛙能吃也能耐饥，在食物极度缺乏或冬眠时，牛蛙的新陈代谢水平自然降低。

牛蛙蝌蚪时期生活在水中，行鳃呼吸。完成变态之后，行水陆两栖生活，可用肺和皮肤呼吸，牛蛙采用咽式呼吸，皮肤呼吸占 1/3，肺呼吸占 2/3，冬眠时则由皮肤呼吸。牛蛙喜温暖阴湿，多栖息在池塘边沿近水处的草丛中。牛蛙的后肢发达，既善游泳，又擅跳跃，最高可跳 1.5~2.0 m 的高度。

牛蛙的生长速度很快。变态后的幼蛙，一般个体为 10 g 左右，经约 30 d 的饲养，体重达 50 g 以上。当体重达 350 g 以上时，开始性成熟，生长速度有所减缓。500 g 以上的蛙，其生长速度显著变慢。雄性的生长速度比雌性快，达到性成熟时，雄蛙的个体比雌蛙大。

在长江中下游地区，牛蛙的性成熟年龄为 1 冬龄（不含蝌蚪期），即当年 5 月繁殖的蝌蚪，8 月变态成幼蛙，若常温养殖，在第二年的 8~9 月可达性成熟，第三年的春、夏季即可产卵繁殖，若冬季加温养殖，至第二年的春、夏季可达性成熟，进行产卵繁殖。

二、人工繁殖

（一）亲蛙池

亲蛙池要求安静，少干扰，有荫凉处。面积不宜太大，20~30 m² 即可。可放亲蛙 1~2 只/m²，雌、雄蛙以 1∶1 搭配。池深 1 m 左右，池的一侧可留一浅水区，面积约为总面积的 1/3，产卵场保持水深 10~20 cm。池中要有一定的水生植物（金鱼藻、马来眼子菜等）用以附着卵块。亲蛙池为土池或水泥池，池底泥质，种植水草。池中设饲料台。四周设置防逃网或防逃墙。若池周不留陆地，则防逃设施只需 70~80 cm 高，稍向池内方向倾斜。

（二）亲蛙培育

牛蛙亲蛙，除购进外，自己培育更为经济。一般雌蛙性腺成熟的年龄为 1~2 龄，雄性则 1 龄可达性成熟。雄蛙应选择体重在 350 g 以上、年龄在 2 龄以上的，雌蛙要求 400 g 以上。种蛙应健壮、活泼，年龄在 6 龄以上的亲蛙不宜继续使用，应予以淘汰。为了避免近亲交配，最好选择不同地方的雄蛙和雌蛙。

亲蛙培育的关键在于为亲蛙提供丰富而全面的营养物质。如亲蛙已驯化吃食配合饲料，则以投喂配合饲料为主，每天的投喂量占蛙体重的 2%~3%，辅以活的饵料，如蚯蚓、小杂鱼、虾等，或晚上以灯光诱蛾，作为活饵料的补充。如亲蛙不能摄食配合饲料，活饵料的投喂量应占蛙体重的 10% 以上，方能满足其营养需要。

在培育期间，应视天气和水质的变化不定期换水，保持水质清新。在蛙产卵前期，使其有充足的阳光照射，提高蛙池环境的温度，加快性腺发育并提前产卵。亲蛙临产前，不宜运输,至少在产前1个月以上起运才不会影响产卵。新引进的亲蛙入池后,由于环境的改变,开始几天很少活动,4~5 d后逐渐适应新的环境,开始摄食,应根据蛙的活动情况及时投饵。

(三) 产卵与孵化

1. 雌、雄蛙的鉴别 牛蛙达性成熟后,雌、雄蛙的鉴别见表3-1-1。

表3-1-1 牛蛙雌雄鉴别

序号	雄蛙	雌蛙
1	耳鼓膜大于眼	耳鼓膜大小与眼相近
2	咽喉部为鲜黄色	咽喉部为白色
3	咽喉部皮下有两个声囊	咽喉部皮下无声囊
4	拇指有发达的肉瘤	拇指无肉瘤
5	鸣声洪大如牛	鸣声较小

2. 产卵季节与水温 牛蛙产卵的水温范围在18~30 ℃,产卵的最适水温为24~28 ℃。一年一次性产卵,培育不好的蛙也有分几次产卵的。在南方牛蛙的产卵季节为4月上旬至7月;长江流域在5月中旬至8月;黄河以北地区在6~9月,产卵时间约在黎明前后,多在天气转晴时产卵。牛蛙的产卵可分为人工催产和自然产卵。

(1) 人工催产。雌蛙每500 g体重注射牛蛙或青蛙的脑垂体4个,加HCG 600 IU,加LRH - A 250 μg。雄蛙剂量减半。在臀部肌肉或腹部皮下,采用一次注射。注射后按雌雄比例1:1放入清洁的产卵池中,在水温20 ℃以上的条件下,经40 h左右,即可抱对产卵。

(2) 自然产卵。一般牛蛙不需经人工催产即可自然产卵。在产卵期间,牛蛙日夜鸣叫不息,雄蛙尤为洪亮。待雌蛙低声附和雄蛙的鸣叫后,说明很快要产卵了。雄蛙追逐雌蛙抱对时,用具有婚姻瘤的前肢紧抱雌蛙两腋,腹部紧压雌蛙背部。雌蛙排卵后,雄蛙即迅速射精于其上,完成体外受精。

牛蛙的产卵一般在雨过天晴的日子,多在半夜至黎明之前产卵。每次产卵量在几千粒至几万粒。卵为圆球形,直径为1.2~1.5 mm,外围包着一层卵胶膜。牛蛙卵动物极为黑色,植物极为灰白色。刚产出的卵看上去黑白混杂,产出1 h后,受精卵全部转为动物极朝上,植物极朝下。若数小时后仍不能自动转位者,则为未受精的卵。

在产卵季节,每天早、中、晚应多次巡池。若发现卵块,要及时捞入孵化池内。因为卵块在产卵池中存留时间过长,卵胶膜开始软化,容易使卵沉入池底而窒息死亡。

3. 捞卵 捞卵时,用剪刀将卵块四周和下面的水草剪断,用手轻轻将卵块连同水草一起移入脸盆、铁桶等光滑容器内。若卵块太大,可用剪刀将卵块剪成几块再分批捞出。不宜用捞子或其他粗糙物捞取。

4. 孵化 用于孵化的设备有水泥池、土池、网箱、水缸等。以水泥池和网箱孵化为好。水泥池和网箱的大小,以几平方米至十几平方米为好,水深20~30 cm,要水质清新,不受污染。卵块上方要遮阳,以免阳光直射和雨水冲淋。同时要防止水温骤变,特别是高温时突然降暴雨,水温骤变是引起死胚的重要原因。必要时,可将卵块移入室内孵化。

蛙卵的孵化与温度的关系密切。水温在19~27 ℃时,卵需经3.0~4.5 d方可孵出蝌蚪；而水温在 25～31 ℃时，只需 2.5 d 就可孵出。蛙胚胎发育的适宜温度在 20～33 ℃，最适温度为 28～31 ℃，致死温度为 36 ℃。

三、蝌蚪培育

（一）蝌蚪的习性

刚孵化出来的蝌蚪，全长 5.0～6.3 mm。头部腹面有 1 对马蹄形的吸盘，口位于吸盘的上方，头部的两侧各有 3 对羽状外鳃，体腹部有长形卵黄囊。此时的蝌蚪游泳能力弱，要靠吸盘吸在附着物上休息。孵出后 3～4 d，卵黄逐渐消失，右外鳃退化，右边鳃孔被皮质鳃盖封闭。1 d 之后左鳃退化，但在左侧留出一小喷水孔，此孔一直延续到前肢伸出后才闭塞。肠道及肛门形成，可以摄食一些微小的浮游植物。随着个体的长大可逐渐摄食轮虫、枝角类和桡足类。饲养 50～60 d 后，蝌蚪开始变态，尾部萎缩，四肢形成，鳃退化而以肺呼吸，开始适应由水生到水陆两栖的生活，最后变成幼蛙。

（二）蝌蚪的培育与管理

蝌蚪培育池，可用水泥池和土池，也可用网箱。培育池的面积可从十几平方米至几百平方米，池深 100 cm 左右。池要有进、出水设施和栏设，做到排灌自如。投喂人工饲料的蝌蚪培育池，要设置饲料台，置于水下 10～20 cm 处。

刚孵化出来的蝌蚪，游泳能力很弱，应继续留在原来的孵化池中培育，3～4 d 后再转入蝌蚪培育池中培育。蝌蚪刚下池几天，吃食池塘肥水中的浮游生物，每天还投喂蛋黄浆，用 40 目聚乙烯网过滤后均匀泼入水中，每万尾从每天 2～3 个蛋黄起逐日增加，并配蝌蚪全价饲料投喂，到中、后期改为蝌蚪全价配合饲料，投饵时可设置饵料台，将配合饲料用清水搅拌成团状投放在饵料台，每天分上午、下午各投喂一次，投饵量以每次 1～2 h 内吃完为宜，实行"定时、定位、定质、定量"操作原则。蝌蚪培育池应经常加注新水。经过 20 d 左右培育后，蝌蚪已长到 2～3 cm，应及时将蝌蚪分稀疏养或出售。分稀的密度为：全长 2 cm 的蝌蚪，每平方米可放养 800～1 000 尾；全长 3 cm 的蝌蚪，每平方米放养 250～300 尾。分池时，蝌蚪要带水转运，轻取轻放，防止受伤。分稀后的蝌蚪，以大池培育为佳。要培肥水质，提高水位，水深应保持在 80～100 cm。若条件允许，还可以分稀一次，保持 30～50 尾/m^2。当年不能变态或变态较迟的蝌蚪，应该密集饲养，控制投饵，使其延迟至第二年开春后再变态。

四、幼蛙培育

（一）幼蛙池

可用土池或水泥池，面积为 3～5 m^2 至几十平方米，但小池便于幼蛙的驯食。池深 60～70 cm，池周要建 1 m 高左右防逃围障，进、出水口要加防逃拦网。

为了便于幼蛙的驯食，幼蛙池中不设任何隐蔽物或可供休息的场地，只设饵料台。饵料台以木条做成框架，中间用纱窗布绷紧即可。若饵料台的浮力不够，可在木框的四角各加一块泡沫塑料，上方用遮阳网遮阳，小型水泥池可在池内建固定饵料台，其面积可占池面积的 1/2～2/3。饵料台既是幼蛙的摄食场所，又是休息场所。

（二）变态幼蛙的收集

蝌蚪长出后肢之后，可用网将蝌蚪捞起，适当集中到稍小的水泥池或土池中变态。牛蛙蝌蚪变态时间70~80 d，变态中有两个危险期：一是在前肢即将长出的阶段，此时，蝌蚪的呼吸由鳃转为肺进行，即蝌蚪由水栖移至陆栖。蝌蚪不能再长期潜入水中，而时常要出水面或登陆呼吸空气。因此，应在蝌蚪池中放些木板、泡沫、塑料等物，供蝌蚪暂时登陆休息。若此时不及时创造登陆条件，会造成大批蝌蚪死亡。二是在后肢发生阶段，当蝌蚪聚集在一起时，若有疾病流行，极易蔓延。因此这个时期要给栖息场所创造良好的生态条件和适当减少饲养密度。这两个危险期过后，牛蛙蝌蚪变态基本能达到90%以上。

（三）幼蛙的驯食

前肢长出后和尾部消失之前，将幼蛙放入幼蛙池或驯化池。收集进幼蛙池或驯化池的幼蛙，密度为10~500只/m^2，池中水深10~15 cm，幼蛙后腿不能着底，迫使幼蛙集中在饲料台上休息，为以后的驯食做好准备。幼蛙在驯食之前，需经一段时间用活饵进行前期培育，使其能均匀地获得一定的饵料。待个体稍大并能适应新的摄食方式之后再予以驯化。前期培育用的活饵料主要为蝇蛆和小杂鱼，小杂鱼的体长不超过0.5 cm，每100只幼蛙每天投喂100 g左右。蛆要用清水漂洗干净后再投在饲料台上。幼蛙经前期培育7~10 d后，就可以开始驯食。饲料台中放有小鱼、泥鳅和静态饵料（细干鱼虾或配合饲料），由于台中的小鱼活动及小蛙跳跃带动死饵，造成幼蛙"误食"。随着时间推移，驯食期间，要逐步减少活饵，增加静态饵料，直至全部投喂静态饵料。经过10~15 d的驯食，幼蛙即习以为常，习惯吃死饵了。驯食要早，蝌蚪变态后就应进行。牛蛙有同类相残的习性，驯食期间，不宜将野生幼蛙或野生蝌蚪作为牛蛙饵料，以免驯食失败。

（四）幼蛙的培育与管理

幼蛙经过驯食之后，就可进行正式培育。

1. 放养密度　将幼蛙按大小分开，放养密度为100只/m^2左右。

2. 室内、外培育　幼蛙变态正值高温季节，有条件的地方，可将幼蛙转入室内饲养。室外的坑塘、洼地、稻田等也可放养。但幼蛙池的面积不宜过大。过大，幼蛙分散不易集中摄食，出现两极分化，产生大蛙吃小蛙的现象，且产量也不高。室外养殖可用电灯诱蛾，采用天然饵料与人工配合饲料相结合的饲养方法。

3. 防暑和防寒　幼蛙在室内、室外养殖，都要注意防暑和防寒。在饲养期间，温度最高不宜超过35 ℃，最低不宜低于20 ℃（冬眠除外）。因此，高温季节，蛙池要适当遮阳，如各种瓜棚、葡萄架、树荫等均可。室内要打开门窗，保持通风。在冬季，要注意保温。幼蛙越冬最好用塑料薄膜搭成简易温室。若遇雨雪冰冻，在塑料棚上加盖稻草保温，加深水位，密闭门窗，可安全越冬。

4. 定时投饵　在适温期，每天投喂2~3次，投饵量占蛙体重的3%~5%，在投喂配合饲料的同时，也可投喂一些新鲜饵料，如小杂鱼虾、蚯蚓等。

5. 经常换水清洗食台　室内养殖要每天换水，清洗池内和食台上的残饵及排泄物，保持水质清新。室外的土池也要经常加注新水，水质不能过肥。

6. 注意观察，及时防病敌害　每天投饵时，要注意观察蛙的摄食和活动状况，若发现有病蛙，对症下药。幼蛙的主要疾病是腐皮病。幼蛙的主要敌害是老鼠和蛇，要经常检查围栏设施是否损坏。

7. 及时分养　幼蛙饲养一段时间后，要将个体较大的蛙分开饲养，同时将密度分稀，可按50只/m^2的密度一直养到商品规格。

五、成蛙饲养

幼蛙在经过一段时间培育，长到 50～100 g 之后，就可进入成蛙养殖。

（一）成蛙池的选择和设计

成蛙比幼蛙的适应能力和捕食能力都强，因此，成蛙养殖场的面积要大些，如各种天然积水池、坑塘、鱼池、杂草丛生的洼地、稻田等都可利用，也可在房前屋后的瓜棚、树荫、庭院的葡萄架下建池塘。牛蛙的饲养对水的需要量不大，但要有可靠的水源。池周都要有防逃设施。在高温季节，蛙池周围应多种高大树木或搭荫棚遮阳，大的池塘或洼地，还可种植莲藕或其他叶多叶大的挺水植物。有温泉或工厂余热水的地方，可以利用其热源进行冬季加温养殖。养蛙池都要有防逃设施，蛙池水深至少要在牛蛙后腿踩不到底的深度以上，池壁高出水面 30～40 cm。牛蛙养殖池内不应设置隐蔽的死角或洞穴，这对牛蛙的生长不利。室内养蛙是高度集约化的养殖。为了充分利用面积，室内蛙池设计应分为浅水区和深水区，浅水区为蛙的栖息和摄食的场所，深水区为蛙游泳和接纳排泄污物的区域。浅水区保持水深 10 cm 左右，深水区水深 30～40 cm，进水口在浅水区，出水口在深水区，进、出水口成对角线。深水区只占整池面积的 1/4～1/5，可设在池的一头、四周或出水口附近。

（二）成蛙半精养

利用鱼池、洼地、稻田、藕塘等进行养蛙，一般多以天然饵料为主、颗粒饲料为辅的方式养殖，称为半精养。

将体重 100 g 以上的蛙，按 10～30 只/m² 放入以上大池或稻田，池中设几个浮于水面的饲料台，按精养方式每天投饲。没有吃到人工饲料的蛙，可由天然饵料补充。主要方法是灯光诱虫。诱虫灯设在离岸 2 m 左右的水面上方 0.3～0.5 m 处，周围不应有高大的建筑物，以免遮挡灯光，一般是傍晚开灯，诱虫主要在上半夜。若蛙多虫少，也可通宵开灯。下雨、大风则不宜开灯。

（三）成蛙的集约化养殖

牛蛙的室内集约化养殖，是着眼于控制环境，创造良好的生态条件，充分满足牛蛙生长的营养需要而进行的一种强化培育手段，是发展牛蛙商品生产的一条重要途径。

室内的养蛙池，一般面积 10～20 m²，要有自来水或井水能通向各池。为了充分利用空间，可采用多层次的立体养殖结构，一般以 2 m 为一层，空间层以水泥预制板架设而成。各层的结构设施均相同。

放养密度，体重达 100 g 以上的蛙，放养 50 只/m²，可以一直养到商品规格。若放养时的体重不到 100 g，密度可稍大些，以后随着蛙体的生长，逐步将生长迅速、个体大的蛙，筛选分级饲养或销售，同时也可降低该池的密度。

饲料的投喂，在常温条件下，4～10 月是蛙类生长的最佳时期，因此要有充足的饵料供应。应采用成蛙全价颗粒浮性饲料，日投饲量占蛙体重的 3%～4%，每天分两次进行，09:00～10:00、16:00～17:00 投喂，投喂时把饲料投放在饵料台上，让蛙自行摄食。在 22～28 ℃ 条件下，每天可投喂 2～3 次，配合饲料的投喂量要占蛙体重的 3%，新鲜饵料投喂量要在 10% 左右。若温度低于 22 ℃ 或高于 28 ℃，可适当减少投喂次数和投喂量。天气炎热时要通风、降温，天气转凉后要保温。养成按时摄食的习惯，可在投饵前敲响器具，或将室内电灯打开，作为给饵信号，以后形成条件反射，一有信号，牛蛙就集中到浅水区摄食。

成蛙养殖一段时间后，体重在200～250 g时，可补充投喂一些新鲜小鱼虾、蚯蚓及动物内脏等，可起到补充维生素的作用。

日常管理，除了定时投饵外，还要每天换水，清洗食场，注意观察蛙的健康状况，及时防病治病，严防蛇、鼠侵袭等。有条件的地方，可以进行加温养殖，一年可生产两批商品蛙。

六、病害防治

牛蛙养殖场的水源最好来自江、河、湖泊或者是水库，这样的水源水质相对稳定。水质不好，容易导致牛蛙疾病经常发生，常见疾病及防治方法如下。

(一) 蝌蚪的病害防治

气泡病：发病蝌蚪肠内充满气泡，身体膨胀，失去平衡仰浮在水面上。夏、秋两季为此病的流行季节。防治办法是高温期间每2～3 d换水1次，并搭棚遮阳。对已发病的蝌蚪池及时加注清水，抑制病情扩展。并将患病蝌蚪捞出，置于新水中暂养1～2 d，一般不投饵料。投少量谷物或谷物副产品饵料时，先煮熟后投喂。

车轮虫病：发病蝌蚪全身布满车轮虫，肉眼可见蝌蚪尾鳍发白，食欲减退，常浮于水面。此病多发生在养殖密度大，蝌蚪活动缓慢的池中。防治办法是降低放养密度，增加蝌蚪活动的水体。对已发病的蛙池用硫酸铜和硫酸亚铁（5∶2）合剂全池遍洒，使池水成0.7～1.4 g/m³浓度。

肠胃炎：发病蝌蚪胃肠发炎充血，肛门周围红肿，此病常在蝌蚪的前肢即将长出，呼吸系统、消化系统发生变化时发生，且发病快，危害大。防治办法是放养前用生石灰清池，饲养过程每15～20 d施8～10 g/m³漂白粉或用硫酸铜全池泼洒。对已发病的蝌蚪用0.5～1.0 g/m³的食盐水浸泡。

水霉病：发病蝌蚪游泳失常，食欲减退，甚至死亡。病因是蝌蚪在捕捞和搬运中操作不慎，或由于寄生造成皮肤损伤，被水霉等病原体侵入伤口所致。蛙卵也会被霉菌感染。防治办法是蝌蚪放养前用生石灰彻底清池，捕捞搬运时小心操作。用0.01％浓度的高锰酸钾溶液浸洗30 min。

锚头鳋病：发病蝌蚪的肌肉组织发炎红肿，引起其他病菌侵入，严重时发生溃烂，甚至死亡。病因是鲤锚头鳋寄生在蝌蚪胴体与尾交界处略微凹陷的部分，头部钻进蝌蚪组织中，留在蝌蚪体外的部分有时附生一些藻类及钟形虫类。防治办法是连续2～3次对蝌蚪用浓度为0.001％～0.002％的高锰酸钾溶液浸洗10～20 min。

弯体病：患病蝌蚪出现S形变曲。病因可能是土地中的重金属盐类溶于水中，刺激蝌蚪的神经肌肉收缩所致，或者由于缺乏钙等营养元素或维生素所致。防治办法是换水改良水质，多喂含钙多、营养丰富的饵料。

(二) 幼蛙和成蛙的病害防治

红腿病：病蛙腿部和腹部肌肉呈点状充血，严重的全部肌肉呈红色，肠道充血。常低头伏地，活动缓慢，不摄食。此病发病急，传染快，死亡率高，为幼蛙和成蛙的主要疾病。病因是放养密度过大，池水不清洁，蛙体受伤等所致。防治办法是，防止过密放养，保持池水清新，定期洗刷食台，晾晒养蛙用具，用漂白粉泼洒蛙池；病蛙实行隔离饲养，防止蔓延，并用硫酸铜溶液全池泼洒，使池水保持1.4 g/m³浓度；用20％的磺胺药液浸池24 h有较好疗效。

烂皮病：刚发病时，牛蛙的头部皮肤失去光泽，出现白花纹，接着表皮层脱落，露出背肌，后扩展到躯干，以至整个背部。病初期，眼睛瞳孔出现粒状突起，开始呈黑色最后全眼呈现白色，病蛙轻者尚能活动取食，重者不食不动，喜潜居阴暗地方，并常有指端抓其患处，且有出血现象，最后死亡。病因是牛蛙长期摄食单一饵料，缺乏维生素A或其他营养物质所致。防治办法是饵料要多样化。喂单一饵料的3~4 d更换1次。对病蛙用鲨鱼肝或猪肝治疗，每只蛙每次喂1 g，2 d喂1次，约1周后病情转好。

肠胃炎：发病牛蛙栖息不定，游动缓慢，喜欢钻泥，或平躺在池边浅滩，遇人捕捉时它缩头弓背，腿伸眼闭。此病传染性强，多在4~9月发病。防治办法是连续服用3 d的胃散片或酵母片，每天2次。

第二节 棘 胸 蛙

棘胸蛙（Rana spinosa），俗称石蛙、石鸡、石蛤蟆、坑蛙、岩蛙等，分布于我国长江中下游的湖北、湖南、安徽、浙江、江西、广东、广西、福建、贵州等省（自治区），是我国特产的大型野生蛙。棘胸蛙肉质细嫩洁白，味道甘美，营养丰富。

棘胸蛙生活环境十分独特，为山区特有的水产动物。野生的棘胸蛙终年生活在深山老林的山溪和水潭中，以摄取山林、溪水中鲜活小动物为主。

一、生物学特性

（一）外部形态特征

棘胸蛙皮肤粗糙，形似蛤蟆。雄性棘胸蛙全身（除腹部外）排布着许多长短不一的窄长疣和小圆疣，体侧、四肢背面小圆疣长着小黑棘，尤其胸部满布着显著大刺疣，故得名棘胸蛙，雌性仅在体背、体侧和四肢背面等部位有分散状的小圆疣和少量的小黑棘，胸腹光滑，无疣也无棘。棘腹蛙也是常见的棘蛙类，与棘胸蛙区别主要在于其雄性身体的整个胸腹面均密布有大黑棘（图3-1-2）。

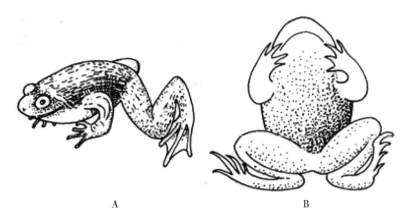

图3-1-2 棘胸蛙
A. 侧面观 B. 腹面观

棘胸蛙体色依其生活环境和年龄不同而有所差异。一般情况下为黄褐色、深棕色或深褐色。雌蛙腹部洁白，雄蛙腹部略呈淡黄色，并分布有淡灰色的花斑。

(二) 生活习性

野生棘胸蛙一般栖息于深山老林、泉水长流的山溪中。水域底质多为岩石、沙砾；溪水常年流动不枯，pH 为 6.5～7.0，水温常年维持在 12～23 ℃。棘胸蛙是穴居性动物，洞穴位置常选择在溪流两岸靠近水面处。喜群居。在人工饲养条件下，常会发生因争夺空间和食物而相互残杀的现象。

棘胸蛙喜清静，畏强光，昼伏夜出，活动范围一般只限于洞穴附近的几十米空间。攀缘和跳跃能力很强，成蛙的弹跳高度达 1 m 多。

对天气和水温变化也异常敏感。在闷热天气或暴风雨来临之际，不断发出"口邦、口邦、口邦"的鸣叫声。棘胸蛙正常活动的温度是 12～30 ℃，生长适宜温度为 16～26 ℃，最适温度为 20～24 ℃。当水温降至 8～10 ℃时进入冬眠。棘胸蛙对水域条件的选择相当严格，一旦其栖息水域无法满足"清、凉、荫"条件时，棘胸蛙便会纷纷逃离，另觅住处。

(三) 食性与生长

在自然界中，棘胸蛙的蝌蚪主要摄食水中藻类，也摄食部分原生动物和水中的有机碎屑等。变态成蛙后，食性转化为肉食性，且习惯于捕食活饵，如蚯蚓、水蜈蚣、蜘蛛、马陆、蜗牛、螺蛳、虾蟹、小杂鱼、小青蛙、小蛇、小鼠、鸟和各种昆虫类等都可取食，尤其喜欢捕食昆虫中蛾蝶、甲虫、蚊虫和蚂蚁等。

刚孵出的棘胸蛙蝌蚪全长约 10 mm，体重 0.05 g。完全变态后的幼蛙体长 2.0～2.5 cm，体重 3～5 g。一般 4～7 月孵出的小蝌蚪在营养充足的情况下，经过 60～90 d 可完成变态，而 8～9 月以后孵化的蝌蚪要到翌年 4 月以后才能变态成幼蛙。

在自然状态下，棘胸蛙第一年增重 20～40 g，第二年达 60～150 g，第三年可长成 150～200 g，在人工饲养条件下，一年可达 100～150 g。棘胸蛙雄性个体生长速度快于雌性个体。雄性个体最大体重可达 750 g，雌性个体最大为 600 g。

(四) 繁殖

棘胸蛙性成熟年龄为 2～3 龄。在自然状态下，体重达 100 g 以上的个体多具有生殖能力。当春季水温达到 15 ℃、气温 16 ℃以上时，棘胸蛙开始抱对产卵。一般在 3 月下旬至 9 月中旬产卵，属一年多次产卵类型。每只亲蛙产卵 200～600 粒，个别的可高达 1 000 粒以上。卵呈圆球形，成熟卵径 3.2～4.0 mm，产入水中后，卵外胶质膜吸水膨胀，直径达到 12～15 mm，黏性极强，卵粒彼此粘连成片状。正常情况下，受精卵的动物极朝上。在自然状态下，受精卵经 12～16 d 才能孵出蝌蚪。

二、人工繁殖

(一) 亲蛙培育

1. 亲蛙池的建造 亲蛙池的面积，水泥池以 10～30 m² 为宜，土池面积要求达到 200～300 m²，生产上多采取土池形式。池形多呈长方形，有浅水区、深水区，也有供蛙栖息的石缝洞穴和陆地。陆地上可种花、草等，池内种养漂浮性水生植物。池水深 10～50 cm，池底质地坚实，不留淤泥。其他设施如防逃、排灌及池周围环境营造等参照成蛙池建设。对于小型养蛙场，亲蛙池通常也用作产卵池，因此，亲蛙池要兼顾产卵池的特点，如池中布置小岛，岛中设有许多洞穴和石缝及水中植草等，便于亲蛙的产卵活动和受精卵附着。

2. 亲蛙来源与亲本选择 亲蛙的来源有野生蛙和人工养殖的蛙。野生蛙具备较好的种源优势，但未经驯化，野性太强。养殖蛙繁殖的种苗驯化程度高，比较容易饲养。

亲蛙的选择应注意以下几点：①个体较大，体质健壮，皮肤光滑而具光泽，发育良好，无伤残；②年龄在 2 龄以上、6 龄以下，腹部膨大，体重 150 g 以上，雄蛙婚瘤明显，鸣声洪亮，体重 200 g 以上；③人工饲养的亲蛙，要防止近亲繁殖，避免种质退化；④选购野生蛙种时，不能囤积过久，最好能自己捕捉。

3. 雌、雄亲蛙鉴别 棘胸蛙的雌、雄亲蛙主要区别见表 3-1-2。

表 3-1-2 棘胸蛙雌、雄亲蛙区别

第二性征	雌（♀）	雄（♂）
个体大小	稍小	较大
前肢	较小	较粗壮
胸部疣粒及角质刺	无	有
内掌突上婚垫、婚刺	无	有
咽侧声囊孔	无	有
繁殖期腹部特征	饱满、膨大	不明显
两眼间有无横肤棱	有	无

4. 亲蛙放养 亲蛙放养前几天，池塘用生石灰 100~200 g/m³ 或漂白粉 10 g/m³ 消毒。亲蛙入池前用 2% 的食盐水浸浴 10~20 min。

已达性成熟的亲蛙，放养 5~10 只/m² 为宜，产卵季节减至 2~4 只/m²。如培育后备亲蛙，则放养密度为相应养殖阶段的 1/2 左右。

雌雄比例以 1:1 为宜，如雄蛙体质较好、养殖规模较大，也可适当减少雄蛙数量。

5. 亲蛙饲养管理 亲蛙的饲养管理，与商品蛙养殖大致相同，但因其繁殖的特点，必须突出抓好以下几个方面：①营造良好的环境条件。要求环境幽静、阴凉；亲蛙池保持泉水长流，温度适宜。此外，应在水中移植水草，岸上种植陆草，池上搭盖凉棚。②加强产前、产后培育。亲蛙摄食量较大，要满足其饵料需要。要求饲料品种多样，营养丰富。一般投饲量为亲蛙体重的 4%~5%，其中动物性饲料占绝对优势，尽量多喂鲜活饲料。

（二）繁殖

1. 自然繁殖 在自然状态下，每年 4 月中、下旬，性成熟的棘胸蛙开始发情产卵。早期，产卵活动常在 03:00~08:00 进行；以后随着气温的升高，产卵时间逐渐前移。在产卵季节，要坚持早上巡塘，及时搜集蛙卵，转移到孵化池或小型网箱内进行孵化。

2. 人工催产 人工催产的目的是使亲蛙集中产卵，达到同步孵化、批量出苗。

（1）产卵池要求。产卵环境安静、阴凉。每个产卵池面积 5~15 m²；池塘为水泥砖石结构，池中布设假山、洞穴、树根等便于产卵和卵子黏附的附属设施。产卵池使用之前，用生石灰或漂白粉消毒处理。水深 10~20 cm，产卵期间保持清水缓流。

（2）催产。在催产季节到来之前选择好亲蛙，将雌、雄亲蛙分开饲养，催产时，配好组后再同池饲养。雌蛙的催产药物为 LRH-A 50~60 μg/kg（以蛙体重计），或 LRH-A 25~40 μg/kg+HCG 1 250~2 500 IU/kg（以蛙体重计）。雄蛙使用的剂量减半。采取一次性注射方法。

注射时间选择在16:00~17:00进行,一般水温16~20℃时效应时间为12~16 h。亲蛙注射完毕,要暂放于清洁桶中休息片刻,然后按雌雄比1:1投放到产卵池。

(三) 人工孵化

1. 孵化设备 常用孵化设施有水泥孵化池、孵化网箱和家用盆皿等。因棘胸蛙卵较牢固地黏在石板或池壁上,不易采集,所以,生产上常利用产卵池兼做孵化池和蝌蚪培育池。

(1) 水泥孵化池。面积为数平方米,池深60~100 cm,池面高出地面10~20 cm,设进、出水口,池底要缓倾向排水口,保持水位恒定,微流水。一般可孵卵3 000~6 000粒/m^2。

(2) 孵化网箱。采用40目筛绢制作,一般规格为1.0 m×0.8 m×0.5 m网箱,可放蛙卵8 000~10 000粒。网箱用木桩固定于清水塘或流速缓、水温适宜的水体中进行孵化。

(3) 水盆。采用家庭常用的木盆和塑料盆孵化蛙卵。用塑料管接引微量清洁的山溪水,水盆上面加盖网片,直径50~60 cm的盆一次可孵化蛙卵800~1 500粒。

2. 孵化条件 正常孵化水温为16~28℃。水温在18℃时第十五天可全部孵出;水温为25~29℃时,孵化时间只需7~8 d。水中溶氧量一般要求不低于4 mg/L。要求水质清新,未受污染,pH在6~8,以6.5~7.0为最佳。孵化期间,水中盐度不能超过2。

3. 孵化管理 相近1~2 d产出的卵,可在同一孵化池中孵化。如相隔多日产出的卵,则应分池孵化。孵化用水要保持轻微流动,有一定的水交换量。保持水深30~40 cm,保证受精卵在水面下5 cm。在孵化池上方搭盖遮阳棚,避免阳光直射和暴雨袭击。孵化用水要经过过滤处理,防止敌害生物及污物进入。

要防止水霉病发生,水霉病对蛙卵的危害相当大。转池时要用10 mg/L高锰酸钾溶液浸洗20 min。及时剔除坏卵、未受精卵和脱膜后残留的卵膜。加强对不良天气的防范,避免连绵阴雨和骤冷天气对蛙卵孵化造成影响。孵化期间勤检查,防止洪水流入和卵块重叠堆聚。定时测量气温和水温,观察水质和胚胎发育变化情况,发现问题及时处理。

三、蝌蚪培育

(一) 培育池

水泥池面积以数个平方米为宜,池深60~80 cm,水深20 cm以内,池底形成缓坡,要求水陆比例2:1。池中布置石头、放养水草,池上遮阳防阳光直射,水面下设置饵料台。土池面积30~50 m^2,要求底质为硬土,有缓坡,水深40~60 cm,池内栽种水浮莲等浮水植物。要保证水源充足,水质清新、无污染,有冷水水源则更佳。每个蛙场都应并排建2~3个蝌蚪池,便于分级饲养。

(二) 蝌蚪放养

1. 清池消毒 水泥池应在放前7~10 d先用清水洗刷干净,并暴晒1~2 d,然后用漂白粉干池消毒。每667 m^2用量为含氯30%的漂白粉5~10 kg,加水稀释后全池泼洒。新建水泥池必须浸泡20~30 d,并反复清洗多次,方能使用。土池应先清除全部底泥,注水10 cm深,再用生石灰或漂白粉消毒。生石灰的用量为每667 m^2 50~75 kg,漂白粉用量同水泥池。

2. 培肥水质 蝌蚪下池前也应先培好水质。一般用腐熟的牛粪水、马粪水和人粪尿混合液0.1~0.2 kg/m^3水体,全池泼洒。如采用水泥池培育蝌蚪,可另用专池培育浮游生物,每天捞取一定量的鲜活饵料投放到蝌蚪培育池中。

3. 放养密度 刚孵出的蝌蚪一般放养 1 000～2 000 尾/m²，饲养 10～20 d 后分稀至 500～1 000 尾/m²，50～60 d 后放养 100～200 尾/m²。如果中途不分池，采用一次性培育时，放养 300 尾/m² 为宜。同池放养的蝌蚪要求日龄大致相同，规格整齐。

(三) 饲养管理

蝌蚪生长发育的过程可分为初期、前期、中期和后期 4 个阶段。应根据不同时期的特点采取相应的饲养管理措施。

1. 生长初期（1～10 d） 刚孵化出来的蝌蚪靠身体内的卵黄囊供给营养，3 d 后卵黄消失，开始摄食水中的浮游生物，此时可按每 1 万尾蝌蚪投喂 1 个蛋黄的标准投饵，每天定时投喂，同时捞取一些细小的浮游生物做补充性饵料。初期的蝌蚪对外界环境敏感，要求保持细水长流、清新、无污染，水温 20～28 ℃，pH 为 6～8。水深 10～15 cm，每天换 1 次水。避免阳光直射，小蝌蚪经过 10 d 左右的生长发育，体长可长到 1.0～1.5 cm。

2. 生长前期（10～20 d） 10 d 后的小蝌蚪主要以营养丰富的糊汁饵料为主，如蛋黄、玉米粉，并辅以细嫩藻类植物等。每天 1 次，定时投喂。一般 1 500 尾蝌蚪每天投喂 1 个蛋黄。饲养到 20 日龄时，体长可达 2 cm。在管理上要求保持池水清洁，每天换 1 次水，水深以 10～20 cm 为宜，池中也应避免太阳直射。

3. 生长中期（20～50 d） 20 日龄后蝌蚪以植物性饵料为主、动物性饵料为辅，逐渐过渡到动物性饵料为主。增加动物性饵料可加速蝌蚪的变态，植物性饵料则能促进个体长大，平时应混合饲喂。所以，此时除投饲糊汁饵料外，还应投喂植物性饲料如藻类植物、浮萍等。保证池水清洁，每天清除池内饵料残渣。饲养密度以 300～600 尾/m² 为宜，到 50 日龄时，有些蝌蚪长出后肢。这一时期蝌蚪成活率可达 95%。

4. 生长后期（50～80 d） 50 日龄左右，体长达 4 cm 以上，长出后肢，继而长出前肢。前肢长出后尾部开始被吸收，此时棘胸蛙蝌蚪就停止觅食进入变态期。这一时期除了投喂足够的饲料外，还应添加少量的活性动物饵料。在管理上做到分级饲养，水浅、清新（浅水区水深只宜 3 cm 左右），水陆各半，登陆方便，光线暗淡，环境幽静。蝌蚪变态期经历 10 d 左右，进入变态期的蝌蚪变态率可达 95%。尾部完全消失，变态基本完成，应及时转入幼蛙池饲养。

5. 分级饲养 整个蝌蚪阶段，要按照个体大小分级分池饲养，合理调整放养密度。通常从小蝌蚪到变态成幼蛙需进行 2～3 次分养，第一次约在 30 日龄，第二次在 50～60 日龄，每次分养操作用浓度 1%～2% 的盐水浸 10～20 min。

6. 土池培育 ①调节水质。通过合理注水、施肥等措施，保证池水"肥、活、嫩、爽"，透明度在 40～60 cm，保持水质清新、无污染。适量投饵，及时清除残饵。②保持适宜水温。在炎热的夏天，必须采取降温措施，保持池水温度在 30 ℃ 以下。蝌蚪不怕冷，其致死水温为 0～1 ℃，只要池塘中有水，蝌蚪一般都能安全越冬。③坚持每天早、中、晚巡塘。及时调整饲料和做好防病工作，防止敌害生物侵入。

四、幼蛙培育

(一) 幼蛙池

面积以 10～20 m² 为宜，如做驯食用，面积 3～5 m² 即可，池深 0.6～1.0 m。池四周建

1 m 高的围墙或围栏；池塘为水泥构造，池底略向排水口处倾斜，便于排污换水。池内设置人工石穴，放养漂浮性水草。每口池配备一个饲料台（兼作栖息台），饲料台采用木质框架装上塑料纱窗制成，大小为池面积的 1/8～1/4。洞穴与饵料台上方搭建遮阳棚。幼蛙池设立若干个，以便分级饲养。

（二）幼蛙的放养

刚变态的幼蛙一般放养 200～250 只/m²，个体稍大时可放养 100～150 只/m²。幼蛙下池前，应剔除病伤和肢体不全的幼蛙，并用 2‰ 食盐溶液或 10 mg/L 高锰酸钾溶液浸泡 10～20 min。此外，同池放养的幼蛙要求规格基本一致。

（三）饲养管理

1. 驯食　刚变态的幼蛙先集中在培育池，投喂小鱼虾、蚯蚓、蝇蛆、昆虫等小型活饵，养成固定给饵地点和时间的习惯，个体重达到 20～30 g 时即可进行食性驯化。

具体驯食方法参考牛蛙的驯食，但棘胸蛙驯食难度大，时间长，而且难巩固。因此，当驯食取得初步成功，不宜立即转池，应继续停留在驯食池一段时间，强化幼蛙的记忆，巩固驯食效果。

2. 遮阳降温　其栖息环境要求阴凉、湿润，在盛夏季节要采取降温措施，如池上搭棚遮阳，池中放养水葫芦等水生植物，以及加大池水流量等方法控制水温升高。

3. 调好水质　棘胸蛙对水质要求十分严格。调节好池水，保持水质清新。每天应及时清除剩余饲料，捞出池中污物；保持有清洁流水，以减少水中硫化氢、氨氮、亚硝酸氮等有害物质的含量，为幼蛙的生活生长创造良好的水环境。

4. 分池　饲养每隔一段时间应按大、中、小 3 级分池饲养。每次分池操作时要做好蛙池、蛙体的消毒工作。

5. 巡池　经常检查围栏设施有无漏洞，防止蛙外逃；注意清除敌害生物，防止蛇、鼠、猫、鸟的侵袭；做好防病和其他日常管理工作，发现问题及早采取解决措施。

五、成蛙饲养

把体重 30 g 以下称为幼蛙阶段，30 g 以上称为成蛙阶段。它们的饲养管理基本上大同小异。目前饲养棘胸蛙的方式主要是池塘养殖。

（一）池塘养殖

1. 合理建设养蛙场

（1）选择适宜场地。棘胸蛙生活环境独特，最好选择在一定海拔高度的山区、半山区，具有冷水源的地方建造棘胸蛙养殖场。蛙场要求常年有充足的水源，水质、空气清新；环境湿润凉爽、无污染；荫蔽效果好。

（2）池塘建造。一般集约化养殖，采用面积为 4～10 m² 的水泥池，水深 20～40 cm。土池以 200～300 m² 适宜，冬天要能保持水深 1 m 左右。池周建 1.2 m 高的围墙。在池中用砖头或石块垒成假山、"岛屿"，假山中设置一定数量的洞穴和石缝，供蛙栖息。洞穴深度 15～25 m，宽度 5～10 cm。蛙池中央小岛和池塘四周需要广种绿草、花卉或其他阔叶绿色作物，水面种植水浮莲、水葫芦等常见水草。其他条件与亲蛙池相同。

2. 合理放养　合理放养密度应根据养殖场地条件、蛙的大小及养殖技术水平而定，表 3-1-3 列出不同规格棘胸蛙放养密度，供参考。放养前蛙池、蛙体消毒方法同前述。

表 3-1-3 不同规格棘胸蛙放养密度

规格（g）	<25	25~50	50~100	100~150	150~250	>250	成熟亲蛙
放养密度（只/m²）	80~100	60~80	40~60	30~40	20~30	10~20	5~10

3. 饲养管理 棘胸蛙要完全驯化食死饵难度较大，饲养效果也不及投喂活饵理想。因此，应采取诱聚昆虫、人工捕虫、人工培育活饵等多种途径，广辟饲料来源。

保持池塘常年有微量清水流动，可及时清除池中残饵、粪渣，减少病害发生；也可降低池塘水温，保持环境较高湿度，有利于其生活、生长。

要经常巡视蛙池，及时填补墙边洞穴和修补围墙，及时捕杀或清除敌害。此外，还要采取科学投饵、积极预防疾病发生和安全度夏与越冬等措施。

（二）生态围栏养殖

选择适应棘胸蛙生长的自然山沟、溪流。人为封沟围栏形成一个天然养殖场所，实行人工放养的养殖方式，是一种较粗放的养殖模式。

1. 场地选择和建造 可利用较适宜的自然环境进行适当改造，使其成为棘胸蛙喜欢栖息的场所。例如，利用长年流水的山涧、溪流养殖；利用竹林和常绿果园设置沟渠，落叶果园或农作物园地套栽常绿植物和修建流水沟函养殖等。只要达到荫蔽、潮湿、水质清凉就能进行棘胸蛙养殖。养殖沟上宽下窄，以利蛙登陆捕食。每隔10 m挖一个1~3 m²的深水函，以利棘胸蛙栖息越冬，还可以养殖小鱼虾供棘胸蛙捕食。洞穴的设置及其他生态条件同前。

围栏面积一般3~10 hm²，周围筑50 cm高的土埂，夯实后在埂上打上木杆，将塑料布钉在杆上，形成围墙。围栏内、外两侧修筑2 m宽的行道，并在外行道内缘挖一条30 cm深绕围栏的陡沟，以防逃、防敌害。

2. 苗种投放 苗种规格要求达到10 g以上。放养密度，条件好的可投放5~10只/m²，反之则投放0.5~1.0只/m²即可。

3. 管理 与池塘养殖的管理相似。要将养殖沟内的敌害生物清除干净；加强越冬管理和水源保护，保持清水长流；广辟饲料来源，以补充天然饵料的不足。

回捕棘胸蛙可以采用照捕、掏洞、排水捕捉等方法。

六、越冬保种

（一）蝌蚪越冬

对于早孵蝌蚪，要加强饲养管理；对于晚孵蝌蚪，应控制其发育变态，使其以蝌蚪形态进入越冬期。当水温降至15 ℃左右应按个体大小分级并池放养，密度可增大一倍。临近冬眠前，加强营养，增强体质。寒冬期加深池水至0.8~1.0 m，防止水层结冰。当晴天水温达到16 ℃以上，适当投饲，补充蝌蚪体能消耗。

处于变态阶段的蝌蚪，需要搭草棚保暖或移入塑料大棚内饲养，使其顺利度过低温期。

（二）蛙的安全越冬措施

越冬前一个月，加强饲养管理，抓好膘体培育，使其增强体质。

越冬池最好采用土池。选择避风向阳一面的近水面位置挖若干个直径10~20 cm、深40~60 cm的洞穴供蛙休眠。洞穴内要保持光滑湿润，但又不被池水浸没。

越冬期提高蛙池水位至1m以上。池内投放部分水生植物，池上搭建挡风棚盖。越冬池底泥疏松，增投些石块，便于蛙的潜伏。要经常巡视池塘，驱除敌害。

思考题

1. 简述牛蛙与棘胸蛙的生物学特征、生活习性、食性及生殖习性。
2. 如何开展牛蛙与棘胸蛙的人工繁殖？
3. 牛蛙与棘胸蛙的疾病防治措施有哪些？
4. 简述牛蛙与棘胸蛙人工养殖技术要点。

第二章　大鲵养殖

一、生物学特性

(一) 分类地位及分布

大鲵（*Megalobatrachus davidianus*）属两栖纲，有尾目，隐鳃鲵科，俗称娃娃鱼，是国家二级重点保护野生动物。

全世界现存大鲵仅3种，除我国大鲵之外，还有日本的山椒鲵、美国隐鳃鲵。我国大鲵除西北、东北、台湾等地未见报道外，其余省区都有分布，主要产于长江、黄河及珠江中上游支流的山溪中，尤以四川、湖北、湖南、贵州、陕西等省为多。

(二) 形态特征

大鲵成体呈扁筒状，由头、躯干、四肢及尾4部分组成（图3-2-1）。头部背腹扁，前端有宽大的口裂，犁骨和颌骨具齿，前颌骨与上颌骨齿列紧密相接呈弧形。吻端圆，有外鼻孔1对；头前上侧有眼1对，无眼睑；头顶及腹面有较多的成对疣状物。

躯干前部两侧有纵的皮肤褶，称颈褶，颈褶之后躯两侧的皮肤褶称为干侧褶，有成对的疣粒沿皮肤褶纵行分布，数量较少。泄殖孔位于躯干部后端。

图3-2-1　大　鲵
（刘承钊等，1961）

大鲵具附肢2对，后肢长于前肢，前肢具4指，后肢具5趾，趾间有浅蹼，便于游泳。尾较短，约占全长的1/3。尾侧扁而多肉质，尾端钝圆或椭圆尾部具少数疣粒。体表光滑无鳞，皮肤湿润。体色多呈浅褐色或灰褐色，背面常分布有黑色斑纹，腹面底色较浅。

(三) 生活习性

大鲵多栖息于石灰岩层的阴河、暗泉流水及有水流的山溪洞穴内，河水清澈，水质矿化程度高，总硬度为6~15，pH为6~9（最适为6.8~8.2），水浅流急，水温不高且常年变化较小（一般在2~27℃），周围树木繁茂，气候温凉。

大鲵喜穴居，有昼伏夜出的习性，晚上出外觅食，喜静怕惊，喜清水怕浊水，成鲵隐居洞穴中，不喜群集，幼鲵有时三五成群栖息于石缝和洞穴之中。水温低于8℃时，大鲵行动迟缓，摄食量减少，4℃以下进入冬眠。水温上升到10℃以上时开始摄食，适宜生长温度为15~25℃，在25℃下摄食旺盛，在1~33℃的水中都能生存。大鲵耐饥能力强，停食两个月体重基本不减少。

(四) 食性

大鲵为肉食性动物，幼鲵以食小型无脊椎动物如小蟹、水蚤、昆虫幼虫等为主，成鲵则以摄食泥鳅、蛙类、中华绒螯蟹和小鱼为主。在人工驯养养殖情况下也食配合饵料。

(五) 生长

当年幼体全长3~5 cm，体重0.5~1.0 g；第二年全长5~8 cm，体重2~5 g；第三年

8～20 cm，体重 40 g；第四年 35 cm 左右，体重 250 g；第五年 45 cm 左右，体重 400～500 g；第六年 55 cm 左右，600～900 g；第七年 60 cm 左右，1 000～1 500 g。

（六）生殖

大鲵一般在 4～5 龄性成熟。生殖季节，一般为 5～10 月，其中 7～9 月是产卵高峰期，雌雄同时产卵、排精，产出的卵呈念珠状，雄性大鲵有护卵的习性。

二、养殖池的修建

养殖大鲵的场址应选择阴凉、避风、潮湿、冬暖夏凉、水温较稳定、水源方便、水质清洁无污染的地方。

大鲵养殖池可分为室内池和室外池，室内池面积稍小，室外池稍大。稚鲵池面积一般 1～2 m²/口；室内幼鲵池面积一般为 2～5 m²/口，池壁高 50 cm，水深 30 cm；成鲵池室内池面积一般为 10～20 m²/口，室外池面积一般 20～50 m²/口，池壁高 1.2 cm，水深 50 cm；亲鲵池面积 5～10 m²/口，池壁高、水深与成鲵池同。池形以长方形为好，设进出水口；池底四周或中间建造洞穴（幼鲵池面积较小，可用石块或砖堆成可拆除的临时性洞穴）。一般每个池设 2～3 个洞穴，穴高 20 cm，穴深 50 cm，宽 40 cm，穴外用水泥抹平。池中可放鹅卵石、砾石或熔融性石块，以增加水体矿物质含量。成鲵和亲鲵池池壁上方要做一个 T 形防逃板。池中建一个栖息台，供大鲵陆上休息，室外饲养池周围种树木遮阳。

三、人工繁殖

（一）亲鲵的选择与培育

选择 6 龄以上、体重 600 g 以上、体质健壮、无病、无伤的个体作为亲鲵，雌雄比例为 1∶1 或雄略多于雌。催产时，要求雌鲵腹部膨大而柔软，雄鲵副性征明显。

雌雄鉴别：雄性泄殖孔比雌性略大，泄殖孔周围皮下有两片橘黄色橘瓣状物，围合成向外凸的椭圆形隆起圈，而雌性泄殖孔周围向内凹入；雄性泄殖孔边缘有一圈不规则的小颗粒，而雌性无颗粒状物。

每 5 m² 亲鲵池可放亲鲵 5 组（5 雌 5 雄）；水源要充足，水质清凉，水温稳定在 11～25 ℃；大小分开饲养，保证充足的饵料。催产池要清池、消毒，注意光线暗弱，每池面积 2～4 m²，水深 30～40 cm，微流水，水流清澈透底，池底铺小卵石。放养组数宜少。

（二）人工催产

催产大鲵用的激素也为鱼用 HCG 和 LRH－A，混合注射或单独注射，其剂量范围为：LRH－A 30～200 μg/kg，HCG 200～2 000 IU/kg，注射液量为每千克体重 0.5～1.0 mL。注射部位为后背侧肋间沟，进行深度以穿过肌肉层为宜。效应时间在 15～23 ℃时一般为 4～9 d。

（三）人工授精

雌鲵在池中开始产出卵带时，即用布蒙住雌鲵眼睛，将其轻轻放入布担架内，一人用手将尾部轻轻向上托起，另一人一手端搪瓷脸盆，另一只手轻托卵带，让卵带徐徐自然落入盆中，不可用力猛拉卵带，以免卵球变形。盆中有一定数量的卵后，挤取精液覆盖于卵带上，加 3～5 mL 清水，缓缓摇动，使精卵充分结合。5～10 min 后加入少量清水，30 min 后换水两次，即可分盆进行孵化。人工授精时，精液中精子的数量要多。挤卵时，盆中不能有水，避免阳光直射。

(四) 人工孵化

受精卵可用瓷脸盆等工具进行静水孵化或微流水孵化。流水易使卵黄膜破裂，流速应尽量放慢。进行静水孵化时，每盆装卵 50～100 粒，每隔 3～4 h 换水一次，新加水与盆中水温差不超过 2 ℃，换水时动作要轻。孵化用水必须经过沉淀，使水清澈见底。孵化过程中应剔除未受精卵（没有发生卵裂的卵），并且分阶段用 5～10 mg/L 高锰酸钾或漂白粉等浸洗胚胎 5～10 min，防止水霉病的发生。换水时应使卵粒轻微翻动，防止胚胎"黏壳"。孵化盆应置于光线暗弱的环境中孵化。水温 14～25 ℃ 内，经 35～40 d 大鲵方可孵化出膜。

(五) 胚后发育及管理

大鲵繁殖季节一般是夏末秋初，故胚后发育可能已进入冬季。为了提高成活率，水温要求保持在 11～24 ℃，最好保持在 18～20 ℃。

卵黄营养期：出膜后大鲵胚体腹面的卵黄囊供胚后发育的营养。从出膜到卵黄吸收完毕，一般历时 30 d 余。大鲵初出膜时全长 2.8～3.1 cm，30 d 后全长 3.5～4.6 cm，体重 0.3～0.8 g，前肢已有四指，后肢开始分四叉，鳃红色。背部深棕色，腹部浅黄色。胸腹腔形成，食道与肛门连通。囊状的胃内尚存留少量未吸收完的卵黄颗粒。肝分两叶，肾呈线状，心跳 33～35 次/min。此阶段不需投饵，只需进行水质管理。

开口摄食期：出膜后 35～50 d，开始以摄食外界饵料为营养。此时胚体全长 4.5～5.0 cm，体重 0.8～1.3 g，消化器官已形成，但胆汁清淡，吞食的食物还不能充分消化，排泄的粪便残渣中还有食物残体存在。指的分化基本完成，但后肢仍只四趾。身体已能保持平衡，四肢可在水底做缓慢爬行。此阶段宜投喂水蚤、昆虫幼虫、鱼、肉浆等。

稚鲵定型期：出膜 70 d 左右，全长 5～8 cm，体重 2～5 g。此时除尚有外鳃外，其外部形态和内部构造已基本建成。触觉敏锐，但视力差，宜投喂水蚤、蚊蝇、水生小昆虫、小虾等。取食多在夜间进行，白天也能摄食，但有惧光特性。稚鲵虽有外鳃，生活在水中，但每隔 1～2 h 要将头伸出水面进行气体交换。

四、人工养殖

(一) 养殖大鲵的水质要求

水源以清凉流水为好，要求无毒、无害，符合《渔业水质标准》(GB 11607—1989)。pH 为 6.5～7.5，pH 大于 9 时可导致毁灭性死亡，所以新建水泥池应用水浸泡一段时间，并换水数次以后方可使用，用生石灰消毒时也应特别注意。溶氧量要求大于 3.5 mg/L。另外水中的总硬度和总碱度、氯化物、硫酸盐、硅酸盐、氨态氮和亚硝态氮及余氯等都不能超过《渔业水质标准》(GB 11607—1989)。其他环境条件要求见养殖池的修建部分内容。

养殖大鲵适宜的水温是 10～25 ℃，最适水温为 18～22 ℃，8～10 ℃ 开始摄食，25～28 ℃ 摄食明显减少，29～32 ℃ 停止摄食。个体较小的对高水温的耐受能力较个体大的强，但所有个体在高温条件下体重都会出现负增长。

(二) 稚鲵和幼鲵的养殖

1. 放养和苗种消毒 在放养前，养殖池要用漂白粉、敌百虫或其他药物消毒，苗种用 3%～4% 食盐水浸泡 15～20 min，或 5～7 mg/L 硫酸铜和硫酸亚铁（5∶2）合剂浸泡 5～

10 min，或亚甲蓝 0.5 mg/L 浸泡 5 min。一般放养密度为稚鲵 30 尾/m²或幼鲵 10～30 尾/m²。

2. 饲养管理 幼苗刚入池后投喂红虫、水生小昆虫、小鱼虾或鱼浆，饵料质量要好。每天投饲两次，08:00、17:00 各投一次。

幼苗池每天要换一次新水。换水前要将池内残渣剩饵清除干净，使池水清澈，pH 保持在 6.5～8.5。水深保持在 10～15 cm。每天做好气温、水温、投饵品种和投饵量、摄食情况及幼苗活动情况的记录。由于受运输或新的环境和气候的影响，幼苗入池后可能有 7～12 d 时间不摄食，但也不会死亡。养殖池中发现有个别弱苗时，要分开饲养。

（三）成鲵养殖

1. 放养鲵种 放前要对饲养池及鲵种本身进行消毒，消毒方法同幼鲵养殖。同池放养的鲵种规格要一致，以避免相互残杀。室外大池放养密度一般 1～3 尾/m²，室内池一般 3～7 尾/m²。大鲵生长除环境、饵料以外，与放养密度也有一定关系，密度低的平均体重净增长及体重的增长率都高于密度高的，养殖密度越高，饲料系数也越大。

2. 饲养管理

饲料：大鲵属肉食性动物，主要摄食活饵料，如蟹、蛙类、水生昆虫、鱼类、蛇及动物残块等。人工养殖条件下更喜欢摄食新鲜的死饵料，但饵料质量要好，要新鲜，且应避免饵料单一。

实验证明，用鱼类做饵料，平均饲料系数为 2.33，而用猪、牛、羊、鸡肉及屠宰场下脚料等畜禽肉类做饵料的饲料系数为 2 左右。利用配合饲料养殖大鲵也能取得很好的效果。据报道，人工配合饲料与动物饲料养殖大鲵，其生长速度明显不同，配合饲料养殖大鲵的生长速度比动物饵料快 30%以上。饵料系数也有明显差异，人工配合饲料饲养幼体或成体的饵料系数分别是 3.2 和 2.8；动物饵料饲养幼体或成体的饵料系数分别是 5.3 和 4.8。还发现，当饲料中蛋白质含量高于 50%或低于 40%时，都影响大鲵的生长发育。另外，在饲料中添加 1%的花粉可使大鲵的生长速度提高 5%～8%。

表 3-2-1 大鲵人工配合饲料配方

成分	含量	成分	含量	成分	含量	成分	含量
鱼粉	50%～60%	蚕蛹渣	5%	抗生素	0.5%	色氨酸	18 g
α-淀粉	12%	骨粉	1%	生长素	0.05%	精氨酸	16 g
豆饼	8%	花粉	1%	柠檬酸	0.5%	矿物质	1.5%
麸皮	4%	混合维生素	1.5%	蛋氨酸	18 g	中草药	1%

日常管理：管理是大鲵养殖过程中最重要的一环。日常管理主要有如下几点。①勤巡池、勤观察，记录其生活情况，发现问题及时解决。大鲵多在夜间觅食，活动迟缓，对捕食过于活跃的动物饵料有一定困难，应对这些饵料做适当处理，使其活动减缓，以利于大鲵捕食。②调节水质。要求水温适合，水质清新无污染。大鲵对 pH 敏感，要求有一定的流水为好，水质变浊则要换新水。③分级饲养。经过一段时间的养殖，大鲵个体差异较大，应及时分池，以免出现因争食而相互咬斗、造成伤亡。④防逃。大鲵逃逸能力最强的时间是暴雨、雷电时，应保持防逃设施完善。

五、病害防治

大鲵抗病能力强，但由于人工养殖集约化程度高，管理不慎，病害也逐渐增多。

1. 水霉病 主要发生在孵化过程、稚鲵及幼鲵早期。可及时换水或换池，卵和幼鲵可用3‰~4‰食盐水，或5~7 mg/L硫酸铜和硫酸亚铁（5:2）合剂浸泡5~10 min。

2. 皮肤溃烂病 包括机械损伤、撕咬和病菌侵入而引起的皮肤溃烂。可将受伤大鲵隔离，注射青霉素50 000~100 000 IU/kg（以大鲵体重计），注射次数根据病情而定，同时在伤口处涂抹四环素软膏、碘酒、紫药水等。

3. 线虫病 由寄生在胃、肠内的线虫引起，可投喂适量的驱虫药。有时线虫寄生在体表，可用医用碘酒或1‰高锰酸钾涂抹患处。

4. 腹胀病 病鲵表现为腹部膨胀，浮于水面，行动迟钝，眼睛变浑，腹腔积水，肠壁、肺部充血。主要由于饵料变质、水质恶化引起。发病时应及时换水，全池用0.002％高锰酸钾水溶液浸泡消毒。隔离病鲵，用2万IU/kg（以大鲵体重计）硫酸庆大霉素从后肢基部肌肉注射，连续3 d。

六、暂养与运输

1. 暂养 收购的大鲵或大鲵集中运输前需要进行暂养。暂养应在较宽大的容器内为好，如石池、水泥池、大木桶等硬底质、无污泥的水池或桶，池底和池壁无漏洞，池壁要陡、高，池内无毒害物，注入清水，但不能注满，以防逃逸。暂养期间，不必投饵，但要经常换水，按不同规格分池暂养，以减少损失。

2. 运输 可带水运输或保持湿润运输。运输工具有不锈钢桶、木桶、帆布桶、泡沫箱等，内以水草或海绵保湿。装运数量以每桶（箱）不挤压为原则，按规格大小分装。带水运输的水质要清新、无毒、无害，长途运输要注意换水。

思考题

1. 大鲵的生活习性、食性及生殖习性有哪些？
2. 怎样进行大鲵的人工繁殖？
3. 大鲵的孵化及胚后发育管理的要点是什么？
4. 简述大鲵（包括幼鲵和成鲵）的饲养管理技术要点。

第三章 中华鳖的养殖

中华鳖是一种名贵的水生经济动物。其食用与药用价值高，具有滋阴壮阳、利肝益肾、清热消瘀、破结软坚等功能，素为我国、日本及东南亚诸国所喜食的美味佳肴和滋补品。鳖在市场上十分畅销，为我国外贸出口的重要水产品之一。近年来，人工养鳖发展迅速，具有很大潜力与广阔前景。

一、生物学特性

（一）分类地位与分布

中华鳖（Trionyx sinensis）隶属爬行纲，龟鳖目，鳖科，鳖属，俗名甲鱼、脚鱼、水鱼、团鱼、王八等。除西北地区外，在我国各大水系均有分布，尤以长江中下游流域和华南地区数量最多，日本、朝鲜半岛、俄罗斯远东地区及北美、非洲等地也有分布。鳖科在我国分布的还有鼋属的鼋（Pelochelys bibrom）和鳖属的山瑞鳖（Trionyx steindachneri）。

（二）形态特征

鳖体扁平，呈椭圆形，可分为头、颈、躯干、尾及四肢5部分。头部粗大，圆锥状。吻端延长成管状，突出部称为"吻突"。鼻孔开口于吻突前端，便于伸出水面呼吸。眼小，具可开闭的眼睑和瞬膜。口大，上、下颌无齿，但长有坚硬锋利的角质喙，行使牙齿的功能。具肉质唇和发达的肌肉质舌。颈粗长，伸转自如，伸直时可达甲长的80%，头颈向背部可伸长到后肢附近，向腹部只能伸达前肢附近。头颈可全部缩入壳内，此时颈椎呈U形弯曲。躯干部宽短略扁，有背甲和腹甲保护。背腹甲为没有完全骨化的软骨，两者之间在侧面以韧带相连，周缘具厚实柔软的结缔组织，俗称"裙边"。

尾部较粗短，扁锥形，尾基部下方具泄殖孔。四肢粗短有力，为5趾型，趾间有宽的蹼膜。第一至三趾端具钩状利爪。鳖的体色通常背部呈暗绿色或黄褐色，与栖息环境相适应，腹部大多呈白色或黄白色（图3-3-1）。

（三）生活习性

鳖属于水陆两栖的变温脊椎动物，用肺呼吸，四肢爬行，陆地产卵，胚胎具有羊膜。喜栖息在水质清新、沙泥底质的湖泊、江河、水库和池塘等水域的僻静处，在风和日丽的晴天常爬到岸上或岩石上晒太阳，风雨天居于水中，很少外出活动。

图3-3-1 中华鳖（Trionyx sinensis）
（蔡群放，1981）

鳖生性胆怯，喜静怕惊，警惕性特别强，稍有声响或人影晃动等，即迅速潜入水中躲藏。鳖还具有好斗、残杀的习性。自幼就喜相互撕咬，尤在生殖期，成熟雄鳖为争偶常发生凶斗。

鳖摄食生长温度范围为 20～35 ℃，最适温度为 27～33 ℃。水温超过 35 ℃时，活动明显减弱，炎夏在阴凉处或水深处静息避暑。水温降至 20 ℃时，食欲与活动减弱，低于 15 ℃时，停止摄食。10 ℃以下时，潜伏水底埋入沙泥内冬眠。冬眠时间在长江中下游，通常从 11 月开始至翌年 4 月，长达 5～6 个月。

(四) 食性

鳖为喜动物性饵料的杂食性动物。自然条件下，稚、幼鳖主要以大型浮游动物（枝角类、桡足类）、水生昆虫、小鱼虾及水蚯蚓等为食。成鳖通常摄食鱼虾、蛙、螺蚌及动物尸体和内脏，特别喜食带腥臭味的动物性饵料，也摄食藻类、水草、瓜菜、谷实类等植物性食物。在食物缺乏时，会发生相互残食。鳖性贪食，消化能力很强，摄食腐臭的食物不至于生病。喜欢夜间摄食。

(五) 生长

鳖的最适生长水温为 30 ℃，高于 35 ℃或低于 25 ℃时，生长即受到抑制。在自然条件下，一年中适于鳖生长的时间较短，长江中下游流域全年不超过 3 个月。加上鳖整个身体为背腹甲所包裹，骨骼的生长速度要慢得多，故鳖的生长速度较慢。我国南部地区鳖的生长大致为：1 龄 22 g，2 龄 160 g，3 龄 300 g，4 龄 560 g，5 龄 750 g，7 龄 2 kg 以上。在常温下人工饲养的鳖其年龄与体重的关系见表 3-3-1。

表 3-3-1 在自然水温饲养下鳖的生长速度（长江流域）

年龄	刚出壳稚鳖	当年年底	第二年年底	第三年末	第四年末
甲长 (cm)	2.89 (2～3)	3.67 (3～5)	8.42 (7～9)	12.12 (10～13)	16.66 (15 以上)
体重 (g)	3.75 (3～5)	6.75 (5～15)	93.70 (50～100)	225.00 (130～250)	450.00 (400～500)

注：括号内数值为变动范围。

不同性别的鳖生长速度不同。体重 100～300 g 时，雌性比雄性生长快；300～400 g 时，两者生长相近；400～500 g 时，雄性生长快于雌性；500～700 g 时，雄性生长更快，几乎比雌性快 1 倍；700 g 以上，雄性生长速度减慢，雌性更慢。一般来说，体重 250～400 g 的鳖生长最快。同源稚鳖在相同饲养条件下，个体生长速度也有差异，体重大小有时可相距 1～4 倍。

(六) 繁殖习性

1. 性成熟年龄与怀卵量 鳖是变温动物，所以其性成熟的年龄与水温条件密切相关。我国不同地区积温不同，鳖的性成熟年龄也不同，一般长江中下游地区 4 龄鳖可达到性成熟，北方则需 5～6 年，华南沿海地区只需 3 年，海南和台湾南部 2 年即可达到性成熟。成熟个体最小体重为 500 g，但作为亲鳖选择对象应在 1 kg 以上，故 7～10 龄的鳖最好。

雌鳖所怀成熟卵泡数，随体重与年龄的增加而增加：体重 0.50～0.75 kg 的雌鳖怀有成熟卵泡 30～50 个，1.0～1.5 kg 雌鳖为 50～70 个，2 kg 以上者为 70～100 个。在自然条件下，5 龄以上的雌鳖，一般可怀卵 50～100 个，20 龄左右可达 200 个以上。从理论上讲，1 个成熟卵泡产生 1 个卵，但受饲料营养和生态条件等限制，实际上产卵量只占成熟卵泡数的

50%左右。

2. 产卵时期和产卵场的环境条件 鳖的产卵时期各地不同,我国台湾南部及海南为3月下旬至10月下旬;长江流域在5月中下旬至8月中下旬,产卵盛期为6月下旬到7月底。水温稳定在22 ℃时鳖开始产卵,最佳气温和水温分别为25～32 ℃和28～32 ℃。鳖为多次产卵类型,一般每年可产卵2～3次,台湾和海南可达6～7批;长江流域,一只5龄以上的雌鳖可产卵3～5批。同一雌鳖,前后产卵间隔时间一般为15～25 d。

鳖的产卵通常选在22:00至次日04:00。一般选择离水不远、地势较高不积水、安静隐蔽、松软略潮湿的沙土地做产卵场。沙土湿润程度为用手一捏可以成团,一碰即散,同时要求沙粒直径为0.6 mm左右。

3. 筑巢产卵习性 产卵时雌鳖爬上堤岸寻找理想的产卵场,确定产卵地点后用后肢交替刨土挖穴,根据土质松软程度不同,挖成产卵穴所需时间20～60 min不等。洞穴呈漏斗形,大小和深度与雌鳖个体大小及产卵数量有关,一般洞穴的口径6～8 cm,深度为10～15 cm。洞穴挖好后,雌鳖就在洞旁休息片刻,随后将尾部伸入洞穴之中,身体紧张而有节律地收缩,收缩1次产出1卵,卵顺着内弯的尾部经洞壁滑到洞底。卵在穴内分2～3层排列。产卵历时10 min左右。产毕,将沙扒入洞穴,用腹部压平沙土,使洞口不留明显痕迹,以防阳光直射造成卵内水分蒸发,同时可避免敌害生物对卵的侵袭。此后,鳖返回水中,任卵自行孵化。

二、人工繁殖

(一)亲本的来源

亲鳖的来源有野生性成熟鳖、中华鳖原种场培育的原种鳖和人工选育的非近亲交配育成的性成熟鳖。20世纪90年代之前主要通过捕捉野生鳖进行人工繁殖,随着养鳖业的不断发展,对鳖种的需求量越来越大,仅从天然水域收集野生亲鳖远不能满足市场需求,且野生鳖规格参差不齐,捕捉过程易致残感染疾病,故一般选用后两种亲鳖。

(二)亲鳖培育

1. 雌雄鉴别与亲本选择 性成熟的雌鳖尾较短,不露出裙边外;体较高而肥厚,背甲呈椭圆形,上面平或稍向内凹;后肢间距较宽,其间的软甲呈"十"字形。雄鳖尾长而尖,能自然伸出裙边之外;体较薄,背甲为前窄后宽的长椭圆形,中线部稍隆起;后肢间较狭小,软甲呈曲"王"字形;泄殖孔内有锚状交配器突起。尾部的长短是区分雌雄最明显的标志。

鳖的性成熟年龄因地区气候温度而异,我国海南岛及台湾南部为2～3龄,华中和长江流域为4～5龄,东北地区为6龄以上。尽管各地鳖性成熟年龄不同,但达到性成熟的有效积温相似。在人工供热控温(30 ℃水温)养殖下,2龄鳖(1.5 kg)即可性成熟。通常在常温下性成熟最小个体约500 g。

雌亲鳖的年龄与个体大小直接影响到产卵的数量、卵的质量和受精率(莫伟仁等,1990),且关系到孵出稚鳖的个体大小与生长快慢。个体大的鳖,产卵量多,卵大而重,受精率高(表3-3-2)。因此,选购亲本时,要求雌鳖在6龄以上(达性成熟年龄后再养1～2年),体重在2 kg以上;雄性个体可小些,一般认为年龄较小雄鳖与年龄较大雌鳖配对繁殖效果较好。

表 3-3-2 雌鳖体重与产卵状况关系

体重（kg）	年产卵数（个）	平均卵径（cm）	平均卵重（g）	受精率（%）
0.60~0.75	10~20	1.88	3.79	66.67
1.25~1.50	30~50	2.18	5.72	67.90
2.00~2.25	50 以上	2.24	6.38	87.38

2. 培育池 亲鳖培育池要求水量充足，水质良好，排灌方便；背风向阳，环境安静；土质以保水性能良好的沙质壤土为佳。鳖池一般为长方形，长宽比为 2∶1 或 5∶3，具有栖息、晒背、休息、摄食场所，防逃装置及产卵场。鳖善于攀缘外逃，鳖池四周必须设防逃墙，一般用砖石水泥砌成，高 50 cm，顶部向池内出檐 10~15 cm，呈 T 形。转角处加设三角形防逃板。池的进、排水口安防逃装置，一般用铁丝网双层包住，或在排水管口套防逃筒（用钢管焊上有小孔眼）。产卵场应建在鳖池向阳面堤岸距离防逃墙 1.0~1.5 m 宽的空地上，为保持其干湿度，应出水面约 1 m，铺放 30 cm 厚的黄沙。产卵场周围可适当种植高杆阔叶植物，为亲鳖产卵创造一个寂静、隐蔽的场所。供热控温养殖要有供热及保温设施。

亲鳖池每 2~3 年要清整消毒 1 次，清塘消毒一般在秋末产卵期结束后进行，挖除池底过多的淤泥，每 667 m² 用 80~100 kg 的生石灰消毒除野，待毒性消失后（一般 7~10 d）放入亲鳖。放鳖前必须试水，观察鳖有无不良反应。

3. 亲鳖放养 常温养殖下亲鳖的放养时间大致为 4 月和 10 月，放养的最佳水温为 15~17℃。一般 2~3 m² 水面以放养体重 1~2 kg 的鳖 1 只为宜，每 667 m² 放养 300 只左右。鱼鳖混养池，亲鳖放养密度以 0.1~0.2 只/m² 为好。如放养密度过大，不仅水质难控制，还易导致鳖争食、争偶发生咬斗，影响亲鳖生长、发育和繁殖。基于精子在输卵管中能存活半年之久，仍具有受精能力的特点，雌雄搭配比例以（4~5）∶1 为最佳。通常个体大小悬殊的亲鳖应分池饲养，亲鳖池可适当配养鲢、鳙等滤食性鱼类，放养量不超过 1 尾/m²。

4. 饲料与投喂 亲鳖培育的重点应放在早春和产后培育。特别在 9 月，产卵后的亲鳖需迅速补充体内营养的大量消耗，促进性腺发育，使卵巢成熟系数在越冬前提高到 5%。有学者研究认为，采用动物性饲料为主饲养的亲鳖，年平均产卵量比植物性饲料为主饲养的要高 1 倍（莫伟仁，1990），且产卵开始早、产卵期长、产卵批次多、卵的质量也高。因此，亲鳖饲料应以投喂蛋白质含量较高的动物性饲料为主，营养成分要求蛋白质含量在 45%~50%，脂肪含量 1% 以下（冬眠前可提高到 3%~5%），糖类含量最高不超过 20%。调配市售的亲鳖专用饲料时，需拌入蔬菜汁液，以补充维生素 C 和维生素 E。此外还应经常投喂一些鱼虾等天然的鲜活饵料，以及畜禽肝、肺下杂等肉类加工副产品。并于每年 4 月底至 5 月初按 667 m² 亲鳖池投放 kg 的活螺蛳，让其增殖，以满足鳖对营养的要求和所需的钙质。

配合饲料（干重）投饵量一般为亲鳖体重的 1%~3%，鲜活料为 5%~10%，食欲旺盛时可增加到 15%~20%。通常以投喂后 2 h 内吃完为宜。水温在 18~25℃ 时，每天 10:00、17:00 各投喂 1 次。饲料应投放在固定的食台上。食台可用水泥板置于鳖池的斜坡上，上端露出水面，下部浸入水中。馅饵放于食台的水线上方 1~2 cm 处较好。鲜饵可定点投在水中。

5. 饲养管理 水质应保持清新活爽，水色呈褐绿色，透明度 25~35 cm，浮游生物丰富。应经常排出下层老水，加注新水。特别在亲鳖交配期间要经常加水，以促进鳖发情交配。每月每 667 m² 按 10~25 kg 的量投放生石灰 1 次。春、秋季池水深宜保持在 0.8 m 左右，夏、冬季可提高至 1.0~1.5 m。

(三) 亲鳖产卵

1. 产卵场设置及修整 产卵场可设置在亲鳖池的堤坡上，应背风向阳，要求排水条件良好，雨天不积水。其形式有产卵沙盘和产卵房两种。一般按每只雌鳖占 0.1 m² 面积设置。

产卵沙盘为长条形，面积 1~2 m²/个，内铺厚 30 cm 以上的黄沙，以便挖穴产卵。黄沙需用粒径 0.6 mm 左右，经过筛、去石的清洁河沙。周围砌成砖墙挡沙，上面搭设防雨遮阳棚。若采用产卵房，面积一般为 5~10 m²，房高约 1.5 m，房内底层铺 20 cm 厚的细河沙，靠堤埂外侧开有小门，供人进入收卵，靠池水面一侧留一洞口，洞口和水面间搭一块跳板，供亲鳖爬进房内产卵。

亲鳖产卵前，应整理产卵场地，清除杂草，疏松推平沙层，对老的产卵场应增添新沙，并保持沙层含水量为 7%~8%。在产卵季节，如气候干燥，应每周用喷水壶在产卵场洒水 2~3 次；如遇连绵阴雨，应将亲鳖池水位下降 20~40 cm，以降低地下水位，并及时翻晒沙层。产卵场还要加强防害措施，防止敌害生物进入，干扰产卵和伤害鳖卵。

2. 影响亲鳖产卵的主要因素 亲鳖产卵数量与温度密切相关。气温 25~29 ℃，水温 28~31 ℃是亲鳖产卵的最适温度。水温 31 ℃以上，产量随温度上升而下降。气温、水温超过 35 ℃时，产卵基本停止。温度对鳖卵孵化的影响见表 3-3-3。

表 3-3-3 温度对鳖卵孵化的影响

温度 (℃)	孵化卵数 (个)	孵化期 (d)	孵化率 (%)
<25	20	70~85	45
25~30	20	55~65	80
30~35	20	45~52	90
>36	20	43	10

鳖的产卵行为与气候变化有关。刮风下雨，阴雨连绵，久旱不雨，天气过于干燥或水温骤然升降，均会推迟或连续几天停止产卵。一般亲鳖在雨过天晴或久晴的雨后产卵较多。

亲鳖对产卵场地的环境条件，特别是产卵沙层的湿度十分敏感，如泥沙板结、干燥，亲鳖挖穴困难，也会停止产卵。还要特别注意保持产卵环境安静，杜绝人为干扰。

3. 提高产卵率、缩短产卵周期的方法

(1) 光照处理。日本将稚鳖经 18 个月加温饲养，体重达 1.5 kg 以上性成熟的亲鳖，在池水温度保持 30 ℃的加温养殖条件下，采用电光处理法措施，即冬季每天延长光照 2 h (早、晚各 1 h)，用荧光灯照射，使亲鳖池的水面光照度达到 3 000 lx，可使亲鳖周年产卵，产卵量增加。每只亲鳖的年产卵量，光照组比未光照组要增加 2 倍以上。如 4 龄亲鳖，光照组产卵量为 188 粒，未光照处理组只 64.1 粒。

(2) 人工催产。为了使亲鳖产卵时间相对集中，便于鳖卵的人工孵化与管理，可以采用人工催产方法。即在产卵季节未到来之前或产卵期间，对雌亲鳖按每千克体重注射 LRH-A 150 μg，或 HCG 7 500 IU，或 HCG 500 IU+LRH-A 75 μg。每隔 10~15 d 注射 1 次，连续注射 2~3 次。注射组比未注射组要提前 5~10 d 产卵，且缩短 5~10 d 的产卵期，使产卵期相对集中到 40～60 d。

(四) 人工孵化

1. 鳖卵采集 在产卵季节，每天清晨应由专人仔细检查产卵场，寻找卵穴并做好标记，待胚胎固定后（一般产卵后 8～30 h）再采卵，通常选在 15：00～16：00。采卵时，用手或竹片细心地扒开洞口河沙，将卵取出，排放在收卵箱或其他容器内。取完卵后填平洞穴，扫平河沙，以便鳖再次挖穴产卵。

收集的卵在放入孵化器之前要进行受精卵的鉴定。在卵上端的动物极有一圆形白色亮区，周边清晰、圆滑，在孵化过程中逐渐扩大的为受精卵；若无圆形白色亮区，或该区若明若暗，不能继续扩大的为未受精卵，不能用于孵化。

2. 孵化条件 鳖卵孵化按温度条件来分，有常温孵化和恒温孵化两种，本书介绍的是孵化率较高的恒温孵化。

恒温孵化可采用恒温箱或恒温室孵化。

恒温孵化箱的体积为 0.2～0.5 m^3，可采用隔水式电热恒温培养箱，箱内设隔板 5～8 层，每层放规格 60 cm×60 cm×8 cm 的沙盘 1 个，盘底钻孔，内铺消毒的河沙 3～4 cm 厚，排卵后盖上 1～2 cm 细沙，可同时孵化 1 000～2 000 枚受精卵。温度控制在 30～33 ℃，空气相对湿度 80%～85%，沙子含水量 5%～12%，沙粒以 0.5～0.7 mm 的黄沙为宜。

恒温室面积一般 20 m^2 左右，内设自动控温、控湿装置及机电设备。房中设木架，架上放孵化盘，孵化盘的设置和大小以及条件设置同恒温箱孵化法。

3. 孵化管理 由于鳖卵只有少量稀薄的蛋白，卵中无蛋白系带，无气室，因此，鳖卵在孵化中最好使卵的动物极朝上，有利于孵化。在孵化中特别在 30 d 内，胚胎尚未发育完全，不能随便翻动鳖卵。卵子排放密度对孵化率影响不大，只要沙子通气良好，卵子紧靠至间距 3 cm 其结果一样。在孵化时最好每只孵化箱放同一天的卵，最多以 3～4 d 内产的卵为一批孵化，以便正确计算孵化时间。

每天早、中、晚需测定室温与沙温，也可用自动控温系统对温床进行调控，尽可能恒定在 30～33 ℃；每隔 2～3 d 在沙层用喷壶喷洒少量水，并经常在室内地面泼水，以保持沙层和室内空气的相对湿度。洒水后 10 min，可用手将沙层稍松动，防止板结。

孵化室要注意适时通风。晴天温度高时，可在上午打开窗户通风换气 1 次；室外温度较低时，可在下午通风。夜晚和雨天要注意关窗保温。鳖的胚胎发育，越到后期，对环境变化越敏感，气体交换更频繁，易于死亡，故后期更应控制温度、空气湿度和沙子含水量的稳定性。

此外还应做好鼠、蛇、蚂蚁等敌害生物的防治工作。在孵化中要注意检查，了解孵化进程，孵化初期和后期，应每隔 2～3 d 检查 1 次，孵化中期可每周检查 1 次。认真做好有关记录，以便统计孵化率，改进孵化管理。

4. 稚鳖出壳与收集 鳖胚胎发育过程所需积温一般为 36 000 ℃左右，依据孵化温度与积温值，可推算鳖出壳时间，如平均孵化温度为 32 ℃时，稚鳖 47 d 左右可孵出。生产上常依卵壳颜色来确定，卵壳由浅灰黑全部转成粉白色时，表明稚鳖即将出壳。刚出壳的稚鳖有趋水性，会自动爬出沙层，顷刻迅速逃遁水中。当稚鳖临近出壳前 1～2 d，将孵化盘移入室内用砖砌成面积为 2.0 m×1.0 m×0.3 m 的长方形沙槽。底铺 20 cm 厚细沙，正中埋设一水盆，水盆口与沙面持平，内盛入 2/3 的水，底部铺放 2～3 cm 厚的细沙，稚鳖出壳后跌落入水中，任其自行潜入沙中栖息。

人工催化出壳：依据孵化积温值和卵壳的颜色，判定稚鳖快要出壳或已有部分稚鳖出壳时，将鳖卵从沙盘上取出，放入大盆中，逐渐加入 20～30 ℃清水，将卵浸没，经 10～15 min 的降温刺激后，即有大批稚鳖出壳。对未出壳的卵，立即捞出，放回原沙盘继续孵化。

5. 稚鳖暂养　刚出壳的稚鳖体重一般 3～5 g，表皮细嫩，易受伤感染疾病，对环境适应力很差，不宜直接放入稚鳖池养殖，应将收集的稚鳖用清水洗净后，放入暂养池暂养。

暂养池为 1 m² 水泥池，池深 15～20 cm。最好设在光照弱的室内。池底稍倾斜，底铺 2～3 cm 的细河沙，一端有挡沙墙和排水孔。水浅端 2～5 cm，深端 10 cm 左右。放稚鳖 50～60 只/m²。也可用塑料大盆暂养，倾斜放置，使部分细沙露出水面。直径 40 cm 的盆可暂养 15～20 只稚鳖。暂养前，暂养池、河沙、器具与稚鳖均应消毒。

稚鳖暂养 1～2 d 后，即可投喂开口饵料。可将活水蚤、水蚯蚓等活饵直接投入水中，其量为稚鳖总重的 20%，日投 3 次。或投喂熟的鸡蛋黄，每 100 只稚鳖 1 次 1 个，日投 2 次。配合饲料需加水调成稀粥状，拌入鲜鱼糜更好，投喂量为鳖总重的 10%，日投 2 次。尽可能将水温控制在 30 ℃左右，每次摄食后换水。经 4～6 d 精心暂养，鳖体色为黑褐色，此时可依稚鳖个体大小，分级转入稚鳖池中养殖。

三、稚、幼鳖培育

稚、幼鳖培育分为常温养殖和加温养殖两种，本书主要介绍加温养殖方法，如无特殊说明，常温养殖的方法可参照加温养殖。

1. 鳖池消毒　养鳖池中的细沙应冲洗干净，对用过一年的沙，要提早一个月堆起、晾干，去除黑臭，并用生石灰（200～300 mg/L）或漂白粉（50～80 mg/L）消毒，然后再用水清洗。对新建的水泥池，应将碱类化合物清洗干净。稚鳖放养前 5～6 d，灌入新水 20～25 cm，并将池水温度调至比室外池水温度高出 3 ℃左右。此外，要对供热系统，控温装置，增氧系统，进、排水系统等设施及池底防漏性能进行全面检查，经运行正常后，方可放入鳖。

2. 放养密度　稚、幼鳖入池前要用高锰酸钾液（100 mg/L）浸泡消毒 15 min。加温养殖时，稚鳖（3～5 g）下池密度以 80～100 只/m² 为好。10～25 g 时密度为 80 只/m²，50～70 g 幼鳖为 50 只/m²，100～125 g 为 30 只/m²。若为常温养殖，相同规格的鳖放养密度一般仅为加温养殖密度的 1/2（表 3-3-4、表 3-3-5）。

表 3-3-4　加温养殖下稚、幼鳖的逐月放养密度

月份	平均体重（g）	放养密度（只/m²）	总体重（kg/m²）
9	15	100	1.5
10	28	100	2.8
11	50	80	4.0
12	75	80	6.0
1	100	60	6.0
2	125	60	7.5
3	150	50	7.5
4	200	40	8.0

表 3-3-5　常温养殖下稚、幼鳖放养密度

换水条件好		换水条件差	
体重（g）	密度（只/m²）	体重（g）	密度（只/m²）
3～5	60～80	3～5	15～30
10	40～50	5～10	10～15
50	20～25	15～50	5～10
100	5～10	50～100	3～5
150 上	3～5	100 上	1～2

3. 饵料及投喂　稚、幼鳖饲料应以配合饲料为主，辅以鲜活饵料。体小的稚鳖适当多喂些鲜活饵料，在最初 1 个月可投水蚤、水蚯蚓等活饵及煮熟的蛋黄与动物内脏。配合饲料的粗蛋白质含量：50 g 以下稚鳖为 55%，50～100 g 幼鳖为 50%，100 g 以上幼鳖可为 46%。配合饲料（干重）的日投喂量一般为鳖体重的 3%～10%，以投喂后 2 h 内吃完为宜，一般每隔 1 周左右需调整 1 次。

配合饲料中如使用的脱脂鱼粉，还应添加鱼肉（为配合饲料干重的 3 倍）、3%～5% 的植物油以及 1%～2% 的蔬菜。鲜活饵料投喂前用 5% 的食盐水浸洗 5 min，并绞成糜状和配合饲料用水（100 g 干料加 100 mL 左右水）搅拌均匀，做成面团状或颗粒状投喂。饲料要投放到固定食台或食槽上，早、晚各投喂 1 次。

常温养殖条件下，入秋和开春后每天投喂 1 次即可，秋后要适当投喂脂肪含量较高的饲料，以利体内脂肪积累而越冬。

4. 日常管理　稚、幼鳖池一般水体小，特别是加温养鳖，放养密度大，饵料蛋白质含量高，水质极易变坏，水质管理非常重要。静水温室稚鳖池，应 2～3 d 换水 1 次。循环微流水温室，可每天换水 1 次以上。水质变黑时，应立即更新池水。此外，还可在鳖池中放养水生植物（如紫背浮萍等，每 15 m² 种子投放量 1 kg），既能净化水质，又能提供隐蔽的环境。

水温 30 ℃时，稚鳖增长最快，低于 30 ℃时，稚鳖的日增重率随温度的下降而减小（崔希群等，1991），因此，加温养殖水温应稳定在（30±2）℃，室温 33～35 ℃。换水和升、降温要缓慢进行，温度突然升降会引起鳖代谢紊乱，以致死亡。在常温下养鳖，也应使池水尽量接近 30 ℃，一般可通过调节水位来控制池水温度，稚鳖池水深一般保持在 10～30 cm，随着幼鳖个体长大，可逐渐加深至 50～80 cm。秋末可通过搭盖塑料棚来延长鳖最适生长水温的时间。温室必须定期通风，保持室内空气清新。冬季可在晴天午后气温最高时通风换气。

大小不同的鳖同养于一池，小鳖摄食能力差，且易被大鳖咬伤。因此，在饲养过程中应及时将大小规格不同的鳖进行分池养殖。同时调整养殖密度，使单位水体始终保持较适宜的负载量。分养前，需用高锰酸钾液（20 mg/L）对鳖进行药浴消毒。为减少应激反应，可将原养殖池上层水注入新池，或将未分养前同一池的鳖分成两池饲养。

每天巡池，检查鳖的摄食与生长情况，保持温度恒定，池水溶氧量在 4 mg/L 以上，pH 为 7.5～8.5，空气相对湿度在 80% 以下。另外还要做好鳖的病害防治，定期采取外用和内服药饵预防鳖病。

5. 越冬管理 稚鳖冬眠前体重一般只有 3～5 g，室外常温越冬成活率仅 20%～30%，越冬管理不当会造成大量死亡，因此，越冬管理十分关键。

当水温降至 15 ℃左右时，应将稚鳖集中，转入室内饲养池越冬。可利用室内原有稚鳖池，池底铺 20 cm 左右厚的泥沙，放养密度通常为 200～250 只/m^2（为室外池的 5 倍左右）。室温 5 ℃以上，水温保持在 4～8 ℃，可使稚鳖安全越冬。也可在室内用缸、桶做越冬设施，底铺 30 cm 厚湿润细沙，让稚鳖自动钻入沙中潜伏，室温控制在 10 ℃左右，也能安全越冬。如在室外露天池越冬，一定要在池上加盖塑料薄膜、稻草等防风御寒。

幼鳖越冬防寒管理较方便，如在室外越冬，越冬池选避风向阳处，池底泥沙层加厚到 20 cm 以上，并适当加深水位，以防冰冻。

6. 温室无沙养殖 针对残饵、排泄物沉入池底，致使沙层变黑发臭，污染底质与水质等弊病，稚、幼鳖的培育也可采取温室无沙养殖法，以下介绍此种培育方法的不同之处。

温室无沙养殖的关键在于模拟鳖的生态条件，采用人造水草，将条形聚乙烯网片，成束悬挂在鳖池中，作为鳖的隐蔽物。池底应向中央或一侧倾斜，便于及时排污。稚鳖一次放足，先密后稀。为减少稚、幼鳖群相互厮咬，在分养时，养于同一池的稚幼鳖必须来自同一养殖群体。适度繁殖藻类，透明度宜保持在 25～35 cm。平时最好采用微流水养殖，更换池水时最多不超过 3/5，以防水环境突变。

四、成鳖养殖

一般将体重 250 g 以上的鳖称为成鳖，用于满足市场的鳖称为商品鳖（400～500 g）。在常温下，从稚鳖养成商品鳖一般需 4 年左右时间。在加温（温室）条件下，从稚鳖养成商品鳖需 14～16 个月时间。

（一）常温露天池养殖

1. 鳖池的修整与消毒 常温露天养鳖池可利用养鱼池进行简单改造，修建防逃墙，在朝南预留的旱地削成斜坡，供鳖休息晒背。水泥池底或底质坚硬的土池，应铺 10～15 cm 厚的细沙或软泥。清除鳖池周围杂草、污物。在放养前 10～15 d，用生石灰或漂白粉按常规方法进行清池消毒。对旧养鳖池要认真检查防逃设施，新建鳖池需放水反复浸泡，经 15 d 后方能使用。

2. 鳖种放养 鳖种的放养一般在 5 月下旬到 6 月中旬，室外水温升至 25 ℃以上时进行。放养前半个月，对温室幼鳖池水温进行逐步调节，使其与室外水温相近。放养时，要对鳖体消毒，常用食盐与碳酸氢钠（1∶1）合剂 1%浓度浸泡 30 min。经试水，池水 pH 为 7～8.5 时放养，并严格按大小分级养殖。

鳖的规格相近时，放养密度与净增重倍数呈负相关，如放养 4 只/m^2 的净增重倍数为 2.04，放养 8 只/m^2 的只有 1.49，净增重倍数下降 27%。因此，要确认合适的放养密度，解决好放养密度与产量之间的关系。一般按 6～8 只/m^2 的密度放养，一直到年底出池。

3. 饲料与投喂 用配合饲料和鱼虾、螺蚌肉、动物内脏等鲜活饵料混合投喂较好，可少量搭喂豆饼、花生饼与瓜菜等植物性饲料。配合饲料的蛋白质含量要求达到 45%。如每千克配合饲料（干重）搭配 3.4～4.0 kg 的碎鲜鱼糜（或畜禽内脏糜），再加 1%～2% 的绿色蔬菜，3%～5% 的植物油，混合搅拌均匀，捏成饼状投喂，能促进鳖的摄食量和增重率。

一般日投干饲料为鳖体重的 1%～3%，鲜活饲料为 8%～15%，以 2～3 h 内吃完或稍有剩饵为适度。饲料要投在固定的食台上，一般 667 m² 水面设 5~7 个，或按每 100~120 只鳖设食台 1 个。投喂时间应相对固定，早春和晚秋时，可每天 15：00~16：00 投喂 1 次。盛夏时节，早、晚各投 1 次。

4. 水质管理 鳖池水质要求肥、活、爽，透明度以保持 25~35 cm 为好，水色以油绿色或褐绿色为宜，溶氧量 4~5 mg/L 以上。若池水过瘦，可适当施一些腐熟的有机肥，如水色过浓，应及时加大池水交换量。还可每月每 667 m² 向池中泼洒生石灰 30 kg，既可调节水质，又可消毒，补充鳖生长发育中所需的钙质。依照季节变化及时控制水位，调节和保持适宜生长水温的相对稳定。水位一般控制在 1 m 左右，初夏季节水温达 25 ℃ 时，可适当降低水位，使水温尽快达到适温范围；盛夏季节水温达 35 ℃ 左右时，应加深水位到 1.2~1.5 m。定期采用增氧设备，如空气泵或鼓风机充氧，加速有害气体逸出。为改善水质，还需经常换水。高温季节通常每 2~3 d 换水 1 次，每次换水 20~30 cm（占池水 1/4~1/3）。水温 25~28 ℃ 的季节，每 7~10 d 换水 1 次即可。

每天巡池，观察鳖的活动、摄食与生长情况。及时清除残饵，清洗食台，进行食场消毒，保持池水和周围环境卫生；监测水质，及时掌握水温变化，在盛夏高温季节应采取适当降温与防暑措施，如搭棚遮阳（占池水面积的 1/5~1/3），或种植攀缘植物；定期检查与加强防逃设施；发现疾病及时治疗，并建立养鳖档案。

5. 越冬管理 当水温降到 15 ℃ 以下时，鳖开始进入冬眠。长江流域从 11 月至翌年 4 月为鳖的冬眠期。越冬前要做好秋后强化培育，适当增投动物内脏的比例，配合饲料应添加 3%~5% 的植物油、2%~3% 复合维生素，以利鳖体内脂肪积蓄。室外越冬池应避风向阳，池底软泥沙厚 20 cm 以上，选晴天将池水放浅，待鳖全部钻入泥中后，再将池水位加深并稳定在 1.5 m 以上。水质要有一定肥度，可在池内周围堆放有机肥，使其发酵产热，增加水温和肥水。保持周围环境安静，以免鳖受惊吓，频繁更换栖息位置，消耗能量，对鳖冬眠不利。

（二）鱼鳖混养

1. 池塘条件 鱼类对溶解氧的要求较高，应配备有专门的增氧机在夜间至凌晨溶解氧较低时段持续增氧，以防鱼类"浮头"，并改善水质。由于与鱼类混养，鳖的食台跟单养时有所不同，为避免鳖与鱼类争食，应将食台搭建在水平面处，让其在水面上摄食。鳖怕惊，鱼的食台虽然设在水中，但如果离鳖的食台太近，鱼类的摄食活动仍然可能对鳖的摄食造成影响，故应尽可能远离鳖的食台。

2. 放养及搭配比例

成鳖的放养：250 g 左右的成鳖以 1~2 只/m² 较适宜，当然也应根据放养个体的规格、池塘面积等情况进行适当调整。

鱼种的放养：一般以每 667 m² 800~1 000 尾为宜。搭配的鱼种应以鲢、鳙等滤食性鱼类为主，并辅以适量草食性鱼类。放养比例一般为鲢 50%~60%，鳙 10%~15%，草食性鱼类 20%~30%。

3. 饲养管理 根据鳖喜静的习性，应适当错开投喂鱼饲料和鳖饲料的时间，一般先投喂鱼饲料，待池鱼停止摄食约 0.5 h 后再投喂鳖饲料。鱼、鳖混养池的养殖密度较大，水质较肥，应勤开增氧机（尤其是夏季），防止鱼类在低氧环境下行动迟缓而遭受鳖的袭击。遇阴雨天气或气候反常时，池水溶氧量极易下降，应及时采取加注新水或充气等增氧措施，以免造成鱼种"浮头"甚至窒息死亡。全池消毒时生石灰不超过 30 g/m³，漂白粉不超

过 1.5 g/m^3。

思考题

1. 我国鳖目前养殖状况和前景如何？
2. 简述鳖的生活习性，以及这些生活习性与养殖的关系。
3. 简述鳖人工繁殖的方法。
4. 简述稚、幼鳖主要培育方式和注意事项。
5. 简述鳖的主要养殖模式。

第四章 龟的养殖

龟在我国可谓家喻户晓。龟从古至今都是吉祥、长寿的象征，人们赋予龟很高的灵性，也形成了博大精深的龟文化。龟全身是宝，是一种珍贵的生物资源。龟既具有药用价值，如龟胶有补血、强肾等功效；又有食用价值，其营养丰富，以龟肉为主的菜肴已成为时尚，长期食用龟可增强人体免疫力，有延年益寿的作用；还有很多龟具观赏价值，如绿毛龟等。随着人们生活水平的提高，对自身的保健和延年益寿的意识越来越强，龟的食用和以龟为主的药品及滋补营养保键品将有广阔的市场。今后，龟的养殖和深加工必有很大的发展潜力。

一、生物学特性

(一) 分类及地理分布

龟在分类上隶属于爬行纲，龟鳖目。我国龟鳖目种类主要有6科21属37种。淡水龟主要属于龟科。乌龟分布最广，除新疆、西藏、内蒙古、宁夏、黑龙江、吉林、山西未发现外，几乎遍布全国；平胸龟主要分布于长江以南地区；金钱龟（学名三线闭壳龟）主要分布于广东、广西、福建、海南、香港等南方地区；黄喉拟水龟主要分布于江苏、浙江、安徽、福建、广东、广西、海南、云南、台湾等地区。龟类常见种可借下面检索表鉴别。

1. 腹盾与缘盾间有下缘盾；头大，尾长不能缩入壳内，上、下颚钩曲，呈强喙状 ……………………………………………………………………… 平胸龟 *P. megacephalum* Gray
   腹盾与缘盾间无下缘盾 ……………………………………………………………… 2
2. 背甲与腹甲借韧带组织相连 ………………………………………………………… 3
   背甲与腹甲直接相连，其间无韧带组织 …………………………………………… 4
3. 胸盾与腹盾间有明显的韧带组织，腹甲的前后半均可活动，头尾及四肢缩入壳内后，腹甲完全闭合于背甲 …………………………………………………………… 9
   胸盾与腹盾间韧带组织不发达，腹甲的前后半略可活动，头尾及四肢缩入壳内后，腹甲不完全闭合于背甲，背甲后缘锯齿状 …………………………………… 10
4. 背甲前后缘均呈较深的锯齿状，尾基部两侧具锥状鳞 …… 地龟 *Geoemyda spengler*
   背甲前后缘不呈锯齿状 ………………………………………………………………… 5
5. 头顶后部皮肤呈细粒状或细鳞状；上颌齿槽面宽；头大小适中，头宽不到背甲宽1/4；吻前端向内下斜达喙 …………………………………………… 乌龟 *Chinemys reevesii*
   头顶后部平滑 …………………………………………………………………………… 6
6. 头侧及颈部具多数黄色纵纹；上颌齿槽面宽，有长形中央嵴 …… 花龟 *Ocadia sinensis*
   头侧及颈部不具黄色纵纹；上颌齿槽面窄，无长形中央嵴 ……………………… 7
7. 背甲具三棱，中央棱强两边弱，头侧后缘有黄色纵纹；腹甲黄色，每一盾片上有棕黑色斑点 ……………………………………………………… 黄喉拟水龟 *Mauremys mutica*
   背甲仅有一脊棱，头顶后具1～2对眼状斑 …………………………………………… 8

8. 前后眼斑界线不清晰，布满深色细虫纹 ·················· 眼斑水龟 *Sacalia bealei* Gray
   前后眼斑界线清晰，头顶、背、腹甲无虫纹 ············ 四眼斑水龟 *S. quadriocellata*
9. 腹部肛盾为单枚，肛盾的前端有不达后端的中缝；背棕红色，有一条浅棕色脊纹，背甲外侧缘与缘盾腹面，腹甲的外缘为米黄色 ······ 黄缘闭壳龟 *Cuora flavomarginata*
   腹部肛盾为2枚，背甲脊部及两侧共具3条明显的黑纹 ·······················
   ·· 三线闭壳龟 *Cuora. trifasciata*
10. 背甲高隆，但脊部较平坦；喉盾缝短于肱盾缝 ············ 锯缘摄龟 *Pyxidea mouhtii*
    背甲低平，喉盾缝长于肱盾缝 ····························· 齿缘摄龟 *Cyclemys dentata*

（二）形态结构

1. 外形特征 龟身体可分为头、颈、躯干、四肢和尾部。由背甲和腹甲组成龟壳；背甲拱起，腹甲平直，各由两层组成，外面一层是盾片，里面一层是骨板，所以龟壳非常坚实。背甲和腹甲之间多由甲桥相连，也有的以韧带相连。头和尾及四肢可不同程度自由伸出或缩入龟壳，整个躯体椭圆盒状。不同种类形态略有差异，多与其生活习性相关。

乌龟背、腹甲借甲桥相连，背甲长卵形，黑褐色，其上有3条显著的纵棱；腹甲平坦有暗褐色斑纹。头部前端光滑，后部有散在细鳞，口开在头的前端，无齿，其上有一对外鼻孔。眼有上、下眼睑及瞬膜，眼后至颈侧具黑色边的黄绿纵纹3条；眼后有圆形鼓膜。四肢扁平具5爪，指、趾间全蹼；尾细短，基部腹面有纵裂或圆形泄殖孔。

2. 内部构造

（1）消化系统。由消化道和消化腺组成。口腔中无齿而代以角质鞘，口腔底部有短阔的肉质舌片，舌面有角质的粗糙突起能阻留食物，兼有很敏感的触觉。口腔中有起润滑作用的唇腺、腭腺和舌下腺；口腔后为咽喉部，是食物和气流交叉的地方。食道较长，食道内壁上皮有角质乳突，乳突头向后以阻抑食物退出。胃位于体腔前左侧，与食道相接部为贲门，后端稍细部为幽门；幽门末端稍紧缢由左向右移行的细管为十二指肠，其内壁有许多纤毛。十二指肠外附有淡黄色的胰腺，输胆管和胰管都开口在十二指肠；十二指肠后为小肠，其迂回盘曲，是整个消化道中最长的管道；大、小肠交界处有膨大的盲肠，大肠后为直肠，直肠后经肛门通泄殖腔。

（2）呼吸系统。气体交换主要在肺内进行，龟口腔与咽喉部布满毛细血管，可进行气体交换，行辅助呼吸；另在泄殖腔的两侧有一对突出的薄壁囊，内常积储液体，称肛囊（副膀胱），其壁上布满毛细血管，也可起辅助呼吸作用。

（3）循环系统。龟为不完全双循环，心脏包含静脉窦、2个心房和1个心室。龟血液中，可分辨出红细胞、单核细胞、淋巴细胞、血栓细胞、嗜酸性粒细胞、嗜碱性粒细胞、中性粒细胞。红细胞较原始，核卵圆形，胞质均匀无细胞器。

（4）排泄、生殖系统。龟的排泄器官为后肾、输尿管、膀胱。龟的膀胱、泄殖腔和大肠均有重吸收水分的功能。

龟为雌雄异体，雌性卵巢呈囊状分左右对称两叶，位于腹腔稍后由系膜悬置于腹腔背侧。盘曲的输卵管由输卵管系膜所支持，前端由喇叭口开口于体腔，受精过程在输卵管上段进行；中段有分泌蛋白的腺体，受精卵下行时逐渐被管壁分泌的蛋白包裹；后段有分泌石灰质卵壳的腺体，受精卵石灰质卵壳即由其分泌；输卵管末端开口于泄殖腔前端的侧壁。

雄性睾丸为浅黄色，卵圆形，共两个，位于腹腔后部，由系膜悬置于腹腔背侧。附睾紧连睾丸后面，灰黑色；附睾表面可见盘曲的细管，为输精管前段，也称附睾管；输精管后段与后肾的输尿管并行最终通入泄殖腔。阴茎由两条纵行褶棱组成，棱间背面的纵沟为阴茎沟，是输送精液的通道，外侧末端有肌肉质的单枚突起，为阴茎头，在受刺激时可勃起伸出泄殖腔外。

（5）感觉器管。龟的嗅觉发达，有两个外鼻孔。龟听觉器官只有内耳和中耳，没有外耳，最外面是鼓膜。龟对空气传播的声音反应迟钝，而对地面导传的震动较敏感。龟的眼睛很小，清晰度差，依靠改变晶状体曲度调节视距，对动感较灵敏，对静物反应迟钝。

（三）生活习性

龟为水陆两栖生活，陆地繁殖的变温动物。喜欢生活在山溪、江河、湖沼、池塘旁边杂草丛生的潮湿地带，也常栖息在树根下、岩石缝、稻田等潮湿、安静、阴凉处。龟白天喜在水中，偶尔爬上岸晒太阳；夜晚常爬上岸觅食或在水草丛中觅食。金钱龟有群居、穴居的习性，多时一穴有七八只。龟是冷血动物，体温随环境而变，生活节律也随外界温度变化而变化，适宜生长温度24～32 ℃。不同季节龟活动情况不同，有冬眠的习性。

乌龟和金钱龟均为杂食性，以蚯蚓、小鱼虾、蟹、蛙、螺、蚌、蜗牛及昆虫等动物为食；也食水果、蔬菜、玉米等略有甜味的植物性饲料。龟耐饥饿能力很强，处于冬眠状态下，几年不食也不会死亡。

（四）年龄与生长

龟生长速度与温度密切相关；生长期背甲盾片和身体均同步生长，盾片上形成的生长环较宽；冬眠期龟几乎停止生长，盾片上形成的生长环窄而密。龟甲上的年轮可用作年龄鉴定的依据。据对乌龟年龄和年轮关系研究发现，幼体第一个冬天并不形成环纹，要到第二个冬天才形成第一个紧密的环纹圈。自然中，乌龟的寿命很长，生长速度缓慢。雌性个体1龄的体重多在10 g左右，2龄约50 g，3龄100 g，4龄200 g，5龄250 g，6龄300 g；同龄乌龟总的来说，雄性个体较雌性个体小。龟在3～4龄，体重50～200 g生长最快。近性成熟时大量养分转化为性产物，生长速度较慢。金钱龟比乌龟生长略快，个体大，其雌龟也较雄龟生长快，250～400 g的雌龟，为生长旺盛期；750～1 500 g的雌龟，是生长缓慢期；2 000 g以上，生长趋于下降。

（五）繁殖习性

1. 性成熟年龄与性腺发育 龟类的性成熟年龄一般在5龄以上。乌龟约为5龄成熟，金钱龟约6龄。性成熟龟，以后生殖细胞的发育不呈现明显的季节性，雄龟精巢中周年可见成熟的精子；雌龟卵巢中周年可见不同成熟度的卵子。

2. 交配 龟的生殖方式为体内受精。在水温20～25 ℃时，开始有交配现象。交配多发生在傍晚，有的在陆地交配，也有的在水中交配。交配时，雄龟伏在雌龟背上，交配时间仅延续几分钟。卵在输卵管上端进行受精。

3. 产卵习性 龟产卵多在气温25 ℃以上。4月下旬至10月上旬为龟产卵期，6～7月为产卵高峰。产卵多在夜间，产卵点多为潮湿、松软的斜坡沙地、大树下等近水陆地。产卵时先以后肢扒窝，窝深5～10 cm，直径8～12 cm，龟尾伸到卵窝中将卵产于窝内，填回沙土后离去。亲龟无护卵行为，受精卵利用环境光热进行孵化。

金钱龟一般一年产卵1次，少数2～3次。每次1 kg左右雌龟产卵2～3个，1.5 kg大的雌龟可产4～8个，受精率70%～90%。刚产出卵米黄色，壳较软，有弹性，入土后变硬。受精卵经 48～72 h 卵壳已有不透明的乳白色斑块出现。受精卵在自然中孵化，孵化率 30% 左右。乌龟产卵季节与金钱龟差不多，产卵次数和个数较多，一只雌龟一年可产卵 1～4 次卵，每次间隔有 10～30 d；每次能产 1～20 枚卵，多为 6～7 枚。

乌龟卵腰鼓形，卵的短径 15～20 mm，长径 28～40 mm，卵重 3～11 g，具有白色钙质硬壳。在自然状态下经 50～80 d 孵出幼龟。金钱龟卵与乌龟卵形状差不多，个略大，卵的短径 20～31 mm，长径 36～53 mm，卵重 10.6～30.5 g。在自然状态下经 50～90 d 孵出幼龟。在卵鲜重、长径、短径 3 个指标中，卵重的变异系数最大，长径次之，短径最小。

二、亲龟的选择与培育

(一) 亲龟来源与选择标准

亲龟可来自野外捕捉，也可来自人工饲养。无论亲龟来源如何都必须具有其原种典型遗传特征；然后再是年龄、大小、体质等符合要求。亲龟年龄的大小、个体的大小、体质的好坏与产卵的数量和质量密切相关。由于其生活的水域和饲养管理条件不同和个体遗传上的差异，作为亲龟必须进行选择。

1. 年龄　亲龟性成熟年龄随地区和气候不同而有差异。在长江流域，乌龟一般为 5 龄达性成熟，金钱龟约 6 龄性成熟。人工养殖条件下，采用全程加温则性成熟年龄可缩短 1 龄以上（刘丽等，2000）。作为人工繁殖的亲龟应是性成熟年龄再加 1～2 龄。生产上乌龟一般雌龟选择 300 g 以上，雄龟 200 g 以上作为亲本；金钱龟一般选择雌龟 900～1 500 g，雄龟 750～1 000 g 作为亲本。

2. 雌雄区别与亲龟雌雄比　同龄龟多数雄性个体较小，甲壳光滑，略扁平，体稍狭长，腹甲稍内凹；雌龟比雄龟大，背甲隆起较高，腹甲平直。雄龟尾基部粗大，后部细长，尾上的泄殖孔与腹甲的边缘距离较雌龟远，自然伸直时，雄龟泄殖孔内缘超出背壳后缘，雌龟泄殖孔内缘正达背壳后缘。雌雄个体在体色、气味等上也有一些差别，如成熟的雄乌龟甲壳呈棕黑色、褐色或黑色，背脊中央及两纵棱不明显，体有臭味；雌乌龟呈棕色或棕黄色，背脊 3 条纵棱明显，体无异味。捉住成龟，当其四肢、头尾缩入壳内时，用手挤住头及四肢，不使其呼吸，这时泄殖孔先排出副膀胱水，然后生殖器外露，雌龟为皱纹内壁，雄龟有一条长形阴茎，可进一步鉴别雌雄。实验表明，头年交配后翌年单养，雌龟仍可产出受精卵，证明交配后精子可在雌龟体内存活很长时间。由于精子进入雌龟体内能存活相当长的一段时间，生产中雌龟可略多于雄龟，常规雌雄比为 (2～3)∶1。

3. 体质　亲龟要求体质健壮，无伤病，体色正常；头、颈、四肢灵活，敲击龟壳时四肢能迅速缩入壳内，活动力强，仰放地面翻转迅速，反应敏捷；用金属探测器检查，体内无异物。

(二) 亲龟培育的主要措施

1. 培育池条件　在选择亲龟培育场所时，应根据龟的栖息习性和繁殖的生物学选址，按生产规模确定场所大小。其所处的位置应安静少噪声、向阳、水源干净充足、冬暖夏凉。一般亲龟池单池面积 200 m² 左右，池四周要有高出水面 50 cm 的防逃墙，墙壁光滑无缝，墙基要伸入底泥 70～80 cm，以防龟打洞逃走。池中要水陆并举，水与陆地以缓坡相接，其面积比约 1∶1，最深蓄水处 1.2～1.5 m，浅水处 20 cm 左右。在亲龟池坐北向南方设产卵场。池北面以土质缓坡与产卵场相接。产卵场高出水面 50 cm 以上，排水性能好，雨天不易积水，长度按亲龟数量而定，一般按每只龟 0.1 m² 设定。产卵场内覆盖 40 cm 以上沙壤土，疏松度以雌龟能挖洞产卵不塌陷为宜。还可在产卵场中稀植些蔬菜，以便龟隐蔽在下面产卵。由于金钱龟价高，数量也少，很多养殖户把金钱龟亲龟池建于室内，因地制宜选择墙边、阳台等安全、向阳、保温、安静地方建池。池子长方形，长 2 m、宽 1 m、高 80 cm 左右，设进、出水口，四周水泥抹面，以防龟逃跑。根据金钱龟水陆两栖习性，池子分水体、食台和活动场、龟窝 3 部分组成。龟窝上盖上遮光板，窝内填 30 cm 泥沙并挖洞穴，造成窝内阴暗、冬暖、夏凉环境。3 部分互通，水体和活动场、龟窝交界处设为 25°斜坡，便于龟的来回和产卵活动。

2. 放养密度 亲龟放养密度乌龟以 4~5 只/m²，金钱龟以 2~3 只/m² 为宜。

3. 培育池清整消毒 亲龟池使用几年后由于淤泥沉积，各种有害细菌和寄生虫大量潜伏，必须进行清池消毒。亲龟池消毒选择水温 15 ℃ 左右时进行。通常的清整消毒方法是：放干池水，清除残饵和淤泥，修补漏洞，搞好防逃和排灌设备；消毒多用生石灰，产卵场消毒可将生石灰用水溶化，趁热全场遍洒，用量 250 g/m² 左右，水体消毒用量 100~200 g/m²。7~10 d 后药性消失后才可放龟。

4. 饲养管理

（1）饲料投喂。亲龟培育期间营养条件的好坏直接影响卵的数量和质量。生产上常用的饲料有鲜活饲料和配合饲料，鲜活饲料主要有小鱼虾、螺蚌肉、家禽肝、蔬菜汁、南瓜、胡萝卜、豆芽、麦芽等富含蛋白质、钙质、维生素的饲料。投喂饲料应做到"四定"，早春和晚秋水温在 18 ℃ 左右时，每天 08:00~09:00 投喂 1 次；盛夏季节 25~30 ℃ 摄食旺盛，每天投饵两次，09:00~10:00、16:00~17:00。池中设置饲料台，将饲料投于饲料台，有利于观察摄食情况，剩饵清除等；饲料营养要符合亲龟需求，一般鲜活饲料动、植物比 2.3~4.0，清洁无污染，没有霉烂变质，另外适口性好；饲料投喂量满足要求，投饲量与温度密切相关，每天投喂鲜料量为亲龟体重的 5%~10%，配合饲料为亲龟体重 1%~5%。以投喂后 1.5~2.0 h 内吃完为度。

（2）水质管理。金钱龟在 24~32 ℃ 生长最好，乌龟略低。池水一般保持在 80~120 cm 范围，盛夏水温超过 34 ℃ 时应加深池水，并在水面种植漂浮植物。池水透明度保持 30 cm 以上，池水呈褐色或墨绿色时，水质过肥，浮游生物密度过大，会影响龟的视线，摄食和交配难以寻找目标，应及时换水。为控制亲龟池水质，池内可适当放些鲢、鳙鱼种。

（3）亲龟的越冬。金钱龟耐低温性较差，长江以北地区饲养金钱龟，最好是安排在室内越冬。当气温降到 15 ℃ 以下时，龟就不太活动了需要保温，整个越冬期间保持室温在 6~8 ℃ 龟能进行深度冬眠为好。广东、广西地区饲养的金钱龟可安排在室外越冬。没有龟窝的亲龟池中要挖些洞穴，在洞顶上盖些防雨、保温的塑料布、麻袋片等，洞内放些干草保温，洞口塞上干草防风，保持洞内温度在 5~10 ℃。越冬期间还应注意防范老鼠危害。乌龟耐低温较金钱龟强，在冬眠期间温度 0 ℃ 以上即可存活，可参照金钱龟越冬方法。

三、龟卵人工孵化

（一）龟卵孵化的生态条件

在自然环境中，龟通常是将卵埋在含水量适当的沙土中借阳光的热量来孵化，由于自然生态条件的变化，如气温的不稳定或干湿不均，孵化时间长短不一，孵化率往往偏低。目前龟卵大多采用人工控制进行孵化，以便提高受精卵的孵化率，缩短孵化时间，增加当年稚龟的养殖时间。人工孵化龟卵，模拟自然生态条件，并控制温度、湿度等在最佳状态。龟卵孵化的主要生态条件如下。

1. 温度 实验证明，在控制湿度情况下，置龟卵于30～33 ℃进行孵化，完成胚胎发育的时间是46～54 d，比自然条件下孵化缩短1/4左右，孵化率为95%。孵化温度在25 ℃以下，胚胎发育缓慢，至22 ℃发育基本停止。而超过37 ℃卵失水快，并在卵壳与卵膜之间形成空隙，胚胎因干燥很容易死亡。从孵化经验来看，30～32 ℃的温度下孵化是最适温度，约50 d即可孵出稚龟，金钱龟孵化时间略长于乌龟。另外，孵化温度对乌龟性别形成也有影响，高温下孵化雌多于雄，低温下孵化雄多于雌（侯陵，1985；方堃，2000）。

2. 湿度 孵化用沙中的含水量和空气的相对湿度是龟卵胚胎发育的关键之一，龟卵在干燥的状况下很易失水死亡。试验表明适宜的孵化用沙含水量为8%～12%。沙子的含水量若超过25%，会使龟卵窒息死亡；如低于3%，则会引起卵内水分蒸发过快，降低孵化率。通常孵化过程中，检查沙子的含水量以手能捏成团、落地即散为适度，空气湿度一般控制在80%～85%，早期稍低，晚期稍高。

3. 沙土质量 孵化用沙颗粒的大小，决定着胚胎发育的氧气量，如果上层沙子太粗（粒径1 mm以上），虽然通气性好，但保水性差，不能长期保持沙子的适当温度、湿度；如果沙子太细（粒径0.1 mm以下），虽然保水性好，但透气性差，容易板结，造成卵缺氧窒息。龟卵孵化用沙以粒径0.6～0.7 mm为宜。

（二）卵的发育

1. 胚胎发育速度 乌龟卵的胚胎发育速度与温度密切相关（表3-4-1）。其孵化积温约为36 000 ℃，金钱龟孵化积温约为53 000 ℃。

表3-4-1　乌龟胚胎发育与温度的关系

温度（℃）	26	28	30	32	34
发育时间（d）	56～60	52～55	48～50	42～47	39～43
孵化率（%）	58	73	100	87	32

2. 龟胚胎发育 刘国安等（1984）观察了乌龟的胚胎发育并将其分为6个时期。

（1）母体内发育时期。龟卵在产下以前已在母体的输卵管内经历了卵裂、囊胚直至原肠胚发育阶段。产后24 h的龟胚中央部分，外表看来是清亮透明的，称明区。沿着胚盘周边致密的表面层变薄，胚盘中央加厚地方开始圆形，后来呈卵圆形，最后形成胚盾。

（2）神经胚时期。孵化（温度28～31 ℃）第三至四天，胚盾后沿加厚，形成原板，随后形成中胚层囊、神经管。

（3）卵黄囊血管区时期。孵化（温度33 ℃左右）第五至八天，可见胚胎呈白色，头、尾可分。胚盘下方分化出毛细血管和块状的红色细胞团，即血窦，将来发展为卵黄囊血管系统。随着胚胎的发育眼原基形成，体节增多，前肢原基形成，尾芽出现，胚体以其左侧匍匐于卵黄囊中部上方。

（4）胎膜和形态建成时期。孵化第九至十四天胚体明显增大，各种器官形态初步建成。羊膜、尿囊已发生和发展，最后胚体被包在羊膜腔内，漂浮在羊水中，后期可见心脏跳动。

(5) 骨化时期。孵化第十五至三十五天，骨骼发育渐趋完善，背甲、腹甲先后出现并骨化，外部形态渐具种的特征。

(6) 孵出时期。孵化（温度33℃左右）第三十五至四十八天。有关研究（由文辉，1994）表明，乌龟卵孵化后期卵壳中的钙逐步转移供骨骼发育，卵壳为胚胎发育提供54.07%的钙、12.26%的镁；其余的钙、镁由卵黄、卵清提供。卵生脊椎动物胚胎发育的骨骼发育主要发生于孵化后期。在此期内，龟壳普遍龟裂变软，光滑的壳上开始出现裂皱，整个卵外观色泽灰白，看不到内部的红润。这时候胚胎发育已趋完善，卵黄囊被吸收变小，并从腹盾与股盾之间逐步被包入腹腔，尿囊干瘪，胚体成倍增加体重，逐渐发育为稚龟，即将孵化出壳。然后稚龟破壳，开始呼吸外界空气，再经8~48 h自行从壳中爬出。有些稚龟出壳后，体外尚残留小部分卵黄囊，需经1~2 d才能全部缩入壳内。

（三）卵的孵化方法与管理

1. 卵的收集分拣 为提高龟卵孵化率和延长稚龟的生长期，常将龟卵收集分拣后进行人工孵化。亲龟多在傍晚或黎明前产卵，清晨天亮后，即可进行卵的收集。检卵时应区分卵是否受精。卵刚产出时很难辨别受精与否，让卵在窝中放置72 h之后再挖出来，可见受精的卵，卵壳上出现一个清晰圆形、不透明的乳白色斑点。随着时间增加，白色斑点扩大以至包围卵腰；而未受精卵不出现白色斑块，全呈半透明的米黄色或有不规则斑点。受精卵白色斑点朝上，分窝拣起置于预先准备好的孵化箱中，编号、记录后送孵化房。采完卵后平整场地，干旱时产卵场还应洒些水，以便亲龟再次产卵。

2. 孵化方法 人工孵化龟卵，一般采用室内加温法，主要孵化设备有孵化池与孵化箱。孵化池通常是在室内或室外围一块地面，内铺上细沙等基质而成；孵化箱多特制，一般高25~30 cm、长50 cm、宽30 cm便于操作，箱底钻若干小孔。使用时，箱底铺上15~20 cm的细沙。一般龟受精卵相隔开2~3 cm，乳白色的动物极向上，单层摆放沙上，再上盖3~5 cm细沙，进行人工控制温度、湿度孵化。金钱龟的孵化有的采用黄壤土或六成沙、四成土混合做基质，每个受精卵相隔2 cm插在10~13 cm厚的基质上，上面再撒约3 cm基质，基质含水量控制在12%~16%，前期基质上盖湿纱布保湿，孵化率在70%以上。

3. 孵化日常管理

(1) 温度调节。监测室温和沙温，经常检查确保温度在最适温度范围内（30℃左右）。温度太高常采取通风和遮阳降温，太低在孵化箱上架数个15~100 W的白炽灯泡加温。

(2) 检查湿度。在晴朗、温度较高的天气，水分蒸发快，要注意检查湿度。空气湿度可用湿度计监测。若沙子表层发白，但靠近卵的沙层尚保持湿润未发白，沙子温度又未超过35℃，可不加水；若靠近卵的沙层也开始发白，应喷少量水。喷水时只要沙层略带湿润即可，切不可高温下大量洒水，以免通气不好造成大量死卵。洒水后数十分钟，可用手将沙层稍许松动，防止沙土板结造成胚胎窒息死亡。一般每天用喷雾器喷水1~2次。

(3) 通风换气。晴天温度高时，08:00~09:00打开窗户通风换气，夜晚和雨天关窗保温。

(4) 防敌害。龟卵孵化时应清整孵化场周围环境，孵化房中设电子捕鼠器，房周围撒放防蛇、蚁药或设防蚁水沟。防止蛇、蚂蚁、老鼠等进入孵化场内危害龟卵。

4. 稚龟的收集与暂养 孵化临近结束时，用小耙松开表层沙土，以利稚龟出穴。出壳的稚龟有趋水习性，这时在孵化房的一端安置一个盛有半盆水的脸盆，盆口外沿低于沙层或与沙层平齐，便于稚龟爬入盆中。刚出壳的稚乌龟重量为 3~6 g，背部黄色，腹部橙红色，形体近圆形，体外留有小部分卵黄囊，一般孵化出壳 12~24 h 后，卵黄囊才完全吸收。刚孵化出来的稚龟，不会主动摄食，也不宜立即投饵，此时应放在木盆或瓷盆中任其爬行，待脐带干瘪卵黄吸收完成后，用 10% 盐水或 0.000 1% 浓度的高锰酸钾浸泡消毒后，再将稚龟放入清水浸润的细沙土中暂养，并投喂熟蛋黄等饲料，7~15 d 后转放入室内稚龟饲养池养殖。

四、稚、幼龟池的建造

稚、幼龟培育池选择背风、向阳、安静、无污染源、水源环境好的地方建造。常见池形为长方形，长宽比 2∶1 或 3∶2，稚龟池面积 2~10 m²，蓄水深 5 cm 左右。幼龟池 15~50 m²，高 50~60 cm，蓄水深 10~30 cm。池子结构为水泥池，池底铺泥沙 5~10 cm，池壁顶端出檐，防止龟爬墙外逃。池中分水体、食台和陆地运动场 3 部分，使稚、幼龟水陆两栖。水体与陆地处以 25°的斜坡相接，陆地占池面积 1/5~1/2，池子从食台向水体出口方向以 2% 坡度倾斜。试验发现龟比鳖需要更大的陆地生活空间，且水位要浅些。如：江西弋阳养龟场室内控温养殖大棚由上、下两层组成，每层中又由水泥、砖砌成 3 级梯形结构池组成，每级池面积为 3 m×7 m、3 m×6 m、3 m×5 m，蓄水深 30~50 cm。在池底铺 10~20 cm 泥沙，池中设一个 25 cm×35 cm 的休息台兼饲料台，或在池中吊挂网片供龟躲藏，也获得成功。

五、养殖方式和放养密度

（一）养殖方式

1. 阶段控温养殖 稚龟在室内饲养，温度控制在 25~30 ℃，自然温度低于 25 ℃ 左右时即开始加温养殖。该方式当年乌龟体重大者可增长到 100 g，越冬存活率达到 95% 以上。越冬后为 1 龄幼龟，1 龄幼龟在温室内养至 5 月中旬或 6 月初，降温至与室外温度相近时，将幼龟转放入室外水池中进行成龟养殖。幼龟再经过 6 个月养殖可增重至 300 g 左右。

2. 常温养殖 自然温度下进行养殖。由于在自然温度下，从稚龟出壳开始养至越冬前，早期孵出的较好者也不过 10~20 g，而晚期孵出的仅有 5~6 g，对不良环境条件适应能力差，再经数月越冬，不但体重下降，且死亡率高。凡是有条件者，多不采用常温养殖。

（二）放养密度

放养密度视龟大小和养殖时间、管理水平而定。阶段控温养殖稚龟放养 50~100 只/m²；幼龟放养密度如表 3-4-2 所示；常温养殖稚龟 50 只/m² 左右，幼龟 20 只/m² 左右。

表 3-4-2　幼龟放养密度

体重（g/只）	8~20	20~50	50~100	100~200	200~300
放养密度（只/m²）	30~50	20~30	15~20	10~15	8~10

六、稚、幼龟的饲养管理

1. 饲料投喂 稚龟的消化能力弱，龟孵化出壳 3 个月内饲料投喂是存活的关键，饲料做到细、软、精,适口性好,营养丰富,易消化吸收。稚龟前期最好和蛋黄混合投喂,第一周投喂熟蛋黄、水蚤、水蚯蚓等;稚龟后期及幼龟增加猪肝、牛肝、小虾、鱼糜、瘦肉、香蕉、西红柿、南瓜、胡萝卜、蔬菜汁等动、植物性饲料或配合饲料。注意龟消化吸收不良的鱼肠、肥肉等高脂肪食物及盐渍食物不要投喂。配合饲料投喂量占体重的3%~5%。鲜活饲料占龟体重5%~10%,随水分含量和摄食情况调整,以使龟在越冬前个体重达15~20 g。

2. 水质管理 放养前用10%~20%石灰水全池消毒,冲洗干净后灌水,水深10~30 cm。以江河、湖泊、水库中水为佳,地下水、自来水曝气后也可使用。池水中要有一定量的浮游生物,颜色浅黄绿色,透明度25 cm左右。高温季节温度高于34 ℃要适当加深池水和减小放养密度,池中移植浮萍、水浮莲等水草降温。饲养水温25~30 ℃为宜,水温偏低时,有条件应采取加温措施。每次投饲料前清除残饵,适度换水清污,及时充气防止水体缺氧恶化。

3. 防病防敌害 稚、幼龟养殖池水最好半个月左右用高锰酸钾或漂白粉消毒1次,同时防止老鼠、猫、鸟、蛇等危害。

4. 稚、幼龟的越冬管理 通常环境温度降至20 ℃以下时,龟的活动和食量都减少,随温度逐渐降低,进入冬眠状态,若温度降至0 ℃以下可造成龟冻伤或冻死,因此越冬应注意管理。目前幼龟越冬主要有室外水池自然越冬、室内土池越冬、温室越冬。稚龟体较小,体质弱,特别是刚孵化出壳的稚龟其身体内积蓄能量少,自然越冬很易死亡,最好是加温饲养,其次是安排在室内越冬。室内越冬,当气温降至15 ℃时将稚龟转入室内,越冬池底铺上约20 cm的泥沙,注水深5~10 cm,温度过低时可用白炽灯泡加温,保持整个冬季池水不结冰,温度稳定在5~8 ℃,发现死龟及时清除并查明原因。

幼龟的越冬能力比稚龟大大加强,幼龟只要温度不低于0 ℃就不会立即冻死,可潜伏在泥沙中自然越冬。大部分幼龟在寒冷来临便会自动潜入池底沙土中越冬,小部分只潜入水边的泥沙中,对后者不能人为捡出丢入深水中,只能在其身上加盖一层泥沙或草料保温,而且应保持水始终不会淹没它们。整个越冬期间应以静息为主,不要轻易翻动,保持水中氧气丰富,温度不低于4 ℃,池水表面不结冰。越冬密度可比饲养期高2~3倍。由于龟冬眠期体重都要下降,有条件的地方幼龟也应采用温室加温饲养越冬,其次是移入室内自然越冬。金钱龟在露天池中,一般从10月底起,活动减弱,食量减少,13~15 ℃是金钱龟由活动转入冬眠的过渡阶段。12 ℃以下随温度降低冬眠程度加深,可长时间潜入水底进行微弱的咽喉呼吸。在冬季水温一般不低于5 ℃的地方可室外自然越冬,但温度低于4 ℃对龟的存活率有一定影响,应转入室内越冬。也有养殖者采用干法越冬,在避风向阳处挖洞穴,洞内铺上干草,将龟置于洞内,洞口稍塞干草防止冷空气进洞,保持洞内温度在5~10 ℃也可使龟安全越冬。

七、成龟养殖

成龟的养殖方式有控温养殖、大棚保温养殖、常温露天养殖、常温龟鱼混养等。

1. 控温养殖 在室内水泥池中进行,将水温控制在龟的最适生长温度30 ℃左右,投喂全价配合饲料,气泵打气加氧曝气,加温方式主要有锅炉加温、工厂余热和温泉水加温。

2. 大棚保温养殖 春末夏初和秋末冬初外界水温较低时将幼龟转入盖有塑料大棚的成

龟池。成龟池加盖塑料大棚主要起保温作用，不加温，冬季让其自然冬眠。这种方式可以使春末夏初和秋末冬初的养殖生长时间延长两个月以上。

3. 常温露天养殖 常温露天养殖有两种：一种是按龟的生态要求专门设计的养龟池中单养龟，另一种是为常规鱼池增加防逃设施建成的养龟土池进行龟鱼混养。由于龟鱼之间有互利关系，实践证明龟与鱼类混养经济效益较好。在龟鱼混养池中鱼的残饵可供龟利用，龟的排泄物可供肥水培育浮游生物。由于龟是肺呼吸不与鱼类争氧。相反，龟的不停上下往返运动加速了上、下水层氧的传送，减少氧向空中扩散，改善了池中氧气条件，从而有利于鱼的生长，也促进了底层有机物分解，使物质循环利用。

八、池的条件与建造

成龟池一般建于环境安静，开阔向阳，水质无污染的地方，面积 50～100 m²，根据当地情况可建成水泥池或土池。池深 1 m，蓄水深 50～70 cm，池底铺软泥 15～25 cm，在出水口处修建与沙层厚度相同的挡沙墙。由于成龟在陆地活动频繁，利用常规养鱼池增加防逃设施改造为养龟池时，池中应留占 30% 面积的陆地，以利龟的活动和栖息。池周防逃墙应高于水面 50 cm，最好出檐 5 cm，池角建成弧形。有的金钱龟养殖者所建龟池分 3 段：池中低处蓄水为池，中段高出水面作为投饵和龟活动晒背场，最高处遮光。垫上 30 cm 厚泥沙建成陆地龟窝也获得较好养殖效果。

九、放　养

1. 放养前的准备 首先清整龟池环境、检查防逃设施和修补漏洞，然后进行清池消毒，具体方法可因地制宜。常规生石灰清池消毒，水深 5～10 cm 施生石灰 150～200 g/m²，均匀放到池中待溶化后全池遍洒。7～10 d 后毒性消失后即可放养。放养前应挑选出伤病个体，进行针对性消毒。对龟进行分拣，大小分开放到不同的龟池。避免大小混养造成弱小者吃不到食物，也便于管理和分批上市。

2. 放养时间和放养密度 一般应选在 4 月下旬或 5 月，当水温稳定在 20 ℃ 以上时放养。成龟阶段不同养殖方式有不同的放养密度，在实际应用中应根据具体养殖条件情况、技术路线增减。常规放养密度如表 3-4-3 所示。

表 3-4-3 不同养殖方式常规放养密度

养殖方式	控温养殖	大棚保温养殖	常温露天养殖	常温龟鱼混养	常温龟鱼混养
规格（g）	>150	>150	>150	150～200	200～500
放养密度（只/m²）	6～8	6～8	3～5	1～2	0.50～0.75

十、日常管理

1. 饲料与投饵方法 乌龟、金钱龟均是以动物为主的杂食性，应以蛋白质丰富的动物性饲料为主辅以植物性饲料，动、植物比以 7∶3、蛋白质含量 45% 左右为宜。控温养殖最好投喂龟专用全价配合饲料。投饵方法应坚持"四定"原则。投饵具体时间和数量，应随早晚气温、水温、季节变化和摄食情况而定。在 20～32 ℃ 条件下，温度越高，吃食越多。一般每天投喂 1~2 次，每次投喂鲜饲料量为龟体重 5%~10%。全价配合饲料为体重的 1%~3%。水上或水下饲料台投喂均可，在规定时间内吃完为宜。龟鱼混养池分别搭建饲料台。龟饲料台靠近岸边水面或水下 5~10 cm 处，鱼饲料台在水下 70~80 cm 处，并相隔一定距离。

2. 水质管理 乌龟、金钱龟喜欢生活在清洁水体，没有微流水的龟池，要经常换新水。龟池水应保持淡绿色，透明度以 30 cm 为好。清澈见底的池水，会引起种龟栖息不安。但水质过肥，影响正常生活，应及时换水。池水水位应随温度升降而增减。早春和晚秋适当加深水位防止水温突变。盛夏当池水温度超过 32 ℃时加深水位以便降温。一般情况下成龟池水位保持在 50 cm 左右即可。水泥池等集约化养龟池，由于放养密度大水体易缺氧，产生有害气体，要添加有益微生物和及时充气增氧。此外，高温季节，室外龟池中放养一些水生植物，如水浮莲、浮萍等，净化水质，防暑降温。

3. 龟越冬管理 一般在霜降前后气温下降至 15 ℃左右时就要准备龟越冬，越冬的放养密度可比正常饲养密度高 3~4 倍。龟越冬场所既要有水，又不能全部长期被水浸泡。南方土池养龟可让龟在池中自由挖洞越冬。无底泥的水泥池应铺上 20~30 cm 细沙让龟挖洞越冬。最好在池上搭建塑料大棚保温或用塑料薄膜覆盖池口（留通风口），尽量使温度稳定在 5~8 ℃，使龟深度冬眠，减少体内养分消耗。气温较高时还应更换池水，遍洒消毒药物防止病原体滋生。越冬前，投喂营养较高的动物性饲料增加龟体脂肪的积累，也有利安全越冬。

十一、病害防治

龟在饲养过程中，由于放养密度过高，不合理混养，投饵、操作管理不当，池水恶化、病原体滋生，冻害和暑害等会引起龟生病甚至死亡。龟常见病主要有以下几种。

1. 红脖子病 是一种传染性疾病，病原体可能是病毒也可能是一种产气单胞菌。该病多发生在梅雨季节。病龟腹部出现红色斑点，咽喉部和颈部肿胀，脖子伸长不能缩回，行动迟缓，食欲减退。病情严重时口鼻出血，肠道发炎，全身红肿，眼睛混浊发白失明。

防治方法：定期更换池水，每半个月用光合细菌全池泼洒一次。发现该病立即隔离，并用生石灰消毒龟池，更换新水；药物治疗见鳖病防治。

2. 腐皮病 该病主要是龟体受伤后，病菌感染所致。龟的四肢、颈部、尾巴等处皮肤糜烂坏死，严重时爪脱落，骨骼外露。

防治方法：放养时大小分开，密度适当；发现病龟及时隔离，每周 2~3 次用 10 mg/L 链霉素或磺胺类药物浸洗 48 h，池水用漂白粉浓度 2~3 mg/L 消毒。王祝玲（1988）报道乌龟的一种细菌病，患病龟为孵出 2 个多月的幼龟。病龟主要表现为头部及四肢局部长了一层乳白色物，局部皮肤腐烂，从病灶深处取样分离出一种长杆菌。此菌接种健康龟 7 d 后出现与自然病例相同症状。将病龟放置于每千克水含 4 万 U 的庆大霉素水中浸泡 2~3 d，并每天经阳光晒 1~2 h，病龟基本治愈。

3. 龟颈溃疡病 是一种病毒及水霉引起的传染性疾病，有棉花状的丛生物，龟颈活动不灵便，尤其是稚、幼龟颈部活动更加困难，食欲减退，有的不吃不动，如不及时治疗几天后即会死亡。用 5% 食盐水浸洗病龟 1 h，或用土霉素、金霉素等药膏涂抹病龟患处。

4. 水霉病 由水霉属和绵霉属的一些种类引起。霉菌呈丝状、灰白色，外菌丝肉眼可见，呈棉絮状，寄生在龟颈部、四肢，稚、幼龟春季最易发生，严重时可引起大量死亡。放养时尽量避免龟受伤，并用0.04%浓度的食盐加0.04%浓度的碳酸氢钠合剂浸泡消毒10~24 h，适当培肥水。发病初期将龟置于阳光下30~60 min，每天1次，反复数次。也可用水霉净溶液浸洗龟体。

5. 毛霉病 也称白斑病，为毛霉感染所致。水体过浅，放养过密，体表受伤，温度又适宜毛霉的繁殖时，易发生该病。受感染的龟，开始在头颈、四肢等处出现白色小斑点，随着病程发展，白色斑点扩展成块，出现白云状病变，表皮坏死和脱落。病龟停止摄食，尤其是稚龟，当霉菌寄生到咽喉时影响呼吸而死亡。此病以5~7月水温25~28 ℃最流行。用生石灰清池，放养时避免龟体受伤，养殖中保持水质浅绿色可预防该病。患病个体可用磺胺类软膏涂抹患处，每天1次，连续3~5次。

6. 白眼病 主要是水质污染，病龟眼部感染细菌所致。病龟眼部充血发炎，逐渐变成灰白色肿大，鼻黏膜继而呈灰白色，严重时双目失明、呼吸受阻，不摄食，逐渐消瘦死亡。多发生在春、秋、冬季，幼龟多见。加强饲养管理，增投动物肝等，增强抗病能力。发病后将病龟离水放置阴凉干燥处，用毛笔蘸1%利凡诺涂抹病灶，约2 min后放入清水中漂洗去多余药物，再置清水中饲养，反复1周左右；或用青霉素注射，每千克体重4万~5万IU，每天1次，连用2~3次。池水用漂白粉消毒浓度为0.000 15%。

7. 传染性肝病 该病病原可能是病毒。据黄祥柱等（1992）报道，病龟表现全身感染症状，肝为主要受损器官，一般表现为肿胀，点状或块状坏死，胃肠空，肠道有广泛性出血，多腹水。应加强饲养管理，增强抗病能力；发现该病，立即隔离；辅以一些抗病毒药内服或注射。

8. 肠炎病 因水质恶化，食物不洁，感染产气单胞菌等肠道致病菌引起。病龟精神不好，食欲减退或不食，腹内部或肠道充血发炎。防治方法：保持水质清洁，经常更换池水；保持饲料新鲜，不投霉烂变质饲料。发病初期在饲料中拌入磺胺脒、磺胺噻唑或盐酸土霉素投喂，磺胺类首次用量为每千克龟体重0.2 g，第二至六天减半；土霉素用量每只成龟0.5 g，分早、晚两次投喂，7 d为一疗程。病重龟可注射庆大霉素，每千克龟用4万~5万IU。对大群病龟可试用氟哌酸全池泼洒浓度0.000 05%~0.000 10%，也可拌食投喂。

9. 有害气体中毒 龟缺乏陆地休息场所，特别是在控温养殖，通风不良情况下，龟池中排泄物和残饵大量积累，分解产生有害气体，如硫化氢、氨、甲烷、二氧化碳积累等，使空气和水中有害气体浓度超标。如长期置于氨含量高达0.01%池水中，龟不爱活动，常浮于水面，食欲减退，最后死亡。应经常向池中添加有益微生物，降解利用池中废物。必要时更换池水和通风换气，防止水质恶化和空气污染。

10. 龟呛水 在龟种下池时，水太深，四壁陡峭，无休息台，突然将其丢入深水时，易产生呛水沉入池底，无力上浮到水面呼吸空气，引起苗种成批窒息死亡的现象。

稚、幼龟下池时不要直接倒入水中，应置于岸边缓坡处让其自行进入水体。或在水面放一板让其从板上爬入水中等。人工放养时让其头朝上，尾部先入水。此外，龟入池时，降低水位，以刚淹龟背为准可避免该现象发生。发现龟呛水尚未死亡，应将其从水体捞出，拉动四肢帮助呼吸，然后平放地上，可恢复正常。

11. 水蛭（蚂蟥）病 主要是鳖穆蛭、扬子鳃蛭，本病在我国各养龟区都有发现，四季都有发生，春末夏初流行较多。常见寄生在龟的颈部、四肢腋部以及体后缘处，少则几条多则几十条。龟被寄生后食欲减退，龟体消瘦、无力，喜欢上岸。因长期失血，病龟最终会死亡。

放养龟前用高浓度生石灰清池；利用鲜血诱捕，通常用海绵或丝瓜瓢吸禽畜血投入水中，待水蛭附着后取出捕杀。病龟用2.5%食盐水浸浴30 min。亲龟或成龟有少量水蛭不要强拉，可将龟捕出在水蛭体表涂上少量清凉油，水蛭受刺激后会自行脱落。

思考题

1. 我国养殖龟类主要有哪些种类？简述其生活习性。
2. 生产上是如何保证龟孵化率的？
3. 快速养龟主要有哪些关键技术？
4. 成龟养殖主要有哪些方式？各有何特点？
5. 龟池水质管理主要有哪些关键点？
6. 龟类养殖常见疾病有哪些？有何防治方法？

参 考 文 献

蔡海瑶.2011.虹鳟卵巢发育及相关系数研究[D].兰州：甘肃农业大学.
曹德福，田丽娇.2000.杂交鲟人工繁殖及苗种培育技术[J].水利渔业，20（1）：7.
常抗美，吴常文，吕振明，等.2009.曼氏无针乌贼胚胎发育与人工育苗技术的研究[J].浙江海洋学院学报：自然科学版，28（3）：257-263.
常抗美，吴常文，吕振明，等.2008.曼氏无针乌贼增养殖开发与利用的研究进展[J].中国水产（3）：55-56.
常亚青.2004.海参、海胆生物学研究与养殖[M].北京：海洋出版社.
常亚青.2007.贝类增养殖学[M].北京：中国农业出版社.
常亚青.2009.刺参健康增养殖实用新技术[M].北京：海洋出版社.
陈彩芳，温海深，陈晓燕，等.2010.人工养殖半滑舌鳎卵巢发育及其产卵类型研究[J].海洋科学，34（8）：29-34.
陈国华，张本.2001.点带石斑鱼亲鱼培育、产卵和孵化的试验研究[J].海洋与湖沼，32（4）：428-435.
陈勤娜.2013.中华绒螯蟹精子的生理生化研究[D].保定：河北大学.
范兆廷，姜作发，韩英.2008.冷水性鱼类养殖学[M].北京：中国农业出版社.
方静.1996.沱江产大口鲇食性和生长的初步研究[J].四川动物，15（2）：55-58.
方永强，翁幼竹，杨尧，等.2001.大菱鲆引进驯化和养殖的试验[J].应用海洋学学报，20（3）：356-362.
方堃，李贵生，唐大由.2000.孵化温度对乌龟性比的影响[J].水利渔业，20（1）：5-6.
福建省科学技术厅.2004.大黄鱼养殖[M].北京：海洋出版社.
福建省水产学会，福建省水产技术推广总站.2014.福建常见水产生物原色图册[M].福州：福建科学技术出版社.
顾忠旗，胡国祥，牟月军.2010.曼氏无针乌贼深水网箱养殖技术研究[J].科学养鱼（10）：38-39.
何永亮，区又君，李加儿，等.2008.石斑鱼人工繁育技术研究进展[J].南方水产，4（3）：75-79.
侯陵，刘文芳.1985.温度对爬行动物性别的影响[J].生物学通报（11）：14-15.
黄富友，苏小平，梅金满.2008.光唇鱼网箱养殖试验[J].水产养殖（1）：8-10.
黄进光.2007.棕点石斑鱼人工繁殖与苗种培育技术研究[J].水产科技（3）：18-21.
黄晓荣，庄平，章龙珍，等.2011.中华绒螯蟹胚胎发育及几种代谢酶活性的变化[J].水产学报，35（2）：192-199.
江洪波，陈立侨，周忠良，等.2000.不同饵料对中华绒螯蟹幼体发育和存活的影响[J].水产学报，24（5）：442-447.
金泰哲.2008.鲟鳇杂交的人工繁育技术[J].渔业经济研究（4）：40-44.
雷从改，尹绍武，陈国华.2005.石斑鱼繁殖生物学和人工繁殖技术研究现状[J].海南大学学报：自然科学版，23（3）：288-292.
雷霁霖，卢继武.2007.美洲黑石斑鱼的品种优势和养殖前景[J].海洋水产研究，28（5）：110-115.
雷霁霖，马爱军，刘新富，等.2003.大菱鲆胚胎及仔稚幼鱼发育的研究[J].海洋与湖沼，34（1）：9-19.

雷霁霖，门强，马爱军.2003.大菱鲆引种工程的综合效应及其发展前景［J］.中国工程科学，5（8）：30-34.

雷霁霖，张椷令.2001.利用深井海水工厂化养殖大菱鲆试验［J］.现代渔业信息，16（3）：10-12.

雷霁霖.2002.关于当前我国北方沿海工厂化养鱼的一些问题和建议［J］.现代渔业信息，7（4）：5-8.

雷霁霖.2005.海水鱼类养殖理论与技术［M］.北京：中国农业出版社.

黎祖福，陈刚，宋盛宪，等.2006.南方海水鱼类繁殖与养殖技术［M］.北京：海洋出版社.

刘焕亮，蒲红宇，胡作文.1998.鲶人工繁殖关键技术的研究［J］.大连水产学院学报，13（2）：1-8.

李家乐，陈蓝荪，刘其根.2011.中国青虾养殖产业的发展模式［J］.水产科技情报，38（2）：86-92.

李明云.2009.香鱼健康养殖实用新技术［M］.北京：海洋出版社.

李明云.2011.水产经济动物增养殖学［M］.北京：海洋出版社.

李庆彪，邱兆星，宋爱环，等.2006.无公害海参标准化生产［M］.北京：中国农业出版社.

李润玲，丁君，张玉勇，等.2006.刺参（$Apostichopus\ japonicus$）夏眠期间消化道的组织学研究［J］.海洋环境科学，25（4）：15-19.

李霞，王霞.2007.仿刺参在实验性夏眠过程中消化道和呼吸树的组织学变化［J］.大连水产学院学报，22（2）：82-85.

李霞.2010.鲍健康养殖实用新技术［M］.北京：海洋出版社.

李晓东.2006.北方河蟹养殖新技术［M］.北京：中国农业出版社.

梁旭方，谢骏，王秋荣.2002.日本鳗鲡仔鱼摄食机理及其营养策略［J］.水产学报，26（6）：556.

刘付永忠，王云新，黄国光，等.2000.斜带石斑鱼亲鱼强化培育及自然产卵研究［J］.中山大学学报：自然科学版，39（6）：81-85.

刘付永忠，王云新，黄国光，等.2001.自然产卵的赤点石斑鱼胚胎及仔鱼形态发育研究［J］.中山大学：自然科学版，40（1）：81-84.

刘国安，刘运清，胡迪光.1984.乌龟 $Chinemys\ reevesii$ 胚胎发育的初步观察［J］.动物学研究，5（1）：51-56.

刘家富.2013.大黄鱼养殖与生物学［M］.厦门：厦门大学出版社.

刘丽，缪立平，刘楚.2000.加温条件下乌龟精巢发育的研究［J］.湛江海洋大学学报，20（4）：1-4.

刘瑞义.2006.长蛸装瓶养殖试验［J］.齐鲁渔业（10）.

刘世禄，杨爱国.2005.中国主要海产贝类健康养殖新技术［M］.北京：海洋出版社.

刘孝华.2009.鲍鱼生物学特性及人工养殖技术［J］.安徽农业科学，37（13）：5872-5874.

刘孝华.2009.河蟹的生物学特性及养殖技术［J］.湖北农业科学，48（1）：158-160.

柳凌，张洁明，郭峰，等.2011.人工条件下日本鳗鲡胚胎及早期仔鱼发育的生物学特征［J］.水产学报，（12）：1800-1811.

柳学周，孙中之，马爱军，等.2006.半滑舌鳎亲鱼培育及采卵技术研究［J］.海洋水产研究，27（2）：25-32.

柳学周，庄志猛，马爱军，等.2005.半滑舌鳎繁殖生物学及繁育技术研究［J］.海洋水产研究，26（5）：7-14.

陆宏达，段求明，朱光来，等.2008.欧洲鳗短钩拟指环虫病及其鳃组织病理［J］.水产学报，32（5）：780-787.

陆忠康.2001.简明中国水产养殖百科全书［M］.北京：中国农业出版社.

马爱军，陈四清，雷霁霖，等.2001.饲料中主要能量物质对大菱鲆幼鱼生长的影响［J］.海洋与湖沼，32（5）：527-533.

缪伏荣，李忠荣.2006.大围网仿生态养殖大黄鱼技术［J］.水产养殖，27（3）：22-23.

莫伟仁，陈萍君，谢万奎，等.1990.鳖的人工繁殖综合技术［J］.淡水渔业（1）：30-32.

潘良坤.2005.浅析河蟹病害综合防治[J].中国水产(4):83-84.

潘伟志,王鹏,赵春刚,等.2003.鲟、鳇鱼人工繁育与杂交技术研究[J].水产学杂志,16(1):9-16.

潘伟志,尹家胜,赵春刚.2011.达氏鳇人工繁殖及其与史氏鲟杂交的初步研究[J].水产学杂志,14(1):3-6.

钱耀森.2011.长蛸生态习性和人工繁育技术研究.青岛:中国海洋大学.

全国水产技术推广总站.2011.2010水产新品种推广指南[M].北京:中国农业出版社.

沙开胜.2010.河蟹病害发生的原因与对策[J].畜牧与饲料科学(5):57-58.

石振广,董双林,鲁宏申,等.2008.人工养殖条件下达氏鳇杂交种幼鱼生长特性的初步研究[J].中国海洋大学学报:自然科学版,38(1):33-38.

宋世民.2013.河蟹养殖常见病的防治[J].河南水产(1):017.

宋盛宪,许波涛.1987.石斑鱼杂交新品种"青红斑"获得成功[J].海洋渔业(6):271-272.

孙大江,曲秋芝,张颖,等.2011.中国的鲟鱼养殖[J].水产学杂志,24(4):67-70.

孙大江,王炳谦.2010.鲑科鱼类及其养殖状况[J].水产学杂志,23(2):56-63.

孙大江.2000.史氏鲟人工繁殖及养殖技术[M].北京:海洋出版社.

孙国凤.2009.现代生物技术在水产养殖中的应用[J].中国农学通报(22):75-78.

孙修勤,郑法新,张进兴.2005.海参纲动物的吐脏再生[J].中国海洋大学学报:自然科学版(5):4.

谭杰,孙慧玲,高菲,等.2012.刺参受精及早期胚胎发育过程的细胞学观察[J].水产学报,36(2):272-277.

陶尚春.2010.河蟹的脱壳与生长[J].科学养鱼(8):78.

田华梅,赵云龙,李晶晶,等.2002.中华绒螯蟹胚胎发育过程中主要生化成分的变化[J].动物学杂志,37(5):18-21.

田相利,张美昭,张志勇,等.2010.半滑舌鳎健康养殖实用新技术[M].北京:海洋出版社.

佟雪红.2011.大菱鲆早期发育及其相关生理特性研究[D].青岛:中国科学院研究生院(海洋研究所).

王春生,宋志乐.2008.刺参、鲍、海胆、海蜇[M].济南:山东科学技术出版社.

王萍,吴常文,童懿宏.2009.光照对曼氏无针乌贼行为习性的影响[J].河北渔业(11):3-6.

王卫民.1999.黄颡鱼的规模人工繁殖试验[J].水产科学,18(3):9-12.

王卫民,严安生,张志图,等.2002.黄颡鱼♀与瓦氏黄颡鱼♂的杂交研究[J].淡水渔业,32(3):3-5.

王卫民,查金苗.2000.池养南方大口鲇人工繁殖和苗种培育试验[J].水产养殖(2):31-33.

王武,成永旭,李应森.2007.河蟹养殖及蟹文化[J].水产科技情报,34(1):25-28.

王霞,李霞.2007.仿刺参消化道的再生形态学与组织学[J].大连水产学院学报,22(5):340-346.

王永波,陈国华,林彬,等.2009.豹纹鳃棘鲈胚胎发育的初步观察[J].海洋科学,33(3):21-26.

王玉堂.2003.关于国外水产种质资源引进问题的探讨[J].中国水产(7):64-65.

温海深,王亮,毛玉泽,等.1999.西辽河鲇生长、食性与群资源利用[J].水利渔业,19(2):33-35.

温海深,林浩然,李成水.2001.辽河地区鲇鱼(*Silurus asotus*)的人工繁殖技术研究[J].水产科技情报,28(2):82-84.

温海深,曹克驹,王亮,等.2000.辽河鲇种群生殖调节机制研究[J].中国水产科学,7(3):53-57.

翁祖桐.2006.杂交鲟苗种培育技术[J].福建水产(1):50-51.

谢淑瑾,周一兵,杨大佐,等.2011.长蛸繁殖行为与胚胎发育的初步观察[J].大连海洋大学学报,26(2):102-107.

谢小军,何学福,龙天澄.1996.南方鲇的繁殖生物学研究:繁殖时间、产卵条件和产卵行为[J].水生生物学报,20(1):17-24.

谢文星,崔希群,刘友亮.1991.鳖的人工孵化综合研究[J].水利渔业(4):21-25.

谢忠明.1999.鲇鲍鲫养殖技术[M].北京:中国农业出版社.

谢忠明. 2004. 海参、海胆增养殖技术 [M]. 北京：金盾出版社.

徐君卓. 2007. 海水网箱及网围养殖 [M]. 北京：中国农业出版社.

徐应馥，李成林，孙秀俊. 2006. 无公害扇贝标准化生产 [M]. 北京：中国农业出版社.

严朝晖，肖友红，李林. 2013. 世界鲇鱼产业现状及对我国斑点叉尾鮰产业市场定位的重新认识 [J]. 中国水产 (6): 36-40.

杨富亿. 2002. 盐碱湿地鲇鱼资源及其增养殖 [J]. 资源开发与市场, 16 (1): 14-16.

杨先乐. 2001. 特种水产动物疾病的诊断与防治 [M]. 北京：中国农业出版社.

叶富良. 2006. 海水养殖致富宝典 [M]. 北京：化学工业出版社.

由文辉，王培潮. 1994. 乌龟胚胎发育过程中钙、镁代谢的研究 [J]. 动物学杂志, 29 (4): 20-22.

于东祥. 2010. 海参健康养殖技术 [M]. 2版. 北京：海洋出版社.

于连洋，刘光谋，王振华，等. 2012. 皱纹盘鲍的遗传育种研究进展 [J]. 水产养殖, 33 (1): 48-53.

张承斌. 2007. 池塘河蟹人工养殖技术 [J]. 云南农业, (10): 22.

张聪聪，吴常文，徐焕志，等. 2014. 关于曼氏无针乌贼池塘养殖技术要点论述 [J]. 金田 (2).

张海发，王云新，刘付永忠. 2008. 鞍带石斑鱼人工繁殖及胚胎发育研究 [J]. 广东海洋大学学报, 28 (4): 36-40.

张洁明，柳凌，郭峰，等. 2007. 人工诱导日本鳗鲡性腺发育组织学研究 [J]. 中国水产科学, 14 (4): 593-601.

张良松. 2005. 大黄鱼无公害网箱养殖技术 [J]. 科学养鱼 (7): 34-35.

张千林. 2003. 大黄鱼深水网箱养殖技术 [J]. 渔业现代化 (3): 8-10.

张胜宇，陈远刚，强晓刚. 2001. 鲟鱼苗种长途运输方法 [J]. 淡水渔业, 31 (2): 60.

张天荫. 1996. 动物胚胎学 [M]. 济南：山东科学技术出版社.

张颖，刘晓勇，孙大江，等. 2013. 养殖条件下施氏鲟（雌）和达氏鳇（雄）杂交后代的生长特性 [J]. 水产学杂志, 26 (2): 1-8.

张玉明，姜建湖. 2010. 光唇鱼人工繁殖研究 [J]. 浙江海洋学院学报：自然科学版, 29 (3): 211-214.

张玉明，周健博，李明云. 2012. 光唇鱼的形态特征和血液生化指标 [J]. 浙江海洋学院学报：自然科学版, 31 (1): 61-63.

赵明森，郭宗平. 2004. 鳗鲡规模养殖关键技术 [M]. 南京：江苏科学技术出版社.

赵乃刚. 1980. 用配制海水进行中华绒螯蟹人工繁殖的试验 [J]. 水产学报, 4 (1): 95-104.

中华人民共和国农业部渔业局，全国水产技术推广总站. 2013. 渔业主导品种和主推技术 [M]. 北京：中国农业出版社.

周立斌，邓妹芳，张海发，等. 2006. 斜带石斑鱼亲鱼培育和胚胎发育的研究 [M]. 惠州学院学报, 26 (6): 36-41.

周明东. 2009. 池塘养殖不同规格、密度河蟹生长特性及养殖效果 [D]. 武汉：华中农业大学.

朱峰. 2009. 仿刺参 Apostichopus japonicus 胚胎发育和主要系统的组织学研究 [D]. 青岛：中国海洋大学.

朱健. 2003. 我国特种水产养殖品种发展概况 [J]. 中国畜牧兽医, 30 (4): 32-35.

朱卫国，汪迎春. 2008. 我国特种水产养殖现状、问题及对策 [J]. 现代农业科技 (16): 271-276.

庄平，章龙珍，蓝泽桥，等. 2003. 人工养成史氏鲟亲本的杂交试验 [J]. 水产科技情报, 30 (1): 21-24.

邹记兴，胡超群，黄增岳，等. 2000. 石斑鱼高值化技术产业研究 [J]. 中国渔业经济 (2): 37-38.

邹记兴，陶友宝，向文洲，等. 2003. 人工诱导点带石斑鱼性逆转的组织学证据及其机制探讨 [J]. 高技术通讯, 13 (6): 81-86.

邹桂伟，罗相忠，潘光碧. 2001. 大口鲇苗种同类相残的研究 [J]. 中国水产科学, 8 (2): 55-58.

Andrey P S, Anastassia A M, Joshua A I. 2007. Comparison of biology of the Sakhalin sturgeon, Amur sturgeon, and Kaluga from the Amur River, Sea of Okhotsk, and Sea of Japan biogeographic Province [J].

参 考 文 献

Environ Biol Fish, 79 (3-4): 383-395.

Castillo-Juárez H, Casares J C Q, Campos-Montes G, et al. 2007. Heritability for body weight at harvest size in the Pacific white shrimp, Penaeus (Litopenaeus) vannamei, from a multi-environment experiment using univariate and multivariate animal models [J]. Aquaculture, 273: 42-49.

D Chourrout. 1980. Thermal induction of diploid gynogenesis and triploidy in the eggs of the rainbow trout (*Salmo gairdneri* Richardson) [J]. Reproduction Nutrition Development, 20 (3A): 727-733.

Dagmara Wójcik, Monika Normant. 2014. Gonad maturity in female Chinese mitten crab *Eriocheir sinensis* from the southern Baltic Sea - the first description of ovigerous females and the embryo developmental stage [J]. Oceanologia, 56 (4): 779-787.

Dustin R Moss, Shaun M Moss, Jeffrey M Lotz. 2013. Estimation of genetic parameters for survival to multiple isolates of Taura syndrome virus in a selected population of Pacific white shrimp Penaeus (Litopenaeus) vannamei [J]. Aquaculture, 416-417: 78-84.

Kubota, Tomoyuki. 2000. Reproduction in the Apodid Sea Cucumber *Patinapta ooplax*: Semilunar Spawning Cycle and Sex Change [J]. Zoological Science [Zool. Sci.], 17 (1): 75-81.

Miwa T, Yoshizaki G, Naka H, et al. 2001. Ovarian steroid synthesis during oocyte maturation and ovulation in Japanese catfish Silurus asotus [J]. Aquanculture, 19 (8): 179-191.

Morgan A D. 2000. Induction of spawning in the sea cucumber *Holothuria scabra* (Echinodermata: Holothuroidea) [J]. Journal of the Word Aquaculture Society, 31 (2): 186-194.

Nobutaka Fujieda, Aki Yakiyama, Shinobu Itoh. 2010. Five monomeric hemocyanin subunits from *Portunus trituberculatus*: Purification, spectroscopic characterization, and quantitative evaluation of phenol monooxygenase activity [J]. Biochimica et Biophysica Acta, 1804 (11): 2128-2135.

图书在版编目（CIP）数据

名特水产动物养殖学／王卫民，温海深主编．—2版．—北京：中国农业出版社，2017.2（2024.12重印）
普通高等教育农业部"十二五"规划教材　全国高等农林院校"十二五"规划教材
ISBN 978-7-109-21812-3

Ⅰ.①名…　Ⅱ.①王…②温…　Ⅲ.①水产养殖-高等学校-教材　Ⅳ.①S96

中国版本图书馆CIP数据核字（2016）第164050号

中国农业出版社出版
（北京市朝阳区麦子店街18号楼）
（邮政编码100125）
责任编辑　曾丹霞　韩　旭
文字编辑　张彦光

三河市国英印务有限公司印刷　新华书店北京发行所发行
2004年1月第1版　2017年2月第2版
2024年12月第2版河北第4次印刷

开本：787mm×1092mm 1/16　印张：26
字数：620千字
定价：57.00元

（凡本版图书出现印刷、装订错误，请向出版社发行部调换）